机械装备设计

成云平 主编
孙富建 徐志强 李瑞琴 武文革 参编

化学工业出版社
·北京·

本书紧跟国家发展战略的步伐，首先介绍了机械装备设计的基本知识，包括概念、研究现状、发展趋势及应用动态等；其次详细讲解了金属切削机床设计、典型部件设计、机床夹具设计的相关内容；然后结合机器人和生产物流系统的发展现状，介绍了机器人机构及应用和生产物流系统设计；最后融入了前沿的机械加工自动化生产线总体设计的内容。

本书可作为高等院校机械类、近机械类各专业的教学用书，也可作为机械类相关专业的工程技术人员的参考用书，同时也可作为各种层次的继续工程教育的培训教材。

图书在版编目（CIP）数据

机械装备设计/成云平主编. —北京：化学工业出版社，2019.8

ISBN 978-7-122-34599-8

Ⅰ.①机… Ⅱ.①成… Ⅲ.①机械设备-机械设计 Ⅳ.①TH12

中国版本图书馆 CIP 数据核字（2019）第 101146 号

责任编辑：金林茹 张兴辉　　文字编辑：陈 喆

责任校对：王鹏飞　　装帧设计：刘丽华

出版发行：化学工业出版社（北京市东城区青年湖南街 13 号 邮政编码 100011）

印　　刷：三河市航远印刷有限公司

装　　订：三河市宇新装订厂

787mm×1092mm 1/16 印张 20¼ 字数 504 千字 2020 年 1 月北京第 1 版第 1 次印刷

购书咨询：010-64518888　　售后服务：010-64518899

网　　址：http://www.cip.com.cn

凡购买本书，如有缺损质量问题，本社销售中心负责调换。

定　　价：89.00 元

前言

机械装备设计是装备制造业中的重要环节，其设计质量直接影响着机械装备产品的好坏，因此机械装备设计在机械专业领域中占有十分重要的地位。

本书以培养读者的工程实践应用能力为主线，理论结合实践，在传统内容的基础上增加了机器人的应用、新的先进制造模式等方面的内容，其中融入了笔者的相关研究成果，本书也体现了机械制造装备的学科前沿及发展趋势。全书内容涵盖了金属切削机床、机器人、物流及自动化加工等方面的知识，涉及金属切削机床的总体设计、典型部件及对应夹具的设计，机器人的机构及应用，物流系统的各个环节，自动化加工及各类先进制造技术等多方面的内容。

为了适应综合学科的飞速发展，结合新工科背景下人才培养模式，机械制造专业增加了智能制造、机器人技术等前沿学科的相应课程，传统课程的教学时数相对压缩，很多学校也对多门课程进行合并或删减，但是机械制造装备设计的内容不断更新，对学生的学习也提出了更高的要求。为适应教学改革的要求，本书以基本理论为基础，应用实践为导向，结合读者的实际需要，精心组织和编写。全书在内容编排上力求系统性、完整性，并突出了以下几个方面的特色:

（1）强调金属切削机床设计的基础知识

金属切削机床设计的基础知识是学习机械装备设计课程的重要内容之一。本书着重讲清有关金属切削机床设计中的基本理论和基本设计方法，并做到条理清楚、层次分明、循序渐进、言简意赅。

（2）贯穿“工程应用设计”的设计主线

本书重视解决实际问题能力的培养，书中有一定数量的工程实例，并始终贯穿以“工程应用设计”为主线，加强与工程实践相结合，培养读者正确的设计思维和设计能力。

（3）体现现代机械装备设计理论与应用的新进展

本书在选材上增加了近几年机械装备技术的新内容，如机器人的应用、新的制造方法等，从而使内容变得更新颖、更有先进性和实用性；各个章节中增加了对应设计或生产案例，使读者在学习理论的同时可以结合实际案例加深理解，便于读者自行学习。

全书共 7 章，第 1 章由中北大学武文革编写；第 2 章、第 3 章由湖南科技大学孙富建编写；第 4 章由湘潭大学徐志强编写；第 5 章由中北大学李瑞琴编写；第 6 章、第 7 章由中北大学成云平编写，中北大学的胡海军老师提供了第 6 章的物流素材。全书由中北大学成云平担任主编，中北大学的武文革、李瑞琴也参与了全书的统稿。

由于笔者水平有限，书中难免会存在不妥的地方，恳请广大读者给予批评指正。

编　者

目录

第1章 绪论 / 1

第2章 金属切削机床设计 / 14

第4章 机床夹具设计 / 140

第5章 机器人机构及应用 / 182

第6章 生产物流系统设计 / 220

第1章 绪论

1.1 机械装备制造业的重要地位

装备制造业是指为国民经济各部门进行简单生产和扩大再生产提供装备的各类制造业的总称，是机械工业的核心部分，承担着为国民经济各部门提供工作母机、带动相关产业发展的重任，可以说它是工业的心脏和国民经济的生命线，是支撑国家综合国力的重要基石。

按照国民经济行业划分，装备制造业具体包括7个行业大类中的重工业：

① 金属制品业（不包括搪瓷和不锈钢及类似日用金属制品制造业）。

② 通用设备制造业。

③ 专用设备制造业（不包括医疗仪器设备及器械制造业）。

④ 交通运输设备制造业（不包括摩托车和自行车制造业）。

⑤ 电气机械及器材制造业（不包括电池、电力及非电力家用器具和照明器具的制造业）。

⑥ 通信设备、计算机及其他电子设备制造业（不包括家用视听设备制造业）。

⑦ 仪器仪表及文化办公用机械制造业（不包括眼镜和文化、办公用机械制造业）。

装备制造业范围广，门类多，产品杂，技术性强，服务面宽，涵盖了主机产品、维修配件和服务等。中国界定“装备制造业”的范围主要是指国际工业分类标准——ISIC中的38大类，即ISIC38，包括金属产品、机器与设备制造。

机械装备制造业是为国民经济各部门进行简单再生产和扩大再生产提供生产工具的各制造业的总称，被誉为“母体”工业。它主要包括金属制品、通用设备、专用设备、交通运输、武器弹药、电气机械及器材、通信设备计算机及其他电子、仪器仪表及文化办公用机械制造业八大类，其中又以通用设备、专用设备、交通运输、电气机械及器材、通信设备计算机及其他电子这几大行业为重要组成部分。

机械装备制造业的发展直接制约着相关产业的经济发展，其技术水平决定着相关产业技术水平和竞争力的高低。在国际竞争日益激烈的今天，没有发达的机械装备制造业就不可能实现生产力的跨越式发展。机械装备制造业在国民经济中占据着重要地位：机械装备制造业是国民经济的重要支柱，是出口创汇的重要产业；机械装备制造业是用先进科学技术改造传统产业的重要纽带和载体；机械装备制造业是高新技术产业和信息化产业发展的基础；机械装备制造业是国家经济安全和军事安全的重要保障；机械装备制造业是解决我国劳动就业的重要途径。

1.2 机械制造装备应具备的主要功能

机械制造装备应具备的主要功能中，除了一般的功能要求外，还应具有柔性化、精密化、自动化、系统化、符合工业工程和绿色工程等方面的功能要求。

(1) 一般功能

包括加工精度、强度、刚度、抗振性，加工稳定性，耐用度，技术经济方面的要求等。

(2) 柔性化

产品结构柔性化是指产品设计时采用模块化设计方法和机电一体化技术，只需对结构做少量的重组和修改，或修改软件，就可以快速地推出满足市场需求的、具有不同功能的新产品。

功能柔性化是指只需进行少量的调整或修改软件，就可方便地改变产品或系统的运行功能，以满足不同的加工需要。

(3) 精密化

精密、超精密及纳米加工是现代制造业的主要发展方向之一，机械制造装备的精密化已成为发展趋势。精密化就是使零件的加工精度和加工表面质量达到图样规定的要求。精密加工的加工精度可达 10～0.1μm，表面粗糙度 Ra 值可达 0.3～0.8μm。至于超精密化，其精度则更小，甚至可以达到原子的尺寸。提高制造精度最有效的方法是采用误差补偿技术。

(4) 自动化

自动化的广义内涵至少包括以下几点：在形式方面，制造自动化有三个方面的含义，即代替人的体力劳动，代替或辅助人的脑力劳动，制造系统中人机及整个系统的协调、管理、控制和优化；在功能方面，自动化代替人的体力劳动或脑力劳动仅仅是自动化功能目标体系的一部分，自动化的功能目标是多方面的，已形成一个有机体系；在范围方面，制造自动化不仅涉及具体生产制造过程，而且涉及产品生命周期所有过程。

(5) 系统化

将机械技术、电工电子技术、微电子技术、信息技术、传感器技术、接口技术、信号变换技术、人工智能等多种技术进行有机结合，形成功能强、质量可靠、性价比高、柔性好、智能化的机电一体化综合应用系统。可以获得的一些功能如下：

① 对机器或机组系统的运行参数的巡检和控制。

② 对机组或机组系统工作程序的控制。可实现复杂的控制任务，提高智能化和可靠性。

③ 用微电子技术代替传统产品中依靠机械部件完成的功能，简化产品的机械结构。采用高性能、高速的微处理器使机械装备产品具有低级智能或人的部分智能。

模块化是系统化实现过程中的一项重要而艰巨的工程。研制和开发具有标准机械接口、电气接口、动力接口、环境接口的机械装备产品单元是非常重要的工作。如研制集减速、智能调速、电机于一体的动力单元，具有视觉、图像处理、识别和测距等功能的控制单元，以及各种能完成典型操作的机械装置。这样，可利用标准单元迅速开发出新产品，同时也可以扩大生产规模。但这需要制定各项标准，以便各部件、单元的匹配和对接。

网络技术的兴起和飞速发展给科学技术、工业生产、政治、军事、教育及人们的日常生活都带来了巨大的变革。基于网络的各种远程控制和监视技术方兴未艾，现场总线和局域网技术等使机械装备网络化功能不断提高。

(6) 符合工业工程要求

在产品开发阶段，充分考虑结构的工艺性，提高标准化、通用化程度，以便采用最佳的工艺方案，选择合理的质量标准，减少操作过程中工人的体力消耗。对市场和消费者进行调研，保证产品合理的质量标准，减少因质量标准定得过高而造成的不必要的超额工作量。其目标是设计一个生产系统及控制方法，在保证工人及用户健康和安全的条件下，以最低的成本生产出符合质量要求的产品。

(7) 符合绿色工程要求

按绿色工程要求设计的产品称为绿色产品。其特点是在生产和使用过程中节约资源和能源，对环境污染小，还便于使用后的回收和再利用。

1.3 机械制造装备的分类

机械制造装备包括加工装备、工艺装备、仓储输送装备和辅助装备四大类。

(1) 加工装备

加工装备是指采用机械制造方法制作机器零件的机床。包括金属切削机床、特种加工机床、锻压机床和木工机床四大类。

(2) 工艺装备

工艺装备是产品制造时所用各种刀具、模具、夹具、量具的总称。

(3) 仓储输送装备

仓储输送装备包括进行各级仓储、物料输送、机床上下料等工作的设备。

(4) 辅助装备

辅助装备主要包括清洗机和排屑装置等。

1.4 机械制造装备设计的基本要求

机械制造装备设计工作是设计人员根据市场需求所进行的构思、计算、试验、选择方案、确定尺寸、绘制图样及编制设计文件等一系列创造性活动的总称，其目的是为新装备的生产、使用和维护提供完整的信息。设计工作是一切产品实现的前提，设计质量的优劣直接影响产品的质量、成本、生产周期及市场竞争能力，产品性能的差距首先是设计差距，据统计，产品成本的 60%取决于设计。机械制造装备设计工作要适应飞速发展的科学技术及日趋激烈的市场竞争，要采用先进的设计技术，设计出质优价廉的产品。机械制造装备的类型很多，功能各异，但设计工作的总体要求是柔性化、精密化、自动化、机电一体化、高效、节能节材，以及满足工业工程和绿色工程的要求等。

机械制造装备设计的好坏，直接影响其质量、成本、研制周期及市场的竞争能力。随着科学技术的飞速发展，人们对机械制造装备提出了更多更高的要求。

1.5 机械制造装备设计的类型及步骤

1.5.1 机械制造装备设计的类型

机械制造装备设计一般分为创新设计、变型设计和模块化设计三大类。

(1) 创新设计

创新设计通常应从市场调研和预测开始，明确产品设计任务，经过产品规划、方案设计、技术设计和施工设计四个阶段；还应通过产品试制和产品试验来验证新产品的技术可行性；通过小批试生产来验证新产品的制造工艺和工艺装备的可行性；一般需要较长的设计开发周期，投入较大的研制开发工作量。

(2) 变型设计

适应型设计和变参数型设计统称变型设计，它们都是在原有产品基础上，保持基本工作原理和总体结构不变。变型设计应在原有产品的基础上，按照一定的规律演变出各种不同规格参数、布局和附件的产品，扩大原有产品的功能，提升性能，形成一个产品系列。

开展变型设计的依据是原有产品，它应属于技术成熟的“基型”产品。作为变型设计依据的原有产品，通常是采用创新设计方法完成的。

(3) 模块化设计

模块化设计是按合同要求，选择适当的功能模块，直接拼装成所谓的“组合产品”。组合产品是系列产品的进一步细化，组合产品中的模块也应按系列化设计的原理进行。

模块化设计通常是MRP-Ⅱ（制造资源规划）驱动的，可由销售部门承担，或在销售部门中成立一个专门从事组合设计的设计组并由其承担，有关设计资料可直接交付生产计划部门，安排组成产品的各个模块投产，并将这些模块拼装成所需的产品。

据不完全统计，机械制造装备产品中有一大半属于变型产品和组合产品，创新产品只占一小部分。

尽管如此，创新设计的重要意义不容低估。这是因为：采用创新设计方法不断推出崭新的产品，是企业在市场竞争中取胜的必要条件；变型设计和模块化设计是在基型和模块系统的基础上进行的，而基型和模块系统也是采用创新设计方法完成的。

1.5.2 机械制造装备设计的典型步骤

机械制造装备设计的步骤根据设计类型而不同。创新设计的步骤最典型，可划分为产品规划、方案设计、技术设计和工艺设计四个阶段。

1.5.2.1 产品规划阶段

产品规划阶段的任务是明确设计任务，通常应在市场调查与预测的基础上识别产品需求，进行可行性分析，制订设计技术任务书。

在产品规划阶段将综合运用技术预测、市场学、信息学等理论和方法来解决设计中出现的问题。

(1) 需求分析

需求分析的任务是将需求具体化，明确设计任务的要求。它是设计工作的开始，指导着设计工作的进行。

识别需求是一个创造性的过程，设计人员必须重视需求分析，及时找到和预测市场的需求，并在市场大量需求到来之前完成新产品的研制工作，抢先投放市场，以取得丰厚的回报。

需求分析一般包括对销售市场和原材料市场的分析。

(2) 调查研究

① 市场调研。一般从以下几方面进行调研：

用户需求——有关产品功能、性能、质量、使用、保养、维修、外观、颜色、风格、需求量和价格等方面的要求。

产品情况——产品在其生命周期曲线中的位置，新老产品交替的动向分析等。

同行情况——同行产品经营销售情况和发展趋势，主要竞争对手在技术、经济方面的优势和劣势及发展趋向。

供应情况——主要原材料、配件、半成品等的质量、品种、价格、供应等方面的情况及变化趋势等。

② 技术调研。一般包括产品技术的现状及发展趋势；行业技术和专业技术的发展趋势；新型元器件、新材料、新工艺的应用和发展动态；竞争产品的技术特点分析；竞争企业的新产品开发动向；环境对研制的产品的要求，如使用环境的空气、湿度、有害物质和粉尘等对产品的要求；为保证产品的正常运转，研制的产品对环境提出的要求等。

③ 社会调研。一般包括企业目标市场所处的社会环境和有关的经济技术政策，如产业发展政策、投资动向、环境保护及安全等方面的法律、规定和标准；社会的风俗习惯；社会人员的构成状况、消费水平、消费心理和购买能力；本企业实际情况、发展动向、优势和不足、发展潜力等。

(3) 预测

① 定性预测。在数据和信息缺乏时，依靠经验和综合分析对未来的发展状况做出推测和估计。采用的方法有走访调查、查资料、抽样调查、类比调查、专家调查等。

② 定量预测。对影响预测结果的各种因素进行相关分析和筛选，根据主要影响因素和预测对象的数量关系建立数学模型，对市场发展情况做出定量预测。采用的方法有时间序列回归法、因果关系回归法、产品寿命周期法等。

(4) 可行性分析

所谓产品设计的可行性分析是指通过调查研究与预测，对产品开发中的重大问题进行充分的技术经济论证，判断是否可行。一般包括技术分析、经济分析和社会分析三个方面，最后应提出产品开发的可行性报告。可行性报告一般包括如下内容：

① 产品开发的必要性、市场调查及预测情况，包括用户对产品功能、用途、质量、使

用维护、外观、价格等方面的要求；

② 同类产品国内外技术水平、发展趋势；

③ 从技术上预期产品开发能达到的技术水平；

④ 设计、工艺和质量等方面需要解决的关键技术问题；

⑤ 投资费用及开发时间进度、经济效益和社会效益估计；

⑥ 现有条件下开发的可能性及准备采取的措施。

(5) 编制设计任务书

产品设计任务书是指导产品设计的基础性文件，其主要任务是对产品进行选型，确定最佳设计方案。

1.5.2.2 方案设计阶段

(1) 对设计任务进行抽象

设计师应对设计任务进行抽象，抓住主要要求，兼顾次要要求，避免由于知识和经验的局限性以及思想的种种束缚，影响设计方案的制订。

对设计任务进行抽象是对设计任务的再认识，通过功能关系和对与任务相关的主要约束条件的分析，对“设计要求表”一步一步进行抽象，找出本质的和主要的要求，即本质功能，以便找到能实现这些本质功能的解，再进一步找出其最优解。

(2) 建立功能结构

总功能用来表达输入量转变成输出量的能力。

总功能可逐级往下分解，直到分解出的子功能要求比较明确，便于求解为止，如图 1-1 所示。

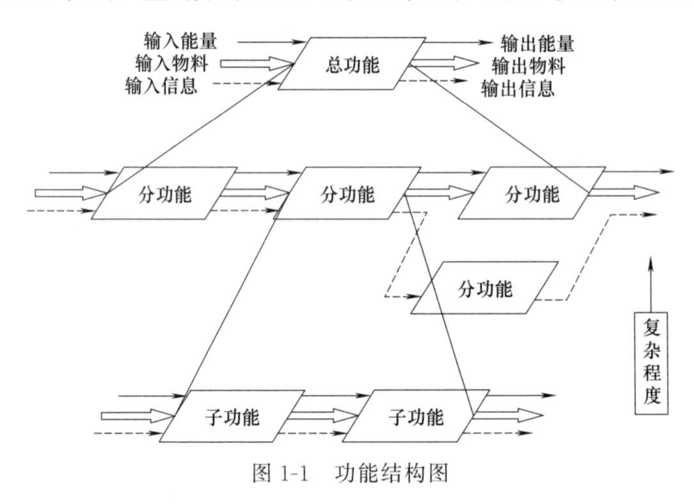

图 1-1 功能结构图

分功能和多级子功能及它们之间的关系称为功能结构。

建立功能结构便于了解产品中哪些子功能重复出现，为制定通用零部件规范提供依据。

(3) 寻求原理解与求解方法

所谓原理解就是能实现某种功能的工作原理和功能载体。所谓的功能载体即实现该工作原理的技术手段和结构原理。

工作原理是科学原理和技术原理的统称，是设计中最关键、最富有创造性的一个环节。

从技术上和结构上实现工作原理的功能载体是以它具有的某种属性来完成某一功能的。

(4) 初步设计方案的形成

① 系统结合法：按功能结构的树状结构，根据逻辑关系把原理解结合起来。

② 数学方法结合法：当子功能原理解的物理和几何特征可以用定量的形式表达时，可借助计算机，采用数学方法进行初步设计方案的组合。

(5) 初步设计方案的评价与筛选

① 初步设计方案的初选：观察淘汰法和分数比较法。

② 初步设计方案的具体化。

③ 对初步设计方案进行技术经济评价。

1.5.2.3　技术设计阶段

(1) 确定结构原理方案

① 确定结构原理方案的主要依据。包括决定尺寸的依据、决定布局的依据、决定材料的依据、决定和限制结构设计的空间条件等。

② 确定方案。在上述依据的约束下，对主要功能结构进行构思，初步确定其材料和形状，进行粗略的结构设计。

③ 评价和修改。对确定的结构原理方案进行技术经济评价并修改不足之处。

(2) 总体设计

① 主要结构参数。

② 总体布局。包括部件组成、各部件的空间位置布局和运动方向、操作位置、各部件相对运动配合关系。

③ 系统原理图。包括产品总体布局图、机械传动系统图、液压系统图、电力驱动和控制系统图等。

④ 经济核算。包括产品成本及其回收期和运行费用的估算、资源的再利用等。

⑤ 其他。

(3) 结构设计

主要任务是在总体设计的基础上，对结构原理方案进行结构化，绘制产品总装图、部件装配图；提出初步的零件表、加工和装配说明书；对结构设计进行技术经济评价。

必须遵守有关国家、部门和企业颁布的标准规范，通常要经过设计、审核、修改、再审核、再修改多次反复，才可批准投产。

经常采用诸如有限元分析、优化设计、可靠性设计、计算机辅助设计等现代设计方法，解决设计中出现的问题。

1.5.2.4　工艺设计阶段

(1) 零件图设计

零件图包含了制造零件所需的全部信息。这些信息包括几何形状、全部尺寸、加工面的尺寸公差、形位公差和表面粗糙度要求、材料和热处理要求、其他特殊技术要求等。组成产品的零件有标准件、外购件和基本件。标准件和外购件不必提供零件图，基本件无论是自制或外协，均需提供零件图。零件图的图号应与装配图中的零件件号对应。

(2) 完善装配图

绘制零件图时，更加强调从结构强度、工艺性和标准化等方面进行具体的结构设计，不可避免地要对技术设计阶段提供的装配图做些修改。所以零件图设计完毕后，应完善装配图的设计。装配图中的每一个零件应按企业规定的格式标注件号。零件件号是零件唯一的标识符，不可乱编，以免造成生产混乱。件号通常包含产品型号和部件号信息，有的还包含材料、毛坯类型等其他信息，以便备料和毛坯的生产与管理。

(3) 商品化设计

商品化设计的目的是进一步提高产品的市场竞争力。商品化设计的内容一般包括：进行价值分析和价值设计，在保证产品功能和性能的基础上，降低成本；利用工艺美学原理设计精美的造型和悦目的色彩，改善产品的外观功能；精化包装设计等。

(4) 编制技术文档

应重视技术文档的编制工作，将其看成是设计工作的继续和总结。编制技术文档的目的是为产品制造、安装调试提供所需要的信息，为产品的质量检验、安装运输、使用等提出相应的规定。为此，技术文档应包括产品设计计算书、产品使用说明书、产品质量检查标准和规则、产品明细表等。产品明细表包括基本件明细表、标准件明细表和外购件明细表等。

1.6 机械装备制造业发展现状及发展趋势

机械装备制造业是为国民经济发展和国防建设提供技术装备的基础性产业，机械装备制造业的发展水平在一定程度上体现了国家的综合实力，其发展也为我国产业升级和技术进步提供了重要保障。

机械装备制造业是制造业的核心组成部分，建立起强大的先进装备制造业是提升综合国力、实现工业化的根本保证，同时也有利于提高中国装备制造业的国际竞争力，使中国装备走向世界。

1.6.1 我国机械装备制造业的发展现状

得益于国家产业政策的大力扶持和全球产业格局的转变，我国装备制造业已经取得举世瞩目的发展成就，形成了门类齐全、具有相当规模和一定水平的产业体系，成为我国经济发展的重要支柱产业。

当前，我国装备制造业总产值跃居世界第一，已进入世界装备制造业大国行列，但是与美国、德国、日本等装备制造业强国相比，我国装备制造业综合竞争力还亟待提高。图 1-2 所示为中国制造业所处位置。

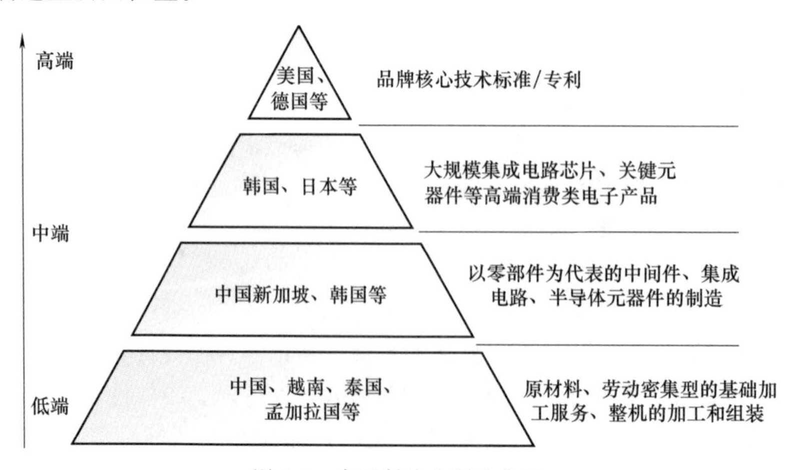

图 1-2 中国制造业所处位置

虽然我国装备制造业已经取得了长足的发展，在许多领域中国制造已有了响亮的名声，但是我国目前还处在工业化与信息化融合的阶段，因此，同发达国家相比，我国的装备制造业在技术创新、管理机制等方面还存在一定的差距。

(1) 机械装备制造企业组织结构不合理

目前，我国的装备制造企业存在“小而不精，大而不强”的问题，企业规模小且没有具有市场竞争力的精品，企业规模大，生产产品数量多，质量却不强，在行业内地位不高，这些问题的出现同我国装备制造行业投资分散、重复布局、重外延轻内涵的发展特点有关。在行业分工上，完成重大的工程项目设计所必需的产品设计和制造分属不同的部门，影响了装备成套供应。在资金投入方面，装备制造行业获得资本投入的渠道比较窄，制约了装备制造企业借助资本杠杆实现企业重组的能力。

(2) 机械装备制造业技术开发能力不足

受限于规模、资金、人才和技术手段等因素，装备制造企业研究开发能力比较薄弱，针对重大项目的自主研发能力不强，一些高新技术装备还需要依赖进口。在产品的设计和制造方面也存在问题，按照现代化的设计观点，对产品进行设计需要考量市场、生产、设计等因素，从而找到最优的结合点，开发设计出技术、成本、销售等方面都实现最佳配置的产品，我国装备制造业仍然受各个方面问题的制约，在此方面能力不强。在研发资源分配上也存在问题，企业是最需要新技术也是最热衷推动技术创新的，但是其却不是人才和研发经费的集中地，大量的研发经费和人员都集中在研究机构，许多研究成果不能真正应用到企业生产之中。

(3) 机械装备制造业产品生产结构不合理

一方面，我国装备制造业初期的发展思路是满足短缺经济时期公众的消费需求，在发展战略上一味扩大生产能力，对产品的质量和升级不够重视，这就导致低技术含量的产品生产能力猛增，许多初级产品生产能力过剩，供给远超过需求。另一方面，许多高新产品和高级技术装备的生产能力又严重不足，只能向国外市场大量采购。

1.6.2 机械装备制造业的发展趋势

(1) 智能化

自动化和智能化是智能制造装备的重要发展趋势，主要表现在装备能根据用户要求实现制造过程的自动化，并对制造对象和制造环境具有高度适应性，实现制造过程的优化。

2015 年，我国提出了“中国制造 2025”，提出通过“三步走”实现制造强国的战略目标：第一步，2025 年，迈向制造强国行列；第二步，2035 年，我国制造业整体达到世界制造强国阵营中等水平；第三步，新中国成立一百年，我国制造业大国地位更加巩固，综合实力进入世界制造强国行列。在完成强化工业基础能力、提高创新能力、加强质量品牌建设、提高国际化发展水平等附加任务的同时，要重点发展智能制造产业。

智能制造装备是对具有预测、感知、分析、推理、决策、控制功能的各类制造装备的统称，是在装备数控化基础上提出的一种更先进、更能提高生产效率和制造精度的装备类型。近年来，人工智能技术、机器人技术和数字化制造技术等相结合的智能制造技术开始贯穿于设计、生产、工艺、管理和服务等制造业的各个环节，正催生智能制造业，引领新一轮制造业变革。图 1-3 为 18 世纪以来的工业演进历程。

智能制造装备是高端装备的核心，是制造装备的前沿和制造业的基础，已成为当今工业

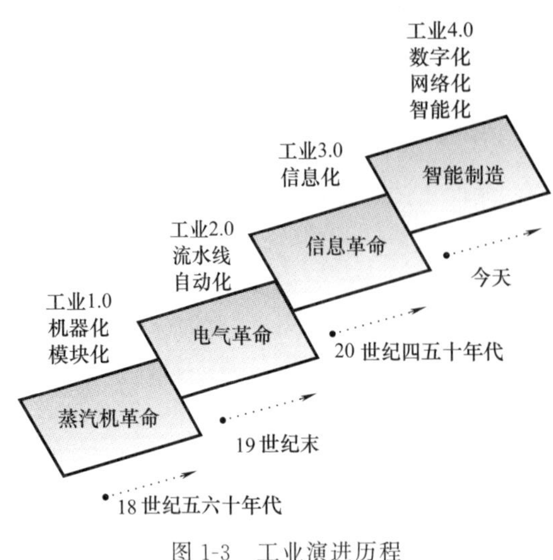

图 1-3 工业演进历程

先进国家的竞争目标。作为高端装备制造业的重点发展方向和信息化与工业化深度融合的重要体现，发展智能制造装备产业对于加快制造业转型升级，提高生产效率、技术水平和产品质量，降低能源资源消耗，实现制造过程的智能化和绿色化发展具有重要意义。

（2）集成化

智能制造装备正向技术集成、系统集成的方向发展，主要体现在生产工艺技术、硬件、软件与应用技术的集成及设备的成套，同时还体现在生物、纳米、新能源、新材料等跨学科高技术的集成，从而使装备性能不断提高和升级，甚至发生深刻变化。

（3）信息化

信息技术与先进制造技术的融合，带来的是巨大的甚至是革命性的变化。将传感技术、计算机技术、软件技术“嵌入”装备中，实现装备的性能提升和“智能”。设计及制造过程的数字化、信息化与智能化的最终目标是不仅要快速开发出产品或装备，而且要努力实现大型复杂产品一次开发成功。

（4）绿色化

资源、能源的压力使得必须考虑装备从设计、制造、包装、运输、使用到报废处理的全生命周期，对环境负面影响极小，资源利用率极高，并使企业经济效益和社会效益协调优化。绿色制造是提高智能制造装备资源循环利用效率和降低环境排放的关键途径。

（5）服务化

制造业服务化是指制造企业从满足客户需求、实现价值增值、提升企业竞争力等动因出发，由以提供产品为中心向以提供服务为中心转变的一种动态过程，是当今全球装备制造产业发展的重要趋势。

（6）标准化

标准化是为在一定范围内获得最佳秩序，对实际的或者潜在的问题制定共同的和重复使用的规则的活动。标准化也是一项制定条款的活动，条款内容是为实现问题或潜在目的在一定范围内形成最佳秩序。近年来，装备制造业呈现标准化趋势，无论是德国的工业 4.0、美国的“再工业化”战略，还是“中国制造 2025”都从国家战略层面制定制造业的最高标准。德国工业 4.0 引领新制造业潮流，具有强大的机械工业制造基础、嵌入式以及控制设备的先进技术和能力；美国工业互联网，占据新工业世界翘楚地位，对传统工业世界进行物联网式的互联直通，对大数据进行智能分析和智能管理；中国制造 2025，是为了实现制造大国向制造强国转型，以加快新一代信息技术与制造业深度融合为主线，以智能制造为主攻方向。这些都体现了全球工业智能化的趋势，并试图以此争夺世界制造业的制高点，这是因为：标准化可以规范社会的生产活动，规范市场行为，引领经济社会发展，推动建立最佳秩序，促进相关产业在技术上的相互协调和配合；有利于实现科学管理和提高管理效率；可以简化生产技术，使资源合理利用；有利于扩大市场占有率；促进科学技术转化成生产力。

(7) 个性化

随着电子商务的发展，借助日益成熟的网络数据交换、网络市场调查和物流配送体系，企业逐渐从依赖转接大厂订单生产向个性化生产转变，从而摆脱凭借廉价劳动力争取市场的发展模式，走上依靠创意设计和特色市场营销来争取市场的发展新路，这将彻底改变装备制造企业传统的采购、生产、配送以及供应链发展模式。

随着个性化定制需求的凸显，传统大规模批量化生产模式已经发生变化，小批量、多样化的产品生产模式已经出现，中国制造业个性化定制开始兴起。在汽车行业，奥迪在中国率先进军个性化定制市场，目前个性化订单比例已经占20%以上；徐州工程机械集团有限公司（简称徐工）“私人定制”自卸车再获批量订单，凭借良好的可操作性和稳定性、性价比高等优势，公司的产品在非洲地区成为主打热销产品。

1.6.3 典型案例

(1) 海尔集团

海尔从2012年开始探索互联工厂，在这个探索的过程中，从一个工序的无人，到一个车间的无人，再到整个工程的自动化，最后到整个互联工厂的示范，都是一个不断地再累积、再沉淀的过程。目前海尔已在四大产业建成工业4.0示范工厂（如图1-4所示），包括沈阳冰箱互联工厂（全球家电业第一个智能互联工厂）、郑州空调互联工厂（全球空调行业最先进的互联工厂）、滚筒洗衣机互联工厂、青岛热水器互联工厂等。除了这些示范工厂，海尔还要在全球的供应链体系中展开和复制，目的就是让用户能够在任何时间和全球任何地点，通过移动终端可以随时定制产品，互联工厂可以随时感知、随时满足用户需求。

图1-4 海尔自动化工厂

海尔互联工厂的前端是名为“众创汇”的用户交互定制平台，在这个平台上，海尔与用户能够零距离对话，用户可通过多种终端查看产品“诞生”的整个过程，如定制内容、定制下单、订单下线等10个关节性节点，根据个人喜好自由选择空调的颜色、款式、性能、结构等定制专属空调，用户提交订单后，订单信息实时传到工厂，智能制造系统自动排产，并将信息自动传递给各个工序生产线及所有模块商、物流商，海尔生产线可以兼容不同模块同时生产。用户通过收集终端可以实时获取整个订单的生产情况，产品生产过程都在用户“掌握”中。

同时，用户还能对产品进行直接评价或提出意见，工厂可视化将用户评价体系由生产完成后提前到生产完成前，实现了用户对产品品质的提前“倒逼”，用户不仅是产品的“消费者”，更是产品的“创造者”，海尔开启了一个“人人自造”的时代。

(2) 美国特斯拉“超级工厂”

“汽车界的苹果”特斯拉，在一定程度上已经与工业4.0的理念相匹配，它对自己所生产汽车的核心定位并非一辆电动车，而是一个大型可移动的智能终端，具有全新的人机交互方式，通过互联网终端把汽车做成一个包含硬件、软件、内容和服务的体验工具。特斯拉的成功不仅体现在能源技术方面的突破，更在于其互联网思维融入了汽车制造。

特斯拉可实现个性化定制。目前 Model S 有 9 种车身颜色供客户选择；除了车身颜色，客户还可以自定义车顶、轮毂及内饰；订车时，客户可以选择不要天窗，也可以定制一个配有黑色车顶的白色车；如果觉得后备厢的电动开关无所谓，可以选择不要；其他定制需求，如在后备厢加一个儿童座椅，特斯拉都能一一实现。

特斯拉的生产制造是在其位于美国北加州弗里蒙特市的“超级工厂”完成的，如图 1-5 所示。在这个花费巨资建造的“超级工厂”里，几乎能够完成特斯拉从原材料到成品的全部生产过程，整个制造过程将自动化发挥到了极致，其中“多才多艺”的机器人是生产线的主要力量。目前“超级工厂”内一共有 160 台机器人，分属四大制造环节：冲压生产线、车身中心、烤漆中心和组装中心。

车身中心的“多工机器人”是目前最先进、使用频率最高的机器人。它们大多只有一个巨型机械臂，却能执行多种不同任务，包括车身冲压、焊接、铆接、胶合等工作。它们可以先用钳子进行点焊，然后放开钳子拿起夹子，胶合车身板件。

当车体组装好以后，位于车间上方的“运输机器人”能将整个车身吊起，运往位于另一栋建筑的喷漆区。在那里，拥有可弯曲机械臂的“喷漆手机器人”不仅能全方位、不留死角地为车身上漆，还能使用把手开关车门与车厢盖。

送到组装中心后，“多工机器人”除了能连续安装车门、车顶外（如图 1-6 所示），还能将一个完整的座椅直接放到汽车内部。组装中心的“安装机器人”还是个“拍照达人”，因为在为 Model S 安装全景天窗时，它会先在正上方拍张车顶的照片，通过照片测量出天窗的精确方位，再把一块玻璃黏合上去。

在车间，车辆在不同环节间的运送基本都由一款自动引导机器人“聪明车”来完成。工作人员提前在地面上用磁性材料设计好行走路线，“聪明车”就能按照路线的指引，载着 Model S 穿梭于工厂之间。

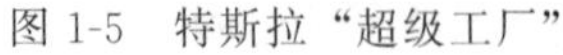
图 1-5 特斯拉“超级工厂”

图 1-6 智能机器人安装车门

(3) 沈阳机床集团

自 2007 年开始，沈阳机床集团连续五年累计投入研发资金 11.5 亿元，攻克了 CNC 运动控制技术、数字伺服技术、实时数字总线技术等运动控制领域的核心底层技术，彻底突破和掌握了运动控制底层技术，并于 2012 年生产了世界上首台具有网络智能功能的 i5 数控系统。

图 1-7　沈阳机床集团 i5 智能机床总装车间

i5 是工业化（industrialization）、信息化（informatization）、网络化（internet）、智能化（intelligent）和集成化（integrated）的有效集成。该系统误差补偿技术领先，控制精度达到纳米级，产品精度在不用光栅尺测量的情况下达到 3μm。

在此基础上推出的智能机床作为基于互联网的智能终端，实现了智能补偿、智能诊断、智能控制、智能管理，如图 1-7 所示。智能补偿可以智能校正，误差可以智能补偿，根据目标对象进行补偿，能够实现高精度；智能诊断能够实现故障及时报警，防止停机；智能控制能够实现主动控制，完成高效、低耗和精准控制；智能管理能够实现“指尖上的工厂”，实时传递和交换机床加工信息。

i5 数控技术的开发，不仅攻克了数字伺服驱动技术、实时数字总线技术等运动控制领域的底层核心技术，同时融汇了移动互联、大数据中心等新兴技术，使特征编程、加工仿真、实时监控、智能诊断、远程控制等网络智能制造以及工厂分布式、分级式布局得以实现。原来 70min 的数控加工准备时间被缩短到 5min。管理人员凭借一部手机就可以在千里之外实时管理。i5 系统使工业机床“能说话、能思考”，满足了用户个性化需求，工业效率提升 20%。

由于 i5 智能机床已经实现了“互联网+”，故沈阳机床集团计划打造出一个“i 平台”，让智能制造从单机扩展到无限群体。“i 平台”可通过网络对售出机床生命周期全过程实时监控。所有纳入平台的机床是处于使用状态还是停机状态、在加工什么、加工进度如何、质量如何、有没有问题、什么时候需要维修保养，“i 平台”终端一目了然。

习题与思考题

1. 什么是装备制造业？机械制造装备应具备哪些主要功能？
2. 机械制造装备如何分类？
3. 机械制造装备设计的基本要求是什么？
4. 机械制造装备设计的典型步骤是什么？
5. 机械制造装备设计的发展趋势如何？

第2章 金属切削机床设计

2.1 概述

在机械制造过程中，金属毛坯是在金属切削机床上采用切削加工方法将其加工成具有一定尺寸、形状和位置精度要求的机械零件的，因此金属切削机床是制造机器的机器，又被称为工作母机。金属切削机床作为机器零件的主要加工设备，承担机械制造业总工作量的40%～60%，而机床性能的优劣及先进程度直接影响机械加工的质量、生产效率和加工成本等，因此机床制造业是机械工业的基础，机床工业的现代化水平、规模以及所拥有的机床数量和质量是一个国家工业发达程度的重要标志。

制造业的发展对机床的要求越来越高，先进的自动化制造系统和智能化生产系统的发展，要求计算机从适应单机工作模式向适应自动化制造系统、智能化系统工作模式方向发展。数控与机电结合系统、CAD技术和虚拟样机仿真技术的发展，为机床设计提供了新的支撑条件。因此，机床的设计方法和设计技术正发生着深刻的变化。

2.1.1 机床设计应满足的基本要求

(1) 工艺范围

机床工艺范围是指机床适应不同生产要求的能力，包括可加工工件的表面形状、材料、尺寸范围、毛坯种类及其所选择的加工方法等。机床的工艺范围取决于其应用范围。如通用机床，对加工精度、加工效率和自动化程度的要求相对低一些，要求机床具有较宽的加工范围，多用于单件小批生产。再如专用机床，专门用于某一工件的特定工序而设计制造，容易实现自动化，生产效率和加工精度较高，但工艺范围较窄，多用于大批量生产。

机床的工艺范围直接影响机床结构的复杂程度、设计制造成本、加工效率和自动化程度。对于生产效率，就机床本身而言，工艺范围增加，可能会使加工效率下降。但就工件的制造全过程而言，机床工艺范围的增加，将会减少工件的装卸次数，减少安装、搬运等辅助时间，有可能使总的生产效率提高。

（2）精度

机床应能够保证被加工工件达到图样要求的加工质量，因此机床必须具有相对工件图纸更高的精度。机床精度主要指机床的几何精度和机床的工作精度。机床的几何精度指空载条件下机床本身的精度，它反映了机床独立部件对理想的线或面的偏差程度。机床的工作精度指精加工条件下机床的加工精度（尺寸、形状及位置偏差）。

（3）刚度

机床的刚度是机床系统抵抗变形的能力，包括静刚度和动刚度，通常所说的刚度一般是指机床的静刚度。机床是由许多零、部件按照规定的装配精度装配而成的。在切削力、重力等各种载荷下，各零部件及其结合面都会发生变形，从而使刀具和工件之间发生相对位移，影响加工精度。因此提高机床的刚度，不仅要提高各零部件的结构刚度，还要提高结合部的接触刚度。

（4）柔性

机床的柔性是指其适应加工对象变化的能力。机床的柔性包括空间上的柔性和时间上的柔性。所谓空间上的柔性，也就是功能柔性，包括机床的通用性和在同一时期内进行快速功能重构的能力，即机床能够适应多品种小批量的加工，机床的运动功能和刀具数目多，工艺范围广，一台机床具备多台机床的功能，因此在空间上布置一台高柔性机床，其作用等于布置了几台机床（即机床的通用性高）。所谓时间上的柔性，也就是结构柔性，指的是在不同时期（如企业的产品更新了）机床各部件重构的能力。机床各部件重新组合，构成新的机床，即通过机床重构，改变其功能，以适应产品更新变化快的要求。

（5）生产率

机床的生产率通常是指单位时间内机床所能加工的工件数量。机床的切削效率越高，辅助时间越短，则它的生产率越高。对用户而言，使用高效率的机床，可以降低工件的加工成本。

（6）自动化程度

机床的自动化程度越高，则加工效率越高，加工精度的稳定性越好，还可以有效地降低工人的劳动强度，便于一个工人看管多台机床，大大提高劳动生产率。

（7）噪声

噪声损坏人的听觉器官和生理功能，是一种环境污染。设计和制造过程中要设法降低噪声。

（8）机床成本

成本概念贯穿在产品的整个生命周期内，包括设计、制造、包装、运输、使用维护、再利用和报废处理等的费用，是衡量产品市场竞争力的重要指标，应在保证机床性能要求的前提下，尽可能提高其性价比。

（9）生产周期

生产周期（包括产品开发和制造周期）是衡量产品市场竞争力的重要指标，为了快速响应市场需求变化，应尽可能缩短机床的生产周期。这就要求尽可能采用现代设计方法，缩短新产品的开发周期；尽可能采用现代制造和管理技术，缩短制造周期。

（10）可靠性

应保证机床在规定的使用条件下、在规定的时间内，完成规定的加工功能时，无故障运行的概率要高。

(11) 机床宜人性

机床宜人性是指要为操作者提供舒适、安全、方便、省力的劳动条件。机床设计要布局合理、操作方便、造型美观、色彩悦目，符合人体工程学原理和工程美学原理，使操作者有舒适感、轻松感，以便减少疲劳，避免事故，提高劳动生产率。

2.1.2 机床的设计方法

随着科学技术的进步和社会需求的变化，机床的设计理论和技术也在不断发展。计算机技术和分析技术的飞速进步，为机床设计方法的发展提供了有利的技术支撑。计算机辅助设计（CAD）和计算机辅助工程（CAE）已在机床设计的各个阶段得到了应用，它们改变了传统的经验设计方法，使机床设计由传统的人工设计向计算机辅助设计、由定性设计向定量设计、由静态和线性分析向动态和非线性分析、由可行性设计向最佳设计过渡。

数控技术的发展与应用，使机床的传动与结构发生了重大变化。伺服驱动系统可以方便地实现机床的单轴运动及多轴运动，从而可以省去复杂笨重的机械传动系统，使其结构及布局产生很大的变化。

随着生产的发展，社会需求也在发生变化。在机械制造业中，多品种、小批量生产的需求日益增加，因此出现了与之相适应的柔性制造系统（FMS）等先进制造系统。数控机床是 FMS 的核心装备。前期的 FMS，可以说是“以机床为主的系统设计”，即根据现有机床的特点来构成 FMS。但是传统的机床（包括数控机床）设计时并未考虑在 FMS 中的应用，因此在功能上制约了 FMS 的发展。FMS 的发展对机床提出了新的要求，要求机床设计向“以系统为主的机床设计”方向发展，即在机床设计时就要考虑如何更好地适应 FMS 等先进制造系统的要求，例如要求具有时间、空间柔性，与物流的可接近性等，这就对机床设计的方法提出了新的要求。

机床的设计方法是根据其设计类型而定的。通用机床采用系列化设计方法，而系列化机床的原型——基型产品属创新设计类型，其他属变型设计类型。有些机床，如组合机床，属组合设计（模块化设计）类型。

(1) 机床创新设计方法

在机床创新设计类型中，机床总体方案（包括机床运动功能方案和结构布局方案）可以有很多种（例如，五轴数控机床的运动功能方案和结构布局方案可以多达数百种），机床总体方案的产生方法有试错法（或试行设计法）和创成法。试错法用类比分析、推理的方法产生方案，是目前创新设计经常采用的方法；创成法则用创成解析的方法生成方案，创新能力强，但这种方法尚在研究发展阶段。

机床总体方案的创新设计，实际就是寻求机床总体方案的原理解。在创新设计方法中，所谓寻求原理解就是寻找原理（工作原理和结构原理）上的创新设计方案。寻求原理解首先要找出所有可能的原理解，然后从中求出最优或次优解。

机床创新设计方法又可以分为创成式设计方法和分析式设计方法两种类型，但是创成式设计方法和分析式设计方法求解原理解的方法有着本质区别。分析式设计方法的求解方法是首先由设计者根据设计的功能要求，凭积累的知识、经验或灵感提出原理解方案（即先给出原理解），然后采用定量分析的方法判断其原理解方案是否满足功能要求，即通过解析计算验证所提出的原理解方案是不是满足功能要求的原理解。而创成式设计方法的求解方法是采用解析的方法直接求出所有可能的原理解。

分析式设计方法的求解方法对设计人员的知识依赖性大，且不一定能够求出所有可能的原理解，但可以分析方案的可行性及进行方案比较。创成式设计方法的求解方法可以求出所有可能的原理解，但求解的难度大，尤其是结构原理解的求解难度非常大，是创新设计方法研究的关键问题。

（2）机床模块化设计方法

机床模块化设计方法主要用于机床的组合、变型产品设计，也可称为模块化变型设计方法。模块化设计方法就是在对产品进行功能分析的基础上，划分并设计出一系列通用模块的方法。根据市场需求，对这些模块进行选择组合，就可以构成不同功能，或功能相同但性能不同、规格不同的组合、变型产品。

模块划分技术的关键是如何能够以尽可能少的模块种类，组成尽可能多的不同功能、不同性能、不同规格的组合、变型产品。这是因为若模块种类过多（极端的情况，一个零件就是一个模块），无法按模块化组织生产，在模块化制造的质量、成本及周期方面的优势就会很弱，同时通过模块化设计快速形成新产品的能力、装配和维修方面的优势也很弱；若模块种类过少（如所有部件就是一个模块），利用已有的模块来组成新产品的开发能力就弱，形成组合、变型产品种类的数目就越少。因此模块划分问题是一个难度非常大的设计寻优问题。

模块组合技术的关键问题之一是模块与模块之间连接的接合部设计要能满足所组成的各种变型产品的性能要求（精度，动、静、热刚度）；另一个关键问题是要能够实现模块的快速装配和快速更换，特别是产品在生产现场（是指用户使用的生产现场，而不是装备制造商的生产现场）的快速重构。模块的快速更换有时只需几分钟，甚至几秒钟，因此模块的快速接合技术（快速接合的机构与控制技术）是产品快速重构的关键技术。

2.1.3 机床设计步骤

不同的机床类型设计步骤也不同。一般机床设计的内容及步骤大致如下。

2.1.3.1 总体设计

（1）机床主要技术指标设计

机床主要技术指标是后续设计的前提和依据。设计任务的来源不同，如工厂的规划产品，或根据机床系列型谱进行设计的产品、用户的订货等，所需的设计要求就有所不同，但主要的技术指标大致相同，包括：

① 工艺范围。包括加工件的材料类型、形状、质量和尺寸范围等。

② 运行模式。机床是单机运行模式，还是用于生产系统。

③ 生产率。包括加工件的类型、批量及所要求的生产率。

④ 性能指标。加工件所要求的精度（用户订货设计）或机床的精度、刚度、热变形、噪声等性能指标。

⑤ 主要参数。即确定机床的加工空间和主参数。

⑥ 驱动方式。机床的驱动方式有电动机驱动和液压驱动。电动机驱动方式中又有普通电动机驱动、步进电动机驱动与伺服电动机驱动。驱动方式的确定不仅取决于机床的成本，还将直接影响运动和动力的传动方式。例如当主运动采用电主轴时，则无主运动的机械传动系统。

⑦ 成本及生产周期。无论是订货还是工厂规划产品，都应确定成本及生产周期方面的指标。

(2) **总体方案设计**

总体方案设计包括：

① 运动功能设计。包括确定机床所需运动的轴数、形式（直线运动、回转运动）、功能（主运动、进给运动、其他运动）及排列顺序，最后画出机床的运动原理图，并进行运动功能分配。

② 基本参数设计。包括尺寸参数、运动参数和动力参数设计。

③ 传动系统设计。包括传动方式、传动原理图及传动系统图设计。

④ 总体结构布局设计。包括总体结构布局形式及总体结构方案图设计。

⑤ 控制系统设计。包括控制方式、控制原理以及控制系统图设计。

(3) **总体方案综合评价与选择**

在总体方案设计阶段，对其各种方案进行综合评价，从中选择较好的方案。

(4) **总体方案的设计修改或优化**

对所选择的方案进一步修改或优化，确定最终方案。上述设计内容，在设计过程中是交叉进行的。

2.1.3.2 详细设计

详细设计包括技术设计、施工设计。

(1) **技术设计**

设计机床的传动系统，确定各主要结构的原理方案，设计部件装配图，对主要零件进行分析计算或优化，设计液压原理图和相应的液压部件装配图，设计电气控制系统原理图和相应的电气安装接线图，设计和完善机床总装配图和总联系尺寸图。

(2) **施工设计**

设计机床的全部自制零件图，编制标准件、通用件和自制件明细表，编写设计说明书、使用说明书，制定机床的检验方法和标准等技术文档。

2.1.3.3 机床整机综合评价

对所设计的机床进行整机性能分析和综合评价。如果设计的机床属于成批生产，在设计完成后，应进行样机试制和鉴定，待合格后再进行小批量试制以验证工艺。在试制、鉴定过程中，根据暴露出来的问题再做进一步的改进。

上述步骤可反复进行，直到设计结果满意为止。在设计过程中，设计与评价反复进行，可以提高一次设计成功率。

2.2 金属切削机床设计的基本理论

机床不同于一般的机械，它是用来制造其他机械的工作母机，因此在运动学原理、刚度及精度方面有其特殊要求。下面简单介绍一些机床设计的基本理论。

2.2.1 机床的运动学原理

机床的末端执行器有两个，一个是安装工件的执行器（如铣床的工作台、车床主轴的卡盘），另一个是安装刀具的执行器（如铣床的主轴、车床的刀架）。工件的加工，就是通过两个执行器完成刀具与工件的相对运动来实现的。例如，车床的加工功能是加工圆柱面、圆锥面、端面、螺旋回转面及自由回转面等各种回转表面，它的加工功能需要工件绕其自身轴线（C 轴）回转、刀具沿工件轴线方向（Z 轴）和垂直于工件轴线（X 轴）方向移动三个运动来实现。

机床的运动学就是研究、分析和实现机床期望的加工功能所需要的运动功能配置，即配置什么样的运动功能才能实现机床所需要的加工功能。掌握了机床运动学知识就可对任何机床的工作原理进行学习、分析和设计。

2.2.1.1　机床的工作原理

金属切削机床的基本功能是提供切削加工所必需的运动和动力。机床的基本工作原理是：通过刀具与工件之间的相对运动，由刀具切除工件上多余的金属材料，使工件形成一定的几何形状和尺寸，达到图纸的精度要求。工件加工表面的几何形状的形成取决于机床的运动功能，包括机床运动轴的数目、运动性质及各运动轴间的关系（独立还是联动），而几何尺寸则主要取决于机床的运动行程。

由此可见，机床上刀具与工件的相对运动形成工件的加工表面，因此要分析机床的运动功能，首先需要了解工件表面的形成方法。

2.2.1.2　工件表面的形成方法及机床运动

工件表面的形成方法主要是指工件的待加工表面几何形状的成形方法。机床成形运动主要是指形成工件的待加工表面几何形状所需的运动。几何表面的形成原理不同，所需要的机床成形运动不同。

(1) 几何表面的形成原理

经过切削加工的机械零件，其形状都是由若干刀具切削加工而获得的表面组成的，这些表面归纳起来主要有四种：平面、圆柱面、圆锥面和成形面。这些表面都可以看成是由一条曲线（或直线）沿着另一条曲线（或直线）运动的轨迹。这两条曲线（或直线）称为该表面的发生线，前者称为母线，后者称为导线。

图 2-1 给出了几种表面的形成原理，其中 1、2 表示发生线。图 2-1（a）、（b）的表面分别是由直线母线、曲线母线 1 沿着直线导线 2 移动而形成的；图 2-1（c）的自由曲面是由曲线母线 1 沿曲线导线 2 运动而形成的；图 2-1（d）的圆柱面是由直线母线 1 沿轴线与它相平行的圆导线 2 运动而形成的；图 2-1（e）的圆锥面是由直线母线 1 沿轴线与它相交的圆导线 2 运动形成的。

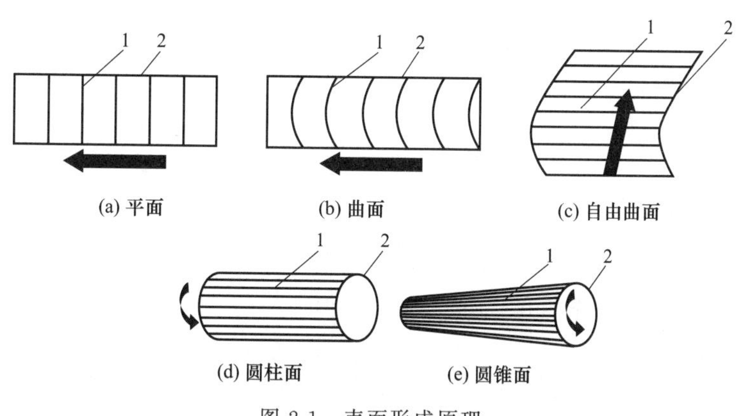

图 2-1　表面形成原理

1—母线；2—导线

(2) 发生线的形成及机床运动

在加工零件表面的过程中，工件、刀具之一或两者同时按一定规律运动，形成两条发生线。发生线常用的形成方法有轨迹法、成形法、相切法和展成法。

① 轨迹法。刀具切削刃与被加工工件表面为点接触。为了获得所需的发生线，刀具相对工件需做一定规律的运动，其接触点的轨迹即为所形成的发生线。如图 2-2（a）所示，在刨削加工时，当刨刀沿着某方向做直线运动时，就形成直线形母线；当刨刀沿着某方向做曲线运动时，就形成曲线形母线。采用轨迹法形成发生线时，需要一个独立的成形运动。

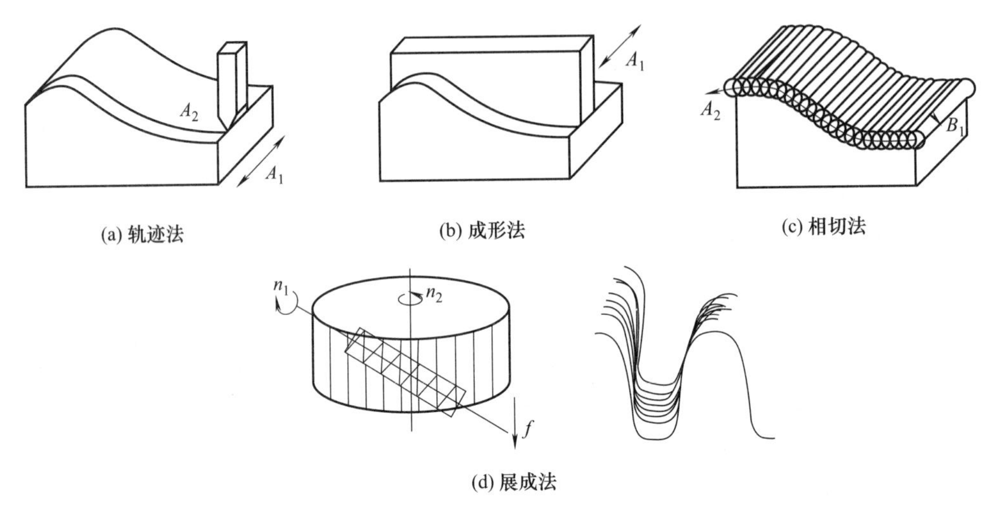

图 2-2 形成发生线的方法

② 成形法。采用成形刀具加工时，刀具的切削刃要与所需要形成的发生线的形状完全一致。如图 2-2（b）所示，曲线形的母线不需要任何运动，由刀具的切削刃直接形成。

③ 相切法。利用刀具边绕自身轴线旋转边做一定规律的轨迹运动，对工件进行加工的方法。如图 2-2（c）所示，采用铣刀、砂轮等旋转刀具加工时，刀具圆周上有多个切削点轮流与工件表面接触，此时除了刀具绕自身轴线旋转运动 B_1 之外，刀具轴线也要沿着发生线的等距线做一定轨迹运动，各个切削点运动轨迹的包络线就是所加工表面的发生线。因此，采用相切法生成发生线时，需要两个相互独立的成形运动，即刀具的旋转运动和刀具中心按一定规律的轨迹运动。

④ 展成法。利用工件和刀具做展成切削运动进行加工的方法。图 2-2（d）所示为插齿刀具加工圆柱齿轮，由刀具的回转运动 n_1 与工件的回转运动 n_2 来实现，这两个运动保持严格的复合运动关系，切削刃的一系列瞬时位置的包络线就是所需要的渐开线导线。因此，用展成法形成发生线时，工件的旋转与刀具的旋转（或移动）两个运动之间必须保持严格的运动协调关系，两个运动组成一种复合运动（或展成运动）。

(3) 加工表面的形成方法

几何表面的形成是母线和导线形成方法的组合。因此，加工表面形成所需的刀具与工件之间的相对运动也是形成母线和导线所需相对运动的结合。

2.2.1.3 机床运动分类

机床的运动可以按运动的性质、运动的功能、运动之间的关系分类。

(1) 按运动的性质分类

可以分为直线运动和回转运动。

（2）按运动的功能分类

为了完成工件表面的加工，机床上需要设置各种运动，各个运动的功能是不同的。可以分为成形运动和非成形运动两类。

① 成形运动。为了完成工件上待加工表面的加工，需要刀具与工件发生相对运动而形成发生线。这些形成发生线的运动，称为成形运动。成形运动是机床上最基本的运动。

② 非成形运动。除了成形运动之外，机床上还需设置的一些其他运动称为非成形运动。如切入运动（刀具切入工件的运动）、分度运动（当工件加工表面由多个表面组成时由一个表面过渡到另一个表面所需的运动）、辅助运动（如刀具的接近、退刀、返回等）、调整运动（调整刀具与工件相对位置或方向）、控制运动（如一些操纵运动）。

（3）按运动之间的关系分类

按机床各个运动之间的关系可以分为独立运动和复合运动。

① 独立运动。与其他运动之间无严格的运动关系。

② 复合运动。两个或两个以上的运动之间有严格的运动关系。如车削螺纹时为了保证导程，工件主轴的旋转运动和刀具的纵向直线运动之间有着严格的运动关系，为复合运动。对机械传动的机床来说，复合运动是通过内联系传动系来实现的；对数控机床来说，复合运动是通过运动轴的联动来实现的。

2.2.1.4　机床的成形运动

根据运动在表面形成中所完成的功能，机床的成形运动又可以分为主运动（完成金属的切除）和形状创成运动（完成表面几何形状的生成，即母线和导线的生成）。

（1）主运动

主运动的功能是切除加工表面上多余的金属材料，运动速度高，消耗功率大，故称为主运动，也可称为切削运动。它是形成加工表面必不可少的成形运动。

（2）形状创成运动

它的功能是用来形成工件加工表面的发生线（包括母线和导线）。例如：

① 如图2-3（a）所示，用单刃车刀车削外圆柱面，形成直母线1（轨迹法）需要一个直线运动 f，形成圆导线（轨迹法）需要一个回转运动 n，故共需两个形状创成运动 f 和 n。

② 如图2-3（b）所示，宽刃车刀车削短外圆柱面，形成直母线1（成形法）不需要运动，形成圆导线（轨迹法）需要一个回转运动 n，故共需一个形状创成运动 n。

③ 图2-3（c）为纵向磨削外圆柱面，通过相切法由回转运动 n_1 和直线运动 f 形成直母线1，形成圆导线（轨迹法）需要一个回转运动 n_2，故共需三个形状创成运动 f、n_1、n_2。

④ 图2-3（d）为用盘铣刀以相切法铣削外圆柱面，通过相切法由回转运动 n_1 和直线运动 f 形成直母线，形成圆导线（轨迹法）需要一个回转运动 n_2，故共需三个形状创成运动 f、n_1、n_2。

⑤ 图2-3（e）为用滚齿加工，滚刀的回转运动 n_1 和工件的回转运动 n_2 组成范成运动，形成渐开线母线，滚刀的运动 f 形成直导线，共需三个形状创成运动 f、n_1、n_2。

当形状创成运动中不包含主运动时，形状创成运动与进给运动两个词等价，用主运动和进给运动或主运动和形状创成运动来描述成形运动，是一样的；当形状创成运动中包含主运动时，形状创成运动与成形运动两个词等价，这时主运动和进给运动都用来生成工件表面几何形状。在机床运动学中，为了研究、设计和分析工件表面几何形状生成所需的运动，用主运动和形状创成运动来描述成形运动更方便。在机床使用中则用主运动和进给运动来描述成

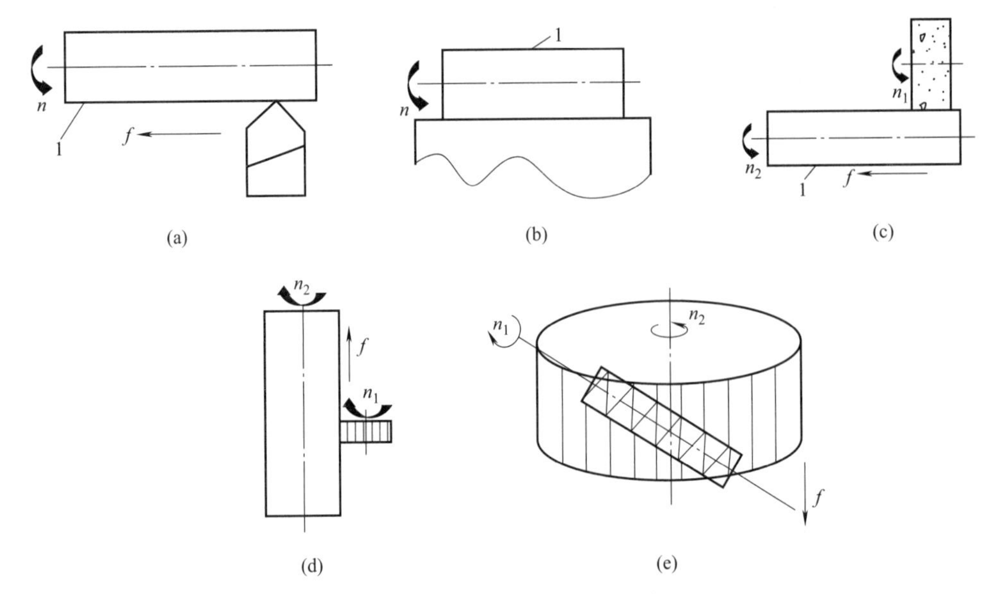

图 2-3 形成发生线所需的运动

形运动。无论哪种方法描述成形运动，进给运动都是成形运动的主体。

2.2.1.5 机床运动功能的描述方法

(1) 坐标系

参考数控机床坐标系，机床坐标系一般采用直角坐标系。沿 X、Y、Z 坐标轴方向的直线运动，分别用 X、Y、Z 表示；绕 X、Y、Z 轴的回转运动，分别用 A、B、C 表示；平行于 X、Y、Z 轴的辅助轴，分别用 U、V、W 及 P、Q、R 表示；绕 X、Y 轴的辅助回转轴，分别用 D、E 等表示。与机床坐标系坐标方向不平行的斜置运动用轴坐标系加“$\overline{\ }$”表示，例如沿斜置坐标系的 Z 轴运动，用 $\overline{Z}$ 表示。

(2) 机床运动原理图

运动原理图是将机床的运动功能式用简洁的符号表达出来的图形，除了能够描述机床的运动轴个数、形式及排列顺序之外，还能够表示机床的两个末端执行器和各个运动轴的空间相对方位，是机床传动系统设计的依据。运动原理图的图形符号可用图 2-4 所示的符号表示。图 2-4（a）表示回转运动，图 2-4（b）表示直线运动。

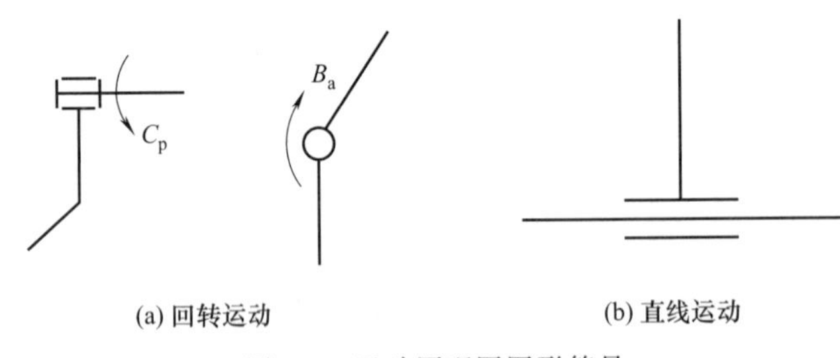

图 2-4 运动原理图图形符号

(3) 机床运动功能式

运动功能式表示机床的运动个数、形式（直线或回转运动）、功能（主运动、进给运动、非成形运动）及排列顺序，是描述机床运动功能最简洁的表达形式。例如，图 2-5（a）所示车床的运动功能式为 W/C_p，Z_f，X_f/T，图 2-5（b）所示三轴铣床的运动式为 W/X_f，Y_f，Z_f，C_p/T。

由此可见，机床运动功能式左边写工件，用 W 表示；右边写刀具，用 T 表示；中间写运动，按运动顺序排列；工件、运动和刀具之间用“/”分开。下标“p”表示主运动，下标“f”表示进给运动，下标“a”表示非成形运动。为了简洁，运动功能式中下标“f”和“a”可省略，图 2-5（b）所示的三轴铣床的运动功能式又可简写为 W/X，Y，Z，C_p/T。

图 2-5 给出了一些常用机床运动原理图的例子。在运动原理图上，同时注明了与其相对应的运动功能式。各运动原理图介绍如下。

① 图 2-5（a）是车床的运动原理图：回转运动 C_p 为主运动，直线运动 Z_f 和 X_f 为进给运动。

② 图 2-5（b）是铣床的运动原理图：回转运动 C_p 为主运动，直线运动 X_f、Y_f 和 Z_f 为进给运动。

③ 图 2-5（c）是平面刨床的运动原理图：往复直线运动 X_p 为主运动，直线运动 Y_f 为进给运动，直线运动 Z_a 为切入运动。

④ 图 2-5（d）是数控外圆磨床的运动原理图：回转运动 C_p 为主运动，回转运动 C_f、直线运动 Z_f 和 X_f 为进给运动，回转运动 B_a 为砂轮的调整运动。

⑤ 图 2-5（e）是摇臂钻床的运动原理图：回转运动 C_p 为主运动，直线运动 Z_f 为进给运动，回转运动 C_a、直线运动 Z_a 及 X_a 为调整运动，用来调整刀具与工件的相对位置。

⑥ 图 2-5（f）是镗床的运动原理图：回转运动 C_p 为主运动，直线运动 Z_{f1} 为工件的进给运动，Z_{f2} 为镗杆的进给运动，Y_f 为刀具的径向进给运动，用于加工端面或孔槽，回转运动 B_a 为分度运动，直线运动 X_a 及 Y_a 为调整运动，分别用来调整工件与刀具的相对方向及位置，用来加工不同方向和位置的孔。

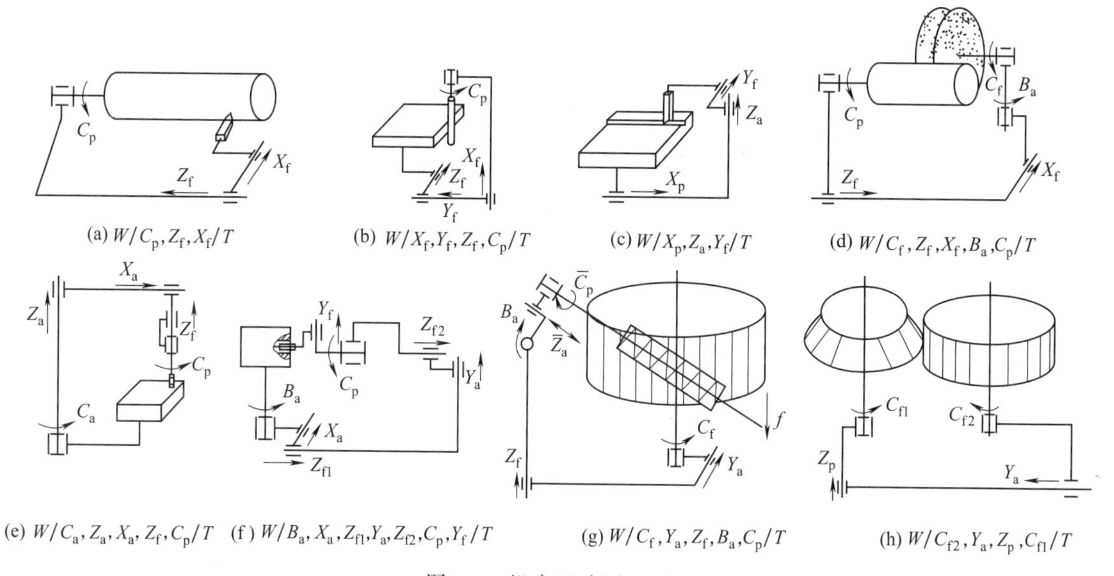

图 2-5　机床运动原理图

⑦ 图 2-5（g）是滚齿机床的运动原理图：回转运动 $\overline{C}_p$ 为主运动，回转运动 C_f 和直线运动 Z_f 为进给运动，回转运动 B_a 为调整运动，用来调整刀具的安装角，使刀具与工件的齿向一致；直线运动 Y_a 为径向切入运动，当用径向进给法加工涡轮时，Y_a 为径向进给运动；$\overline{Z}_a$ 为滚刀的轴向窜刀运动，用来调整滚刀的轴向位置，当用切向进给法加工涡轮时，

$\overline{Z}_a$ 为切向进给运动。

⑧ 图 2-5（h）是采用齿轮式插齿刀加工直齿圆柱齿轮的插齿机床的运动原理图：往复直线运动 Z_p 为主运动，回转运动 C_{f1}、C_{f2} 为进给运动，保持严格的运动关系，组成复合运动，创成渐开线母线，直线运动 Y_a 为切入运动。

(4) 机床传动原理图

运动功能式和运动原理图只能表示机床的运动个数、形式、功能及排列顺序，但不能表示各个运动是如何驱动和传动的，哪个运动由工件一方完成，哪个运动由刀具一方完成。若将动力源与执行件、各执行件之间的运动及传动关系同时表示出来，就是传动原理图。

图 2-6 给出了传动原理图的主要符号及传动原理图的例子。图 2-6（a）～（c）分别表示合成机构、传递比可变的变速传动和传动比不变的定比传动的图形符号。图 2-6（d）为车床的传动原理图，图 2-6（e）为滚齿机的传动原理图。图 2-6（d）、（e）中的 A 表示直线运动，B 表示回转运动。对机械传动的机床，u_v 表示主运动变速传动机构的传动比，u_f 表示进给运动变速传动机构的传动比。

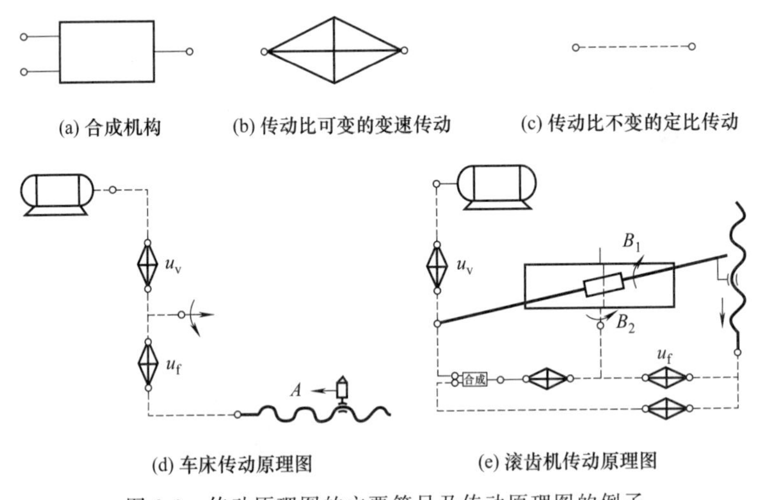

图 2-6　传动原理图的主要符号及传动原理图的例子

机械式变速传动的机床，通过齿轮机构实现主运动和进给运动的变速，复合运动通过内联系传动系来实现，传动原理图对于它们来说是必要的；对于数控机床来说，主传动通过电动机变频调速，进给电动机采用伺服电动机变速，有严格运动关系的内联系传动系则是通过各运动轴之间的联动来实现的，数控机床的机械传动关系比较简单，可以不采用传动原理图来描述。

2.2.2 精度

利用机床进行加工时，需要保证被加工工件能够达到一定的精度和表面粗糙度，并能在机床长期的使用过程中保持这些精度。机床本身所具有的精度，为机床在未受外载荷（如切削力，工件、刀具、夹具的重力）条件下的精度。各类机床按精度可分为普通精度级、精密级和超精密级。在设计阶段主要从机床的精度分配、元件及材料选择等方面来提高机床精度。

(1) 几何精度

几何精度是指机床在空载条件下，在不运动（机床主轴不转或工作台不移动及转动等情况下）或运动速度较低时机床主要独立部件的形状、相互位置和相对运动的精确程度，如导轨的直线度及平面度、工作台面的平面度、主轴的径向跳动及轴向窜动、主轴中心线对滑台移动方向的平行度或垂直度等。

几何精度直接影响被加工工件的精度，是评价机床质量的基本标准。它主要取决于结构设计、制造和装配质量。

(2) 运动精度

运动精度是指机床空载并以工作速度运行时，执行部件的几何位置精度（又可称为相对运动精度），如高速回转主轴的回转精度，工作台运动的位置及方向（单向、双向）精度（定位精度和重复定位精度）。

对于高速精密机床，运动精度是评价机床质量的一个重要指标。

(3) 传动精度

传动精度是指机床传动系统各末端执行件之间运动的协调性和均匀性。如车床在车削螺纹时，主轴每旋转一周，刀架的移动量应为螺纹的导程，但实际上由于主轴与刀架之间的传动链内，齿轮、丝杠及轴承等都存在着一定误差，使得刀架的实际位移量小于或等于螺纹的导程。

影响机械传动精度的主要因素是传动系统的设计、传动元件的制造和装配精度。对数控机床及零件传动而言，主要因素是电动机、驱动器及控制方式。

(4) 定位精度

定位精度是指机床的定位部件运动到规定位置的精度。对数控机床而言，定位精度是指实际运动到达的位置与指令位置一致的程度。定位精度直接影响被加工工件的尺寸精度和形位精度。机床构件和进给控制系统的精度、刚度及其动态特性、机床测量系统的精度等都影响机床定位精度。

(5) 工作精度

加工规定的试件，用试件的加工精度表示机床的工作精度。工作精度是各种因素综合影响的结果，包括机床自身的精度、刚度、热变形和刀具、夹具及工件的刚度及热变形等。

(6) 精度保持性

在规定的工作期间内，保持机床所要求的精度，称为精度保持性。影响精度保持性的主要因素是磨损。影响磨损的因素十分复杂，如结构设计、工艺、材料、热处理、润滑、防护、使用条件等。

2.2.3 刚度

机床刚度是指机床受载时抵抗变形的能力，通常用下式表示，即

$$K=\frac{F}{y} \tag{2-1}$$

式中 K——机床刚度，N/μm；

F——作用在机床上的载荷，N；

y——在载荷作用下，机床的变形量，μm。

作用在机床上的载荷有重力、夹紧力、切削力、传动力、摩擦力、冲击振动干扰力等。按照载荷的性质不同，可分为静载荷和动载荷。不随时间变化或变化极为缓慢的载荷称为静

载荷，如重力、切削力的静力部分等。凡随时间变化的载荷如冲击振动力及切削力的交变部分等称动载荷。故机床刚度相应地分为静刚度及动刚度，后者是抗振性的一部分，习惯上所说的刚度一般是指静刚度。

机床是由众多的构件（零、部件）和柔性接合部组成的，接合部的物理参数对机床的整机性能影响非常大，整机刚度的50%取决于接合部刚度，整机阻尼的50%～80%来自接合部之间的相对位移。这个位移的大小代表了机床的整机刚度。因此，机床整机刚度不能用某个零、部件的刚度评价，而是指整台机床在静载荷作用下，各构件及接合面抵抗变形的综合能力。显然，刀具和工件间的相对位移影响加工精度，同时静刚度对机床抗振性、生产率等均有影响。因此，在机床设计中对如何提高其刚度是十分重视的，各个部件和接合部对机床整机刚度的贡献大小是不同的，设计中应进行刚度的合理分配或优化。

2.2.4 振动

机床抗振能力是指机床在交变载荷作用下抵抗振动的能力。它包括两个方面：抵抗受迫振动的能力和抵抗自励振动的能力。前者习惯上称为抗振性，后者称为切削稳定性。

(1) 受迫振动

受迫振动的振源可能来自机床内部，如高速回转零件的不平衡等，也可能来自机床之外，如地基的振动等。机床受迫振动的频率与振源激振力的频率相同，振幅和激振力大小与机床的刚度和阻尼比有关。当激振频率与机床的固有频率接近时，机床将呈现“共振”现象，使振幅激增，加工表面的粗糙度值也将大大增加。机床是由许多零部件及接合部组成的复杂振动系统，它属于多自由度系统，具有多个固有频率。在其中某一个固有频率下自由振动时，各点振幅的比值称为主振型。对应于最低固有频率的主振型称为一阶主振型，依次有二阶、三阶等各阶主振型。机床的振动是各阶主振型的合成。一般只需要考虑对机床性能影响最大的几个低阶振型，如整机摇摆、一阶弯曲、扭转等振型，即可较准确地表示机床实际的振动。

(2) 自励振动

机床的自励振动是发生在刀具和工件之间的一种相对振动，它在切削过程中出现，是由切削过程和机床结构动态特性之间的相互作用而产生的，其频率与机床系统的固有频率相接近。一般情况下，切削用量增加，切削力愈大，自励振动就愈剧烈。但切削过程停止，振动立即消失。故自励振动也称为切削稳定性。

(3) 振动的影响因素

机床振动会降低加工精度、工件表面质量和刀具寿命，影响生产率并加速机床的损坏，而且会产生噪声，使操作者疲劳等。故提高机床抗振性是机床设计中一个重要课题。影响机床振动的主要因素有：

① 机床的刚度。如构件的材料选择、截面形状、尺寸、肋板分布、接触表面的预紧力、表面粗糙度、加工方法、几何尺寸等。

② 机床的阻尼特性。提高阻尼是减少振动的有效方法。机床结构的阻尼包括构件材料的内阻尼和部件接合部的阻尼。接合部阻尼往往占总阻尼的70%～90%，应从设计和工艺上提高接合部的刚度和阻尼。

③ 机床系统固有频率。若激振频率远离固有频率，将不会出现共振。在设计阶段分析计算预测所设计机床的各阶固有频率是很必要的。

2.2.5 热变形

机床在工作时受到内部热源（如电动机、液压系统、机械摩擦副、切削热等）和外部热源（如环境温度、周围热源辐射等）的影响，使机床的温度高于环境温度，称为温升。由于机床各部位的温升不同，不同材料的热膨胀系数不同，机床各部分产生的变形也就不同，导致机床机身、主轴和刀架等构件产生热变形。它不仅会破坏机床的原始几何精度，加快运动件的磨损，甚至会影响机床的正常运转。据统计，由于机床热变形而产生的加工误差最大可占全部误差的70%左右。特别是精密机床、大型机床、自动化机床、数控机床等，热变形的影响不能忽视。

机床工作时一方面产生热量，另一方面又向周围散发热量。机床开始工作时，机床的温升速率较大，机床与周围环境的温度差较小，单位时间内机床散发出的热量少。随着机床的运行，机床温度升高，与环境的温差增大，散发出的热量随之增加，机床的温升逐渐减慢。当机床达到一定温度时，机床单位时间内发热量等于散发出的热量，即达到了热平衡。在热平衡状态下，机床各部位的温度不尽相同，热源处最高，远离热源或散热较好的部位温度较低，这就形成了温度场。通过温度场可分析机床热源并了解其对热变形的影响。

在机床设计时，应采取措施减少机床的热变形对加工精度的影响。可采用的措施如下：减少热源的发热量；将热源置于易散热的位置，或增加散热面积，或采用强制冷却，使产生的热量尽量散发出去；采用热管等将温升较大部位的热量转移至温升较小部位，或将机床部件较大的热变形量转向不影响加工精度处，也可以采用温度自动控制、温度自动补偿及隔热等措施，改变机床的温度场，减小机床热变形。

2.2.6 噪声

物体振动是产生声音的源泉。机床工作时各种振动频率不同，振幅也不同，它们将产生不同频率和不同强度的声音。这些声音无规律地组合在一起就是噪声。随着现代机床切削速度的提高、功率的增大、自动化功能的增多，噪声污染问题也越来越严重。降低机床噪声、保护环境是设计机床时必须注意的问题之一。

机床噪声主要来自四个方面：

① 机械噪声。如齿轮、滚动轴承及其他传动元件的振动、摩擦等。一般速度增加1倍，噪声增加6dB；载荷增加1倍，噪声增加3dB。故机床速度提高、功率加大都可能增加噪声污染。

② 液压噪声。如泵、阀、管道等的液压冲击、气穴、湍流产生的噪声。

③ 电磁噪声。如电动机定子内的磁致伸缩等产生的噪声。

④ 空气动力噪声。如电动机风扇、转子高速旋转对空气的搅动等产生的噪声。

2.2.7 低速运动平稳性

机床上有些运动部件，需要做低速或微小位移。当运动部件低速运动时，主动件匀速运动，从动件往往出现明显的速度不均匀的跳跃式运动，即时走时停或者时快时慢的现象。这种在低速运动时产生的运动不平稳性称为爬行。

机床运动部件产生爬行，会影响机床的定位精度、工件的加工精度和表面粗糙度。在精密、自动化及大型机床上，爬行的危害更大，是评价机床质量的一个重要指标。为防止爬行，在设计低速运动部件时，应减小静、动摩擦因数之差，提高传动机构的刚度和降低移动件的质量。

减小静、动摩擦因数之差的方法有：用滚动摩擦代替滑动摩擦；采用卸荷导轨或静压导轨；采用减摩材料，如导轨镶装铝青铜、锌青铜或聚四氟乙烯塑料与铸铁或钢支承导轨相搭配；采用特殊的导轨油等。

2.3 金属切削机床总体设计

机床总体设计是机床设计中的关键环节，它对机床所能达到的技术性能和经济性能起着决定性的作用。机床总体设计主要包括工艺分析、机床总体布局和机床主要技术参数的确定等。另外，对自动化机床还须拟订机床的控制方案。

2.3.1 机床系列型谱的制订

为了满足不同工件不同表面的加工需要，机床按照产品的工作原理可以分为车、铣、刨、钻、磨、镗等 11 大类。每一类机床根据机床的尺寸参数、运动参数和动力参数又可以分为大小不同的几种规格。国家根据机床的生产和使用情况，规定了每一种通用机床的主参数系列。它是一个等比数列。例如，中型卧式车床的主参数是可安装工件的最大回转直径，主参数系列中有 250mm、320mm、400mm、500mm、630mm、800mm、1000mm 七种规格，是公比为 1.25 的等比数列。

各机床用户生产的产品和规模不同，对机床性能和结构的要求也就不同，因此，同类机床甚至同一规格的机床，还需要有各种变型，以满足用户各种各样的需求。为了以最少的品种规格，满足尽可能多用户的不同需求，通常是按照该类型机床的主参数标准，先确定一种用途最广、需要量较大的机床系列作为“基型系列”，在这系列的基础上，根据用户的需求派生出若干种变型机床，形成“变型系列”。“基型”和“变型”构成了机床的“系列型谱”。表 2-1 表示了中型卧式车床系列型谱表的大致内容。

表 2-1 中型卧式车床的简略系列型谱表

最大工件直径/mm	万能式	马鞍式	提高精度	无丝杠式	卡盘式	球面加工	端面车床
250	○		△	△			
320	○		△	△			
400	○	△	△	△	△	△	
500	○	△		△	△	△	
630	○	△		△	△	△	
800	○	△		△	△	△	△
1000	○	△		△	△	△	△

注：○—基型；△—变型。

由表 2-1 可见，每类通用机床都有它的主参数系列，而每一规格又有基型和变型，合称为这类机床的系列和型谱。机床的主参数系列是系列型谱的纵向（按尺寸大小）发展，而同规格的各种变型机床则是系列型谱的横向发展，因此，“系列型谱”也就是综合地表明机床产品规格参数的系列性与结构相似性的表。

机床系列型谱的制订对机床工业的发展有很大好处，因为基型机床和变型机床之间大部分零部件是相同的，可以通用。同一系列中尺寸不同的机床，主要结构形式是相似的，一些零部件结构相似，因此部分零部件可以通用。采用系列型谱可以大大减少设计工作量，提高零部件的生产批量，缩短制造周期，降低成本，提高机床产品质量。

2.3.2　机床运动功能设置

机床运动功能设置的方法和步骤如下。

(1) 工艺分析

首先对所设计的机床的工艺范围进行分析。对于通用机床，加工对象是多种类型的工件，一般可以选择其中几种典型工件进行分析，然后选择适当的加工方法。同一种表面有多种加工方法可供选择，以圆柱表面加工为例，可采用图2-3（a)～(d）四种方法加工。

工艺分析要考虑作业对象的加工批量，作业对象的加工批量可以决定加工工序的集中或分散。大批量生产时，工序应分散，一台机床只完成一道或几道工序，机床的加工功能设置较少，以提高生产率、缩短制造周期及降低成本等；单件小批量生产，工序应集中，一台机床可完成多道工序，甚至工件的全部工序集中在一台机床上进行，减少工件的安装定位次数，使工件的安装定位误差减小，减少分工序加工所用的工装夹具数量，进而使得准备工装的时间及成本减少。

为了可以完成多道不同工种工序而设计出复合加工机床，如可以完成车和铣工序的车铣复合加工机床；可以完成车和磨工序的车磨复合加工机床等。

机床加工功能的增加，将使其结构复杂程度增大，制造难度、制造周期及制造成本增加。对于生产率，就机床本身而言，加工功能增加，可能会使生产率下降，但就工件的制造过程而言，机床加工功能的增加，将会减少工件的装卸次数，减少安装、搬运等辅助时间，会使总的生产率提高。

综上所述，在进行机床的工艺范围选择时，应根据可达到的生产率和加工精度、机床制造成本、操作维护方便程度等因素综合分析。

(2) 机床运动功能设置

根据分析得到的工艺范围和所确定的加工方法，进行运动功能设置。运动功能设置的方法有两类：

① 分析式设计方法。参照现有同类型机床的运动功能，经过研究分析，提出所设计机床的运动功能设置方案，然后通过仿真分析评定方案的可行性和优劣性。

② 解析式设计方法。采用创成式原理，利用解析法求出满足加工工艺范围和加工方法要求的机床运动功能设置的所有可能方案，然后通过仿真分析评定各方案的可行性和优劣性。

(3) 写运动功能式并画运动原理图

根据运动功能方案的评定结果，选择和确定机床的运动功能配置，写出机床的运动功能式，画出机床的运动原理图。

2.3.3　机床的总体结构方案设计

根据已确定的运动功能配置，进行机床的总体结构方案设计。

(1) 机床结构布局设计

机床结构布局设计是指确定机床的组成部件，以及各个部件和操纵、控制机构在整台机床中的配置方式。机床的结构布局形式有立式、卧式及斜置式等。其中基础支承件的形式又有底座式、立柱式、龙门式等，基础支承件的结构又有一体式和分离式等。因此同一种运动分配式可以有多种结构布局形式，这就需要再次进行评价，去除不合理方案，形成机床总体结构布局形态图。

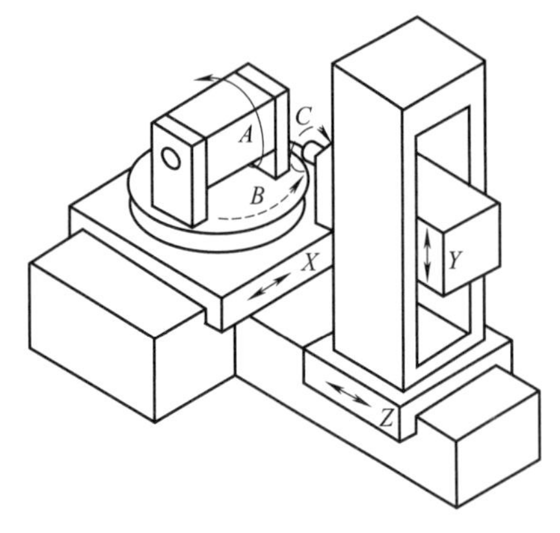

图 2-7　五轴镗铣机床的结构布局形态图

该阶段评价的依据主要是定性分析机床的刚度、占地面积、与物流系统的可接近性等。该阶段设计结果得到的是机床总体结构布局形态图，图 2-7 所示为五轴镗铣机床的结构布局形态图。

(2) 机床总体结构的概略形状与尺寸设计

当机床结构布局完成后，需要进行功能（运动或支承）部件的概略形状和尺寸设计，设计的主要依据是：机床总体结构布局方式、驱动方式、传动方式、机床动力参数及加工空间尺寸参数，以及机床整机刚度及精度分配。在机床总体结构设计中，应尽可能选择商品化的功能部件，以提高性能、缩短制造周期，同时还应兼顾机床制造成本。其设计过程大致如下。

① 确定末端执行件的概略形状与尺寸。

② 设计末端执行件与相邻的下一个功能部件的接合部的形式、概略尺寸。若为运动导轨接合部，则执行件一侧相当于滑台，相邻部件一侧相当于滑座，考虑导轨接合部的刚度及导向精度，选择并确定导轨的类型及尺寸。

③ 根据导轨接合部的设计结果和该运动的行程尺寸，同时考虑部件的刚度要求，确定下一个功能部件（即滑台侧）的概略形状与尺寸。

④ 重复上述过程，直到基础支承件（底座、立柱、床身等）设计完毕。

⑤ 若要进行机床结构模块设计，则可将功能部件细分成子部件，根据制造厂的产品规划，进行模块提取与设置。

⑥ 初步进行造型与色彩设计。

⑦ 机床总体结构方案的综合评价。

上述设计完成后，得到的设计结果是机床总体结构方案图。图 2-8 所示为部分机床总体结构方案图。然后对所得到的各个总体结构方案进行综合评价比较，评价的主要因素如下。

① 性能。预测设计方案的刚度及精度。

② 制造成本。根据设计方案的结构复杂程度、制造装配难度、模块化及标准化程度、制造厂的制造条件等预估制造成本。

③ 制造周期。根据与制造成本大体相同的因素，预估制造周期。

④ 生产率。

⑤ 与物流系统的可接近性。

⑥ 外观造型。

⑦ 机床总体结构方案的设计修改与确定。根据综合评价，选择一两种较好的方案，进

行方案的设计修改、完善或优化，确定方案。

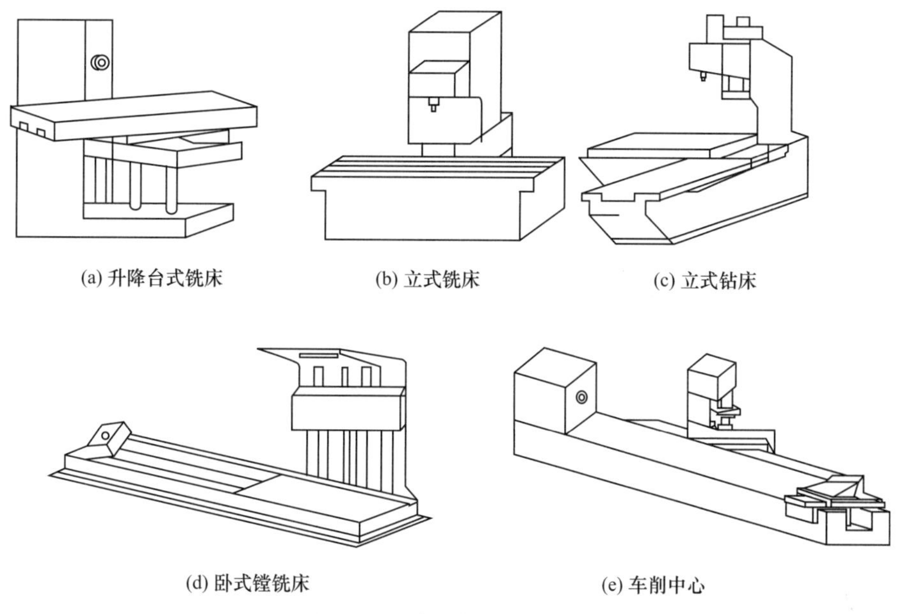

图 2-8　机床总体结构方案图

2.3.4　机床主要参数的设计

机床的主要技术参数包括机床的主参数和基本参数，基本参数又包括尺寸参数、运动参数及动力参数。

2.3.4.1　主参数

机床主参数代表机床的规格大小及最大工作能力。车床、外圆磨床、无心磨床、齿轮加工机床等工件回转的机床，主参数都是工件的最大加工尺寸；龙门铣床、龙门刨床、升降台式铣床等工件移动的机床（镗床除外），主参数都是工作台面的最大宽度；刨床、插床等主运动为直线运动的机床（拉床、插齿机除外），主参数是主运动的最大位移；卧式镗铣床的主参数是主轴的直径；拉床不用尺寸作主参数，而是用额定拉力（单位是 N）作为主参数；专用机床的主参数用加工零件或被加工面的尺寸参数来表示，一般也参照类似的通用机床主参数系列选取。

为了更完整地表示出机床的工作能力和工作范围，有些机床还规定有第二主参数。

2.3.4.2　尺寸参数

机床的尺寸参数是指机床的主要结构尺寸参数，通常包括：

① 与被加工零件有关的尺寸，如卧式车床最大加工工件长度，摇臂钻床的立柱外径与主轴之间的最大跨距等。

② 标准化工具或夹具的安装面尺寸，如卧式车床主轴锥孔及主轴前端尺寸。

2.3.4.3　运动参数

运动参数是指机床执行件（如主轴、工作台与刀架等工件安装部件）的运动速度。运动参数可分为主运动参数和进给运动参数两大类。

(1) 主运动参数

车床、铣床等是主运动为回转运动的机床，其主运动参数为主轴转速；插、刨机床等是主运动为直线运动的机床，其主运动参数是刀具每分钟往复次数（次/min），或称为双行程数。

当主运动是回转运动时，主轴转速可由下式计算

$$n=\frac{1000v}{\pi d} \tag{2-2}$$

式中 n——主轴转速，r/min；

v——切削速度，m/min；

d——工件或刀具直径，mm。

对于通用机床，由于需要完成的工序较多，又要适应一定范围的不同尺寸和不同材质零件的加工需要，因此要求主轴在一定范围内实现变速，为此在机床设计时要确定主轴的最高和最低转速，确定主轴的变速范围。主运动可采用无级变速，也可采用有级变速。若用有级变速，还应确定变速级数。

① 最低转速（n_{min}）和最高转速（n_{max}）的确定。在对机床可能进行的工序进行分析的基础上，从中选择要求最高、最低转速的典型工序。根据典型工序的切削速度和刀具（或工件）直径，采用式（2-3）～式（2-5）可分别计算出 n_{max}、n_{min} 及变速范围 R_n。

$$n_{max}=\frac{1000v_{max}}{\pi d_{min}} \tag{2-3}$$

$$n_{min}=\frac{1000v_{min}}{\pi d_{max}} \tag{2-4}$$

$$R_n=\frac{n_{max}}{n_{min}} \tag{2-5}$$

式中的 v_{max}、v_{min} 可根据切削用量手册、现有机床使用情况或者切削试验确定，通用机床的 d_{max} 和 d_{min} 并不是指机床上可能加工的最大和最小直径，而是指在实际使用中，采用 v_{max}（或 v_{min}）时常用的经济加工直径，对于通用机床，一般取

$$d_{max}=K_1D \tag{2-6a}$$

$$d_{min}=K_2d_{max} \tag{2-6b}$$

式中 D——机床能加工的最大直径，mm；

K_1——系数，通常卧式车床 $K_1=0.5$，摇臂钻床 $K_1=1.0$，丝杠车削 $K_1=0.1$；

K_2——计算直径范围，$K_2=0.2\sim0.35$，摇臂钻床 $K_2=0.2$，卧式车床 $K_2=0.25$。

在确定机床主轴的最高转速时，主要应考虑以下三个因素：

a. 机床主传动的类型。主运动的传动系统包括变速部分和传动部分，按照传动方式主运动传动系统可以分为机械传动、机电结合传动和零传动三种形式。

传统的通用机床主传动的变速部分和传动部分均采用机械方式，由于噪声和磨损等原因，一般主轴最高转速在2000r/min左右；多数数控机床采用机电结合传动形式，主传动的变速部分采用交流伺服主电动机或交流变频主电动机实现主电动机变速，传动部分采用机械方式，主轴最高转速可达到5000～9000r/min；高速、精密数控机床采用零传动形式，主传动的变速部分采用电主轴实现主电动机变速，没有传动部分，主轴最高转速可达到10000～150000r/min。

b. 采用的刀具类型、材质和切削角度等。刀具的最大切削速度与其类型、材质和切削角度有直接的关系，如镶片车刀经过镀层后，精加工钢材时最大切削速度可从60～200r/min提

高到 200～520r/min。

c. 被加工工件的材料、表面形状与所选用工序等。最大切削速度与被加工工件的材料、表面形状与所选用的工序有直接关系，如工件材料为钛合金等难加工材料时，最大切削速度只为 40～80m/min，而工件材料为铝合金等材料时，最大切削速度可以选 500～1000m/min。

现以机械传动的 ϕ400mm 卧式车床为例，确定主轴的最高转速。根据分析，用硬度合金车刀对小直径钢材半精车外圆时，主轴转速为最高，参考切削用量资料，可取 $v_{max}=200m/min$，对于通用车床 $K_1=0.5$，$K_2=0.25$，则

$$d_{max}=K_1D=0.5\times400mm=200mm$$

$$d_{min}=K_2d_{max}=0.25\times200mm=50mm$$

$$n_{max}=\frac{1000v_{max}}{\pi d_{min}}=\frac{1000\times200}{\pi\times50}r/min=1273r/min$$

通常用高速钢刀具精车合金钢材料的梯形螺纹时，主轴转速较低，取 $v_{min}=1.5m/min$，在 ϕ400mm 卧式车床上加工丝杠最大直径在 ϕ40～50mm，则

$$n_{max}=\frac{1000v_{max}}{\pi d_{min}}=\frac{1000\times1.5}{\pi\times50}r/min=9.55r/min$$

实际使用中用到 n_{max} 或 n_{min} 的典型工艺可能不只有一种，可以多选择几种工艺作为确定最低及最高转速的参考，同时考虑今后技术发展的储备，适当提高最高转速和降低最低转速。

② 主轴转速的合理排列。确定了 n_{max} 和 n_{min} 之后，如采用有级变速，应进行转速分级，即确定变速范围内的各级转速。目前，多数机床主轴转速是按等比级数排列的，其公比用符号 φ 表示，转速级数用 Z 表示。则转速数列为

$$n_1=n_{min},n_2=n_{min}\varphi,n_3=n_{min}\varphi^2,\cdots,n_Z=n_{min}\varphi^{Z-1}$$

主轴转速数列采用等比级数排列的原因是：转速范围内的任意两个相邻转速之间的相对转速损失均匀；在结构上可借助于串联若干个滑移齿轮来实现，使变速传动系统简单并且设计计算方便。

如某一工序要求的合理转速为 n，但在 Z 级转速中没有这个转速，n 处于 n_j 和 n_{j+1} 之间，即 $n_j<n<n_{j+1}$。若采用比 n 转速高的 n_{j+1}，由于过高的切削速度会使刀具寿命下降。为了不降低刀具寿命，一般选用比 n 转速低的 n_j。这将造成（$n-n_j$）的转速损失，相对转速损失率为

$$A=(n-n_j)/n$$

在极端情况下，当 n 趋近于 n_{j+1} 时，如仍选用 n_j 为使用转速，产生的最大相对转速损失率为

$$A_{max}=\lim_{n\to n_{j+1}}\frac{n-n_j}{n}=\frac{n_{j+1}-n_j}{n_{j+1}}=1-\frac{n_j}{n_{j+1}}$$

在其他条件（直径、进给、背吃刀量）不变的情况下，转速的损失就反映了生产率的损失。如果各级转速选用机会基本相等，那么任意相邻两转速间的 A_{max} 相等，即

$$A_{max}=1-n_j/n_{j+1}=const$$

或

$$n_j/n_{j+1}=const=\frac{1}{\varphi}$$

可见任意两级转速之间的关系为 $n_{j+1}=n_j\varphi$ 时，可使各相对转速损失（或生产效率损

失）相等。

③ 标准转速数列标准公比的确定依据如下原则：

a. 转速由 n_{min} 递增至 n_{max}，公比应大于 1，又为了限制转速损失的最大值 A_{max} 不大于 50%，则相应的公比 φ 不得大于 2，故 $1<\varphi\leqslant 2$。

b. 为了使主轴转速值排列整齐，方便记忆，转速数列中转速呈 10 倍比关系，故 φ 应符合 $\varphi=\sqrt[E_1]{10}$（E_1 是正整数）。

c. 如采用多速电动机驱动，通常电动机转速（r/min）为 3000/1500 或 3000/1500/750，故 φ 也应符合 $\varphi=\sqrt[E_2]{2}$（E_2 为正整数）。

根据上述原则，可得标准公比如表 2-2 所示。其中 1.06、1.12、1.26 同时是 10 和 2 的正整数次方，其余的只是 10 或 2 的正整数次方。

表 2-2 标准公比 φ

φ	1.06	1.12	1.26	1.41	1.58	1.78	2
$\sqrt[E_1]{10}$	$\sqrt[40]{10}$	$\sqrt[20]{10}$	$\sqrt[10]{10}$	$\sqrt[20/3]{10}$	$\sqrt[5]{10}$	$\sqrt[4]{10}$	$\sqrt[20/6]{10}$
$\sqrt[E_2]{2}$	$\sqrt[12]{2}$	$\sqrt[6]{2}$	$\sqrt[3]{2}$	$\sqrt{2}$	$\sqrt[3/2]{2}$	$\sqrt[6/5]{2}$	2
A_{max}	5.7%	11%	21%	29%	37%	44%	50%
与 1.06 关系	1.06^1	1.06^2	1.06^4	1.06^6	1.06^8	1.06^{10}	1.06^{12}

表 2-2 不仅可用于有级变速的转速、双行程数和进给量数列，而且也可用于机床尺寸和功率参数等数列。对于无级变速系统，机床使用时也可参考上述标准数列，以获得合理的刀具寿命和生产率。

当采用标准公比后，转速数列可从表 2-3 中直接查出。表中给出了以 1.06 为公比的从 1～15000 的数列。如设计一台卧式车床 $n_{min}=30$r/min，$n_{max}=1600$r/min，$\varphi=1.26$。查表 2-3 的方法是：因为 $1.26=1.06^4$ 首先找到 30，然后每跳过 3 个数取一个数，即可得到公比为 1.26 的数列（30、37.5、47.5、60、75、95、118、150、190、236、300、375、475、600、750、950、1180、1500）。

④ 标准公比 φ 的选用。由表 2-3 可见，公比 φ 值小则相对转速损失少，但当变速范围一定时变速级数将增多，变速箱的结构复杂。

表 2-3 标准数列

1	2	4	8	16	31.5	63	125	250	500	1000	2000	4000	8000
1.06	2.12	4.25	8.5	17	33.5	67	132	265	530	1060	2120	4250	8500
1.12	2.24	4.5	9.0	18	35.5	71	140	280	560	1120	2240	4500	9000
1.18	2.36	4.75	9.5	19	37.5	75	150	300	600	1180	2360	4750	9500
1.25	2.5	5.0	10	20	40	80	160	315	630	1250	2500	5000	10000
1.32	2.65	5.3	10.6	21.2	42.5	85	170	335	670	1320	2650	5300	10600
1.4	2.8	5.6	11.2	22.4	45	90	180	355	710	1400	2800	5600	11200
1.5	3.0	6.0	11.8	23.6	47.5	95	190	375	750	1500	3000	6000	11800
1.6	3.15	6.3	12.5	25	50	100	200	400	800	1600	3150	6300	12500
1.7	3.35	6.7	13.2	26.5	53	106	212	425	850	1700	3350	6700	13200
1.8	3.55	7.1	14	28	56	112	224	450	900	1800	3550	7100	14100
1.9	3.75	7.5	15	30	60	118	236	475	950	1900	3750	7500	15000

对于通用机床，为了减小转速损失且使机床变速箱结构不过于复杂，一般取 $\varphi=1.26$ 或 1.41 等较大的公比。

对于大批量生产用的专用机床、专门化机床及自动机，生产效率高，机床转速损失影响较大，且不经常变速，可用交换齿轮变速，所以不会因采用小公比而复杂化，通常取 $\varphi=$

1.12 或 1.26 等较小的公比。

对于非自动化小型机床，加工周期内切削时间远小于辅助时间，转速损失大些影响不大，常采用 $\varphi=1.58$、1.78 甚至 2 等更大的公比，以简化机床的结构。

⑤ 变速范围 R_n、公比 φ 和级数 Z 之间的关系由等比级数规律可知

$$R_n=\frac{n_{max}}{n_{min}}=\varphi^{Z-1} \tag{2-7}$$

两边取对数，可写成

$$Z=1+\frac{\lg R_n}{\lg\varphi} \tag{2-8}$$

式 (2-7) 给出了 R_n、φ、Z 三者的关系，已知其中的任意两个，可求出第三个。由公式求出的 φ 和 Z，其值都应圆整为标准数和整数。

综合上述知识，主运动参数确定的步骤可以归纳如下：

① 确定主轴极限转速 n_{min}、n_{max}。

② 确定主轴变速范围 $R_n=n_{max}/n_{min}$。

③ 选定公比 φ 值。

④ 确定主轴转速级数 $Z=1+\frac{\lg R_n}{\lg\varphi}$，并圆整为整数。

⑤ 查表选定主轴各级转速。

⑥ 修正主轴变速范围 R_n。

(2) 进给运动参数

数控机床中进给量广泛使用无级变速，普通机床则既有机械无级变速方式，又有机械有级变速方式。采用有级变速方式时，进给量一般为等比级数，其确定方法与主轴转速的确定方法相同。

首先根据工艺要求，确定最大、最小进给量 f_{max}、f_{min}，然后选择标准公比 φ_f 或进给量级数 Z_f，再由式 (2-7) 求出其他参数。但是，各种螺纹加工机床，如螺纹车床、螺纹铣床等，因为被加工螺纹的导程是分段等差级数，故其进给量也只能按等差级数排列。利用棘轮机构实现进给的机床，如刨床、插床等，每次进给是拨动棘轮上整数个齿，其进给量也是按等差级数排列的。

(3) 变速形式与驱动方式选择

机床的主运动和进给运动的变速方式有无级和有级两种形式。变速形式的选择主要考虑机床自动化程度和成本两个因素。数控机床一般采用伺服电动机无级变速形式，其他机床多采用机械有级变速形式或无级与有级变速的组合形式。机床运动的驱动方式常用的有电动机驱动和液压驱动，驱动方式主要根据机床的变速形式和运动特性要求来确定。

2.3.4.4 动力参数

机床的动力参数一般指机床电动机的功率，包括驱动主运动、进给运动和空行程运动的电动机的功率。机床的驱动功率原则上应根据切削用量和传动系统的效率等来确定。有些机床的动力参数还包括其他的内容，如摇臂钻床允许的最大转矩。对通用机床电动机功率的确定，有统计分析法、实测法和计算法，这里只介绍计算法。

(1) 主电动机功率的估算

机床主运动电动机的功率 $P_{主}$ 可由下式计算

$$P_{主}=P_{切}+P_{空}+P_{辅} \tag{2-9}$$

式中 $P_{切}$——切削工件所消耗的功率，kW；

$P_{空}$——空载功率，kW；

$P_{辅}$——随载荷增加的机械摩擦损耗功率，kW。

① $P_{切}$的计算。$P_{切}$的计算公式如下

$$P_{切}=F_{z}v/60000 \tag{2-10}$$

式中 F_{z}——切削力，一般选择机床加工工艺范围内重负荷时的切削力，N；

v——切削速度，即与所选择的切削力对应的切削速度，可根据刀具材料、工件材料和所选用的切削用量等条件，由切削用量手册查得，m/min。

专用机床的刀具、工件材料与切削用量基本保持不变，计算较准确。而通用机床工况复杂，切削用量等变化范围大，计算时可根据机床工艺范围内的重切削工况，或参考机床验收时负荷试验规定的切削用量来确定计算工况。

② $P_{空}$的计算。机床主运动空转时由于传动件摩擦、搅油、空气阻力等原因电动机要消耗一部分功率，其值随传动件转速增大而增加，与传动件预紧程度及装配质量有关。中型机床主传动系统空载功率损失可由下列经验公式估算

$$P_{空}=Kd_{平均}/955000(\sum n_{i}+Cn_{主}) \tag{2-11}$$

$$C=C_{1}d_{主}/d_{平均} \tag{2-12}$$

式中 $d_{平均}$——主运动系统中除主轴外所有传动轴轴颈的平均直径，cm；

$n_{主}$——主轴转速，r/min；

$\sum n_{i}$——当主轴转速为$n_{主}$时，传动系统内除主轴外各传动轴的转速之和，r/min；

K——润滑油黏度影响系数，$K=30\sim50$，黏度大时取大值；

$d_{主}$——主轴前后轴颈的平均值，cm；

C_{1}——主轴轴承系数，两支承主轴$C_{1}=2.5$，三支承主轴$C_{1}=3$。

③ $P_{辅}$的计算。机床切削时，由于传动件正压力加大，则摩擦损失将增加，因此$P_{辅}$随$P_{切}$的变化而变化。$P_{辅}$可由下式计算

$$P_{辅}=P_{切}/\eta_{机}-P_{切} \tag{2-13}$$

式中，$\eta_{机}$为主传动链的总机械效率，$\eta_{机}=\eta_{1}\eta_{2}\cdots$（$\eta_{1}$，$\eta_{2}\cdots$为主传动系统中各传动副的机械效率）。代入式（2-9），主运动电动机的功率为

$$P_{主}=P_{切}/\eta_{机}+P_{空} \tag{2-14}$$

当机床结构尚未确定时，无法计算主运动的空载功率和机械功率，应用式（2-9）计算有一定困难，可用下式粗略估算主电动机功率

$$P_{主}=P_{切}/\eta_{床} \tag{2-15}$$

式中，$\eta_{床}$为机床总机械效率。主运动为回转运动时，通常$\eta_{床}=0.7\sim0.85$；主运动为直线运动时，$\eta_{床}=0.6\sim0.7$。

对于有些间断工作的机床，允许电动机在短时间内超载工作，故按式（2-14）、式（2-15）计算的$P_{主}$是电动机在允许的范围内超载时的功率。电动机的额定功率可按下式进行修正

$$P_{额定}=P_{主}/K \tag{2-16}$$

式中 $P_{额定}$——选用电动机的额定功率，kW；

$P_{主}$——计算出的电动机功率，kW；

K——电动机的超载系数，对于连续工作的机床，$K=1$，对于间断工作的机床，

$K=1.1\sim1.25$，间断时间长的，取较大值。

(2) 进给驱动电动机功率的确定

机床进给运动驱动源可分成如下几种情况：

① 进给运动与主运动合用一个电动机，如普通卧式车床、钻床等。进给运动消耗的功率远小于主传动功率，卧式车床的进给功率 $P_{进}=(0.03\sim0.04)P_{主}$，钻床的 $P_{进}=(0.04\sim0.05)P_{主}$，铣床的 $P_{进}=(0.15\sim0.20)P_{主}$。

② 进给运动中工作进给与快速进给合用一个电动机。快速进给加速度大，所消耗的功率远大于工作进给的功率，且二者不同时工作。所以该电动机功率按快速进给功率选取。

快速运动电动机启动时消耗的功率最大，必须同时克服移动件的惯性力和摩擦力，可按下式计算

$$P_{快}=P_{惯}+P_{摩} \tag{2-17}$$

式中　$P_{快}$——快速电动机的功率，kW；

$P_{惯}$——克服惯性力所需的功率，kW；

$P_{摩}$——克服摩擦力所需的功率，kW。

$$P_{惯}=\frac{M_{惯}n}{9500\eta} \tag{2-18}$$

式中　$M_{惯}$——克服惯性力所需电动机轴上的转矩，N·m；

n——电动机的转速，r/min；

η——传动件的机械效率。

$$M_{惯}=J\frac{\omega}{t} \tag{2-19}$$

式中　J——转化到电动机轴上的当量转动惯量，kg·m^2；

ω——电动机转子的角速度，rad/s；

t——电动机的启动时间，s，对于中型机床，$t=0.5$s，对于大型机床，$t=1.0$s。

各运动部件折算到电动机轴上的转动惯量为

$$J=\sum J_k\left(\frac{\omega_k}{\omega}\right)^2+\sum m_i\left(\frac{v_i}{\omega}\right)^2 \tag{2-20}$$

$$J_k=\frac{1}{2}m_kR_k^2=\frac{\pi\rho_k l_k D_k^4}{32} \tag{2-21}$$

式中　ω_k——第 k 个旋转件的角速度，rad/s；

m_i——第 i 个直线移动件的质量，kg；

v_i——第 i 个直线移动件的速度，m/s；

J_k——第 k 个旋转件的转动惯量，kg·m^2；

m_k——第 k 个旋转件的质量，kg；

R_k，D_k——第 k 个旋转件的半径和直径，m；

ρ_k——第 k 个旋转件的材料密度，kg/m^3；

l_k——第 k 个旋转件的长度，m。

$$P_{摩}=\frac{mfv_{快}}{6120\eta_{\Sigma}} \tag{2-22}$$

式中　m——执行件的质量，kg；

f——执行件导轨的摩擦系数；

$v_{快}$——执行件快速运动速度，m/min；

η_{Σ}——快速运动链的机械效率。

③ 进给运动选用单独电动机驱动，需要确定进给运动所需功率（或转矩）。对普通交流电动机，进给电动机功率 $P_{进}$（kW）可由下式计算

$$P_{进}=Fv_{进}/60000\eta_{进} \tag{2-23}$$

式中 F——进给牵引力，N；

$v_{进}$——进给速度，m/min；

$\eta_{进}$——进给传动系统的机械效率。

进给牵引力 F 等于进给方向上切削分力和摩擦力之和。进给牵引力估算公式的例子如表 2-4 所示。

表 2-4 进给牵引力的计算

导轨形式 \ 进给形式	水平进给	垂直进给
三角形、矩形导轨组合	$KF_Z+f'(F_X+F_G)$	$K(F_Z+F_G)+F_X$
矩形导轨	$KF_Z+(F_X+F_Y+F_G)$	$K(F_Z+F_G)+(F_X+F_Y)$
燕尾形导轨	$KF_Z+f'(F_X+2F_Y+F_G)$	$K(F_Z+F_G)+f'(F_X+2F_Y)$
钻床主轴		$F_Q\approx F_f+f(2T/d)$

注：F_G 为移动件的重力，N。

对于数控机床进给运动，伺服电动机按转矩选择

$$T_{进电}=9550P_{进}/n_{进电} \tag{2-24}$$

式中 $T_{进电}$——进给电动机的转矩，N·m；

$n_{进电}$——进给电动机的转速，r/min。

F_Z、F_X、F_Y 分别为局部坐标系内，切削力在进给方向、垂直于导轨面方向、导轨的侧方向的分力，N。F_f 为钻削进给抗力，N。f'为当量摩擦系数；在正常润滑条件下，铸铁对铸铁的三角形导轨的 $f'=0.17\sim0.18$，矩形导轨的 $f'=0.12\sim0.13$，燕尾形导轨的 $f'=0.2$；铸铁对塑料的 $f'=0.03\sim0.05$；滚动导轨的 $f'=0.01$。f 为钻床主轴套筒的摩擦系数。K 为考虑颠覆力矩影响的系数；三角形和矩形导轨的 $K=0.1\sim1.15$；燕尾形导轨的 $K=1.4$。d 为主轴直径，mm。T 为主轴的转矩，N·mm。

2.4 主传动系统设计

2.4.1 主传动系统设计应满足的基本要求

主传动系统是实现机床主运动的传动系统，将动力源的动力和运动传递给最终的执行件——主轴（刀架或工作台），切除工件表面多余的材料，以获得图纸要求的成形表面，获得合格工件。主传动系统一般应满足下述基本要求：

① 满足机床使用性能要求。首先，应满足机床的运动特性，如机床的主轴有足够的转速范围和转速级数，能够实现运动的开停、变速、换向和制动。其次，传动系统设计合理，

操纵方便灵活、迅速、安全可靠等。

② 满足机床传递动力要求。主电动机和传动机构能提供和传递足够的功率和转矩，具有较高的传动效率。

③ 满足机床工作性能的要求。主传动系统中所有零部件要有足够的刚度、精度和抗振性，温升和噪声要小。

④ 满足产品设计经济性的要求。传动链尽可能简短，零件数目要少，以便节省材料，降低成本。

⑤ 调整维修方便，结构简单紧凑，工艺性好，便于加工和装配。防护性能好，使用寿命长。

2.4.2 主运动传动方案设计

主传动系统一般由动力源、变速装置及执行件（如主轴、刀架、工作台），以及开停、换向和制动机构等部分组成。动力源为执行件提供动力，使其得到一定的运动速度；变速装置传递动力以及变换运动速度；执行件执行机床所需的运动，完成旋转或直线运动。

机床主传动系统方案设计主要包括选择传动布局，选择变速、启停、制动及换向方式等。

2.4.2.1 传动布局选择

有变速要求的主传动，可分为集中传动式和分离传动式两种布局方式。

(1) 集中传动式布局

将主轴组件和主传动系统的全部变速机构集中装在同一个箱体内，称为集中传动式布局。一般将该部件称为主轴变速箱。目前，多数机床的主变速传动系统都采用这种方式。图2-9所示为铣床主变速传动系统。铣床利用立式床身作为变速箱体，所有的传动和变速机构都装在床身中。其优点是：结构紧凑，便于实现集中操纵；箱体数少，安装调整方便。缺点是：高速运转传动件的振动直接传递给主轴变速箱，直接影响主轴的运转平稳性；传动件产生的热量使主轴产生热变形，影响主轴精度。这种传动方式适用于普通精度的中型和大型机床。

(2) 分离传动式布局

这种布局将主传动的大部分变速机构安装在远离主轴组件的单独变速箱中，其安装主轴组件和变速机构组件的箱体分别称为主轴箱和变速箱，中间采用带传动将变速箱的运动传到主轴箱。如图2-10所示，主轴箱中只装有主轴组件和背轮机构。其优点是：变速箱各传动件所产生的振动和热量不易直接传给主轴，减少了主轴的振动和热变形；当主轴箱采用背轮机构（如图中27/63×17/58齿轮）时，主轴通过带传动直接得到高转速，主轴传动链短，运动平稳，空载损失小。其缺点是：箱体多，加工装配工作量大；带传动在低速时传动转矩较大，容易打滑；更换传动带不方便。这种布局适用于中小型高速或精密机床。

2.4.2.2 变速方式选择

机床主传动的变速方式可分为无级变速和有级变速两种。

(1) 无级变速

无级变速是指在一定速度（或转速）范围内能连续、任意地变速。这种方式可选用最合理的切削速度，没有速度损失，生产效率高，可在机床运转中变速，减少辅助时间，操作方便，运动平稳等。机床主运动的无级变速器主要有机械无级变速器、液压无级变速器、电气无级变速器等。

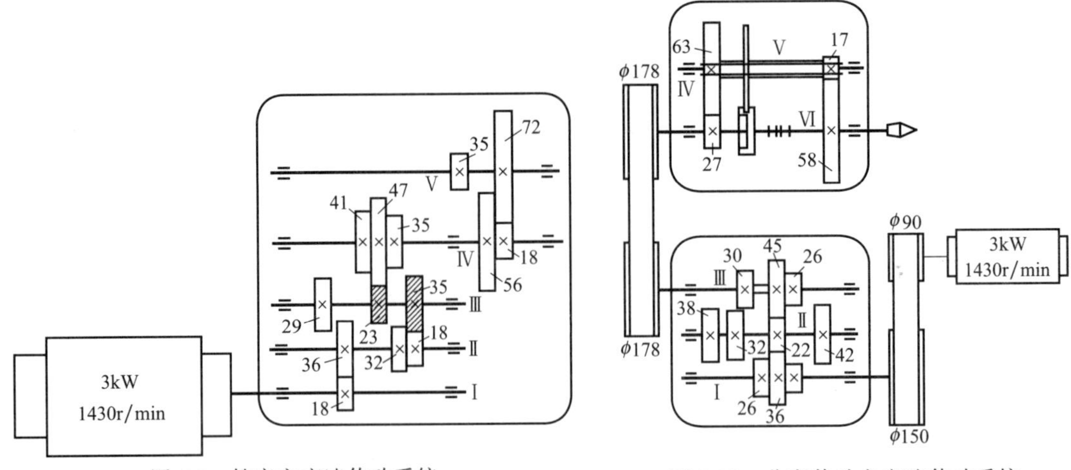

图 2-9　铣床主变速传动系统　　　图 2-10　分离传动主变速传动系统

① 机械无级变速器主要靠摩擦传递转矩，通过摩擦传动副的工作半径变化实现无级变速。但机构较复杂，维修较困难，效率低；摩擦传动的压紧力较大，影响工作可靠性与寿命；变速范围较窄（变速比不超过 10），需要与有级变速箱串联使用。一般多用于中小型机床。

② 液压无级变速器通过改变单位时间内输入液压缸或液动机中的液体流量来实现无级变速。其特点是变速范围大，传动平稳，运动换向冲击小，易于实现直线移动。常用于主运动为直线的机床。

③ 电气无级变速器采用直流和交流调速电动机来实现无级变速，主要应用于数控机床、精密和大型机床。直流调速电动机从额定转速到最高转速之间是用调节磁场的方式实现调速的，为恒功率调速段；从最低转速到额定转速之间是用调节电枢电压的方式进行调速的，为恒转矩调速段。恒功率调速范围为 2～4，恒转矩调速范围较大，可达几十甚至上百。其额定转速通常在 1000～2000r/min 范围内。

交流调速电动机通常采用变频调速方式。其调速效率高，性能好，调速范围较宽，恒功率调速范围可达 5 甚至更大，额定转速为 1500r/min 或 2000r/min 等。交流调速电动机没有电刷和换向器，采用全封闭外壳，防护效果好，已逐渐取代直流调速电动机。

直流和交流调速电动机的调速范围和功率特性如图 2-11 所示。由于其功率和转矩特性不能满足机床的使用要求，为此，须与有级变速箱串联应用。

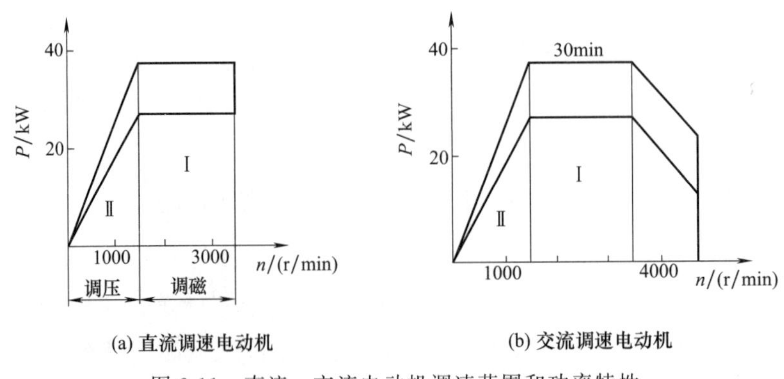

(a) 直流调速电动机　　　(b) 交流调速电动机

图 2-11　直流、交流电动机调速范围和功率特性

(2) 有级变速

有级（或分级）变速是指在若干固定速度（或转速）范围内不能连续地变速。这是普通机床应用最为广泛的一种变速方式。这种变速方式传递功率大，变速范围大，传动比准确，工作可靠，但速度不能连续变化，有速度损失，传动不够平稳。通常采用滑移齿轮变速机构、交换齿轮变速机构、多速电动机、离合器变速机构。

2.4.2.3 启停方式选择

控制主轴启动与停止的方式分为电动机启停和机械启停两种。电动机启停适用于功率较小或启动不频繁的机床，如铣床、磨床或中小型卧式车床等。在电动机不停止运转的情况下，可采用离合器实现机械启停方式使主轴启动或停止。机械启停的常用机构有锥式和片式摩擦离合器、齿轮式和牙嵌式离合器。

一般情况下应该优先选用电动机启停方式，当启停频繁、电动机功率较大或有其他要求时，可采用机械启停方式。此外，应尽可能将启停装置放置在传动链前面而且转速较高的传动轴上，这时传递转矩小，结构紧凑，停车后大部分传动件停转，减小空载功率损失。

2.4.2.4 制动方式选择

有些机床不需要制动，如磨床和一般组合机床。但卧式车床、摇臂钻床等大多数机床需要制动，如装卸及测量工件、更换刀具和调整机床时，要求主轴尽快停止转动；机床发生故障和事故时，需要及时刹车避免更大损失。主传动的制动方式可以分为电动机制动和机械制动两种。

电动机制动是让电动机转矩方向与其实际转矩方向相反，使之迅速减速并停转，多采用反接制动、能耗制动等。反接制动适用于直接启停的中小功率电动机，以及制动不频繁、制动平稳性要求不高及具有反转的主传动系统。

在电动机不停转情况下需要制动时，可采用机械制动方式。常用的机械制动结构有闸带式制动器、闸瓦式制动器和片式摩擦制动器。

一般情况下应优先采用电动机制动。对于制动频繁、传动链长、惯量较大的主传动系统，可采用机械制动方式。应将制动器放在接近主轴且转速较高的传动件上。这样，可使制动力矩小，结构紧凑，制动平稳。

2.4.2.5 换向方式选择

有些机床，如磨床、多刀半自动车床及一般组合机床的主传动系统不需要换向，但多数机床的主传动系统都需要换向。换向有两个目的：一是正反向都用于切削，正反向的转速、转速级数及传递动力应相同；二是正转用于切削而反转用于空行程，工作过程中经常需要反向空行程，那么为了提高生产效率，反向应比正向的转速高、转速级数少、传递动力小。

主传动换向方式分为电动机换向和机械换向两种。直流电动机驱动的机床，由电动机反向并提高反向速度较为方便，但采用交流异步电动机换向的频率频繁时，易引起电动机过热。在电动机转向不变的情况下可以采用机械换向，这种方式可用于高速运转中换向，换向稳定，但结构复杂。

2.4.3 有级变速主传动系统的设计

机床主运动设计的任务是根据已确定的运动参数、动力参数和传动方案，设计出满足给定转速的、经济合理的、性能先进的传动系统方案。其设计的内容和步骤如下：根据已确定的主变速传动系统的运动参数，拟订结构式、转速图，合理分配各变速组中各传动副的传动比，确定齿轮齿数和带轮直径等，绘制主变速传动系统图。

2.4.3.1 拟订转速图和结构式

(1) 转速图

转速图是设计和分析有级变速主传动系统的重要工具，可以表示出传动轴的数目、传动轴之间的传动关系、主轴的各级转速值及其传动路线、各传动轴的转速分级和转速值、各传动副的传动比等。

转速图由“三线一点”组成：传动轴线、转速线、传动线和转速点。设有一中型卧式车床，其变速传动系统图如图 2-12（a）所示，图 2-12（b）是它的转速图。

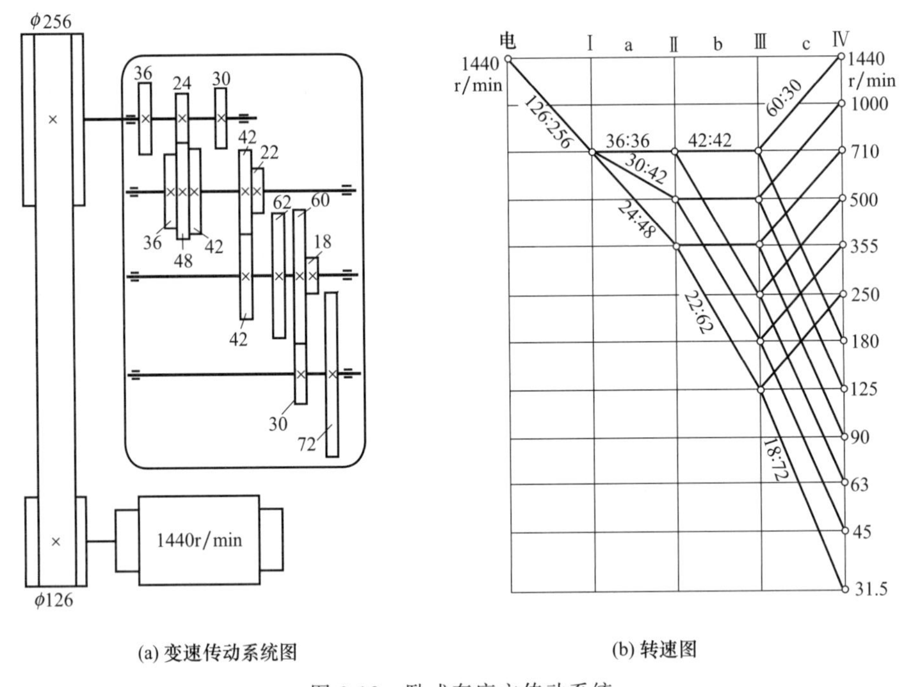

(a) 变速传动系统图　　(b) 转速图

图 2-12　卧式车床主传动系统

① 传动轴线。它由一组间距相同的竖直格线组成，代表各传动轴。轴号写在上面，从左向右依次标注“电”“Ⅰ”“Ⅱ”“Ⅲ”“Ⅳ”，分别表示电动机轴、Ⅰ轴、Ⅱ轴、Ⅲ轴、Ⅳ轴，Ⅳ轴即为主轴。竖线间的距离不代表各轴间的实际中心距。

② 转速线。间距相同的水平线代表转速的对数坐标。由于有级变速机构的转速是按等比级数排列的，相邻两转速的关系为

$$\frac{n_2}{n_1}=\varphi,\frac{n_3}{n_2}=\varphi,\cdots,\frac{n_z}{n_{z-1}}=\varphi$$

两边取对数，可得

$$\lg n_2-\lg n_1=\lg\varphi,\lg n_3-\lg n_2=\lg\varphi,\cdots,\lg n_z-\lg n_{z-1}=\lg\varphi$$

可见，任意相邻两转速的对数之差为 $\lg\varphi$，将转速坐标值取为对数坐标，那么任意相邻两转速都间距 $\lg\varphi$。为了方便，转速图上不写 lg 符号，而是直接标出转速值。

③ 转速点。它是传动轴格线上的圆点（或圆圈），表示该轴具有的转速，如Ⅳ轴（主轴）上的 12 个圆点，表示主轴具有 12 级转速。

④ 传动线。它是传动轴线间转速点的连线，表示相应传动轴的传动比 u，在主传动系统中用主动齿轮与从动齿轮的齿数比或主动带轮与从动带轮的轮径比表示。传动比 u 与两轴速比 i 互为倒数关系，即 $u=1/i$。

若传动线是水平的，表示等速传动，传动比 $u=1$；若传动线向右下方倾斜，表示降速传动，传动比 $u<1$；若传动线向右上方倾斜，表示升速传动，传动比 $u>1$。

如图 2-12 中，电动机轴与Ⅰ轴之间为传动带定比传动，其传动比为

$$u=126/256\approx 1/2=1/1.41^2=1/\varphi^2$$

是降速传动，传动线向右下方倾斜两格。Ⅰ轴的转速为

$$n_1=1440\times 126/256\text{r/min}=710\text{r/min}$$

轴Ⅰ-Ⅱ间的变速组 a 有三个齿轮传动副，其传动比分别为

$$u_{a1}=36/36=1/1=1/\varphi^0$$

$$u_{a2}=30/42=1/1.41=1/\varphi$$

$$u_{a3}=24/48=1/2=1/\varphi^2$$

在转速图上轴Ⅰ-Ⅱ之间有三条传动线，分别为水平、向右下方降一格、向右方下降两格。

轴Ⅱ-Ⅲ轴间的变速组 b 有两个齿轮传动副，其传动比分别为

$$u_{b1}=42/42=1/1=1/\varphi^0$$

$$u_{b2}=22/62=1/2.82=1/\varphi^3$$

在转速图上，Ⅱ轴的每一转速都有两条传动线与Ⅲ轴相连，分别为水平和向右下方降三格。由于Ⅱ轴有三种转速，每种转速都通过两条线与Ⅲ轴相连，故Ⅲ轴共得到 $3\times 2=6$ 种转速。连线中的平行线代表同一传动比。

Ⅲ-Ⅳ轴之间的变速组 c 也有两个齿轮传动副，其传动比分别为

$$u_{c1}=60/30=2/1=\varphi^2/1$$

$$u_{c2}=18/72=1/4=1/\varphi^4$$

在转速图上，Ⅲ轴上的每一级转速都有两条传动线与Ⅳ轴相连，分别为向右上方升两格和向右下方降四格。故Ⅳ轴的转速共为 $3\times 2\times 2=12$ 级。

(2) 结构式

设计分级变速主传动系统时，为了便于分析和比较不同传动设计方案，常使用结构式形式，如 $12=3_1\times 2_3\times 2_6$。式中，12 表示主轴得到的转速级数为 12 级，3、2、2 分别表示按传动顺序排列各变速组的传动副数，即该变速传动系统由 a、b、c 三个变速组组成，a 变速组的传动副数为 3，b 变速组的传动副数为 2，c 变速组的传动副数为 2。结构式中的下标 1、3、6，分别表示出各变速组的级比指数。

变速组的级比是指变速组传动比数列中相邻两个传动比的比值，用 φ^{X_i} 表示。级比 φ^{X_i} 中的指数 X_i 称为级比指数，它相当于相邻两传动线与从动轴交点之间相距的格数。

设计时要使主轴转速为连续的等比数列，必须有一个变速组的级比指数为 1，此变速组称为基本组。基本组的级比指数用 X_0 表示，即 $X_0=1$，如前文的“3_1”即为基本组。

基本组后面的变速组因起到扩大变速的作用，所以统称为扩大组。b 变速组在基本组的基础上，起到第一次扩大变速的作用，所以被称为第一扩大组。为了避免主轴出现转速重复或转速排列不均匀的现象，第一扩大组的级比指数 X_1 一般等于基本组的传动副数 P_0，即 $X_1=P_0$。如本节中变速组 b 为第一扩大组，其级比指数为 $X_1=P_0=3$。经扩大后，Ⅲ轴得

到 3×2=6 种转速。

第二扩大组的作用是将第一扩大组扩大的变速范围第二次扩大，其级比指数 X_2 等于基本组的传动副数和第一扩大组传动副数的乘积，即 $X_2=P_0P_1$。本节中的变速组 c 为第二扩大组，级比指数 $X_2=P_0P_1=3\times2=6$，经扩大后使Ⅳ轴得到 3×2×2=12 种转速。

如果变速系统还有第三扩大组、第四扩大组……可依次类推得到各扩大组的级比指数和转速个数。在转速图上寻找基本组和各扩大组时，可根据其变速特性，先找基本组，再依其扩大顺序找第一扩大组、第二扩大组……

图 2-12 所示方案是传动顺序和扩大顺序相一致的情况，遵守级比指数规律，为基型变速系统（或常规变速系统），即以单速电动机驱动，由若干变速组串联起来，使主轴得到连续而不重复的等比数列转速的变速系统。若对基本组和各扩大组采取不同的传动顺序，还有许多方案。例如：$12=3_2\times2_1\times2_6$，$12=2_3\times3_1\times2_6$，等等。

综上所述，我们可以看出结构式简单、直观，能清楚地显示出变速传动系统中主轴转速级数 Z、各变速组的传动顺序、传动副数 P_i 和各变速组的级比指数 X_i，其一般表达式为

$$Z=(P_a)_{X_a}\times(P_b)_{X_b}\times(P_c)_{X_c}\times\cdots\times(P_i)_{X_i}$$

2.4.3.2 变速组的变速范围

变速组中最大与最小传动比的比值，称为该变速组的变速范围。即

$$R_i=(u_{max})_i/(u_{min})_i\ (i=0,1,2,\cdots,j)$$

在本节中，基本组的变速范围

$$R_0=u_{a1}/u_{a3}=1/\varphi^{-2}=\varphi^2=\varphi^{X_0(P_0-1)}$$

第一扩大组的变速范围

$$R_1=u_{b1}/u_{b3}=1/\varphi^{-3}=\varphi^3=\varphi^{X_1(P_1-1)}$$

第二扩大组的变速范围

$$R_2=u_{c1}/u_{c3}=\varphi^2/\varphi^{-4}=\varphi^6=\varphi^{X_2(P_2-1)}$$

由此可见，变速组的变速范围一般可写为

$$R_i=\varphi^{X_i(P_i-1)} \tag{2-25}$$

式中，$i=0$、1、2、…、j，依次表示基本组、一、二、…、j 扩大组。

由式（2-25）可见，变速组的变速范围 R_i 值中 φ 的指数 $X_i(P_i-1)$ 就是变速组中最大传动比的传动线与最小传动比的传动线所拉开的格数。

2.4.3.3 主传动变速系统运动设计要点

(1) 齿轮变速组的传动比和变速范围限制

设计机床主变速传动系统时，为避免从动齿轮尺寸过大而增加箱体的径向尺寸，一般限制降速最小传动比 $u_{主min}\geqslant1/4$；为避免扩大传动误差，减少振动噪声，一般限制直齿圆柱齿轮的最大升速比 $u_{主max}\leqslant2$，斜齿圆柱齿轮传动较平稳，可取 $u_{主max}\leqslant2.5$。因此，各变速组的变速范围相应受到限制：主传动各变速组的最大变速范围为 $R_{主max}=u_{主max}/u_{主min}\leqslant(2\sim2.5)/0.25=8\sim10$；对于进给传动链，由于转速通常较低，传动功率较小，零件尺寸也较小，上述限制可放宽为 $u_{进max}\leqslant2.8$，$u_{进min}\geqslant1/5$，故 $R_{进max}\leqslant14$。

主轴的变速范围应等于主变速传动系统中各变速组变速范围的乘积，即

$$R_n=R_0R_1R_2\cdots R_j \tag{2-26}$$

检查变速组的变速范围是否超过极限值时，只需检查最后一个扩大组。因为其他变速组

的变速范围都比最后扩大组的小，只要最后扩大组的变速范围不超过极限值，其他变速组便不会超出极限值。

例如，$12=3_1\times 2_3\times 2_6$，$\varphi=1.41$，其最后扩大组的变速范围

$$R_2=1.41^{6\times(2-1)}=8$$

等于 $R_{主max}$ 值，符合要求，其他变速组的变速范围肯定也符合要求。

又如 $12=2_1\times 2_2\times 3_4$，$\varphi=1.41$，其最后扩大组的变速范围

$$R_2=\varphi^{4\times(3-1)}=\varphi^8=16$$

超出 $R_{主max}$ 值，是不允许的。

从式（2-25）可知，为使最后扩大组的变速范围不超出允许值，最后扩大组的传动副一般取 $P_i=2$ 较合适。

（2）减小传动件结构尺寸的原则

传动件传递的转矩取决于所传递的功率及其计算转速，即

$$T=955\times 10^4\frac{P}{n_j}=955\times 10^4\times\frac{P_E\eta}{n_j} \tag{2-27}$$

式中　T——传动件的传递转矩，N·mm；

P——传动件传递的功率，kW；

P_E——主电动机的功率，kW；

n_j——传动件的计算转速，r/min；

η——主电动机到传动件的传动效率。

由式（2-27）可知，当传递效率一定时，提高传动件的转速可降低传递转矩，减小传动件的结构尺寸。为此，应遵循以下主变速传动系统设计的一般原则。

① 传动副“前多后少”原则。从电动机到主轴的变速系统，总的趋势是降速传动。传动链前面的转速较高，而传动链后面的转速较低，要把传动副数较多的变速组安排在传动链的前面。故

$$P_a\geqslant P_b\geqslant P_c\geqslant\cdots\geqslant P_m \tag{2-28}$$

式中，P_a、P_b、P_c、…、P_m 分别为第一变速组、第二变速组、第三变速组、…、最后变速组的传动副数。

② 传动线“前密后疏”原则。如果变速组的扩大顺序与传动顺序一致，即按传动顺序依次为基本组、第一扩大组、第二扩大组、…、最后扩大组，可提高中间传动组的转速。

例如：$12=3\times 2\times 2$ 方案，有下列六种扩大顺序方案

$12=3_1\times 2_3\times 2_6$　　$12=3_2\times 2_1\times 2_6$　　$12=3_4\times 2_1\times 2_2$

$12=3_1\times 2_6\times 2_3$　　$12=3_2\times 2_6\times 2_1$　　$12=3_4\times 2_2\times 2_1$

从上述六种方案中，比较 $12=3_1\times 2_3\times 2_6$［图 2-13（a）］和 $12=3_2\times 2_1\times 2_6$［图 2-13（b）］两种扩大顺序方案。

图 2-13（a）所示的方案中，基本组在最前面，依次为第一扩大组、第二扩大组（即最后扩大组），变速组的扩大顺序与传动顺序一致。图 2-13（b）所示方案则不同，第一扩大组在最前面，依次为基本组、第二扩大组。图 2-13（a）所示Ⅱ轴最低转速大于图 2-13（b）所示方案Ⅱ轴的最低转速，那么图 2-13（a）所示方案能够提高中间传动组的转速。

扩大顺序与传动顺序一致时，在转速图上，前面变速组的传动线分布得紧密些，后面变速组的传动线分布得疏松些，故称为传动线的“前密后疏”原则，即

$$x_a < x_b < x_c < \cdots < x_m \tag{2-29}$$

式中，x_a、x_b、x_c、…、x_m 分别为第一变速组、第二变速组、第三变速组、…、最后变速组的级比指数。

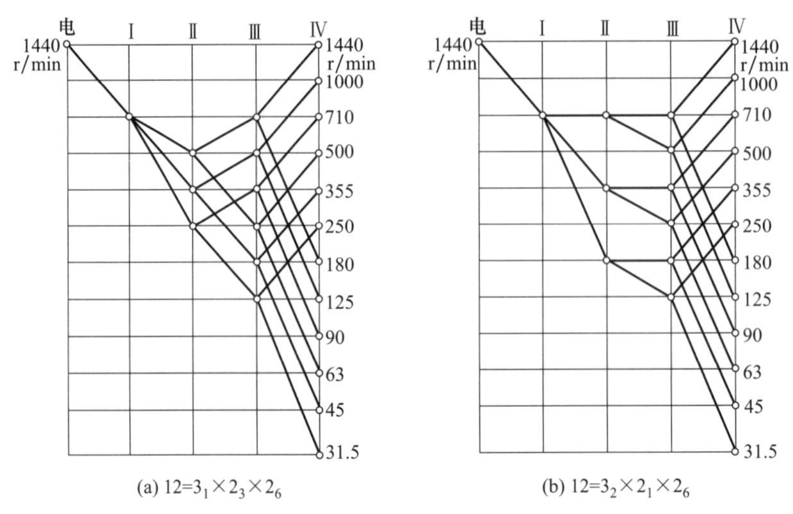

图 2-13 两种 12 级转速的转速图

③ 降速要“前慢后快”。主传动变速系统通常是降速传动的，一般要求传动链前面的变速组降速要慢些，后面的降速组可快些，即

$$u_{amin} \geqslant u_{bmin} \geqslant u_{cmin} \geqslant \cdots \geqslant u_{m\min} \tag{2-30}$$

式中，u_{amin}、u_{bmin}、u_{cmin}、…、$u_{m\min}$ 分别为第一变速组、第二变速组、第三变速组、…、最后变速组的最小传动比。

(3) 传动性能的改善

提高传动件转速可减小结构尺寸，但转速过高又会增大空载功率损失，引起振动、发热和噪声增加等。为了改善传动性能，应注意以下事项：

① 传动链要短。减少传动链中齿轮、传动轴和轴承数量，不仅制造、维修方便，降低成本，还可提高传动精度和传动效率，减少振动和噪声。机床空载功率损失和噪声在主轴最高转速区内最大，需特别注意缩短高速传动链，这是设计高效率、低噪声变速系统的重要途径。

② 转速和较小。减小各轴转速之和，可降低空载功率损失和噪声。要避免传动件有过高的转速，要避免过早、过大地升速。

③ 齿轮线速度要低。齿轮线速度是影响噪声的重要因素，通常限制线速度 $v<15\text{m/s}$。

④ 空转件要少。空转的齿轮、传动轴等元件要少，转速要低，这样能够减小噪声和空载功率。

主传动变速系统运动设计要点小结：一个规律——级比规律；两个限制——齿轮传动比限制，齿轮变速组的变速范围限制；三个原则——传动副要“前多后少”，传动件要“前密后疏”，降速要“前慢后快”；四项注意——传动链要短，转速和要小，齿轮线速度要低，空转件要少。

上述要点是主传动变速系统运动设计的基本要领和一般情况下需要遵循的规则。但是，实际情况是复杂的，由于结构和其他方面的原因，还需要根据具体情况加以灵活应用。

2.4.3.4 主变速传动系统的特殊设计

前面论述了主变速传动系统的常规设计方法。在实际应用中，还常常采用多速电动机传动、交换齿轮传动和公用齿轮传动等特殊设计。

(1) 具有多速电动机的主变速传动系统设计

为了能够简化机床的机械结构，使用方便，在运转中变速，可采用多速异步电动机与其他方式进行联合。机床主传动常用双速或三速电动机，其同步转速为（750/1500）r/min、（1500/3000）r/min、（750/1500/3000）r/min，电动机的变速范围为 2～4，级比为 2。也有采用同步转速为（1000/1500）r/min、（750/1000/1500）r/min 的双速和三速电动机，双速电动机的变速范围为 1.5，三速电动机的变速范围是 2，级比为 1.33～1.5，主轴转速不能得到标准公比的等比数列。

多速电动机总是在变速传动系统的最前面，作为电变速组。当电动机变速范围为 2 时，变速传动系统的公比 φ 应是 2 的整数次方根，所以变速系统的标准公比只能是 1.06、1.12、1.26、1.41 和 2。同时由于电变速组的级比指数不等于 1（公比等于 2 除外），是扩大组，相应的还要有一个传动副数等于 x_E 的基本组。例如公比 $\varphi=1.26$，是 2 的 3 次方根，基本组的传动副数应为 3，把多速电动机当作第一扩大组。又如 $\varphi=1.41$，是 2 的 2 次方根，基本组的传动副数应为 2，多速电动机同样当作第一扩大组。

图 2-14 是多刀半自动车床的主变速传动系统图和转速图。采用双速电动机，电动机变速范围为 2，转速级数共 8 级。公比 $\varphi=1.41$，其结构式为 $8=2_2\times2_1\times2_4$，电变速组作为第一扩大组，Ⅰ-Ⅱ轴间的变速组为基本组，传动副数为 2，Ⅱ-Ⅲ轴间变速组为第二扩大组，传动副数为 2。

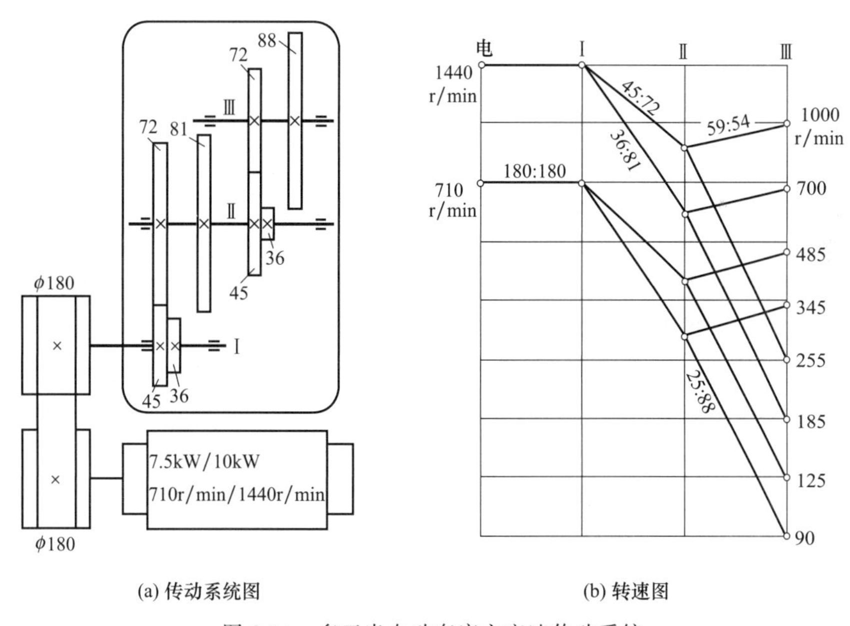

(a) 传动系统图　　(b) 转速图

图 2-14　多刀半自动车床主变速传动系统

多速电动机的最大输出功率与转速有关，即电动机在低速和高速时输出的功率不同。在图 2-14 中，当电动机转速为 710r/min 时，即主轴转速为 90r/min、125r/min、345r/min、485r/min 时，最大输出功率为 7.5kW；当电动机转速为 1440r/min 时，即主轴转速为 185r/min、255r/min、700r/min、1000/min 时，功率为 10kW。为使用方便，主轴在一切转速下，电动机功率都定为 7.5kW。所以，采用多速电动机的缺点之一就是当电动机在高速时，不能完全发挥其能力。

(2) 具有交换齿轮的变速传动系统

对于成批生产用的机床，例如专用机床、齿轮加工机床等，加工中一般不需要变速或仅在较小范围内变速。但换一批工件加工，有可能需要变换成别的转速或在一定的转速范围内进行加工。为简化结构，常采用交换齿轮变速的方式，或将交换齿轮与其他变速方式（如滑移齿轮、多速电动机等）组合应用。交换齿轮用于每批工件加工前的变速调整，其他变速方式则用于加工中变速。

为了减少交换齿轮的数量，相啮合的两齿轮可互换位置安装，即互为主、从动齿轮。反映在转速图上，交换齿轮的变速组应设计成对称分布的。如图 2-15 所示的液压多刀半自动车床主变速传动系统，在Ⅰ-Ⅱ轴间采用了交换齿轮，Ⅱ-Ⅲ轴间采用双联滑移齿轮。一对交换齿轮互换位置安装，在Ⅱ轴上可得到两级转速，在转速图上是对称分布的。

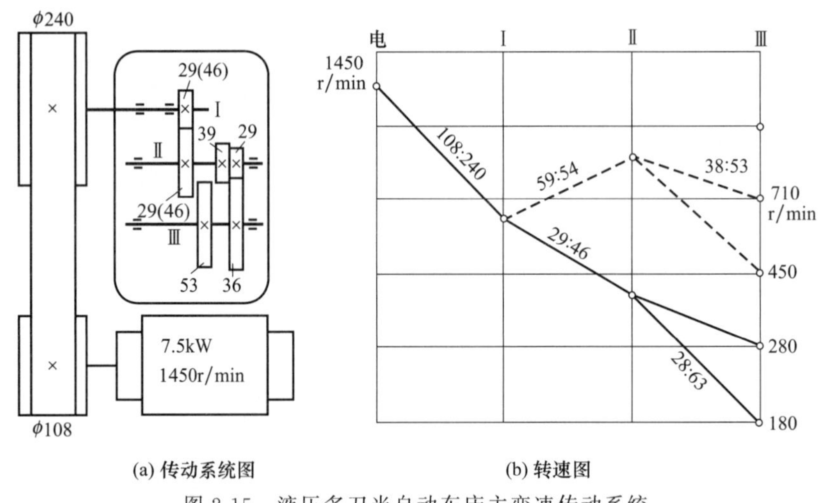

(a) 传动系统图　　(b) 转速图

图 2-15　液压多刀半自动车床主变速传动系统

交换齿轮变速可用少量齿轮得到多级转速，不需要操纵机构，变速箱结构大大简化。缺点是交换齿轮如果装在变速箱外，润滑及密封较困难，如装在变速箱内，则更换麻烦。

(3) 采用公用齿轮的变速传动系统

在变速传动系统中，既是前一变速组的从动齿轮，又是后一变速组的主动齿轮，称为公用齿轮。采用公用齿轮可以减少齿轮的数目，简化结构，缩短轴向尺寸。按相邻变速组内公用齿轮的数目，常用的有单公用齿轮和双公用齿轮。

采用公用齿轮时，两个变速组的模数必须相同。因为公用齿轮轮齿受的弯曲应力属于对称循环，弯曲疲劳许用应力比非公用齿轮要低，因此应尽可能选择变速组内较大的齿轮作为公用齿轮。

在图 2-16 所示的铣床主变速传动系统图中采用了双公用齿轮传动，图中画斜线的齿轮 $z_1=23$ 和 $z_2=35$ 为公用齿轮。

(4) 扩大传动系统变速范围的方法

由式（2-25）可知：主变速传动系统最后一个扩大组的变速范围为

$$R_j=\varphi^{P_0P_1P_2\cdots P_{j-1}(P_j-1)} \tag{2-31}$$

设主变速传动系统总变速级数为 Z，$Z=P_0P_1P_2\cdots P_{j-1}P_j$。

通常最后扩大组的变速级数 $P_j=2$，则最后扩大组的变速范围为 $R_j=\varphi^{Z/2}$。

由于极限传动比限制，$R_j \leqslant 8 = 1.41^6 = 1.26^9$，即当 $\varphi = 1.41$ 时，主变速传动系统的总变速级数≤12，最大可能达到的变速范围 $R_n = 1.41^{11} \approx 45$；当 $\varphi = 1.26$ 时，总变速级数≤18，最大可能达到的变速范围 $R_n = 1.26^{17} \approx 50$。

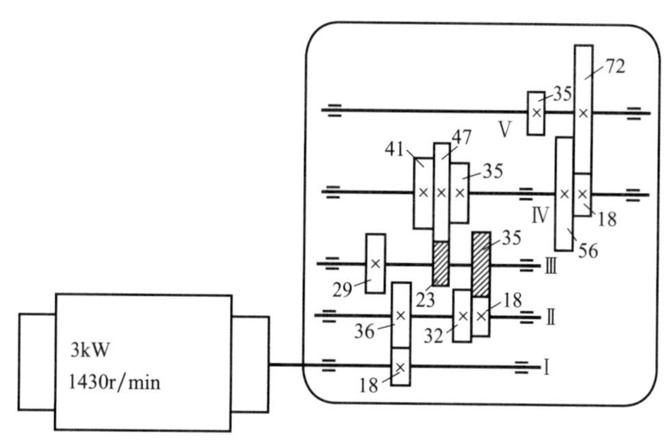

图 2-16　铣床主变速传动系统图

上述的变速范围常不能满足通用机床的要求，一些通用性较高的车床和镗床的变速范围一般在140～200之间，甚至超过200。可用下述方法来扩大变速范围：增加变速组；采用背轮机构；采用混合公比传动和分支传动。

① 增加变速组。在原有的变速传动系统内再增加一个变速组，是扩大变速范围最简便的方法。但由于受到变速组极限传动比的限制，增加的变速组的级比指数往往不得不小于理论值，并导致部分转速的重复。例如，公比为 $\varphi = 1.41$，结构式为 $12 = 3_1 \times 2_3 \times 2_6$ 的常规变速传动系统，其最后扩大组的级比指数为6，变速范围已达到极限值8。如再增加一个变速组，理论上其结构式应为 $24 = 3_1 \times 2_3 \times 2_6 \times 2_{12}$，最后扩大组的变速范围将等于 $1.41^{12} = 64$，大大超出极限值，是无法实现的。需将新增加的最后扩大组的变速范围限制在极限值内，其级比指数仍取6，使其变速范围 $R_3 = 1.41^6 = 8$。这样做的结果是在最后两个变速组 $2_6 \times 2_6$ 中重复了一个转速，只能得到3级变速，传动系统的变速级数只有 $3 \times 2 \times (2 \times 2 - 1) = 18$ 级，重复了6级转速，如图2-17中Ⅴ轴上的黑圈和黑点所示，变速范围可达 $R_n = 1.41^{18-1} = 344$，结构式可写成

$$18 = 3_1 \times 2_3 \times (2_6 \times 2_6 - 1)$$

② 采用背轮机构。背轮机构又称回曲机构，其传动原理如图2-18所示。主动轴Ⅰ和从动轴Ⅲ同轴线。当滑移齿轮 z_1 处于最右位置时，离合器M接合，齿轮 z_1 与齿轮 z_2 脱离啮合，运动由主动轴Ⅰ传入，直接传到从动轴Ⅲ，传动比为 $u_1 = 1$。

当滑移齿轮 z_1 处于最左位置时，离合器M脱开，齿轮 z_1 与齿轮 z_2 啮合，运动经背轮 z_1/z_2 和 z_3/z_4 降速传至轴Ⅲ。如降速传动比取极限值 $u_{min} = 1/4$，经背轮降速可得传动比 $u_2 = 1/16$。因此，背轮机构的极限变速范围 $R_{max} = u_1/u_2 = 16$，达到了扩大变速范围的目的。

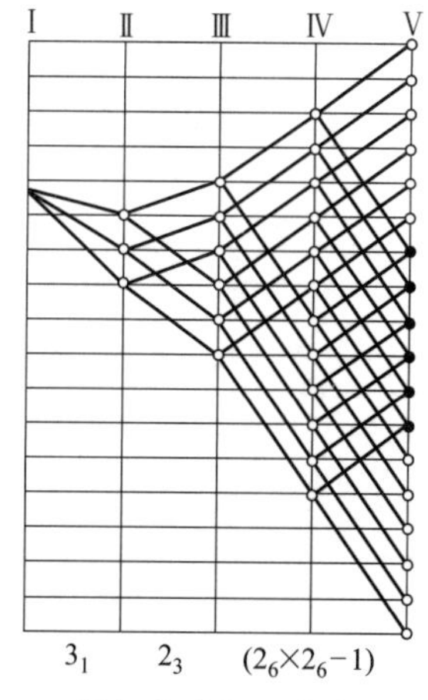

图 2-17　增加变速组以扩大变速范围

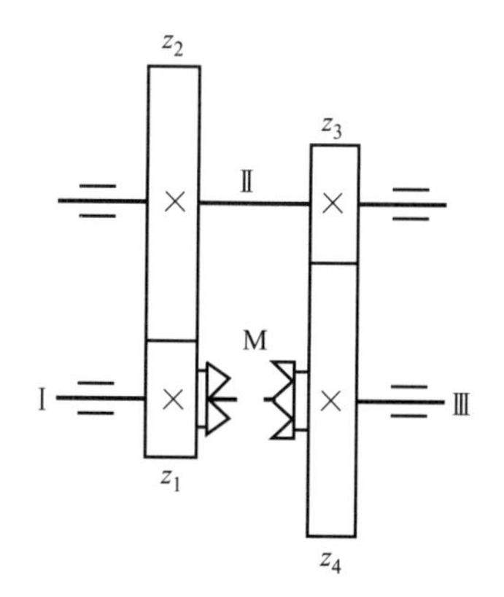

图 2-18　背轮机构

这类机构在机床上应用得较多。设计时应注意当高速直联传动时，应使背轮脱开，以减少空载功率损失、噪声和发热以及避免超速现象。图 2-18 所示的背轮机构不符合上述要求，当离合器 M 接合后，轴Ⅲ高速旋转，轴上的大齿轮 z_4 倒过来传动背轮轴，使其以更高的速度旋转。

③ 采用混合公比的传动系统。在通用机床的使用中，每级转速使用的概率不相同。经常使用的转速一般是在转速范围的中段，转速范围的高、低段使用较少。混合公比传动系统就是针对这一情况而设计的，一般多为双公比或三公比。

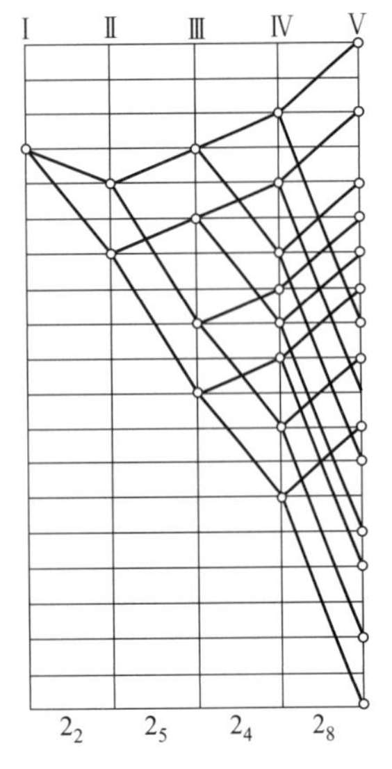

图 2-19 采用双公比的转速图

主轴的转速数列有两个公比，转速范围中经常使用的中段采用小公比，不经常使用的高、低段用大公比。图 2-19 是具有 16 速双公比的转速图，转速范围中段的公比为 $\varphi_1=1.26$，高、低段的公比为 $\varphi_2=\varphi_1^2=1.58$。

以双公比变速传动为例，它是在常规变速传动系统的基础上，通过改变基本组的级比指数演变而来的。设常规变速传动系统结构式 $16=2_2\times2_1\times2_4\times2_8$，公比 $\varphi=1.26$，变速范围 $R_n=\varphi^{16-1}=32$，基本组是第二个变速组，其级比指数 $X_0=1$；如要演变成双公比变速传动系统，基本组的传动副数 P_0 常选为 2。将基本组的级比指数 $X_0=1$ 增大到 $1+2n$，n 是大于 1 的正整数。此处，取 $n=2$，基本组的级比指数成为 5，结构式变成 $16=2_2\times2_5\times2_4\times2_8$，就成为图 2-19 所示的转速图。从图上可以看到，主轴转速范围的高、低段各出现 $n=2$ 个转速空挡，各有 2 级转速的公比等于 $\varphi^2=1.58$，比原来常规变速传动系统增加了 4 级转速的变速范围，即从原来的变速范围 32 增加到 $R_n=\varphi^{20-1}=80$。

④ 采用分支传动的传动系统。前面介绍的都是由若干变速组串联的变速系统。如果在串联变速组的基础上，增加并联分支传动，还可以进一步扩大主轴的变速范围。如图 2-20 所示

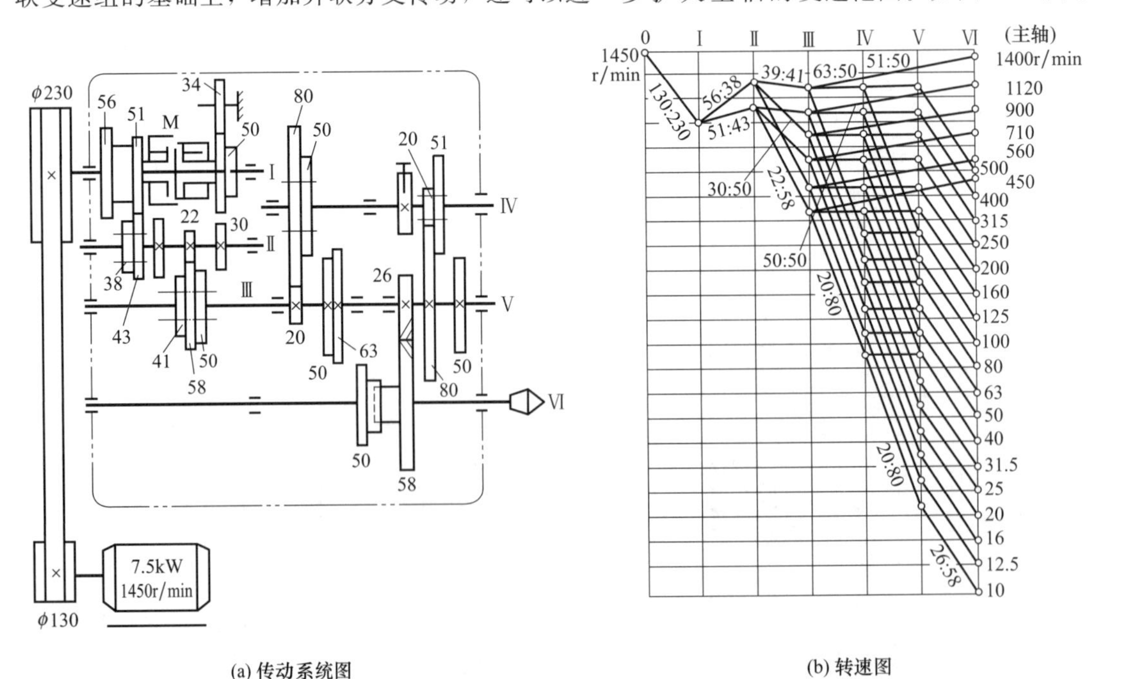

图 2-20 卧式车床主变速传动系统和其转速图

的 400mm 卧式车床主变速传动系统和其转速图，采用了高速分支和低速分支。在轴Ⅲ之前的传动是两者共用部分，由轴Ⅲ开始，低速分支的传动路线为Ⅲ→Ⅳ→Ⅴ→Ⅵ，使主轴得到 10～500r/min 共 18 级转速，结构式为 $Z_1=18=2_1\times3_2\times(2_6\times2_6-1)$；高速分支传动是由轴Ⅲ通过一对定比传动齿轮 63/50，直接传到主轴Ⅵ，使主轴得到 450～1400r/min 共 6 级高转速，结构式为 $Z_2=6=2_1\times3_2$。

上述分支传动系统的结构式可写为

$$Z=24=2_1\times3_2\times[1+(2_6\times2_6-1)]$$

式中，“×”号表示串联；“+”号表示并联；“－”号表示转速重复。

图 2-20 中主变速传动系统采用分支传动方式，变速范围扩大到 $R_n=1400/10=140$。采用分支传动方式除了能较大地扩大变速范围外，还具有缩短高速传动路线、提高传动效率、减少噪声的优点。

2.4.3.5　齿轮齿数的确定

当各变速组的传动比确定之后，就要确定变速传动系统中传动齿轮副的齿轮齿数、带轮直径等参数。在确定齿轮齿数时，须首先初选变速组内齿轮副模数和传动轴直径，以便根据结构尺寸判断其齿轮齿数或齿数之和是否合适。主传动齿轮要传递足够动力，齿轮模数一般取 $m\geqslant2$。在强度允许的条件下尽可能取较小模数，可方便加工、降低噪声。为了便于设计与制造，主传动齿轮所用模数的种类应尽可能少，而且由于各齿轮副的速度和受力情况相差不大，在同一变速组内，通常选用相同的模数。而在某些场合，如在最后扩大组或折回传动组中，由于各齿轮副的速度和受力情况相差悬殊，在同一变速组内可选用不同的模数，但一般不多于两种。

(1) 齿轮齿数确定的原则和要求

齿轮齿数确定的原则是使齿轮机构尺寸尽量小，主轴转速误差小。其具体的要求如下。

① 齿轮和不应过大，推荐 $S\leqslant100\sim120$。

② 最小齿轮的齿数不应过小，但需从下述限制条件中选取较大值：

a. 受传动性能限制的最少齿数。为了保证最小齿轮不产生根切以及主传动具有较好的运动平稳性，对于标准直齿圆柱齿轮，一般取最小齿轮齿数 $z_{min}=18\sim20$，主轴上小齿轮 $z_{min}=20$，高速齿轮取 $z_{min}=25$。

b. 受齿轮结构限制的最少齿数。齿轮（尤其是最小齿轮）应能可靠地安装到轴上或进行套装，特别是齿轮的齿槽到孔壁或键槽处的壁厚不能过小，以防齿轮热处理时产生过大的变形或传动中造成断裂现象。如图 2-21 所示，应保证齿轮的最小壁厚 $b\geqslant2m$。

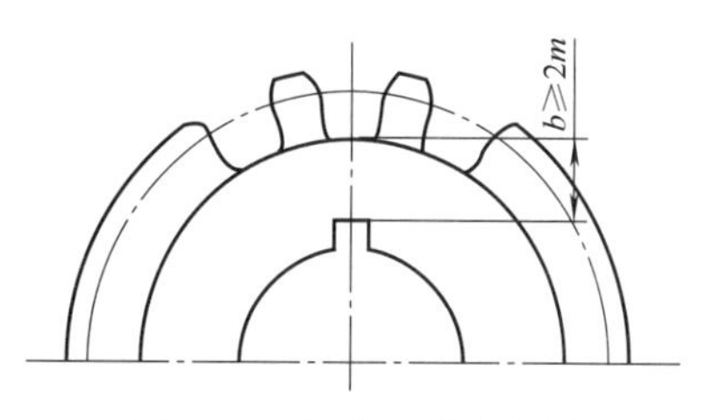

图 2-21　齿轮的最小壁厚

c. 两轴间最小中心距应取得适当。若齿数和 S 太小，则中心距过大，这将导致两轴的轴承与其他结构之间的距离过近或相碰。

d. 传动比要求。确定齿轮齿数时，应符合转速图上传动比的要求。实际传动比（齿轮齿数比）与理论传动比（转速图上要求的传动比）之间允许有误差，但不能过大。确定齿轮齿数所造成的转速误差一般不应超过 $\pm10(\varphi-1)\%$。

(2) 查表法确定齿轮齿数

若齿轮副传动比是标准公比的整数次方，变速组内的齿轮模数相等时，可按表 2-5 直接

表 2-5 常用传动比的小齿轮适用齿数

u \ S	40	41	42	43	44	45	46	47	48	49	50	51	52	53	54	55	56	57	58	59	60	61	62	63	64	65	66	67	68	69	70	71	72	73	74
1.00	20		21		22		23		24		25		26		27		28		29		30		31		32		33		34		35		36		37
1.06		20		21				23									27		28		29		30		31		32		33		34		35		36
1.12	19							22		23		24		25		26		27		28			29		30		31		32		33		34		35
1.19					20		21		22		23					25		26		27		28		29			30		31		32		33		34
1.26		18		19		20					22		23		24		25			26		27		28		29	29		30		31		32		33
1.33	17		18		19			20		21		22			23		24		25			26		27		28			29		30		31		
1.41		17					19		20			21		22		23			24		25			26		27		28	28		29		30	30	
1.50	16					18		19			20		21			22		23			24		25			26		27	27		28		29	29	
1.58		16			17					19			20		21			22		23	23		24			25		26			27		28	28	
1.68	15			16					18			19			20		21			22			23		24			25		26	26		27	27	
1.78			15					17			18			19			20		21			22			23			24		25	26		26		
1.88	14			15			16			17			18			19			20		21	21		22	22		23			24			25		
2.00			14			15			16			17			18			19			20			21			22			23			24		
2.11					14			15			16			17			18			19			20			21	21		22	22		23	23		24
2.24						14				15			16			17			18			19	19			20			21			22	22		23
2.37								14				15			16			17				18			19			20	20			21			22
2.51										14				15			16	16				17			18				19			20	20		21
2.66												14				15			16	16			17				18			19	19			20	20
2.82														14	14			15				16				17			18	18			19	19	
2.99																	14				15				16			17	17				18	18	
3.16																			14				15	15			16	16			17	17			
3.35																						14				15	15			16	16				17
3.55																								14	14				15	15			16	16	

续表

u \ S	75	76	77	78	79	80	81	82	83	84	85	86	87	88	89	90	91	92	93	94	95	96	97	98	99	100	101	102	103	104	105	106	107	108	109
1.00		38		39		40		41		42		43		44		45		46		47		48		49		50		51		52		53		54	
1.06		37		38		39		40	40	41	41	42	42	43	43	44	44	45	45	46	46		47		46		49		50		51		52		53
1.12		36	36	37	37	38	38		39		40		41		42		43		44	44	45	45	46	46	47	47		48		49		50		51	51
1.19	34	35	35		36		37		38		39	39	40	40	41	41		42		43		44	44	45	45	46	46		47		48		49	49	50
1.26	33		34		35		36	36	37	37		38		39		40	40	41	41		42		43		44	44	45	45		46		47	47	48	48
1.33	32		33		34	34	35	35		36		37	37	38	38		39		40	40	41	41		42		43	43	44	44		45		46	46	47
1.41	31		32		33	33		34		35	35		36		37	37	38	38		39		40	40		41		42	42	43	43		44	44	45	45
1.50	30		31	31		32		33	33		34		35	35		36		37	37		38		39	39	40	40		41	41	42	42		43	43	44
1.58	29		30	30		31		32	32		33	33		34		35	35		36		37	37		38	38	39	39		40	40		41		42	52
1.68	28		29	29		30	30		31		32	32		33	33		34		35	35		36	36		37	37	38	38		39	39		40	40	41
1.78	27			28		29	29		30	30		31			32		33	33		34	34		35	35		36		37	37		38	38		39	39
1.88	26			27		28	28		29	29		30	30		31	31		32	32		33	33		34	34	35	35		36	36		37	37		38
2.00	25			26			27			28		29	29		30	30		31	31		32	32		33	33		34	34		35	35		36	36	
2.11	24			25			26			27			28	28		29	29		30	30		31	31		32	32		33	33		34	34		35	35
2.24	23		24	24			25			26	26		27	27		28	28		29	29			30	30		31	31		32	32		33	33	33	34
2.37			23	23			24			25	25		26	26			27	27		28	28		29	29			30	30		31	31		32	32	32
2.51			22	22		23	23			24	24		25	25			26	26		27	27			28	28		29	29			30	30		31	31
2.66			21			22	22			23	23		24	24			25	25			26	26		27	27			28	28		29	29	29		30
2.82		20	20			21	21			22			23	23			24	24			25	25			26	26		27	27	27		28	28	28	
2.99	19	19			20	20			21	21			22	22			23	23			24	24			25	25			26	26			27	27	
3.16	18				19	19			20	20			21	21			22	22			23	23			24	24	24		25	25	25		26	26	26
3.35				18	18			19	19			20	20	20			21	21			22	22			23	23	23			24	24			25	25
3.55			17	17			18	18				19	19			20	20	20			21	21			22	22	22			23	23			24	24

查出齿数。如图 2-12 中变速组 a 有三对传动副，其传动比分别为 $u_{a1}=1$，$u_{a2}=1/1.41$，$u_{a3}=1/2$。后两个传动比小于 1，取其倒数，即按 $u=1.00$、1.41 和 2.00 查表，过程如下。

① 找出每个齿轮副的传动比值，对于 $u_{a1}=1$，查表 2-5 中 $u=1.00$ 一行；$u_{a2}=1/1.41$，查 $u=1.41$ 一行；$u_{a3}=1/2$，查 $u=2.00$ 一行。

② 确定最小齿轮齿数 z_{min} 及最小齿数和 S_{min}。该变速组内的最小齿轮必在 $u_{a3}=1/2$ 的齿轮副中，若选定 $z_{min}=22$，则在表 2-5 的 $u=2.00$ 一行中找到 $z_{min}=22$，顺着竖列向上查得最小齿数和 $S_{min}=66$。

③ 找到可能采用的齿数和 S。诸数列自 $S_{min}=66$ 开始向右查表，找出同时能满足三个传动比 u_{a1}、u_{a2}、u_{a3} 要求的齿轮齿数和 $S=72$、84、90、92、96……

④ 确定适用的齿数和。在结构允许下可选用较小的齿数和，选定 $S=72$ 为宜。

⑤ 确定各齿轮副的齿数。由表中 $u=1.00$ 一行查得 $z_{a1}=36$，则 $z_{a1}'=S-z_{a1}=36$；由 $u=1.41$ 一行查得 $z_{a2}=30$，则 $z_{a2}'=S-z_{a2}=42$；由 $u=2.00$ 一行查得 $z_{a3}=24$，则 $z_{a3}'=S-z_{a3}=48$。

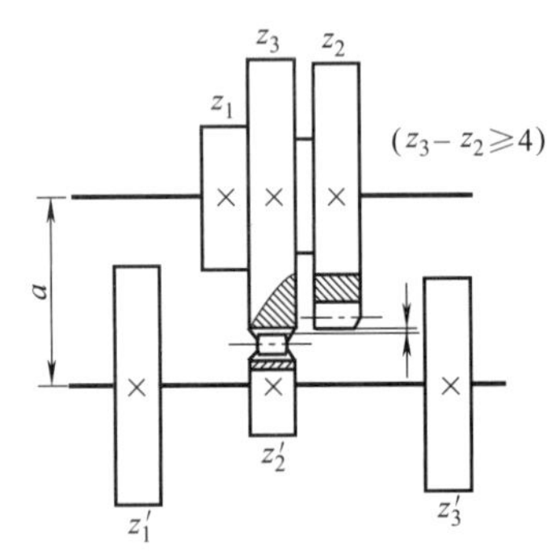

图 2-22 三联滑移齿轮的齿数关系

(3) 三联滑移齿轮的齿数关系

当变速组采用三联滑移齿轮时，确定其齿数之后，还应检查滑移齿轮之间的齿数关系。如图 2-22 所示的三联滑移齿轮，从中间位置移动时，次大齿轮 z_2 要从固定齿轮 z_3' 上方越过，为避免 z_2 与 z_3' 齿顶相碰，当三联滑移齿轮为标准齿轮且模数相等时，必须保证

$$a\geqslant\frac{1}{2}m(z_3'+2)+\frac{1}{2}m(z_2+2) \quad (2\text{-}32)$$

其中 $a=\frac{1}{2}m(z_3+z_3')$，代入上式可得

$$z_3-z_2\geqslant4 \quad (2\text{-}33)$$

即三联齿轮的最大齿轮与次大齿轮的齿数差应大于或等于 4。

2.4.3.6 计算转速

设计机床时，须根据不同机床的性能要求，合理设计机床的最大工作能力，即主轴所能传递的最大功率或最大转矩。对于所设计机床传动件（如主轴、传动轴、齿轮及离合器等）的结构尺寸，主要根据它所传递的最大转矩进行计算，即与它所传递的功率和转速两个参数有关。

对于专用机床，在特定工艺条件下各传动件所传递的功率和转速是固定不变的，传递的转矩也是一定的。而对于通用机床，工艺范围广、变速范围大，使用条件也复杂，传动件所传递的功率和转速也是变化的。将传动件的传递转矩定得偏小或偏大都是不可靠、不经济的。例如通用车床主轴转速范围的低速段，常用来切削螺纹、铰孔或精车等，消耗的功率较小。计算时如按传递全部功率计算，将会使传动件的尺寸不必要地增大，造成浪费；在主轴转速的高速段，由于受电动机功率的限制，背吃刀量和进给量不能太大，传动件所受的转矩随转速的增高而减小。因此，确定这类机床传动件传递转矩的大小，必须根据机床实际使用情况进行调查分析，确定一个合理的计算转速，将其作为强度计算和校核的依据。

(1) 主轴计算转速的确定

主轴计算转速 n_j 是指主轴传递全部功率时的最低转速。如图 2-23 所示为机床主轴的功率、转矩特性及转速图，图中主轴从 n_j 到 n_{max} 之间的每级转速应传递全部功率，即功率恒定，而其输出转矩随转速升高而降低，称之为恒功率变速范围；从 n_j 到 n_{min} 之间的每级转速都能传递与计算转速相等的转矩，此为恒转矩工作范围，而功率则随着转速的降低而减小。

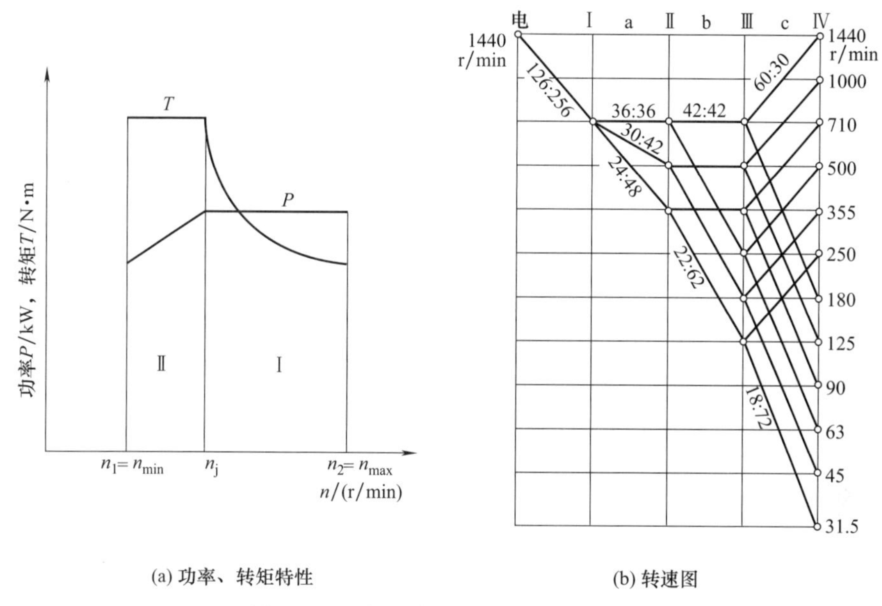

(a) 功率、转矩特性　　　(b) 转速图

图 2-23　主轴功率、转矩特性及转速图

不同类型机床主轴计算转速的选取是不同的，对于大型机床，由于应用范围很广，调速范围很宽，计算转速可取得高些。对于精密机床、滚齿机，由于应用范围较窄，调速范围小，计算转速可取得低一些。各类机床主轴计算转速的统计公式见表 2-6。对于数控机床，调速范围比普通机床宽，计算转速可比表中推荐的高些。

表 2-6　各类机床的主轴计算转速

机床类型		计算转速 n_j	
		等公比传动	混合公比或无级调速
中型通用机床和使用较广的半自动机床	车床，升降台式铣床，转塔车床，液压仿形半自动车床，多刀半自动车床，单轴自动车床，多轴自动车床，立式多轴半自动车床，卧式镗铣床（ϕ63～90mm）	$n_j=n_{min}\varphi^{\frac{Z}{3}-1}$ n_j 为主轴第一个（低的）三分之一转速范围内的最高一级转速	$n_j=n_{min}\left(\frac{n_{max}}{n_{min}}\right)^{0.3}$
	立式钻床，摇臂钻床，滚齿机	$n_j=n_{min}\varphi^{\frac{Z}{4}-1}$ n_j 为主轴第一个（低的）四分之一转速范围内的最高一级转速	$n_j=n_{min}\left(\frac{n_{max}}{n_{min}}\right)^{0.25}$
大型机床	卧式车床（ϕ1250～4000mm），单柱立式车床（ϕ1400～3200mm），单柱可移动式立式车床（ϕ1400～1600mm），双柱立式车床（ϕ3000～12000mm），卧式镗铣床（ϕ110～160mm），落地式镗铣床（ϕ125～160mm）	$n_j=n_{min}\varphi^{\frac{Z}{3}}$ n_j 为主轴第二个三分之一转速范围内的最高一级转速	$n_j=n_{min}\left(\frac{n_{max}}{n_{min}}\right)^{0.35}$

续表

机床类型		计算转速 n_j	
		等公比传动	混合公比或无级调速
高精度和精密机床	落地式镗铣床（ϕ160～260mm），主轴箱可移动的落地式镗铣床（ϕ125～300mm）	$n_j=n_{min}\varphi^{\frac{Z}{2.5}}$	$n_j=n_{min}\left(\frac{n_{max}}{n_{min}}\right)^{0.4}$
	坐标镗床 高精度车床	$n_j=n_{min}\varphi^{\frac{Z}{4}-1}$ n_j 为主轴第一个（低的）四分之一转速范围内的最高一级转速	$n_j=n_{min}\left(\frac{n_{max}}{n_{min}}\right)^{0.25}$

(2) 变速传动系统中传动件计算转速的确定

变速传动系统中的传动件包括轴和齿轮，它们的计算转速可根据主轴的计算转速和转速图确定。确定的顺序是“由后向前”，即先定出主轴的计算转速，再顺次由后往前，定出各传动轴的计算转速，然后再确定齿轮的计算转速。

现以图 2-23 为例，说明主轴、各传动轴和齿轮的计算转速。

① 主轴的计算转速。由表 2-6 可知

$$n_j=n_{min}\varphi^{\frac{Z}{3}-1}=31.5\times1.41^{\frac{12}{3}-1}=90(r/min) \tag{2-34}$$

② 各传动轴的计算转速。主轴的计算转速是轴Ⅲ经 18/72 的传动副获得的，此时轴Ⅲ相应转速为 355r/min，但变速组 c 有两个传动副，当轴Ⅲ转速为最低转速 125r/min 时，通过 60/30 的传动副可使主轴获得 250r/min，250r/min>90r/min，应能传递全部功率，则轴Ⅲ的计算转速为 125r/min；轴Ⅲ的计算转速是通过轴Ⅱ的最低转速 355r/min 获得的，所以轴Ⅱ的计算转速为 355r/min；同样，轴Ⅰ的计算转速为 710r/min。

③ 各齿轮的计算转速。各齿轮的计算转速要在所安装轴上确定。

齿轮 z_{60} 的计算转速。z_{60} 装在轴Ⅲ上，转速为 125～710r/min 共六级；经 z_{60}/z_{30} 传动，主轴Ⅳ所得到的六级转速 250～1400r/min 都能传递全部功率，故 z_{60} 的六级都能传递全部功率，其中最低转速 125r/min 即为 z_{60} 的计算转速。

齿轮 z_{30} 的计算转速。z_{30} 装在轴Ⅳ上，转速为 250～1400r/min 共六级，它们都能传递全部功率，其中最低转速 250r/min 即为 z_{30} 的计算转速。

齿轮 z_{18} 的计算转速。z_{18} 装在轴Ⅲ上，转速为 125～710r/min 共六级，其中只有在 355～710r/min 的三级转速下工作时，经 z_{18}/z_{72} 传动，主轴所得到的 90～180r/min 共三级转速才能传递全部功率；而 z_{18} 转速为 125～250r/min 三级时，经 z_{18}/z_{72} 传动，主轴所得到的 31.5～63r/min 共三级转速都低于主轴的计算转速，故不能传递全部功率。因此，z_{18} 只有在 355～710r/min 的三级转速下工作才能传递全部功率，最低转速 355r/min 即为 z_{18} 的计算转速。

齿轮 z_{72} 的计算转速。z_{72} 装在轴Ⅳ上，转速为 31.5～180r/min 共六级，其中只有在 90～180r/min 的三级转速下工作才能传递全部功率，因此最低转速 90r/min 即为 z_{72} 的计算转速。

应该指出，确定齿轮的计算转速，必须注意它所在的传动轴。齿轮计算转速与所在轴的计算转速可能不一样，要根据转速图的具体情况确定。

2.4.3.7 变速箱内传动件的空间布置与计算

机床变速箱用于主运动的执行件（如主轴、工作台、滑枕等）的启动、变速、停止和改变运动方向等。因此，变速箱应大致包括传动链连接的定比传动副、变速机构、启动/停止/换向机构、制动机构、操纵机构和润滑机构等。

在机床初步设计中，考虑主轴变速箱在机床上的位置及与其他部件的相互关系，已经粗略给出变速箱的形状与尺寸要求，但最终还需要根据箱体内各元件的实际结构与布置才能确定下来。在可能的情况下，应尽量减小主轴箱的轴向和径向尺寸，以便节省材料，减小质量，满足使用要求。当然，对于不同情况要区别对待。如有些立式机床和摇臂机床的主轴箱要求轴向尺寸较短，而对径向尺寸的要求并不严格；而卧式铣镗床、龙门铣床的主轴箱要沿立柱或横梁导轨移动，为减小其倾覆力矩，要求减小径向尺寸。

(1) 变速箱内各传动轴的空间布置

变速箱内各传动轴的空间布置，不仅要考虑机床总体布局对变速箱形状和尺寸的限制，还要考虑各轴受力情况、装配调整和操作维修的方便。其中变速箱的形状和尺寸限制是影响传动轴空间布置最重要的因素。例如，铣床的变速箱就是立式床身，高度方向或轴向尺寸较大，变速系统传动轴可布置在立式床身的铅直对称面上；摇臂钻床的变速箱在摇臂上移动，变速箱轴向尺寸要求较短，横截面尺寸可较大，布置时往往为了缩短轴向尺寸而增加轴的数目，即加大箱体的横截面尺寸；卧式车床的主轴箱安装在床身的上面，横截面呈矩形，高度尺寸只能略大于主轴中心高加主轴上大齿轮的半径；卧式车床的主轴箱轴向尺寸取决于主轴长度，为提高主轴组件的刚度，一般较长，可设置多个中间墙。

图 2-24 是卧式车床主轴箱的横断面图。为把主轴和数量较多的传动轴布置在尺寸有限的矩形截面内，又要便于装配、调整和维修，还要照顾到变速机构、润滑装置的设计，各轴布置的顺序大致如下：首先确定主轴的位置，对车床来说，主轴位置主要根据车床的中心高确定；其次确定传动主轴的轴，以及与主轴有齿轮啮合关系的轴的位置；再次确定电动机轴或运动输入轴（轴Ⅰ）的位置；最后确定其他各传动轴的位置。各传动轴常按三角布置，以缩小径向尺寸，如图中的Ⅰ、Ⅱ、Ⅲ轴。为缩小径向尺寸，还可以使箱内某些传动轴的轴线重合，如图 2-25 所示为卧式车床主轴箱展开图中的Ⅲ、Ⅴ两轴。

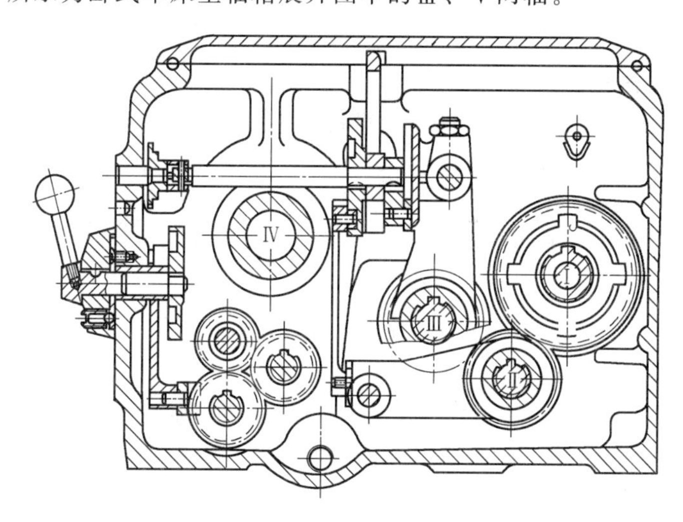

图 2-24　卧式车床主轴箱横断面图

图 2-26 是卧式铣床的主变速传动机构，利用铣床立式床身作为变速箱体。床身内部空间较大，所以各传动轴可以排在一个铅直平面内，不必过多考虑空间布置的紧凑性，以方便制造、装配、调整、维修，便于布置变速操纵机构。当床身较长时，为减少传动轴轴承间的

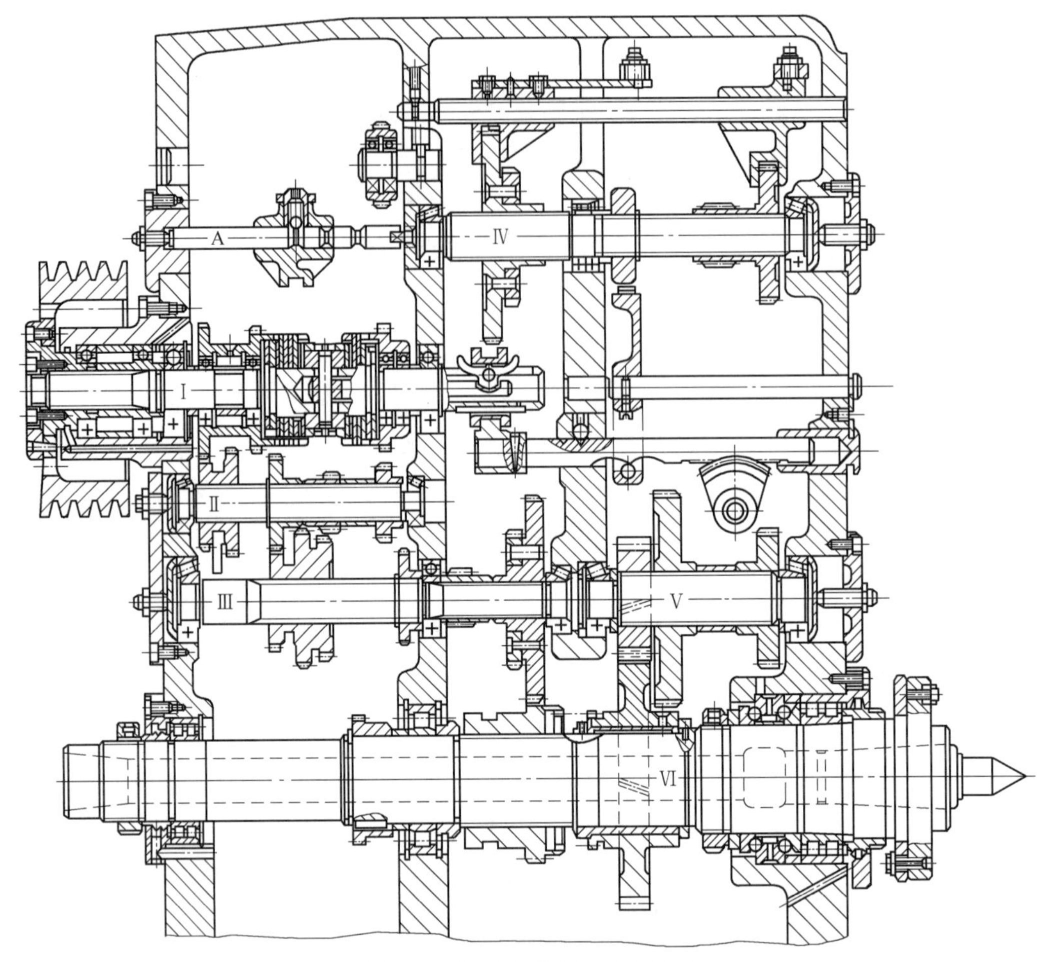

图 2-25 卧式车床主轴箱展开图

跨距，在中间加一个支承墙。

在机床传动轴布置过程中，首先确定出主轴在立式床身中的位置，然后按传动顺序由上而下地依次确定出各传动轴的位置。

(2) 变速箱内各传动轴的轴向固定

传动轴通过轴承在箱体内轴向固定的方法有一端固定和两端固定两类。采用单列深沟球轴承时，可以一端固定，也可以两端固定；采用圆锥滚子轴承时，则必须两端固定。一端固定的优点是轴受热后可以向另一端自由伸长，不会产生热应力。因此，宜用于长轴。图 2-27 为一端固定时轴固定端的几种形式。图 2-27 (a) 用衬套和端盖将轴承固定，并一起装到箱壁上，它的优点是可在箱壁上镗通孔，便于加工，但构造复杂，对衬套又要加工内外凸肩。图 2-27 (b) 虽不用衬套，但在箱体上要加工一个有台阶的孔，因而在成批生产中较少应用。图 2-27 (c) 是用弹性挡圈代替台阶，结构简单，工艺性较好，图 2-26 的各传动轴都采用这种形式。图 2-27 (d) 是两面都用弹性挡圈的结构，构造简单、安装方便，但在孔内挖槽需用专门的工艺装备，所以这种结构适用于批量较大的机床。图 2-27 (e) 的结构是在轴承的外圈上有沟槽，将弹性挡圈卡在箱壁与压盖之间，箱体孔内不用挖槽，构造更加简单，装配更方便，但需轴承厂专门供应这种轴承。一端固定时，轴的另一端的构造如图 2-27 (f) 所示，轴承用弹性挡圈固定在轴端，外环在箱体孔内轴向不定位。

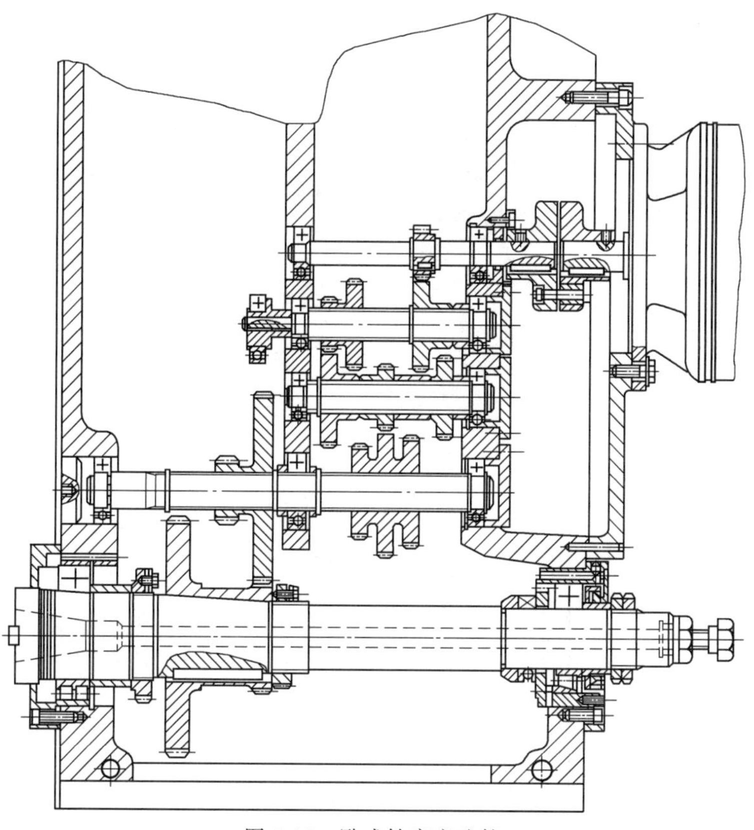

图 2-26　卧式铣床变速箱

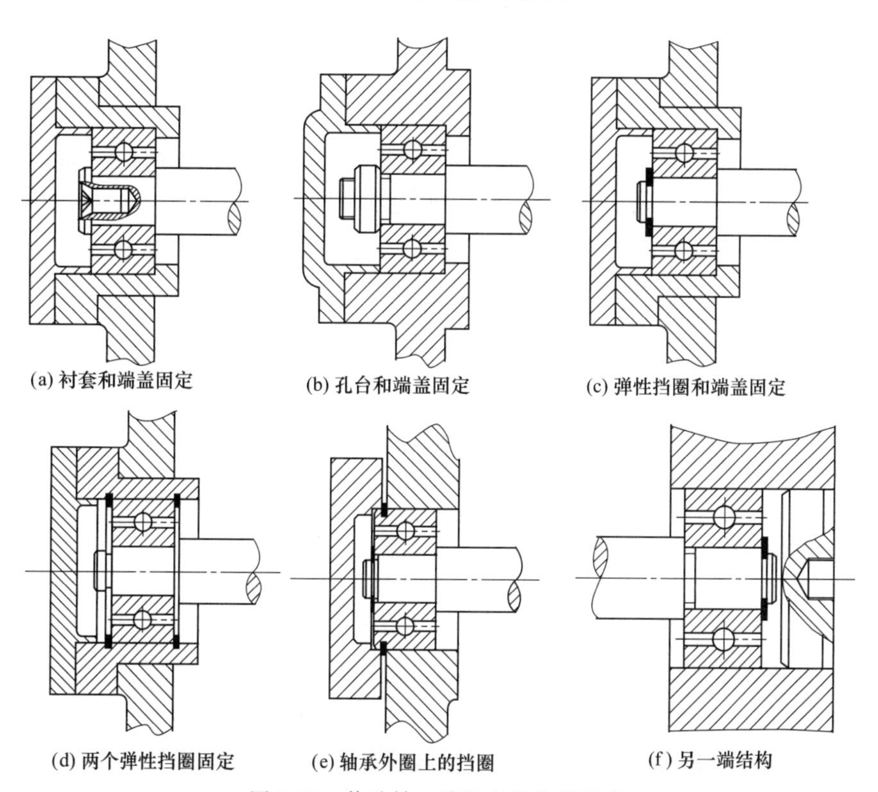

(a) 衬套和端盖固定　(b) 孔台和端盖固定　(c) 弹性挡圈和端盖固定

(d) 两个弹性挡圈固定　(e) 轴承外圈上的挡圈　(f) 另一端结构

图 2-27　传动轴一端固定的几种形式

两端固定的例子如图 2-28 所示。图 2-28（a）通过调整螺钉 2、压盖 1 及锁紧螺母 3 来调整圆锥滚子轴承的间隙，调整比较方便。图 2-28（b）和图 2-28（c）通过改变垫圈 1 的厚度调整轴承的间隙，结构简单。

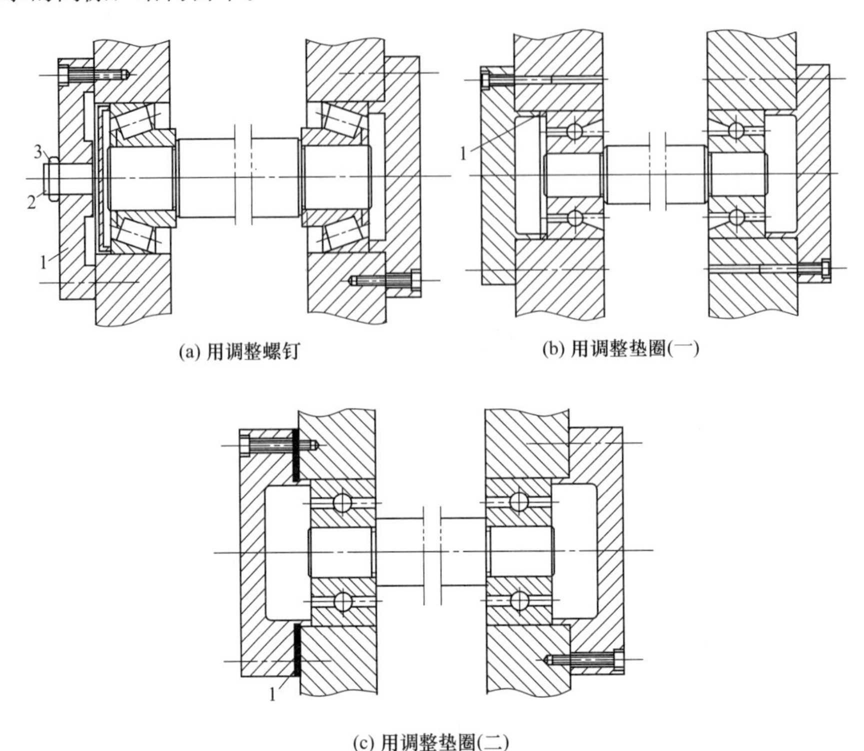

(a) 用调整螺钉　(b) 用调整垫圈(一)

(c) 用调整垫圈(二)

图 2-28　传动轴两端固定的几种形式

(3) 各传动轴的估算和验算

当机床工作时各传动轴必须要有足够的抗弯刚度和抗扭刚度。如果传动轴在弯矩作用下产生较大的弯曲变形，装在轴上的齿轮会因倾角过大而使齿面的压强分布不均，产生不均匀的摩擦且噪声加大，也会使滚动轴承内、外圈产生相对倾斜，影响轴承使用寿命。如果轴的抗扭刚度不够，则会引起传动轴的扭振。所以在设计开始时，要先按抗扭刚度估算传动轴的直径，待结构确定之后，定出轴的跨距，再按抗弯刚度进行验算。

1）按抗扭刚度估算轴的直径

$$d \geqslant KA\sqrt[4]{\frac{P\eta}{n_j}} \tag{2-35}$$

式中　d——轴的直径，mm；

K——键槽系数，按表 2-7 选取；

A——系数，按表 2-7 中的轴每米长允许的扭转角（°）选取；

P——电动机额定功率，kW；

η——从电动机到所计算轴的传动效率；

n_j——传动轴的计算转速，r/min。

一般传动轴的每米长度允许扭转角取 $[\varphi]=0.5\sim1.0°/\mathrm{m}$，要求高的轴取 $[\varphi]=0.25\sim0.5°/\mathrm{m}$，要求较低的轴取 $[\varphi]=1\sim2°/\mathrm{m}$。

2）按抗弯刚度验算轴的直径

① 进行轴的受力分析，根据轴上滑移齿轮的不同位置，选出受力变形最严重的位置进行验算。如较难准确判断滑移齿轮处于哪个位置受力变形最严重，则需要多计算几处位置。

表 2-7　估算轴径时系数 A、K 值

[φ]/(°/m)	0.25	0.5	1.0	1.5	2.0
A	130	110	92	83	77
K	无键	单键		双键	花键
	1.0	1.04～1.05		1.07～1.1	1.05～1.09

② 如最严重情况，齿轮处于轴的中部时，应验算在齿轮处的挠度；当齿轮处于轴的两端附近时，应验算齿轮处的倾角，此外还应验算轴承的倾角。

③ 按材料力学中的公式计算轴的挠度或倾角，检查刚度是否超过允许值。允许值可从表 2-8 查出。

表 2-8　轴的刚度允许值

挠度		倾角/rad	
一般传动轴	(0.0003～0.0005)L	装齿轮处	0.001
刚度要求较高的轴	0.0002L	装滑动轴承处	0.001
安装齿轮的轴	(0.01～0.03)m	装调心球轴承处	0.0025
安装涡轮的轴	(0.02～0.05)m	装调心球轴承处	0.005
		装推力圆柱滚子轴承处	0.001
		装圆锥滚子轴承处	0.0006

注：L 为轴的跨距；m 为齿轮或涡轮的模数。

为简化计算，可用轴的中点挠度代替轴的最大挠度，误差小于 3%；轴的挠度最大时，轴承处的倾角也最大。倾角的大小直接影响传动件的接触情况，所以，也可只验算倾角。由于支承处的倾角最大，当它的倾角小于齿轮倾角的允许值时，齿轮的倾角不必计算。

2.4.4　无级变速主传动系统

(1) 无级变速主传动系统的设计原则

① 尽量选择功率和转矩特性符合传动系统要求的无级变速装置。如执行件做直线主运动的主传动系统，对变速装置的要求是恒转矩传动，例如龙门刨床的工作台，就应该选择恒转矩传动为主的无级变速装置，如直流电动机；如主传动系统要求恒功率传动，例如车床或铣床的主轴，就应选择恒功率无级变速装置，如柯普（Koop）B 型和 K 型机械无级变速装置、变速电动机串联机械分级变速箱等。

② 无级变速系统装置单独使用时，其调速范围较小，满足不了要求，尤其是恒功率调速范围，往往远小于机床实际需要的恒功率变速范围。为此，常把无级变速装置与机械分级变速箱串联在一起使用，以扩大恒功率变速范围和整个变速范围。

(2) 采用机械无级变速器的主传动系统设计

机械无级变速器的变速范围较小，如主传动采用机械无级变速器进行变速，常需串联机械分级变速箱。如机床主轴要求的变速范围为 R_n，选取的无级变速装置的变速范围为 R_d，串联的机械分级变速箱的变速范围 R_f 应为

$$R_f=\frac{R_n}{R_d}=\varphi_f^{Z-1} \tag{2-36}$$

式中　Z——机械分级变速箱的变速级数；

φ_f——机械分级变速箱的公比。

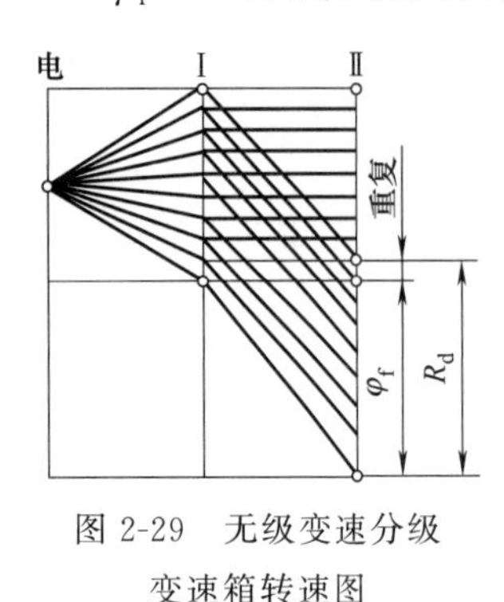

图 2-29 无级变速分级变速箱转速图

通常，无级变速装置作为传动系统中的基本组，而分级变速作为扩大组，其公比 φ_f 理论上应等于无级变速装置的变速范围 R_d。但是实际上，由于机械无级变速装置属于摩擦传动，有相对滑动现象，可能得不到理论上的转速。为了得到连续的无级变速，设计时应该使分级变速箱的公比 φ_f 略小于无级变速装置的变速范围，即取 $\varphi_f=(0.90\sim0.97)R_d$，使转速之间有一小段重叠，保证转速连续，如图 2-29 所示。将 φ_f 值代入式(2-36)，可算出机械分级变速箱的变速级数 Z。

例： 机床主轴的变速范围 $R_n=60$，无级变速箱的变速范围 $R_d=8$，设计机械分级变速箱，求出其级数，并画出转速图。

解： 机械分级变速箱的变速范围为

$$R_f=\frac{R_n}{R_d}=\frac{60}{8}=7.5$$

机械分级变速箱的公比为

$$\varphi_f=(0.90\sim0.97)R_d=0.94\times8=7.52$$

由式（2-36）可知分级变速箱的级数为

$$Z=1+\frac{\lg7.5}{\lg7.52}=2$$

无级变速分级变速箱转速图如图 2-29 所示。

(3) 采用无级调速电动机的主传动系统设计

当采用无级调速电动机实现主传动系统无级变速时，对于直线运动的主传动系统，可直接利用调速电动机的恒转矩调速范围，通过电动机直接带动或通过定比传动副带动主运动执行件。对于旋转运动的主传动系统，虽然电动机的功率转矩特性与机床主运动要求相似，但电动机的恒功率调速范围一般小于主轴的恒功率调速范围，因此常需串联一个机械分级变速箱，把无级调速电动机的恒功率调速范围加以扩大，以满足机床主轴的恒功率调速范围要求。

如机床主轴所要求的恒功率调速范围为 R_{np}，调速电动机的恒功率调速范围为 R_{dp}，串联的分级变速箱的变速范围 R_u 应为

$$R_u=\frac{R_{np}}{R_{dp}}=\varphi_f^{Z-1} \tag{2-37}$$

式中 Z——机械分级变速箱的变速级数；

φ_f——机械分级变速箱的公比。

由上式可得

$$Z=\frac{\lg R_{np}-\lg R_{dp}}{\lg\varphi_f}+1 \tag{2-38}$$

或

$$\varphi_f=\sqrt[Z-1]{\frac{\lg R_{np}}{\lg R_{dp}}} \tag{2-39}$$

分级变速箱的变速级数 Z 一般取 2～4。

在实际设计时，可首先根据功率要求初选调速电动机，确定其额定功率 P_d、额定转速 n_d、最高转速 n_{dmax}，从而得到调速电动机的恒功率调速范围。

$$R_{dp}=\frac{n_{dmax}}{n_d}$$

然后根据 R_{dp} 及机床主轴所要求的恒功率调速范围 R_{np}，适当确定变速级数 Z 值，根据式（2-39）即可求出机械有级变速箱的公比 φ_f。φ_f 值越大，级数 Z 越小，机械结构越简单。φ_f 值可根据机床的具体要求选取，分为三种不同情况。

① 当 $\varphi_f=R_{np}$ 时，可得到一段连续的恒功率区 AD 段，见图 2-30（a）。

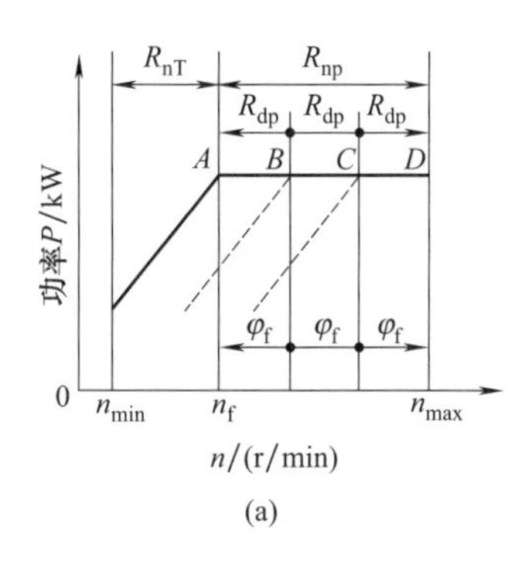

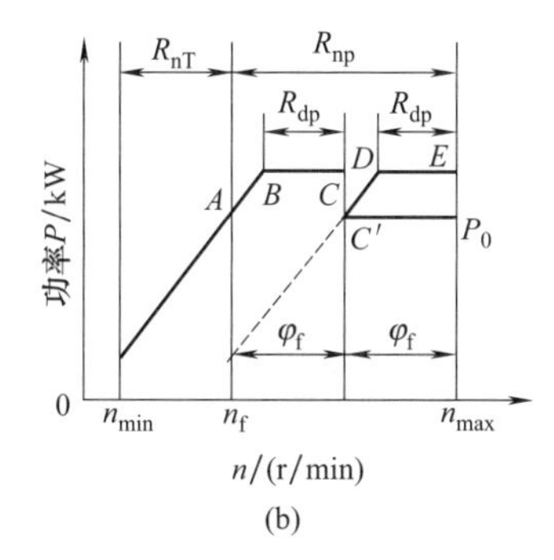

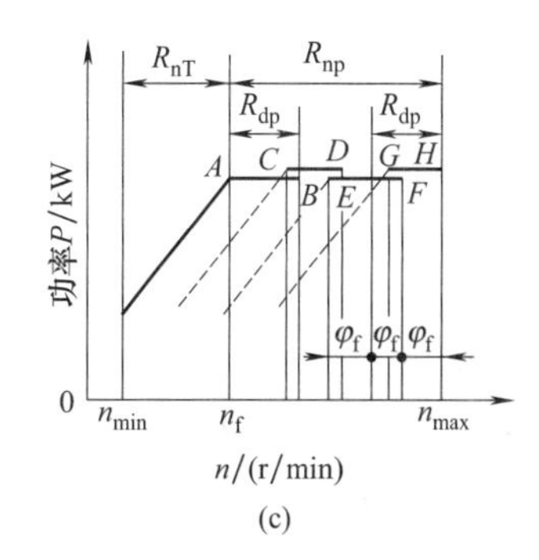

图 2-30　三种不同方案的功率特性

② 当 $\varphi_f>R_{np}$ 时，则在主轴的计算转速 n_j 到最高转速 n_{max} 之间，功率特性曲线上将出现"缺口"，如图 2-30（b）所示。"缺口"处电动机的输出功率达不到额定功率值 P_d。若使缺口处电动机的最小输出功率 P_0 值达到机床所要求的功率，则必须增大调速电动机的额定功率 P_d，虽然简化了机械有级变速箱的结构，却增大了调速电动机的额定功率，使电动机额定功率得不到充分发挥。

③ 当 $\varphi_f<R_{np}$ 时，调速电动机经机械有级变速箱得到的几段恒功率转速段之间会出现部分重合的现象，如图 2-30（c）所示。图中 AB、CD、EF、GH 四段中每相邻两段间有一小段重合，得到主轴恒功率转速段 AH 段。适合于恒线速度切削时可在运转中变速的场合，如数控车床车削阶梯轴或端面时。此时由于 φ_f 较小，有级变速箱的变速级数将增大，结构将变得复杂。

2.5　进给传动系统设计

2.5.1　进给传动系统的类型和设计要求

2.5.1.1　进给传动系统的类型及组成

机床进给传动用来实现机床的进给运动及相关的辅助运动（包括调位、快进、快退等运动）。根据机床的类型、传动精度、运动平稳性和生产率等要求，进给传动可采用机械、液压和电气等不同传动方式。

(1) 机械传动

机械进给传动系统主要由动力源、变速机构、换向机构、运动分配机构、过载保护机构、运动转换机构、执行机构以及快速传动机构等组成，其结构复杂、制造工作量大，但具有工作可靠、维修方便等特点，仍然广泛应用于中、小型普通机床中。

① 动力源。进给传动可以采用单独电动机作为动力源，便于缩短传动链，实现几个方向的进给运动和机床自动化；也可以与主传动共用一个动力源，便于保证主传动和进给运动之间的严格传动比关系，适用于有内联传动链的机床，如车床、齿轮加工机床等。

② 变速机构。它用来改变进给量大小，常用的有交换齿轮变速、滑移齿轮变速、齿轮离合器变速、机械无级变速和伺服电动机变速等。设计时，若几个进给运动共用一个变速机构，应将变速机构放置在运动分配机构前面。

③ 换向机构。它用来改变进给运动的方向，一般有两种方式：一种是进给电动机换向，换向方便，但换向不能太频繁；另一种是用齿轮或离合器换向，这种方式换向可靠，广泛用在各种机床中。

④ 运动分配机构。它实现纵向、横向或垂直方向不同传动路线的转换，常采用各种离合器机构。

⑤ 过载保护机构。其作用是在过载时自动断开进给运动，过载排除后自动接通，常采用牙嵌离合器、摩擦式离合器、脱落蜗杆等机构实现。

⑥ 运动转换机构。它用来转换运动类型，一般是将回转运动转换为直线运动，常采用齿轮齿条、蜗杆齿条、丝杠螺母机构。

⑦ 快速传动机构。为了便于调整机床、节省辅助时间和改善工作条件，快速传动可与进给运动共用一个进给电动机，采用离合器等进给运动链转换；大多数采用单独电动机驱动，通过超越离合器、差动轮系机构或差动螺母机构等，将快速运动合成到进给运动中。

(2) 液压传动

液压进给运动通过动力液压缸等传递动力和运动，并通过液压控制技术实现无级调速、换向、运动分配、过载保护和快速运动。液压进给传动结构简单、工作平稳，便于实现无级调速和自动控制，因此广泛用于磨床、组合机床和自动车床的进给传动中。

(3) 电气传动

电气传动采用无级调速电动机，直接或经过简单的齿轮变速或同步齿形带变速，驱动齿轮条或丝杠螺母机构等传递动力和运动；若采用近年来出现的直线电动机可直接实现直线运动驱动。电气传动的机械结构简单，可在工作中无级调速，便于实现自动化控制，因此应用越来越广泛。

数控机床的进给系统称为伺服进给传动系统，由伺服驱动系统、伺服进给电动机和高性能传动元件（如滚珠丝杠、滚动导轨）组成，在计算机（即数控装置）的控制下，可实现多坐标联动下的高效、高速和高精度进给运动。

2.5.1.2 进给传动系统设计应满足的基本要求

进给传动系统设计应满足如下的基本要求：

① 具有足够的静刚度和动刚度。

② 具有良好的快速响应性，做低速进给运动或微量进给时不爬行，运动平稳，灵敏度高。

③ 抗振性好，不会因摩擦自振而引起传动件的抖动或齿轮传动的冲击噪声。

④ 具有足够宽的调速范围，保证实现所要求的进给量（进给范围、数列），以适应不同的加工材料，使用不同刀具，满足不同的零件加工要求，能传动较大的转矩。

⑤ 进给系统的传动精度和定位精度要高。

⑥ 结构简单，加工和装配工艺性好，调整维修方便，操作轻便灵活。

2.5.1.3 进给传动系统的设计特点

(1) 速度低、功耗小、恒转矩传动

与机床主运动相比，进给运动的速度一般较低，受力较小，传动功率也较小，可以看作恒转矩传动。传动系统中任意传动件承受的转矩可用下式计算

$$T_i = \frac{T_{max} u_i}{\eta_i} \tag{2-40}$$

式中 T_i——任意传动轴所承受的转矩；

T_{max}——末端输出轴上允许的最大转矩；

u_i——从 i 轴到末端轴的传动比；

η_i——从 i 轴到末端轴的传动效率。

(2) 计算转速

确定进给传动系统计算转速（或计算速度）的目的是确定所需的功率，一般按下列三种情况确定。

① 具有快速运动的进给系统，传动件的计算转速（或计算速度）取最大快速运动时的转速（或速度）；

② 对于中型机床，若进给运动方向的切削分力大于该方向的摩擦力，则传动件的计算转速（或速度）由该机床在最大切削力工作时所用的最大进给速度来确定，一般为机床规定的最大进给速度的 1/3～1/2；

③ 对于大型机床和精密或高精密机床，若进给运动方向的摩擦力大于该方向的切削分力，则传动件的计算转速（或速度）由最大的进给速度来决定。

(3) 变速系统的传动副要“前少后多”，降速要“前快后慢”，传动线要“前疏后密”

对于进给量按等比数列排列的变速系统，其设计原则刚好与主传动变速系统的设计原则相反。对于 16 级进给变速系统，其结构式可取：$Z=16=2_8\times2_4\times2_2\times2_1$（如图 2-31 所示），可减小中间传动件至末端传动件的传动比，减少所承受的转矩，以便减小尺寸，使结构更为紧凑。

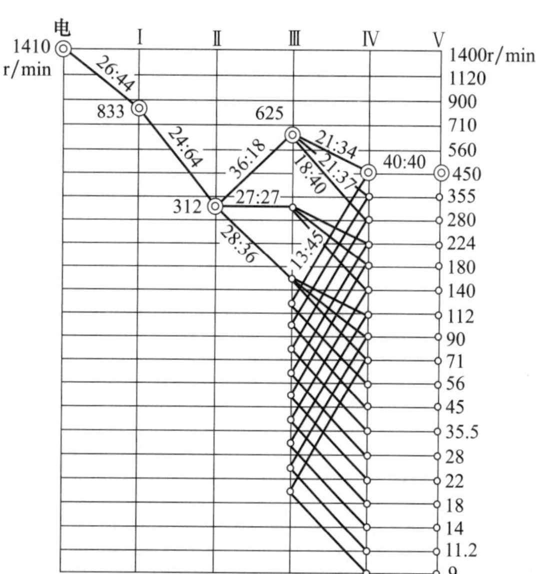

图 2-31 升降台铣床进给传动系统转速图

(4) 进给运动的变速范围

进给运动系统速度低，受力小，消耗功率小，齿轮模数较小，因此，进给运动系统变速组的变速范围相比主变速组可取较大的值，即 $0.2\leqslant u_{进}\leqslant 2.8$，变速范围 $R_n\leqslant14$。为缩短进给传动链，减小进给箱的受力，提高进给传动的稳定性，进给传动系统的末端常用降速很大的传动机构，如蜗杆蜗轮、丝杠螺母、行星机构等。

(5) 进给传动系统采用传动间隙消除机构

对于精密机床、数控机床的进给传动系统，为保证传动精度和定位精度，尤其是换

向精度，要有传动间隙消除机构，如齿轮传动间隙消除机构和丝杠螺母传动间隙消除机构等。

(6) 快速空程传动的采用

为缩短进给空行程时间，要设计快速空行程传动，快速与工进需在带负载运行中变换。常采用超越离合器、差动机构或电气伺服进给传动等。

(7) 微量进给机构的采用

有时进给运动极微，例如每次进给量小于 2μm，或进给速度小于 10mm/min，需采用微量进给机构。微量进给机构有自动和手动两类。自动微量进给机构采用各种驱动元件自动进给；手动微量进给机构主要用于微量调整精密机床的一些部件，如坐标镗床的工作台和主轴箱、数控机床的刀具尺寸补偿等。

常用的微量进给机构中最小进给量大于 1μm 的机构有蜗杆传动、丝杠螺母、齿轮齿条传动等，适用于进给行程大、进给量和进给速度变化范围宽的机床；小于 1μm 的进给机构有弹性力传动、磁致伸缩传动、电致伸缩传动、热应力传动等，它们都是利用材料的物理性能实现微量进给的，特点是结构简单、位移量小、行程短。

2.5.2 进给传动系统的传动精度

机床的传动精度是指机床内联系传动链两端件之间相对运动的准确性。例如车削螺纹时机床的传动链应在整个加工过程中始终保证主轴转一转，刀架移动一个螺纹导程值。机床的传动精度是评价机床质量的重要标准之一。

2.5.2.1 误差来源

在传动链中，各传动件的制造误差和装配误差以及传动件因受力和温度变化而产生的变形都会影响传动链的传动精度。在传动件的制造误差中，传动件的轴向跳动和径向跳动、齿轮和蜗轮的齿形误差、齿距误差和齿距累积误差，丝杠、螺母和蜗杆的半角误差、导程误差和导程累积误差等，是引起传动误差的主要来源。

2.5.2.2 误差传递规律

在传动链中，各个传动件的传动误差都按一定传动比依次传递，其传动规律可用下式表示

$$\left.\begin{aligned}\Delta\varphi_n &= \Delta\varphi_i u_i \\ \Delta l_n &= r_n\Delta\varphi_n = r_n\Delta\varphi_i u_i\end{aligned}\right\} \qquad (2\text{-}41)$$

式中 $\Delta\varphi_i$——传动件 i 的角度误差；

u_i——传动件 i 到末端件 n 之间的传动比；

$\Delta\varphi_n$，Δl_n——由 $\Delta\varphi_i$ 引起的末端件 n 的角度误差和线值误差；

r_n——在末端件 n 上与加工精度有关的半径。

若干传动件组成传动链，所以每一传动件的误差都将最终传递到末端件上。转角误差都是向量，总转角误差应为各误差的向量和，在向量方向未知的情况下，可用均方根误差来表示末端件的总误差 $\Delta\varphi_\Sigma$、Δl_Σ

$$\left.\begin{aligned}\Delta\varphi_\Sigma &= \sqrt{(\Delta\varphi_1 u_1)^2+(\Delta\varphi_2 u_2)^2+\cdots+(\Delta\varphi_n u_n)^2} = \sqrt{\sum_{i=1}^{n}(\Delta\varphi_i u_i)^2} \\ \Delta l_\Sigma &= r_n\Delta\varphi l_\Sigma\end{aligned}\right\} \qquad (2\text{-}42)$$

2.5.2.3 提高传动精度的措施和内联系传动链的设计原则

根据上述分析，可以得出提高传动精度的措施，也是内联系传动链的设计原则。

(1) 缩短传动链

设计传动链时尽量减少串联传动件的数目，以减少误差的来源。

(2) 合理分配传动副的传动比

根据误差传动规律，传动链中传动比应采取递减原则。

在内联系传动链中，运动通常由某一中间传动件传入，此时向两末端件的传动应采用降速传动，则中间传动件的误差反映到末端件上可以被缩小，并且末端件传动副的传动比应最小，即降速幅度最大。所以在传递旋转运动时，末端传动副应采用蜗轮副；在传递直线运动时，末端传动副应采用丝杠副。

(3) 合理选择传动件

内联系传动链中不允许采用传动比不准确的传动副，如摩擦传动副。斜齿圆柱齿轮的轴向窜动会使从动齿轮产生附加的角度误差；梯度螺纹的径向跳动会使螺母产生附加的线值误差；圆锥齿轮、多头蜗轮和多头丝杠的制造精度低。因此，传动精度要求高的传动链，应尽量不用或少用这些传动件。

为使传动平稳必须采用斜齿圆柱齿轮传动时，应使螺旋角取得小些；采用梯形螺纹丝杠时，应将螺纹半角取得小些，一般小于 7°30′；为了减少蜗轮的齿圈径向跳动引起节圆上的线值误差，齿轮精加工机床常采用小压力角的分度蜗轮，此外尽量加大蜗轮直径，以便缩小反映到工件上的误差。

(4) 合理确定各传动副精度

根据误差传递规律，末端件上传动副误差直接反映到执行件上，对加工精度影响最大，因此其精度应高于中间传动副。

(5) 采用校正装置

为了进一步提高进给传动精度，可以采用校正装置。机械校正装置结构复杂，补偿精度有限，应用并不普遍。数控机床采用检测反馈、软件或硬件补偿等方法，使机床的定位精度与传动精度得到大幅度提高。

2.5.3 电气伺服进给系统

2.5.3.1 电气伺服进给系统的分类

电气伺服进给系统是数控装置和机床之间的联系环节，是以机械位置或角度作为控制对象的自动控制系统，其作用是接收数控装置发出的进给脉冲，经变换和放大后驱动工作台按规定的速度和距离移动。电气伺服进给系统按有无检测和反馈装置分为开环、闭环和半闭环系统，详见本章 2.6.4 节。

2.5.3.2 电气伺服进给系统驱动部件

电气伺服进给系统驱动部件种类很多，用于机床上的有步进电动机、小惯量直流电动机、大惯量直流电动机、交流伺服电动机和直线伺服电动机等。

(1) 步进电动机

步进电动机又称脉冲电动机，利用电磁铁吸合原理，将电脉冲信号变换成角位移（或线位移）。它每接收一个电脉冲信号，电动机轴就转过一定的角度，该角度称为步距角。步距角一般为 0.5°～3°，角位移与输入脉冲个数成严格的比例关系，在时间上与输入脉冲同步，因此只要控制输入脉冲的数量、频率和分配方式，便可控制所需的转角、转速和转向，没有累计误差。当无脉冲输入时，在绕组电源激励下，电动机转子处于定位状态。

步进电动机的转速可以在很宽的范围内调节，改变绕组通电的顺序，可以控制电动机的正转或反转。步进电动机的优点是没有累积误差，结构简单，使用、维修方便，制造成本低；缺点是效率较低，发热大，有时会“失步”。步进电动机适用于中小型机床和速度精度要求不高的地方。

(2) 直流伺服电动机

直流伺服电动机是最早用于数控机床进给伺服驱动的，一般通过调整电枢电压进行大范围调速，调整电枢电流保证恒转矩输出。机床上常用的直流伺服电动机主要有小惯量直流电动机和大惯量直流电动机。

小惯量直流电动机的优点是转子长，但直径较小，故转动惯量小，因此响应时间快；缺点是额定转矩较小，一般必须通过齿轮或同步带传动进行降速。常用于高速轻载的小型数控机床中。

在加大电动机转子直径的基础上，增加电枢绕组中的导线数目，显著提高了电磁转矩，发展成了大惯量直流电动机（又称宽调速直流电动机）。大惯量直流电动机有电励磁式和永磁式两种类型，电励磁的特点是励磁量便于调整，成本低；永磁式直流电动机应用较为普遍，在低速下能平稳地运转，输出转矩较大，能直接与丝杠相连。由于惯量大，可以无负载调试，调试方便。此外，根据用户要求可内装测速发电机、旋转变压器或制动器，获得较高的速度环增益，构成精度较高的半闭环系统，从而获得优良的低速刚度和动态性能。

(3) 交流伺服电动机

自 20 世纪 80 年代中期开始，交流伺服电动机得到了迅速发展。其可分为交流异步电动机和交流同步电动机，按产生磁场的方式又可分为永磁式交流伺服电动机和电磁式交流伺服电动机。在数控机床的进给驱动中，大多采用永磁同步交流伺服电动机，转子由永磁材料制成，通过改变交流电动机频率实现电动机调速。

与直流伺服电动机相比，交流伺服电动机结构简单、体积小、制造成本低；交流伺服电动机没有电刷和换向器，不需要经常维护，没有直流伺服电动机因换向火花影响运行速度提高的限制。因此，交流伺服电动机发展很快，特别是新的永磁材料的出现和不断完善，更推动永磁电动机的发展，如第三代稀土材料——钕铁硼的出现，使得交流伺服电动机不断完善，应用更加广泛。

(4) 直线伺服电动机

为了适应超高速加工或微量进给精加工技术发展的需要，直线伺服电动机直接将电能转化为直线运动机械能，直接驱动工作台或刀架做直线运动。直线伺服电动机驱动系统替换了传统的由回转型伺服电动机加滚珠丝杠的伺服进给系统，从电动机到工作台的一切中间传动都没有了，可直接驱动工作台进行直线运动，使工作台的加/减速提高到传统机床的 10～20 倍，速度提高 3～4 倍。

直线伺服电动机工作原理同旋转电动机相似，可以看成是将旋转型伺服电动机沿径向剖开，向两边拉开展平后演变而成的，如图 2-32 所示。原来的定子演变成直线伺服电动机的初级，转子演变成直线伺服电动机的次级，旋转磁场变成了平磁场。在磁路构造上，直线伺服电动机一般做成双边型，磁场对称，不存在单边磁拉力，在磁场中受到的总推力可较大。

为使直线伺服电动机的初级和次级之间能够在一定移动范围内作相对直线运动，直线伺服电动机的初级和次级长短是不一样的，可以是短的次级移动，长的初级固定，如图 2-33（a）所示；也可以是短的初级固定，长的次级移动，如图 2-33（b）所示。

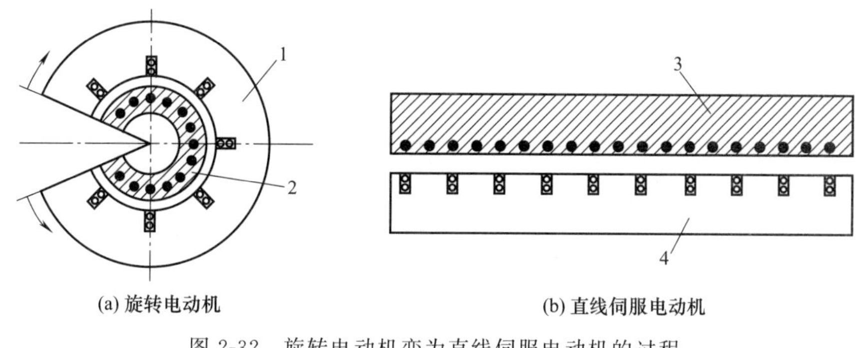

图 2-32　旋转电动机变为直线伺服电动机的过程

1—定子；2—转子；3—次级；4—初级

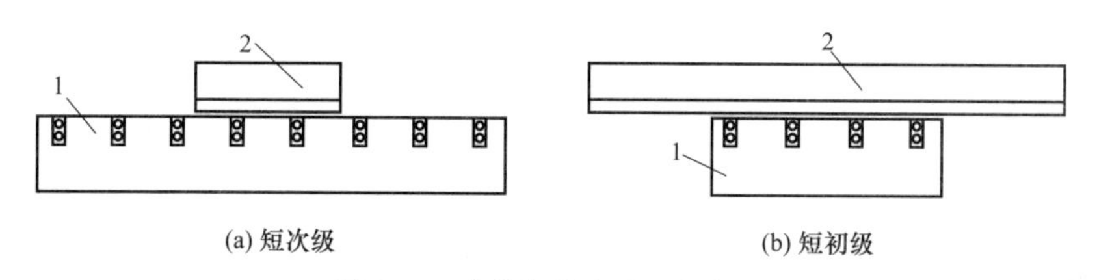

图 2-33　直线伺服电动机的类型

1—初级；2—次级

图 2-34 所示是直线伺服电动机结构示意图，直线伺服电动机分为同步式和感应式两类。同步式是在直线伺服电动机的定件（如床身）上，在全行程沿直线方向上一块接一块地装上永久磁铁（电动机的次级）；在直线伺服电动机的动件（如工作台）下部的全长上，对应地一块接一块装上含铁芯的通电绕组（电动机的初级）。感应式与同步式的区别是在定件上用不通电的绕组替代同步式的永久磁铁，且每个绕组中每一匝均是短路的。

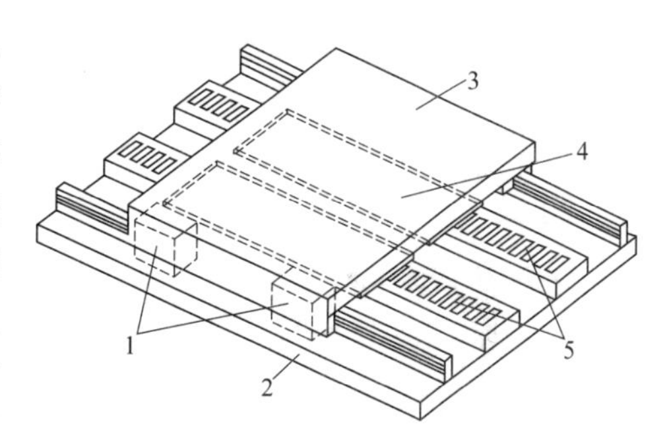

图 2-34　直线伺服电动机结构示意图

1—直线滚动导轨；2—床身；3—工作台；4—直流电动机动件（绕组）；5—直流电动机定件（永久磁铁）

采用直线伺服电动机驱动，省去齿轮、齿形带和滚珠丝杠副等机械传动，简化了机床结构，避免了由传动机构的制造精度、弹性变形、磨损、热变形等因素引起的传动误差。直线伺服电动机通电后，在初级中产生行波磁场，推动动件（工作台）做直线运动，这种非接触式直线驱动结构简单，维护方便，可靠性高，体积小，传动刚度高，响应快，可获得较高的瞬时加速度。但是，由于直线伺服电动机的磁力线外泄，机床装配、操作、维护时，必须有效地隔磁、防磁；另外，直线伺服电动机安装在工作台下面，散热困难，应有良好的散热措施。

2.5.3.3　伺服电动机的选择

数控机床的进给系统大多采用伺服电动机，且工作进给与快速进给合用一个电动机。下面介绍如何根据计算的转矩、惯量和最大进给速度，选择伺服电动机。

(1) 电动机的转矩

运动执行件（如工作台）所需的电动机转矩可以通过传动比（如齿形带的传动或滚珠丝

杠螺距）调整，因此电动机的转矩选择不是唯一的。但传动比的调整又影响进给速度，进给速度又由电动机转速和传动比决定。

(2) 电动机的惯量

负载惯量所需的电动机惯量与进给速度和电动机角速度（转速）之比有关，即与传动比有关。

(3) 电动机产品型号

不同生产厂家、不同型号的电动机，其转矩、转速、惯量及推荐的电动机与负载惯量之比不同，表 2-9 给出的例子中推荐的负载与伺服电动机转动惯量之比为 5～30。

因此，数控机床进给系统的伺服电动机应根据实际电动机产品的转矩、转速、惯量及推荐的电动机与负载惯量之比和计算所得到的进给系统所需的转矩、惯量、进给速度综合确定。

表 2-9 伺服电动机轴惯性矩与负载惯性矩推荐比例

型号	HC-KFS	HC-MFS	HC-UFS	HC-RFS
额定功率/W	750	750	750	1000
额定转矩/N·m	2.4	2.4	3.58	3.18
额定转速/(r/min)	3000	3000	2000	3000
转动惯量/10^{-4}kg·m^2	1.51	0.6	10.4	1.5
推荐的负载与电动机转动惯量比	15 以下	30 以下	15 以下	5 以下

2.5.3.4 电伺服进给传动系统中的机械传动部件

机械传动部件主要指齿轮或同步齿形带和丝杠螺母传动副。电气伺服进给系统中，运动部件的移动是靠脉冲信号来控制的，要求运动部件动作灵敏、惯量低、定位精度高、阻尼比适宜，并且传动机构不能有反向间隙。

(1) 传动齿轮副

1）传动齿轮副的作用

① 减速。进给系统采用减速齿轮传动装置，可使丝杠、工作台的惯量在系统中占有较小的比重。

② 增大转矩。使高转速、低转矩的伺服驱动装置的输出变为低转速、大转矩，适应驱动执行件的需要。

③ 检测。根据传动齿轮副的转速，在开环系统中还可以计算出所需的脉冲当量。

2）设计传动齿轮副时应考虑的问题

① 最佳降速比的确定。增加传动级数，可以减小转动惯量，但级数的增加使传动装置结构复杂，降低了传动效率，增大了噪声，同时也增大了传动间隙和摩擦损失，对伺服系统不利。要综合考虑，选取最佳的传动级数和各级的降速比。

对于开环系统，传动副的设计主要由机床所要求的脉冲当量与所选用的步进电动机的步距角决定。降速比为

$$u=\frac{\alpha L}{360^{\circ}Q} \tag{2-43}$$

式中 α——步进电动机的步距角，(°)/脉冲；

L——滚珠丝杠的导程，mm；

Q——脉冲当量，mm/脉冲。

对于闭环系统，主要由驱动电动机的最高转速或转矩与机床要求的最大进给速度或负载转矩决定，降速比为

$$u=\frac{n_{\mathrm{dmax}}L}{v_{\max}} \tag{2-44}$$

式中 n_{dmax}——驱动电动机最大转速，r/min；

L——滚珠丝杠导程，mm；

$v_{\max}$——工作台最大移动速度，mm/min。

设计中、小型数控车床时，通过选用最佳降速比来降低惯量，应尽可能使降速副的降速比 $u=1$，这样可选用驱动电动机直接与丝杠相连接的方式。

② 齿轮传动间隙的消除。由于数控机床进给系统的传动齿轮副存在间隙，在开环系统中会造成进给运动的位移值滞后于指令值；反向时，会出现反向死区，影响加工精度。在闭环系统中，由于有反馈作用，滞后量虽然可得到补偿，但反向会使伺服系统产生振荡而不稳定。为了提高数控机床伺服系统的性能，在设计时必须采取相应的措施，使间隙减小到允许的范围内。齿轮传动间隙的消除有刚性调整法和柔性调整法两类。

刚性调整法调整后齿侧间隙不能自动进行补偿，如偏心轴套调整法、变齿厚调整法、斜齿轮轴向垫片调整法等。特点是结构简单，传动刚度较高但要求严格控制齿轮的齿厚及齿距公差，否则将影响运动的灵活性。

柔性调整法调整后的齿侧间隙可以自动进行补偿，结构比较复杂，传动刚度低些，会影响传动的平稳性。主要有双片直齿轮错齿调整法，薄片斜齿轮轴向压簧调整法，双齿轮弹簧调整法等。

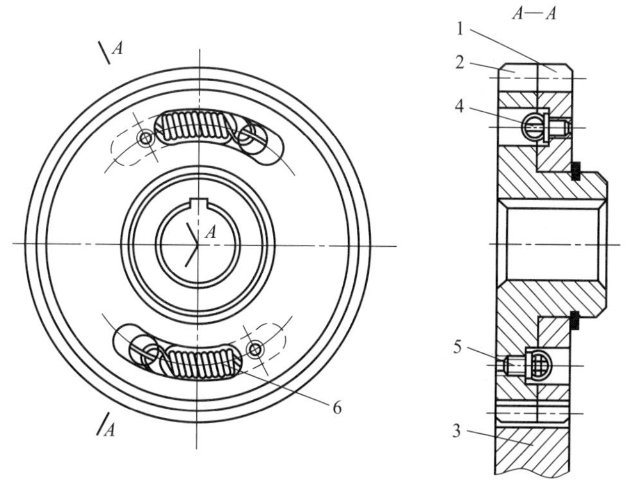

图 2-35 双片直齿轮错齿间隙消除机构

1～3—齿轮；4,5—凸耳；6—拉簧

图 2-35 是双片直齿轮错齿调整法。两薄片齿轮 1、2 套装在一起，同另一个宽齿轮 3 相啮合。齿轮 1、2 端面分别装有凸耳 4、5，并用拉簧 6 连接，弹簧力使两齿轮 1、2 产生相对转动，即错齿，使两片齿轮的左右齿面分别贴紧在宽齿轮齿槽的左右齿面上，消除齿侧间隙。

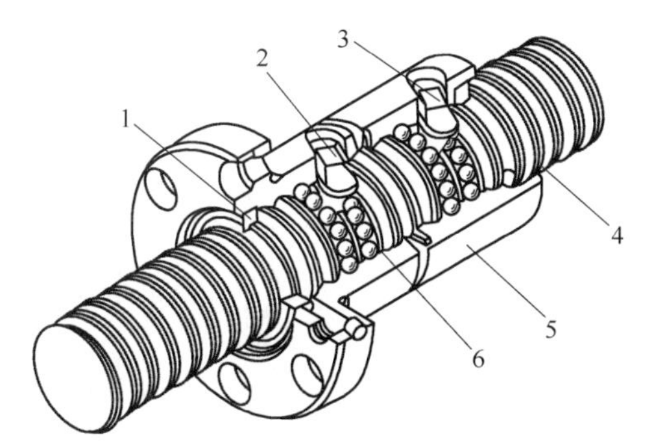

图 2-36 滚珠丝杠副的结构

1—密封环；2,3—回珠器；4—丝杠；5—螺母；6—滚珠

(2) 滚珠丝杠副及其支承

1）滚珠丝杠副

滚珠丝杠副是将旋转运动转换成执行件的直线运动的运动转换机构。如图 2-36 所示，滚珠丝杠副依靠滚珠传递和转换运动，其丝杠 4 和螺母 5 上分别加工有半圆弧形沟槽，合在一起形成滚珠的圆形滚道，并在螺母上加工

有使滚珠形成循环和回珠的通道，当丝杠和螺母相对转动时，滚珠可在滚道内循环滚动，因而迫使丝杠和螺母形成轴向相对移动。

由于丝杠和螺母之间是滚动摩擦，因而具有下列特点：摩擦损失小，传动精度高；摩擦阻力小，运动灵敏、平稳；可消除反向间隙，定位精度高、轴向刚度大；但不能自锁，传动具有可逆性，因此如传递垂直运动，应增加制动或防止逆转的装置，防止工作台因自重而自动下降。

2）滚珠丝杠螺母副间隙消除和预紧

在一般情况下，滚珠同丝杠和螺母的滚道之间存在一定的间隙。当滚珠丝杠开始运转时，总要先旋转一个微小角度，以使滚珠同丝杠和螺母在圆弧形滚道的两侧面发生接触，然后才能真正地进入工作状态。滚珠丝杠副的这种轴向间隙会引起轴向定位误差，严重时还会导致系统控制的“失步”。为了提高滚珠丝杠副的定位精度和刚度，应对其进行预紧，即施加一定的预加载荷，使滚珠同两滚道侧面始终保持接触，并产生一定的接触变形。

滚珠丝杠副进行消除间隙和预紧的方法主要有三种，其基本的原理都是使两个螺母产生轴向位移，以消除丝杠和螺母之间的间隙和施加预紧力。

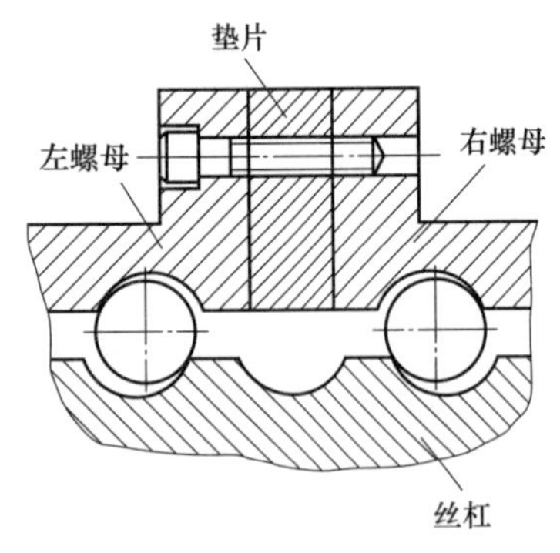

图 2-37　双螺母垫片预紧原理

① 双螺母垫片预紧法。图 2-37 所示为双螺母垫片调整式预紧的原理，通过改变垫片的厚薄来改变两个螺母之间的轴向距离，实现轴向间隙消除和预紧。这种方式的优点是结构简单、刚度高、可靠性好；缺点是精确调整较困难，当滚道和滚珠有磨损时不能随时调整。

② 双螺母螺纹预紧法。图 2-38 所示为利用螺母调整实现预紧的结构，两个滚珠螺母与外套相连，其中左边的一个滚珠螺母外伸部分有螺纹。用两个锁紧螺纹能使滚珠螺母相对丝杠做轴向移动。这种结构紧凑，工作可靠，调整方便，但调整位移量不易精确控制，预紧力也不能准确控制。

③ 双螺母齿差预紧法。图 2-39 所示为齿差调整式结构。在两个螺母的凸缘上分别切出齿数为 z_1、z_2 的齿轮，而且 z_1 与 z_2 相差一个齿。两个齿轮分别与两端相应的内齿圈啮合。内齿圈紧固在螺母座上，预紧时脱开齿圈，使两个螺母同向转过相同的齿数，然后再合上内齿圈。两个螺母的轴向相对位置发生改变从而实现间隙的调整和施加预紧力。如果其中一个螺母转过一个齿，则其轴向位移量为 $s=t/z$（t 为丝杠螺距，z 为齿轮齿数）。若两个齿轮沿同方向各转过一个齿，则轴向位移量为

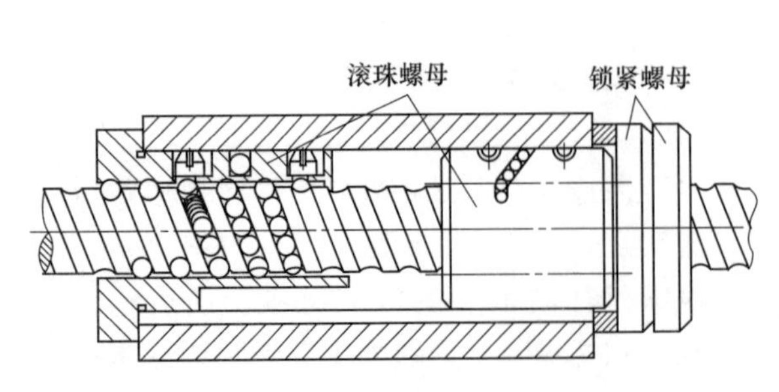

图 2-38　双螺母螺纹预紧原理

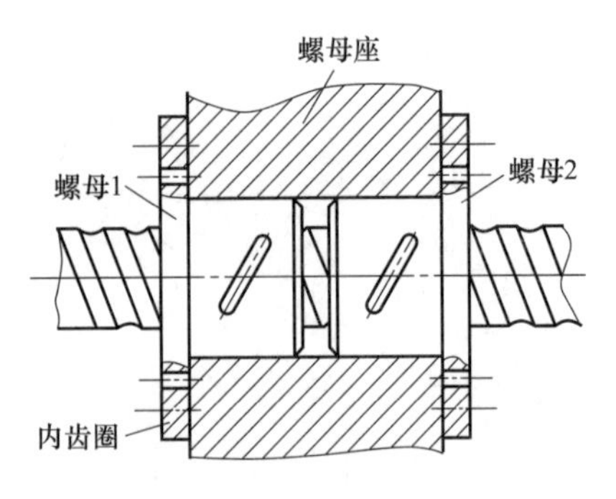

图 2-39　双螺母齿差预紧原理

$$s=\frac{t}{z_1}-\frac{t}{z_2}=\frac{t}{z_1 z_2}(z_2-z_1) \tag{2-45}$$

例如，当 $z_1=99$，$z_2=100$，$t=10\text{mm}$ 时，则 $s=10/9900\text{mm}\approx 1\mu\text{m}$，即两个螺母轴向产生 $1\mu\text{m}$ 位移。这种调整方式结构复杂，但调整准确可靠，精度较高。

3）滚珠丝杠副的支承

滚珠丝杠主要承受轴向载荷，因此对丝杠轴承的轴向精度和刚度要求较高，常采用角接触球轴承或双向推力圆柱滚子轴承与滚针轴承的组合轴承方式，如图 2-40 和图 2-41 所示。角接触球轴承有多种组合方式，可根据载荷和刚度要求而选定。一般中、小型数控机床多采用这种方式，而组合轴承多用于重载、丝杠预拉伸和要求轴向刚度高的场合。

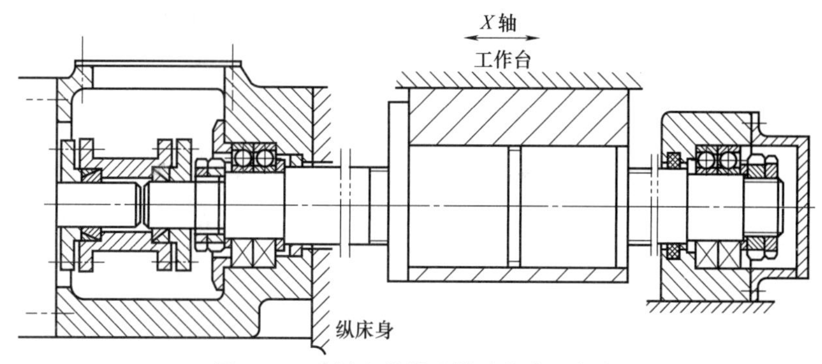

图 2-40　采用角接触球轴承的支承方式

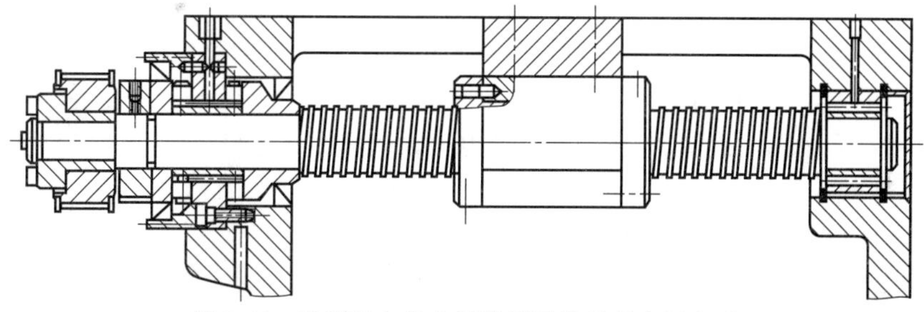

图 2-41　采用双向推力圆柱滚子轴承的支承方式

滚珠丝杠的支承方式有三种，如图 2-42 所示。图 2-42（a）所示为一端固定，另一端自由的方式，常用于短丝杠和竖直丝杠。图 2-42（b）所示为一端固定，另一端简支承的方式，常用于较长的卧式安装丝杠。图 2-41 是这种形式应用于数控车床中的一个例子。图 2-42（c）为两端固定的方式，用于长丝杠或高转速，要求高拉压刚度的场合。图 2-40 是一种应用实例。这种支承方式可以通过拧紧螺母来调整丝杠的预拉伸量。

4）丝杠的拉压刚度计算

丝杠传动的综合拉压刚度主要由丝杠的拉压刚度、支承刚度和螺母刚度三部分组成。丝杠的拉压刚度不是一个定值，它随螺母至轴向固定端的距离而变。一端轴向固定的丝杠［图 2-42（a）、（b）］的拉压刚度 K（N/m）为

$$K=\frac{AE}{L_1}\times 10^{-6} \tag{2-46}$$

式中　A——螺纹小径处的截面积，mm^2；

　　E——弹性模量，钢的弹性模量 $E=2\times 10^{11}\text{Pa}$；

L_1——螺母至固定端的距离，m。

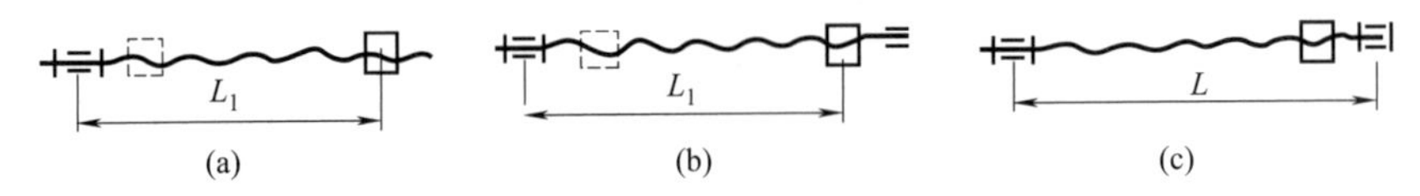

图 2-42 滚珠丝杠的支承方式

两端固定的丝杠［图 2-42（c）］，刚度 K（N/m）为

$$K=\frac{4AE}{L}\times 10^{-6} \tag{2-47}$$

式中，L 为两固定端的距离，m。

可以看出，一端固定，当螺母至固定端的距离 L_1 等于两支承端距离 L 时，刚度最低。在 A、E、L 相同的情况下，两端固定丝杠的刚度为一端固定时的四倍。

由于传动刚度的变化而引起的定位误差

$$\delta=\frac{F_1}{K_1}-\frac{F_2}{K_2} \tag{2-48}$$

式中 δ——定位误差，μm；

F_1，F_2——不同位置时的进给力，N；

K_1，K_2——不同位置时的传动刚度，N/pm。

因此，为保证系统的定位精度要求，机械传动部件的刚度应足够大。

5）滚珠丝杠的预拉伸

滚珠丝杠常采用预拉伸方式，提高其拉压刚度和补偿丝杠的热变形。

确定丝杠预拉伸力时应综合考虑下列各因素：

① 使丝杠在最大轴向载荷作用下，在受力方向上仍能保持受拉状态，为此，预拉伸力应大于最大工作载荷的 0.35 倍。

② 丝杠的预拉伸量应能补偿丝杠的热变形。

丝杠在工作时要发热，引起丝杠的轴向热变形，使导程加大，影响定位精度。丝杠的热变形 ΔL_1 为

$$\Delta L_1=\alpha L\Delta t \tag{2-49}$$

式中 α——丝杠的热膨胀系数，钢的 $\alpha=11\times 10^{-6}/℃$；

L——丝杠长度，mm；

Δt——丝杠与床身的温差，一般为 $\Delta t=2\sim 3℃$（恒温车间）。

为了补偿丝杠的热膨胀，丝杠的预拉伸量应略大于热膨胀量。发热后，热膨胀量抵消了部分预拉伸量，使丝杠内的拉应力下降，但长度却没有变化。

丝杠预拉伸时引起的丝杠伸长 ΔL（m）可按材料力学的公式计算

$$\Delta L=\frac{F_0 L}{AE}=\frac{4F_0 L}{\pi d^2 E} \tag{2-50}$$

式中 d——丝杠螺纹小径，m；

L——丝杠的长度，m；

A——丝杠的截面积，m^2；

E——弹性模量，N/m^2；

F_0——丝杠的预拉伸力，N。

则丝杠的预拉伸力 F_0(N) 为

$$F_0=\frac{1}{4L}\pi d^2 E\Delta L \tag{2-51}$$

例：某一丝杠，导程为10mm，直径 $d=40$mm，全长上共有110圈螺纹，跨距（两端轴承间的距离）$L=1300$mm，工作时丝杠温度预计比床身高 $\Delta t=2$℃，求预拉伸量。

解：螺纹段长度

$$L_1=10\times110\text{mm}=1100\text{mm}$$

螺纹段热伸长量

$$\Delta L_1=\alpha_1 L_1 \Delta t=11\times10^{-6}\times1100\times2=0.0242\ (\text{mm})$$

预伸长量应略大于 ΔL_1，取螺纹段预拉伸量 $\Delta L=0.04$mm。当温升2℃后，还有 $\Delta L-\Delta L_1=0.0158$mm 的剩余拉伸量，预拉伸力有所下降，但还未完全消失，补偿了热膨胀引起的热变形。在向丝杠厂订货时，应说明丝杠预拉伸的有关技术参数，以便特制丝杠的螺距比设计值小一些，在装配预拉伸后达到设计精度。

装配时，丝杠的预拉伸力通常用测量丝杠伸长量来控制，丝杠全长上的预拉伸量为

$$\frac{\Delta L\times L}{L_1}=\frac{0.04\times1300}{1100}\text{mm}=0.0473\text{mm}$$

2.6 机床控制系统设计

2.6.1 概述

现代机床都以电动机、伺服电动机、液压马达等为动力，通过机械传动、液压传动或气压传动来实现各部件的运动。为了提高运动精度，各部件的运动规律均由控制系统控制。控制系统通过机械传动、液压传动或气压传动来控制这些部件运动的启动、停止、变换、换向，以及它们运动的先后次序、运动轨迹和距离，换刀、测量、冷却与润滑液的供应与停止等。

(1) 机床控制系统的功能

由于机床的种类和功能不同，其控制系统所具有的功能也不同。对于自动化程度不高的机床，很多控制作业是由操作人员手工完成的，而对于自动化程度较高的机床，则大部分甚至全部控制是由机床的控制系统来完成的。随着生产力的不断发展和机床自动化程度的不断提高，机床的控制系统也日趋完善，并对机床工作性能的提高起着越来越重要的作用。

机床控制系统的功能归纳起来主要有以下几个方面：在自动化机床上能够自动进行工件的装卸；自动进行工件的定位、夹紧和松开；控制切削液、排屑等辅助装置的工作；实现刀具的自动安装、调整、夹紧和更换；控制主运动和各进给运动的速度和方向；实现刀架或工作台的路径控制；对被加工零件的尺寸进行在线或离线测量，进行误差自动补偿，从而保证加工精度等。

(2) 机床控制系统应满足的要求

① 节省辅助时间。采用自动控制可以提高操作的准确性，加速辅助操作的速度，从而

节省辅助时间。

② 缩短加工时间。采用自动控制系统有可能对一个工件实现多刀、多表面加工，对多个工件实现并行加工，可以大大缩短单件的加工时间。

③ 提高劳动生产率。采用自动控制系统后，一个工人可以同时照看几台机床，可明显地提高劳动生产率。

④ 提高机床的使用率。采用自动控制系统后，由于人为因素导致的停机时间大大减少，提高了机床的使用率。

⑤ 改善加工质量。由自动机床生产出来的零件一般质量比较稳定，公差带较小，废品率较低。如采用主动测量和加工误差反馈控制技术，改善加工质量的效果更加明显。

(3) 机床控制系统的分类

1）按自动化程度分类

机床控制系统可分为手动、机动、半自动和自动控制系统。

① 手动控制系统。该系统是由人来操纵手柄、手轮等，通过机械传动来实现控制的。其优点是结构简单，成本低；缺点是操作费时、费力，控制速度和精确度不高。仅用于一般的机床控制。

② 机动控制系统。该系统由人来发出指令，靠电气、液压或气压传动来实现控制。其优点是操作方便、省时和省力；但是成本较高。用于操作较费力的场合。

③ 半自动控制系统。除了工件的装卸由人工完成外，机床的其余操作都实现自动化。如被加工件的形状比较复杂，或尺寸和质量较大，实现自动装卸比较困难时采用。

④ 自动控制系统。包括工件的装卸在内的全部操作都实现自动化。工人的工作是不断地往料仓或料斗里装载毛坯，可以同时监视几台机床的工作。一般自动控制系统由三部分组成：

a. 发令器官。用于发出自动控制指令，如分配轴上的凸轮和挡块、挡铁-行程开关、插销板、仿形机床的靠模、自动测量仪、压力继电器、速度继电器、穿孔带、磁带和磁盘及各类传感器等。

b. 执行器官。是用于最终实现控制操作的环节，如滑块、拨叉、电磁铁、伺服电动机或液压马达、机械手等。

c. 转换器官。用于将发令器官发出的指令传送到执行器官，并在传送过程中将指令信号的能量放大，或将电指令转换为液压或气压指令，或反之。

2）按控制系统是否有反馈进行分类

机床控制系统可分为开环、半闭环和闭环控制系统。

3）按控制方式和内容进行分类

机床控制系统可分为时间控制、程序控制、数字控制、误差补偿控制和自适应控制。本节按这一分类方法在下面进行较详细的介绍。

2.6.2 机床的时间控制

时间控制是按时间顺序发出控制机床各工作部件动作指令的方式，属于开环控制。在机床上常采用凸轮机构实现时间控制，即机床各工作部件动作时间的顺序和运动行程的信息都记录在凸轮上。凸轮装在分配轴上，分配轴按固定的周期旋转。凸轮上的曲线通过传动机构驱动工作部件按设定的规律运动；凸轮上控制各工作部件曲线的相位角，决定了各工作部件运动的先后顺序。采用凸轮控制系统，按机床辅助运动控制方式的不同，有以下三种形式：

(1) 不变速的单一分配轴控制系统

这类机床上所有的成形运动和辅助运动都由一根分配轴上的凸轮控制。如图 2-43 (a) 所示，分配轴以设定的转速旋转，旋转一圈完成一个工件的加工，在整个加工周期中转速是恒定的。

(2) 变速的单一分配轴控制系统

这类控制系统在机床工作行程时根据工件加工的切削用量，用交换齿轮 u_s 调整分配轴的转速；辅助行程则以恒定、较高的转速旋转。如图 2-43 (b) 所示，为实现分配轴的变速，分配轴Ⅱ上的凸轮 1 控制离合器 M，将离合器拨向左时，分配轴快速转动，完成送料、夹料，刀架快进、快退和转位等辅助运动；将离合器拨向右时，分配轴按工作转速旋转，进行切削加工。

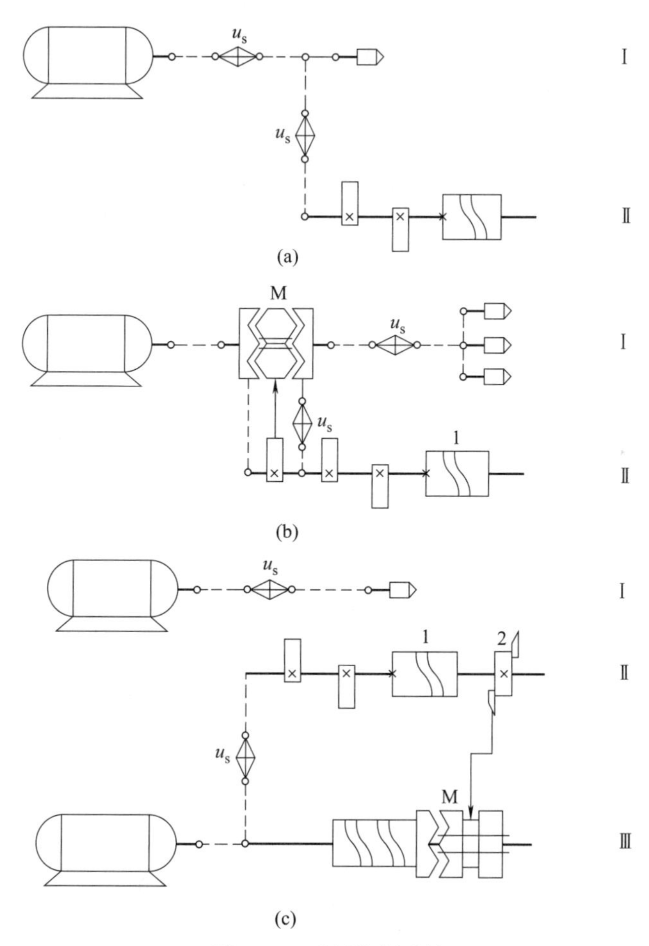

图 2-43 时间控制系统

(3) 分配轴和辅轴轮流控制的系统

这类控制系统有一根分配轴Ⅱ和一根辅轴Ⅲ，如图 2-43 (c) 所示。机床的分配轴用于机床所有成形运动和部分辅助运动，如刀架的快进和快退。其转速是根据加工循环时间用交换齿轮 u_s 调整的，每加工一个工件分配轴旋转一圈。辅轴由分配轴上的拨轮 2 触发单转离合器 M 而旋转一圈，用辅轴上的凸轮控制其他的辅助运动，如送料、夹料、转位等，其转速是恒定不可调的。如拨轮上有多个拨爪，可以在一个加工循环时间内多次触发辅轴转动，多次完成同样的辅助控制。

2.6.3 机床的程序控制

机床的加工过程由一系列的动作组成，如装载工件、开机、选择主运动和进给运动的速度、换刀、刀具相对工件的快速接近、工作进给和快速后退、停机、卸下工件等。程序控制保证这一系列的动作按严格的顺序协调进行，完成整个加工过程。

机床常用的程序控制系统有固定程序控制系统、插销板可变程序控制系统和可编程序控制系统。

(1) 固定程序控制系统

这类控制系统的程序是固定不可变的，用于专用机床的程序控制。其控制装置可以采用凸轮机构、挡铁行程开关；也可以根据机床程序控制信号之间的逻辑关系，用各种逻辑元件组成固定的程序控制线路。机床上常用的逻辑元件有各类继电器、液控或气控阀等。随着电子技术的迅速发展，电子逻辑元件组成的程序控制系统被广泛地应用于机床控制系统中。

(2) 插销板可变程序控制系统

插销板可变程序控制系统的工作原理如图 2-44 所示。系统中有一程序步进器，由棘轮 1、棘爪 2、电刷 3 和一排电触头组成（图中仅画出其中的 4 个电触头 A_1～A_4）。开机后，程序步进器恢复到如图 2-44 所示的起始位置，24V 电压经电触头 A_1、行程开关 LX_1 的常闭触头、插销板第一排第四列的插销，施加到继电器 K_1 上，执行程序的第一步，启动第一个执行器官。当动作完成时，其执行部件压下行程开关 LX_1，断开其常闭触头，接通其常开触头，继电器 K_1 断电，第一个执行器官的动作停止，24V 电压施加到电磁铁 4 上，电磁力吸摆杆 5 下摆，棘爪 2 拨动棘轮 1 带着电刷 3 从电触头 A_1 换接到电触头 A_2。24V 电压经电触头 A_2、行程开关 LX_2 的常闭触头、插销板第二排第一列的插销，施加到继电器 K_4 上，执行程序的第二步，启动第四个执行器官。如此周而复始，直到程序的最后一步，实现了工作部件的程序控制。

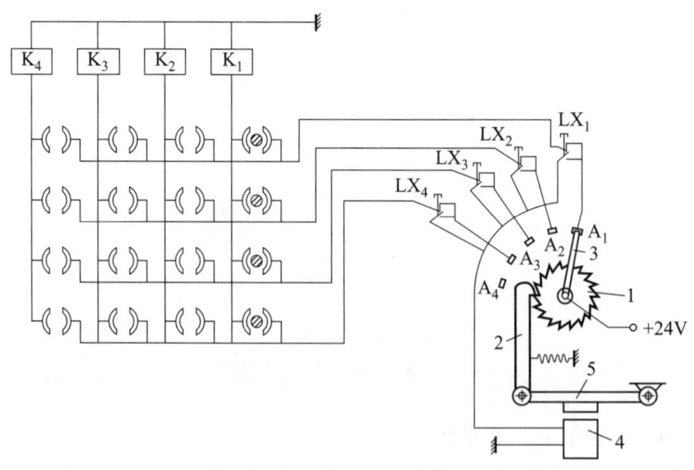

图 2-44 插销板可变程序控制系统工作原理

设置程序时采用如图 2-44 所示的插销板，插销板呈矩阵形式，上有许多插销孔。各个孔内有两片相互绝缘的铜片，分别与程序步进器的触头和工作部件的继电器相连。每一列控制一个执行器官，行序就是程序的步序。如要求程序的第 n 步启动第 m 个执行器官，可以在第 n 行第 m 列的插孔内插上销子。图中所示的插销方式使执行器官按Ⅰ、Ⅳ、Ⅲ、Ⅱ的顺序进行动作，如果改变了插销的组合方式，就改变了工作部件的工作顺序。

这种插销板程序控制系统结构简单、工作可靠、制造成本低且易于掌握，但它只适用于工作循环内程序不太复杂，需控制的执行器官又不太多的场合，否则会使硬件线路复杂，可靠性降低，控制装置体积也较大。

(3) 可编程序控制系统

可编程序控制器（Programmable Logic Controller，PLC）实际上是一台可进行数字逻辑运算的电子计算机，是专为工业应用而设计的。将采用面向控制过程和实际问题的“工程化语言”编写的控制程序，存储在它的程序存储器内，运行时逐行调出进行逻辑运算，得到工作顺序、计时、计数和运算等指令，并通过数字式或模拟式输入输出装置控制各种类型的机械或生产过程。它可以替代传统的继电器控制系统，具有体积小、功能强、编程简单、可靠性高等一系列优点，特别是它的抗干扰性能特别强，因而应用甚为普遍，已经发展为新一代的工业控制装置，是当今工业自动化领域的重要支柱。

2.6.4　机床的数字控制

数字控制系统简称数控系统，是数控机床采用的一种控制系统，它自动阅读输入载体上事先给定的数字，并将其译码，使机床运动部件运动，刀具加工出零件。

(1) 机床数字控制的基本原理

机床数控系统需要控制的内容包括刀架或（和）工作台的运动轨迹以及工作指令。前者根据刀架或工作台运动轨迹上的一系列点的坐标值，经过插值运算进行控制；后者如主轴变速、刀具更换、切削液开闭等。

数控系统逐行读出数控程序上的指令，如是工作指令，则通过指令输出装置输出控制信号，实现相应的控制操作，例如变速或更换刀具等。如是轨迹指令，则通过插值运算分别向 X 和 Y 等坐标的进给伺服系统发出一连串的步进信号。进给伺服系统每接到一个步进信号，就驱动运动部件往规定方向移动一个步距。一般来说，步距长度为 0.001～0.01mm。刀具与工件之间的相对运动就是各个坐标方向运动的合成。

(2) 数控机床运动部件的伺服驱动系统

数控机床伺服驱动系统接收数控装置插值运算生成的步进信号，经过功率放大驱动机床的运动部件往规定方向移动。伺服驱动系统用于控制主轴的转角（数控车床）、进给部件的移动距离、进行位置控制（数控坐标镗床）或轨迹控制（数控铣床）。

根据是否有位置测量反馈装置和位置测量反馈装置安装的位置不同，伺服驱动系统分开环、闭环和半闭环三类。

测量反馈装置通过一些传感器，如脉冲编码器、旋转变压器、感应同步器、光栅尺、磁尺和激光测量仪等，将执行部件或工作台等的速度和位移检测出来，并将这些非电量转化为电参量，再经过相应的电路将所测得的电信号反馈给数控装置，构成半闭环或闭环系统，补偿执行机构的运动误差，以达到提高运动精度的目的。

① 开环伺服驱动系统。开环伺服驱动系统发出指令后，不检查执行部件是否完成相应的操作，继续发出下一个指令。其工作原理如图 2-45 所示，数控系统发出的一个步进指令

信号，通过环形分配器和电动机驱动电路控制步进电动机往设定方向转动一定的角度。这个角度称为步距角，是步进电动机的一个重要技术参数。通过减速器带动丝杠转动，从而使工作台移动一个步距长度，步距长度用代号 Q 表示。

$$Q=\frac{\alpha}{360^{\circ}}Lu$$

式中 Q——步距长度，mm，一般为 0.01mm；

α——步进电动机的步距角，(°)；

L——滚珠丝杠的导程，mm；

u——步进电动机至传动丝杠之间的传动比。

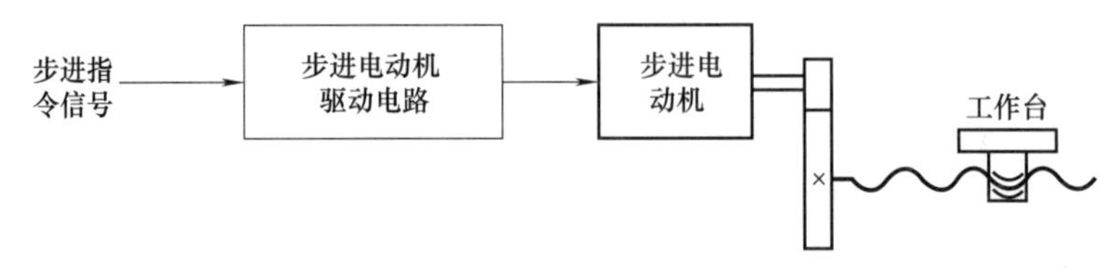

图 2-45 开环伺服驱动系统的原理

工作台的移动距离取决于数控装置发出的步进信号数。位移的精度取决于步进电动机至工作台间传动系统的传动精度、步距长度和步进电动机的工作精度。后者与步进电动机的转动精度和可能产生的丢步现象有关。这类系统的定位精度较低，一般在±(0.01～0.02)mm，但系统简单，调试方便，成本低。适用于精度要求不高的数控机床中。

② 闭环伺服驱动系统。闭环伺服驱动系统中，位置检测传感器直接安装在机床的最终执行部件上（如图 2-46 所示），直接测量出执行部件的实际位移，与输入的指令位移进行比较，比较后的差值反馈给控制系统，对执行部件的移（转）动进行补偿，使机床向减小差值的方向运行，最终使差值等于零或接近零。为提高系统的稳定性，闭环系统除了检测执行部件的位移量外，还检测其速度。检测反馈装置有两类：用旋转变压器作为位置反馈，测速发电机作为速度反馈；用脉冲编码器兼作位置和速度反馈。后者用得较多。

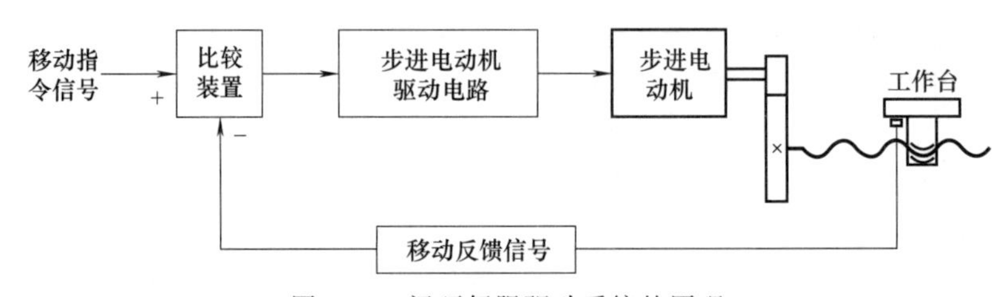

图 2-46 闭环伺服驱动系统的原理

从理论上讲，闭环伺服驱动系统的运动精度主要取决于检测装置的精度，可以消除整个系统的传动误差和失动。但是闭环伺服驱动系统对机床结构的刚性、传动部件的回程间隙以及工作台低速运动的稳定性提出了严格的要求，因为这些条件影响着机床控制系统的稳定性。

闭环伺服驱动系统所用的电动机有直流伺服电动机和交流伺服电动机。闭环伺服驱动系统的特点是运行精度高，但调试维修都较困难，成本也较高，用于精密型数控机床上。

③ 半闭环伺服驱动系统。该系统不直接测量工作台的位移，而是通过检测电动机或丝杠的转角，间接测量工作台的位移。由于工作台位移和丝杠传动机构等没有包含在反馈回路

中，故称为半闭环伺服驱动系统。半闭环伺服驱动系统的简图如图 2-47 所示，其位置反馈装置采用角位移传感器，如圆光栅、光电编码器、旋转式感应同步器等，安装在电动机的转子轴或丝杠上。伺服电动机采用宽调速直流力矩电动机，不需要通过齿轮传动机构，直接与丝杠连接，可以将角位移传感器与伺服电动机制成一个部件，使系统结构简单，价格低，安装调试都很方便，应用较多。由于机械传动环节和惯性较大的工作台没有包括在系统反馈回路内，可以获得比较稳定的控制特性，但丝杠等机械传动部件的传动误差不能通过反馈得以矫正。

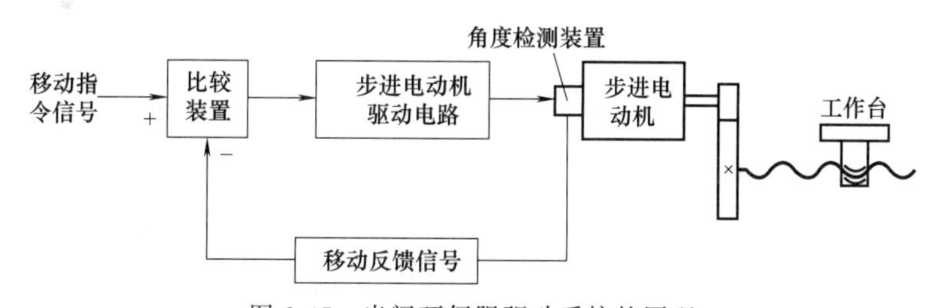

图 2-47　半闭环伺服驱动系统的原理

习题与思考题

1. 简述机床设计应满足的基本要求及理由。
2. 简述机床设计的主要内容及步骤。
3. 机床设计的基本理论有哪些？并简述其定义、原理和相关要求。
4. 简述机床系列型谱的含义。
5. 简述机床的基本工作原理。
6. 简述工件表面的形成原理。
7. 工件表面发生线的形成方法有哪些？
8. 简述工件表面的形成方法。
9. 简述机床的运动功能设置的方法。
10. 机床的主运动和形状创成运动的关系如何？进给运动与形状创成运动的关系如何？
11. 简述机床上的复合运动、内联系传动链、运动轴的联动的含义及关系。
12. 简述机床运动功能方法设计的方法及步骤。
13. 简述数控机床坐标系选取的方法。
14. 简述机床的运动功能式的含义及书写格式。
15. 分析图 2-5 所示各种机床的运动原理图，并阐述各个运动所属的类型、作用及工件加工表面的形成方法。
16. 简述机床传动原理图的表达方式及其与运动功能图的区别。
17. 简述机床总体结构概略的设计过程。
18. 简述机床主参数及尺寸参数的定义以及确定依据。
19. 机床的运动参数如何确定？驱动方式如何选择？数控机床与普通机床确定方法有何不同？
20. 机床的动力参数如何确定？数控机床与普通机床的确定方法有何不同？
21. 简述机床主运动系统的变速方式以及各自采用哪些机构实现。

22. 简述传动组的级比、级比指数和传动副数的定义。

23. 如一主传动系统的结构式为 $12=3_1\times2_3\times2_6$，请写出该主传动系统各变速组的变速级数、传动副数。

24. 简述主变速传动系统设计的一般原则。

25. 某车床的主轴转速 $n=40\sim1800$r/min，公比 $\varphi=1.41$，电动机的转速 $n_{电}=1440$r/min，试拟订结构式、转速图；确定齿轮齿数、带轮直径；验算转速误差；画出主传动系统图。

26. 某机床的主轴转速 $n=100\sim1120$r/min，转速级数 $Z=8$，电动机的转速 $n_{电}=1440$r/min，试设计该机床主传动系统，包括拟订结构式和转速图，画出主传动系统图。

27. 试从 $\varphi=1.26$，$Z=18$ 级变速机构的各种传动方案中选出最佳方案，写出结构式，并画出转速图和传动系统图。

28. 用于成批生产的车床，转速 $n=45\sim500$r/min，为简化机构采用双速电动机，$n_{电}=720/1440$r/min，试画出该机床的转速图和传动系统图。

29. 求图 2-48 所示的车床各轴、各齿轮的计算转速。

30. 求图 2-49 所示的各轴、各齿轮的计算转速。

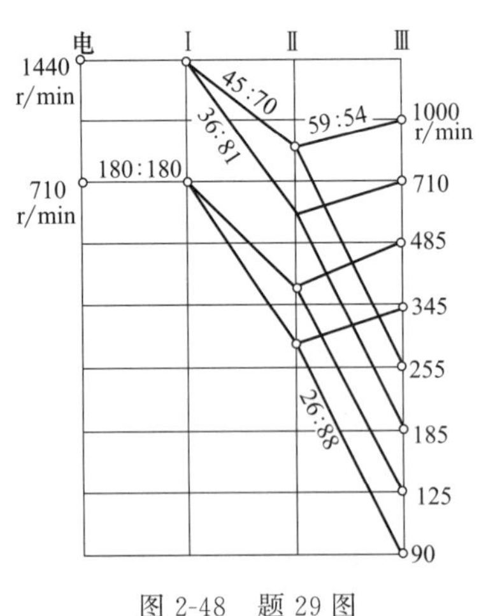

图 2-48 题 29 图

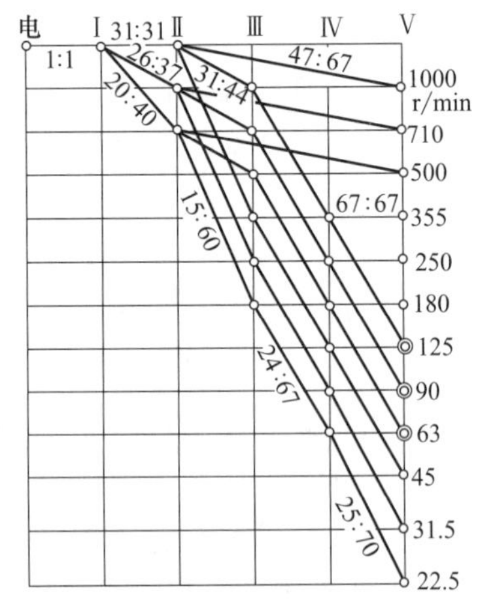

图 2-49 题 30 图

31. 某数控车床，主轴最高转速 $n_{\max}=4000$r/min，最低转速 $n_{\min}=40$r/min，计算转速 $n_j=180$r/min，采用直流电动机，电动机功率 $P_{电}=15$kW，电动机的额定转速 $n_d=1500$r/min，最高转速 4500r/min，试设计分级变速箱的传动系统，画出其转速图和功率特性图以及主传动系统图。

32. 简述数控机床主传动系统设计的特点。

33. 简述进给传动系统设计应满足的基本要求。

34. 简述进给传动系统的设计特点，并指出与主传动系统相比有哪些不同点。

35. 简述进给驱动部件的类型、特点及其应用范围。

36. 简述滚珠丝杠螺母副的特点、支承方式和预紧方法。

37. 简述机床控制系统的分类方法及分类依据。

38. 简述数控机床开环和闭环伺服驱动系统的工作原理。

第3章
典型部件设计

3.1 主轴部件设计

主轴部件是机床的执行件，包括主轴及其支承轴承、传动件、密封件、定位元件等部分。它的主要功能是支承且带动工件或刀具旋转，具有准确的运动轨迹，能够完成表面成形运动，同时可以传递运动和转矩，承受切削力和驱动力。主轴部件的工作性能直接影响着整机性能、加工质量以及机床生产率，是决定机床性能和技术经济指标的重要因素。因此，主轴部件是机床的关键部件之一。

3.1.1 主轴部件应满足的基本要求

(1) 旋转精度

主轴的旋转精度是指装配后，在空载低速转动条件下，主轴前端定位面上测得的径向圆跳动、端面圆跳动和轴向窜动值的大小。

主轴的旋转精度与主轴、轴承、箱体孔等的制造精度、装配质量和调整精度有关，如主轴支承轴颈、轴承滚道以及滚子的圆度、主轴部件的动平衡等因素，均可能造成径向圆跳动。轴承支承端面、主轴轴肩及相关零件端面对主轴回转中心线的垂直度误差，推力轴承的滚道及滚动体误差等将造成主轴轴向圆跳动。

通用机床主轴部件的旋转精度在机床精度标准中已有统一规定，专业装备的主轴部件的旋转精度需根据工作精度要求确定。

(2) 刚度

主轴部件的刚度是指其在外加载荷作用下抵抗变形的能力，通常用主轴前端产生单位变形位移时，需要在位移方向施加的作用力的值来表示，如图 3-1 所示。刚度可表示为

$$K=\frac{F}{y} \tag{3-1}$$

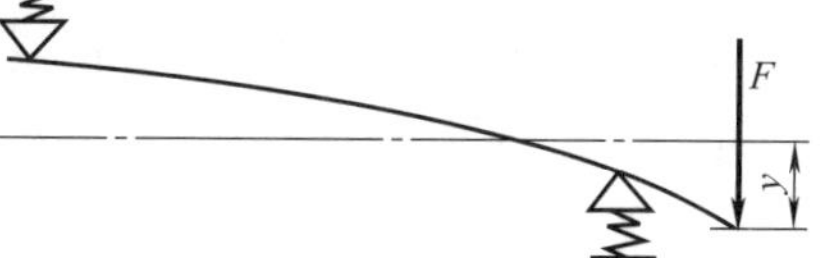

图 3-1 主轴部件的刚度

式中，K 为刚度，N/μm；y 为主轴前端变形位

移，μm；F 为沿位移方向施加的作用力，N。当引起变形的作用力是静力时，所得到的刚度称作静刚度；当引起变形的作用力是交变力时，所得到的刚度称作动刚度。

主轴部件的刚度是综合刚度，是主轴、轴承和支撑座刚度及其接触刚度的综合反映。所以影响主轴部件的刚度因素有很多，包括主轴的结构形状与尺寸，轴承的类型、配置及数量，轴承间隙的调整，传动件的布置方式，主轴组件的制造与装配质量等。目前，机床主轴部件刚度还未有统一标准。

主轴刚度不足将直接影响机床的加工精度和工作稳定性，如果主轴部件的刚度过低，主轴将产生较大的弹性变形，从而降低加工质量，恶化主轴上齿轮和轴承的工作条件，引起振动，降低机床的生产率和寿命。

(3) 抗振性

主轴部件的抗振性是指其抵抗振动（包括受迫振动和自激振动）而保持平稳运转的能力。在机床工作过程中，主轴部件会在静态力作用、冲击力以及交变力等各种形式的载荷的作用下产生振动。若主轴部件抗振性差，工作时就容易产生振动，不仅会影响工件的表面质量，降低机床的生产率，还会减少刀具和主轴轴承的使用寿命，设备产生的噪声也会影响工作环境。

随着机床向高效率、高精度方向快速发展，对主轴部件抗振性的要求越来越高。主轴部件的静刚度、质量分布以及阻尼等是影响其抗振性的主要因素，主轴部件的低阶固有频率与振型是影响抗振性的主要评价指标，通常为了降低共振发生的可能性，应使低阶固有频率远高于激振频率。抗振性的指标尚无统一标准，只有一些实验数据供设计时参考。

(4) 温升和热变形

主轴部件在工作时，由于相对运动区域的摩擦以及搅油等损耗而产生热量，会出现温升。温升会使主轴部件的形状尺寸和位置产生畸变，这种现象称为热变形。热变形能改变主轴的旋转轴线与其他工作部件间的相对位置关系，直接影响加工质量；热变形能造成主轴弯曲，使传动齿轮和轴承的工作状况恶化；热变形还会改变已调好的轴承间隙，使主轴与轴承、轴承与支承座孔之间的配合发生变化，影响轴承的正常工作，加剧磨损。因此，各类机床对主轴温升都有一定限制。如连续运转至热稳定状态下允许的温升为：高精度机床 8～10℃，精密机床 15～20℃，普通机床 30～40℃。

(5) 精度保持性

主轴部件的精度保持性是指长期保持其原始制造精度的能力。主轴部件会因为主轴轴承、主轴轴颈表面、装夹工件或刀具定位表面等处的磨损而丧失其原始制造精度。因此为了保持主轴部件的精度，必须改善其磨损状况，提高耐磨性。对耐磨性影响较大的因素有主轴材料、轴承材料、热处理方式、轴承类型及润滑防护方式等，可以从主轴部件的材料及热处理方式，轴承类型及润滑防护方式等方面考虑，提高其精度保持性。

3.1.2 主轴的传动方式

(1) 主轴传动分类

对于机床主轴，传动件的作用是以一定的功率和最佳切削速度完成切削加工。按传动功能不同可将主传动作如下分类：

① 有变速功能的传动。为了简化结构，在传动设计时，将主轴当作传动变速组，常用变速副是滑移齿轮组。为了保证主轴传动精度及动平衡，可将固定齿轮装于主轴上或在主轴

上装换挡离合器，这类传动副多装于两支承之间。对于不频繁的变速，可用交换齿轮、塔轮结构等，此时变速传动副多装于主轴尾端。

② 固定变速传动方式。固定变速传动是为了将主轴运动速度（或转矩）调整到适当范围。考虑受力和安装、调整的方便，固定传动组可装在两支承之外，尽量靠近某一支承，以减少对主轴的弯矩作用，或采用卸荷机构。常用的传动方式有齿轮传动、带传动、链传动等。

③ 主轴功能部件。将原动机与主轴传动件合为一体，组成一个独立的功能部件，如用于磨削加工的各类磨床用主轴部件或用于组合机床的标准型主轴组（又称主轴单元）。它们的共同特点是主轴本身无变速功能，主轴转速的调节可采用机械变速器或电气、液压控制等方式，但可调范围很小。

(2) 主轴传动件的布置

对于传动件直接装在主轴上的主轴部件，工作时主要承受传动力 F_c、切削力 F 和支承反力 F_e。传动力 F_c 的位置和方向对主轴端部位移的影响很大，如图 3-2 所示。由传动力 F_c 引起的主轴端部位移 y 为

$$y=\frac{F_c ab}{6EIL}(L^2-b^2)$$

式中　y——主轴端部位移，mm；

F_c——传动力，N；

E——主轴材料的弹性模量，MPa；

I——主轴截面的当量惯性矩，mm^4。

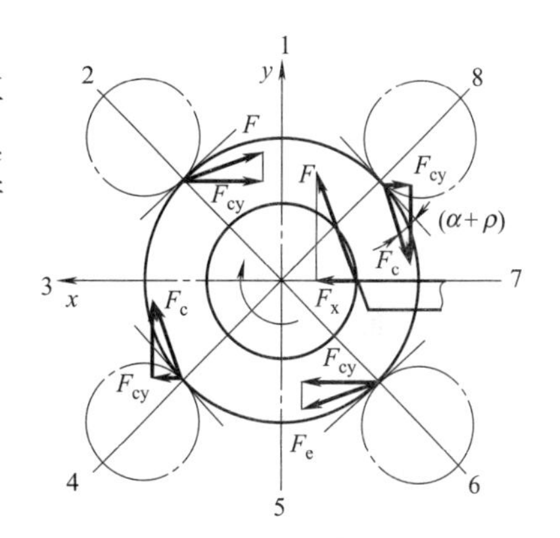

图 3-2　传动力对主轴端部位移影响

显然，b 越接近于 L 则 y 越小；若 $b=L$ 则 $y=0$。由此可见，传动力 F_c 的位置应靠近主轴支承，一般靠近前支承，这样既可以减小主轴端部的位移，又可以减小主轴的扭转变形。因此，合理安排传动件的轴向和径向位置，对于主轴受力及其工作特性都有很大的影响。

传动件合理布置的原则：传动力 F_c 引起的主轴弯曲变形小，最好能抵消部分切削力对轴承的负荷，使前轴承受力和变形最小，有利于保证加工精度且结构紧凑，装配、维修方便。

(3) 主轴传动件位置的合理布置

合理考虑传动件在主轴上的轴向分布，可以改善主轴和轴承的受力情况及传动件、轴承的工作条件，提高主轴组件的刚度、抗振性和承载能力。布置传动件轴向分布时应尽量减小传动力 F_Q 引起的主轴弯曲变形量和扭转变形量，传动件应尽可能靠近前支承，或将多个传动件中最大的传动件放置在靠近前支承的位置。

几种常见的传动件轴向布置方式如图 3-3 所示。图 3-3（a）中的传动件放在两个支承中间靠近前支承处，这种布置方式用得最为普遍，当传动力与切削力同向时，主轴前端的位移量减小，但前支承反力增大，适用于精密机床；当传动力与切削力反向时，主轴前端的位移量增大，但前支承反力减小，适用于普通精度机床。

图 3-3（b）中的传动件放在主轴前悬伸端，使传动力和切削力方向相反，可使主轴前端位移量相互抵消一部分，减小了主轴前端位移量，同时前支承受力减小。主轴受扭矩段变短，提高了主轴刚度，改善了轴承工作条件，但同时也引起主轴前端悬伸量的增加，影响主

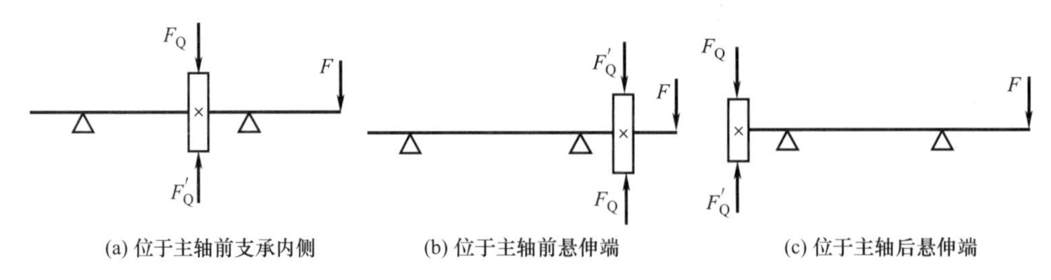

图 3-3 主轴上传动件的轴向布置方案

轴部件的刚度及抗振性，适用于大型、重型机床。

图 3-3（c）中的传动件放在主轴的后悬伸端，多用于外圆磨床、内圆磨床砂轮主轴。带轮装在主轴的外伸尾端上，方便更换和防护。

主轴受到的驱动力 F_Q 相对于切削力 F_P 的方向，取决于驱动主轴的传动轴位置。应尽可能将该驱动轴布置在合适的位置，使驱动力引起的主轴变形可抵消一部分因切削力引起的主轴轴端精度敏感方向上的位移。

（4）轴承配置方式

多数机床的主轴采用前、后两个支承。这种方式结构简单，制造装配方便，容易保证精度。为提高主轴部件的刚度，前、后支承应消除间隙或顶紧。为了提高主轴的刚度和抗振性，有的机床主轴也会采用三个支承。三个支承的布置方式有两种：可以前、后支承为主，中间支承为辅；也可以前、中支承为主，后支承为辅。后者在三支承主轴部件中较为常见。因三支承孔的同轴度要求较高，主支承应消除间隙或预紧，辅支承则应保留一定的径向间隙或选用较大游隙的轴承。由于三个轴颈和三个箱体孔不可能绝对同轴，故三个轴承不能都预紧，否则会产生干涉，使空载功率大幅度上升，导致轴承温升过高。

在主轴部件中，承受轴向力的推力轴承配置方式直接影响主轴的轴向刚度和位置精度，应恰当地配置推力轴承的位置。图 3-4 所示为几种常用推力轴承安装位置，可将其分为以下四种配置形式。

① 前端配置。两个方向的推力轴承都布置在前支承处，如图 3-4（a）所示。这种方案前支承处轴承数量多，发热多，温升高；主轴受热变形向后伸长，不影响主轴前端的轴向精度，精度高；适用于轴向精度和刚度要求较高的高精度机床或数控机床。

② 后端配置。两个方向的推力轴承都布置在后支承处，如图 3-4（b）所示。这种方案前支承结构简单，温升较小，但主轴受热向前伸长，影响轴向精度；适用于轴向精度要求不高的普通精度机床。

③ 两端配置。两个方向的推力轴承分别布置在前、后两个支承处，如图 3-4（c）、（d）所示。这种方案当主轴受热伸长后，影响主轴轴承的轴向间隙；如果推力支承布置在径向支承内侧，主轴可能因热伸长而引起纵向弯曲；适用于较短主轴。为了避免松动，可用弹簧消除间隙和补偿热膨胀。

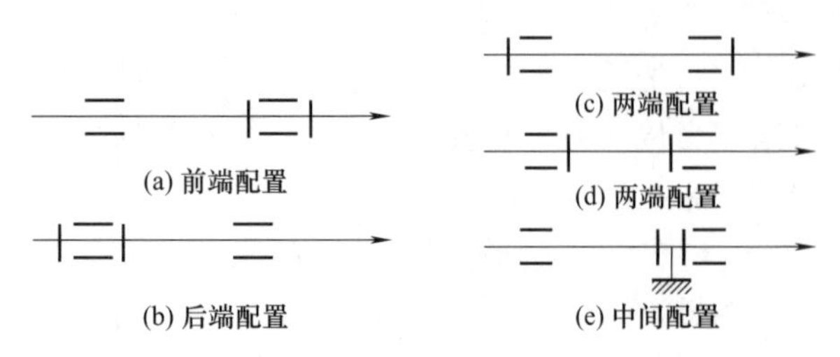

图 3-4 推力轴承配置形式

④ 中间配置。两个方向的推力轴承配置在前支承的后侧，如图 3-4（e）所示。这种方案可减少主轴的悬伸量，并使主轴受热膨胀后向后伸长，但是前

支承结构较复杂，温升也会较高。

3.1.3　主轴滚动轴承

轴承是主轴部件最重要的组件之一，它的类型、精度、结构、配置方式、安装调整、润滑和冷却等状态都会对主轴部件的工作性能产生直接影响。机床主轴用的轴承有滚动和滑动两大类。

(1) 滚动轴承的特点

滚动轴承与滑动轴承相比，具有以下优点：

① 滚动轴承能在转速和载荷变化幅度很大的条件下稳定地工作；

② 滚动轴承能在无间隙，甚至在预紧的条件下工作；

③ 滚动轴承的摩擦系数小，有利于减少发热；

④ 滚动轴承润滑容易，脂润滑一次装填可以用到修理时再换，油润滑的油量比滑动轴承少。

滚动轴承也有一定的缺点：

① 滚动体的数量有限，因此在旋转中径向刚度是变化的，这是引起振动的原因之一；

② 滚动轴承的阻尼较低；

③ 滚动轴承的径向尺寸比滑动轴承大。

主轴轴承需要具备旋转精度高、刚度高、承载能力强、极限转速高、适应变速范围大、摩擦小、噪声低、抗振性好等特点，同时又有较长的使用寿命、简单的制造工艺、便于使用和维护等。因此在选用主轴轴承时，一般情况下尽量选用滚动轴承，特别是大多数立式主轴，用滚动轴承可以采用脂润滑以避免漏油。只有当主轴速度、加工精度及工件加工表面有较高的要求，主轴又是水平的机床（如外圆和平面磨床、高精度车床等）时，才选用滑动轴承。主轴组件的抗振性主要取决于前轴承，因此，也有的主轴前支承用滑动轴承，后支承和推力轴承用滚动轴承。

(2) 主轴部件主支承常用的滚动轴承

① 角接触球轴承。球轴承中的接触角 α 是滚动体与滚道接触点处的公法线与主轴轴线垂直平面间的夹角，如图 3-5 所示。接触角有多种，如 15°、25°、40°等，当接触角为 0°时，称为深沟球轴承［图 3-5（a）］；当 $0°<\alpha\leqslant45°$ 时，称为角接触球轴承［图 3-5（b）］；当 $45°<\alpha<90°$ 时，称为推力角接触球轴承［图 3-5（c）］；当 $\alpha=90°$ 时，称为推力球轴承［图 3-5（d）］。

轴承所承受轴向载荷随接触角的增大而增大。主轴常用的角接触球轴承有 70000C 型（接触角为 15°）和 70000AC 型（接触角为 25°）。角接触球轴承无法单独使用，需要成组安装，以便承受两个方向的进给力和调整轴承间隙或进行预紧，如图 3-6 所示。图 3-6（a）是一对轴承背靠背安装方式，图 3-6（b）是一对轴承面对面安装方式。背靠背安装比面对面

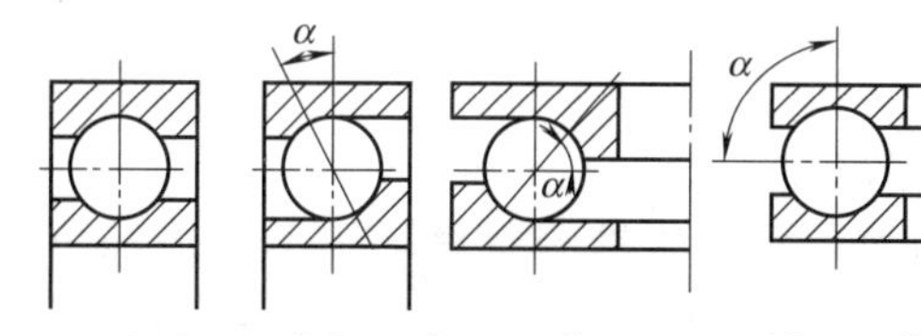

(a) $\alpha=0°$ 深沟球轴承　(b) $0°<\alpha\leqslant45°$ 角接触球轴承　(c) $45°<\alpha<90°$ 推力角接触球轴承　(d) $\alpha=90°$ 推力球轴承

图 3-5　各类球轴承的接触角

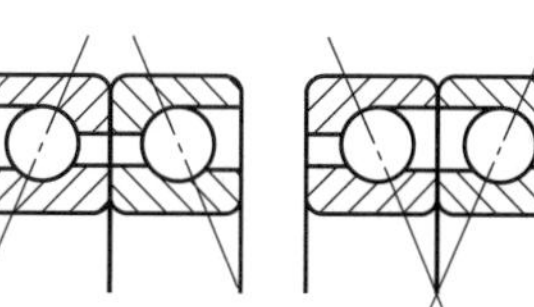

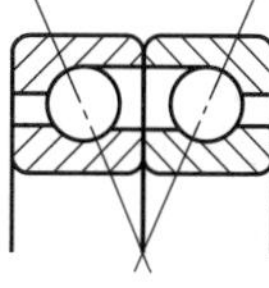

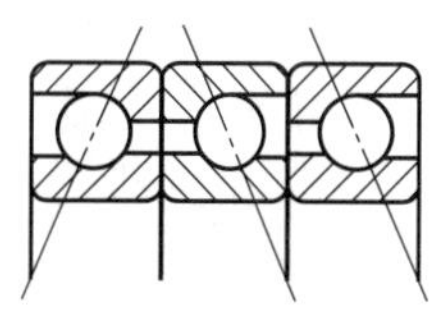

(a) 背靠背　(b) 面对面　(c) 两个同向，一个反向

图 3-6　角接触球轴承的组配

安装的轴承有更高的抗颠覆力矩的能力。图 3-6（c）为三个成一组的安装方式，两个同向的轴承承受主要方向的进给力，与第三个轴承背靠背安装。

② 双列短圆柱滚子轴承。轴承内圈有锥度为 1∶12 的锥孔，与主轴的锥形轴颈相匹配，轴向移动内圈，可使内圈胀大，调整轴承的径向间隙和预紧；滚子作为滚动体，可以承受较大的径向载荷和较高的转速；轴承有两列滚子交叉排列，数量较多，因此刚度很高，但无法承受轴向载荷。适用于载荷较大、高速及精密机床主轴组件。

双列短圆柱滚子轴承有两种类型，如图 3-7（a）、（b）所示。图 3-7（a）的内圈上有挡边，属于特轻系列；图 3-7（b）的挡边在外圈上，属于超轻系列。同样孔径，后者外径可比前者小些。

③ 圆锥滚子轴承。圆锥滚子轴承有单列［图 3-7（d）、（e）］和双列［图 3-7（c）、（f）］两类，每类又有空心［图 3-7（c）、（d）］和实心［图 3-7（e）、（f）］两种。单列圆锥滚子轴承可以承受径向载荷和一个方向的轴向载荷。双列圆锥滚子轴承能承受径向载荷和两个方向的轴向载荷。双列圆锥滚子轴承由外圈 2、两个内圈 1 和隔套 3（有的无隔套）组成。修磨隔套 3 就可以调整间隙或进行预紧。轴承内圈仅在滚子的大端有挡边，内圈挡边与滚子之间为滑动摩擦，所以发热较多，允许的最高转速低于同尺寸的圆柱滚子轴承。

图 3-7（c）、（d）所示的空心圆锥滚子轴承是配套使用的，双列用于前支承，单列用于后支承。这类轴承滚子是中空的，润滑油可以从中流过，冷却滚子，降低温升，并有一定的减振效果。单列轴承的外圈上有弹簧，用作自动调整间隙和预紧。双列轴承的两列滚子数目之差也使两列刚度变化频率不同，有助于抑制振动。

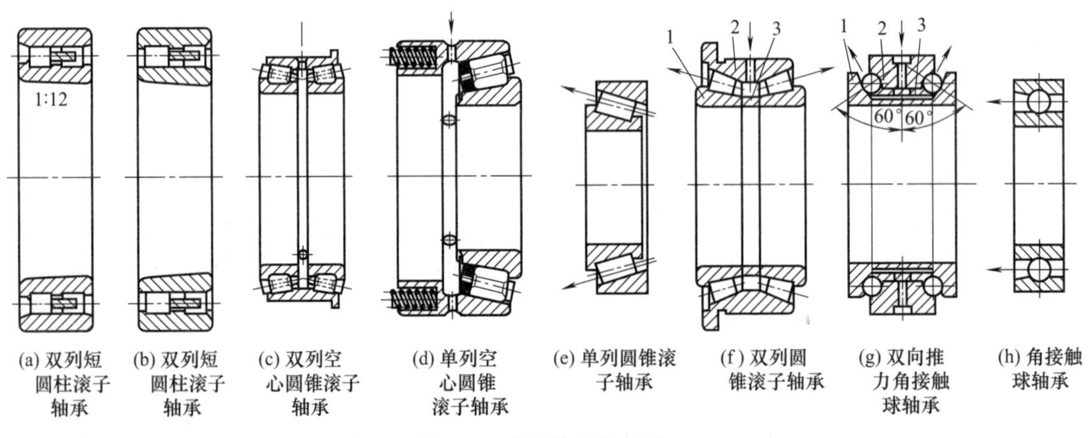

图 3-7 典型的主轴轴承

1—内圈；2—外圈；3—隔套

④ 推力轴承。该轴承只能承受轴向载荷，能承受较大的轴向载荷而且刚度较大。推力轴承在转动时滚动体产生较大的离心力，对滚道外侧造成较大的挤压。由于滚道深度较小，为防止滚道的激烈磨损，推力轴承不适用于较高的转速环境。

⑤ 双向推力角接触球轴承。如图 3-7（g）所示，双向推力角接触球轴承的接触角为 60°，用来承受双向轴向载荷，常与双列短圆柱滚子轴承配套使用。为保证轴承不承受径向载荷，轴承外圈的公称外径与同它配套的同孔径双列滚子轴承相同，但外径公差带在零线的下方，使外圆与箱体孔有间隙。轴承间隙的调整和预紧通过修磨隔套 3 的长度实现。双向推

力角接触球轴承转动时，滚道体的离心力由外圈滚道承受，允许的极限转速比上述推力球轴承高。

⑥ 陶瓷滚动轴承。陶瓷滚动轴承的材料为氮化硅（Si_3N_4），密度为 $3.2\times10^3 kg/m^3$，仅为钢（$7.8\times10^3 kg/m^3$）的 41%，线胀系数为 $3\times10^{-6}/℃$，比轴承钢（$12.5\times10^{-6}/℃$）小得多，弹性模量为 315GPa，约为轴承钢（210GPa）的 1.5 倍。在高速下，陶瓷滚动轴承与钢制滚动轴承相比，质量轻，作用在滚动体上的离心力及陀螺力矩较小，从而减小了压力和滑动摩擦；滚动体线胀系数小，温升较低，轴承在运转中的预紧力变化小，运动平稳；弹性模量大，轴承的刚度增大。

常用的陶瓷滚动轴承有 3 种类型：a. 滚动体用陶瓷材料制成，而内、外圈仍用轴承钢制造；b. 滚动体和内圈用陶瓷材料制成，外圈用轴承钢制造；c. 全陶瓷轴承，即滚动体和内、外圈全都用陶瓷材料制成。前两类的陶瓷轴承滚动体和套圈采用不同材料，运转时分子亲合力很小，摩擦系数小，并有一定的自润滑性能，可在供油中断无润滑情况下正常运转，轴承不会发生故障，适用于高速、超高速、精密机床的主轴部件。全陶瓷轴承适用于耐高温、耐腐蚀、非磁性、电绝缘或要求减小质量和超高速场合。

陶瓷滚动轴承常用形式有角接触式和双列短圆柱式。轴承轮廓尺寸一般与钢制轴承完全相同，可以互换。这类轴承的预紧力有轻预紧和中预紧两种，常采用润滑脂或油气润滑。如 SKF 公司的代号为 CE/HC 陶瓷角接触球轴承，脂润滑时 $d_m n$ 值可达到 $1.4\times10^6 mm\cdot r/min$；油气润滑时可达到 $2.1\times10^6 mm\cdot r/min$。

⑦ 磁浮轴承。磁浮轴承也称磁力轴承，是一种高性能机电一体化轴承，利用磁力支承运动部件使其与固定部件脱离接触来实现轴承功能。由于不存在机械接触，转子可以运行到很高的转速，具有机械磨损小、能耗低、噪声小、寿命长、无须润滑、无油污染等优点，能在超低温和高温下正常工作，也可用于真空、蒸汽及腐蚀性环境中。装有磁浮轴承的主轴可以通过监测定子绕组的电流灵敏地控制切削力，通过检测切削力微小变化控制机械运动，以提高加工质量。因此，磁浮轴承特别适用于高速、超高速加工。国外已有高速铣削磁力轴承主轴头和超高速磨削主轴头，并已标准化。

图 3-8 是一种磁浮轴承的控制框图，磁浮轴承由转子、定子两部分组成。转子由铁磁材料（如硅钢片）制成，压入回转轴承的回转筒中，定子也由相同材料制成。定子绕组产生磁场，将转子悬浮起来，通过 4 个位移传感器不断检测转子的位置。如转子不在中心位置，位置传感器测得其偏差信号，并将信号传送给控制装置，控制装置调整 4 个定子绕组的励磁功率，使转子精确地回到要求的中心位置。

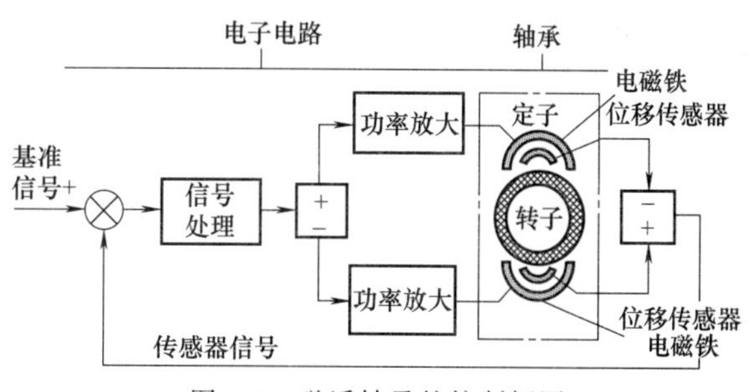

图 3-8　磁浮轴承的控制框图

(3) 滚动轴承精度等级的选择

机床主轴轴承的精度除 P2、P4、P5、P6（相当于旧标准的 B、C、D、E）四级外，新标准中又补充了 SP 和 UP 级。SP 和 UP 级的旋转精度，分别相当于 P4 和 P2 级，而内、外圈尺寸精度则分别相当于 P5 和 P4 级。主轴轴承精度选择可参考表 3-1，数控机床可按精密或高精密级选择。

表 3-1　主轴轴承精度

机床精度等级	前轴承	后轴承
普通精度级	P5 或 P4(SP)	P5 或 P4(SP)
精密级	P4(SP)或 P2(UP)	P4(SP)
高精密级	P2(UP)	P2(UP)

轴承的精度不但影响主轴组件的旋转精度，而且也影响刚度和抗振性。随着机床向高速、高精度发展，目前普通机床主轴轴承都趋向于取 P4（SP）级，P6 级（旧 E 级）轴承在新设计的机床主轴部件中已很少采用。

不同的机床，选择轴承精度所关注的精度指标也不同。向心轴承（接触角 $\alpha<45°$的轴承）如用于车床、铣床、磨床等的主轴，由于径向切削力相对于轴承方向固定，对主轴旋转精度影响最大的是成套轴承内圈的径向跳动 K_{ia}；如用于镗床和镗铣加工中心主轴，由于径向切削力方向随主轴旋转而旋转，对主轴旋转精度影响最大的是成套轴承外圈的径向跳动 K_{ea}。推力球轴承影响旋转精度（轴向跳动）的是轴圈滚道对底面厚度的变动量 S_i。角接触球轴承和圆锥滚子轴承既能承受径向载荷，又能承受轴向载荷。故除 K_{ia} 和 K_{ea} 外，还有影响轴向精度的成套轴承内圈端面对滚道的跳动 S_{ia}。主轴滚动轴承内、外圈的旋转精度分别见表 3-2、表 3-3。

表 3-2　主轴滚动轴承内圈的旋转精度

轴承内径/mm		50～80			80～120			120～180		
轴承精度		P2	P4	P5	P2	P4	P5	P2	P4	P5
向心轴承（圆锥滚子轴承除外）	K_{ia}	2.5	4	5	2.5	5	6	2.5	6	8
	S_{ia}	2.5	5	8	2.5	5	9	2.5	7	10
圆锥滚子轴承	K_{ia}		4			5	8		6	11
	S_{ia}		4			5			7	
推力球轴承	S_i		3			3	4		4	5

表 3-3　主轴滚动轴承外圈的旋转精度

轴承外径/mm	80～120			120～150			150～180			180～250		
轴承精度	P2	P4	P5	P2	P4	P5	P2	P4	P5	P2	P4	P5
向心轴承 K_{ea}（圆锥滚子轴承除外）	5	6	10	5	7	11	5	8	13	7	10	15
圆锥滚子轴承 K_{ea}		6	10		7	11		8	13		10	15

主轴轴承中，前、后轴承的精度对主轴旋转精度的影响是不同的。如图 3-9（a）所示，前轴承轴心有偏移 δ_A、后轴承偏移量为零时，由偏移量 δ_A 引起的主轴端轴心偏移为

$$\delta_{A1}=\frac{L+a}{L}\delta_A$$

图 3-9（b）表示后轴承有偏移 δ_B、前轴承偏移为零时，引起主轴端部的偏移为

$$\delta_{B1}=\frac{a}{L}\delta_B$$

显然，前轴承的精度比后轴承对主轴部件的旋转精度影响较大。因此选取轴承精度时，前轴承的精度要选得高一点，一般比后轴承精度高一级。另外，在安装主轴轴承时，如将前、后轴承的偏移方向放在同一侧，如图 3-9（c）所示，可以有效地减少主轴端部的偏移。如后轴承的偏移量适当地比前轴承的大，可使主轴端部的偏移量为零。

（4）滚动轴承的润滑和密封

润滑后的滚动轴承在运转过程中，滚动体和轴承滚道处接触压强可达数千兆帕，滚道和

滚动体都产生接触变形，在接触区，油被压缩了，油的黏度急剧升高，可升至常压下的数十倍，这样瞬时局部高黏度的油，可以在接触区形成油膜，把滚道和滚动体分隔开。滚动轴承的润滑，应用了弹性流体动力润滑理论。

滚道与滚动体接触区的面积是很小的。因此，滚动轴承需要的润滑剂很少，可以用润滑脂或润滑油润滑。实验表明，在速度较低时，用润滑脂较好；速度较高时，用润滑油较好。

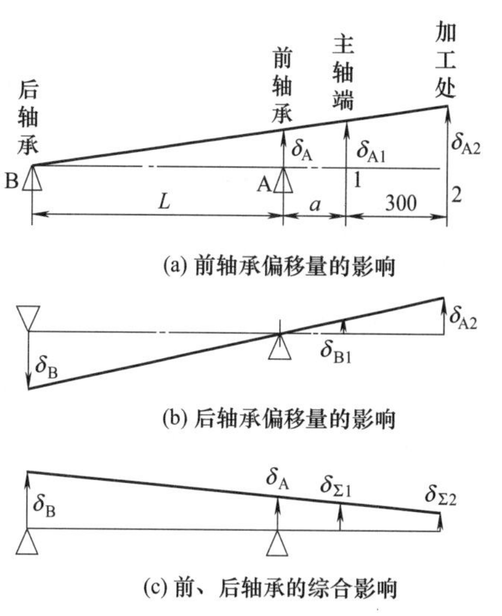

图 3-9 主轴轴承对主轴旋转精度的影响

1）润滑

① 润滑脂。润滑脂是由基油、稠化剂和添加剂（也可不含添加剂）在高温下混合而成的一种半固体状润滑剂，如锂基脂、钙基脂、高速轴承润滑脂等。其特点是黏附力强，油膜强度高，密封简单，不易渗漏，长时间不需更换，维护方便，但摩擦阻力比润滑油略大。因此，常用于转速不太高又不需冷却的场合，特别是立式主轴或装在套筒内可以伸缩的主轴，如钻床、坐标镗床、数控机床和加工中心等。

润滑脂不应过多填充，以免因搅拌发热而融化、变质失去润滑作用。根据经验，润滑脂填满轴承内部空间的 30%，具体数值可采用以下经验公式计算

$$Q=q_B d_m B\times10^{-3} \tag{3-2}$$

式中，Q 为润滑脂充填量，cm^3；q_B 为轴承尺寸系数，内径 $d\leqslant130$mm 时，$q_B=1.5$，$d=130\sim160$mm 时，$q_B=2$；d_m 为轴承中径，mm；B 为轴承的宽度，mm。

② 润滑油。润滑油的种类很多，其黏度随温度的升高而减小。润滑油的黏度应使其在轴承工作温度下（40℃时）保持在 10～23mm^2/s。转速越高，黏度越低；负荷越大，黏度应越高。主轴轴承的油润滑方式主要有油浴、滴油、循环润滑、油雾润滑、油气润滑和喷射润滑等。

一般根据轴承的内径和轴的转速乘积 dn 值，查轴承厂提供的经验图表，来选择具体的润滑油名称牌号和润滑方式。当 dn 值较低时，可用油浴润滑，油平面不应超过最低一个滚动体的中心，以免过多的油搅入轴承引起发热；当 dn 值略高一些时，可用滴油润滑，滴的油太少则润滑不足，太多将引起轴承的发热，一般 1～5 滴/min 为宜；当 dn 值较高时，可采用循环润滑，由油泵将经过过滤的润滑油（压力为 0.15MPa 左右）输送到轴承部位，润滑后返回油箱，经过滤、冷却后循环使用。循环润滑油因循环能带走一部分热量，可使轴承的温度降低。

高速轴承发热大，为控制其温升，希望润滑油同时兼起冷却作用，可采用油雾或油气润滑。油雾润滑是将油雾化后喷向轴承的方式，既起润滑作用又起冷却作用，效果较好。但是用过的油雾散入大气会污染环境，目前已较少采用。油气润滑是间隔一定时间由定量柱塞分配器定量输出微量润滑油 0.01～0.06mL，与压缩空气管道中的压力为 0.3～0.5MPa、流量为 20～50L/min 的压缩空气混合后，经细长管道和喷嘴连续喷向轴承的润滑方式。

油气润滑与油雾润滑主要区别在于供给轴承的油未被雾化，而且成滴状进入轴承。因此，采用油气润滑不污染环境，用过可回收，轴承温升可比采用油雾润滑低。油气润滑用于 $dn>10^6$mm·r/min 的高速轴承。

当轴承高速旋转时，滚动体与保持架也以相当高的速度旋转，使其周围空气形成气场，用一般润滑方法很难将润滑油输送到轴承中，这时必须采用高压喷射润滑方式，即使用油泵，通过位于轴承内圈保持架中心的一个或几个口径为 0.5～1mm 的喷嘴，以 0.1～0.5MPa 的压力，将流量大于 500mL/min 的润滑油喷射到轴承上，使之穿过轴承内部，经轴承的另一端流入油箱，同时对轴承进行润滑和冷却。高压喷射润滑方式通常用于 $dn \geqslant 1.6\times10^6$ mm·r/min 并承受重负荷的轴承。

角接触球轴承及圆锥滚子轴承有泵油效应，润滑油必须由小口进入，如图 3-10 所示。

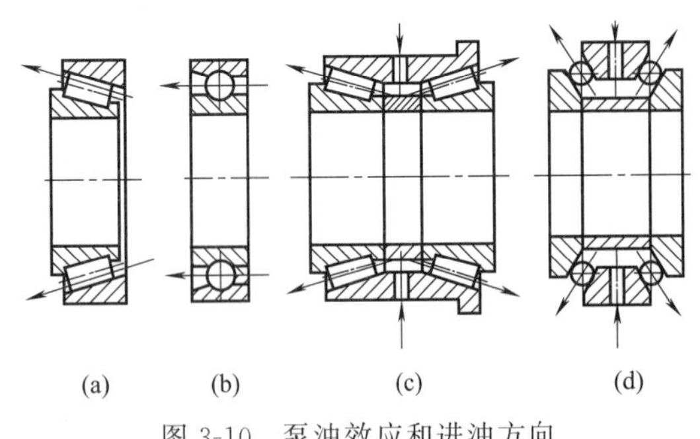

图 3-10 泵油效应和进油方向

2）密封

滚动轴承密封的作用是防止切削液、切屑、杂质等进入轴承，并使润滑剂无泄漏地保持在轴承内，保证轴承的使用性能和寿命。

密封的类型主要有非接触式和接触式两大类。非接触式又分为间隙式、曲路式和垫圈式。接触式密封可使用径向密封圈和毛毡密封圈。

选择密封形式时，应综合考虑如下因素：轴的转速、轴承润滑方式、轴端结构、轴承工作温度、轴承工作时的外界环境等。

脂润滑的主轴部件多使用非接触的曲路（迷宫）式密封，宽度不超过 0.2～0.3mm，防止外物进入，如图 3-11 所示。

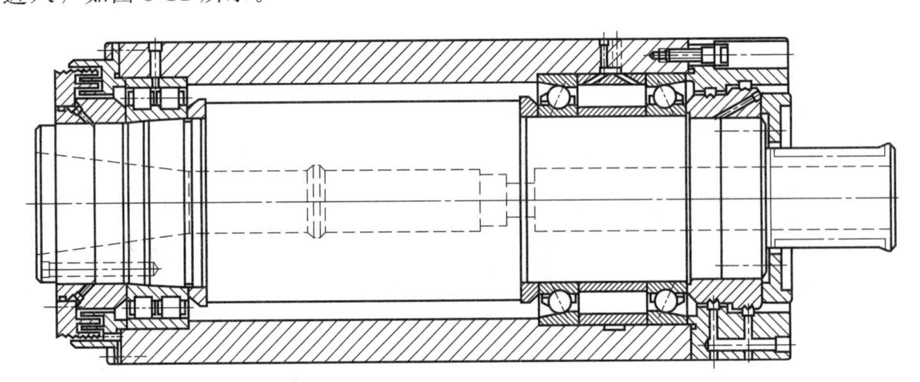
图 3-11 卧式铣床主轴

油润滑的主轴部件的密封如图 3-12 所示，在前螺母的外圈上有锯齿环形槽，锯齿方向应沿着油流的方向，主轴旋转时将油甩向压盖的空气腔，经回油孔流回油箱。

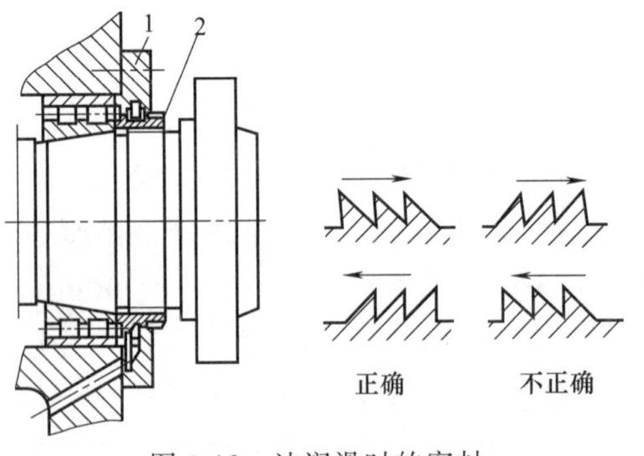

图 3-12 油润滑时的密封

1—压盖；2—螺母

3.1.4 主轴滑动轴承

滑动轴承因具有抗振性良好、旋转精度高、运动平稳等特点，故可应用于高速或低速的精密、高精密机床和数控机床中。

主轴滑动轴承按产生油膜的方式，可以分

为动压轴承和静压轴承两类。按照流体介质不同可分为液体滑动轴承和气体滑动轴承。液体静压轴承系统由一套专用供油系统、节流阀和轴承三部分组成。静压轴承由供油系统供给一定压力油，输进轴和轴承间隙中，利用油的静压力支承载荷，轴颈始终浮在压力油中。所以，轴承油膜压强与主轴转速无关，承载能力不随转速而变化。静压轴承与动压轴承相比有如下优点：承载能力高，旋转精度高，油膜有均化误差的作用，可提高加工精度，抗振性好，运转平稳，既能在极低转速下工作又能在极高转速下工作，摩擦小，轴承寿命长。

静压轴承主要的缺点是：需要一套专用供油设备，轴承制造工艺复杂，成本较高。

(1) 动压轴承

动压轴承的工作原理是：当主轴旋转时，带动润滑油从间隙大处向间隙小处流动，形成压力油楔而产生油膜压力 p 将主轴浮起。

油膜的承载能力与工作状况有关，如速度、润滑油的黏度、油楔结构等。转速越高，间隙越小，油膜的承载能力越大，因此，动压轴承用于高速和转速变化不大的机床。油楔结构参数包括油楔的形状、长度、宽度、间隙以及油楔入口与出口的间隙比等。

动压轴承按油楔数分为单油楔轴承和多油楔轴承。多油楔轴承因有几个独立油楔，形成的油膜压力在几个方向上支承轴颈，轴心位置稳定性好，抗振动和冲击性能好，因此在机床主轴上采用较多。

多油楔轴承有固定多油楔滑动轴承和活动多油楔滑动轴承两类。

① 固定多油楔滑动轴承。图 3-13 所示是固定多油楔滑动轴承，用于外圆磨床。其中，轴瓦 1 为外柱（与箱体孔配合）内锥（与主轴颈配合）式；前、后两个止推环 2 和 5 是滑动推力轴承；转动螺母 3 可使主轴相对轴瓦做轴向移动，通过锥面调整轴承间隙；螺母 4 可调整滑动轴承的轴向间隙；主轴的后支承是滚动轴承 6。

固定多油楔轴承的形状如图 3-13（b）所示，在轴瓦内壁上开有 5 个等分的油腔，形成 5 个油楔。油压分布如图 3-13（c）所示，由液压泵供应的低压油经 5 个进油孔 a 进入油腔，从回油槽 b 流出，形成循环润滑，并避免在启动或停止时出现干摩擦现象。油楔的入口处到出口处的距离称为油楔宽度 B，入口间隙 h_1 与出口间隙 h_2 之比称为间隙比。理论证明，最佳间隙比为 $h_1/h_2=2.2$。

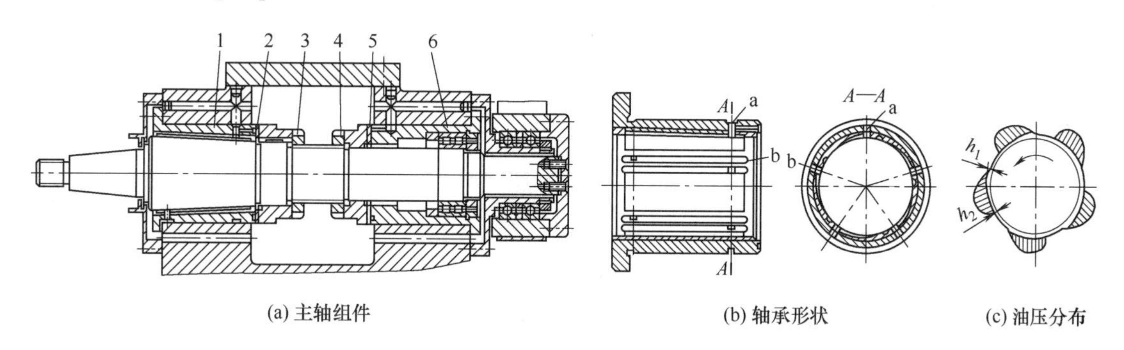

(a) 主轴组件　　(b) 轴承形状　　(c) 油压分布

图 3-13　固定多油楔滑动轴承

1—轴瓦；2,5—止推环；3—转动螺母；4—螺母；6—轴承

② 活动多油楔滑动轴承。活动多油楔滑动轴承由 3 块或 5 块轴瓦组成，各有一球头螺钉支承，可以稍做摆动以适应转速或载荷的变化，如图 3-14 所示。瓦块的压力中心 O 与油楔出口处距离 b_0 约等于瓦块宽度 B 的 0.4 倍，即 $b_0\approx0.4B$，O 点也就是瓦块的支承点。主

轴旋转时，由于瓦块上油楔压强的分布，瓦块可自动摆动至最佳间隙比 $h_1/h_2=2.2$ 后处于平衡状态。当主轴负荷变化时，主轴将产生位移，h_2 将发生变化，如果 h_2 变小，则出口处的油压升高，使轴瓦做逆时针方向摆动，h_1 也变小，当 $h_1/h_2=2.2$ 时，又处于新的平衡。因此这种轴承能自动地保持最佳间隙比，使瓦块宽 B 等于油楔宽。这时，轴瓦的承载能力最大。这种轴承只能朝一个方向旋转，不允许反转，否则不能形成压力油楔。轴承径向间隙靠螺钉调节。这种轴承的刚度比固定多油楔低，多用于各种外圆磨床、无心磨床和平面磨床中。

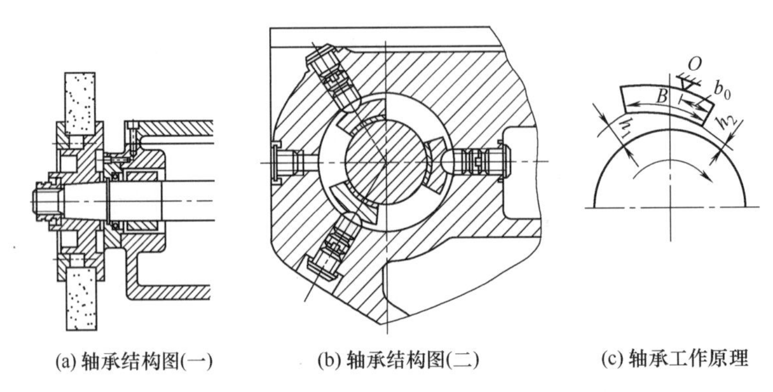

图 3-14　活动多油楔滑动轴承

(2) 液体静压轴承

液体静压轴承的工作原理如图 3-15 所示，在轴承的内圆柱孔上，开有四个对称的油腔 1～4，油腔之间由轴向回油槽隔开，油腔四周有封油面，封油面的周向宽度为 a，轴向宽度为 b。油泵输出油压为定值 p_s 的油液，分别流经节流阀 T_1、T_2、T_3 和 T_4 进入各个油腔，当无外载荷作用（不考虑自重）时，各油腔的油压相等，即 $p_1=p_2=p_3=p_4$，保持平衡，轴在正中央，各油腔封油面与轴颈的间隙相等，即 $h=h_1=h_2=h_3=h_4$，间隙液阻也相等。

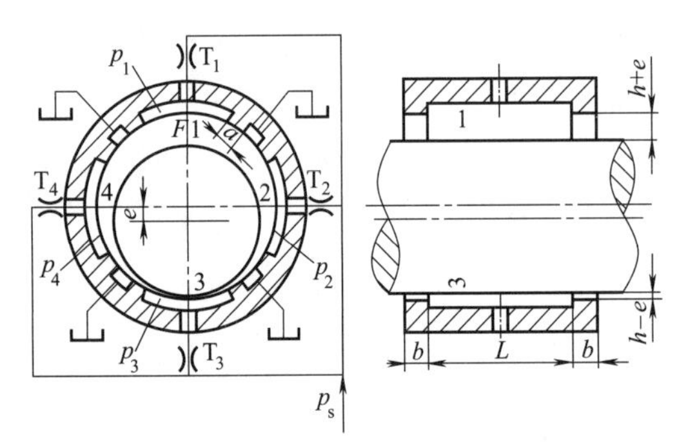

图 3-15　液体静压轴承

当有外载荷 F 向下作用时，轴颈失去平衡，沿载荷方向偏移一个微小位移 e。油腔 3 间隙减小，即 $h_3=h-e$，间隙液阻增大，流量减小，节流阀 T_3 的压力降减小，因供油压力 p_s 是定值，故油腔压力 p_3 随着增大。同理，上油腔 1 间隙增大，即 $h_1=h+e$，间隙液阻减小，流量增大，节流阀 T_1 的压力降增大，油腔压力 p_1 随着减小。两者的压力差 $\Delta p=p_3-p_1$，将主轴推回中心以平衡外载荷 F。

节流阀的作用是使各个油腔的压力随外载荷的变化自动调节，从而平衡外载荷。节流阀主要有如下两类：

① 不可调节流阀。特点是节流阀的液阻不随外载荷的变化而变化，常用的有小孔节流阀和毛细管节流阀。

② 可调节流阀。特点是节流阀的液阻能随着外载荷的变化而变化，采用这种节流阀的静压轴承具有较高油膜刚度，常用的有薄膜式和滑阀式两种。

（3）气体静压轴承

用空气作为介质的静压轴承称为气体静压轴承，也称为气浮轴承或空气轴承，其工作原理与液体静压轴承相同。由于空气的黏度比液体小得多，摩擦小，功率损耗小，故气体静压轴承能在极高转速或极低温度下工作，且振动、噪声也特别小，旋转精度高（一般在 0.1μm 以下），寿命长，基本上不需要维护，用于高速、超高速、高精度机床主轴部件中。

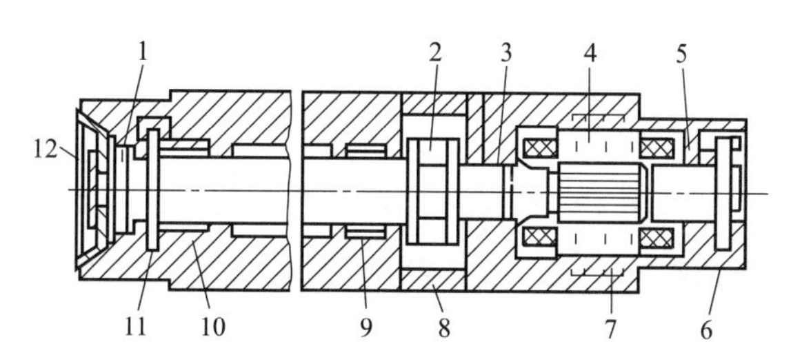

图 3-16　CUPE 高精度数控金刚石车床主轴

1—低膨胀材料；2—联轴器；3,5,9,10—颈向轴承；4—驱动电动机；6,11—推力轴承；7—冷却装置；8—热屏蔽装置；12—金刚石砂轮

目前，具有气体静压轴承的主轴结构形式主要有三种：

① 具有径向圆柱与平面止推型轴承的主轴，如图 3-16 所示的 CUPE 高精度数控金刚石车床主轴，采用内装式电子主轴，电动机转子就是车床主轴。

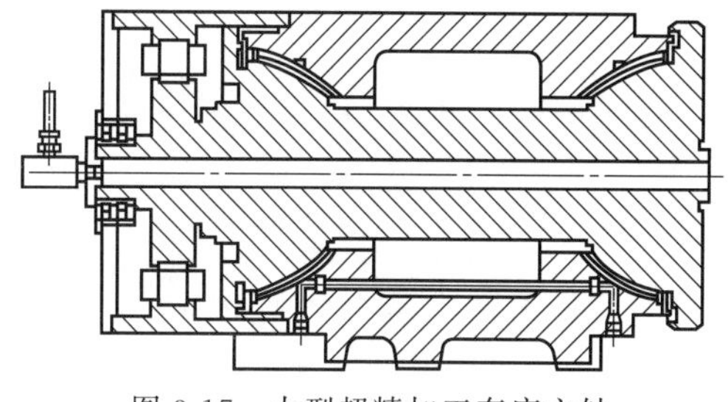

图 3-17　大型超精加工车床主轴

② 采用双半球形气体静压轴承的主轴，如图 3-17 所示的大型超精加工车床的主轴部件。此种轴承的特点是气体轴承的两球心连线就是机床主轴的旋转中心线，它可以自动调心，前、后轴承的同轴性好，采用多孔石墨，可以保证刚度达 300N/μm 以上，回转误差在 0.1μm 以下。

③ 采用前端为球形、后端为圆柱形或半球形空气静压球轴承的主轴，如图 3-18 所示。

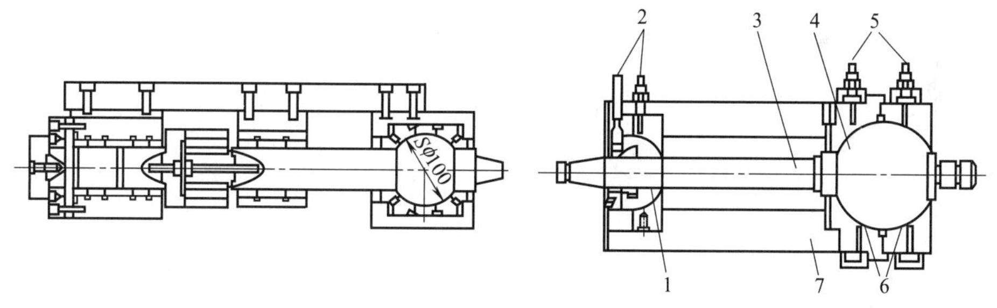

图 3-18　两种空气静压球轴承

1—径向轴承；2,5—压缩空气；3—轴；4—球体；6—球面轴承；7—球面座

3.1.5　主轴

（1）主轴结构及主要参数的确定

主轴的结构设计与其工作环境有关，所以没有统一的设计标准，在设计时一般需要考虑主轴上所安装的刀具、夹具、传动件、轴承等零件的类型、数量、位置和安装定位方法等。同时还应考虑主轴在后期制造使用过程中的加工工艺性和装配工艺性。

主轴的主要结构参数包括主轴的平均直径 D（或前轴颈直径 D_1）、内孔直径 d（对空心主轴而言）、主轴前端悬伸量 a 及主轴支承间的跨距 L，如图 3-19 所示。

1）主轴直径的确定

增大主轴平均直径 D 能大大提高主轴的刚度，而且还能增大孔径，但也会使主轴上的传动件（特别是起升速作用的小齿轮）和轴承的径向尺寸加大。主轴直径 D 应在合理的范围内尽量选大些，达到既满足刚度要求，又使结构紧凑的目的。

前轴颈直径 D_1 一般根据机床类型、主轴传递的功率或最大加工直径等参数直接选取，后轴颈直径可参考前轴颈直径确定，车床和铣床后轴颈的直径 $D_2 \approx (0.7 \sim 0.85) D_1$。

2）主轴内孔直径 d 的确定

为了保证足够的刚度和装配时所需的止推面，主轴常设计成空心阶梯轴，即轴径尺寸从前端到尾部逐级递减，前端径向尺寸大，尾部径向尺寸最小。

由于主轴的前端形状与机床类型和所安装夹具或刀具的结构相匹配，所以主轴端部的形状和尺寸已经标准化，应参照标准设计具体尺寸。多数机床主轴是空心的，中间孔用以通过棒料、拉杆（包括刀具拉杆和自动卡盘拉杆）和取出顶尖等。为了能通过较粗的棒料和减轻主轴的重量，中间孔常希望做得大些。但中间孔过大将影响主轴的刚度。如图 3-20 所示，当$\frac{d}{D} \leqslant 0.5$时，对刚度的影响不大；当$\frac{d}{D}$接近 0.7 时，主轴刚度将降低约 25%。因此为了不使主轴的刚度受过大的影响，$\frac{d}{D}$的数值一般不宜大于 0.7。内孔直径大小与其用途有关，如车床主轴内孔用来通过棒料或安装夹紧机构，卧式车床的主轴孔径 d 通常不小于主轴平均直径的 55%～60%；铣床主轴内孔可通过拉杆来拉紧刀杆，其孔径 d 可比刀具拉杆直径大 5～10mm。

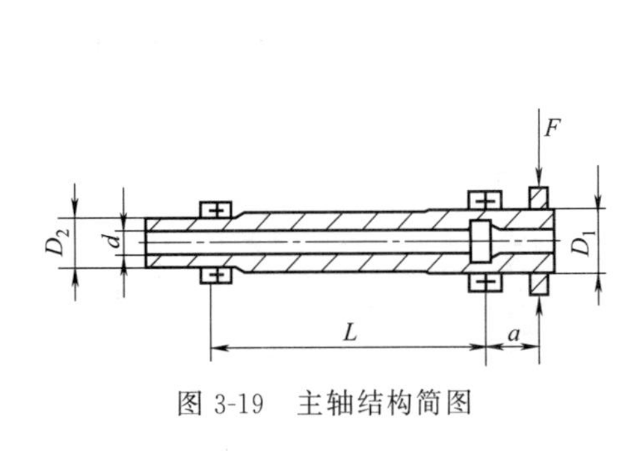

图 3-19 主轴结构简图

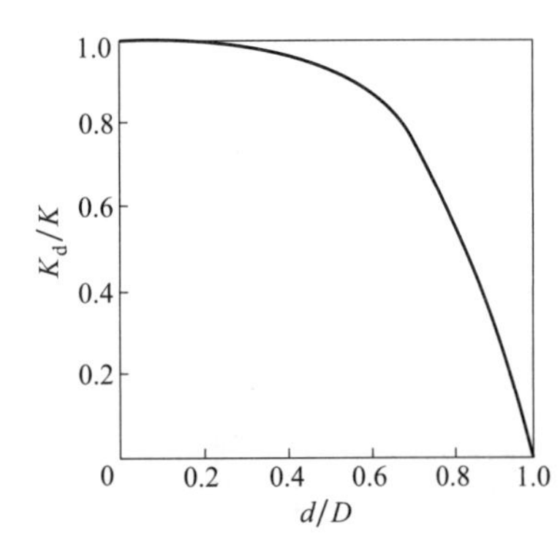

图 3-20 主轴孔径对刚度的影响

3）主轴前端悬伸量 a 的确定

主轴前端悬伸量 a 是指主轴前端面到前轴承径向反力作用中点或前径向支承中点的距离。由于减小前端悬伸量可以有效改善主轴部件的刚度和抗振性，因此在满足结构要求的前提下，设计时应尽量选取较小的 a 值。

主轴前端悬伸量 a 取决于主轴端部的结构形状和尺寸、工件或刀具的安装方式、前轴承的类型及组合方式、润滑与密封装置的结构等。为了减小 a 值，可以采取以下措施：

① 尽量采用短锥法兰式的主轴端部结构。

② 推力轴承布置在前支承时应安装在径向轴承的内侧。

③ 尽量利用主轴端部的法兰盘和轴肩等构成密封装置。

④ 成对安装圆锥滚子轴承，应采取滚锥小端相对形式；成对安装角接触球轴承，采取类似的背对背的安装形式。

4）主轴主要支承间跨距 L 的确定

支承间跨距 L 对主轴部件的刚度有重要影响，在主轴的轴颈、内孔、前端悬伸量及轴承配置形式（即前、后支承的支承刚度）确定后，合理选择支承跨距，可使主轴部件获得最大的综合刚度。

支承跨距过小，会产生较小的主轴弯曲变形，但因支承变形引起主轴前轴端的位移量将增大；反之，支承跨距过大，支承变形会引起主轴前轴端的位移量减小，但主轴的弯曲变形将增大，也会引起主轴前轴端较大的位移。因此，存在一个最佳跨距 L_0，在该跨距时，因主轴弯曲变形和支承变形引起的主轴前轴端总位移量为最小，一般取 $L_0=(2\sim3.5)a$。但是在实际设计过程中，考虑到结构上的差异性，以及支承刚度因磨损会不断降低，主轴主要支承间的实际跨距 L 往往大于上述最佳跨距 L_0。

(2) 主轴的材料和热处理

主轴的载荷相对来说不大，引起的应力通常远小于钢的强度极限。因此，强度一般不是选材的依据。

当几何形状和尺寸已定时，主轴的刚度主要取决于材料的弹性模量。各种钢材的弹性模量几乎没什么差别，因此钢材也不是选材的依据。

主轴的材料主要根据耐磨性、热处理工艺及热处理后变形大小选取。根据经验，普通机床的主轴可用 45 或 60 优质中碳钢，调质到 220～250HBS 左右。在主轴头部的锥孔、定心轴颈或定心锥面等部位，高频淬硬至 50～55HRC。如支承为滑动轴承，则轴颈也需淬硬。精密机床的主轴，希望淬火变形和淬火应力要小，可采用 40Cr 或低碳合金钢 20Cr、16MnCr5、12CrNi2A 等渗碳淬硬至≥60HRC。支承为滑动轴承的高精度磨床砂轮主轴，镗床、坐标镗床、加工中心的主轴，要求很高的耐磨性，可选用渗氮钢如 38CrMoAlA 进行渗氮处理，表面硬度可达 1100～1200HV（相当于 69～72HRC）。

机床主轴常用材料及热处理要求见表 3-4。

表 3-4　机床主轴常用材料及热处理要求

钢　　材	热　处　理	用　　途
45 钢	调质 22～28HRC，局部高频淬硬 50～55HRC	一般机床主轴、传动轴
40Cr	淬火 40～50HRC	载荷较大或表面要求较硬的主轴
20Cr	渗碳、淬火 56～62HRC	中等载荷、转速很高、冲击较大的主轴
30CrMoAlA	氮化处理 850～1000HV	精密和高精密机床主轴
65Mn	淬火 52～58HRC	高精度机床主轴

(3) 主轴的技术要求

主轴轴颈和主轴箱壳体孔的尺寸精度与几何精度，对主轴组件的旋转精度有很大的影响，设计时，相关尺寸与几何公差可参考表 3-5 选定。

表 3-5　主轴轴颈与主轴箱壳体孔的技术要求

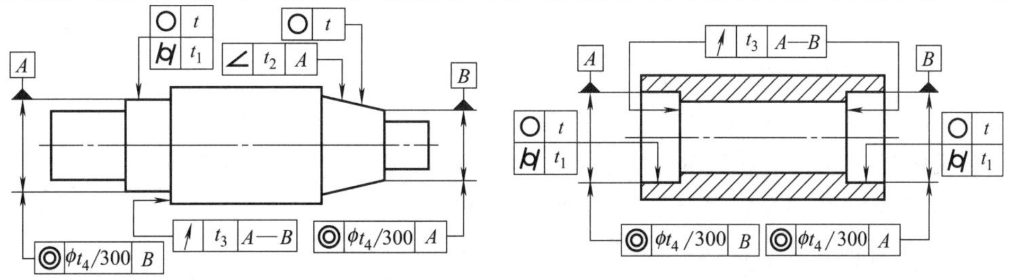

续表

项目		轴颈			壳体孔			
		P5	P4(SP)	P2(UP)	P5	P4(SP)	P2(UP)	
直径公差		js5 或 K5	js4	js3	Js5	Js5	Js4	轴向固定端
					H5	H5	H4	轴向自由端
圆度 t 和圆柱度 t_1		IT3/2	IT2/2	IT1/2	IT3/2	IT2/2	IT1/2	
倾斜度 t_2			IT3/2	IT2/2				
跳动 t_3		IT1	IT1	IT0	IT1	IT1	IT0	
同轴度 t_4		IT5	IT4	IT3	IT5	IT4	IT3	
表面粗糙度	$d,D\leqslant80$mm	0.2	0.2	0.1	0.4	0.4	0.2	
Ra/μm	$d,D\leqslant250$mm	0.4	0.4	0.2	0.8	0.8	0.4	

首先制订出满足主轴旋转精度所必需的技术要求，如主轴前、后轴承轴颈的同轴度，锥孔相对于前、后轴颈中心连线的径向圆跳动，定心轴颈及其定位轴肩相对于前后轴颈中心连线的径向圆跳动和端面圆跳动等；再考虑其他性能所需的要求，如表面粗糙度、表面硬度等。主轴的技术要求要满足设计要求、工艺要求、检测方法的要求，应尽量做到设计、工艺、检测的基准相统一。

图 3-21（a）为简化后的主轴图，图 3-21（b）为计算简图。图中 A、B 处是装轴承的轴颈，直径分别为 105mm 和 75mm，1∶12 锥面，轴承精度均为 P5 级。C 面和 D 面是装卡盘的定心短锥面和端面。主要技术要求如下（单位为 mm）：

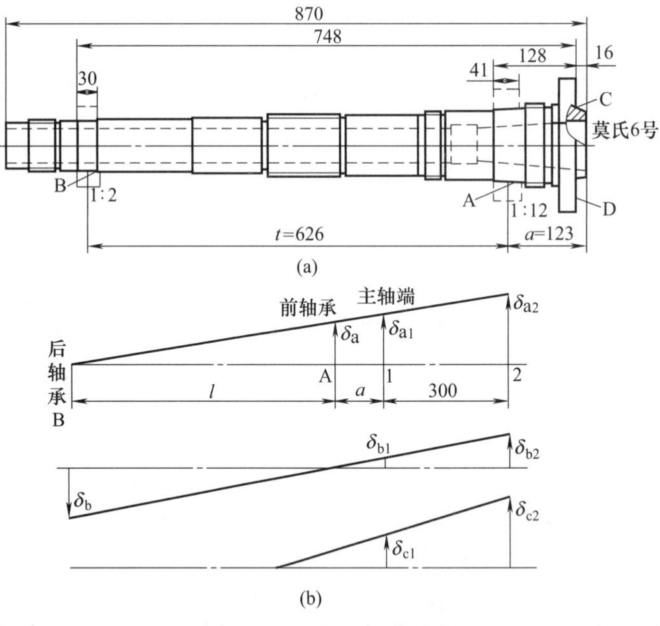

图 3-21　主轴技术要求计算图

① 轴颈 A 和 B 的圆度：A 为 0.003，B 为 0.0025；

② 莫氏锥孔和 A、B 面用涂色法检查接触率：应≥70%；

③ 莫氏锥孔对轴颈 A、B 的径向圆跳动：近轴端 0.005，300mm 处 0.010；

④ 短锥 C 对轴颈 A、B 的径向圆跳动：0.005；

⑤ 端面 D 对轴颈 A、B 的端面圆跳动：0.010。

(4) 制订方法

① 轴颈 A 和 B 的圆度。主轴中心线指的是轴颈 A 和 B 的圆心连线，是测量基准。因此，首先必须保证轴颈 A 和 B 的圆度，因为如果轴颈截面不圆，就不会有稳定的圆心，也就不会有固定的中心线。查公差表，公差为 IT3/2，A 面为 3μm（0.003mm），B 面为 2.5μm（0.0025mm）。

② 莫氏锥孔和 A、B 面的锥度。用标准锥度规靠涂色法检查接触率来保证锥角的准确性，接触率≥70%。

③ 莫氏锥孔对轴颈 A、B 的径向跳动。在机床上，是以锥孔的轴线来代表主轴中心线的。主轴组件装配后，在锥孔内插长度略大于 300mm 的检验棒。机床精度标准规定了检验棒的径向跳动。卧式车床为：在主轴端部，$\Delta_1=0.01\text{mm}$，故 $\delta_1=0.005\text{mm}$；在 300mm 处，$\Delta_2=0.02\text{mm}$，故 $\delta_2=0.010\text{mm}$。由于前轴承有误差 δ_a，在近轴端和 300mm 处将造成误差 δ_{a1} 和 δ_{a2}。由于后轴承有误差 δ_b，将造成误差 δ_{b1} 和 δ_{b2}。由于主轴的制造误差，锥孔中心线与主轴中心线不重合，将造成误差 δ_{c1} 和 δ_{c2}。

$$\delta_{a1}=\frac{L+a}{L}\delta_a \quad \delta_{a2}=\frac{L+a+300}{L}\delta_a$$

$$\delta_{b1}=\frac{a}{L}\delta_b \qquad \delta_{b2}=\frac{a+300}{L}\delta_b$$

一般情况下，$\delta_1=\sqrt{\delta_{a1}^2+\delta_{b1}^2+\delta_{c1}^2}$，$\delta_2=\sqrt{\delta_{a2}^2+\delta_{b2}^2+\delta_{c2}^2}$。$\delta_a$ 和 δ_b 可根据所选轴承精度查表得到。据此可算出 δ_{c1} 和 δ_{c2}，它们的 2 倍值就是决定莫氏锥孔对轴颈 A、B 的径向跳动公差的根据。

如前轴承选 NN3021K/P5（D3182121），孔径 105mm。查表，$k_{ia}=0.006\text{mm}$。$\delta_a=k_{ia}/2=0.003\text{mm}$。后轴承选为 NN3015K/P5（D3182115），孔径 75mm。$k_{ia}=0.005\text{mm}$。$\delta_b=k_{ia}/2=0.0025\text{mm}$。将 δ_a、δ_b、L、a 值代入，可算出 $\delta_{a1}=0.0036\text{mm}$，$\delta_{a2}=0.005\text{mm}$，$\delta_{b1}=0.0005\text{mm}$，$\delta_{b2}=0.002\text{mm}$。

所以

$$\delta_{c1}=\sqrt{\delta_1^2-\delta_{a1}^2-\delta_{b1}^2}=0.0034\ (\text{mm})$$

$$\delta_{c2}=\sqrt{\delta_2^2-\delta_{a2}^2-\delta_{b2}^2}=0.0084\ (\text{mm})$$

主轴锥孔的跳动可达 $\Delta_{c1}=2\delta_{c1}=0.0068\text{mm}$ 和 $\Delta_{c2}=2\delta_{c2}=0.0168\text{mm}$。莫氏锥孔对轴颈 A、B 的径向跳动规定为 0.005mm 和 0.010mm，比计算的结果更严一些，具有一定的精度储备。如果计算出来的 δ_{c1} 和 δ_{c2} 太小，则说明轴承的精度选得太低了，应改用高一级精度的轴承。

④ 短锥 C 对轴颈 A、B 的径向圆跳动。短锥 C 是卡盘的定心轴颈。精度检验标准规定公差也是 0.01mm。故这项精度公差也定为 0.005mm。

⑤ 端面 D 对轴颈 A、B 的端面圆跳动。精度检验标准规定了主轴轴肩支承面的跳动为 0.02mm，包括了主轴的轴向窜动和端面 D 对轴颈 A、B 的端面圆跳动 Δ_D。主轴的轴向窜动取决于推力轴承的 S_i 值。此处推力轴承选为 234421/P5（D2268121）型，孔径为 105mm。从相关表可查出，$S_i=0.004\text{mm}$。故端面 D 对 A、B 的轴向圆跳动应为

$$\Delta_D=\sqrt{0.020^2-0.004^2}\ \text{mm}=0.0196\text{mm}$$

考虑装配误差和精度储备，端面 D 对轴颈 A、B 的端面圆跳动定为 0.010mm。其余的技术要求，可根据表 3-5 制订。

安装齿轮等传动件的部位，与前、后端轴承颈的同轴度公差，可取为略小于直径公差的一半。超过 600r/min 的主轴，无配合的自由表面的粗糙度不超过 $Ra=1.6\mu m$。空心的高速主轴必须规定中孔对前、后轴承颈的同轴度。当线速度超过 3m/s 时，主轴组件应在装配完毕状态下进行动平衡，平衡等级通常为 G1 级。

(5) 几种典型的主轴轴承配置形式

主轴轴承的配置形式应根据刚度、转速、承载能力、抗振性和噪声等要求来选择。

① 中等转速、较高刚度的主轴组件。这类主轴的前、后径向支承多用双列圆柱滚子轴承，推力支承多用推力角接触球轴承。数控机床的坐标原点常定在主轴前端，因此，应把推力轴承安排在前支承，尽量靠近前端面，使主轴发热后向后膨胀。

图 3-22 是某数控车床的主轴组件。主轴转速为 14～3550r/min，计算转速为 180r/min，电动机功率为 28kW，机械效率以 0.8 计，最大输出转矩约为 1200N·m。

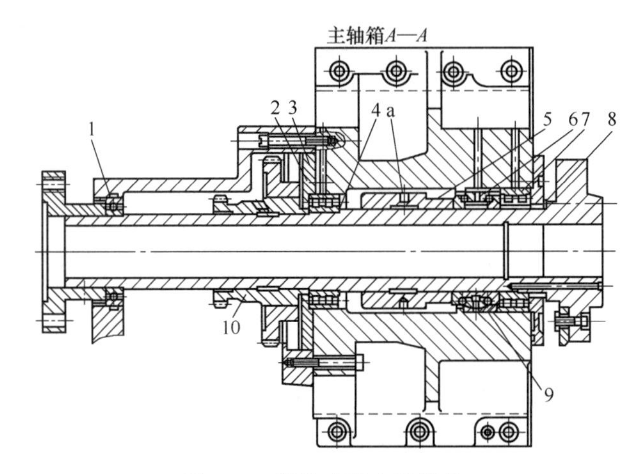

图 3-22 数控车床主轴组件

1,2,6,7—轴承；3—法兰；4,8,9—隔套；5—过盈套；10—齿轮

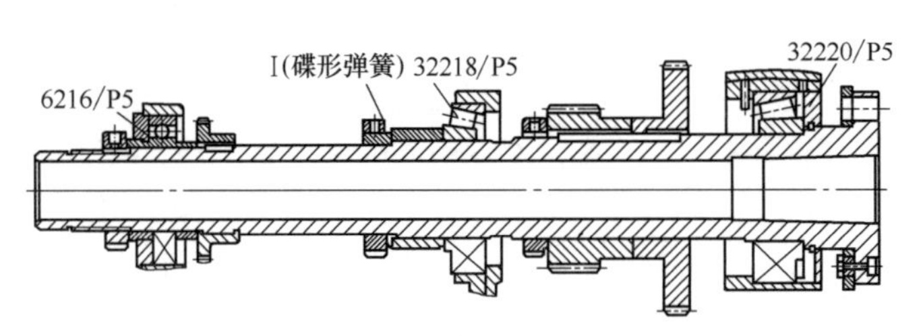

图 3-23 装圆锥滚子轴承的主轴组件

机床主轴箱和变速箱分开，主轴箱靠螺钉和定位销固定在倾斜的床身上，如图 3-22 所示。主轴前、中的径向支承 7 和 2 都是双列圆柱滚子轴承，内径分别为 100mm 和 90mm，前支承内的双向推力角接触球轴承 6 为推力支承，内径是 100mm（234420），3 个轴承的精度都是 SP 级。

前支承靠阶梯过盈套 5 压紧，套 5 与主轴过盈配合，无螺纹，拆卸时往孔 a 内压入高压油（可用手压泵），把套胀大，可避免因螺纹歪斜而产生压紧力不均。推力轴承 6 的预紧由轴承厂修磨隔套 9 实现，前、中支承中的双列圆柱滚子轴承，靠修磨隔套 8 和 4 的厚度来决定轴承内圈锥孔在主轴锥形轴颈上的位置。

变速箱固定在主轴箱上，靠法兰 3 定心。法兰 3 的内孔与轴承 2 的外圈相配，以保持主轴 3 个轴承孔同轴。主轴较长且传动齿轮装于中支承的后方，故后面再加辅助支承深沟球轴承 1，内径为 85mm（6217/P5）。主轴上的齿轮 10 靠过盈配合传递转矩，没有键。

图 3-23 是装圆锥滚子轴承的主轴组件，主轴转速较低，为 25～1600r/min，电动机功率为 5.5kW，故可用圆锥滚子轴承以简化支承部的结构，可归入推力支承在前支承内一类。碟形弹簧 I 控制预紧力，补偿因主轴热伸长使轴承预紧力发生的变化。后支承（6216/P5）是辅助支承。

图 3-22 和图 3-23 都是三支承主轴，前、中为主，后支承为辅。三支承中，“主”支承应预紧，使轴承的滚道与滚动体之间处于过盈状态；“辅”支承常用深沟球轴承，保留游隙以选用游隙较大的轴承。由于 3 个轴颈和壳体孔不可能完全同轴，因此绝不能 3 个轴承都预紧，都预紧会发生干涉，使轴承温升过高，空载功率大幅度上升。如果“辅”支承保持间隙，则当主轴不受载或载荷较小时，“辅”支承不起作用。当主轴载荷较大时，“辅”支承处挠度较大，超过了游隙，“辅”支承才会参与工作。

② 转速较高、刚度略低的主轴组件。图 3-24 所示为一种高速型车、镗、铣主轴单元。其中，前轴承内径 d 为 90mm，后轴承为 80mm，最高转速为 5300r/min。为了适应高转速，前轴承用角接触球轴承。车、镗、铣主轴轴向载荷较大，故采用接触角 $\alpha=25°$ 的轴承。轴向载荷 F 的方向是一定的，从轴头指向轴尾，采用三联组配。轴承 1 和 2 同向，面朝前，共同承担轴向载荷 F。轴承 3 与 1、2 背靠背，面朝后，以实现预紧。轴承 1、2、3 的型号均为 7018AC。

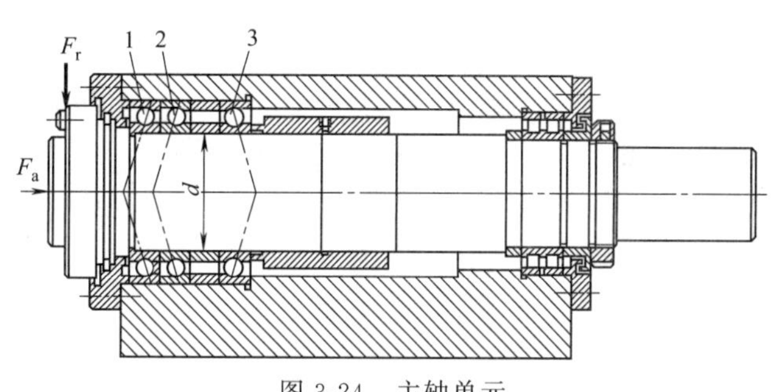

图 3-24　主轴单元

为了能使主轴单元成为一个独立的功能部件，主轴单元由专门工厂（国外为轴承厂）生产，前、后轴承之间无传动件。传动件装在主轴的尾部悬伸端（图 3-22 也属这类）。后支承的载荷较大，因此，后支承用双列圆柱滚子轴承。这种轴承的外圈是可以分离的，主轴热膨胀后，可连带轴承内圈和滚子在外圈滚道上轴向移动。后轴承直径比前轴承小，预紧量也小，因此温升不至于超过前轴承。前后轴承皆为特轻系列，精度一般取前轴承 P4 级，后轴承 SP 级。

③ 高转速、高刚度组件。图 3-25 所示为一种内圆磨床的砂轮主轴（内圆磨头），它是一个独立的单元，由专门的工厂制造，最高转速 16000r/min，电动机功率为 1.3kW。主轴右端为工作端，装砂轮杆；左端为驱动端，装平带轮。两端载荷都较大，故前后各装两个同向的轻系列角接触球轴承，背靠背安装，因主轴轴向载荷不大，选接触角 $\alpha=15°$。磨床的轴向载荷左右对称，所以轴承对称组配。因主轴组件属高精度，故用 P2 级精度轴承。高速主轴采用定压预紧，预紧力靠螺旋弹簧保证。如主轴因运转发热而伸长，由于伸长量远小于弹簧的预压量，预紧力不会有显著的变化。

(6) 主轴滚动轴承的预紧

使轴承滚道与滚动体之间有一定的过盈量，称为预紧。预紧使滚道与滚动体之间有一个预载荷，使受载的滚动体增多，滚动体和内外圈接触部分产生预变形，增加接触面积，滚动

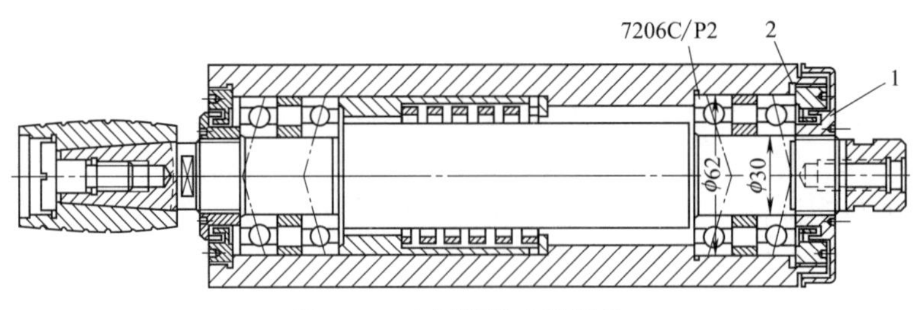

图 3-25 内圆磨床主轴组件

1，2—调整螺母

体受力均匀，提高支承刚度和抗振性。预紧量要根据载荷和转速来确定，不能过大，否则预紧后发热较多、温升高，会使轴承寿命降低。滚动轴承间隙的调整或预紧，通常是使轴承内、外圈相对轴向移动来实现的，可分为径向预紧和轴向预紧两种方式。

① 径向预紧方式。径向预紧是利用轴承内圈膨胀来消除径向间隙的方法。如图 3-26 所示，主轴常用的圆锥孔双列向心短圆柱滚子轴承的径向间隙调整，一半是用螺母经中间隔套，轴向移动内圈来实现的。图 3-26（a）所示为螺母从左向右挤压内圈的预紧方式，结构简单，但控制调整量困难，当预紧量过大时松卸轴承不方便；图 3-26（b）所示为用右侧的螺母来控制预紧量，调整方便，但主轴前端要有螺纹，工艺性差；图 3-26（c）所示为用螺钉代替控制螺母的预紧方式，由于主轴前端需有螺孔，工艺性虽比图 3-26（b）所示的好，但当几个螺钉受力不一致时，易将轴承内环压偏而影响旋转精度；图 3-26（d）所示的右侧隔套制成两半，可取下来修磨其宽度，以便控制预紧量。

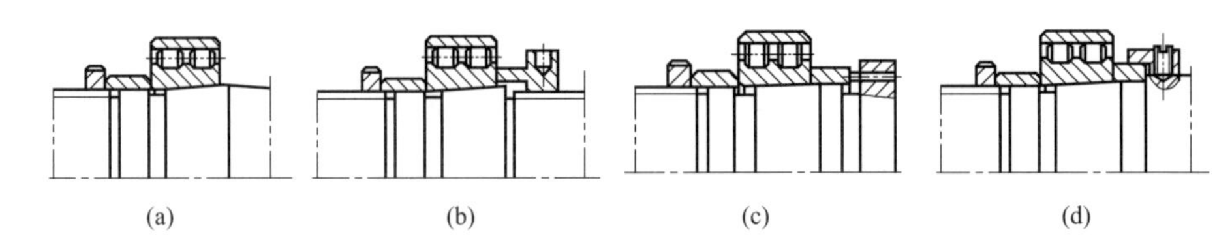

图 3-26 双列圆柱滚子轴承的预紧

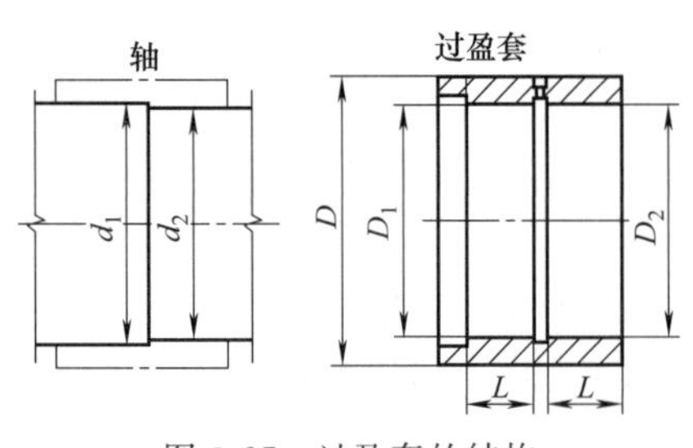

图 3-27 过盈套的结构

采用过盈套（图 3-27）替代螺母的优点是：保证套的定位端面与中心线垂直；主轴不必因加工螺纹而直径减小，增加了主轴刚度；最大限度地降低了主轴的不平衡量，提高了主轴部件的旋转精度。

② 轴向预紧方式。轴向预紧是通过轴承内、外圈之间的相对轴向位移进行预紧的。角接触球轴承用螺母使内、外圈产生轴向错位，同时实现径向和轴向预紧。为精确地保证预紧量，如一对轴承是背靠背安装的，如图 3-28（a）所示，则将一对轴承的内圈侧面各磨去按预紧量确定的厚度 δ，当压紧内圈时即可得到设定的预紧量。这种方式需要修磨轴承，工艺较复杂，使用中不能调整。图 3-28（b）是在两轴承内、外圈之间分别装入厚度差为 2δ 的两个短套来达到预紧目的的，隔套加工精度容易保证，但使用中不能调整。图 3-28（c）是用数个均布弹簧控制预加载荷基本不变的预紧方式，轴承磨损后能自动补偿间隙，效果较好。

衡量角接触球轴承预紧程度的指标，是轴向预紧力 F_{a0}，单位 N。多联角接触球轴承根

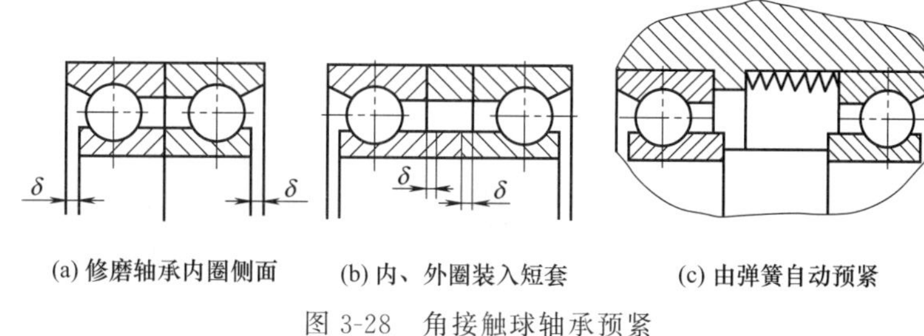

图 3-28　角接触球轴承预紧

据预紧力组配，通常分为三级：轻预紧、中预紧和重顶紧，代号为 A、B、C。轻预紧适用于高速主轴，中预紧适用于中、低速主轴，重预紧用于分度主轴。

3.2　支承件设计

3.2.1　支承件的功能和应满足的基本要求

(1) 支承件的功能

① 支承、基准功能。支承件是机床的基本构件，主要是指床身底座、立柱、横梁、工作台、箱体和升降台等大件，它们能在静止或运动中保持相对正确的位置。机床上其他零部件可以固定在支承件上，或者工作时在支承件的导轨上运动。支承件的主要功能首先是支承、承载作用，在机床切削时，承受一定的重力、切削力、摩擦力、夹紧力。其次是支承件的基准作用，保证机床各零部件之间的相互位置和相对运动精度，并保证机床有足够的静刚度、抗振性、热稳定性和耐用度。

② 物流功能。切屑、冷却液是物流的一部分，特别是高速切削加工机床和自动化制造系统，排屑和切屑的传送非常重要，这两个过程如果不流畅，切屑堆积或堵塞将使机床及系统无法正常工作，甚至造成重大事故。机床大件承担着切屑的承接与排除任务。此外还要考虑装配搬运的吊装需要。

(2) 支承件应满足的基本要求

支承件应满足下列要求：

① 应具有足够的刚度和较高的刚度与质量之比，后者在很大程度上反映了设计的合理性。

② 应具有较好的动态特性，即拥有较大的动刚度和阻尼；与其他部件相配合，使整机的各阶固有频率不致与激振频率相重合而产生共振；不会因薄壁振动而产生噪声。

③ 热稳定性好，热变形量不应过大，应使整个设备的热变形较小，对机床加工精度影响较小。

④ 结构性好，排屑畅通，吊运安全，具有良好的结构工艺性，便于制造和装配。

3.2.2　支承件的材料

支承件常常以铸铁、钢板和型钢、铝合金、预应力钢筋混凝土、非金属等作为材料。

(1) 铸铁

一般支承件用灰铸铁制成，为了提高铸铁的耐磨性，在铸造时往往需要加入少量的合金元素。如果支承件与导轨铸为一体，则铸铁的牌号根据导轨的要求选择。如果导轨是镶上去的，或者支承件上没有导轨，则支承件的材料一般可用 HT100、HT150、HT200、HT250、HT300 等，还可以用球墨铸铁 QT450-10、QT800-02 等。

铸铁具有很好的铸造性能，容易制造出形状复杂的支承件，同时铸铁的内摩擦力大，阻尼系数大，在振动衰减性能上表现优异。但是铸件需要做型模，制造周期长，适用于成批生产。在制造或焊接中的残余应力，将使支承件产生蠕变。因此必须进行时效处理。时效最好在粗加工后进行，铸铁在 450℃以上在内应力的作用下开始变形，超过 550℃则硬度将降低，因此热时效处理应在 530～550℃的范围内进行，这样既能消除内应力，又不降低硬度。

(2) 钢板和型钢

用钢板和型钢等焊接的支承件，制造周期短，可做成封闭件，而且可根据受力情况布置肋板和肋条来提高抗扭和抗弯刚度。由于钢的弹性模量约为铸铁的两倍，当刚度要求相同时，钢焊接件的壁厚仅为铸件的一半，使质量减小，固有频率提高。但焊接结构在成批生产时，成本比铸件高。因此，多用在大型、重型机床及自制设备等小批生产中。

钢板焊接结构的缺点是钢板材料内摩擦阻尼约为铸铁的 1/3，抗振性较铸铁差，为提高机床抗振性能，可采用提高阻尼的方法来改善动态性能。

钢制焊接件的时效处理温度较高，为 600～650℃。普通精度机床的支承件进行一次时效处理就可以了，精密机床最好进行两次，即粗加工前、后各一次。

(3) 铝合金

铝合金的密度只有铁的 1/3，有些铝合金还可以通过热处理进行强化，提高铝合金的力学性能。有些对总体质量要求较小的设备，为了减小质量，支承件可以考虑使用铝合金。常用的牌号有 ZAlSi7Mg，ZAlSi2Cu2Mg1。

(4) 预应力钢筋混凝土

预应力钢筋混凝土支承件的刚度和阻尼是铸铁的数倍，抗振性好，而且成本较低，多用于制作不常移动的大型机械的机身、底座、立柱等支承件。用钢筋混凝土材料制作支承件时，钢筋的布置方式对支承件有较大的影响。一般三个方向都要配置钢筋，总预拉力为 120～150kN。但是存在脆性大、耐腐蚀性差的缺点，油渗入到混凝土容易导致材质疏松，所以表面需进行喷漆或喷涂塑料处理。

(5) 非金属

① 天然花岗岩。天然花岗岩性能稳定，有较好的精度保持性和抗振性，阻尼系数是钢的 15 倍，耐磨性比铸铁高 5～6 倍，热导率和线胀系数小，热稳定性好，抗氧化性强，不导电，抗磁，不与金属黏合，方便加工，通过研磨和抛光容易得到很高的型面精度和表面质量，目前主要用于三坐标测量机、印制电路板数控钻床、气浮导轨基座等。缺点是结晶颗粒相对粗大，抗冲击性能差，脆性大，油和水等液体易渗入晶界中，使表面局部变形胀大，难以用于制作结构复杂的零件。

② 树脂混凝土。树脂混凝土是通过原料间聚合反应，固化、振动搅拌浇注而生成的一种复合材料，也称人造花岗岩。树脂混凝土刚度高；阻尼性能良好，阻尼比为灰铸铁的 8～10 倍，有较好的抗振性；热容量大，热导率低，热导率是铸铁的 1/25～1/40，热稳定性高，构件热变形小；密度为铸铁的 1/3；可获得良好的几何形状精度，表面粗糙度值也较低；对

润滑剂、切削液有极好的耐腐蚀性；与金属粘接力强，可根据不同的结构要求，预埋金属件，使机械加工量减少，降低成本；浇注时无大气污染；生产周期短，工艺流程短；浇注出的床身静刚度比铸铁床身提高16%～40%。其缺点是某些力学性能差，需要预埋金属或添加加强纤维来改善。树脂混凝土制成的支承件在高速、高效、高精度加工机床中具有广泛的应用前景。

树脂混凝土与铸铁的物理力学性能比较见表3-6。

表3-6　树脂混凝土与铸铁的物理力学性能比较

性　　能	单　　位	树脂混凝土	铸　　铁
密度	kg/m^3	2.4×10^3	7.8×10^3
弹性模量	MPa	3.8×10^4	21.2×10^4
抗压强度	MPa	145	—
抗拉强度	MPa	14	250
对数衰减率	—	0.04	—
线胀系数	$℃^{-1}$	16×10^{-6}	11×10^{-6}
热导率	W/(m·K)	1.5	54
比热容	J/(kg·K)	1250	437

3.2.3　支承件的结构设计

一台机床支承件的质量超过其总质量的80%，是机床的重要组成部分，同时整个机床的性能受支承件的影响很大，因此，需要正确地进行支承件的结构设计。首先根据使用要求进行受力分析，再根据所受的力和其他要求（如排屑、吊运、安装其他零件等），并参考现有机床的同类型件，初步确定其形状和尺寸。然后可以利用计算机进行有限元计算，求得其静态刚度和动态特性，并据此对设计进行修改和完善，选出最佳结构形式。按此步骤既可保证支承件的性能，满足工作要求，又可尽量减少质量，节约成本。

3.2.3.1　机床的类型、布局和支承件的形状

(1) 机床的类型

根据承受外载荷的特点，可以将机床分为以下三类：

① 中、小型机床。中、小型机床的外载荷主要是切削力，工件和移动部件的质量等相对较小的载荷可以在受力分析时忽略不计。如刀架在机床床身上移动时造成的床身弯曲变形量可不予考虑。

② 精密和高精密机床。精密和高精密机床以精加工为主，切削力很小。载荷以移动部件的重力和热应力为主，但双柱立式坐标镗床的主轴箱移动时引起的横梁弯曲和扭转变形则需要考虑。

③ 大型和重型机床。大型机床工件较重，切削力较大，移动件重量也大，因此载荷必须考虑工件重力、移动件重力和切削力等，如重型车床、落地镗铣床及龙门式机床等。

(2) 支承件的形状

可以将支承件的形状分为以下三类：

① 箱形类支承件。在三个方向上的尺寸都相差不多，如各类箱体、升降台等。

② 板块类支承件。在两个方向上的尺寸比第三个方向大得多，如工作台、刀架、底座等。

③ 梁类支承件。在一个方向上的尺寸比另两个方向大得多，如立柱、横梁、摇臂、滑

枕、床身等。

(3) 机床的布局形式对支承件形状的影响

机床的布局形式对支承件的结构设计产生直接影响。如图 3-29（a）是平床身、平滑板；图 3-29（b）是后倾床身、平滑板；图 3-29（c）是平床身、前倾滑板；图 3-29（d）是前倾床身、前倾滑板。床身导轨的倾斜角度有 30°、45°、60°、75°。小型数控车床采用 45°、60°的较多。中型卧式车床，大多采用前倾床身、前倾滑板布局形式，具有排屑方便、不致堆积切屑使导轨的热量传给床身而产生热变形、易安装自动排屑装置、有足够的抗弯和抗扭强度等优点。

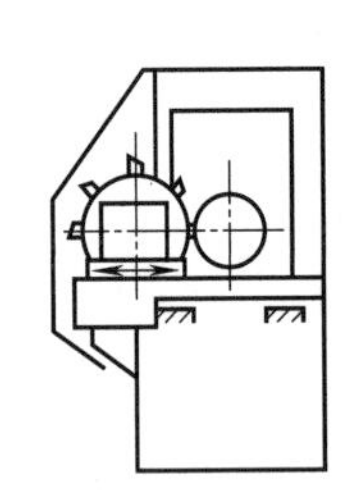
(a) 平床身、平滑板

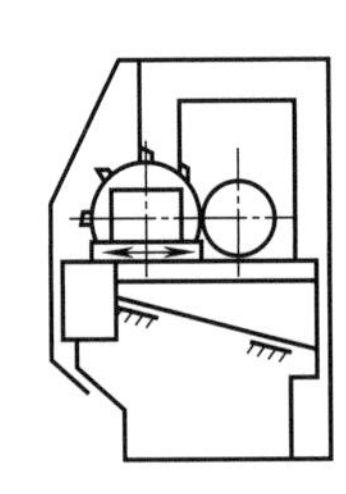
(b) 后倾床身、平滑板

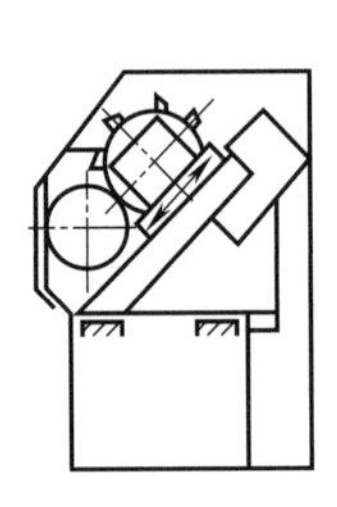
(c) 平床身、前倾滑板

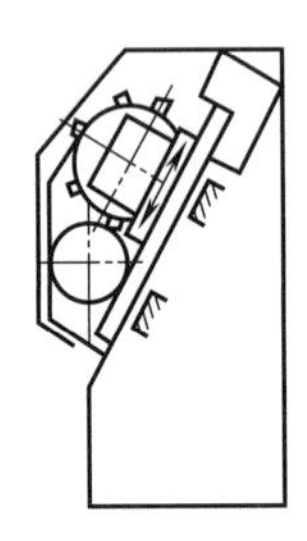
(d) 前倾床身、前倾滑板

图 3-29 卧式数控车床的布局形式

3.2.3.2 支承件的截面形状和选择

支承件的变形，主要是弯曲和扭转，均与截面惯性矩有关。支承件截面形状不同，即使同一材料、相等的截面积，其产生的弯曲和扭转也不同。表 3-7 为截面积皆近似为 $100mm^2$ 的八种不同形状截面的抗弯和抗扭截面系数的比较。

表 3-7 不同截面形状的抗弯、抗扭截面系数

序号	截面形状尺寸/mm	截面系数计算值/mm^4		序号	截面形状尺寸/mm	截面系数计算值/mm^4	
		抗弯	抗扭			抗弯	抗扭
1	φ113	$\frac{800}{1.0}$	$\frac{1600}{1.0}$	5	100；100	$\frac{833}{1.04}$	$\frac{1400}{0.88}$
2	23.5；φ113；φ160	$\frac{2412}{3.02}$	$\frac{4824}{3.02}$	6	100；100；142；142	$\frac{2555}{3.19}$	$\frac{2040}{1.27}$
3	18；φ160；φ196	$\frac{4030}{5.04}$	$\frac{8060}{5.04}$	7	200；50	$\frac{3333}{4.17}$	$\frac{680}{0.43}$
4	18；φ160；φ196		$\frac{108}{0.07}$	8	85；200；235；50	$\frac{5860}{7.325}$	$\frac{1316}{0.82}$

比较后可以得出以下结论：

① 面积相等的情况下，空心截面的刚度都比实心的大。同样的截面形状或面积，外形尺寸大而壁薄的截面，比外形尺寸小而壁厚的截面的抗弯刚度和抗扭刚度都高。所以在工艺可能的前提下用减小壁厚，尽可能加大截面尺寸，而非增加壁厚的方法提高机床刚度。

② 圆（环）形截面的抗扭刚度比正方形好，而抗弯刚度比正方形低。因此，一般选择截面形状为矩形的支承件用以承受弯矩，并且受弯方向为其高度方向；选择截面形状为圆（环）形的支承件用以承受扭矩。

③ 封闭截面的刚度远远大于开口截面的刚度，尤其是抗扭刚度。因此应尽可能把支承件的截面做成封闭形状。

3.2.3.3　支承件肋板和肋条的布置

肋板又称隔板，是指在两臂之间起连接作用的内壁。它的又一作用是把作用于支承件外壁的局部载荷传递给其他壁板，从而使整个支承件承受载荷，加强支承件的自身刚度和整体刚度。

肋板布置一般有三种形式，即纵向肋板、横向肋板和斜向肋板。纵向肋板的作用是提高支承件的抗弯刚度，横向肋板主要是提高抗扭刚度，斜向肋板兼有提高抗弯和抗扭刚度的作用。图 3-30 是在立柱中采用肋板的两种结构形式图，图 3-30（a）中立柱加有菱形加强肋，形状近似正方形。图 3-30（b）中加有 X 形加强肋，形状也近似为正方形。因此，两种结构的抗弯和抗扭刚度都很高，应用于铣床、镗床等受复杂的空间载荷作用的机床。

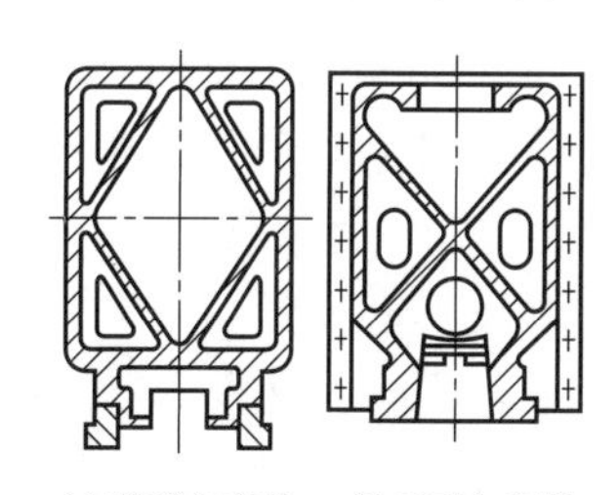

(a) 菱形加强肋　(b) X形加强肋

图 3-30　立式加工中心立柱

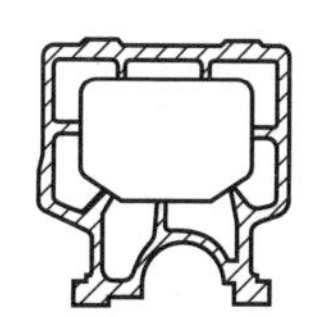

图 3-31　立柱肋条布置图

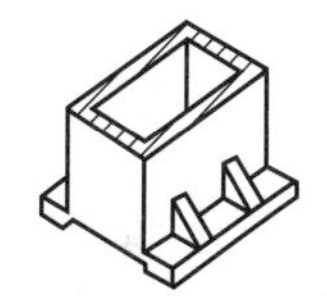

(a) 底板加强肋　(b) 导轨加强肋

图 3-32　局部加强肋

设计支承件时，有时需采取一些措施提高局部刚度，合理配置加强肋是提高局部刚度的有效方法，见图 3-31。肋条按照纵向、横向和斜向布置，呈现交叉排列方式，如井字形、米字形等，布置在壁板的弯曲平面，可以减少局部弯曲变形。肋条厚度一般是床身壁厚的 0.7～0.8 倍。图 3-32（a）指的是在支承件的固定螺栓、连接螺栓或地脚螺栓处设置加强肋。图 3-32（b）为床身导轨处的加强肋。

3.2.3.4　合理选择支承件的壁厚、开窗和加盖

支承件的壁厚应根据工艺要求尽可能选择得小一些。按目前工艺水平，砂模铸造铸铁件的壁厚可由当量尺寸 C 按表 3-8 选择，表中推荐的是最小尺寸，凸台、导轨连接处等应适当加厚。当量尺寸 C 为

$$C=(2L+B+H)/3$$

式中，L、B、H 分别为铸件的长、宽、高。

表 3-8　根据当量尺寸选择壁厚

C/m	0.75	1.0	1.5	1.8	2.0	2.5	3.0	3.5	4.0
t/mm	8	10	12	14	16	18	20	22	25

中型机床焊接支承件如选用薄壁结构，可用型钢和厚度为 3～6mm 的钢板焊接而成。采用封闭截面形状，正确地布置肋板、肋条，以此来保证刚度和防止薄壁振动。如用厚壁结构，可用厚度为 10mm 左右的钢板，这时焊接支承件的内部结构与铸铁件差不多。焊接件壁厚可参考表 3-9。

表 3-9 焊接件壁厚选择

壁或肋的位置及承载情况	机床规格	
	壁厚/mm	
	大型机床	中型机床
外壁和纵向主肋	20～25	8～15
肋	15～20	6～12
导轨支承壁	30～40	18～25

铸铁支承件壁上因结构和工艺要求常需开孔。当开孔面积小于所在壁面积的 0.2 时，对刚度影响较小；当开孔面积超过所在壁面积的 0.2 时，抗扭刚度会降低很多。所以，孔宽和孔径以不大于壁宽的 1/4 为宜，且应开在支承件壁的几何中心附近。开孔对抗弯刚度影响较小，若加盖且拧紧螺栓，抗弯刚度可接近未开孔时的水平，嵌入盖比面覆盖效果更好。

3.2.3.5 支承件的结构设计

支承件的结构主要有床身、立柱、横梁和底座，确定这些支承件的结构形状和尺寸，首先要满足工件性能的要求。由于各类机床的性能、用途、规格不同，支承件的形状和大小也不同。

(1) 卧式床身

床身截面形状主要取决于刚度要求、导轨位置、内部需安装的零部件和排屑等。基本截面形状如图 3-33 所示，其中图 3-33（a）～（c）主要用于有大量切屑和切削液排出的机床，如车床和六角车床。图 3-33（a）为前后壁之间加隔板的结构形式，用于中小型车床，刚度较低。图 3-33（b）为双重壁结构，刚度比图 3-33（a）高些。图 3-33（c）所示的床身截面形状是通过后壁的孔排屑的，这样床身的主要部分可做成封闭的箱形，刚度较高。图 3-33（d）～（f）三种截面形式，可用于无排屑要求的床身。图 3-33（d）主要用于中小型工作台不升降式铣床的床身。为了便于切削液和润滑液的流动，顶面要有一定倾斜度。图 3-33（e）床身内部可安装尺寸较大的机构，也可兼作油箱，但切屑不允许落入床身内部。这种截面的床身，因前后壁之间无隔板连接，刚度较低，常作为轻载机床的床身，如磨床。图 3-33（f）是重型机床的床身，导轨可多达 5 个。

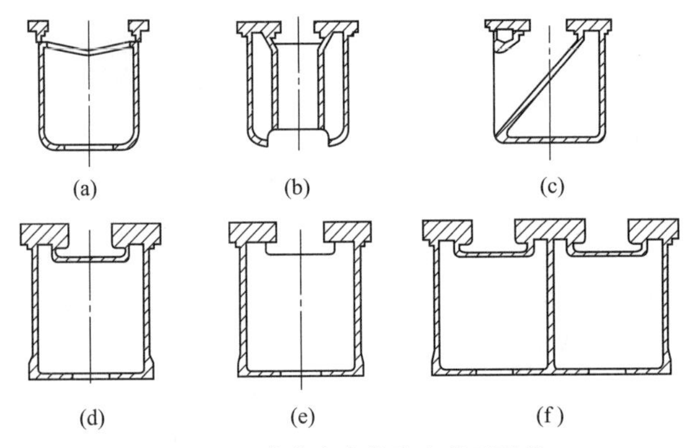

图 3-33 卧式床身的基本截面形状

(2) 立柱

立柱所承受的载荷有两类：一类是弯曲载荷，载荷作用于立柱的对称面，如立式钻床的立柱；另一类是弯曲和扭转载荷，如铣床和镗床的立柱。

图 3-34（a）所示为圆形截面，抗弯刚度较差，主要用于运动部件绕其轴心旋转及载荷

不大的场合，如摇臂钻床等；图 3-34（b）所示为对称矩形截面，用于以弯曲载荷为主，载荷作用于立柱对称面且较大的场合，如大中型立式钻床、组合机床等，轮廓尺寸比例一般为 $h/b=2\sim3$；图 3-34（c）所示为对称方形截面，用于受有两个方向的弯曲和扭转载荷的立柱，截面尺寸比例 $h/b\approx1$，两个方向的抗弯刚度基本相同，抗扭刚度也较高，这种形状多用于镗床、铣床等立柱；立式车床的轮廓比例为 $h/b=3\sim4$，龙门刨床和龙门铣床的轮廓比例为 $h/b=2\sim3$，如图 3-34（d）所示。

（3）横梁和底座

龙门式框架机床上的横梁受力分析时，可看作两支点的简支梁。横梁工作时承受复杂的空间载荷，横梁的自重为均布载荷，主轴箱或刀架的自重为集中载荷，而切削力为大小、方向可变的外载荷，这些载荷使横梁产生弯曲和扭转变形。因此横梁的刚度，尤其是垂直于工件方向的刚度，对机床性能影响很大。

横梁的横截面一般做成封闭式，如图 3-35 所示。龙门刨床的中央截面高与宽基本相等，即 $h/b\approx1$。对于双柱立式车床，由于花盘直径较大，刀架较重，故用 h 较大的封闭截面来提高垂直面内的抗弯刚度，$h/b\approx1.5\sim2.2$，如图 3-35（c）所示。横梁的纵向截面形状可根据横梁在立柱上的夹紧方式确定，若横梁在立柱的主导轨上夹紧，其中间部分可用变截面形状，如图 3-35（e）所示；若在立柱的辅助轨道上夹紧，可用等截面形状，如图 3-35（d）所示。图 3-35（f）为底座的截面形状。底座是某些机床不可缺少的支承件，如摇臂钻床等，为了固定立柱，必须用底座与立柱连接。底座要有足够的刚度，地脚螺钉孔也应有足够的局部刚度。

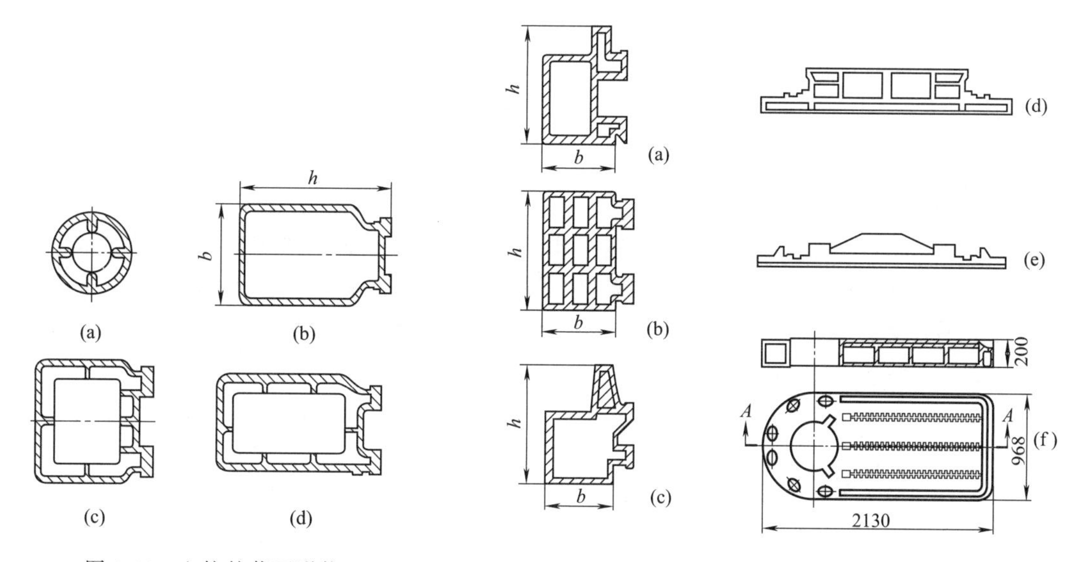

图 3-34　立柱的截面形状

图 3-35　横梁和底座的截面形状

3.2.3.6　支承件的静刚度

支承件的变形一般包括三个部分：自身变形、局部变形和接触变形。例如床身，载荷是通过导轨面施加到床身上的，变形包括床身自身的变形、导轨部分局部的变形以及导轨表面的接触变形，不能忽略局部变形和接触变形，它们有时甚至占主导地位。例如床身，如果设计不合理，导轨部分会过于单薄。因此支承件刚度特性设计要在保证满足支承功能、排屑功能、工艺性及成本等要求的前提下，使所设计的支承件具有最佳刚度。

(1) **自身刚度**

抵抗支承件自身变形的能力称为自身刚度。支承件所受的载荷，主要是拉压、弯曲和扭转，其中弯曲和扭转是主要的，因此支承件的自身刚度主要考虑弯曲刚度和扭转刚度，并主要取决于支承件的材料、形状、尺寸和筋板的布局等。

(2) **连接刚度**

支承件在连接处抵抗变形的能力称为连接刚度。连接刚度与连接处的材料、几何形状与尺寸、接触面硬度及表面粗糙度、几何精度和加工方法等有关。

(3) **接触刚度**

支承件各接触面抵抗接触变形的能力称为接触刚度。实际接触面积只是名义接触面积的一部分，又由于微观不平，真正接触的只是一些高点，如图 3-36 所示。

接触刚度 k_j 是平均压强 p 与变形 δ 之比。

$$k_j = p/\delta \quad (\mathrm{MPa}/\mu\mathrm{m})$$

k_j 不是一个固定值，即 p 与 δ 的关系是非线性的。考虑到非线性，接触刚度应定义为 $k_j = \mathrm{d}p/\mathrm{d}\delta$。

但在实际中，我们希望 k_j 是一个固定值，以便使用方便。接触面的表面粗糙度、微观不平度、材料硬度、预压压强等因素对接触刚度的影响都很大。

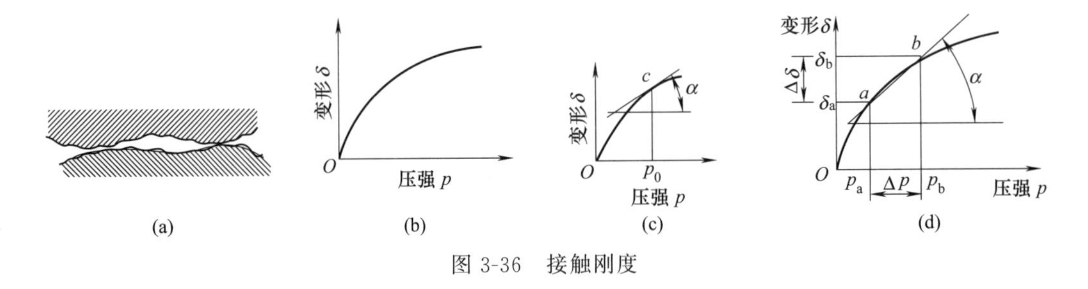

图 3-36 接触刚度

(4) **局部刚度**

支承件抵抗局部变形的能力称为局部刚度。主要发生在载荷较集中的局部结构处，它与局部变形处的结构和尺寸等有关。合理设置加强筋是提高局部刚度的有效途径。

用螺钉连接时，连接部分形状如图 3-37 (a) 所示为凸缘式，局部刚度较差，图 3-37 (b)、(c) 所示的形状都可用于提高局部刚度。

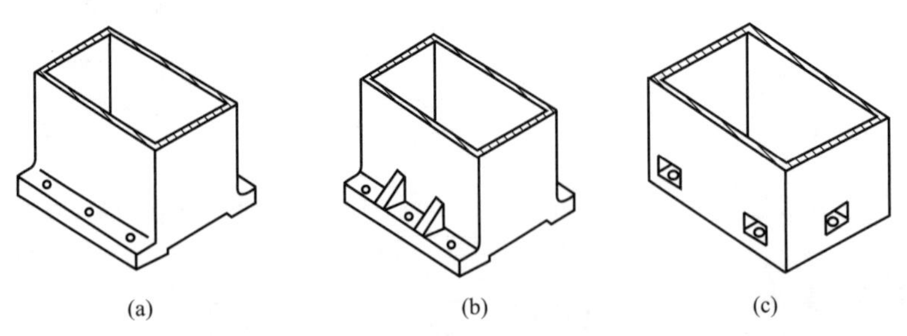

图 3-37 提高连接处的局部刚度

提高支承件的静刚度，一方面需要根据支承件受力情况，合理地选择它们的材料、截面形状、尺寸和壁厚，合理地布置肋板和肋条，以提高结构整体和局部的抗弯刚度和抗扭刚度；另一方面可以用有限元方法进行定量分析，以便在较小质量下得到较高的静刚度和固有频率；还可以考虑在刚度不变的前提下，尽可能地减小质量来提高支承件的固有频率，改善支承件与支承件的接触刚度以及支承件与地基连接处的刚度。

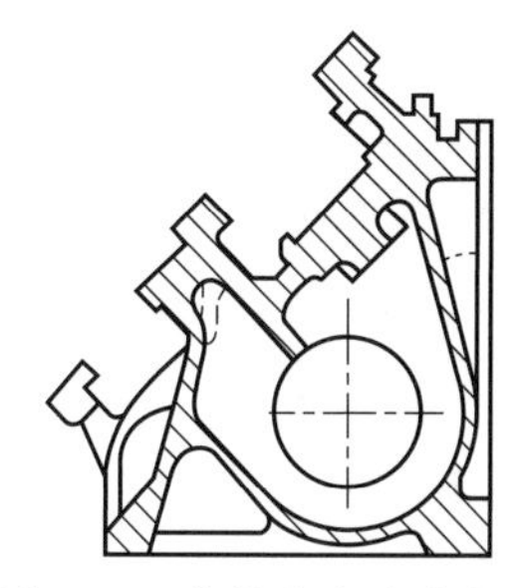
图 3-38　数控车床床身断面图

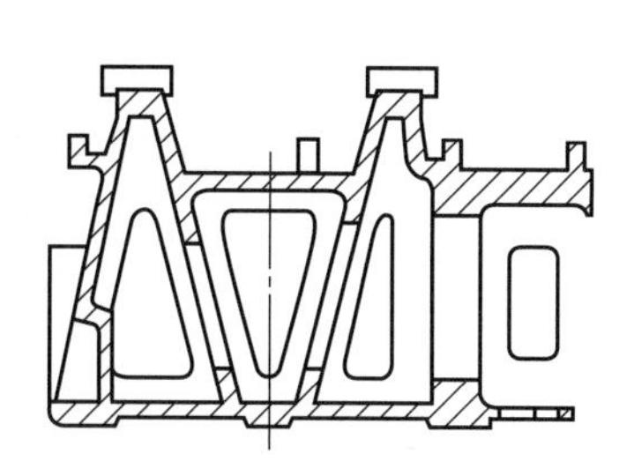
图 3-39　加工中心床身断面图

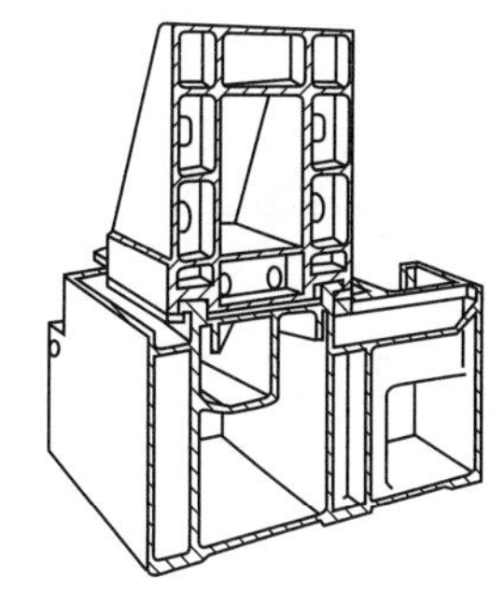
图 3-40　滚齿机大立柱和床身截面的立体示意图

图 3-38 是数控车床的床身断面图。床身采用倾斜式空心封闭箱形结构，方便排屑，还提高了抗扭刚度。图 3-39 是加工中心床身断面图，采用三角形肋板结构，抗扭、抗弯刚度均较高。图 3-40 是大型滚齿机立柱和床身截面示意图，图中选用双层壁加强肋结构，其内腔设计成供液压油循环的通道，使床身温度场一致，避免热变形；立柱设计成双重臂加强肋封闭式框架结构，提高了刚度。

3.2.3.7　支承件的动态特性与热变形

(1) 支承件的动态特性

机床是一个多自由度的振动系统。整台机床与基础间有弹性联系，机床的各构件间也有弹性联系。因此，可能出现各种形态的振动。基本振动形态（简称振型）主要取决于主振系统（发生振动的主要部位和系统）振型，主要有下列几种：

① 整机摇晃振动。主振系统为整台机床，主要发生在机床与基础之间，频率较低，一般约为数十赫兹。

② 构件两个方向的弯曲振动。主振系统为机床支承件，如床身、立柱、主轴等，频率稍高。

③ 构件的扭转振动。主振系统为机床的支承件、主轴和传动系统中的传动轴，频率较高。

④ 接合面间的振动。主振系统为机床的一个或几个部件，主要发生在部件和基础支承件之间。

⑤ 薄壁振动。面积较大而薄的壁板会发生振动，如薄钢板制成的罩盖，振动频率较高。

由动力学知识知，提高机床抗振性就是降低其动态柔度，而动态柔度又取决于静刚度、频率比和阻尼比。因此，提高支承件的抗振性应从提高静刚度、减小质量和加大阻尼三方面着手。提高静刚度和减小质量可提高构件的固有频率，使它不易与激振力的频率重合（机床上激振源的频率一般是不太高的）而发生共振。

① 提高静刚度。合理设计构件的截面形状和尺寸，布置隔板和肋板，注意构件整体刚度、局部刚度和接触刚度的匹配。

② 减小质量。铸件的壁厚应在工艺可能的条件下尽量地薄一些，并用正确设计截面形状和合理安排隔板和肋的办法来保证必要的刚度。在较少影响刚度的条件下可在隔板或肋上开孔以减小质量。用钢质焊接结构时，由于钢的弹性模量约为铸铁的两倍，因而可用较薄的

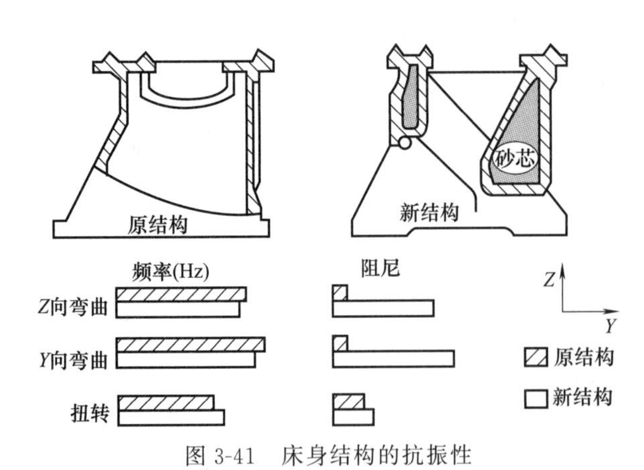

图 3-41 床身结构的抗振性

钢板以减小质量。

③ 加大阻尼。加大阻尼是提高动刚度和抗振性的重要途径，在铸件中保留砂芯，在焊接件中填砂或混凝土，如图 3-41 所示，可以看出，床身保留砂芯的结构虽然固有频率改变不大，但由于砂芯的吸振作用，阻尼加大了（Z 向弯曲振动、Y 向弯曲振动和扭转振动分别提高了 6、8 和 0.1 倍），从而提高抗振性。

以上方法常综合应用，有的为了提高升降台铣床悬梁的抗振性，采用钢质焊接结构；加大截面，把截面做成封闭箱形，以提高静刚度；内灌混凝土或砂子，以提高阻尼等。

(2) 支承件的热变形

机床工作时，切削过程、电动机、液压系统和机械摩擦都会发热，它们是机床温度变化的内部原因和主要原因，而机床的温度随阳光照射和环境温度变化而变化是外部原因。

热变形改变了机床各执行器官的相对位置及其位移的轨迹，会降低加工精度。如主轴箱的前、后轴承温度不同，将引起主轴轴线位置的偏移，主轴的轴向热变形将使数控机床坐标原点移位。零件受热变形有均匀的热变形和不均匀的热变形两种，不均匀热变形对精度的影响比均匀热变形大，若零件两端受限不能自由膨胀，产生热应力，则会破坏机件正常工作条件。

为了减小热变形，就需要提高支承件的热变形特性，特别是不均匀热变形，以降低热变形对精度的影响。减小热变形可以采用以下几种方法：

① 采用热对称结构。同样的热变形对不同的结构，其精度影响不同，如图 3-42 所示的双柱对称结构，就会大大减小热变形对主轴轴线位移的影响。

② 散热和隔热。如果机床的发热量能很快地散入周围环境，温升就不会很高，若温升过高，则需要适当地加大散热面积，加设散热片等。

隔离热源是减少热变形的有效措施之一。润滑油、液压油和冷却液是重要的热源，如果用床身或主轴箱作为油池，会引起很大的热变形。设进、排气口，经温度较高的部位，以加强冷却。图 3-43 所示为一单柱坐标镗床，电机外有隔热罩，立柱后壁设进气口，顶部有排气口，电动机风扇使气流向上运动，如图中箭头所示，与自然通风气流方向一致，加强散热。

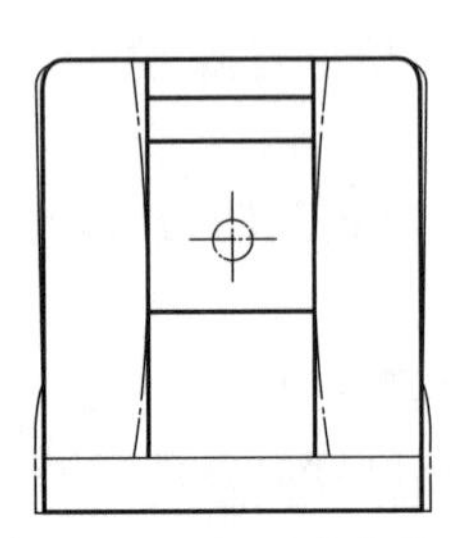
图 3-42 双柱式坐标镗床的热对称结构

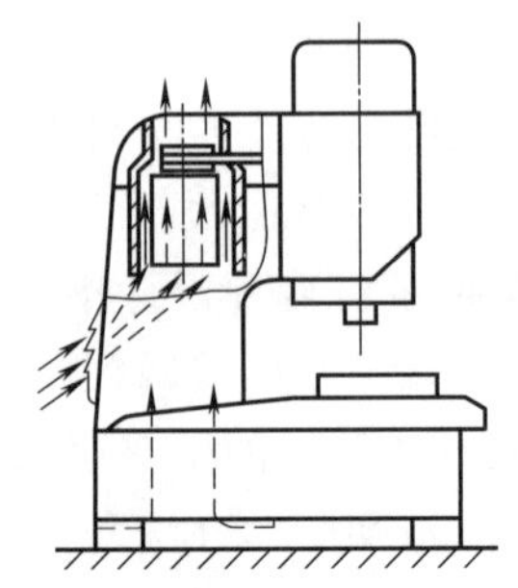
图 3-43 单柱坐标镗床的隔热和通风气流

③ 均热影响。温度不均比温升的影响更大，可用改变传热路线的方法来减少温度不均。

④ 采取热变形补偿。在热变形的相反方向采取措施，产生相应的反方向热变形，建立支承件的温升模型和热变形模型，借助计算机和检测装置进行热变形误差补偿。

3.3 导轨设计

3.3.1 导轨的功用、分类和应满足的基本要求

(1) 导轨的功用和分类

导轨的功用是承受载荷和导向。在导轨副中，运动的一方叫作动导轨，不动的一方叫作支承导轨。动导轨相对于支承导轨只能有一个自由度的运动，以保证单一方向的导向性。动导轨相对于支承导轨的运动，通常是直线运动或回转运动。

导轨可按下列性质进行分类。

1）按运动性质分

① 主运动导轨。动导轨做主运动，动导轨相对支承导轨速度较高。如立式车床的花盘和底座导轨。

② 进给运动导轨。动导轨做进给运动，机床中大多数导轨属于进给运动导轨，动导轨相对支承导轨速度较低，如中、小型加工中心的主轴箱和立柱导轨。

③ 移置导轨。只用于调整部件之间的相对位置，在加工时没有相对运动。如卧式镗床的后立柱和床身导轨。

2）按摩擦性质分

① 滑动导轨。两导轨面间的摩擦性质是滑动摩擦，按其摩擦状态又可分为以下四类：

a. 液体静压导轨。两导轨面间具有一层静压油膜，相当于静压滑动轴承，摩擦性质属于纯液体摩擦，主运动和进给运动导轨都能应用，但用于进给运动导轨较多。

b. 液体动压导轨。当导轨面间的相对滑动速度达到一定值后，液体动压效应使导轨油囊处出现压力油楔，把两导轨面分开，从而形成液体摩擦，相当于动压滑动轴承，这种导轨只能用于高速场合，故仅用作主运动导轨。

c. 混合摩擦导轨。在导轨面间虽有一定的动压效应或静压效应，但由于速度还不够高，油楔所形成的压力油还不足以隔开导轨面，导轨面仍处于直接接触状态，大多数导轨属于这一类。

d. 边界摩擦导轨。在滑动速度很低时，导轨面间不足以产生动压效应。

② 滚动导轨。在两导轨副接触面间装有球、滚子和滚针等滚动元件，具有滚动摩擦性能，广泛用于进给运动和旋转运动的导轨。

3）按受力情况分

① 开式导轨。是在部件自重和外载作用下，导轨面 c 和 d 在导轨全长上始终贴合的导轨，如图 3-44（a）所示。如龙门铣床和龙门刨床的工作台与床身导轨等。

② 闭式导轨。在受较大的颠覆力矩 M 时，部件的自重不能使主导轨面 e、f 始终贴合，必须增加压板 1 和 2 以形成辅助导轨面 g 和 h，如图 3-44（b）所示。例如卧式车床的床鞍和床身导轨等。

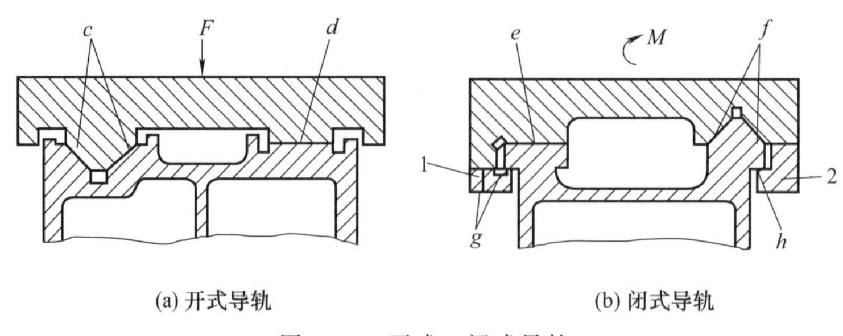

(a) 开式导轨　　(b) 闭式导轨

图 3-44　开式、闭式导轨

(2) 导轨应满足的要求

导轨是机床的关键部件之一，其性能的好坏直接影响机床的加工精度、承载能力和使用寿命。因此需满足以下要求：

① 导向精度。导向精度是指动导轨运动轨迹的准确度，即需要保证直线运动导轨的直线性和圆周运动导轨的真圆性，是保证导轨工作质量的前提。影响导向精度的主要因素有导轨的几何精度和接触精度、导轨的结构形式、导轨和支承件的刚度、导轨副的油膜厚度和油膜刚度，以及导轨和支承件的热变形等。

② 精度保持性。精度保持性是指导轨工作过程中长期保持其原始精度的能力。影响因素主要是磨损，因此与导轨副的摩擦性质、材料、受力情况、润滑和防护等因素有关。

③ 低速运动平稳性。低速运动平稳性是指导轨在低速运动或微量移动时不出现爬行现象的性能。影响低速运动平稳性的因素有导轨的结构和润滑，导轨摩擦面的静、动摩擦系数的差值，以及传动导轨运动的传动系统的刚度。

④ 结构简单、良好工艺性。设计时使导轨结构简单，便于制造和维护，应尽量减少刮研量；对于镶装导轨，应便于更换。

3.3.2 滑动导轨

3.3.2.1 导轨的材料

导轨材料需满足耐磨性好、工艺性好、成本低等要求。常用的导轨材料有铸铁、钢、有色金属和塑料，其中以铸铁的应用最为广泛。

(1) 常用导轨材料

① 铸铁。铸铁是常用材料，具有成本低、减振性和耐磨性好等优点。常用的牌号有HT200和HT300等。采用高磷铸铁（磷的质量分数高于0.3%）、磷铜钛铸铁和钒钛铸铁作导轨，其耐磨性可比普通铸铁提高1～4倍，常用在车床、铣床、磨床上。铸铁导轨可采用高频淬火、中频淬火及电接触自冷淬火等表面淬火方法提高表面硬度至55HRC，耐磨性提高1～2倍。

② 钢。采用淬火钢和氮化钢的镶钢导轨可大幅度提高耐磨性，但工艺复杂，加工较困难，成本较高。淬硬碳素钢或合金钢导轨可用分段法镶装在床身上，每段长度为500～700mm；钢制床身镶装导轨，采用焊接方法；铸铁床身镶钢导轨，常用螺钉或楔块紧固，如图3-45所示。

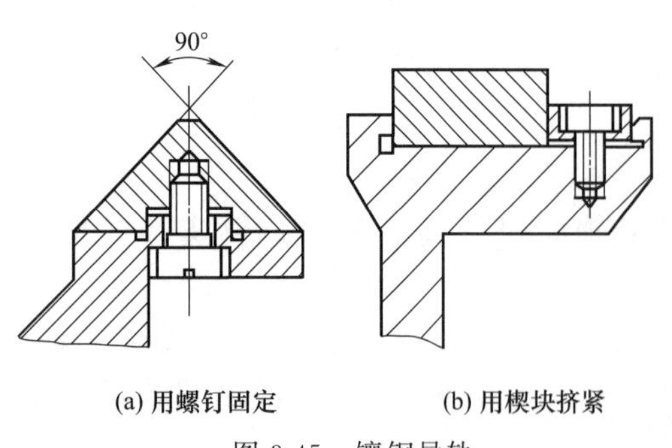

(a) 用螺钉固定　　(b) 用楔块挤紧

图 3-45　镶钢导轨

③ 有色金属。用于镶装的有色金属板材料主要有锡青铜、铝青铜和锌合金等。将其镶装在动导轨上耐磨性高，可防止撕伤，保证运动的平稳性和提高运动精度。适用于重型机床的动导轨，与铸铁的支承导轨相搭配。

④ 塑料。塑料导轨具有摩擦系数小、耐磨性好、抗撕伤能力强、低速时不易出现爬行、加工性能和化学稳定性好、工艺简单、成本低等特点，在各类设备的动导轨上都有应用。常用的有聚四氟乙烯导轨软带（一种以聚四氟乙烯为基体，添加一定比例的耐磨材料构成的高分子复合物）和金属塑料复合导轨板（在镀铜的钢板上烧结一层多孔青铜粉，在青铜的孔隙中轧入聚四氟乙烯及其填料，经适当处理后形成金属-氟塑料的导轨板）。

(2) 导轨副材料的选用

在导轨副中，为了提高耐磨性和防止咬焊，动导轨和支承导轨应采用不同的材料。如果采用相同的材料，也应采用不同的热处理使双方具有不同的硬度，一般动导轨的硬度比支承导轨的硬度低 15～45HBS。

在直线运动导轨中，长导轨（通常是支承导轨）要用较耐磨和硬度较高的材料制造。这是因为：①支承导轨各处使用机会难以均等，磨损不均匀，对加工精度影响大，不易刮研，修复困难；②动导轨是全长接触，长度较短，磨损后易于维修。

目前在滑动导轨副中，常用的搭配有：铸铁-铸铁、铸铁-淬火铸铁、铸铁-淬火钢、非铁金属-铸铁、塑料-铸铁、淬火钢-淬火钢等，前者为动导轨，后者为支承导轨。除铸铁导轨外，其他导轨都是镶装结构。

3.3.2.2 滑动导轨的结构

(1) 直线运动导轨

直线运动导轨的截面形状主要有四种：矩形、三角形、燕尾形和圆柱形，如图 3-46 所示。

① 三角形导轨。如图 3-46（a）所示，它的导向性能随顶角 α 的变化而改变，α 越小，导向性越好，但摩擦力也越大。通常取三角形导轨的顶角 α 为 90°，大型或重型机床选取较大的顶角（如 $\alpha=110°\sim120°$），精密机床可取 $\alpha<90°$。当导轨平面受到载荷磨损时，动导轨能自动补偿，不会产生间隙。当导轨面 M 和 N 上受力相差较大时，可采用不对称导轨使导轨面压力均匀分布。

② 矩形导轨。如图 3-46（b）所示，矩形导轨具有摩擦系数低，刚度高，加工、检验和维修方便等优点，但存在侧面间隙，导向性差，适用于载荷较大而导向要求略低的机床。

③ 燕尾形导轨。如图 3-46（c）所示，燕尾形导轨高度较小，间隙调整方便，可以承受

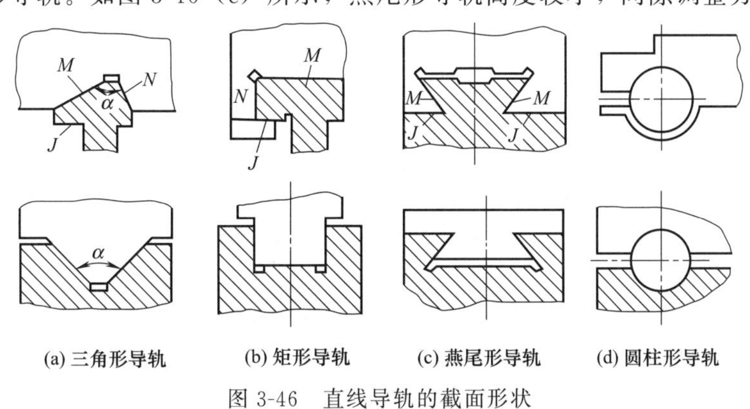

(a) 三角形导轨 (b) 矩形导轨 (c) 燕尾形导轨 (d) 圆柱形导轨

图 3-46 直线导轨的截面形状

颠覆力矩，但其刚度较差，加工、检验和维修不便。适用于受力较小、层次多、要求间隙调整方便的地方，如车床刀架。

④ 圆柱形导轨。图 3-46（d）所示为圆柱形导轨，其制造方便，工艺性好，但磨损后很难调整和补偿间隙，主要用于受轴向载荷的场合。

每种导轨副之中还有凹、凸之分，凸形导轨不易积存切屑，但难以保存润滑油，适合于低速运动；凹形导轨润滑性能良好，适合于高速运动，为防止落入切屑须配备防护装置。

直线运动导轨一般由两条导轨组合而成，常见的组合形式如下。

① 双三角形导轨。如图 3-47（a）所示，它的导向性和精度保持性好，接触刚度高，但工艺性差，加工、检验和维修不方便，适用于精度要求较高的机床，如丝杠车床、导轨磨床等。

② 双矩形导轨。如图 3-47（b）、（c）所示，它的承载能力大，导向性稍差，多用于普通精度的机床和重型机床，如升降台铣床、组合机床和重型机床等。由一条导轨的两侧导向，称为窄式组合，见图 3-47（c）；分别由两条导轨的两侧导向，称为宽式组合，见图 3-47（b）。导轨受热膨胀时，宽式组合比窄式组合的变形量大，调整时应留有较大的侧向间隙，因而宽式组合导向性差。所以，双矩形导轨窄式组合比宽式组合用得多一些。

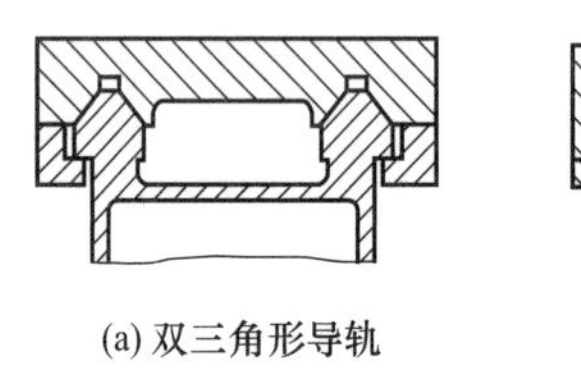

(a) 双三角形导轨　(b) 宽式双矩形导轨

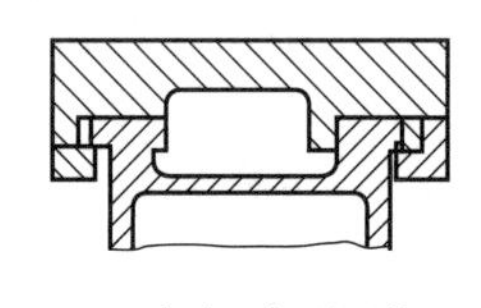

(c) 窄式双矩形导轨

图 3-47　导轨的组合

③ 矩形和三角形导轨。它兼有导向性好、制造方便和刚度高的优点，应用最广，如车床、磨床、龙门铣床的床身导轨。

④ 矩形和燕尾形导轨。它能承受较大力矩，调整方便，多用在横梁、立柱、摇臂导轨中。

(2) 回转运动导轨

回转运动导轨主要用于圆形工作台、转盘和转塔头架等旋转运动部件。其截面形状有平面环形、锥面环形和双锥面三种。

① 平面环形导轨。图 3-48（a）所示为平面环形导轨，它具有承载能力大、结构简单、制造方便的优点，但平面环形导轨只能承受轴向载荷，因而必须与主轴联合使用，由主轴来承受径向载荷。适用于由主轴定心的各种回转运动导轨的机床，如立式车床、齿轮加工机床等。

② 锥面环形导轨和双锥面导轨。图 3-48（b）所示为锥面环形导轨，它除能承受轴向载荷外，还能承受较大的径向载荷和一定的颠覆力矩。图 3-48（c）所示为双锥面导轨，它能承受较大的轴向力、径向力和颠覆力矩，能保持很好的润滑。两者的缺点是工艺性差，与主轴联合使用时既要保证导轨面接触，又要保证导轨面与主轴的同心，这是相当困难的，有被平面环形导轨取代的趋势。

回转运动导轨的直径根据下述原则选取：低速转动的圆工作台，为使其运动平稳，取环形导轨的直径接近工作台的直径；高速运动的圆工作台，取导轨的平均直径 D 与工作台外径之比为 0.6～0.7。

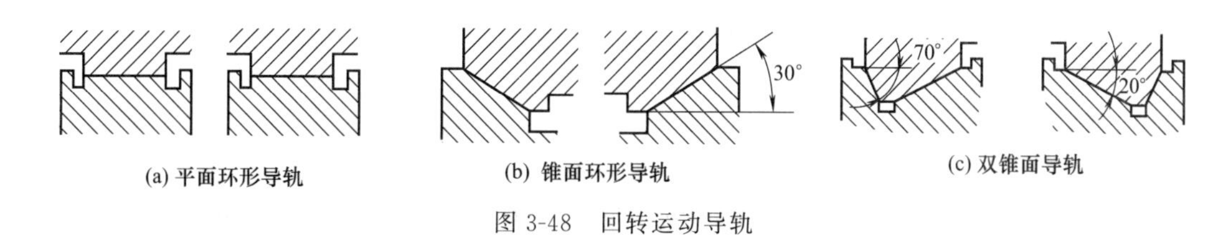

图 3-48　回转运动导轨

(3) 镶装导轨

采用镶装导轨的目的，主要是提高导轨的耐磨性。有时由于结构的原因，必须采用镶装导轨。在支承导轨上通常镶装淬硬钢块、钢板和钢带，在动导轨上镶装塑料或非金属板等。

(4) 导轨间隙的调整

导轨面之间的配合对机床工作性能有直接影响，如果配合过松，会影响运动精度和平稳性；若配合过紧，则运动阻力大，使导轨的磨损加快。因此必须保证导轨之间具有合理的间隙，磨损后又能方便地调整。常用压板和镶条来调整导轨的间隙。

① 压板。压板用于调整辅助导轨面的间隙和承受颠覆力矩，如图 3-49 所示。图 3-49 (a) 所示的压板构造简单，调整麻烦，用磨或刮压板 3 的 e 和 d 面来调整间隙。图 3-49 (b) 所示的压板比刮、磨压板方便，需要改变压板与床鞍（或溜板）结合面间垫片 4 厚度来调整间隙，调整量受垫片厚度的限制，而且降低了结合面的接触刚度。图 3-49 (c) 所示的压板调节方便，拧动带有锁紧螺母的螺钉调整在压板与床身导轨间的平镶条 5 来调整间隙，刚度较差，多用于经常调节间隙和受力不大的场合。

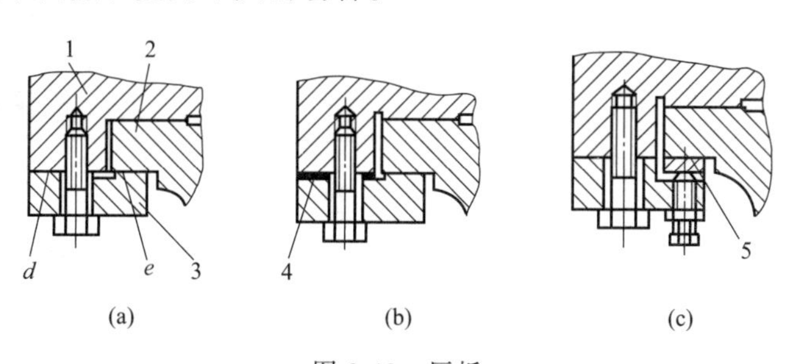

图 3-49　压板

1—导轨；2—支承导轨；3—压板；4—垫片；5—平镶条

② 镶条。镶条用来调整矩形导轨和燕尾形导轨的侧向间隙，以保证导轨面的正常接触，镶条应放在导轨受力较小的一侧，常用的有平镶条和楔形镶条两种。

平镶条调整方便，制造容易，图 3-50 中只要拧动沿镶条全长均布的几个螺钉，便能调

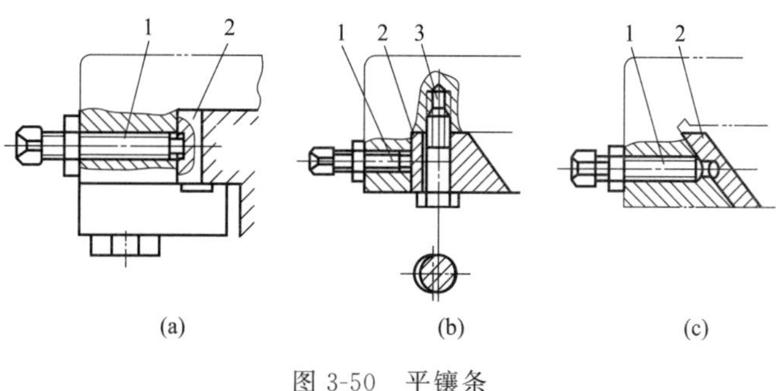

图 3-50　平镶条

1—调整螺钉；2—镶条；3—螺钉

整导轨的侧向间隙，在全长上只有几个点受力，容易变形，故常用于受力较小的导轨。

楔形镶条的斜度为（1∶100）～（1∶40），它的两个面分别与动导轨和支承导轨均匀接触，刚度高，制造困难。图 3-51 所示为通过调节螺钉或修磨垫来轴向移动镶条以调整间隙的方式，导轨移动时，镶条不会移动，可保持间隙恒定。楔形镶条由于厚度不等，在加工后、调整、压紧或工作状态下均会弯曲，对于两端用螺钉调整的镶条更易弯曲。为了增加镶条柔度，应避免镶条两端厚度相差太大，选用小的厚度和斜度。镶条尺寸较大时，要在中部削低一段，使镶条两端保持良好接触，减小刮研面积，或在其上开横向槽，增加镶条柔度，如图 3-52 所示。

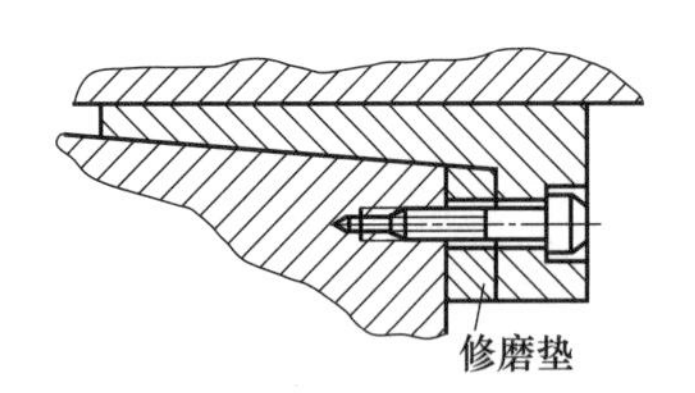

图 3-51 楔形镶条的间隙调整

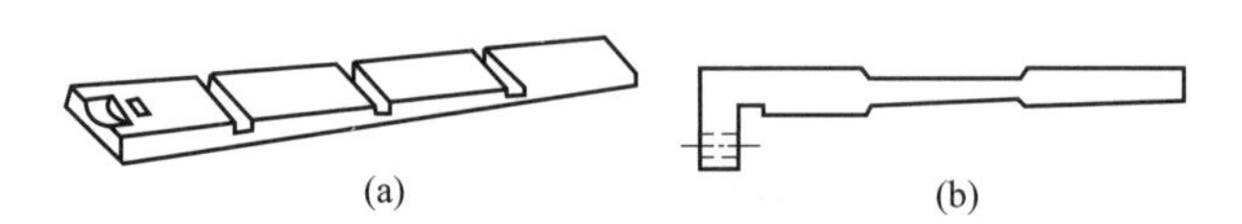

图 3-52 增加镶条柔度的结构

③ 导向调整板。图 3-53 所示为装有导向调整板的某立式加工中心的工作台和滑座横断面。工作台 2 与双矩形导轨间的侧向间隙由导向调整板 4 进行调整。床身导轨接触面上贴有塑料软带 3，以改善摩擦润滑性能。

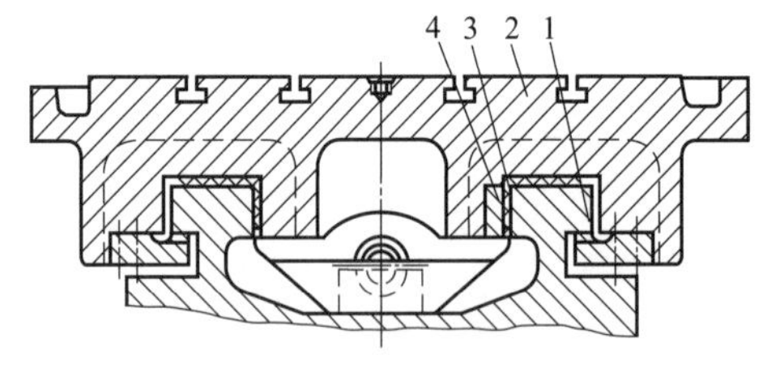

图 3-53 装有导向调整板的工作台和滑座断面

1—导轨；2—工作台；3—塑料软带；4—导向调整板

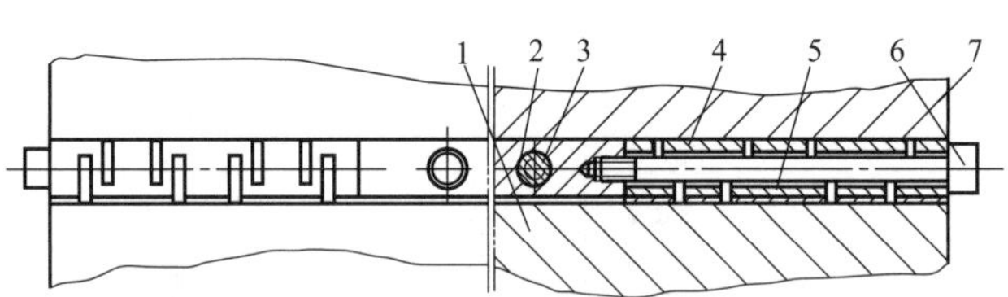

图 3-54 导向调整板调整原理

1—滑座；2—支承板；3—螺钉；4—导向调整板；5—塑料软带；6—调整螺钉；7—工作台

导向调整板调整原理如图 3-54 所示，工作台导向面的一侧两端各装有一个开了许多横向窄槽的导向调整板 4，用调整螺钉 6 固定在支承板 2 上，支承板 2 用螺钉 3 固定在工作台上。当拧紧调整螺钉 6 时，导向调整板产生横向变形，厚度增加（增加厚度可达 0.2mm），调整导轨间隙。当导向调整板变形时，由窄槽分隔开的导向面会产生微小倾斜，利于润滑油膜形成，提高导轨润滑效果。导轨不长，可以中间用一块支承板，两端各装一块导向调整板；如果导轨较长，可以两端各装一块支承板和导向调整板。采用导向调整板调整间隙，调整方便，接触良好，磨损小。

3.3.3 滚动导轨

在静、动导轨面之间放置滚珠、滚柱或滚针等滚动体，使导轨面之间的摩擦具有滚动摩擦性质，这种导轨称为滚动导轨。

(1) 滚动导轨特点

与普通滑动导轨相比，滚动导轨有以下优点：①摩擦力小，运动轻便，运动灵敏度高；②磨损小，精度保持性好，寿命长；③低速运动平稳性好；④移动精度和定位精度都较高；

⑤润滑系统简单，维修方便。滚动导轨的缺点：①结构较复杂，制造比较困难，成本较高；②抗振性能差，一般滚动体和导轨需用淬火钢制成，对防护要求较高；③导向精度低。

滚动导轨常用于数控机床和机器人、精密定位、微量进给的机床等对运动灵敏度要求高的地方。

(2) 滚动导轨的材料

滚动导轨的本体常用的材料是钢及铸铁，其中的滚动体则采用轴承钢或轴承。

淬硬钢导轨具有承载能力强和耐磨性好等特点，但工艺性差、成本高。淬硬钢导轨用于静载荷高，动载和冲击载荷大，预紧和防护比较困难的场合。淬硬钢导轨的硬度，对承载能力影响很大，因此，滚动导轨以采用轴承钢整体淬火为好，其次是采用渗碳淬火和高频淬火。铸铁导轨用于中小载荷又无动载，不需预紧以及采用镶装结构困难的场合。

(3) 滚动导轨的结构形式

按滚动体类型分，机床导轨常用的滚动体有滚珠、滚柱和滚针三种，如图 3-55 所示。

① 滚珠导轨。滚珠导轨结构紧凑，制造容易，成本较低，但因为是点接触，承载能力差，刚度低，因此多用于运动部件重量不大，切削力和颠覆力矩都较小的场合，如图 3-55 (a) 所示。

② 滚柱导轨。滚柱导轨为线接触，承载能力大，刚度高，主要用于载荷较大的设备，是应用最广泛的一种导轨，如图 3-55 (b) 所示。但由于滚柱比滚珠对导轨平行度的要求高，即使滚柱轴线与导轨面有微小的不平行，也会引起滚柱的偏移和侧向滑动，使导轨磨损加剧和精度降低，因此滚柱最好做成腰鼓形，中间直径比两端大 0.02mm 左右。

③ 滚针导轨。滚针导轨的长径比大，因此具有尺寸小、结构紧凑等特点，应用在尺寸受限制的地方，如图 3-55 (c) 所示。滚针可按直径分组选择，中间的滚针直径略小于两端的，以便提高运动精度。与滚柱导轨相比，其承载能力强，但摩擦因数也较大，为线接触，常用于径向尺寸小的导轨中。

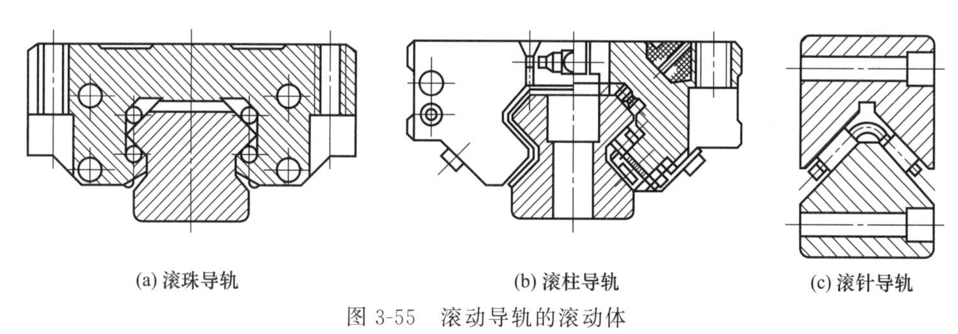

(a) 滚珠导轨　(b) 滚柱导轨　(c) 滚针导轨

图 3-55　滚动导轨的滚动体

(4) 直线滚动导轨副

直线滚动导轨副包括导轨条和滑块两部分。导轨条通常为两根，装在支承件上，每根导轨上有两个滑块，固定在移动件上，如果移动件较长，也可在一个导轨上安装三个或三个以上的滑块；如果移动件较宽，也可用三根或三根以上的导轨条。

如图 3-56 所示，导轨条 1 是支承导轨，一般有两根，安装在支承件（如床身）上，滑块 5 装在移动件（如工作台）上，沿导轨条做直线运动。滑块 5 装有两组滚珠 4，两组滚珠各有自己的工作轨道和返回轨道，当滚珠从工作轨道滚到滑块端部时，经端面挡板 2 和滑块中的返回轨道孔返回，在导轨和滑块的滚道内无限滚动循环，密封垫 3 的作用是防止灰尘进入。

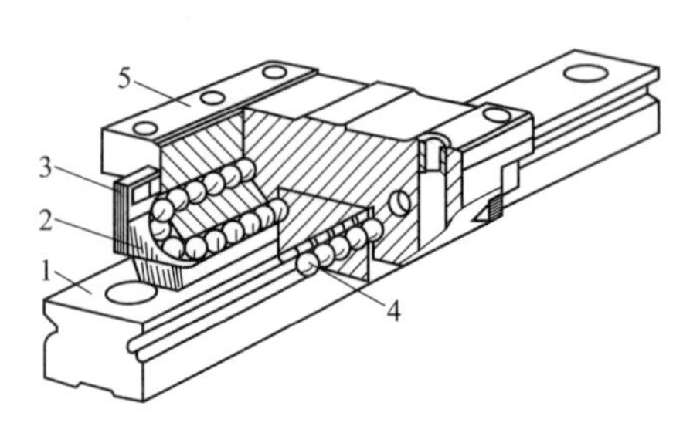

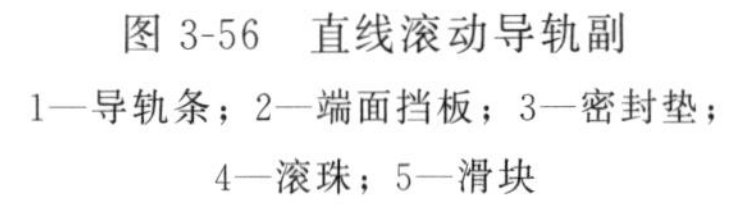
图 3-56 直线滚动导轨副

1—导轨条；2—端面挡板；3—密封垫；4—滚珠；5—滑块

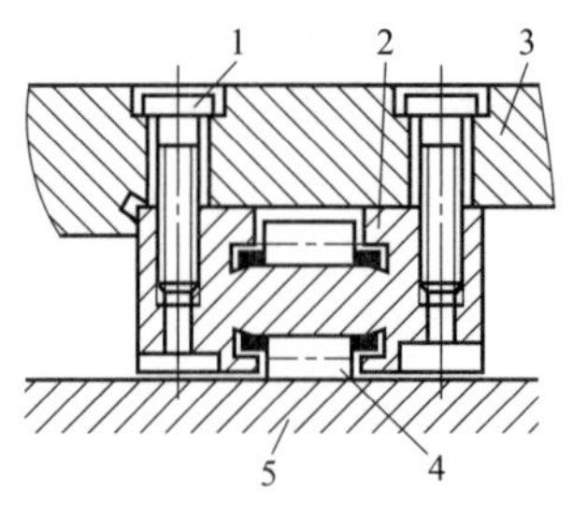

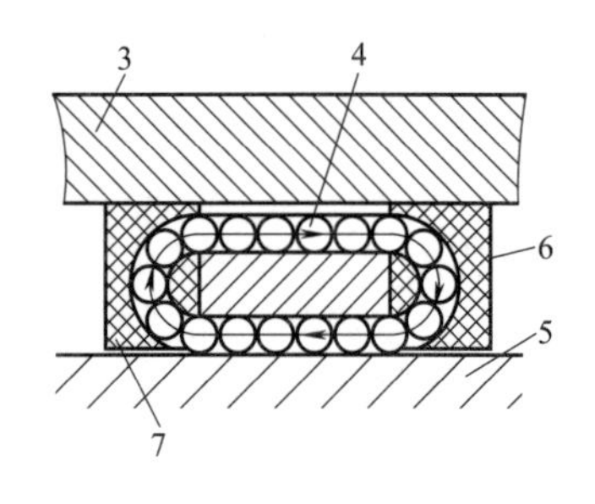

图 3-57 滚动导轨块

1—螺钉；2—导轨块；3—动导轨体；4—滚动体；5—支承导轨；6,7—挡板

(5) 滚动导轨块

滚动导轨块由专业厂生产，已经系列化、模块化，有各种规格形式可供用户选用。图 3-57 用滚子作滚动体。导轨块 2 用螺钉 1 固定在动导轨体 3 上，滚动体 4 在导轨块与支承导轨 5 之间滚动，并经两端的挡板 7 和 6 及上面的返回槽返回，做循环运动。

(6) 滚动导轨的预紧

预紧可以提高滚动导轨的刚度，一般来说有预紧的滚动导轨可以比没有预紧的滚动导轨的刚度提高 3 倍以上，有预紧的燕尾形和矩形滚动导轨刚度最高。与混合摩擦滑动导轨相比，在预紧力方向的刚度可提高 10 倍以上，其他方向可提高 3～5 倍。在预紧的滚动导轨中，滚珠导轨的刚度最差，在预紧力方向与混合摩擦导轨相比，刚度可提高 3～4 倍，其他方向大致相同。

对于整体型的直线滚动导轨副，可由制造厂通过选配不同直径的钢球来决定间隙或预紧。机床厂可根据要求的预紧订货，不需自己调整，对于分离型的直线滚动导轨副和滚动导轨块，应由用户根据要求，按规定的间隙进行调整。

直线滚动导轨副的预紧分为四种情况：①重预载，预载力 $F_0=0.1C_d$（C_d 为额定动荷载），多用于重型机床；②中预载，$F_1=0.005C_d$，用于对刚度和精度要求均较高的场合，如数控机床、加工中心导轨；③轻预载，$F_2=0.025C_d$，用于精度要求高、载荷小的机床，如磨床进给导轨和工业机器人等；④无预载，根据规格不同，留有 3～28μm 间隙，用于对精度无要求和要求尽量减小滑块阻力的场合，如辅助导轨、机械手等。

预加载荷的方法可分为两种：①采用过盈配合，随着过盈量的增加，导轨的接触刚度开始急剧增加，到一定值后，刚度的增加变得缓慢，同时牵引力也在增加，开始时牵引力增加不大，当过盈量超过一定值后，牵引力急剧增加；②采用调整螺钉、垫块或卸镶条的方法预紧，与滑动导轨调整间隙的方法相同。

3.3.4 静压导轨

在导轨的油腔中通入有一定压强的润滑油以后，就能使动导轨微微抬起，在导轨面间充满润滑油所形成的油膜，从而使导轨处于纯液体摩擦状态，这种导轨就是静压导轨。静压导轨的工作原理与静压轴承相同。

静压导轨具有以下优点：油膜使导轨分开，精度保持性好；油膜较厚，有均化误差的作用，可以提高精度；摩擦因数小，大大降低了传动功率，减小了摩擦发热；低速移动准确、均匀，运动平稳性好；与滚动导轨相比，静压导轨具有吸振能力，抗振性好。缺点是结构较复杂，需要一套专门的供油设备，维修调整比较麻烦，对导轨的平面度要求很高。因此，多用于精密和高精度机床或低速运动的机床中。

静压导轨按结构形式可分为开式和闭式；按供油情况可分为定量式和定压式。

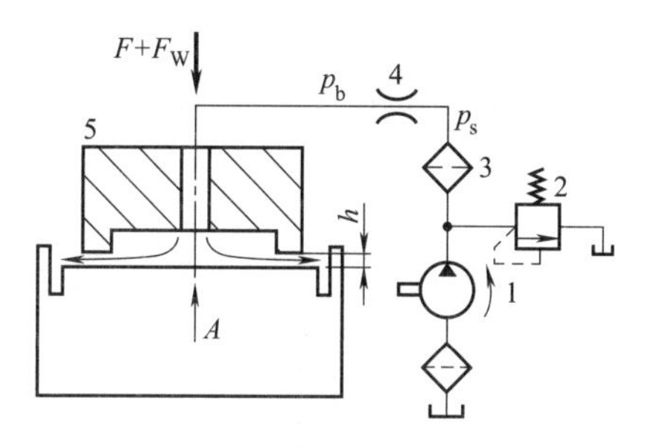

图 3-58　定压开式静压导轨

1—液压泵；2—溢流阀；3—滤油器；
4—节流器；5—工作台

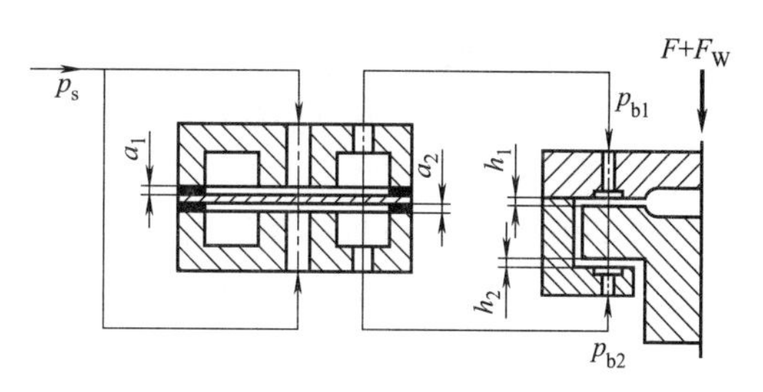

图 3-59　定压闭式静压导轨

定压式静压导轨可以用固定节流器或可变节流器，节流器进口处的油压是一定的。图 3-58 所示为定压开式静压导轨。压力油经节流器进入导轨的各个油腔，使运动部件浮起，导轨面被油膜隔开，油腔中的油不断地通过封油边而流回油箱。当动导轨受到外载荷作用向下产生一个位移时，导轨间隙变小，增加了回油阻力，使油腔中的油压升高，以平衡外载荷。图 3-59 所示为定压闭式静压导轨，这种导轨油膜刚度较高，能承受较大载荷，并能承受偏载和颠覆力矩作用。

定量式静压导轨要保证流进油腔的润滑油的流量为定值。因此每个油腔都需要有一定量的泵供油。由于流量不变，油腔内的压强将随之变化。当导轨间隙随外载荷的增大而变小时，油压上升，载荷得到平衡。载荷的变化会引起很小的导轨间隙变化，因而油膜刚度较高。定量式静压导轨需要多个油泵，每个油泵流量很小，但结构复杂。

气体静压导轨的工作原理与液体静压导轨类同。但由于气体的可压缩性，其刚度不如液体静压导轨。

3.3.5　导轨的润滑、防护以及提高导轨耐磨性的措施

(1) 导轨的润滑

润滑导轨是为了减少磨损、延长导轨的使用寿命；降低温度，改善工作条件；降低摩擦力以提高机械效率；保护导轨表面以防止发生锈蚀。

在润滑时要保证按规定供应清洁的润滑油，可以调节油量，尽量采用自动和强制润滑；简化润滑装置，保证润滑元件可靠；确保安全，如动压导轨在开车前先供油。

人工润滑方法是定期地直接在导轨上浇油或用油杯供油，不能保证充分润滑，一般用于低速滑动导轨及滚动导轨。有的机床在运动部件上装有手动油泵，在工作前拉动油泵几次进行润滑，虽然操作方便，但不能保证连续供油，用于低中速、小载荷、小行程或不经常运动的导轨上。

强制润滑必须有专用的供油装置，效果较好，润滑可靠，与运动速度无关，而且可以不断地冲洗和冷却导轨面。

为了使润滑油在导轨面上均匀分布，保证充分的润滑效果，应在导轨面上开出油沟。

根据导轨的工作条件和润滑方式选择。低载荷、低中速小型机床导轨，选用L-AN32全损耗系统用油；中等载荷、低中速机床导轨，选用L-AN46或L-AN68油；重型机床低速导轨，选用L-AN68、L-AN80或L-AN100油；竖直导轨或倾斜导轨，选用L-AN46、L-AN68油。滚动导轨可选用润滑油或润滑脂，但多数滚动导轨采用润滑脂润滑。润滑脂不会泄漏，不需经常加油，但尘、屑进入后易磨损导轨。因此滚动导轨润滑若采用润滑脂，更应采取防护装置。如难以防护，则应采用润滑油润滑。

(2) 导轨的防护

导轨的防护装置应封闭导轨面，如果不能封闭，应较彻底地清除落在导轨上的尘屑。据统计，有可靠防护装置的导轨可使磨损量减少60%左右。

导轨的常用防护方式有以下几种：

① 刮板式。如图3-60（a）所示，刮板的材料可以选择毡子、皮革、橡胶等，或把钢片和刮板组合在一起使用。当动导轨移动时，刮板随之移动，清除落在支承导轨表面上的切屑及灰尘，易被细小杂物填塞，刮磨导轨好。刮板式仅适用于移动速度较低的导轨。

② 隙缝式。如图3-60（b）所示，这种装置广泛地应用于外露导轨的防护，能够有效防止切屑和水分进入导轨工作表面。

③ 整罩式。如图3-60（c）所示，铁皮罩固定在运动部件上，罩住导轨表面，结构简单，但工作台两端要加长，仅适用于行程不长的中小型机床。

④ 伸缩式。在伸缩式导轨防护装置中，有如图3-60（d）所示的软式皮腔式和图3-60（e）所示的叠层式两种。这是把导轨全部封闭起来的装置，防护可靠，在滚动导轨和滑动导轨中都有应用。软式皮腔式的材料为皮革、帆布或人造革，结构简单，可用于高速导轨，但不耐热，主要用于磨床和精密机床。叠层式的各层盖板是金属薄板，耐热性好、强度高、刚性好，运动部件移动时，防护罩可随之伸长或缩短，使用寿命较长，但制造复杂、成本高，用于精密机床或大型机床。

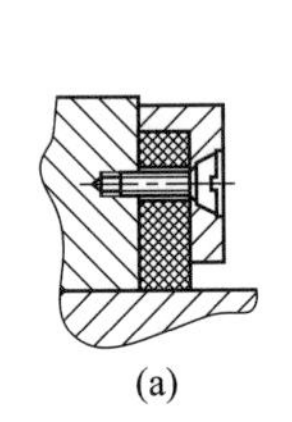
(a)
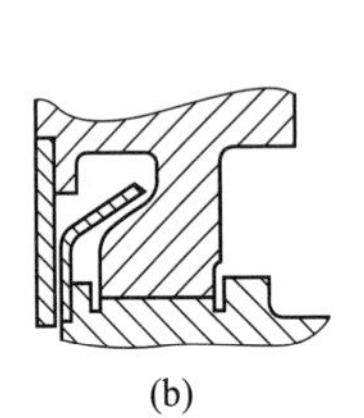
(b)
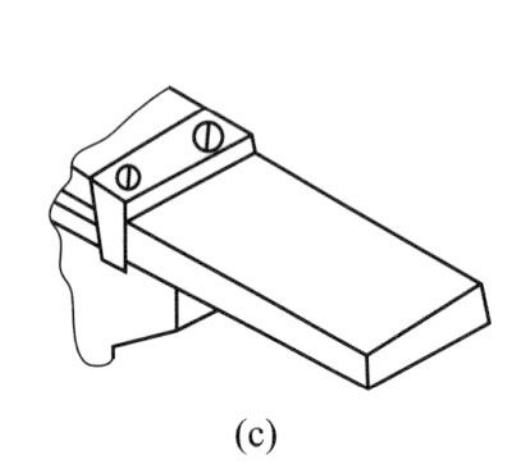
(c)
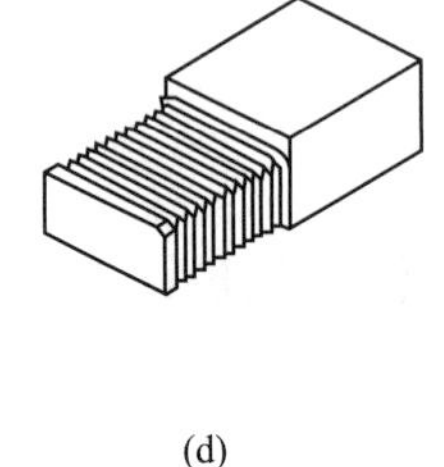
(d)
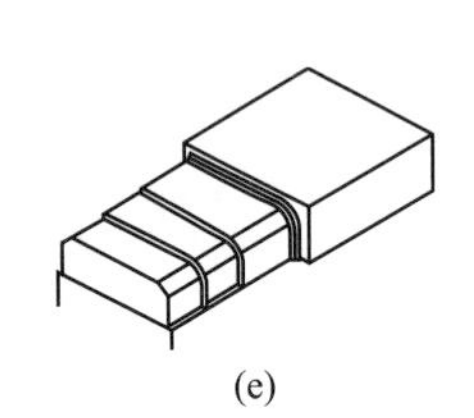
(e)

图3-60 导轨的防护装置

(3) 提高导轨耐磨性

为使导轨在较长的使用期间保持一定的导向精度，必须提高导轨的耐磨性。由于磨损速度与材料性质、加工质量、表面压强、润滑及使用维护等因素有直接关系，因此要提高导轨的耐磨性，必须从以下几方面采取措施：

1）合理选择导轨的材料及热处理方式

适当选择材料和热处理方式可提高导轨抗磨损的能力。例如，支承导轨淬硬，动导轨表面贴塑料软带等。

2）采用合理的导轨表面粗糙度和加工方法

导轨的表面粗糙度取决于导轨的精加工方法（精刨、磨削、刮研），一般表面粗糙度 Ra

为0.8μm以下。精刨导轨由于刀具沿一个方向切削，因此导轨表面疏松，容易引起咬合磨损，降低耐磨性。磨削导轨可将导轨表面疏松组织磨掉，提高耐磨性，用于淬硬后的加工。刮研导轨表面接触均匀，不易产生咬合磨损，易存油，耐磨性好，但刮研工作量很大，总体效率低。一般床身导轨采用精刨和磨削，工作台和溜板导轨用刮研。对于导轨面精加工质量要求高的机床，如坐标镗床、导轨磨床等导轨多用刮研。

① 采取可靠的防护和润滑。导轨采取良好的润滑和可靠的防护措施可以降低摩擦力，减少磨损，降低温度和防止锈蚀，延长寿命。因此，必须有专门的供油系统，采用自动或强制润滑。应根据导轨工作条件和润滑方式，选择合适黏度的润滑油。

② 改变导轨摩擦性质。导轨磨损的原因是导轨配合面在一定压力作用下直接接触并做相对运动。因此，不磨损的条件是让接合面在运动时不接触，如静压导轨、静压轴承等，但液体润滑中油膜压强与相对运动速度有关。因此，在启动或停止的过程中仍难免磨损。

当磨损不可避免时，可减少导轨面的压力，争取少磨损。如采用卸荷导轨以减轻导轨负荷，增加导轨的宽度及长度，以增加承载面积，减少单位面积上的载荷。另外，降低摩擦因数，如采用卸荷导轨、滚动导轨等也可使磨损量显著减小。

此外，应尽量使磨损均匀，减少磨损对加工精度的影响。若要均匀磨损可采取如下措施：力求使摩擦面上的压力均匀分布，例如导轨的形状和尺寸要尽可能对集中载荷对称，尽量减小扭转力矩和倾覆力矩；保证工作台、溜板等支承件有足够的刚度；摩擦副中全长使用机会不均的那些部分的硬度应高些，例如车床床身导轨的硬度应比床鞍导轨硬度高。

磨损后间隙变大了，设计时应考虑如何补偿、调整间隙。补偿方法可以是自动的连续补偿，也可以是定期的人工补偿。自动连续补偿可以靠移动部件的自重，例如三角形导轨。定期的人工补偿，如矩形和燕尾形导轨靠调整镶条，闭式导轨还要调整压板等。

3.4 数控工具系统

3.4.1 数控加工刀具的特点

随着数控机床在我国制造领域的大量使用，数控工具系统在数控加工中又有极其重要的意义，正确选择和使用与数控机床相匹配的刀具系统是充分发挥机床的功能和优势、保证加工精度以及控制加工成本的关键。数控刀具是指与先进高效的数控机床配套使用的各种刀具的总称，是数控机床不可缺少的关键配套产品，数控刀具以其高效、精密、高速、耐磨、高耐用度和良好的综合切削性能取代了传统的刀具。

刀具的选择和切削用量的确定是数控加工工艺中的重要内容，它不仅影响数控机床的加工效率，而且直接影响加工质量。CAD/CAM技术的发展，使得在数控加工中直接利用CAD的设计数据成为可能，特别是微机与数控机床的连接，使设计、工艺规划及编程的整个过程全部在计算机上完成，一般不需要输出专门的工艺文件。

现在，许多CAD/CAM软件包都提供自动编程功能，这些软件一般在编程界面中提示工艺规划的有关问题，比如，刀具选择、加工路径规划、切削用量设定等，编程人员只要设置了有关的参数，就可以自动生成NC程序并传输至数控机床完成加工。

因此，数控加工中的刀具选择和切削用量确定是在人机交互状态下完成的，这与普通机床加工形成鲜明的对比，同时也要求编程人员必须掌握刀具选择和切削用量确定的基本原则，在编程时充分考虑数控加工的特点。

3.4.2 数控加工常用刀具的种类

数控加工刀具必须适应数控机床高速、高效和自动化程度高的特点，一般应包括通用刀具、通用连接刀柄及少量专用刀柄。刀柄要连接刀具并装在机床动力头上，因此已逐渐标准化和系列化。数控刀具的分类有多种方法。

根据刀具结构可分为：

① 整体式；

② 镶嵌式，采用焊接或机夹式连接，机夹式又可分为不转位和可转位两种；

③ 特殊形式，如复合式刀具、减震式刀具等。

根据制造刀具所用的材料可分为：

① 高速钢刀具；

② 硬质合金刀具；

③ 金刚石刀具；

④ 其他材料刀具，如立方氮化硼刀具、陶瓷刀具等。

从切削工艺上可分为：

① 车削刀具，分外圆、内孔、螺纹、切割刀具等多种；

② 钻削刀具，包括钻头、铰刀、丝锥等；

③ 镗削刀具；

④ 铣削刀具等。

为了适应数控机床对刀具耐用、稳定、易调、可换等的要求，近几年机夹式可转位刀具得到广泛的应用，在数量上达到整个数控刀具的30%～40%，金属切除量占总数的80%～90%。

先进的机床与先进的刀具是相辅相成的，在两者匹配的情况下才能充分发挥各自的作用。数控刀具除了具备普通刀具所具有的高硬度、强度和韧性、好的耐磨性、导热性及工艺性以外，还需要具备：①优良的控制切屑的能力；②高的精度，且一致性好；③刀片要求标准化、系列化，便于编程和刀具管理；④刀具的尺寸便于调整，以减少换刀调整时间等要求。

3.4.3 数控加工刀具的材料

刀具材料主要指刀具切削部分的材料，刀具切削性能的优劣直接影响着生产效率、加工质量和生产成本。刀具的切削性能首先取决于刀具材料，其次是刀具的几何形状及角度的设计与选择。在切削过程中，刀具切削部分不仅要承受很大的切削力，而且要承受切屑变形和摩擦产生的高温，还要保持刀具的切削能力。常用的刀具材料有高速钢、硬质合金、涂层陶瓷、金刚石和立方氮化硼等。

3.4.3.1 硬质合金刀具

硬质合金刀具是数控加工刀具的主导产品，有的国家90%以上的车刀，55%以上的铣刀都采用了硬质合金制造，而且这种趋势还在增加。

硬质合金是由难熔金属碳化物（如 TiC、WC、TaC、NbC 等）和金属黏结剂（如 Co、Ni 等）经粉末冶金方法制成的，具有高硬度、抗弯强度和韧性、热导率、热膨胀系数、抗冷焊性等特点。

(1) 硬质合金牌号标准

ISO（国际标准化组织）将切削用硬质合金分为三类：

K 类：主要成分 WC-Co，相当于我国的 YG 类，用于加工短切屑的钢铁材料、非铁金属、非金属材料。

P 类：主要成分 WC-TiC-Co，相当于我国的 YT 类，用于加工长切屑的韧性钢铁材料。

M 类：主要成分 WC-TiC-TaC(NbC)-Co，相当于我国的 YW 类，用于加工长或短切屑的钢铁材料和非铁金属。

(2) 硬质合金牌号表示方法

切削工具用硬质合金牌号表示如下：

① 按硬质合金的成分来表示

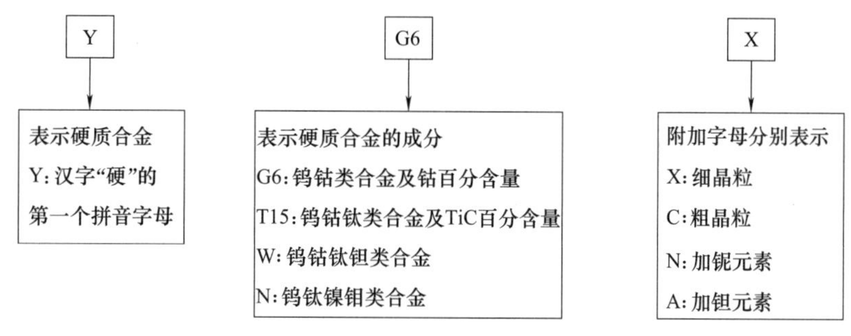

② 按硬质合金的特性来表示

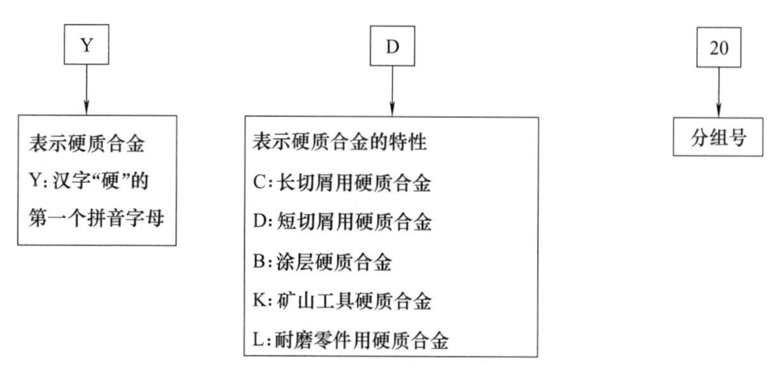

钨钴类（WC＋Co），合金代号为 YG，对应于国际标准 K 类，由 WC 和 Co 组成，常用牌号有 YG3X、YG6X、YG6、YG8 等，数字表示 Co 的百分含量，X 表示细晶粒。YG 类硬质合金有粗晶粒、中晶粒、细晶粒之分。一般硬质合金（如 YG6、YG8）均为中晶粒。刀具中钴含量越高，韧性越好，适于粗加工，钴含量低，适于精加工。因这种硬质合金韧性、磨削性、导热性较好，适于加工产生崩碎切屑、有冲击性切削力作用在刃口附近的脆性材料，主要用于加工铸铁、青铜等脆性材料，不适合加工钢料，因为在 640℃时发生严重黏结，使刀具磨损，耐用度下降。

钨钛钴类（WC＋TiC＋Co），合金代号为 YT，对应于国际标准 P 类。硬质相除 WC 外，还含有 5%～30%的 TiC。常用牌号有 YT5、YT14、YT15 及 YT30，TiC 的含量分别为 5%、14%、15%、30%，相应的钴含量为 10%、8%、6%、4%。此类合金有较高的硬度和耐热性，硬度为 89.5～92.5HRA，抗弯强度为 0.9～1.4GPa。主要用于加工切屑呈带状的钢件等塑性材料。合金中 TiC 含量高，则耐磨性和耐热性提高，但强度降低。TiC 含量少的牌号适合粗加工，TiC 含量多的牌号适合精加工，主要用于加工钢材及有色金属，不用于加工含 Ti 的材料，因为合金中的钛与加工材料中的钛元素之间的亲和力会产生严重的粘刀现象，使刀具磨损较快。

钨钛钽（铌）钴类［WC＋TiC＋TaC(Nb)＋Co］，合金代号为 YW，对应于国际标准 M 类，是在 YT 类硬质合金成分中加入一定数量的 TaC(Nb) 形成的合金，常用的牌号有 YW1 和 YW2。在 YT 类硬质合金成分中加入一定数量的 TaC(Nb) 可提高其抗弯强度、疲劳强度和冲击韧度，提高合金的高温硬度和高温强度，提高抗氧化能力和耐磨性。此类硬质合金不但适用于冷硬铸铁、有色金属及合金的半精加工，而且能用于高锰钢、淬火钢、合金钢及耐热合金钢的半精加工和精加工，被称为通用硬质合金。这类合金如适当增加含钴量，强度很高，能承受机械振动和由于温度周期性变化而引起的热冲击，可用于断续切削。近年来这类合金发展的牌号很多，主要用于加工难加工材料和一般钢料。有的国家基本不用 WC-TiC-Co 合金。

以上三类硬质合金的主要成分都是 WC，故可统称为 WC 基硬质合金。

TiC(N) 基类（WC＋TiC＋Ni＋Mo)，合金代号 YN。TiC（N）基硬质合金是以 TiC 为主要成分（有些加入了其他碳化物和氮化物）的 TiC-Ni-Mo 合金，硬度很高，达到 90～94HRA，达到了陶瓷的水平，有很高的耐磨性和抗月牙洼磨损能力，有较高的耐热性和抗氧化能力，化学稳定性好，与工件材料的亲和力小，摩擦系数较小，抗黏结能力强，刀具耐用度可比 WC 基硬质合金提高几倍。TiC(N) 基类硬质合金一般用于精加工和半精加工，对于大、长零件且加工精度较高的零件尤其适合，但不适于有冲击载荷的粗加工和低速切削。

(3) 细晶粒、超细晶粒硬质合金

普通硬质合金中 WC 粒度为几微米，细晶粒合金平均粒度在 1.5μm 左右。超细晶粒合金粒度在 0.2～1μm 之间，其中绝大多数在 0.5μm 以下。细晶粒合金中由于硬质相和黏结相高度分散，增加了黏结面积，提高了黏结强度。因此，其硬度与强度都比同样成分的合金高，硬度约提高 1.5～2HRA，抗弯强度约提高 0.6～0.8GPa，而且高温硬度也能提高一些，可减少中低速切削时产生的崩刃现象。超细晶粒合金生产过程中，除必须使用细的 WC 粉末外，还应添加微量抑制剂，以控制晶粒长大，并采用先进烧结工艺，成本较高。超细晶粒硬质合金多用于 YG 类合金，硬度和耐磨性、抗弯强度和冲击韧度均得到提高，已接近高速钢，适合做小尺寸铣刀、钻头等，并可用于加工高硬度难加工材料。

(4) 涂层硬质合金

涂层硬质合金刀具是硬质合金刀具材料应用的又一大发展。它将韧性材料和耐磨材料通过涂层有机地结合在一起，从而改变了硬质合金刀片的综合力学性能，使其使用寿命提高了 2～5 倍。它的发展相当迅速，在一些发达国家，其使用量已占硬质合金刀具材料使用总量一半以上。我国目前正在积极发展此类刀具，已有 CN15、CN25、CN35、CN16、CN26 等涂层硬质合金刀片在生产中应用。

(5) 高速钢基硬质合金

以 TiC 或 WC 为硬质相（约占 30%～40%），以高速钢为黏结相（约占 70%～60%），用粉末冶金方法制成，其性能介于高速钢和硬质合金之间，能够锻造、切削加工、热处理和焊接，常温硬度 70～75HRC，耐磨性比高速钢提高 6～7 倍。可用来制造钻头、铣刀、拉刀、滚刀等复杂刀具，加工不锈钢、耐热钢和有色金属。高速钢基硬质合金导热性差，容易过热，高温性能比硬质合金差，切削时要求充分冷却，不适于高速切削。

3.4.3.2　**涂层刀具**

涂层刀具是在韧性较好的硬质合金基体上或高速钢刀具基体上，涂覆一层耐磨性较高的难熔金属化合物而制成的。

常用的涂层材料有 TiC、TiN、Al_2O_3 等。TiC 的硬度比 TiN 高，抗磨损性能好，不过 TiN 与金属亲和力小，在空气中抗氧化能力强。因此，对于摩擦剧烈的刀具，宜采用 TiC 涂层，而在容易产生黏结条件下，宜采用 TiN 涂层刀具。而 Al_2O_3 在高温下有良好的热稳定性能，因此在高速切削产生热量大的场合宜采用 Al_2O_3 涂层。

涂层硬质合金一般采用化学气相沉积法（CVD 法），沉积温度 1000℃左右；涂层高速钢刀具一般采用物理气相沉积法（PVD 法），沉积温度 500℃左右。

涂层可以采用单涂层和复合涂层，如 TiC-TiN、TiC-Al_2O_3、TiC-TiN-Al_2O_3 等。而且可以通过选择涂层的顺序及涂层的总厚度来满足特种金属切削的要求，尤其是 Al_2O_3 涂层有高的抗扩散性磨损、优良的抗氧化性和高的热硬度等极好的高温性能，所以在铸铁及钢等材料高速加工中得到了广泛应用。涂层厚度一般在 5～8μm，表层硬度可达 2500～4200HV。在高速钢钻头、丝锥、滚刀等刀具上涂覆 2μm 厚的 TiN 涂层后硬度可达 80HRC。为了达到最大的金属切除率，涂层的厚度必须是最优的，经确定，刀具涂层厚度范围是 2～20μm。CVD 涂层厚度根据应用场合在 5～20μm 范围内，而 PVD 涂层厚度通常小于 5μm。金刚石涂层厚度一般比 CVD 或 PVD 涂层厚，与聚晶金刚石涂层一样可适用于厚度为 20～40μm 的范围。

涂层刀具具有高的抗氧化性能和抗黏结性能，因此具有较高的耐磨性和抗月牙洼磨损能力。涂层摩擦系数较低，可降低切削时的切削力和切削温度，提高刀具耐用度，高速钢基体涂层刀具耐用度可提高 2～10 倍，硬质合金基体刀具提高 1～3 倍。加工材料硬度愈高，涂层刀具效果愈好，一种涂层刀片可代替几种未涂层刀片使用，大大简化刀具的管理。

由于涂层刀具具有抗磨粒磨损、抗月牙洼磨损等性能，并允许使用较高的切削速度，所以当今在美国和西欧超过 60%的金属切削刀片都是 CVD 涂层的。硬质合金基体的脆性因形成 η 相的减少也已降低或消除，使涂层硬质合金刀具应用范围更广，包括车、镗、攻螺纹、切槽、切割和铣削，适于加工合金、不锈钢、灰铸铁、韧性铸铁和高温合金材料。目前，涂层刀具正朝着复合多层方向发展，既可提高与基体材料的结合强度，又具有多种材料的综合性能，纳米涂层技术采用多种涂层材料的不同组合满足不同功能和性能要求，特别适用于干切削。

涂层刀具由于成本较高，还不能完全取代未涂层刀具的使用。硬质合金涂层刀具在涂覆后强度和韧性都有所降低，不适合受力大和冲击大的粗加工，也不适合高硬材料的加工。涂层刀具经过钝化处理，切削刃锋利程度减小，不适合进给量很小的精密切削。

3.4.3.3　**陶瓷刀具**

陶瓷刀具材料主要由硬度和熔点都很高的 Al_2O_3、Si_3N_4 等氧化物、氮化物组成，另外还有少量的金属碳化物、氧化物等添加剂，通过粉末冶金工艺方法制粉，再压制烧结而成。

陶瓷刀具优点是有很高的硬度和耐磨性，硬度达 91～95HRA，耐磨性是硬质合金的 5 倍；刀具寿命比硬质合金高；具有很好的热硬性，当切削温度为 760℃时，具有 87HRA（相当于 66HRC）的硬度，温度达 1200℃时，仍能保持 80HRA 的硬度；摩擦系数低，切削力比硬质合金小，用该类刀具加工时能提高工件表面光洁度。

陶瓷刀具最大的缺点是韧性差，陶瓷刀具基本上都以氧化铝系和氮化硅系陶瓷刀具为基础材料，采用不同增韧补强机理来进行显微结构设计。目前，许多国家又开发了 Sialon 陶瓷刀具材料，它是把氧化铝、氮化铝、氮化硅的混合物在高温下进行热压、烧结而得到的材料，有很高的强度和韧性，已成功应用于铸铁、镍基合金、硅铝合金等难加工材料的加工。

常用的陶瓷刀具有两种：Al_2O_3 基陶瓷和 Si_3N_4 基陶瓷。

陶瓷刀具材料由于主要成分是氧化铝等地壳中丰富的物质，因此它是贵重金属的重要替代物，能使刀具成本降低。所以，陶瓷刀具材料将会得到更大发展，其方向为复合陶瓷刀具。最近研究的新型陶瓷刀具材料常温硬度高达 91～95HRA，良好的高温硬度使其在 1100～1200℃条件下可以进行切削加工，其耐磨性和化学稳定性也很好。加工一般碳钢切削速度可达 1500～3000m/min，加工铸铁可达 400～1000m/min。对高温合金等难加工材料，用陶瓷刀具比硬质合金刀具切削速度提高 4～5 倍，国际上已将陶瓷刀具视为进一步提高生产率的最有希望的刀具材料。

3.4.3.4 金刚石刀具

金刚石是碳的同素异形体，具有极高的硬度。现用的金刚石刀具有三类：天然单晶金刚石刀具、人造聚晶金刚石刀具、复合聚晶金刚石刀具。

天然单晶金刚石是一种各向异性的单晶体，硬度达 9000～10000HV，是自然界中最硬的物质。天然金刚石刀具可用于高速超精加工有色金属及其合金，如铝、黄金、巴氏合金、铍铜、紫铜等。用天然金刚石制作的超精加工刀具其刀尖圆弧部分在 400 倍显微镜下观察无缺陷，用于加工铝合金多面体反射镜、无氧铜激光反射镜、陀螺仪、录像机磁鼓等。表面粗糙度 Ra 可达到 0.01～0.025μm。

天然金刚石材料韧性很差，抗弯强度很低，仅为 0.2～0.5GPa。热稳定性差，温度达到 700～800℃时就会失去硬度。温度再高就会碳化。另外，它与铁的亲和力很强，一般不适于加工钢铁。

人造聚晶金刚石（PCD）作为刀具材料，硬度略逊于天然金刚石，其他性能都与天然金刚石不相上下。由于经过人工制造，其解理方向和尺寸变得可控和统一。随着高温高压技术的发展，人造聚晶金刚石最大尺寸已经可以做到 8mm。由于这种材料有相对较好的一致性和较低的价格，所以受到广泛的关注。作为替代天然金刚石的新材料，人造聚晶金刚石的应用将会有大的发展。

PCD 的硬度比天然金刚石低，但抗弯强度比天然金刚石高很多，通过调整金刚石微粉的粒度和浓度，使 PCD 制品的机械物理性能发生改变，以适应不同材质、不同加工环境的需要。PCD 刀具比天然金刚石刀具的抗冲击和抗振性能高出很多，与硬质合金相比，硬度高出 3～4 倍；耐磨性和寿命高 50～100 倍；切削速度可提高 5～20 倍；粗糙度 Ra 可达到 0.05μm；切削效率高，加工精度稳定。

人造金刚石刀具主要用于加工有色金属和非金属，如铝、高硅铝合金、铜、锰、镁、铅、钛等有色金属和硬纸板、木材、陶瓷、玻璃、玻璃纤维、花岗岩、石墨、尼龙、强化塑料等非金属材料。例如，用金刚石刀片加工玻璃纤维时，其寿命比硬质合金刀片要提高 150 倍。PCD 同天然金刚石一样，不适合加工钢和铸铁。PCD 刀具特别适合加工高硅铝合金，因此在汽车、航空、电子、船舶工业中得到了广泛的应用。

CVD 金刚石厚膜是一种新型刀具材料，是一种化学气相沉积法制成的金刚石材料，其硬度高于 PCD。由于不含金属结合剂，所以有很高的热传导率和抗高温氧化性能；但因 CVD 材料韧性比较差，不能用线切割的方式进行切割加工；由于没有切磨的方向性，磨削加工的工艺性较差，极难磨出像天然金刚石和人造单晶金刚石一样锋利的刃口。作为切削刀具使用尚处于试验阶段，有待进一步研究和开发。

总之，金刚石刀具具有很多优点：极高的硬度和耐磨性，硬度达 10000HV，耐磨性是硬质合金的 60～80 倍；切削刃锋利，能实现超精密微量加工和镜面加工；很高的导热性。金刚石刀具缺点是耐热性差，强度低，脆性大，对振动很敏感。

此类刀具主要用于高速条件下精细加工有色金属及其合金和非金属材料。

3.4.3.5　立方氮化硼刀具

立方氮化硼（简称 CBN）是以六方氮化硼为原料在高温高压下合成的，具有高硬度（硬度仅次于金刚石，在 1300℃时仍能保持其硬度）、热硬度和热稳定性（比金刚石高很多）、较高的导热性、较小的摩擦系数。缺点是强度和韧性较差，抗弯强度仅为陶瓷刀具的 1/5～1/2。CBN 刀具的耐用度比硬质合金或陶瓷刀具高十几倍到几十倍，切削速度可提高 3～5 倍，加工表面粗糙度 Ra 可达到 0.1μm，可代替磨削进行高精度加工。

CBN 刀具不与铁质金属发生化学作用，主要用来加工淬硬高速钢、淬硬合金钢、淬硬轴承钢、渗碳钢、冷硬铸铁、球墨铸铁等，也常用于加工各种镍基高温合金和各类喷焊材料等难加工材料，它不宜加工塑性大的钢件和镍基合金，也不适合加工铝合金和铜合金，通常采用负前角的高速切削。

充分利用 CBN 材料热硬性热的特点，在很多种场合下可实行干切削，对于节省冷却润滑液的开支和防止环境污染有很重要的意义。目前，国外知名的 CBN 材料制造厂家如 GE 公司、DE-BEERS、日本住友等都已开发出种类繁多的不同牌号的 CBN 聚晶复合片。针对淬火钢、耐热钢、冷硬铸钢等多种材料的不同特性提供不同性能的 CBN 材料以供选择。

3.4.4　数控加工刀具的选择

正确选择数控刀具是提高数控加工效率，保证数控刀具资源合理配置的有效途径，既可以避免因个别刀具闲置造成的资源浪费，又可以避免对个别刀具的频繁借用，造成精度无法保证以及生产上的相互牵制。

刀具的选择是在数控编程的人机交互状态下进行的。应根据机床的加工能力、工件材料的性能、加工工序、切削用量以及其他相关因素正确选用刀具及刀柄。刀具选择总的原则是：安装调整方便，刚性好，耐用度和精度高；在满足加工要求的前提下，尽量选择较短的刀柄，以提高刀具加工的刚性。

选取刀具时，要使刀具的尺寸与被加工工件的表面尺寸相适应。生产中，平面零件周边轮廓的加工，常采用立铣刀；铣削平面时，应选硬质合金刀片铣刀；加工凸台、凹槽时，选高速钢立铣刀；加工毛坯表面或粗加工孔时，可选取镶硬质合金刀片的玉米铣刀；对一些立体型面和变斜角轮廓外形的加工，常采用球头铣刀、环形铣刀、锥形铣刀和盘形铣刀。

在进行自由曲面加工时，由于球头刀具的端部切削速度为零，因此，为保证加工精度，切削行距一般取得很密，故球头常用于曲面的精加工。而平头刀具在表面加工质量和切削效率方面都优于球头刀，因此，只要在保证不过切的前提下，无论是曲面的粗加工还是精加工，都应优先选择平头刀。另外，刀具的耐用度和精度与刀具价格关系极大，必须引起注意的是，在大多数情况下，选择好的刀具虽然增加了刀具成本，但可提高加工质量和加工效率，从而使整个加工成本大大降低。

在加工中心上，各种刀具分别装在刀库上，按程序规定随时进行选刀和换刀动作。因此必须采用标准刀柄，以便使钻、镗、扩、铣等工序用的标准刀具迅速、准确地装到机床主轴或刀库上去。编程人员应了解机床上所用刀柄的结构尺寸、调整方法以及调整范围，以便在编程时确定刀具的径向和轴向尺寸。目前我国的加工中心采用 TSG 工具系统，其刀柄有直柄（三种规格）和锥柄（四种规格）两种，共包括 16 种不同用途的刀柄。

在经济型数控加工中，由于刀具的刃磨、测量和更换多为人工手动进行，占用辅助时间较长，因此，必须合理安排刀具的排列顺序。一般应遵循以下原则：

① 尽量减少刀具数量；

② 一把刀具装夹后，应完成其所能进行的所有加工部位；

③ 粗精加工的刀具应分开使用，即使是相同尺寸规格的刀具；

④ 先铣后钻；

⑤ 先进行曲面精加工，后进行二维轮廓精加工；

⑥ 在可能的情况下，应尽可能利用数控机床的自动换刀功能，以提高生产效率等。

3.4.5 数控机床的自动换刀装置

目前自动换刀装置主要用在加工中心和车削中心上，但在数控磨床上自动更换砂轮，在电加工机床上自动更换电极，以及在数控压力机上自动更换模具等的应用也日渐增多。自动换刀装置的刀库和换刀机械手的驱动都是采用电气或液压自动实现的。

(1) 数控车床的自动换刀装置

数控车床的自动换刀装置主要采用回转刀盘，刀盘上安装 8～12 把刀。有的数控车床采用两个刀盘，实行四坐标控制，少数数控车床也具有刀库形式的自动换刀装置。刀具可与主轴中心平行安装，也可相对于主轴中心线倾斜安装，回转刀盘既有回转运动又有纵向进给运动（$S_{纵}$）和横向进给运动（$S_{横}$），如图 3-61（a）、(b）所示。双回转刀盘如图 3-61（c）所示。图 3-61（d）所示为安装有刀库的数控车床，刀库可以是回转式或链式，通过机械手交换刀具。图 3-61（e）所示为带鼓轮式刀库的数控车床，双回转刀盘 3 上装有多把刀具，鼓轮式刀库 4 上可装 6～8 把刀，机械手 5 可将刀库中的刀具换到刀具转轴 6 上去，刀具转轴 6 可由电动机驱动回转进行铣削加工，回转头 7 可交换采用双回转刀盘 3 和刀具转轴 6 轮番进行加工。

(2) 加工中心的自动换刀装置

加工中心有立式、卧式、龙门式等几种，因此机床上的刀库和换刀装置也各式各样，刀库类型有鼓轮式刀库、链式刀库、格子箱式刀库和直线式刀库等，如图 3-62 所示。

鼓轮式刀库的刀具轴线与鼓轮轴线平行（或垂直或成锐角），结构简单紧凑，应用较多，因刀具单环排列，定向利用率低，刀库容量较小，一般不超过 32 把刀具。

链式刀库的容量较大，采用多环链式刀库时，刀库外形较紧凑，占用空间较小，增加存储刀具数目时，可增加链条长度，而无须增加链轮直径，则圆周速度不会增加，刀库的转动惯量不像鼓轮式刀库增加得那样多。

格子箱式刀库容量较大，结构紧凑，空间利用率高，通常将刀库安放于工作台上，布局不灵活，在使用一侧的刀具时，必须更换另一侧的刀座板。

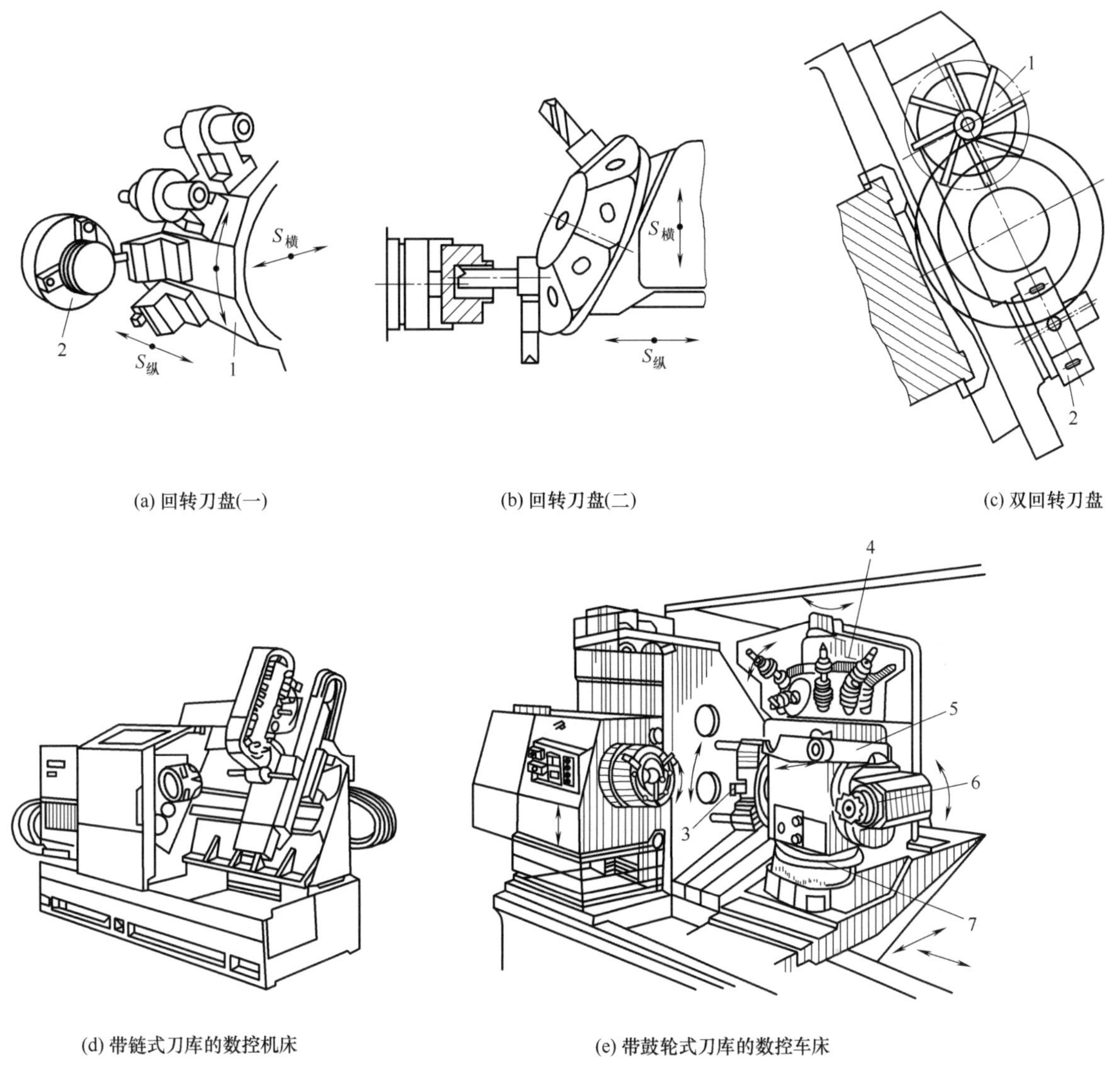

(a) 回转刀盘(一) (b) 回转刀盘(二) (c) 双回转刀盘

(d) 带链式刀库的数控机床 (e) 带鼓轮式刀库的数控车床

图 3-61 数控车床的自动换刀装置

1,2—刀盘；3—双回转刀盘；4—鼓轮式刀库；5—机械手；6—刀具转轴；7—回转头

直线式刀库的结构简单，刀库容量较小，一般用于数控车床、数控钻床和个别加工中心。

链式刀库是目前用得最多的一种形式。由一个主动链轮带动装有刀座的链条移动，其中主动链轮由直流（交流）伺服电动机通过蜗杆、蜗轮减速装置驱动（有时可加一对齿轮副），导向轮一般都做成光轮，圆周表面硬化处理，左侧两个导向轮兼起张紧轮的作用，其轮座必须带导向槽（或导向键），以免松开螺钉时轮座位置歪扭，给张紧调节带来麻烦，如图 3-63 所示。

对于上述链条，采用时应确定刀柄号、拉钉种类、刀座间距、定位安装位置和刀座号标牌位置。在换刀过程中，如果刀座不能准确地停在换刀位置上，将会使换刀机械手抓刀不准，以致在换刀时容易发生掉刀现象。因此，刀座的准停问题是影响换刀动作可靠性的重要因素之一。为了确保刀座准确地停在换刀位置上，定位盘准停采用液压缸推动的定位销插入

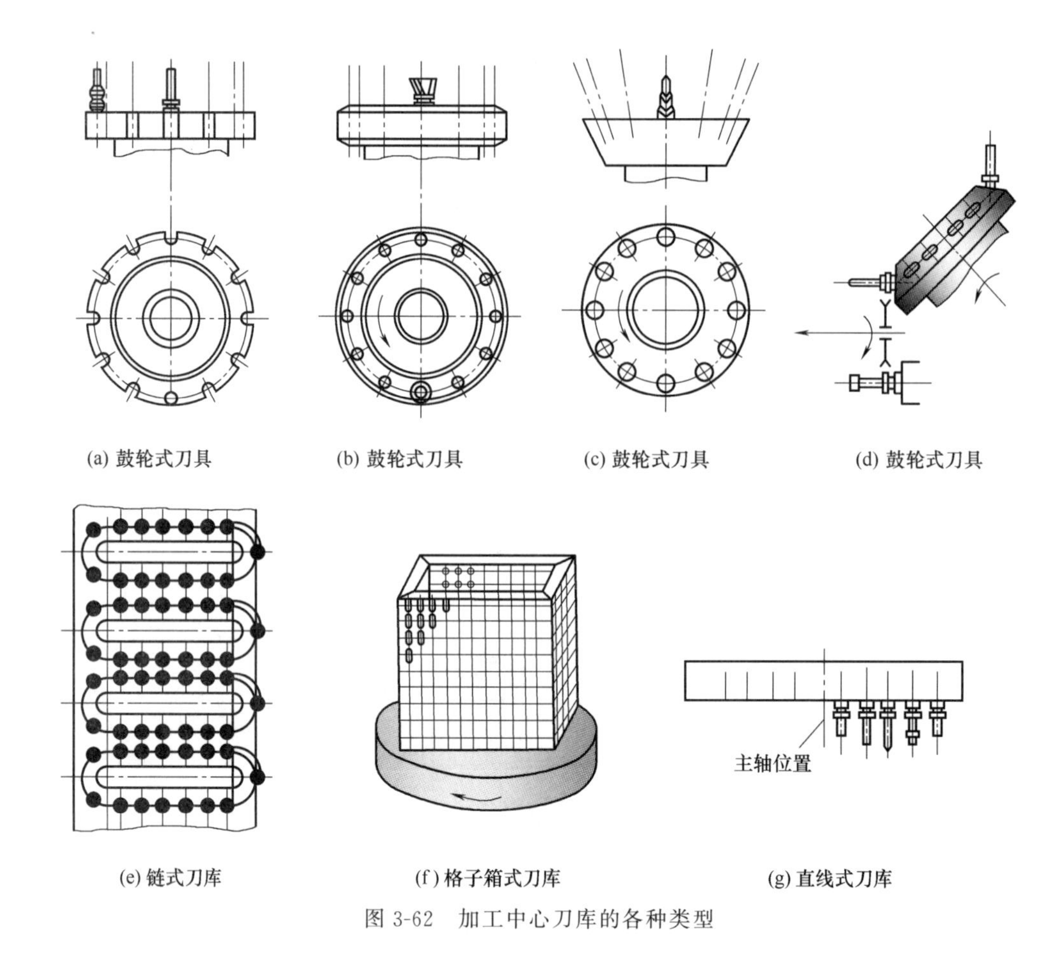

(a) 鼓轮式刀具　(b) 鼓轮式刀具　(c) 鼓轮式刀具　(d) 鼓轮式刀具

(e) 链式刀库　(f) 格子箱式刀库　(g) 直线式刀库

图 3-62　加工中心刀库的各种类型

定位盘的定位槽的方式，以实现刀座的准停。

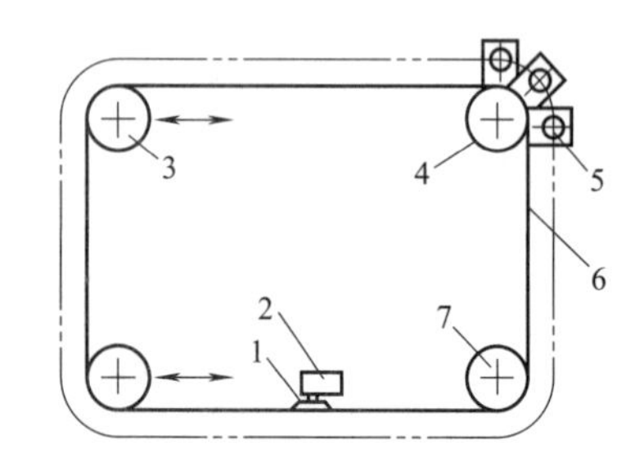

图 3-63　方形链式刀库结构示意图

1—回零撞块；2—回零开关（左右可移）；3—导向轮（张紧轮）；4—主动链轮；5—刀座；6—链条；7—导向轮

同时为了保证刀库的第 1 号刀座准确地停在初始位置上，由伺服电动机驱动的刀库必须设置回零撞块。回零撞块可以装在链条的任意位置上，而回零开关则安装在便于调整的地方。调整回零开关位置，使刀座准确地停在换刀机械手位置上。这时，处于机械手抓刀位置的刀座，编号为 1，然后依次编上其他刀座号。刀库回零时，只能从一个方向回零，至于是顺时针回转回零还是逆时针回转回零，可由机电设计人员商定。为了准确地回到零点，在零点前设置减速行程开关。

(3) 换刀方式

① 无机械手换刀。有的小型加工中心有单独存储刀具的刀库，刀具数量可以调整，满足加工各种零件的需要，采用无机械手换刀的方式，因加工中心只需一个夹持刀具进行切削的主轴，所以制造难度比较低。如图 3-64 所示的加工中心，刀库在立柱的正前方上部，刀库中刀具的存放方向与主轴方向一致。换刀时主轴箱带着主轴沿立柱导轨上升至换刀位置，主轴上的刀具正好进入刀库的某一个刀具存放位置（刀具被夹持住）。随后主轴内夹刀机构松开，刀库顺着主轴方向向前移动，从主轴中拔出刀具，然后刀库回转，将下一步所需的刀

具转到与主轴对齐的位置；刀库退回，将新刀具插入主轴中，刀具随即被夹紧，主轴箱下移，开始新的加工。自动换刀系统中刀库整体前后移动，不仅刀具数量少（30 把），而且刀具尺寸也较小，刀库旋转是在工步与工步之间进行的，即旋转所需的辅助时间与加工时间不重合。

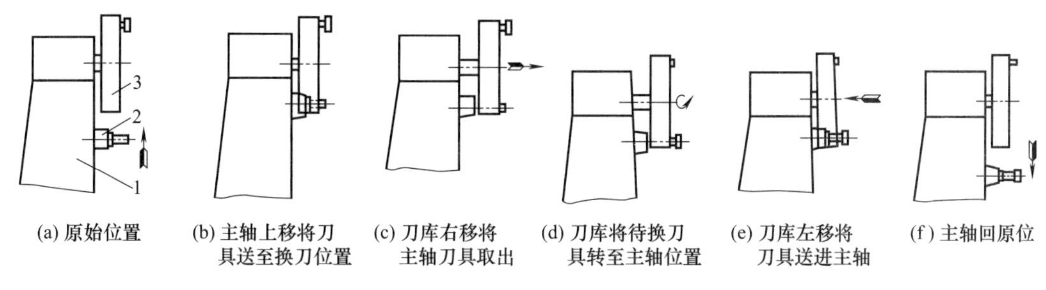

图 3-64　加工中心无机械手换刀简图

1—立柱；2—主轴箱；3—刀库

② 刀具存储方向与主轴方向在空间相差 90°的换刀系统。刀库中刀具存储方向与主轴方向在空间相差 90°的自动换刀系统，刀库先按程序中的“T”指令将准备换的刀具转到刀库最下端位置，使刀具、刀座旋转 90°，刀头向下。

图 3-65 所示为换刀机械手的驱动机构。换刀时主轴箱上升至换刀位置，机械手由液压缸活塞齿条 2、齿轮 3、传动盘 4、杆 5 带动回转 75°，两机械手分别抓住主轴和刀座中的刀具拔出，然后气缸活塞齿条 7、齿轮 6、传动盘 4、杆 5 带动机械手手臂回转 180°。气缸 1 使机械手手臂上升，将新刀具插入主轴，旧刀具插入刀座中。主轴内的夹紧机构能自动夹紧刀具，在液压缸活塞齿条 2 的作用下，机械手手臂反方向回转 75°回原位。在气缸 1 的作用下，刀座向上转 90°，与刀库同向。整个换刀过程为 6～10s。

单臂双手爪式机械手手臂的两端各有一个手爪，可以同时抓住和拔、插位于主轴和刀库的刀具，如图 3-66 所示，刀具被弹簧的活动销 4（类似于人手的拇指）顶靠在手爪 5 中。锁紧销 2 被弹簧 3 弹起，使活动销 4 被锁住，不能后退，保证了在机械手运动过程中，手爪中的刀具不会被甩出。当机械手手臂处于上换刀位置的 75°时，锁紧销 2 被挡块压下，活动销 4 就可以活动，使得机械手可以抓住（或放开）主轴或刀座中的刀具。

3.4.6　刀库的管理

(1) 选刀方式

在单台加工中心上加工零件时，也必须准确无误地从刀库中取出所需的刀具。从刀库中选刀的方式，一般可分为顺序选择和任意选择两种。

① 顺序选择方式。将预调好的刀具组件按加工的工序依次插入刀库中，加工时，根据数控指令，依次用机械手从刀库中取出刀具，每次换刀时刀库依次转动一个刀座位置。这种方式，刀库驱动控制非常简单，但刀库中的任一把刀具在零件整个加工中不能重复使用。

② 任意选择方式。任意选择方式是预先把刀库中的每把刀具（或刀座）都进行编码，刀库运转中，每把刀具都经过识别装置接受识别。当某一把刀具的编码与数控指令代码相符时，刀具识别装置即发出信号，令刀库将该把刀具输送到换刀装置，等待机械手取出使用。这种方式的优点是刀具可以重复使用，减少了刀具库存量，刀库也可相应小些，但刀库驱动控制比较复杂。

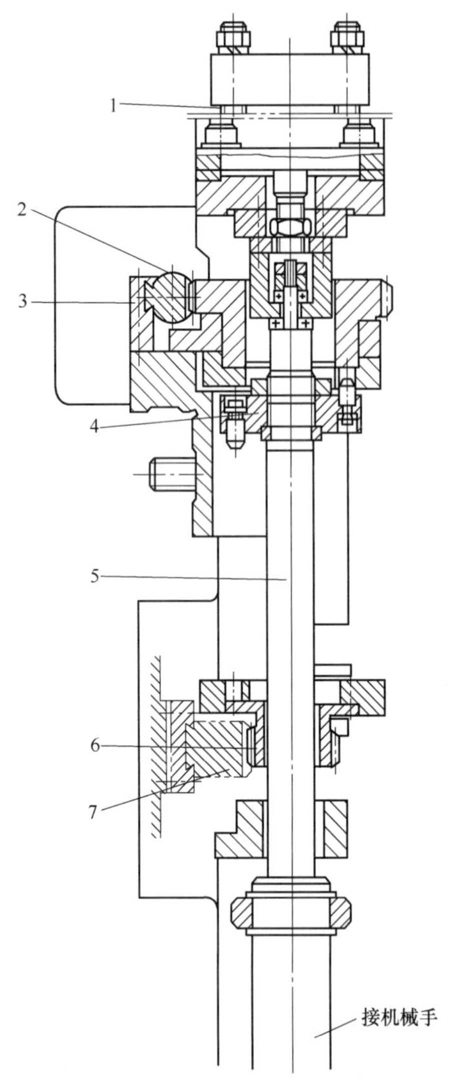

图 3-65　换刀机械手的驱动机构

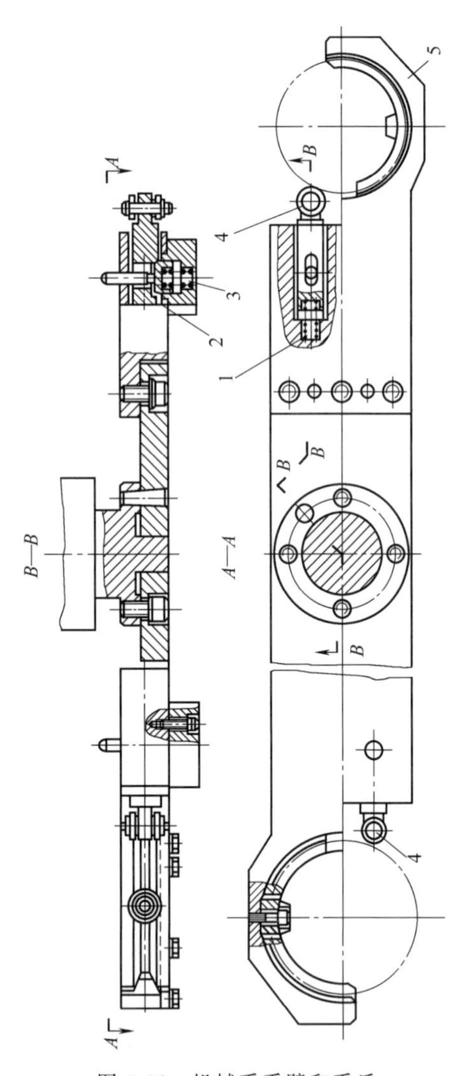

图 3-66　机械手手臂和手爪

1,3—弹簧；2—锁紧销；4—活动销；5—手爪

(2) 刀具的识别

在数控加工的刀具管理中，刀具识别非常重要。从原理上看，可以有多种不同的方法来实现刀具的识别。它分为接触式识别和非接触式识别两种。图 3-67 为采用接触式识别方法的钻头夹头。

在夹头前端组装了一些表示刀具编码的环，称为数码环，预先规定大直径的数码环为“1”，小直径的为“0”。数码环可以是大直径或小直径的，图中有 5 个数码环，故有 $2^5=32$ 种组合情况，即 32 种刀具编码。图 3-67 所示编码为 11010，刀库储存量愈多，则数码环数目也愈多。在刀库附近有一接触式刀具识别装置，从其中伸出与数码环数量相等的几个触针。根据触针与数码环接触与否，即可判断数码环是大直径的，还是小直径的。每个触针与一个继电器连接。当数码环为大直径时，与触针接触，继电器通电，其数码为“1”。当数码环是小直径时，与触针不接触，继电器不通电，其数码为“0”。只有当各继电器读出的数码

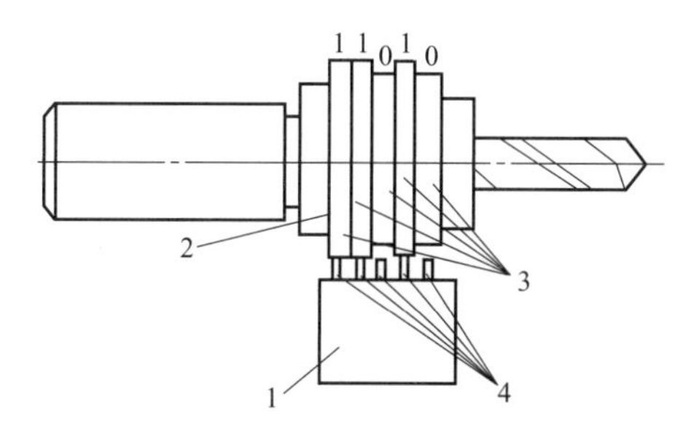

图 3-67　接触式识别装置简图

1—接触式识别装置；2—刀具夹头；
3—数码环；4—触针

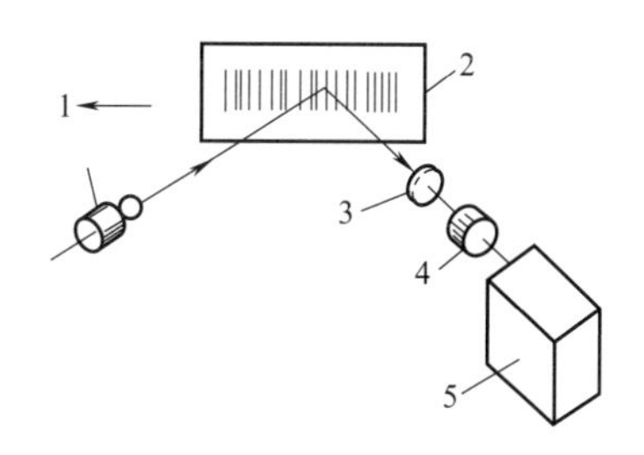

图 3-68　条形码识别系统

1—光源；2—条形码标记；3—聚光镜；
4—光敏元件；5—读出控制电路

与所需刀具的数码一致时，刀库才由控制装置操纵自动停止，然后被机械手取出刀具并输送到机床主轴中，从而实现自动换刀。

条形码是指一组印在浅色衬底上的，深色的、粗细不同的条形码符，是采用国际上通用的编码方法，通过长条形线条的某种排列组合而得出的具有一定含义的编码。因为条形码可以在很小的尺寸范围内容纳极高密度的信息，而且易于实现信息识别的自动化，所以其被广泛用于刀具识别技术中。条形码识别系统由光源、条形码标记、聚光镜、光敏元件和读出控制电路组成，如图 3-68 所示，当识别装置中光源发出的光线射向移动的刀具上的条形码标记时，由于条形码标记上的线条本身粗细不同、线条间隙宽窄不同和衬底的反射率不同，就会产生强弱不同的反射光，并经聚光镜聚焦在光敏元件上。不同强弱的反射光使光敏元件输出的信号电流大小也不同。这一电流信号送入读出控制电路后，经放大、整形，便被最终转换成数字信号，将其送进计算机或其他逻辑电路中作必要的处理，即可实现刀具的识别。这种识别方法是在非接触状态下工作的，不会由于磨损和接触不良而造成故障，因而工作可靠。

(3) 柔性制造系统刀具的管理

在柔性制造系统中，刀具管理的方法主要是在该系统的中央控制系统中建立刀具数据文件，其主要内容包括刀具编码、刀具名称、刀具大小识别号、刀具耐用度、刀位号、刀具补偿类型、刀尖半径、刀具半径、刀具长度及其公差、切削用量和刀具监测信息等。其中刀具编码是刀具管理最基本、最重要的信息，是整个加工系统中刀具识别的依据。每一把刀具必须占有且只能占有一组编码，用于计算机识别刀具。通过编码就可查出刀具的尺寸、耐用度及其在系统内的位置，且不影响刀具在机床刀库或中央刀库的存放位置。至于编码的方法，各种加工系统均根据具体情况而定。

加工系统运行时，通过不断修改预定的刀具数据文件和调刀仪把刀具的实际参数输入后，就可建立一套刀具的实际数据文件，存储于中央控制系统的中央刀具数据库中。再由中央控制系统通知各加工中心实现刀具在加工系统各部分之间的传送并进行加工。通过加工系统控制终端显示的菜单，采用人机对话形式，实现刀具在整个加工系统运行中的管理。

科学的刀具管理能为用户节省可观的刀具费用，因此开发刀具管理技术和相关的软件、硬件已成为刀具制造商的业务范围，并由此将有关刀具正确使用的知识、数据和信息传递给用户。德国 Walter 公司的 TDM easy 软件，给出公司各类刀具加工不同工件材料时的切削参数，用户可以参照选择和使用；刀具管理软件，可从工件材料、库存、切削参数、刀具寿命、采购供应等不同方面对刀具进行全面管理，具有缩短计划时间、使调整时间和工序间断时间降至最低、减少刀具种类、促进刀具标准化、减少刀具库存以及对刀具订货进行控制的功能等。日研公司的 TMS Windows 刀具管理系统，有刀具自动识别（ID）的功能。

Kennametal 公司推出的供用户存放和管理刀具的 TOOL BOSS 刀具柜，包括一个刀具柜管理软件，机床操作者凭个人使用的密码通过屏幕引导可打开相应的抽屉，领取一定数量的刀片或刀具，刀具管理人员可根据加工的需要事先设置各机床操作者领取的刀具品种、规格、数量及其最低的库存量，相关的各级管理人员凭设置的不同层次的密码可进入该系统的相关层次，了解有关的数据，系统还可连接到公司的局域网实现数据共享，并可与供应商联网，及时补充消耗的刀具。该公司的系统可以减少资金占用最多达 90%，减少刀具仓储成本 50%以及减少内部刀具管理费用接近 90%。

Sandvik Coromant 公司开发的 Auto TAS 刀具管理软件，有 11 个集成模块，提供 3000 多种刀具的 CAD 模型（几何尺寸、检测、装配）和各种刀具的库存位置、成本、供应商、切削性能、刀具寿命及要加工工件的信息，还提供刀具库存管理、购买、统计分析、报表、刀具室计划与质量控制等功能。Mapal 公司推出的全球刀具管理系统可为用户提供正确的刀具品种和数量，为用户建立服务部，负责刀具的重磨、调整、发放等业务，帮助用户分析、评价加工过程等。

3.4.7 数控刀具状态的在线监测

在数控加工中，刀具状态的在线监测具有非常重要的意义，因为刀具的损坏不仅影响加工的质量和效率，而且还可能导致严重的机床和人身事故。刀具的损坏有磨损和破损两种情况。磨损是刀具在加工过程中与工件发生接触和摩擦而产生的表面材料消耗的现象；而破损是刀具发生崩刃、断裂、塑变等而导致刀具失去切削能力的现象，它又包括脆性破损和塑性破损。脆性破损是刀具在机械和冲击作用下，在尚未发生明显磨损时出现的崩刃、碎裂、剥落等现象。而塑性破损是刀具在切削时，由于高温、高压等作用，在与工件相接触的表面层上发生塑性流动而失去切削能力的现象。因此，在线监测刀具磨损和破损、及时发出警报以及自动换刀或停机是非常重要的。

在线监测刀具状态（磨损和破损）的方法很多，可以分为直接监测和间接监测两种，也可以分连续监测和非连续监测。在线连续监测常用间接方法进行。随着刀具磨损和破损，切削力（包括切削分力比值及切削力动态分量）或扭矩会发生变化，切削温度、切削功率、振动与声发射信号也都发生变化。用这些信号的变化检测刀具磨损和破损，效果较好。对于精加工，也可以用工件尺寸的变化和表面粗糙度的变化等来间接检测刀具状态。通常可根据自动化加工的具体条件来选用监测方法，也可联合采用几种变化信号进行监测，以使监测结果更加可靠。

(1) 光学摄像监测法

光学摄像监测法是采用工业电视进行监测的方法。原理如图 3-69 所示，光学探头（显微镜）接收切削刃部分图像，输送给电视摄像机，根据图像上各点辉度不同，信号数字化后存入储存器，再用微机进行图像处理，滤去干扰信号后与原来机内存储的门槛值（磨损或破损极限）比较，确定刀具损坏程度。如切削时切削刃不便观察，可采用光导纤维获取图像，再用图 3-70 所示的系统进行监测。刀具发生损坏在电视屏幕上可直接显示，比较直观；但微机图像处理需时较长，技术也较复杂，成本高，难以用于实际生产中的自动监控。

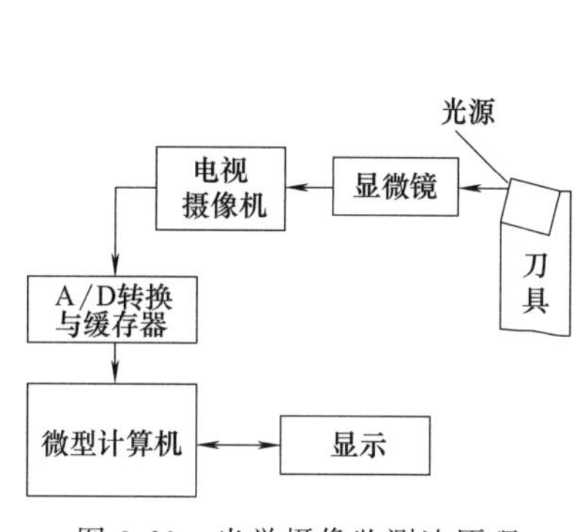

图 3-69　光学摄像监测法原理

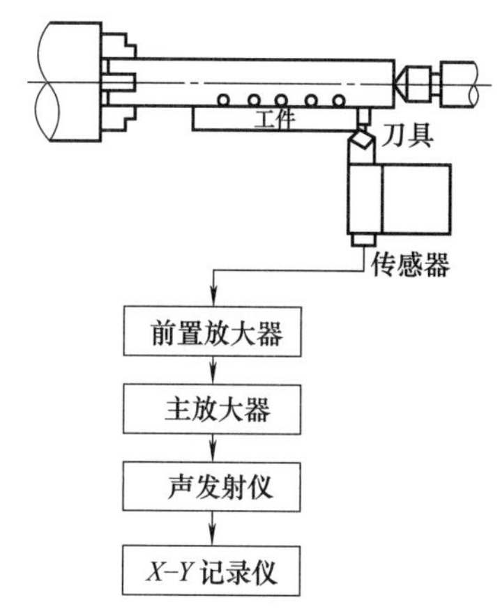

图 3-70　声发射刀具破损监测系统简图

(2) 声发射监测法

声发射（AE）是固体材料发生变形或破损时快速释放出的应变能产生弹性波（AE 波）的现象。当刀具发生急剧磨损和破损时，由 AE 传感器监测到对 AE 波响应的声发射信号。AE 信号可分为连续型与突发型两类。固体材料的弹性塑性变形和正常切削过程中发生的 AE 信号属于连续型的，而刀具急剧磨损和破损时发生的是非周期性的突发型 AE 信号。两类信号相比，后者的电压大于前者。

图 3-70 为用声发射法监测刀具破损装置的原理图。AE 传感器固定在刀杆后端，输出的 AE 信号经过放大后传至声发射仪和记录仪器，得到 AE 信号的波形曲线，或者经数字化后送到计算机处理系统。正常切削时，AE 信号有效值的输出电压为 0.15～0.20V，根据切削条件的不同，刀具急剧磨损和破损时发出 AE 信号的峰值在 150kHz～1MHz 范围内，有效值超过 0.2V，达到 1.0V 左右（增益 40～50dB 时），功率谱最大谱值增加 50%左右，脉冲信号的幅值急剧增大，脉冲计数率增加 1.5～2 倍。当 AE 信号超出预定的门槛值时，表明刀具发生破损，立即报警换刀。这种方法的关键是选择合适的增益和门槛值，排除切削时的其他背景噪声信号的干扰，提高刀具破损判别的可靠性。

(3) 切削力变化监测法

用切削分力的比值变化或比值的变化率作为监测刀具状态的判断信号是一种效果较好的方法。例如车削时，可用测力仪测得三个分力 F_x、F_y、F_z，经放大等微机控制和处理系统的分析，与预定值进行比较，以实时监测刀具是否正常。采用测力轴承是目前一些数控机床和加工中心常用的自动监测方法，特别是监测容易破断的小刀具。切削时，从刀具传给主轴的切削力作用在主轴轴承上，这对直接在主轴轴承处监测切削力特别有利。刀具自动监测系统包括主轴上的测力轴承（即切削力信号传感装置）、放大器和微机控制分析系统。微机控制分析系统通过数据总线与 CNC 控制系统相连。测力轴承可以采用通常的预加载荷的滚子系列主轴轴承。轴承上装有电阻应变片，通过电阻应变片可以采集随切削力变化的信号。各应变片的连接线通过电缆线从轴承的轴肩前端引出，把信号输入放大器和微机控制分析系统，与切削力预定值进行比较，判断刀具的状态。

(4) 电动机功率变化监测法

用机床电动机的功率变化监测刀具磨损或破损，特别是破损，为一种比较实用而简便的方法。当刀具磨损急剧增加或突然破损时，电动机的功率（或电流）发生较大的波动，用功率表或电流计即可测得这种变化，然后采取必要措施。对于多刀加工和深孔加工等，这种方法最为方便，因为多刀切削时，很难分别检测每把刀具的状态，只有综合监测其加工时的功率变化，才容易了解其工作状态。监测时，根据机床的具体加工情况，预先设定一功率门槛值，当超过此值时，便自动报警。

(5) 电感式棒状刀具破断监测装置

图 3-71 为电感式钻头破断监测装置原理图。在钻模板 3 的上面装有电感测头 4 。钻头通过导套 2 钻孔，钻头的导向部分处于电感测头 4 的下面。当钻头退回原位时，钻头的切削部分正好处于电感测头 4 的下面。一旦钻头破断，在退回原位时，量头的电感量发生较大的变化，通过微机控制分析系统，即可报警换刀或停机。在自动化加工系统中，刀具磨损和破损监测是根据经验或理论计算的刀具磨损与破损耐用度来执行的。该刀具耐用度（或者与该耐用度相应的切削力、切削功率、AE 信号极限值）可在加工前通过人机对话在系统终端输入加工系统的中央刀库数据库中。当该刀具累计切削时间达到预定的耐用度后，刀具将由机械手或机器人从机床或中央刀库中自动输出，无须人工干预。经过监测，如果该刀具尚未真正达到磨损或破损极限，则修正预定的耐用度门槛值后，继续使用。如果刀具确实已经损坏，应通过自动换刀装置，换刀后继续加工。

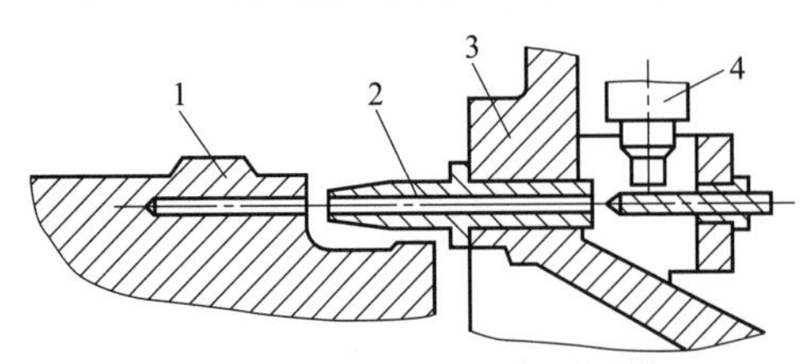

图 3-71　电感式钻头破断监测装置

1—工件；2—固定导套；3—钻模板；4—电感测头

随着现代制造技术的发展，传统的单因素单传感器监测方式和单一模型处理评判方式已不能满足高精度的刀具状态监测的需求，取而代之的是多传感器信息融合技术。即充分利用多个传感器资源，通过对它们的合理管理与利用，把多个传感器在空间和时间上的冗余信息或互补信息依据某种准则来进行组合，以获得被测对象的一致性解释或描述，并利用这一结论对被测对象进行控制或调整，使该信息系统比由其子集构成的系统具有更为优越的性能。

习题与思考题

1. 试说明主轴组件的功能和应满足的基本要求。

2. 试说明主轴用轴承的类型、特性。

3. 分析并说明轴承误差对主轴组件旋转精度的影响。

4. 试分析图 3-72 中所示三种主轴轴承的配置形式的特点和适用场合。

5. 根据径向承载轴承在主轴组件的布置方式，主轴组件有哪几种类型？各有什么特点？

6. 在支承件设计中，支承件应满足哪些基本要求？

7. 滚动轴承有哪些优缺点？

8. 滑动轴承的最佳间隙比是多少？影响动压轴承承载能力的因素有哪些？

9. 支承件常用的材料有哪些？各有什么特点？

10. 根据什么原则选择支承件的截面形状，如何

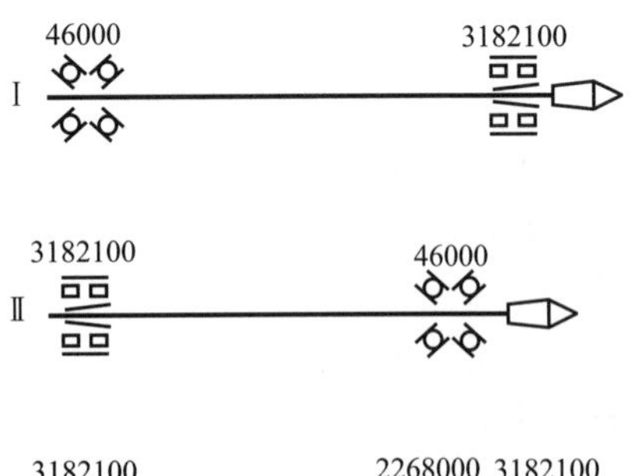

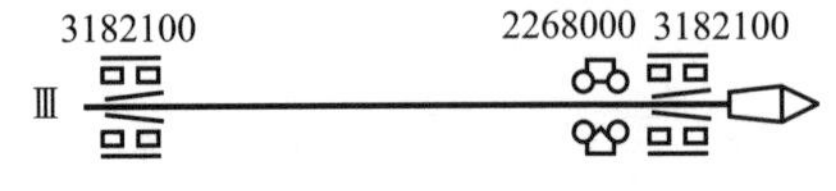

图 3-72　题 4 图

布置支承件上的肋板和肋条？

11. 提高支承件结构刚度和动态性能有哪些措施？

12. 导轨应满足哪些要求？

13. 导轨常用什么方法调整间隙？

14. 直线运动导轨有几种结构形式？各有何优缺点？

15. 镶条和压板有什么作用？

16. 导轨的卸荷方式有哪几种？各有什么特点？

17. 加工中心上刀库的类型有哪些？各有何特点？

18. 数控加工常用刀具的种类及特点是什么？

19. 数控刀具材料主要有哪几种？分别按硬度和韧性分析其性能。

20. 刀具管理系统的基本功能有哪些？

21. 典型换刀机械手有哪几种？各有何特点？使用范围如何？

第4章 机床夹具设计

零件的工艺规程制订之后，就要按照工艺规程顺序进行加工。在机械零件加工过程中，工件在机床上的安装方式一般有找正安装和采用机床夹具安装两种，机床夹具安装在批量生产时应用，使工件相对于机床或工具获得准确位置，提高生产效率、定位精度，保证工件的加工表面精度，因此机床夹具设计是装备设计中一项重要的工作，也是加工过程中最活跃的因素之一。

4.1 机床夹具的功能和应满足的要求

4.1.1 机床夹具的功能

① 保证加工精度且质量稳定。用夹具进行工件装夹时，夹具能够直接确定工件相对于刀具及机床的安装位置，不会受到人为因素影响，加工精度稳定。

② 提高生产效率。使用夹具装夹工件，不需要人工画线、找正，尤其可以采用多件夹紧和多工件加工的夹具以及气动、液压动力夹紧等快速夹紧装置，进一步减少辅助时间，提高生产效率。

③ 扩大机床的使用范围。机床夹具的使用，可以改变机床的用途和扩大原机床的使用范围。如在车床床鞍上安放镗模夹具，就可以进行箱体零件的孔系加工。同时对于一些形状复杂工件必须使用专用夹具才能实现加工。

④ 减轻工人的劳动强度，保证生产安全。

4.1.2 机床夹具应满足的要求

机床夹具应满足的基本要求包括以下几方面：

① 保证加工精度。这是必须具备的最基本要求，要求夹具要有正确的定位、夹紧和导

向方案以及合理的夹具制造的技术要求，必要时进行定位误差的分析和计算。

② 夹具的总体方案应与年生产纲领相适应。在大批、大量生产时，应尽量采用快速、高效的定位、夹紧机构和动力装置，提高生产效率。在中、小批量生产时，夹具结构应尽量简单，且具有一定的可调性，以适应多品种工件的加工。

③ 安全、方便、减轻劳动强度。机床夹具需有一定的工作安全性，必要时加保护装置。要符合工人的操作习惯，要有合适的工件装卸位置和空间，使工人操作方便。大批、大量生产和工件较重时，应尽可能减轻工人劳动强度。

④ 排屑顺畅。机床夹具中积聚的切屑会影响工件的定位精度；切屑的热量会使工件和夹具产生热变形，影响加工精度；清理切屑将增加辅助时间，降低生产率。因此夹具设计中要给予排屑问题充分的重视。

⑤ 机床夹具应有良好的强度、刚度和结构工艺性。

⑥ 机床夹具设计时，要方便制造、检测、调整和装配，因为此举有利于提高夹具的制造精度。

4.2　机床夹具的类型和组成

4.2.1　机床夹具的类型

机床夹具有多种分类方法，如按夹具的使用范围来分，有以下几种类型。

(1) 通用夹具

结构、尺寸已经标准化的，可以加工一定范围内不同工件的夹具称为通用夹具。如车床上的卡盘，铣床上的平口钳、分度头，平面磨床上的电磁吸盘等，这些夹具通用性强，有的已作为机床附件与通用机床配套，在单件、小批生产中应用广泛。

(2) 专用夹具

专门为某一特定工件的特定工序所设计制造的夹具称为专用夹具。专用夹具广泛用于大批、大量生产中。

(3) 组合夹具

它是由一系列的标准化元件组装而成的专用夹具。其元件可以重复使用，使用时可根据工件的结构和工序要求进行组装，用完后可将元件拆卸、清洗、涂油、入库，以备后用。它特别适用于单件、小批多品种生产，也可用于新产品的试制过程。

(4) 可调整夹具

这一类夹具的某些元件可调整或可更换，以适应形状、尺寸和加工工艺相似的多种工件的加工。

(5) 成组夹具

专用可调整夹具常称为成组夹具。它们在专用夹具的基础上，通过更换或调整个别元件而适用于一组形状、尺寸和加工工艺相似的零件的加工。

(6) 随行夹具

这是一类在自动线和柔性制造系统中使用的夹具。它既要完成工件的定位和夹紧，又要作为运载工具将工件在机床间进行输送，输送到下一道工序的机床后，随行夹具应在机床上准确地定位和可靠地夹紧。一条生产线上有许多随行夹具，每个随行夹具随着工件经历工艺的全过程，然后卸下已加工的工件，装上新的待加工工件，循环使用。

4.2.2 机床夹具的基本组成

现以装夹扇形工件的钻、铰孔夹具为例说明机床夹具的基本组成。图 4-1 是扇形工件简图，加工内容是三个 ϕ8H8 的孔，各项精度要求如图所示。本道工序之前，其他加工表面均已完成。

图 4-2 所示为装夹上述工件进行钻、铰孔工序的钻床夹具。工件由 ϕ22H7 孔定位，该孔与定位销轴 1 的小圆柱面配合，工件端面 A 与定位销轴 1 的大端面靠紧，工件的右侧面靠紧挡销 13。拧动螺母 12，通过开口垫圈 11 将工件夹紧在定位销轴 1 上。钻头由钻模套 3 引导对工件加工，以保证加工孔到端面 A 的距离、孔中心与 A 面的平行度，以及孔中心与 ϕ22H7 孔中心的对称度。

三个 ϕ8H8 孔的分度是由固定在定位销轴 1 上的转盘 4 来实现的。当分度定位销 9 分别插入转盘的三个分度定位套 10、10′和 10″时，工件获得三个位置，来保证三孔均布 20°±10′ 的精度。分度时，可扳动手柄 6，松开转盘 4，拔出分度定位销 9，由转盘 4 带动工件一起转过 20°后，将分度定位销 9 插入另一分度定位销中，然后顺时针扳动手柄 6，将工件和转盘夹紧，便可进行加工。

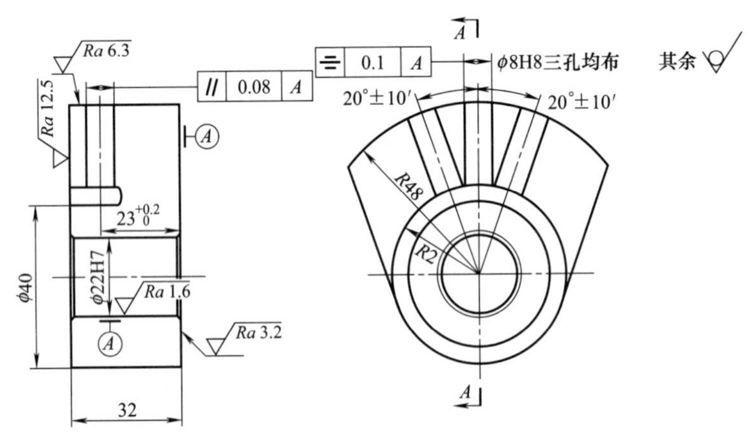

图 4-1 扇形工件简图

通过该夹具的介绍，可以把夹具的组成归纳为如下几个部分：

(1) 定位元件及定位装置

它是用于确定工件正确位置的元件或装置，如图 4-2 中的定位销轴 1 和挡销 13 都是定位元件。

(2) 夹紧装置

它用于固定工件已获得的正确位置，是使工件在加工过程中始终保持位置不变的元件或装置。夹紧装置通常为一种机构，包括夹紧元件和动力装置。图 4-2 中的螺母 12 和开口垫圈 11 为夹紧元件；在成批生产中，为了减轻工人的劳动强度，提高生产效率，常采用气动、液压等动力装置提供夹具的夹紧力，图 4-2 所示为手动夹紧，没有动力装置。

(3) 对刀或导向元件

对于普通机床的夹具，须具备确定工件与刀具相互位置的元件，这类元件一般可分两

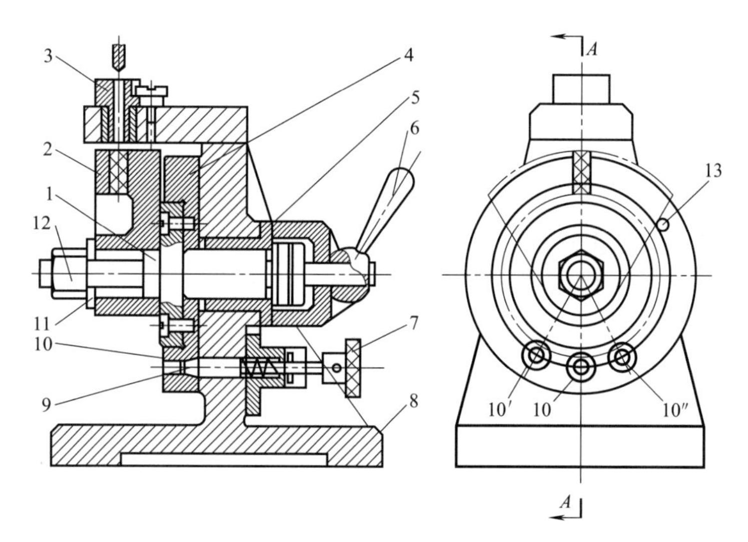

图 4-2　钻孔及铰孔夹具

1—定位销轴；2—工件；3—钻模套；4—转盘；5—衬套；6,7—手柄；8—夹具体；
9—分度定位销；10—分度定位套；11—开口垫圈；12—螺母；13—挡销

种：一种为对刀元件，如铣床夹具利用对刀块来确定铣刀与工件的位置；另一种为导向元件，如图 4-2 中的钻模套 3、镗床夹具中的镗套分别确定钻头、镗刀与工件的位置。

(4) 确定夹具相对机床位置的元件

确定夹具相对机床位置的元件与机床工作台上的导向槽接合，以确定夹具相对机床工作台、导轨或主轴的位置，如铣床夹具中的定向键。

(5) 夹具体

用于连接并固定夹具的各元件及装置，使其成为一个有机整体，如图 4-2 中的元件 8。

(6) 其他元件及装置

根据加工需要来设置的元件或装置，如图 4-2 中的转盘 4、分度定位套 10、分度定位销 9。

对于一个具体的机床夹具来说，以上这些组成部分并不是缺一不可的，但是任何夹具都必须有定位元件、夹紧装置和夹具体三部分。

4.3　机床夹具定位机构的设计

4.3.1　工件定位原理

在制订工件的工艺规程时，已经初步考虑了加工中的工艺基准问题。设计夹具时，一般选该工艺基准为定位基准，那么根据定位基准应该如何确定工件在夹具中的正确位置，保证工件的加工精度？

一个物体在三维空间中可能具有的运动称为自由度。如图 4-3（a）所示，在 $OXYZ$ 坐标系中，物体可以沿 X 轴、Y 轴、Z 轴移动及绕 X 轴、Y 轴、Z 轴转动，共有六个独立的运动，即有六个自由度。所谓工件的定位，就是采取适当的约束措施来消除工件的六个自由度，以实现工件的定位。

如图 4-3（b）所示，在 X-Y 平面上布置三个不共线的支承钉 1～3，就可以限制工件的三个自由度，分别为限制 $\hat{X}$、$\hat{Y}$、$\vec{Z}$ 三个自由度。在 Y-Z 平面上设置两个支承钉 4、5，把工件靠在这两个支承钉上，就可以限制 $\vec{X}$、$\hat{Z}$ 两个自由度。在 X-Z 平面上设置一个支承钉 6，把工件靠在这个支承钉上，就可以限制自由度 $\vec{Y}$。

通过六个固定支承点的合理分布，每个支承点约束工件的一个自由度，六个支承点就把工件的六个自由度全部约束了，这样工件就得到了一个确定的位置。

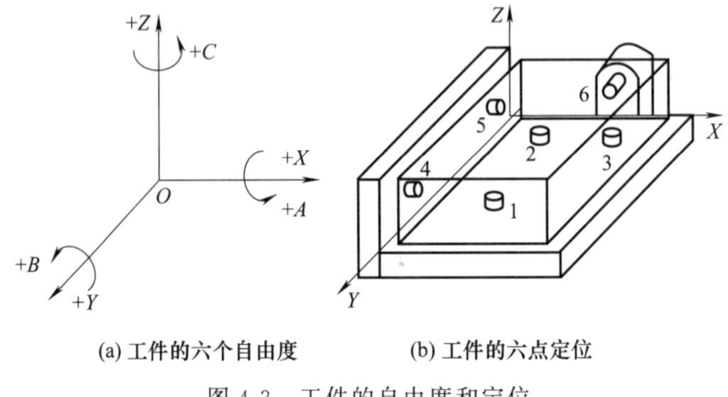

(a) 工件的六个自由度　　(b) 工件的六点定位

图 4-3　工件的自由度和定位

在实际加工中，零件可能是各种形状的。六点定位原理可以适用于各种形状的零件，图 4-4 所示为圆盘工件定位，图 4-5 所示为轴类工件定位，它们都可以采用六个按照一定规则布置的约束点，来限制工件的六个自由度。

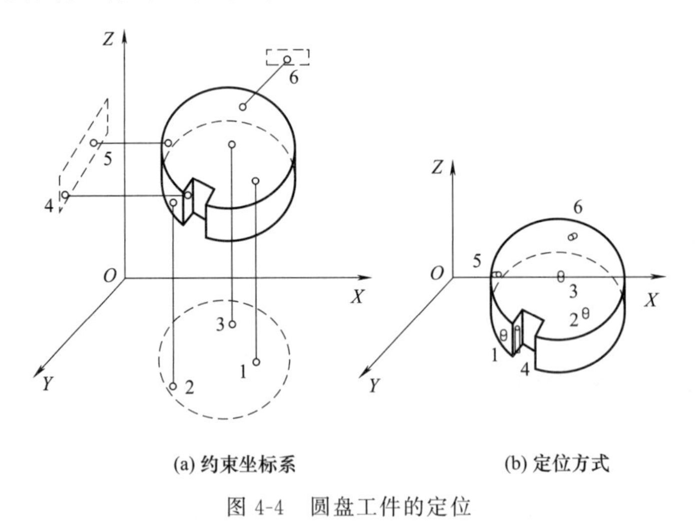

(a) 约束坐标系　　(b) 定位方式

图 4-4　圆盘工件的定位

4.3.2 完全定位和不完全定位

根据工件加工表面的位置要求，有时需要将工件的六个自由度全部限制，称为完全定位。图 4-4 所示的圆盘工件的定位与图 4-5 所示的轴类工件的定位，均采用六个支承钉限制了工件的六个自由度。有时需要限制的自由度少于六个，称为不完全定位。

对具体的加工，工件的定位是采用完全定位还是不完全定位，主要根据加工表面的几何

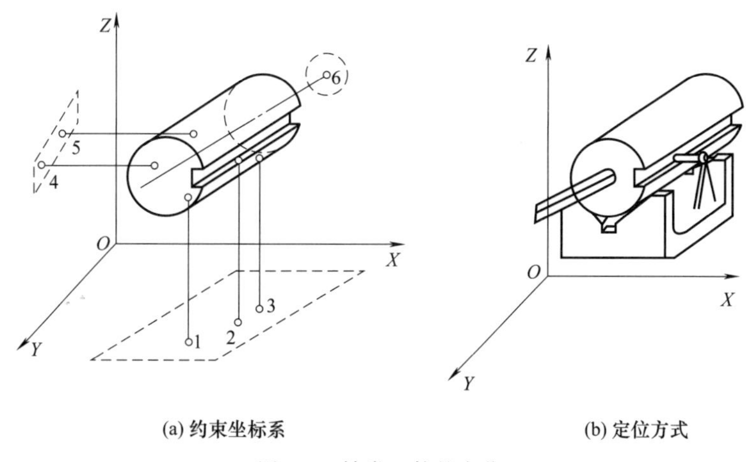

(a) 约束坐标系　　(b) 定位方式

图 4-5　轴类工件的定位

精度要求确定。例如图 4-6（a）中，在工件上铣槽，为了保证键槽在 X-Y 平面内正确的位置，需要限制沿 X 轴、Y 轴、Z 轴的移动；为了保证槽底面、侧面和圆弧面的位置精度，需要限制绕 X 轴、Y 轴、Z 轴的转动，因此工件的六个自由度需要全部加以约束，也就是要完全定位。图 4-6（b）中，在工件上铣台阶面时，由于在 Y 方向上没有尺寸要求，所以只需要约束五个自由度。图 4-6（c）中，在工件上铣平面，只在 Z 轴方向上有一个尺寸要求，另外还要保证加工面与工件下底面的平行度，所以只需要约束三个自由度，因此图 4-6（b）、（c）都要进行不完全定位。

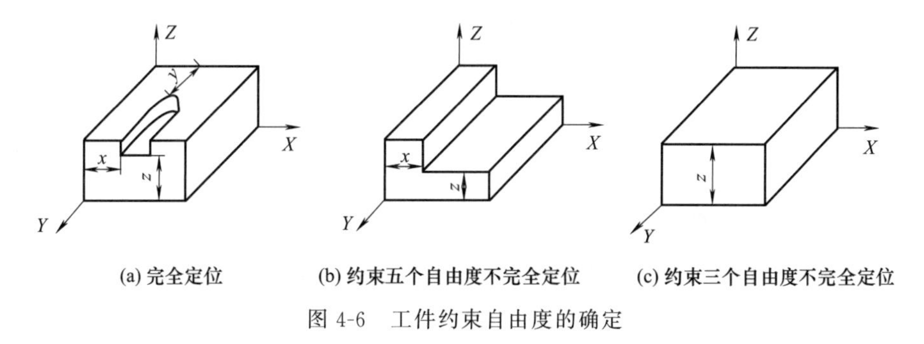

(a) 完全定位　　(b) 约束五个自由度不完全定位　　(c) 约束三个自由度不完全定位

图 4-6　工件约束自由度的确定

加工中，有时为了使定位元件帮助承受切削力、夹紧力，为了保证一批工件进给长度一致，减少机床的调整和操作，常常会对无位置尺寸要求的自由度也加以限制，只要这种定位方案能够保证加工精度要求，就是被允许的，有时也是必要的。如长方体工件在铣上表面时，仅限制三个自由度难以实现夹紧，因此需要添加 Y 轴方向的定位。

4.3.3　欠定位和过定位

根据加工表面的位置尺寸要求，需要限制的自由度均被限制，这就称为定位的正常情况，它可以是完全定位，也可以是不完全定位。

根据加工表面的位置尺寸要求，需要限制的自由度没有完全被限制，或某个自由度被两个或两个以上的约束重复限制，称为定位的非正常情况。前者又称为欠定位，它不能保证位置精度，是绝对不允许的；后者称为过定位（或重复定位、超定位），加工中一般是不允许的。

解决过定位一般有两种途径：一是改变定位元件的结构，取消过定位，如图 4-7 所示的大端平面与长销组合的定位方案中，大端面限制了$\vec{X}$、$\hat{Y}$、$\hat{Z}$三个自由度，而长销限制了$\vec{Y}$、$\vec{Z}$、$\hat{Y}$、$\hat{Z}$四个自由度，其中$\hat{Y}$、$\hat{Z}$被两个定位元件重复限制，可以将图 4-7（a）长销改为图 4-7（b）中的短销，来消除过定位；还可以通过对定位基准进行加工，提高工件定位基准面的尺寸、形状和位置精度。

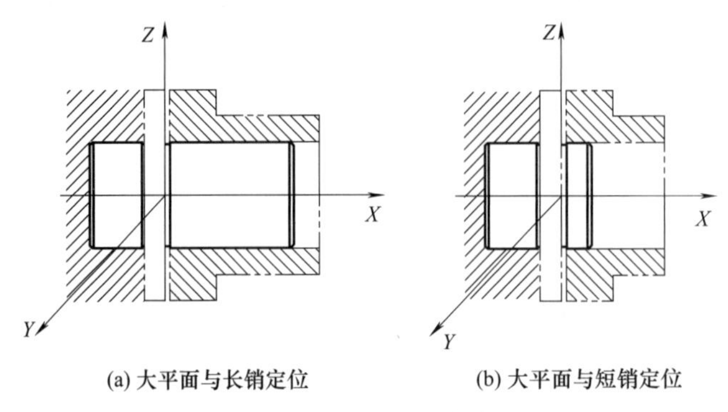

(a) 大平面与长销定位　　(b) 大平面与短销定位

图 4-7　工件的过定位

过定位在以下两种场合中是被允许的：

① 工件的刚度很差，在夹紧力、切削力的作用下会产生很大变形，此时过定位只是提高工件某些部位的刚度，减小变形。

② 工件的定位表面和定位元件在尺寸、形状、位置精度上已经很高时，过定位不仅对定位精度影响不大，而且有利于提高刚度。如图 4-8 所示，使用四个支承钉或两个条形支承板的平面定位，若工件定位基准面粗糙，或者支承钉或支承板不能保证在同一个平面上，这种情况的过定位是不允许的。若工件定位平面是经过加工的，能保证平整，同时支承钉或支承板又在安装后统一磨削过，保证了它们在同一平面上，此时的过定位是允许的。

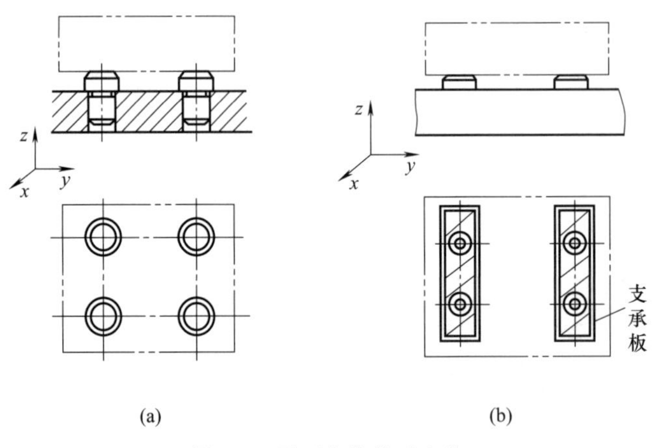

(a)　　(b)

图 4-8　平面定位的过定位

4.3.4　工件的定位方式

在机械加工中，工件的种类繁多，形状各异，但从它们的基本结构上来看，不外乎是由平面、圆柱面、圆锥面及各种成形面组成的。工件在夹具中定位时，可以根据各自的结构特点及工件的精度要求，选择工件的平面、圆柱面、圆锥面或它们的组合表面作为定位基准。

在工件夹具设计中，主要是根据所选定位基准，选择合理的定位元件来实现工件的定位。

4.3.4.1　平面定位

在机械加工中，利用工件上的一个或几个平面作为定位基面来定位工件的定位方式称为平面定位。如机座、箱体、盘盖类零件多以平面作定位基准。平面定位的主要形式是支承定位。常用的定位元件有固定支承（支承钉、支承板）、可调支承、自位支承和辅助支承。

（1）固定支承

在夹具中支承高度固定，不能调整的定位元件，称为固定支承。常用的固定支承有支承钉和支承板。采用支承钉和支承板定位时的定位情况如表 4-1 所示。

如图 4-9 所示，支承钉有平头、圆头和花头之分。平头支承钉可以减少磨损，避免压坏定位表面，常用于精基准定位。圆头支承钉容易保证它与工件定位基准面间的点接触，位置相对稳定，但易磨损，多用于粗基准定位。花头支承钉摩擦力大，但其容易存屑，常用于要求产生较大摩擦力的侧面粗基准定位。一个支承钉相当于一个支撑点，限制一个自由度；在一个平面内，两个支承钉可以限制两个自由度；不在同一直线上的三个支承钉可以限制三个自由度。

表 4-1　支承钉和支承板的定位分析

	定位情况	一个支承钉	两个支承钉	三个支承钉
支承钉	图示			
	限制的自由度	$\vec{X}$	$\vec{Y}$、$\hat{Z}$	$\vec{Z}$、$\hat{X}$、$\hat{Y}$
支承板	定位情况	一块条形支承板	两块条形支承板	一块矩形支承板
	图示			
	限制的自由度	$\vec{Y}$、$\hat{Z}$	$\vec{Z}$、$\hat{X}$、$\hat{Y}$	$\vec{Z}$、$\hat{X}$、$\hat{Y}$

支承板常用于大、中型零件的精基准定位。常见的支承板结构如图 4-10 所示。A 型支承板为平板式，结构简单，容易制造，但埋头螺钉坑中易堆积切屑，不易清除。B 型支承板为斜槽式，清除切屑方便。当工件定位平面较大时，常用几块支承板组合成一个平面。一个支承板相当于两个支撑点，限制两个自由度；两个或多个支承板组合，相当于一个平面，限制三个自由度。

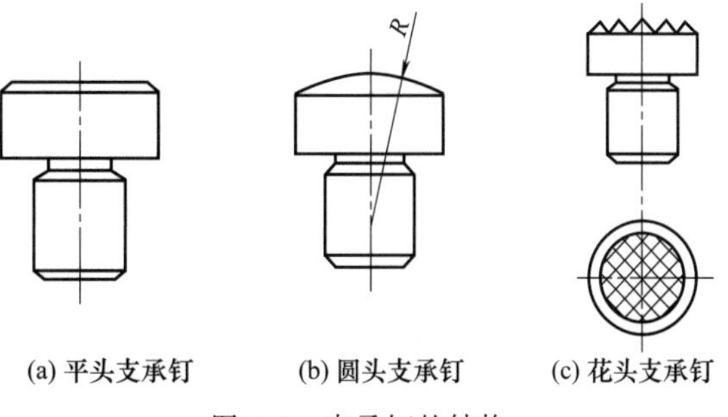

图 4-9　支承钉的结构

上述支承钉与支承板均为平面定位时所用的固定支承。这两种固定支承一般要求具有一定的硬度和耐磨性。对于直径 $D \leqslant 12$mm 的支承钉和小型支承板，可用 T7A 钢，淬火处理，硬度为 60～64HRC；对于 $D > 12$mm 和较大的支承板，一般采用 20 钢，渗碳淬火，渗碳层深度一般为 0.8～1.2mm，硬度为 60～64HRC。两个以上的支承钉或支承板在定位精基准面时，为保证支承面在同一个平面上，装配后需对其顶面进行一次精磨。

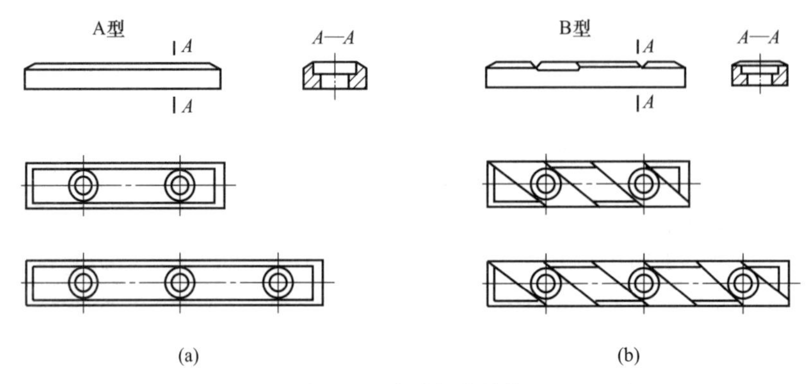

图 4-10　支承板的结构

(2) 可调支承

可调支承与固定支承的区别是，它的顶端有一个调整范围，调整好后用螺母锁紧。多用于未加工平面作粗基准、定位面的形状复杂（如成形面、台阶面）以及各批毛坯尺寸和形状有变化的情况，一般每批毛坯调整一次。

这类支承结构如图 4-11 所示。可调支承都是由螺钉和螺母组成的。图 4-11（a）所示的是直接用扳杆拧动圆柱头进行高度调整的支承。图 4-11（d）所示是用在侧面定位的支承。可调支承的位置一旦调节合适后，需用锁紧螺母锁紧，以防止螺纹松动而使可调支承的位置发生变化。

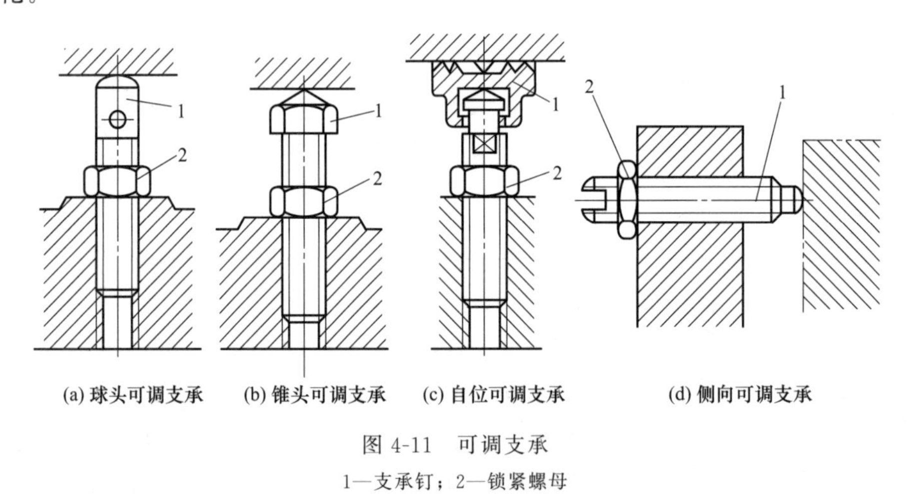

图 4-11　可调支承

1—支承钉；2—锁紧螺母

(3) 自位（浮动）支承

它是一种支撑点的位置在定位过程中，能够随工件定位基面的变化而进行自动调整的支承。

图 4-12 所示为三种自位支承。定位基面只要压下其中一个点，其余点便会上升，使各

点均与工件基面相接触。由于自位支承在结构上是浮动或联动的，因此不管几个支撑点与工件基面接触，都只能限制一个自由度。

当工件的定位基面不连续或为台阶面或基面有角度误差时，或为了使两个或多个支承的组合提高定位刚度时，为避免过定位只需限制一个自由度，常采用自位支承对工件基准平面进行定位。

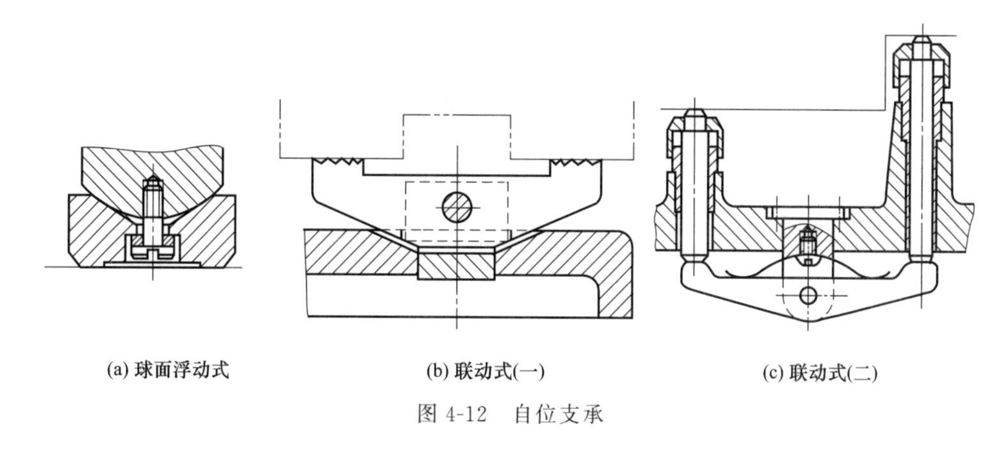

(a) 球面浮动式　(b) 联动式(一)　(c) 联动式(二)

图 4-12　自位支承

(4) 辅助支承

在机械加工过程中，当工件的支承刚度较差时，在切削力、夹紧力或工件本身重力的作用下，工件平面仅以主要支承进行定位，可能发生定位不稳定或工件加工部分变形的情况，这时需要增设辅助支承，来提高工件支承刚度。

图 4-13 为辅助支承的应用，所加工的是一个阶梯形零件，工件用平面定位，铣削上平面。当铣削到右边时，工件会变形或发生振动，这时在右边加一个辅助支承，就能大大提高工件的刚度和定位稳定性。

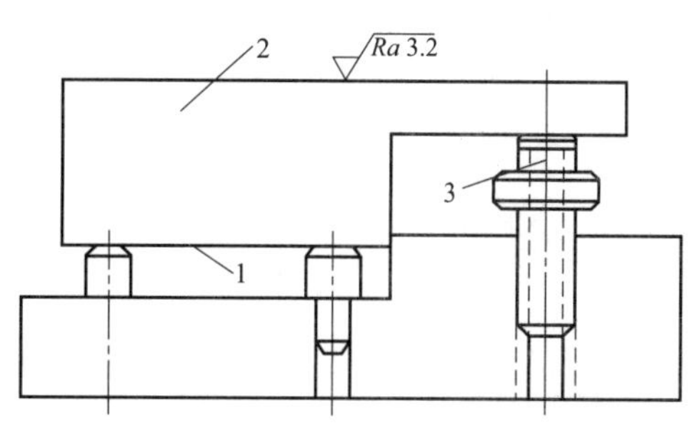

图 4-13　辅助支承的应用

1—定位面；2—加工面；3—辅助支承

图 4-14 为辅助支承的典型结构形式。虽然辅助支承中的有些结构与可调支承很相近，但从功能上讲，可调支承起定位作用；而辅助支承不起定位作用。从操作上讲，可调支承是先调整，后定位，最后夹紧工件；辅助支承则是先利用主要支承进行定位，然后夹紧工件，最后调整辅助支承。

4.3.4.2　孔定位

有些工件，如套筒、法兰盘、拨叉、连杆等常以孔作为定位基准，此时采用的定位元件有各种芯轴、定位销和自动定心机构。孔定位元件的定位分析如表 4-2 所示。

(1) 芯轴

定位芯轴广泛用于车床、磨床、齿轮机床等机床上，常用芯轴如下。

① 过盈配合芯轴。图 4-15 为过盈配合芯轴，图 4-15（a）带凸肩，图 4-15（b）为无凸肩，都由导向部分、定位部分及传动部分组成，配合采用基孔制 r、s、u 基本偏差，用压机装卸工件。过盈配合芯轴视其有无凸肩，来确定限制四个自由度还是五个自由度。过盈配合芯轴装卸费时，有时易损坏工件孔，多用于定位精度高、切削力小的场合。

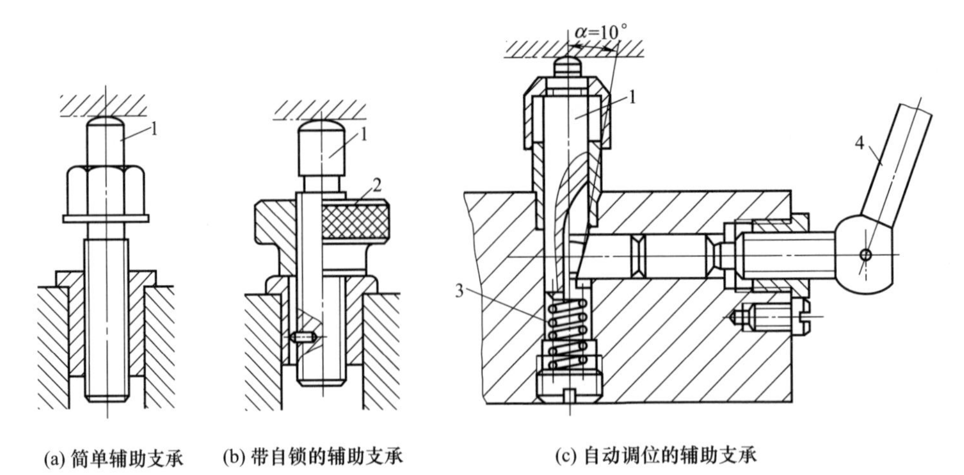

(a) 简单辅助支承　(b) 带自锁的辅助支承　(c) 自动调位的辅助支承

图 4-14　辅助支承

1—支承；2—螺母；3—弹簧；4—手柄

表 4-2　孔定位元件的定位分析

芯轴	定位情况	长圆柱芯轴	短圆柱芯轴	小锥度芯轴
	图示			
	限制的自由度	$\vec{X}$、$\vec{Z}$、$\hat{X}$、$\hat{Z}$	$\vec{X}$、$\vec{Z}$	$\vec{X}$、$\vec{Z}$
圆柱销	定位情况	短圆柱销	长圆柱销	两段短圆柱销
	图示			
	限制的自由度	$\vec{Y}$、$\vec{Z}$	$\vec{Y}$、$\vec{Z}$、$\hat{Y}$、$\hat{Z}$	$\vec{Y}$、$\vec{Z}$、$\hat{Y}$、$\hat{Z}$
	定位情况	菱形销	长销小平面组合	短销大平面组合
	图示			
	限制的自由度	$\vec{Z}$	$\vec{X}$、$\vec{Y}$、$\vec{Z}$、$\hat{Y}$、$\hat{Z}$	$\vec{X}$、$\vec{Y}$、$\vec{Z}$、$\hat{Y}$、$\hat{Z}$
圆锥销	定位情况	固定圆锥销	浮动圆锥销	固定与浮动圆锥销组合
	图示			
	限制的自由度	$\vec{X}$、$\vec{Y}$、$\vec{Z}$	$\vec{Y}$、$\vec{Z}$	$\vec{X}$、$\vec{Y}$、$\vec{Z}$、$\hat{Y}$、$\hat{Z}$

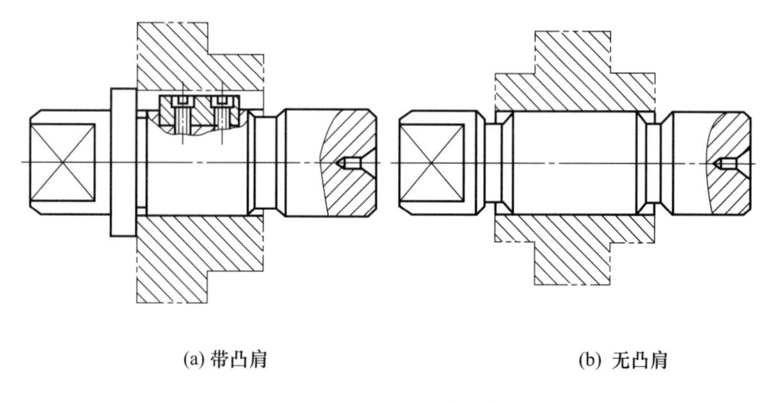
(a) 带凸肩　(b) 无凸肩

图 4-15　过盈配合芯轴

② 间隙配合芯轴。一般情况下采用如图 4-16 所示的间隙配合芯轴。由于用螺母把工件夹紧，因而装卸方便。间隙配合芯轴采用基孔制 h、g、f 基本偏差，定心精度不高，但装卸方便。对间隙配合的芯轴视其与工件圆孔接触的长短，确定限制了四个自由度还是两个自由度。

③ 小锥度芯轴。装配工件时，通过工件孔和芯轴接触表面的弹性变形来夹紧工件，可以获得较高的定心定位精度，又便于装卸工件。小锥度芯轴如图 4-17 所示，芯轴外圆表面有（1∶5000）～（1∶1000）锥度，定心精度高达 0.005～0.01mm。多用于车或磨同轴度要求较高的盘类零件。

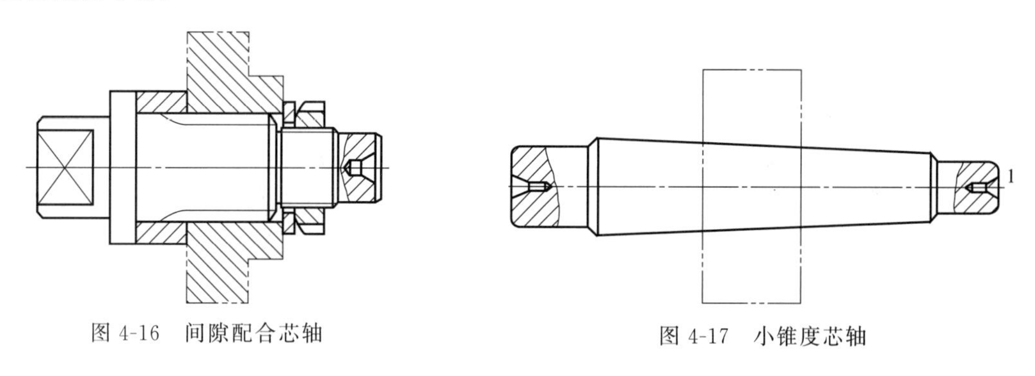

图 4-16　间隙配合芯轴　图 4-17　小锥度芯轴

(2) 定位销

图 4-18 所示为标准化的圆柱定位销，上端部有较长的倒角，便于工件装卸，直径 D 与定位孔配合，是按基孔制 g5 或 g6、f6 或 f7 配合制造的。其尾柄部分一般与夹具体孔过盈配合。

长圆柱定位销可限制四个自由度，短圆柱定位销只能限制端面上两个自由度。有时为了避免过定位，可将圆柱销在过定位方向上削扁成如图 4-19（a）所示的菱形销。有时，工件还需要限制轴向自由度，可采用如图 4-19（b）所示的圆锥菱形销和图 4-19（c）所示的圆锥销。

(3) 自动定心机构

用于内孔定心定位的有三爪卡盘、弹簧芯轴等。图 4-20 所示为某种弹性芯轴的机构。转动螺母 6，推动锥形套 5 向左移，使胀套 2 径向胀开，将工件 1 定心定位并夹紧。销钉 4 制止锥形套 5 随螺母 6 转动。

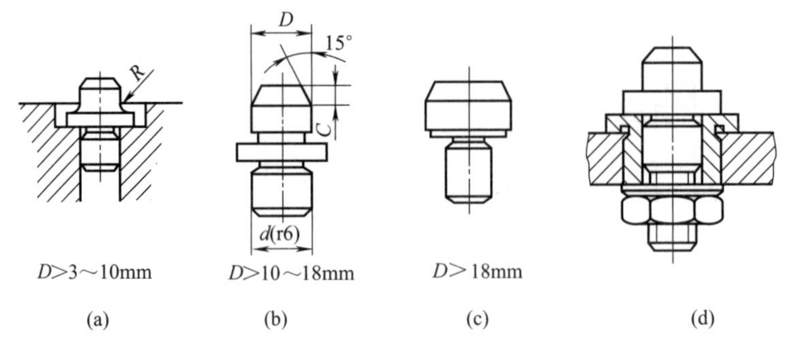

图 4-18 圆柱定位销

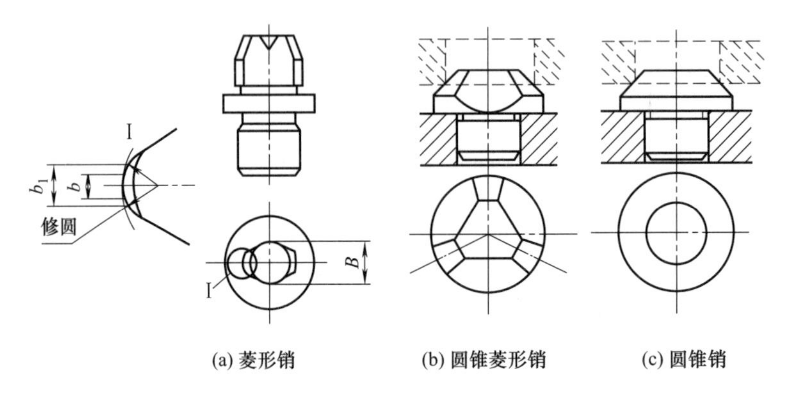

图 4-19 菱形销和圆锥销

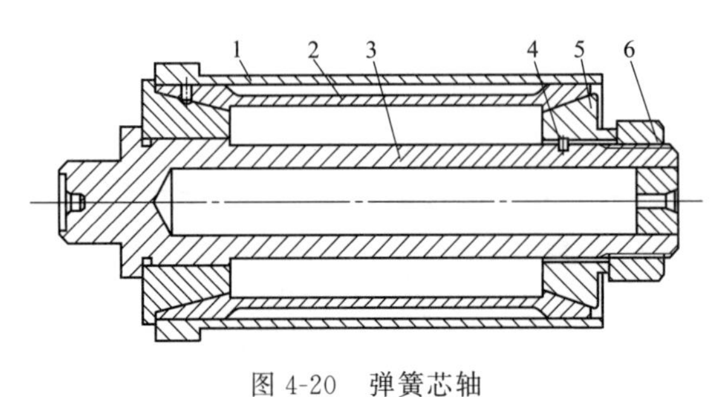

图 4-20 弹簧芯轴

1—工件；2—胀套；3—轴；4—销钉；5—锥形套；6—螺母

4.3.4.3 外圆定位

如轴套类、法兰盘等工件常以外圆表面定位，用于工件外圆表面的定位元件有V形块、定位套和定心夹紧机构。以V形块和定位套定位的定位分析如表4-3所示。

(1) V形块

在夹具设计时，为了确定外圆表面中心线的位置，常采用两个支承平面组成的V形块进行定位。两支承面夹角有60°、90°、120°等。90°V形块使用最广泛，其定位精度和定位稳定性介于60°V形块和120°V形块之间，精度比60°V形块高，稳定性比120°V形块高。

表 4-3 V形块和定位套定位的定位分析

	定位情况	一块短V形块	两块短V形块	一块长V形块
V形块	图示	z, x, y	z, x, y	z, x, y
	限制的自由度	$\vec{X}$、$\vec{Z}$	$\vec{X}$、$\vec{Z}$、$\hat{X}$、$\hat{Z}$	$\vec{X}$、$\vec{Z}$、$\hat{X}$、$\hat{Z}$

续表

	定位情况	一个短定位套	两个短定位套	一个长定位套
定位套	图示			
	限制的自由度	$\vec{X}$、$\vec{Z}$	$\vec{X}$、$\vec{Z}$、$\hat{X}$、$\hat{Z}$	$\vec{X}$、$\vec{Z}$、$\hat{X}$、$\hat{Z}$

使用 V 形块定位的优点是对中性好，不论定位基准是否经过加工，是完整的圆柱面还是圆弧面，都可以采用 V 形块定位，因此 V 形块定位是工件外圆定位中最常见的定位方式之一。V 形块有长短之分，长 V 形块限制四个自由度，其宽度 B 与圆柱直径 D 之比 $B/D\geqslant 1$；短 V 形块只能限制两个自由度，其宽度有时仅为 2mm。它们均已标准化，可以选用，特殊场合也可自行设计。

(2) 定位套

工件以外圆柱面在定位套筒（圆孔）内定位时，与孔在芯轴或定位销上的定位情况相似，只是外圆与孔的作用正好对换。常见的定位套如图 4-21 所示，图 4-21（a）所示为短定位套，限制工件两个自由度；图 4-21（b）为长定位套，限制四个自由度。

在实际应用中，定位套端面往往也参与定位，支承工件的轴肩。当工件轴肩较大时，定位孔应做得短些，限制两个自由度，而较大的定位套端面作为主要定位面限制三个自由度；当工件轴肩较小时，通常都把工件外圆作为主要定位表面，这时定位套应做得长些，限制四个自由度，支承轴肩的定位套端面较小，仅限制一个自由度。

(3) 定心夹紧机构

常用的定心夹紧机构有三爪卡盘、弹簧夹头等，对圆柱形工件都能很方便地实现定心定位和夹紧。

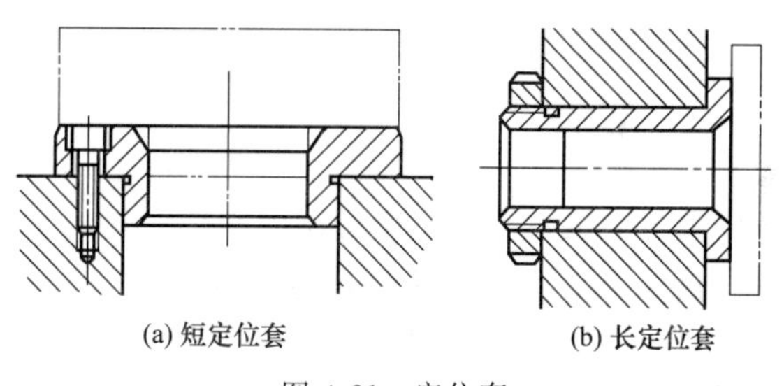

(a) 短定位套　　(b) 长定位套

图 4-21　定位套

车床的三爪卡盘是非常典型的定心夹紧机构，三爪卡盘的夹头同时具有定位和夹紧的功能。当工件被夹持的部分相对较长时，三只卡爪能够限制工件的四个自由度；如果工件被夹持部分相对较短，三爪卡盘只能限制两个自由度。

4.3.4.4　组合定位

在实际生产中，工件往往不是以单一表面进行定位，而是几个基面的组合定位，即组合定位。常见的组合定位有两顶尖孔定位、一端面一孔定位、一端面一外圆定位、一面一孔定位、一面两孔定位、两面一销定位等。

在多个表面参与定位的情况下，如果各定位基准之间无紧密尺寸联系（即没有尺寸精度要求），则把各种单一几何表面的典型定位方式直接予以组合。如果各定位基准之间有紧密尺寸联系（即有一定尺寸精度要求），则需设法协调定位元件与定位基准的相互尺寸联系，以克服过定位现象。

(1) 一面两孔定位

在箱体类零件加工中，如车床主轴箱，往往将上顶面以及其上的两个工艺孔作为定位基准，工件以一平面和两圆孔实现组合定位，通常称一面两孔定位。两个圆柱销重复限制了沿 X 方向的移动，出现了过定位。为消除过定位，两圆柱销中的一个应改为菱形销，两定位销变为一圆柱销和一菱形销（或削扁销）。在夹具设计中，一面两孔定位的设计应按下述步骤进行，如图 4-22 所示。

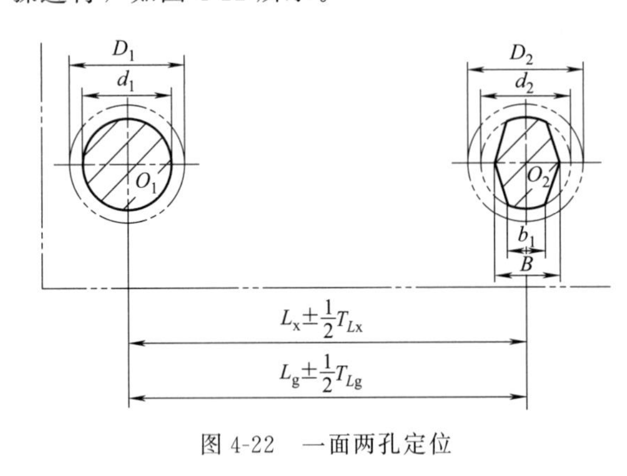

图 4-22　一面两孔定位

一般已知工件上两圆柱孔的尺寸及中心距，即 D_1、D_2、L_g 及其公差。

① 确定夹具中两定位销的中心距 L_x，把工件上两孔中心距公差化为对称公差，即

$$L_{-T_{gmin}}^{+T_{gmax}} = L_g \pm \frac{1}{2} T_{L_g} \tag{4-1}$$

式中　T_{gmax}，T_{gmin}——工件上孔间距的上、下极限偏差；

T_{L_g}——工件上两圆柱孔中心距的公差。

取夹具两销间的中心距为 $L_x = L_g$，中心距公差为工件孔中心距的 1/5～1/3，即 $T_{L_x} =$ （1/5～1/3）T_{L_g}。销中心距及公差也化成对称形式：$L_x \pm \frac{1}{2} T_{L_x}$。

② 确定圆柱销直径 d_1 及其公差。一般圆柱销 d_1 与孔 D_1 为基孔制配合，配合一般选 H7/g6、H7/f6，d_1 的公差等级一般比孔的高一级。

③ 确定菱形销的直径 d_1、宽度 b_1 及其公差。可先按表 4-4 查 D_2，选定 b_1，按下式计算出菱形销与孔配合的最小间隙 Δ_{2min}，再计算菱形销的直径。

$$\Delta_{2min} = 2b_1 (T_{L_x} + T_{L_g}) / D_2 \tag{4-2}$$

$$d_2 = D_2 - \Delta_{2min} \tag{4-3}$$

式中　b_1——菱形销宽度，mm；

D_2——工件上菱形销定位孔直径，mm；

Δ_{2min}——菱形销定位时销、孔最小配合间隙，mm；

T_{L_x}——夹具上两销中心距公差，mm；

T_{L_g}——工件上两孔中心距公差，mm；

d_2——菱形销名义尺寸，mm。

菱形销的公差可按配合 H/g，销的公差等级按高于孔的一级确定。

表 4-4　菱形销尺寸

D_2	3～6	>6～8	>8～20	>20～25	>25～32	>32～40	>40～50
b_1	2	3	4	5	5	6	8
B	$D_1-0.5$	D_1-1	D_1-2	D_1-3	D_1-4	D_1-5	D_1-5

(2) 一面一孔定位

在加工套类、盘类零件时，常采用一面一孔的定位方式。如图 4-7（a）所示，以大端平面与长销组合定位，$\hat{Y}$、$\hat{Z}$ 被两个定位元件重复限制，出现了过定位。为了消除过定位，可以将图 4-7（a）长销改为图 4-7（b）中的短销。

4.3.5　定位误差的分析与计算

4.3.5.1　工件的加工误差

工件的加工误差是指工件加工后的尺寸、形状和位置三方面偏离理想工件的大小。在金属切削加工过程中，工件的加工误差取决于刀具与工件之间的相互位置，影响这个位置关系的误差因素由三部分组成。

(1) 定位误差

定位误差是指一批工件在夹具中的位置不一致而引起的误差。如工序基准与定位基准不重合而引起的位置不一致，定位副的制造误差引起的位置不一致，都属于定位误差。

(2) 安装误差和调整误差

安装误差是指夹具在机床上安装时，定位元件与机床上安装夹具的装夹面之间的位置不准确而引起的误差。

调整误差是指夹具上的对刀元件或导向元件与定位元件之间的位置不准确所引起的误差。

通常把安装误差和调整误差统称为调安误差。

(3) 加工过程误差（或加工方法误差）

加工过程误差是由机床运动精度和工艺系统的变形等因素而引起的误差。

为了保证加工要求，以上三个误差叠加后应小于或等于工件的容许误差 δ_k，即

$$\Delta_D+\Delta_{T-A}+\Delta_G\leqslant\delta_k \tag{4-4}$$

式中　Δ_D——定位误差；

Δ_{T-A}——调安误差；

Δ_G——加工过程误差。

在设计夹具定位方案时，一般定位误差要控制在工件容许误差的 1/5～1/3。

4.3.5.2　工件的定位误差

定位误差的来源有两部分：基准不重合误差和基准位移误差。

(1) 基准不重合误差

当被加工工件的工艺过程确定后，各工序的工序尺寸也就随之确定，此时工件的工序基准就转化为定位基准。当工序基准与定位基准不重合时，同批工件的工序基准相对于定位基准的最大变动量称为基准不重合误差。

① 平面定位。如图 4-23 所示，加工面 C 的设计基准为 A 面，要求尺寸是 N。所设计夹具的定位面是 B，尺寸 N 是通过控制 A_2 来保证的，是间接获得的。因此 N 是由 A_1、A_2 和 N 组成的工艺尺寸链的封闭环。当一批工件逐个在夹具上定位时，受到尺寸 A_1、A_2 公差的影响，定位基准面 B 的位置发生变动。假定上道工序中 A_1 的加工误差为 ΔA_1，本道工序中 A_2 的加工误差为 ΔA_2，则

$$\Delta N=\Delta A_1+\Delta A_2 \tag{4-5}$$

② V 形块定位。V 形块是一个定心定位元件，定位面是外圆柱面，定位基准是外圆轴线，对刀基准是理论圆（直径尺寸为工件定位外圆直径的平均尺寸）的轴线。

如图 4-24 所示的圆柱面上铣键槽，采用 V 形块定位。键槽深度有三种标注方法，分别如图 4-24（a）～(c) 所示。以图 4-24（b）为例进行分析。

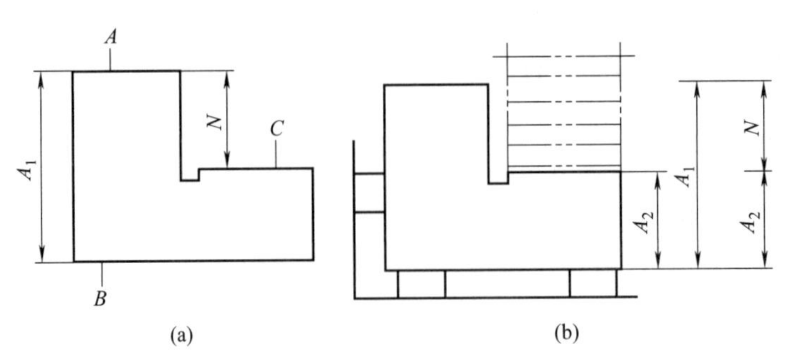

图 4-23　基准不重合误差

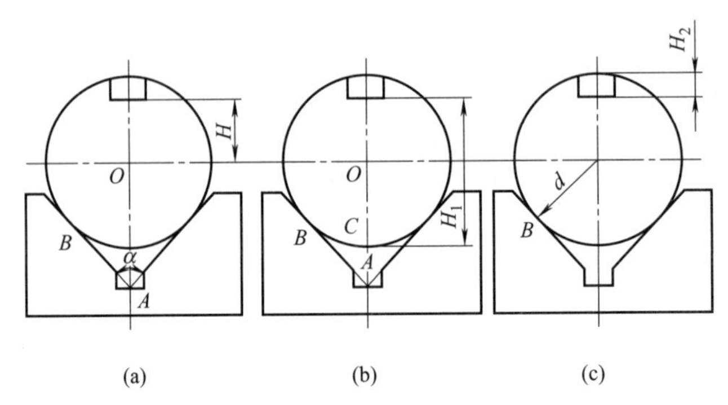

图 4-24　铣键槽的定位与尺寸标注

假设工件轴径 d 的中心为其尺寸公差的中心，调整夹具中对刀块位置来补偿基准转换误差，使槽底距下母线的距离满足 H_1 的要求。但当工件轴径分别为 $d+\delta/2$、$d-\delta/2$（δ 为工件轴径公差）时，工件与 V 形块接触位置为 B、A，又带来了新的基准转换误差。如图 4-25 所示，槽底至下母线的距离分别为 H_1' 和 H_1''。

定位误差为

$$\Delta_{H1}=H_1'-H_1''=\overline{Q'Q''}$$

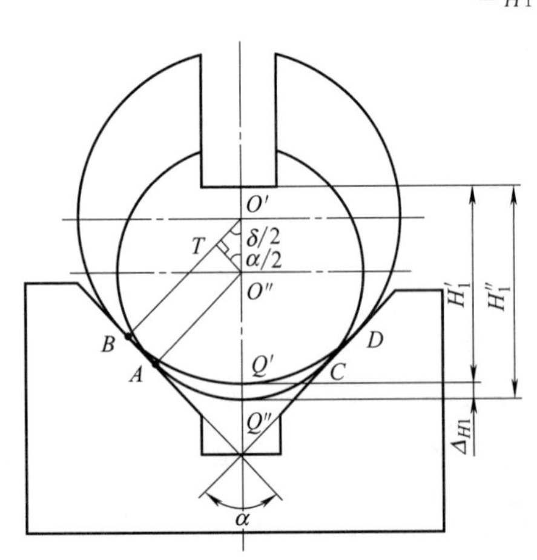

图 4-25　铣键槽的定位误差

从图 4-25 中可知

$$\overline{Q'Q''}=\overline{O'Q''}-\overline{O'Q'}=\overline{O'O''}+\overline{O''Q''}-\overline{O'Q'}$$

其中，$\overline{O'Q'}=\frac{1}{2}(d+\delta/2)$，$\overline{O''Q''}=\frac{1}{2}(d-\delta/2)$，

$\overline{O'O''}=\overline{O'T}/\sin\frac{\alpha}{2}$，$\overline{O'T}=\overline{O'B}-\overline{O''A}=\frac{\delta}{2}$

代入可得

$$\Delta_{H1}=\overline{Q'Q''}=\frac{\delta}{2}\left(\frac{1}{\sin\frac{\alpha}{2}}-1\right)$$

并记为 $\Delta_{H1}=k\delta$，$k=\frac{1}{2}\left(\frac{1}{\sin\frac{\alpha}{2}}-1\right)$。由于 V 形块角度 α 已标准化，因此，当 $\alpha=120°$、$90°$、$60°$时，$k=0.07$、0.207、0.5。因此 120°V 形块定位精度高。

同理，可推导出图 4-24（a）所示情况的定位误差为

$$\Delta_H=\frac{\delta}{2\sin\frac{\alpha}{2}}$$

图 4-24（c）所示情况的定位误差为

$$\Delta_{H2}=\frac{\delta}{2}\left(\frac{1}{\sin\frac{\alpha}{2}}+1\right)$$

（2）基准位移误差

工件在夹具定位时，由于定位副的制造公差和最小配合间隙的影响，导致定位基准与限位基准不重合。定位基准在加工尺寸方向上的最大位置变动范围称为基准位移误差。

如图 4-26 所示为单圆柱销与孔的定位情况，最大间隙即最大定位误差为

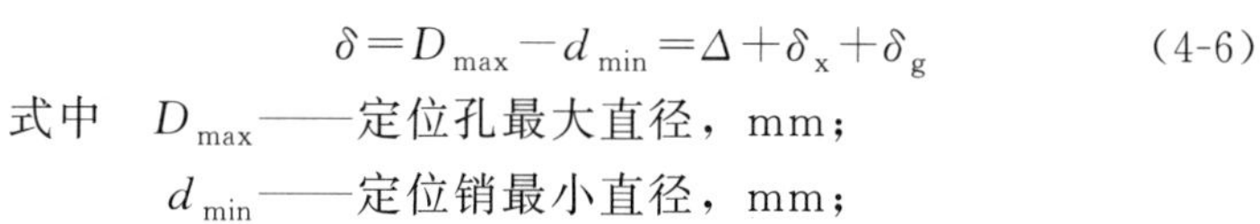

$$\delta=D_{\max}-d_{\min}=\Delta+\delta_x+\delta_g \tag{4-6}$$

式中　$D_{\max}$——定位孔最大直径，mm；

$d_{\min}$——定位销最小直径，mm；

Δ——销与孔的最小间隙，mm；

δ_x——销的公差，mm；

δ_g——孔的公差，mm。

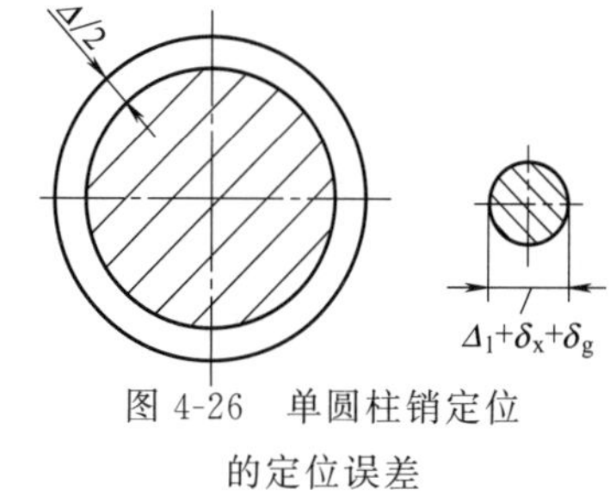

图 4-26　单圆柱销定位的定位误差

4.4　机床夹具夹紧机构的设计

工件的定位主要是确定工件在夹具中的正确位置。然而在机械加工中，工件要受到切削力、重力、离心力等外力的作用，为了保证工件能够固定在定位元件上，需要在工件定位后进行工件的夹紧，这种对工件进行夹紧的装置称为夹紧装置。夹紧装置的设计要受到定位方案、切削力大小、生产效率、加工方法、工艺系统刚度和加工精度等因素的影响。

4.4.1　夹紧机构的组成和要求

（1）夹紧机构的组成

图 4-27 所示为典型的夹紧机构，它由以下几个部分组成。

① 力源装置。夹紧装置中产生源动力的装置。常用的力源装置有气动、液动、电动、磁力等。图 4-27 中所示的力源装置为气缸。在采用手动夹紧的夹紧机构（如三爪自定心卡盘的夹紧装置）中，源动力由人力产生，故没有力源装置。

② 中间传力机构。将力源装置所产生的源动力传递给夹紧元件的机构。中间传力机构可以改变力的大小、方向，并可使夹紧具有一定的自锁功能。

③ 夹紧元件。直接将夹紧力作用在工件上的元件。

（2）夹紧机构应满足的基本要求

① 夹紧而不能破坏定位。

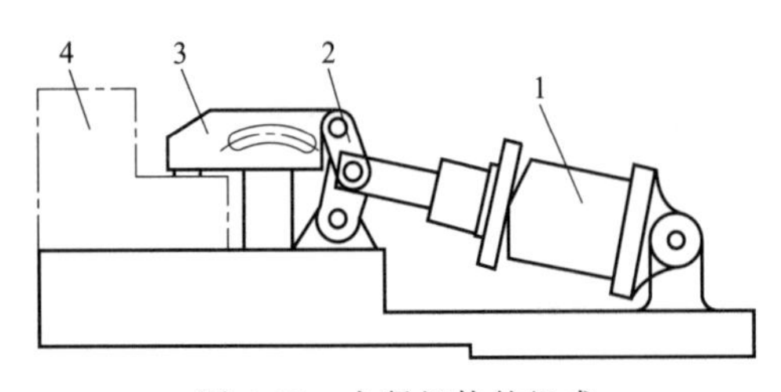

图 4-27 夹紧机构的组成

1—力源装置；2—中间传力机构；3—夹紧元件；4—工件

② 夹紧力要适当。应保证工件在加工过程不移动和不振动，同时工件和夹具的变形应控制在一定范围。

③ 夹紧机构必须可靠。夹紧机构各元件要有足够的强度和刚度。手动夹紧机构必须保证自锁，机动夹紧应有联锁保护装置，夹紧行程必须足够。

④ 夹紧机构操作必须安全、省力、方便、迅速、符合工人操作习惯。

⑤ 夹紧机构的复杂程度、自动化程度必须与生产纲领和工厂的条件相适应。

4.4.2 夹紧力的确定

夹紧机构设计中首先要解决的问题就是确定夹紧力的方向、作用点和大小三要素，然后才能选择或设计适当的夹紧机构来确保正确夹紧。

(1) 夹紧力方向的确定

夹紧力的方向与工件定位基面、定位元件的配置情况以及工件所受外力的作用方向等有关，一般应注意以下三个方面。

① 夹紧力的方向应垂直于工件的主要定位基面，同时保证其他定位基面定位可靠。如图 4-28 所示，镗孔时要求孔的中心线与 A 面垂直，夹紧力方向就应该与 A 面相垂直。如果夹紧力方向垂直于 B 面，由于 A 面与 B 面的制造误差，两面可能存在一定的垂直度误差，导致孔的中心线与 A 面有垂直度误差。

② 夹紧力的方向应与工件刚度最大的方向一致，以减小工件的夹紧变形。图 4-29 所示为薄壁套筒的夹紧方案，图 4-29（a）所示为采用车床三爪卡盘夹紧，夹紧力方向垂直于套筒的薄壁，容易引起工件变形。图 4-29（b）所示为端面夹紧方式，夹紧力方向与工件刚度最大的方向一致，可避免工件出现圆度误差。

③ 夹紧力的方向应尽量与切削力、工件重力的方向一致，减小夹紧力。当夹紧力的方向与切削力、工件重力的方向相同时，所需的夹紧力最小，同时可以使夹紧装置的结构紧凑，操作省力。

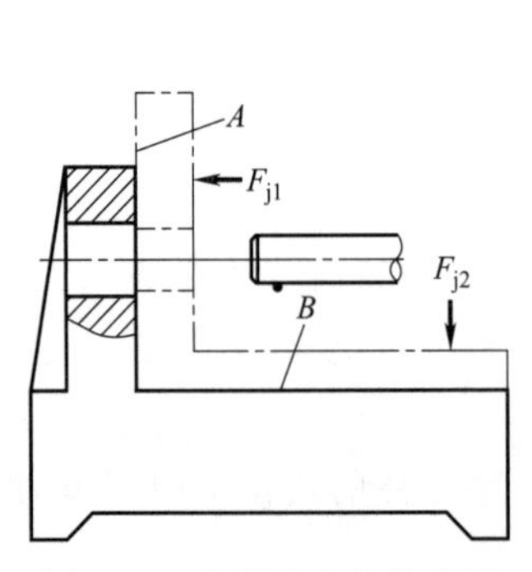

图 4-28 夹紧力方向的选择

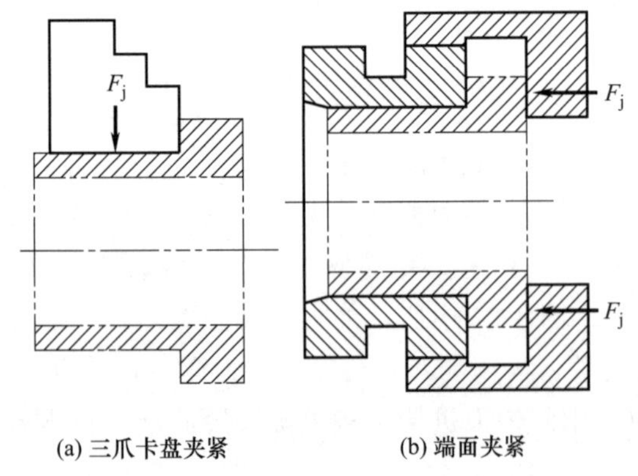

图 4-29 薄壁套筒的夹紧

(2) 夹紧力作用点的选择

选择夹紧力的作用点就是确定夹紧元件与工件表面接触处的位置，正确选择夹紧力的作用点，对于保证工件定位可靠、防止产生夹紧变形、确保工件加工精度均有直接的影响，一般应注意以下四个方面。

① 夹紧力的作用点应落在支承点的支承面积之内，以免破坏定位或造成较大的夹紧变形。如图 4-30（a）所示，夹紧力的作用点落在了支承点的支承面积内，定位没有被破坏。如图 4-30（b）所示，夹紧力的作用点落在了支承点的支承面积之外，工件的定位遭到破坏。

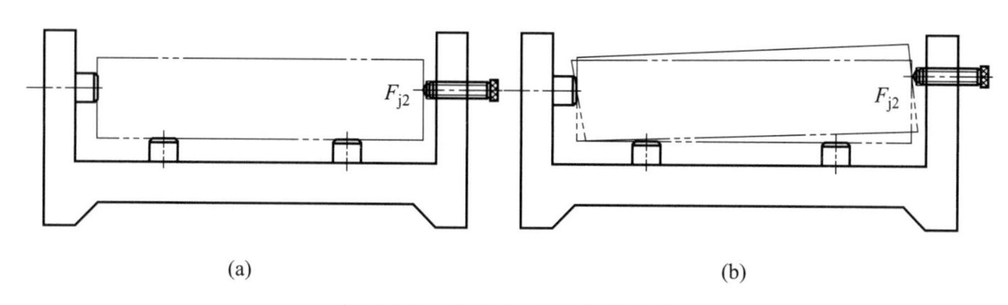

图 4-30　夹紧力作用点的位置

② 夹紧力的作用点应保证工件夹紧后所产生的变形最小。夹紧力的作用点应选在工件刚度最好的部位，特别是刚度较差的工件，更应加以注意。另外要注意，夹紧力的作用点应尽量靠近工件的壁或肋等部位，而避免作用点在被加工孔的上方。图 4-31（a）夹紧力作用点选在了刚度较差的位置，工件变形较大；图 4-31（b）夹紧力作用点选在了刚度高的位置，因此工件变形较小。

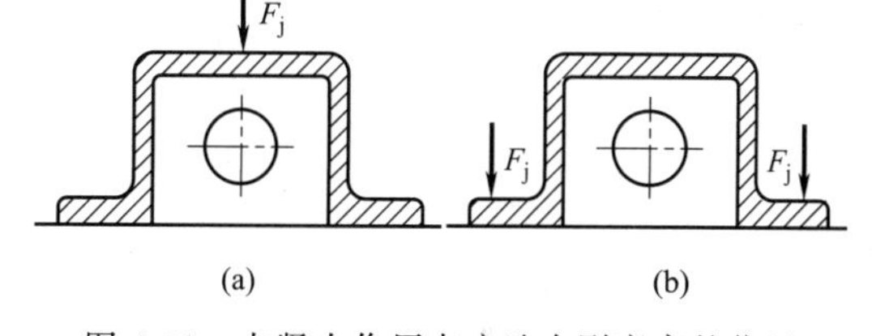

图 4-31　夹紧力作用点应选在刚度高的位置

③ 夹紧力的作用点和支承点应尽可能靠近切削部位，以提高工件切削部位的刚度和抗震性。如图 4-32 所示，在切削部位增加辅助支承和辅助夹紧。

④ 夹紧力不应使夹具本身产生影响加工精度的变形。如图 4-33（a）所示，夹紧力通过螺母座 2 对工件 4 施加了夹紧力，能够避免夹紧力引起镗模支架的变形。而图 4-33（b）所示的夹紧方案，夹紧力通过镗模支架对工件施加夹紧力，夹紧力的反作用力会使镗模支架 3 发生变形，从而导致镗套出现导向误差。

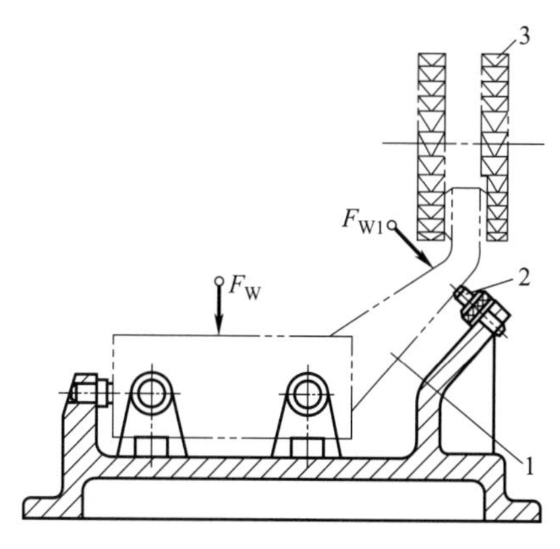

图 4-32　增设辅助支承和辅助夹紧
1—工件；2—辅助支承；3—铣刀

(3) 夹紧力大小的确定

在确定了夹紧力的方向和作用点后，就需要合理地确定夹紧力的大小。夹紧力不能太小，否则工件在加工过程中会发生移动或旋转从而破坏定位；夹紧力也不可过大，否则会使工件发生变形。

理论上夹紧力的大小应该与作用在工件上的其他力相平衡，其中切削力是计算夹紧力的主要依据。然而实际上，夹紧力的大小还与工艺系统的刚度、夹紧机构的传力效率等因素有关，计算起来很复杂。需要夹紧力大小准确的场合，一般可采用实验法来确定。一般情况下夹紧力的大小可采用估算法来确定。

在估算夹紧力时，通常将夹具和工件看作一个刚

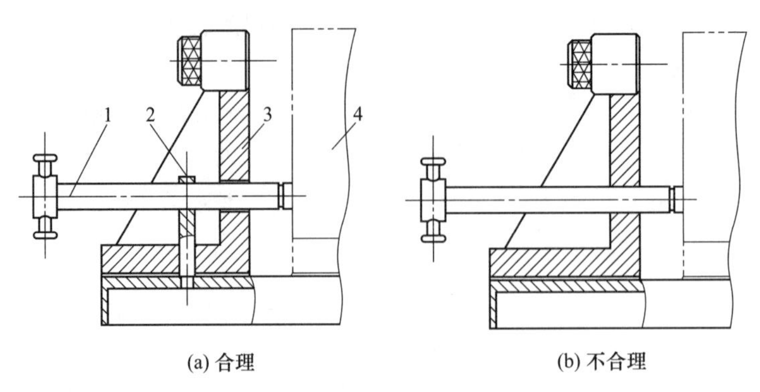

图 4-33 镗模支架的受力变形

1—夹紧螺栓；2—螺母座；3—镗模支架；4—工件

性系统，考虑切削加工过程中，工件所受到的切削力、夹紧力、重力、惯性力等，其中切削力是一个主要力。根据夹紧力的方向和作用点及加工时的具体情况与上述各力（矩）组成的静平衡力系计算出理论夹紧力。当切削力（矩）在切削过程中是变量时，按其最大值计算。再乘以安全系数，作为实际所需夹紧力。

安全系数一般可取 $k=2\sim3$ 或按下式计算

$$k=k_1k_2k_3k_4 \tag{4-7}$$

式中 k_1——一般安全系数，$k_1=1.5\sim2$；

k_2——加工性质系数，粗加工 $k_2=1.2$，精加工 $k_2=1$；

k_3——刀具钝化系数，$k_3=1.1\sim1.3$；

k_4——断续切削系数，断续切削时 $k_4=1.2$，连续切削时 $k_4=1$。

4.4.3 常用夹紧机构

(1) 斜楔夹紧机构

利用斜楔直接或间接夹紧工件的机构称为斜楔夹紧机构。图 4-34 所示为几种用斜楔夹紧机构夹紧工件的实例。图 4-34（a）所示为斜楔直接夹紧机构，工件装入后敲击斜楔大头，夹紧工件；加工完毕后，敲击斜楔小头，松开工件。这种机构夹紧力较小，操作费时。图 4-34（b）所示为斜楔、滑柱、杠杆夹紧机构，可以手动，也可以气压驱动。图 4-34（c）所示为端面斜楔、杠杆组合夹紧机构。

采用图 4-34（a）所示的直接斜楔夹紧时，可获得的夹紧力为

$$F_{\mathrm{w}}=\frac{F_{\mathrm{Q}}}{\tan\varphi_2+\tan(\alpha+\varphi_1)} \tag{4-8}$$

式中 F_{w}——可获得的夹紧力，N；

F_{Q}——作用在斜楔上的原始力，N；

φ_1——斜楔与工件之间的摩擦角，(°)；

φ_2——斜楔与夹具体之间的摩擦角，(°)；

α——斜楔的楔角，(°)。

斜楔夹紧机构的自锁条件为

$$\alpha\leqslant\varphi_1+\varphi_2 \tag{4-9}$$

减小楔角 α，可增大夹紧力，增加自锁性能，但也增大了斜楔的移动行程。在手动夹紧

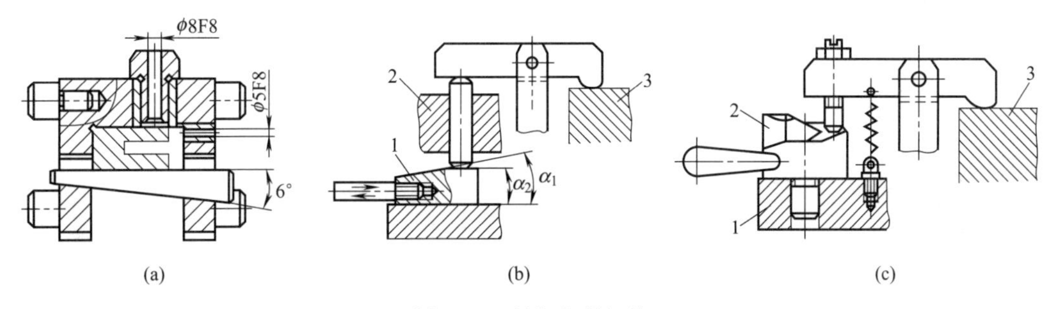

图 4-34　斜楔夹紧机构

1—夹具体；2—夹紧元件；3—工件

时，为了保证自锁的可靠性，一般取 $\alpha=6°\sim8°$。同时为了减少移动行程并保持自锁，可以采用图 4-34（b）所示的双斜面斜楔，大楔角的一段使滑柱迅速上升，小楔角的一段实现夹紧和确保自锁。

斜楔夹紧机构的优点是有一定的扩力作用，可以方便地使力的方向改变 90°，缺点是 α 较小，行程较长。

(2) 螺旋夹紧机构

由螺钉、螺母、螺栓或螺杆等带有螺旋结构的元件，与垫圈、压板或压块等组成的夹紧机构，称为螺旋夹紧机构。其机构类似于一个绕在圆柱体上的斜楔，其特点是结构简单、容易制造、自锁性好、增力比和夹紧行程大，在手动夹紧中应用最多。

图 4-35 所示为几个螺旋夹紧机构的例子。图 4-35（a）所示的螺钉夹紧中，螺钉头直接与工件表面接触，夹紧过程中可能带动工件旋转或损伤工件表面。图 4-35（c）、（d）分别采用压板和钩形压板夹紧工件，可以避免上述情况的发生。而且图 4-35（c）中的压板可以移动，图 4-35（d）中的钩形压板可以绕螺柱轴转动，因而均便于装卸工件。

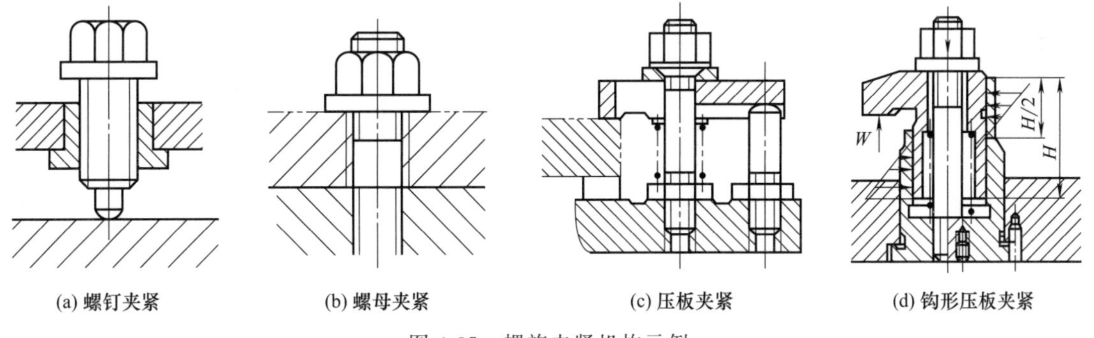

图 4-35　螺旋夹紧机构示例

螺旋可以看作一斜楔绕在圆柱体上而形成，因此螺旋夹紧机构夹紧力的计算与斜楔夹紧机构的计算相似，从斜楔的夹紧力的计算公式可以直接推导出螺旋夹紧力的计算公式

$$F_{\mathrm{w}}=\frac{F_{\mathrm{Q}}L}{\frac{d_0}{2}\tan(\alpha+\varphi_1)+r'\tan\varphi_2} \tag{4-10}$$

式中　F_{w}——沿螺旋轴线作用的夹紧力，N；

F_{Q}——作用在扳手上的原始动力，N；

L——原始作用力的力臂，mm；

d_0——螺纹中径，mm；

α——螺纹升角，(°)；

φ_1——螺纹副的当量摩擦角，(°)；

φ_2——螺杆（或螺母）端部与工件（或压块）的摩擦角，(°)；

r'——螺杆（或螺母）端部与工件（或压块）的当量摩擦半径，mm。

单一的螺旋夹紧机构动作慢，工件装卸费时。为了提高效率，可采用图 4-36 所示的快速螺旋夹紧机构。图 4-36（a）使用了开口垫圈，螺母的大径小于工件孔径，因此稍松螺母后取下开口垫圈，工件就可以方便地装卸。图 4-36（b）采用了快卸螺母，螺母的螺孔内钻有倾斜光孔，其孔径略大于螺纹大径。螺母斜向沿着光孔套入螺杆，然后将螺母摆正，使螺母与螺杆啮合，再拧紧螺母，便可夹紧工件。图 4-36（c）中，夹紧轴 1 上的直槽连着螺旋槽，先推动手柄 2，使摆动压块 3 迅速接近工件，再转动手柄 2，夹紧工件并实现自锁。图 4-36（d）中，手柄 4 带动螺母旋转时，因手柄 5 的限制，螺母不能右移，致使螺杆带着摆动压块 3 往左移动，从而夹紧工件。松夹时，只要反转手柄 4，稍微松开后，即可转动手柄 5，为手柄 4 的快速右移让出空间。

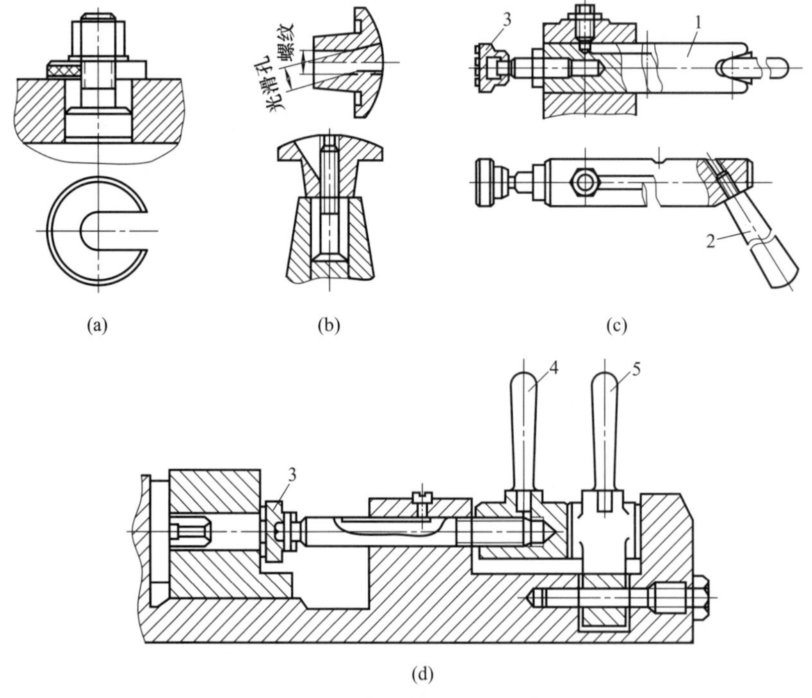

图 4-36　快速螺旋夹紧机构

1—夹紧轴；2,4,5—手柄；3—摆动压块

(3) 偏心夹紧机构

偏心夹紧机构是通过偏心元件直接或间接地夹紧工件的机构。常用的偏心元件有圆偏心和曲线偏心，偏心夹紧机构依靠偏心元件回转时半径逐渐增大而产生夹紧力来夹紧工件，图 4-37 所示为三种偏心夹紧机构。

偏心夹紧原理与斜楔夹紧原理相似，都靠斜面加度增加而产生夹紧，只是斜楔夹紧的楔角不变，而偏心夹紧的楔角是变化的。如图 4-38（a）所示的偏心轮，展开后如图 4-38（b）所示，不同位置的楔角用下式求出

$$\alpha=\arctan\frac{e\sin\gamma}{R-e\cos\gamma} \tag{4-11}$$

式中　α——偏心轮的楔角，(°)；

e——偏心轮的偏心距，mm；

R——偏心轮的半径，mm；

γ——偏心轮作用点 X 与起始点 O 之间圆心角，(°)，如图 4-38 (a) 所示。

当 $\gamma=90°$时，α 接近最大值

$$\alpha_{\max}\approx\arctan\frac{e}{R} \tag{4-12}$$

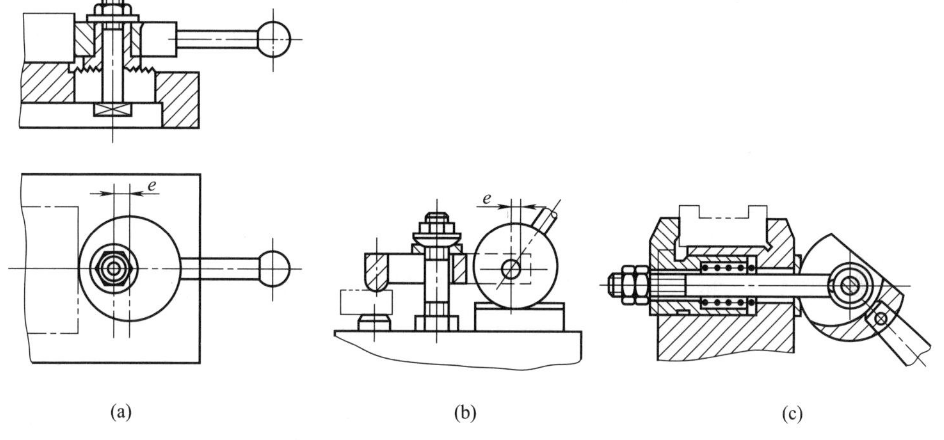

图 4-37　偏心夹紧机构

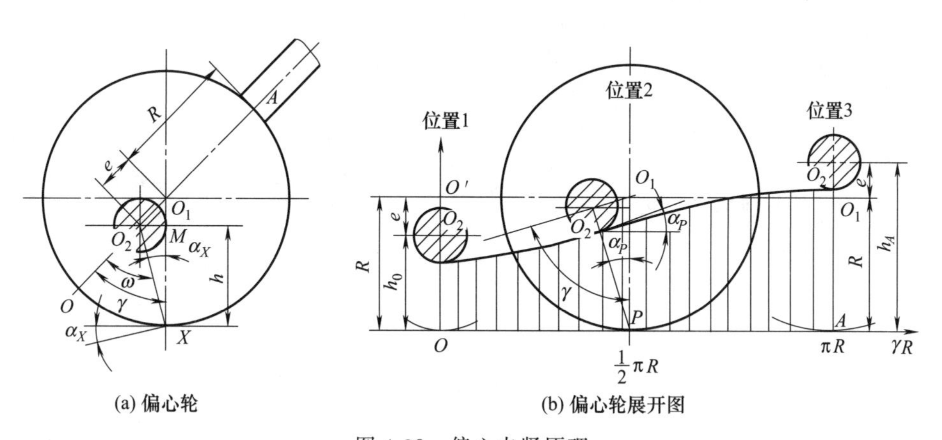

图 4-38　偏心夹紧原理

根据斜楔自锁条件，偏心轮工作点 P 处的楔角 $\alpha_P\leqslant\varphi_1+\varphi_2$，这里的 φ_1、φ_2 分别为轮周作用点处及转轴处的摩擦角。忽略转轴处的摩擦，并考虑最不利的情况，或更保险的情况，偏心轮夹紧的自锁条件为

$$\frac{e}{R}\leqslant\tan\varphi_1=\mu_1 \tag{4-13}$$

式中　φ_1——轮周作用点的摩擦角，(°)；

μ_1——轮周作用点的摩擦因数。

偏心夹紧的夹紧力可用下式计算

$$F_{\mathrm{w}}=\frac{F_{\mathrm{Q}}L}{\rho[\tan(\alpha_P+\varphi_2)+\tan\varphi_1]} \tag{4-14}$$

式中 F_{w}——夹紧力，N；

F_{Q}——作用在手柄上的原始力，N；

L——原始作用力的力臂，mm；

φ_2——转轴处的摩擦角，(°)；

ρ——转动中心 O_2 到作用点 P 间的距离，mm。

偏心夹紧机构的偏心轮已标准化，其夹紧行程和夹紧力可查阅夹具设计手册。偏心夹紧机构的优点是结构简单，操作方便，动作迅速。其缺点是自锁性能差，夹紧行程和增力比小。因此一般用于工件尺寸变化不大，切削力小而且加工平稳的场合，不适合在粗加工中应用。

4.4.4 其他夹紧机构

(1) 铰链夹紧机构

铰链夹紧机构的优点是动作迅速，增力比大，易于改变力的作用和方向。缺点是自锁性能差，一般常用于气动、液动夹紧。铰链夹紧机构在设计时要仔细进行铰链与杠杆的受力分析、运动分析和主要参数的分析计算，这部分内容可查阅夹具设计手册。设计中根据上述分析计算结果，考虑设置必要的浮动、调整环节，以保证铰链夹紧机构正常工作。

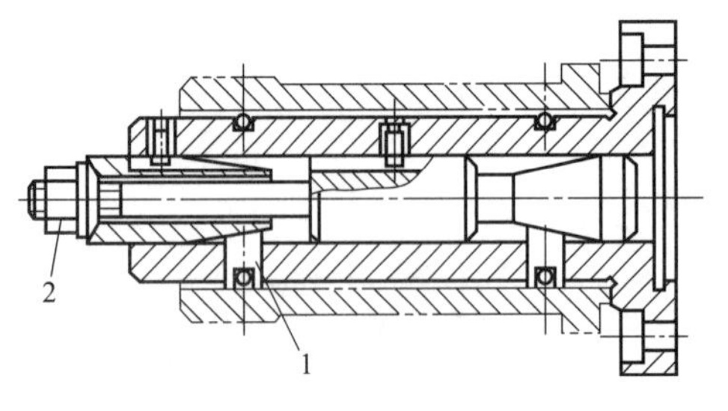

图 4-39 锥面定心夹紧机构

1—活动块；2—螺母

(2) 定心夹紧机构

定心夹紧机构又称自动对中机构，它把定位和夹紧合为一体，在实现对工件夹紧的同时，也实现定心或对中。其工作原理可以分为两类：

① 定位-夹紧元件按等速位移原理来均分工件定位面的尺寸误差，实现定心或对中。如车床通用夹具三爪卡盘利用三个卡爪的等速移动来实现定心夹紧。图 4-39 所示为锥面定心夹紧机构，图 4-40 所示为螺旋定心夹紧机构。

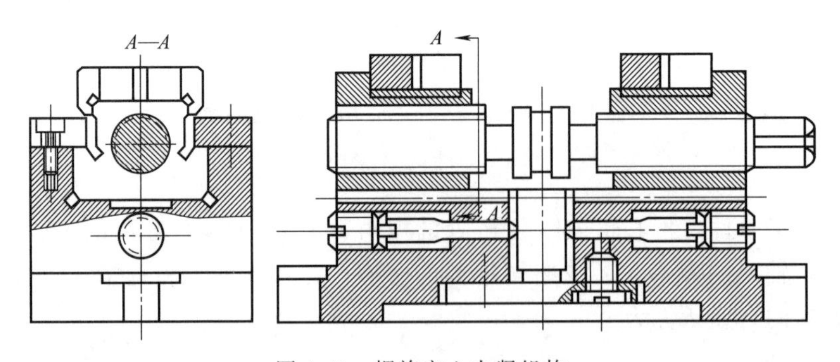

图 4-40 螺旋定心夹紧机构

② 定位-夹紧元件按均匀弹性变形原理来实现定心夹紧，如各种弹性芯轴、弹性筒夹、液性塑料夹头等。图 4-41 所示为弹性夹头。

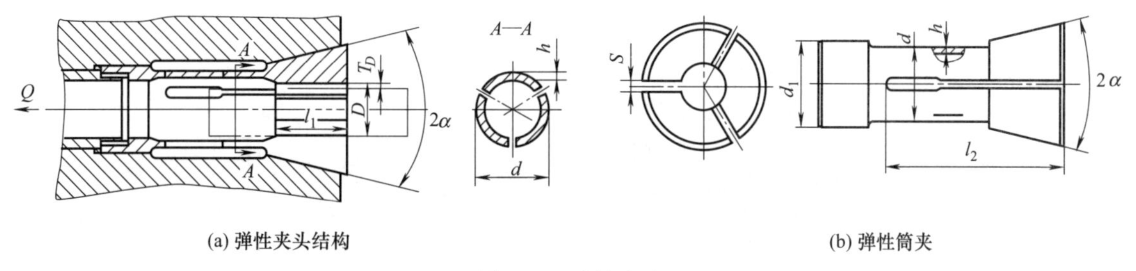

(a) 弹性夹头结构　　(b) 弹性筒夹

图 4-41　弹性夹头

(3) 联动夹紧机构

联动夹紧机构是指操纵一个手柄或利用一个动力装置就能完成若干动作（包括夹紧和其他动作）的机构。在夹紧机构设计中，常常遇到工件需要多点同时夹紧或多个工件同时夹紧的情况，这时为了操作方便、迅速，提高生产效率，减轻劳动强度，可采用联动夹紧机构。图 4-42（a）所示为多点联动夹紧机构，图 4-42（b）所示为多件联动夹紧机构。

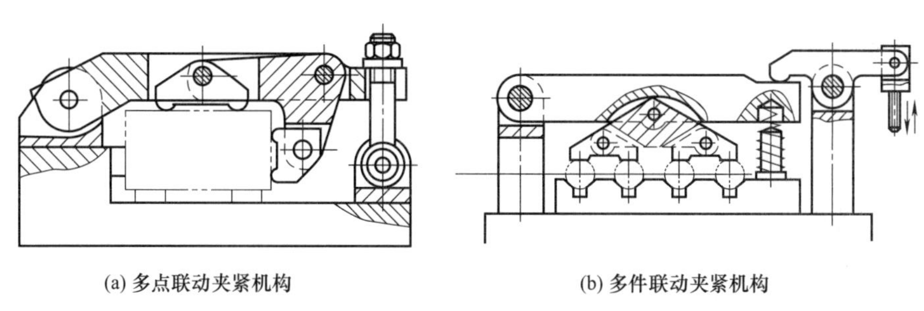

(a) 多点联动夹紧机构　　(b) 多件联动夹紧机构

图 4-42　联动夹紧机构

4.4.5　夹紧机构的动力装置

手动夹紧机构在各种生产规模中都有广泛应用，但手动夹紧动作慢，劳动强度大，夹紧力变动大。在大批量生产中往往采用机动夹紧，如气动、液压、电（磁）动和真空夹紧等。机动夹紧可以克服手动夹紧的缺点，提高生产率，有利于实现自动化。当然机动夹紧成本也会提高。

(1) 气动夹紧装置

气动夹紧装置采用压缩空气作为夹紧装置的动力源来夹紧工件。压缩空气由车间总管路输送，经过管路损失，到达气缸的压缩空气工作压力一般为 0.4～0.6MPa。该夹紧装置具有无污染、传送分配方便等优点，但夹紧力小，结构尺寸较大，有排气噪声。典型的气压传动系统如图 4-43 所示。固定式气缸和固定式液压缸类似。回转式气缸与气动卡盘如图 4-44 所示，它用于车床夹具，由于气缸和卡盘随主轴回转，所以还需要一个导气接头。

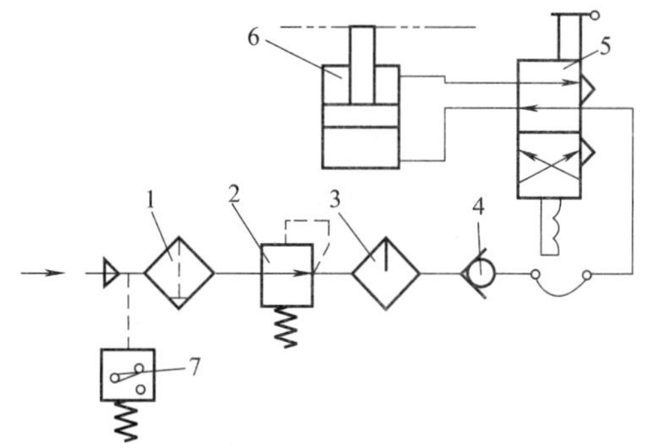

图 4-43　典型的气压传动系统

1—分水过滤器；2—调压阀；3—油雾器；4—单向阀；5—配气阀；6—气缸；7—气压蓄电器

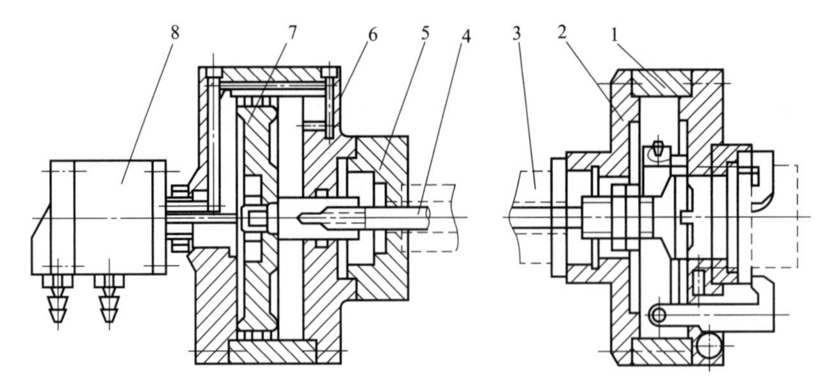

图 4-44　回转式气缸与气动卡盘

1—卡盘；2—过渡盘；3—主轴；4—拉杆；5—连接盘；6—气缸；7—活塞；8—导气接头

(2) 液压夹紧装置

液压夹紧装置利用压力油作为动力，工作原理和结构上基本与气动夹紧装置相似，它与气动夹紧装置相比有如下优点：

① 压力油工作压力可达 6MPa，因此液压缸尺寸小，不需增力机构，夹紧装置结构紧凑。

② 压力油具有不可压缩性，夹紧装置刚度大，工作平稳可靠。

③ 液压夹紧装置噪声小。

其缺点是需要有一套供油装置，成本要相对高一些。因此适用于具有液压传动系统的机床和切削力较大的场合。

(3) 气-液联合夹紧装置

在机床夹具中，为了综合利用气压夹紧和液压夹紧的优点，而又不需专门的液压夹紧装置，可以采用气-液联合的夹紧装置。该装置利用压缩空气为动力，油液为传动介质，兼有气动夹紧装置和液压夹紧装置的优点。图 4-45 所示为气液增压器。

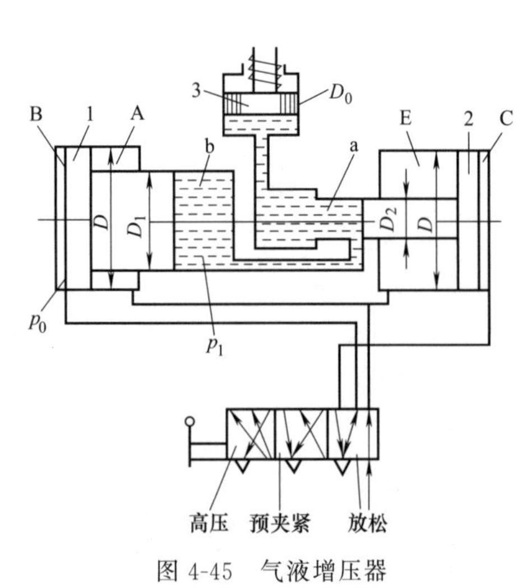

图 4-45　气液增压器

气液增压器的工作原理如下：当三位五通阀由手柄打到预夹紧位置时，压缩空气进入左气室 B，活塞 1 右移，将 b 油室的油经 a 室压至夹紧液压缸下端，推动活塞 3 来预夹紧工件。由于 D 和 D_1 相差不大，因此压力油的压力 p_1 仅稍大于压缩空气压力 p_0。但由于 D_1 比 D_0 大，因此左气缸会将 b 室的油大量压入夹紧液压缸，实现快速预夹紧。此后，将手柄打到高压夹紧位置，压缩空气进入右气缸 C 室，推动活塞 2 左移，a、b 两室隔断。由于 D 远大于 D_2，使 a 室中压力增大许多，推动活塞 3 加大夹紧力，实现高压夹紧。当把手柄打到放松位置时，压缩空气进入左气缸的 A 室和右气缸的 E 室，活塞 1 左移而活塞 2 右移，a、b 两室连通，a 室油压降低，夹紧液压缸的活塞3在弹簧作用下下落复位，放松工件。

在可调整夹具的设计中，其动力装置一般采取如下处理方法：如果夹紧点位置变化较小，动力装置不做变动，仅更换或调整压板即可；如果夹紧点位置变化较大，应预留一套（或几套）动力装置，工件更换时，将动力源换接到相应位置的动力装置即可。

(4) 其他动力装置

① 真空夹紧。真空夹紧是利用工件基准面与夹具定位面形成的封闭空腔内的真空来吸紧工件的，实际上就是利用了大气压强来压紧工件。真空夹紧特别适用于由铝、铜及其合金、塑料等非导磁材料制成的薄板形工件或薄壳形工件。图4-46所示为真空夹紧的工作情况。

② 电磁夹紧。如平面磨床上的电磁吸盘，当线圈中通上直流电后，其铁芯就会产生磁场，在磁场力的作用下将导磁性工件夹紧在吸盘上。

③ 其他方式夹紧。通过重力、惯性力、弹性力等方式将工件夹紧，这里不再过多介绍。

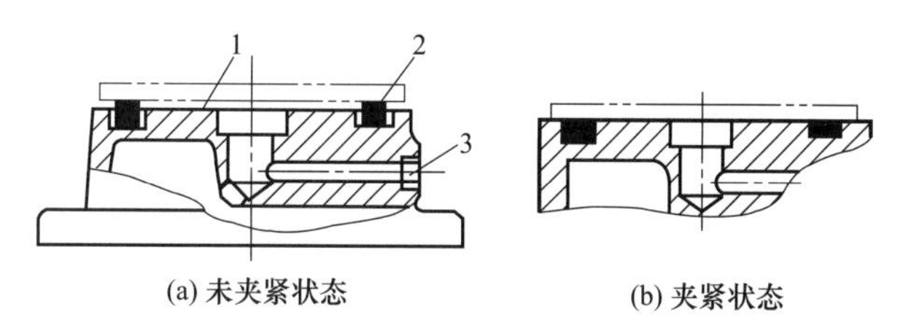

图4-46 真空夹紧
1—封闭腔；2—橡胶密封垫；3—抽气口

4.5 机床夹具的其他装置

机床夹具一般由定位元件、夹紧装置、夹具体等组成。根据加工需要，在某些情况下还需要其他装置才能符合使用要求，这些装置包括导向装置、分度装置和对刀装置等。

4.5.1 孔加工刀具的导向装置

刀具的导向装置是为了保证孔加工的正确位置，增加钻头和镗杆的支承以提高其刚度，减少刀具的变形，确保孔加工的位置精度。

(1) 钻孔的导向装置

钻床夹具中，钻头的导向采用钻套。钻套有固定钻套、可换钻套、快换钻套和特殊钻套四种，如图4-47所示。

图4-47（a）所示为固定钻套的两种结构形式：无肩钻套和有肩钻套。固定钻套以过盈配合直接压入钻模板或夹具体的孔中，位置精度高，结构简单，但磨损后不易更换，适合于中、小批生产中只钻一次的孔。当钻模板较薄时，为使钻套具有足够的引导长度，应采用有肩钻套。

图4-47（b）所示为可换钻套。它以间隙配合装在衬套内，而衬套则以过盈配合压入钻模板或夹具体孔中。为防止钻套在衬套中转动，用螺钉压住钻套。可换钻套磨损后可以更

换，适用于中批以上的钻孔工序。

图 4-47（c）所示为快换钻套。在结构上与可换钻套基本相似，只是在钻套头部多开一个圆弧状或直线状缺口。换钻套时，只需将钻套逆时针转动，当缺口转到螺钉位置时即可取出，换套方便迅速，多用于在一道工序中需要连续加工（如钻、扩、铰）的孔。

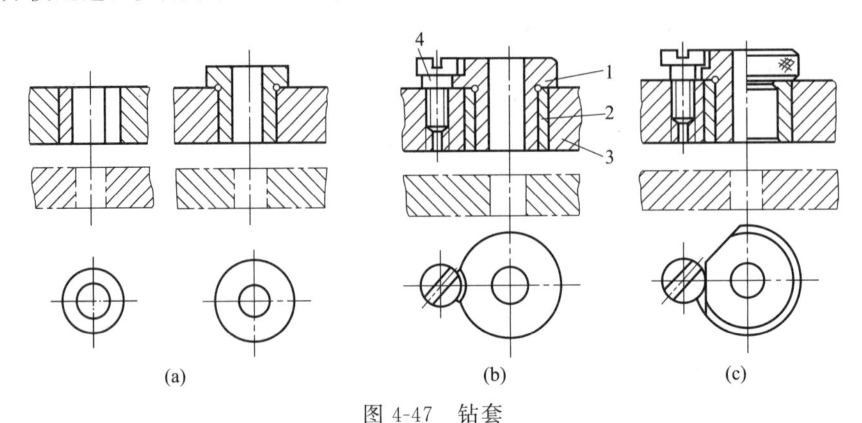

图 4-47 钻套

1—钻套；2—衬套；3—钻模板；4—螺钉

上述钻套均已标准化，设计时可以查夹具设计手册选用。对于一些特殊场合，可以根据加工条件的特殊性设计专用钻套，如图 4-48 所示为几种特殊钻套。图 4-48（a）用于两孔间距较小的场合；图 4-48（b）用于孔距离钻模板较远的场合，以改善导向效果；图 4-48（c）为加工斜面上的孔用钻套。

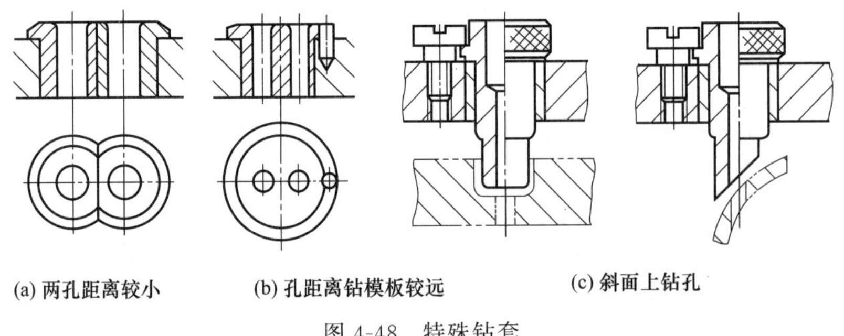

(a) 两孔距离较小　　(b) 孔距离钻模板较远　　(c) 斜面上钻孔

图 4-48 特殊钻套

钻套设计时，钻套导向 H 太短会使导向作用差，降低位置精度，太长又会使刀具和钻套磨损较严重。一般 $H=(1\sim2)d$，孔径 d 大时取小值，d 小时取大值。

钻套距工件孔端距离 h 会影响排屑和刀具导向。h 过小易造成排屑不畅，过大则影响钻套的导向作用。一般 $h=(0.7\sim1.5)d$。h 不要取得太大，否则容易产生钻头偏斜。对于在斜面、弧面上钻孔，h 可取再小些。

(2) 镗孔的导向装置

箱体类零件上的孔系，若采用精密坐标镗床、加工中心或具有高精度的刚性主轴的组合机床加工时，一般不需要导向。对于普通镗床或车床改造的镗床，或一般组合机床，为了保证孔系的位置精度，需要采用镗模来引导镗刀，孔系的位置由镗模上镗套的位置来决定。镗套有两种：固定式镗套和回转式镗套。

固定式镗套的结构如图 4-49 所示。它固定在镗模的导向支架上，不随镗杆一起转动，镗套中心位置精度高。镗杆与镗套之间有相对移动和相对转动，使接触面产生摩擦和磨损，因此固定式镗杆用于速度低于 20m/min 的镗孔。A 型镗套无润滑装置，B 型镗套带有润滑油嘴，可注润滑油。

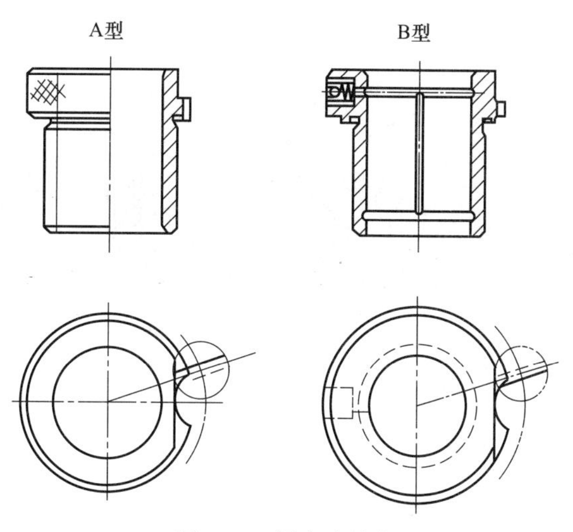

图 4-49　固定式镗套

回转式镗套的结构如图 4-50 所示。它适用于镗杆速度高于 20m/min 的镗孔，为了减小镗套磨损，一般采用回转式镗套。图 4-50 中左端 a 为内滚式镗套，镗套 2 固定不动，镗杆 4、轴承和导向滑动套 3 在固定镗套 2 内可轴向移动，镗杆可转动。这种镗套两轴承支承距离远，尺寸长，导向精度高，多用于镗杆的后导向，即靠近机床主轴端。图 4-50 中右端 b 为外滚式镗套，镗套 5 装在轴承内孔上，镗杆 4 右端与镗套为间隙配合，通过键联结，可以一起回转，而且镗杆可在镗套内相对移动。外滚式镗套尺寸较小，导向精度稍低一些，一般多用于镗杆的前导向。

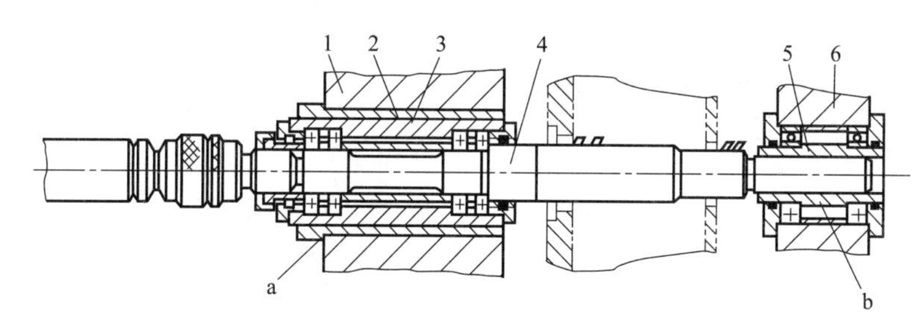

图 4-50　回转式镗套

1,6—导向支架；2,5—镗套；3—导向滑动套；4—镗杆

4.5.2　对刀装置

在铣床或刨床夹具中，为保证加工面的准确位置，需要确定刀具相对工件的位置，因此常设置对刀装置。对刀时移动机床工作台，使刀具靠近对刀块，在刀齿切削刃与对刀块间塞入一规定尺寸的塞尺，让切削刃轻轻靠紧塞尺，抽动塞尺感觉到有一定的摩擦力存在，这样确定刀具的最终位置，抽走塞尺，就可以开动机床进行加工。图 4-51 所示为几种常见的对刀装置。

对刀块也有标准化的可以选用，特殊形式的对刀块可以自行设计。

对刀块对刀表面的位置应以定位元件的定位表面来标注，以减小基准转换误差。该位置尺寸加上塞尺厚度就应该等于工件的加工表面与定位基准面间的尺寸，该位置尺寸的公差应为该工件尺寸公差的 1/5～1/3。

在批量加工中，为了简化夹具结构，常采用标准工件对刀或试切法对刀。第一件对刀后，后续工件就不再对刀，此时，可以不设置对刀装置。

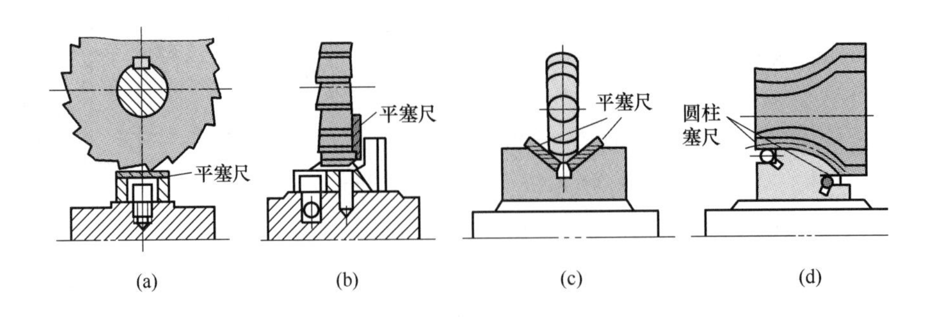

图 4-51 铣床对刀装置

4.5.3 分度装置

工件上如有一些按一定角度分布的相同表面，它们需在一次定位夹紧后加工出来，则该夹具需要分度装置。图 4-52 所示为一斜面分度装置。

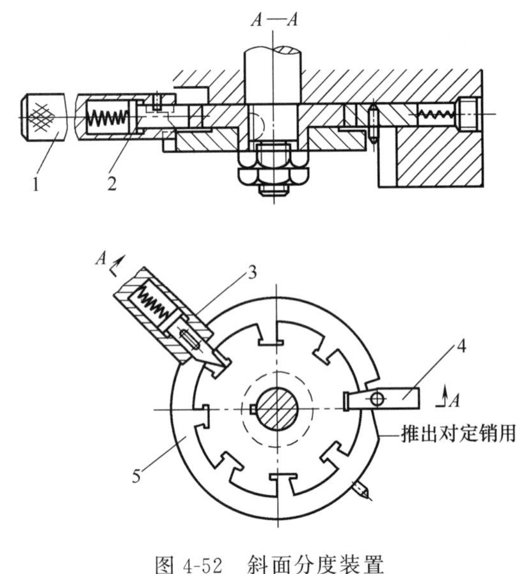

图 4-52 斜面分度装置

1—手柄；2—插销；3—插销装置；4—对定销；5—凸轮盘

当手柄 1 逆时针转动时，插销 2 由于斜面作用从槽中退出，并带动凸轮盘 5 转动，凸轮斜面推出对定销 4。当插销 2 到达下一个分度盘槽时，在弹簧作用下插销 2 插入，此时手柄顺时针转动，由插销 2 带动分度盘及芯轴转动，凸轮上的斜面脱离对定销 4，在弹簧作用下，对定销 4 插入分度盘的另一个槽中，分度完毕。

为了简化分度夹具的设计、制造，可以把夹具安装在通用的回转工作台上来实现分度，但分度精度要低一些。

4.5.4 夹具体及夹具与机床的连接装置

夹具体是夹具的基础元件。夹具体的安装基面与机床连接，其他工作表面则安装前述的各种夹具元件和装置，以组成一个整体。

在进行机床夹具设计过程中，首先应根据工件的外轮廓尺寸、夹具上各类元件及装置的布置情况以及夹具所用于的加工类型等，设计夹具体的形状和尺寸。其次在加工过程中，夹具体要承受一定的切削力、夹紧力以及由此产生的冲击和振动，为了使夹具体不致受力变形或破坏，夹具体应具有足够的强度和刚度。此外加工产生的切屑有一部分会落在夹具体上，在夹具体设计时应考虑便于清除切屑的要求。

夹具在机床上安装时，为了保证夹具（含工件）相对于机床主轴（或刀具）、机床运动导轨有准确的位置和方向，夹具上需要有与机床连接的装置。夹具与机床的连接主要有两种基本形式：一种是安装在机床工作台上，如铣床、刨床和镗床夹具；另一种是安装在机床主轴上，如车床夹具。

铣床类夹具安装在机床工作台上，夹具体底面是夹具与机床连接的主要基准面，要求底面经过比较精密的加工，夹具的各定位元件相对于此底平面应有较高的位置精度。为了保证夹具具有相对切削运动的准确的方向，夹具体底平面的对称中心线上开有定向键槽，安装两个定向键，夹具靠这两个定向键定位在工作台面中心线上的 T 形槽内，采用良好的配合，一般选 H7/h6，再用 T 形槽螺钉固定夹具。由此可见，为了保证工件相对切削运动方向有准确的方向，夹具上的第二定位基准（导向）的定位元件必须与两定向键保持较高的位置精度，如平行度或垂直度。定向键的结构和使用如图 4-53 所示。

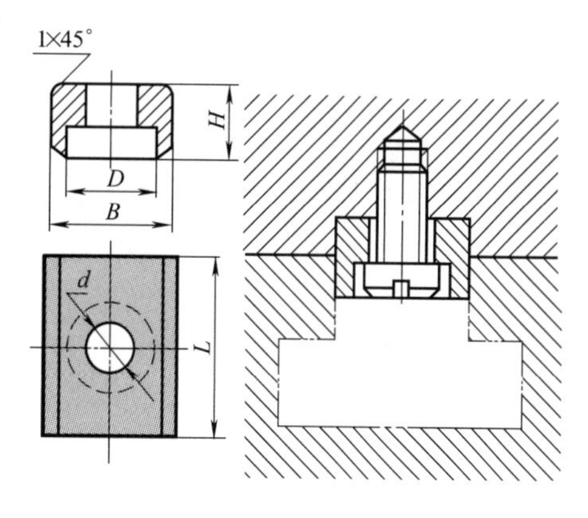

图 4-53　定向键

车床类夹具一般安装在主轴上，关键是要了解所选用车床主轴端部的结构。当切削力较小时，可选用莫氏锥柄式夹具形式，夹具安装在主轴的莫氏锥孔内，如图 4-54（a）所示。

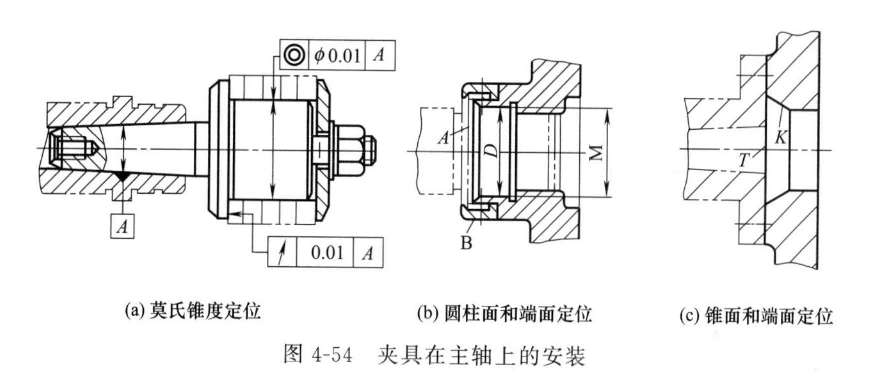

图 4-54　夹具在主轴上的安装

图 4-54（b）所示为车床夹具靠圆柱面 D 和端面 A 定位，采用螺纹 M 连接和压板 B 防松的方式。这种方式制造方便，但定位精度低。

图 4-54（c）所示为车床夹具靠短锥面 K 和端面 T 定位，采用螺钉固定的方式。这种方式不但定心精度高，而且刚度也高，但是这种方式是过定位，夹具体上的锥孔和端面制造精度也要高，一般要经过与主轴端部的配磨加工。

4.6　可调整夹具的设计

随着制造业市场竞争的加剧，制造企业不仅要能够生产高质量的产品，还要能够满足用户的不同要求，缩短生产周期，因此制造企业不仅要能够生产单一品种、大批量的产品，而且要能够适应多品种、小批量的市场竞争要求。为了加快生产周期，采用可调整机床夹具逐步成为夹具设计中的一个发展趋势。

专用夹具是针对某一零件的特定工序的加工而设计的。可调整夹具则是为结构相似、尺寸不同零件的相似工序设计的。相似工件是指一类形状、结构、材料等工艺属性相同或相近的加工零件；相似工序是指加工方法、使用设备和刀具、装夹方式相同，加工表面形状相同或相似，而尺寸和位置有差异的工序。

成组夹具是专门为成组工艺中一组相似性很强的零件而设计的，调整范围仅限于本组内的零件。对照可调整夹具，两者虽然具有一定的共性，但成组夹具具有对工件特征在一定范围内变化的适应性，加工对象要求明确，因而也被称为专用可调整夹具。而可调整夹具与之相比，加工对象不是很确定，使用范围要更大一些。

4.6.1 可调整夹具的特点

可调整夹具在结构上可分为基础部分和可调整部分。基础部分是指使用中固定不变的、通用的部分，如夹具体、夹紧机构和操作机构等；可调整部分是指不同零件加工时需要调整或更换的元件，如定位元件、导向元件和夹紧元件等。可调整或可更换的元件要求精度高，位置准确，安装、调整和检验方便。

可调整夹具设计中，要仔细分析组内零件的尺寸和数量，确定调整范围和更换元件的数量。当组内零件尺寸变化太大时，可适当将尺寸分几段，由一组可调整夹具共同完成，以减少调整和更换元件的时间，简化夹具结构，提高夹具的刚度。

图 4-55 所示为加工法兰类零件的均布螺钉孔的可调整夹具，其钻套可换，径向尺寸和高度尺寸可调，其均布的角度由转台来分度，因此通用性较好。

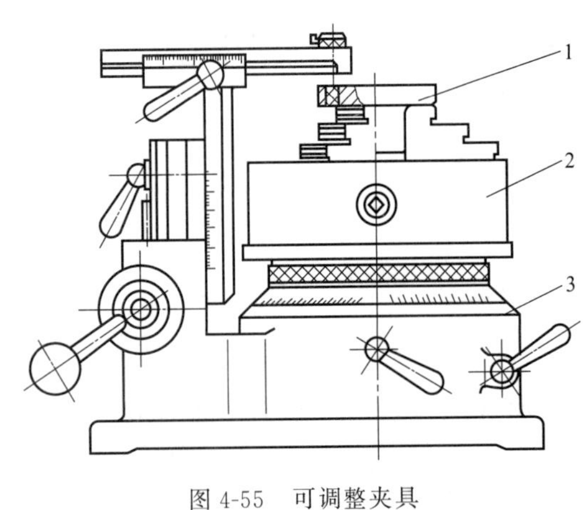

图 4-55 可调整夹具

1—法兰类零件；2—自定心卡盘；3—转台

4.6.2 可调整夹具的调整方式

可调整夹具的调整方式可分为调节式、更换式、综合式和组合式。

(1) 调节式

将夹具中的组成元件和装置的尺寸、位置和方向设计成可调节的。如图 4-55 所示的可调整夹具，在高度方向和半径方向上，夹具体上增加了 T 形槽或燕尾槽导向装置、刻度尺以及紧定手柄。高度方向经过粗调整即可，半径方向粗调后，还需经检测后进行细调。该方式的优点是可调整范围宽，适应性好；缺点是结构大而复杂，加工精度一般较低，因此可用于位置精度要求不太高的场合。

(2) 更换式

将夹具中需要调整的元件和装置预先制造好，按不同零件的加工予以更换。更换式元件精度高，工作可靠，一般用于精度要求较高的定位元件、导向元件等，但调整件的数量较多，增加了制造成本和管理工作。

更换式可分为单个元件更换和整体组件更换，当工件上的定位点或夹紧点比较集中时，整体组件更换可保证定位精度、简化夹具结构、减少调整时间。

(3) 综合式

综合式可调整夹具是上述两种方式兼有，取两者之长而形成的夹具。一般将定位元件设计成更换式的，有利于保证定位精度；将辅助定位、夹紧等其他元件和装置设计成调节式的。

(4) 组合式

根据加工零件的特点，分别设计一种对应的可调整元件，并将所有的可调整元件都安装在一个夹具上，在加工不同零件时只需选择对应的可调整元件，从而减少了更换元件的时间。

图 4-56 所示为组合式可调整夹具，用于三种杆形零件的花键孔的拉削加工，由于零件花键槽有不同的角度位置要求，所以在夹具体的不同方位上设置了两个菱形销和一个挡销，共三个角度定位元件，分别对应三种零件的拉削孔。组合式可调整夹具的优点是避免了元件的更换和调整，节省了准备时间，有利于保证夹具的精度和精度稳定性。但由于结构和布局上的限制，这种方式多用于工件品种少且批量又较大的场合。

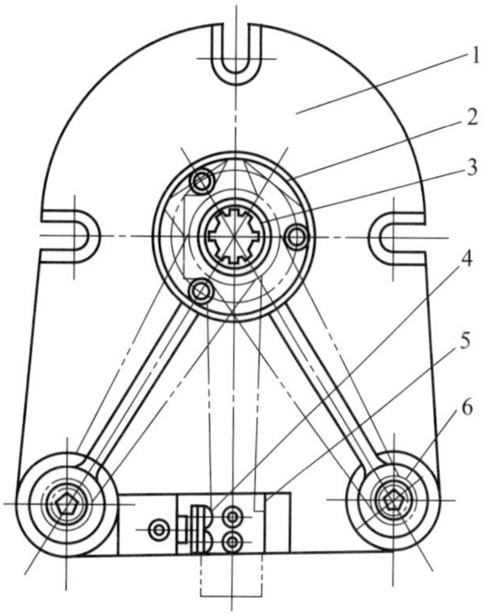

图 4-56　组合式可调整夹具

1—夹具体；2—支撑法兰；3—球面支撑套；4—定位挡销；5—支撑块；6—菱形定位销

4.6.3　可调整夹具的设计

可调整夹具的设计与专用夹具的设计类似，但应注意其特殊性。

① 在对零件结构、工艺、尺寸、精度分析时，按相似性原则归组，归为一组的几种零件还应在定位基准面、夹紧方式等方面基本相同，加工表面也能采用同一类加工方法实现。这是采用可调整夹具的基础。

② 在设计夹具装配总图时，应以组内最大和最小尺寸的零件为依据，分别画出相应的定位、夹紧元件，确定调整的范围和选定调整的方式，然后确定夹紧机构、夹具体和其他装置的布局。

③ 总体布局完成后，应先进行夹具精度计算，满足组内精度最高零件的要求，再进行正式的总图设计。否则应重新选择结构方案，验算精度，直至达到要求。若反复设计仍然不能满足，则应从组内删除该零件。

④ 夹具的设计应充分考虑其适用不同零件所需要的操作空间。与专用夹具相比，可调整夹具的使用寿命和产量要更高，而且要适应不同的切削用量，夹具体的强度、刚度、耐磨性要求更高，因此一般应选用高强度铸铁、球墨铸铁、40Cr，并进行热处理。

⑤ 要精心设计可调整、可更换元件，以及调整、更换的方式，要注意元件的精度和调整的方便。

⑥ 编制调整卡，将产品零件的名称、代号（图号）与所对应的可换元件的名称、图号，以及调整元件的名称、图号及其调整参数（具体尺寸）一一列出，并就更换、调整方法作必要说明。

4.6.4　成组夹具设计

成组夹具是在成组技术指导下，为实现成组工艺而设计的夹具。它具有一定的柔性，经过一定的调整，它可以实现同一组工件在同一生产单元内完成同一工序的加工。

图 4-57 (a) 所示为一成组车床夹具，用于精车一组套类工件的外圆和端面。图 4-57

(b) 为该组部分工件的加工示意图。工件以内孔及一端面定位，用弹性胀套径向夹紧。该夹具中夹具体 1 和接头 2 是基础件，其余均为可更换的调整件。工件按定位孔的大小分为五组，每一尺寸组工件对应一套可换元件，如夹紧螺钉、定位锥体、顶环和定位环。在可更换元件中，只有弹性胀套 KH_5 是专用的，它是根据每个工件定位孔的尺寸配置的。

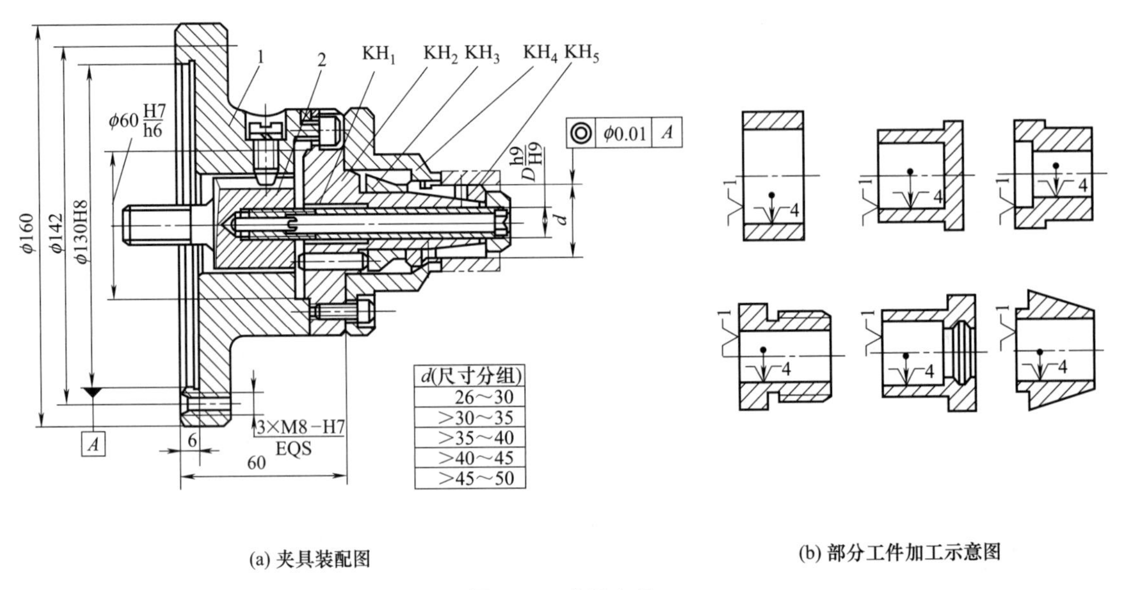

(a) 夹具装配图　　(b) 部分工件加工示意图

图 4-57　成组夹具

1—夹具体；2—接头；KH_1—夹紧螺钉；KH_2—定位锥体；KH_3—顶环；KH_4—定位环；KH_5—弹性胀套

成组夹具的设计基本上与可调整夹具设计相同。在实行成组工艺的生产企业中，现有的成组夹具均已编码存档。一组新零件的成组夹具的设计，可按该组零件的主样件的编码查找已有的主样件中是否有相似件。若有的话，则可找到与之对应的成组夹具，在此基础上进行修改设计，使设计工作大大简化。若没有，则需另行设计。

成组夹具设计时，要对一组零件的尺寸、工艺和加工条件等进行仔细分析，以确定最优的工件装夹方案和夹具调整形式。调整形式的确定是难点，应有多种方案分析比较，加以选取。调整形式既要满足同组零件的装夹和加工要求，又要力求结构简单、紧凑、调整方便迅速。

4.7 机床夹具设计步骤

4.7.1 机床专用夹具的设计步骤

(1) 设计前的准备工作

① 明确工件的年生产纲领。它是夹具总体方案确定的依据之一，它决定了夹具的复杂程度和自动化程度。如大批量生产时，一般选择动力夹紧、多工件联动、自动化程度高的方案，结构复杂，成本也高。

② 熟悉工件的零件图和工序图。零件图给出了工件的尺寸、形状、位置和表面粗糙度

等的总体要求，工序图则给出了夹具所在工序零件的工序基准、工序尺寸、已加工表面、待加工表面，以及本工序的定位、夹紧原理方案。零件图和工序图是夹具设计的直接依据。

③ 了解工艺规程中本工序的加工内容、机床、刀具、切削用量、工步安排、工时定额及同时加工零件数。这些是在夹具总体方案设计、操作、估算夹紧力时必不可少的考虑因素。

(2) 总体方案的确定

① 定位方案。工序图只给出了原理方案，此时应仔细分析本工序的工序内容及加工精度要求，按照六点定位原理，确定具体的定位方案和定位元件。要拟订几种具体方案进行分析比较，选择或组合成最佳方案。

② 夹紧方案。确定夹紧力的方向、作用点，以及夹紧元件或夹紧装置，估算夹紧力大小，选择和设计动力源。夹紧方案也需反复分析比较，确定后，正式设计时也可能在具体结构上做一些修改。

③ 夹具的总体形式。如钻床夹具，有固定式钻模、翻转式钻模、回转式钻模、滑柱式钻模、盖板式钻模等不同的总体形式，一般应根据工件的形状、大小、加工内容及选用机床等因素来确定。

(3) 绘制夹具装配图

总装配图应按国家标准，并尽可能按照 1∶1 的比例进行绘制，这样图样有良好的直观性。主视图对应操作者实际的工作位置，三视图要能清楚表示出夹具的工作原理和结构。

夹具装配图可按如下顺序进行：用双点画线画出工件轮廓；绘制定位元件；绘制对刀或导向元件；绘制夹紧装置；绘制其他元件或装置；绘制夹具体；标注尺寸及公差、其他各项技术要求；编制明细栏。

夹具装配图上工件应视为透明体，不遮挡夹具视图，按夹紧状态画出夹紧元件和夹紧机构。必要时可用双点画线画出松开位置时夹紧元件的轮廓。

(4) 绘制夹具零件图

装配图中的非标准零件均应绘制零件图。视图尽可能与装配图上的位置一致，尺寸、形状、位置、配合、加工表面的表面粗糙度等要标注完整。

图 4-58 (b)～(e) 所示为加工图 4-58 (a) 所示零件 ϕ18H7 小孔的夹具装配图的设计过程，包括设计定位装置、设计钻套、设计夹紧装置、设计夹具总装配图等过程。

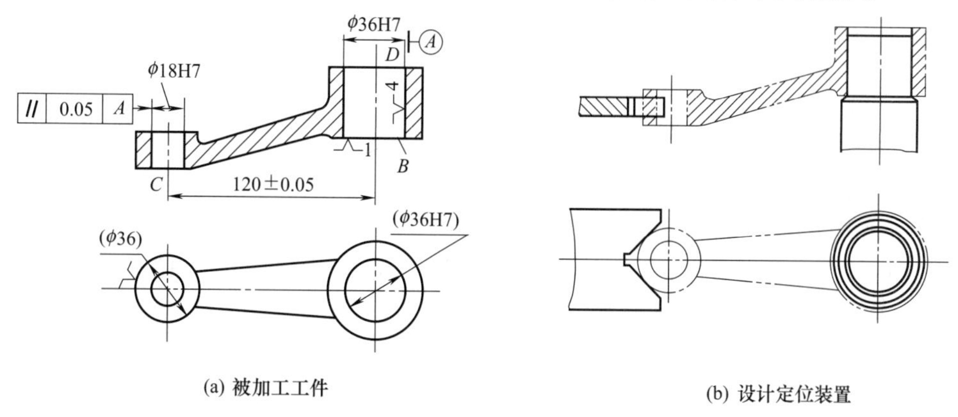

(a) 被加工工件

(b) 设计定位装置

图 4-58

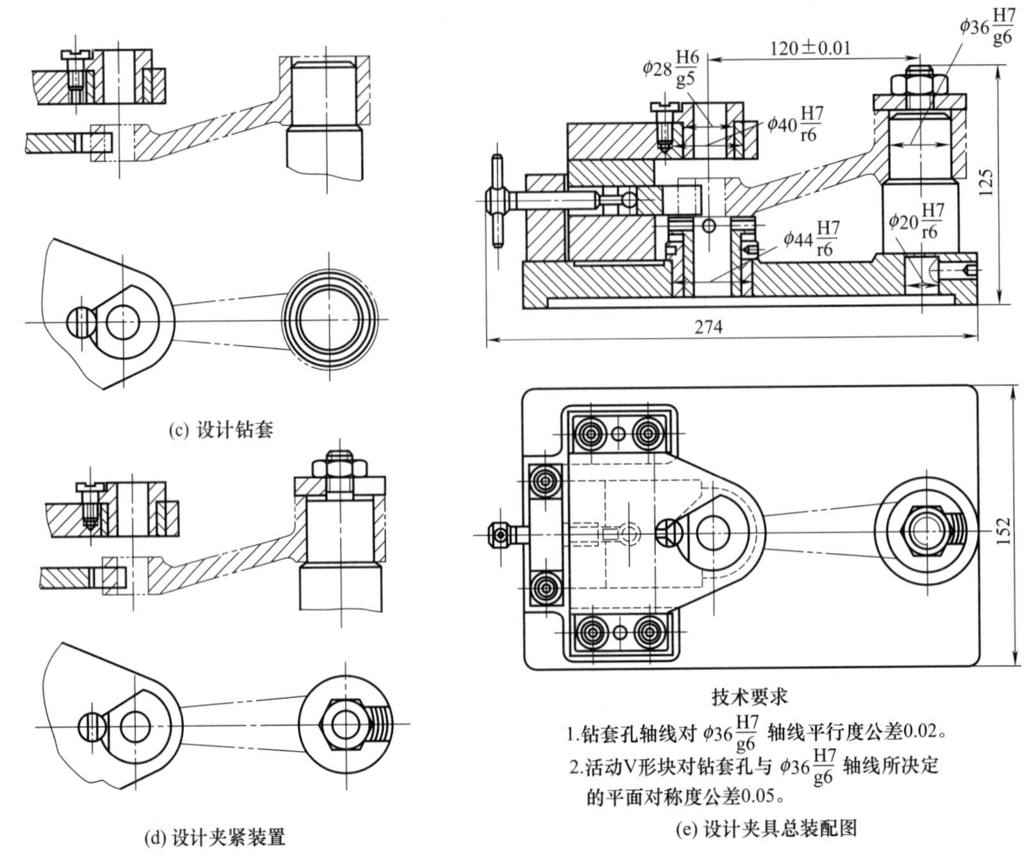

(c) 设计钻套

(d) 设计夹紧装置

(e) 设计夹具总装配图

图 4-58 夹具设计过程示例

4.7.2 夹具精度的验算

夹具的主要功能是保证工件加工表面的位置精度。影响位置精度的主要因素有三个。

① 工件在夹具中的安装误差，它包括定位误差和夹紧误差。夹紧误差是工件在夹具中夹紧后，工件和夹具变形所产生的误差。

② 夹具在机床上的对定误差，指夹具相对于刀具或相对于机床成形运动的位置误差。

③ 加工过程中出现的误差，它包括机床的几何精度、运动精度，机床、刀具、工件和夹具组成的工艺系统加工时的受力变形、受热变形、磨损、调整、测量中的误差，以及加工成形原理上的误差等。

第三项一般不易估算，夹具精度验算是指前两项，其和应不大于工件公差的 2/3。现以图 4-58 所示的工件和夹具装配图为例，进行夹具精度验算。

(1) 验算中心距 (120±0.05) mm

影响此项精度的因素有：

① 定位误差，此项主要是由定位孔 ϕ36H7 与定位销 ϕ36g6 间隙产生，最大间隙为 0.05mm。

② 钻模板衬套中心与定位销中心距误差，装配图标注尺寸为（120±0.01）mm，误差为 0.02mm。

③ 钻套与衬套的配合间隙，由 ϕ28H6/g5 可知，最大间隙为 0.029mm。

④ 钻套内孔与外圆的同轴度误差，对于标准钻套，精度较高，此项可以忽略。

⑤ 钻头与钻套间的间隙会引偏刀具，产生中心距误差 e，由下式求出

$$e=\left(\frac{H}{2}+h+B\right)\frac{\Delta_{max}}{H} \tag{4-15}$$

式中 e——刀具引偏量，mm；

H——钻套导向高度，mm；

h——排屑空间，钻套下端面与工件间的空间高度，mm；

B——钻孔深度，mm；

Δ_{max}——刀具与钻套间的最大间隙，mm。

上述各量可参见图 4-59。

此处，设刀具与钻套配合为 ϕ28H6/g5，可知 $\Delta_{max}=0.025$mm；将 $H=30$mm，$h=12$mm，$B=18$mm 代入，可求出 $e\approx0.038$mm。

由于上述各项都是按最大误差计算的，实际上各项误差也不可能同时出现最大值，各误差方向也很可能不一致，因此，其综合误差可按概率法求和

$$\Delta_{\varepsilon}=\sqrt{(0.05^2+0.02^2+0.029^2+0^2+0.038^2)}\text{mm}\approx0.07\text{mm}$$

该项误差略大于中心距公差 0.1mm 的 2/3，勉强可用，应减小定位和导向的配合间隙。

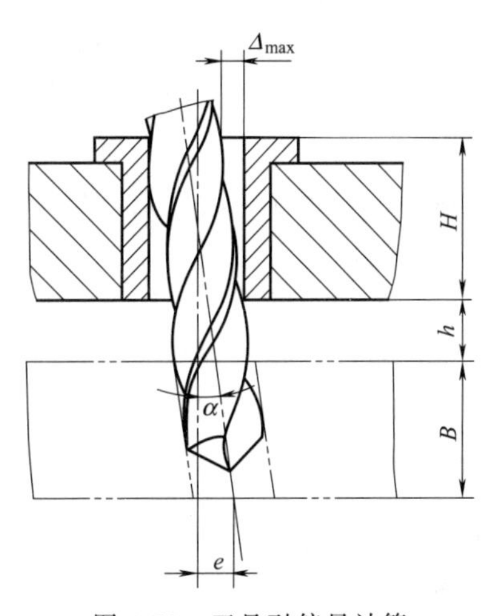

图 4-59 刀具引偏量计算

(2) 验算两孔平行度精度

工件要求 ϕ18H7 孔全长上平行度公差为 0.05mm。导致两孔平行度产生误差的因素有：

① 设计基准与定位基准重合，没有基准转换误差，但 ϕ36H7/g6 配合间隙会产生基准位置误差，定位销轴中心与大头孔中心的偏斜角 α_1（rad）为

$$\alpha_1=\frac{\Delta_{1max}}{H_1} \tag{4-16}$$

式中 Δ_{1max}——ϕ36H7/g6 处最大间隙，mm；

H_1——定位销轴定位面长度，mm。

② 定位销轴中心线对夹具体底平面的垂直度公差 α_2，图中没有注明。

③ 钻套孔中心与定位销轴的平行度公差，图中为 0.02mm，则 $\alpha_3=0.02/30$rad。

④ 刀具引偏量 e 产生的偏斜角 $\alpha_4=\Delta_{max}/4$，参见图 4-59。

因此，总的平行度误差 $\alpha_{\varepsilon}=\sqrt{\alpha_1^2+\alpha_2^2+\alpha_3^2+\alpha_4^2}$，$\alpha_{\varepsilon}\leqslant\frac{2}{3}\alpha$ 为合格。

4.7.3 夹具装配图上应标注的尺寸和技术要求

夹具装配图上标注尺寸和技术要求，主要是为了检验本工序零件加工表面的形状、位置和尺寸精度在夹具中是否可以达到，也为了设计夹具零件图，还为了夹具装配和装配精度的检测。

(1) 夹具装配图上应标注的尺寸

① 夹具外形轮廓尺寸。

② 影响定位精度的尺寸。主要是定位元件之间、工件与定位元件之间的尺寸。

③ 影响对刀精度的尺寸。主要是刀具与对刀元件或导向元件之间的尺寸，钻头与钻套内孔的配合尺寸等。

④ 影响夹具在机床上安装精度的尺寸。主要是夹具安装基面与机床相应配合表面之间的尺寸。

⑤ 影响夹具精度的尺寸。主要是定位元件、对刀元件、安装基面三者之间的位置尺寸。

⑥ 其他装配尺寸。主要是夹具内部各连接副的配合尺寸、各组成元件的位置尺寸等。如定位销或芯轴与夹具体的配合尺寸、钻套与夹具体的配合尺寸等。

上述联系尺寸和位置尺寸的公差，一般取工件的相应公差的 1/5～1/2，最常用的是 1/3。

(2) 夹具装配图上应标注的技术要求

应标注的技术要求包括相关元件表面间的位置精度、主要表面的形状精度、保证装配精度和检测的特殊要求，以及调整、操作等必要的说明。通常有以下几方面：

① 定位元件的定位表面间相互位置精度。

② 定位元件的定位表面与夹具安装基面、定向基面间的相互位置精度。

③ 定位表面与导向元件工作面间的相互位置精度。

④ 各导向元件的工作面间的相互位置精度。

⑤ 夹具上有检测基准面时，还应标注定位表面、导向工作面与该基准面间的位置精度。

对于不同的机床夹具，夹具的具体结构和使用要求应进行具体分析，并列出该夹具的具体的技术要求。设计中可以参考机床夹具设计手册以及同类夹具的图样资料。

习题与思考题

1. 机床夹具的作用是什么？有哪些要求？

2. 机床夹具的组成部分有哪些？其中哪些部分是不可缺少的？

3. 何谓六点定位原理？何谓定位的正常情况和非正常情况？它们各包括哪些方面？

4. 确定夹具的定位方案时，要考虑哪些方面的要求？

5. 何谓定位误差？定位误差是由哪些因素引起的？

6. 夹紧和定位有何区别？对夹紧装置的基本要求有哪些？

7. 设计夹紧机构时，对夹紧力的三要素有何要求？

8. 何谓夹具的对定？为什么使用夹具加工工件时，还需要解决夹具的对定问题？

9. 使用夹具加工工件时，产生加工误差的因素有哪些方面？它们与零件的公差有何关系？

10. 何谓可调整夹具？调整方式有几种？可调整夹具适用何种场合？

11. 图 4-60 (a) 所示为在三通管中心 O 处加工一孔，应保证孔轴线与管轴线 OX、OZ 垂直相交；图 4-60 (b) 所示为车床夹具，应保证外圆与内孔同轴；图 4-60 (c) 所示为车阶梯轴；图 4-60 (d) 所示为在圆盘零件上钻孔，应保证与外圆同轴；图 4-60 (e) 用于钻铰连杆小头孔，应保证大、小孔的中心距精度和两孔的平行度。

试分析图 4-60 中各分图的定位方案，指出各定位元件所限制的自由度，判断有无欠定位或过定位，并对方案中不合理处提出改进意见。

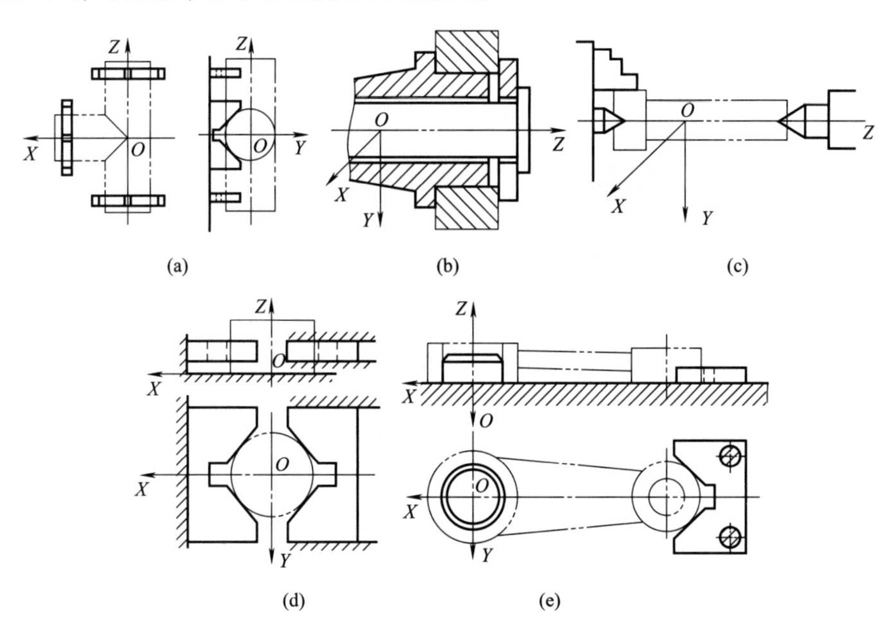

图 4-60　题 11 图

12. 图 4-61（a）所示为工件球心钻一孔；图 4-61（b）所示为加工齿坯两端面，要求保证尺寸 A 及两端面与孔的垂直度；图 4-61（c）所示为在小轴上铣槽，保证尺寸 H 和 L；图 4-61（d）所示为过轴心钻通孔，保证尺寸 L；图 4-61（e）所示为支座零件上加工两孔，保证尺寸 A 和 H。

试分析图 4-61 所示加工零件设计夹具时必须限制的自由度，选择定位基准和定位元件，确定夹紧力的作用点和方向，并在图中示意画出定位基准、定位元件、夹紧力的作用点和方向。

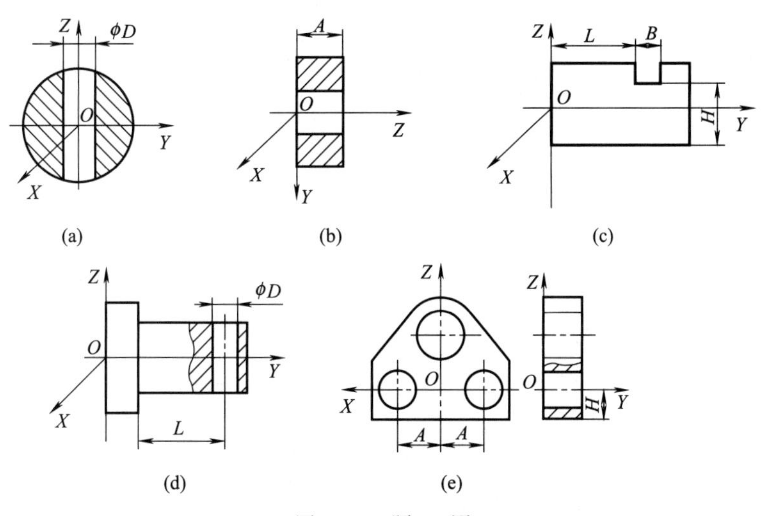

图 4-61　题 12 图

13. 在图 4-62（a）所示的零件上铣键槽，要求保证尺寸 $54_{-0.14}^{\ 0}$ mm 及对称度。现有三种定位方案，分别如图 4-62（b）～(d) 所示。已知内、外圆的同轴度公差为 0.02mm，其余参数如图所示。试计算三种方案的定位误差，并从中选出最优方案。

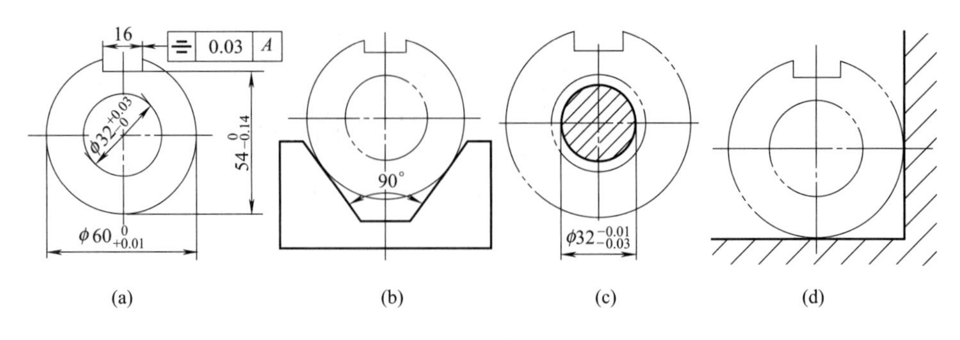

图 4-62 题 13 图

14. 图 4-63 所示齿轮坯的内孔和外孔已加工合格，即 $d=80^{\ 0}_{-0.1}$ mm，$D=35^{+0.025}_{\ 0}$ mm。现在插床上用调整法加工内键槽，要求保证尺寸 $H=38.5^{\ 0}_{+0.2}$ mm。忽略内孔与外圆同轴度误差，试计算该定位方案能否满足加工要求？若不能满足，应如何改进？

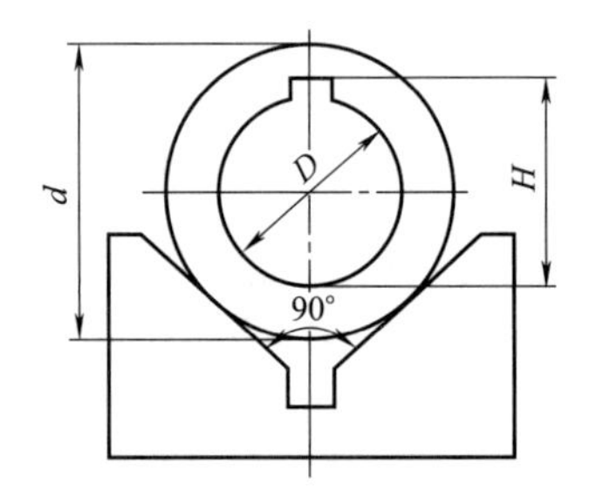

图 4-63 题 14 图

15. 图 4-64 所示为几种零件的定位与夹紧方案设计，试分析图 4-64 中各定位、夹紧方案及结构设计，指出其中设计不正确的地方，并提出改进意见。

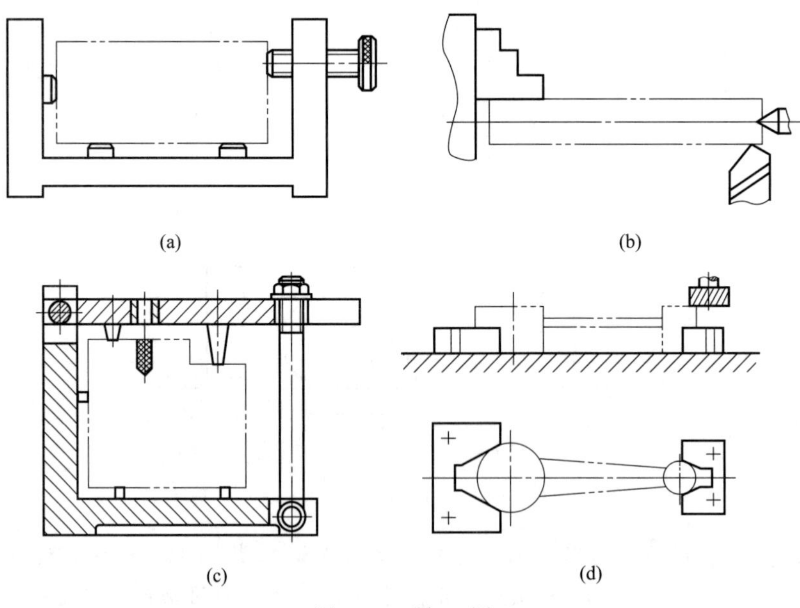

图 4-64 题 15 图

16. 在图4-65（a）所示的工件上钻孔O，要求保证尺寸$30_{-0.11}^{\ 0}$mm。已知$\phi 40_{-0.03}^{\ 0}$mm与$\phi 35_{-0.02}^{\ 0}$mm的同轴度公差为$\phi 0.02$mm，试分析并计算图4-62（b）～（h）所示各种定位方案的定位误差（定位后工件轴线处于水平位置，V形块夹角α均为90°）。

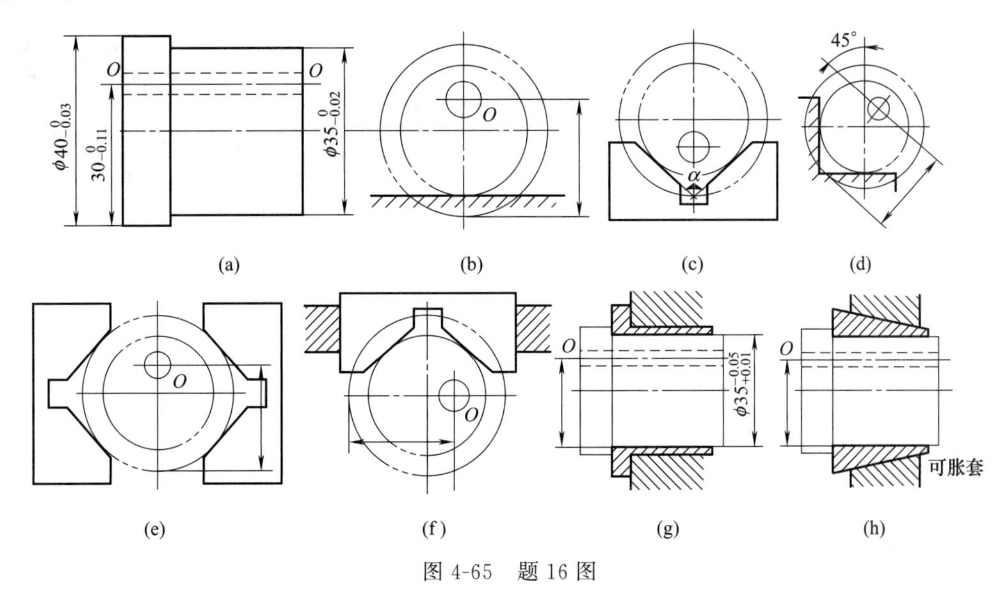

图4-65　题16图

17. 阐述斜楔、螺旋、偏心夹紧机构的优缺点。

18. 何谓联动夹紧机构？采用联动夹紧机构有什么好处？

19. 孔加工刀具的导向装置起什么作用？钻孔导向装置和镗孔导向装置各有几种类型？

20. 简述可调整夹具的特点和调整方式。

21. 简述机床夹具设计的具体步骤。

第5章 机器人机构及应用

5.1 机器人概述

5.1.1 机器人分类

机器人是靠自身动力和控制能力来实现各种功能的一种机器。国际机器人联合会（International Federation of Robotics，IFR）将机器人按用途分为工业机器人和服务机器人两大类。所谓工业机器人就是面向工业领域的多关节机械手或多自由度机器人，包括焊接机器人、喷涂机器人、装配机器人、搬运机器人、分拣机器人、码垛机器人、打磨机器人、抛光机器人、切割机器人、检测机器人等。

服务机器人则是除工业机器人之外的用于非制造业并服务于人类的半自主或全自主工作的机器人，可以分为专业领域服务机器人和个人/家庭领域服务机器人，其中专业领域服务机器人包括医疗康复机器人、排险救灾机器人、水下机器人、军用机器人、农业机器人等，个人/家庭领域服务机器人包括助老助残机器人、清洁机器人、娱乐机器人等，如图 5-1 所示。

(a) 工业机器人

(b) 服务机器人

图 5-1　工业机器人和服务机器人

此外，机器人还有按控制、功能等的分类方式。按功能机器人主要分为执行操作任务的操作机器人和具有移动功能的移动机器人。

5.1.2 机器人技术

机器人已成为一个多学科交叉的技术门类——机器人学（Robotics），涉及运动学和动力学、精密机械结构、信息传感技术、智能控制技术、人机交互、仿生学、人工智能方法等多个学科。

自动装备、海洋开发、空间探索等实际问题对机器人的智能水平提出了更高的要求。特别是危险复杂环境，人们难以胜任的场合更迫切需要机器人，从而推动了智能机器人的研究。有一些技术可在人工智能研究中用来建立状态模型和描述状态变化的过程。由于机器人是一个综合性的课题，除操作机械手和步行移动机构外，还要研究机器人的视觉、触觉、听觉等信息传感技术，以及机器人语言和智能控制软件等，这大大推动了人工智能技术的发展。

5.1.3 机器人产业

(1) 工业机器人产业

根据IFR预测，预计到2020年，全球工业机器人数量将从2016年底的182.8万台增加到305.3万台。2018～2020年全球工业机器人复合年均增长率在14%左右。

当前，中国生产制造智能化改造升级的需求日益凸显，工业机器人的市场需求依然旺盛，2018年我国工业机器人销量约15万台，市场规模达到48.0亿美元。到2020年，中国市场规模预计将进一步扩大到58.9亿美元，如图5-2所示。

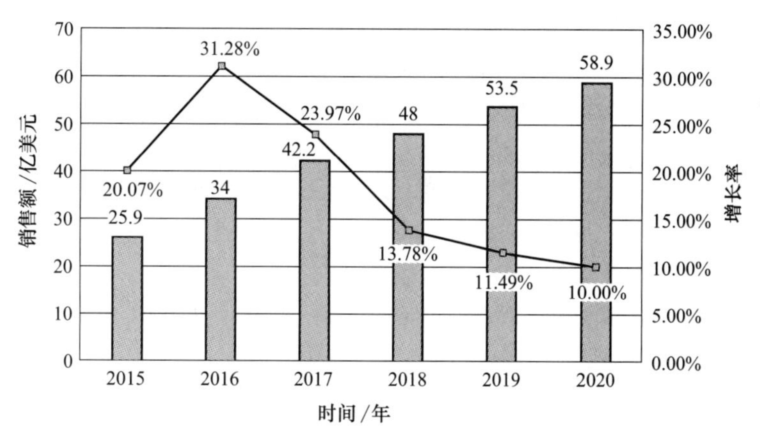

图5-2 工业机器人产业分布

(2) 服务机器人产业

近年来，全球服务机器人市场保持较快的增长速度。根据IFR预测，服务机器人将在未来几年大幅增长。2017年全球专业服务机器人销售量增加17%，预计2018～2020年复合增长率（CAGR）为20%～25%。其中增长速度最快的专业服务机器人之一是公共服务系统。2018年中国服务机器人市场规模达201.8亿元，同比增加36.72%，预计到2020年，中国服务机器人销售额将超过300亿元，维持30%以上的高速增长。2025年，预计中国服务机器人细分领域市场份额前三位将是家用机器人、娱乐休闲机器人和医疗机器人。

个人/家用服务机器人呈现多元化的发展趋势，其中教育、娱乐、公共安全、信息服务、智能家居都是未来的产业化热点，而且市场潜力巨大。根据IFR的数据预测，全球个人/家用机器人数量增加了30%，在2018～2020年间CAGR为30%～35%。娱乐型机器人在同期间的销售量每年将增加20%～25%。图5-3是中国个人/家用服务机器人产业分布。

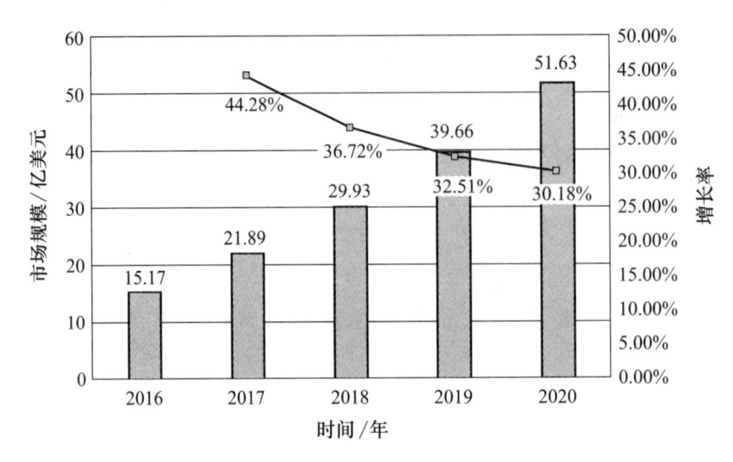

图5-3 个人/家用服务机器人产业分布

从地区上看，欧洲服务机器人制造商在全球市场中扮演着重要角色：在全球700家提供服务机器人业务的注册公司中，约有290家来自欧洲，北美洲则以约240家位居第二，亚洲约为130家。

5.1.4 机器人学科前沿

(1) 共融机器人基础理论与关键科学问题

共融机器人是多学科交叉与融合，特征比传统机器人更加突出的智能装备。围绕人-机-环境共融的机器人基础理论和设计方法，通过机械、信息、力学和医学等多学科交叉，刚-柔-软耦合柔顺结构设计与动力学、多模态环境感知与人体行为意图理解、群体智能与分布式机器人操作系统等将是未来共融机器人研究的科学目标。共融机器人的关键科学问题是：

① 刚-柔-软体机器人的运动特性与可控性：刚-柔-软体机器人构型设计及力学行为解析；人-机-环境交互动力学与刚度调控机制。

② 人-机-环境多模态感知与自然交互：非结构环境中的多模态感知与情景理解；基于生物信号的行为意图理解与人机自然交互。

③ 机器人群体智能与操作系统架构：机器人个体自主与机器人群体智能涌现机理；群体机器人操作系统的多态分布架构。

(2) 医疗康复机器人

医疗康复机器人的研究包含了康复医学、生物力学、机械学、计算机科学、材料学等多学科领域，是典型的医工结合的领域。随着老龄化社会的到来和人们生活水平的提高，机器人在医疗康复和助老助残领域将具有重大应用前景，具有实质性医学研究内容的医工交叉研究将是医疗康复机器人的重要研究方向之一。目前最先进的康复机器人是可穿戴外骨骼机器人，它基于仿生原理，结合人体工程学，可以穿戴于患肢。每个关节上都对应有单独的驱动装置，患者佩戴后可以确保机器人的运动模式和人体自由度同轴，可以实现有效的运动康复训练。目前已经上市或者正在研发的外骨骼机器人，大多数设计相当复杂，使用也不太方便。因为它必须使用大量的机械结构、电气设备和供电系统，才能支撑起患者的重量，辅助患者的康复运动。更进一步，研究像衣服一样可以穿得更简洁轻便的软体仿生外骨骼机器人，外骨骼的辅助形式能实时感应并满足患者的瞬时动作和意图，使患者恢复正常人的肢体功能和关节功能，将是穿戴式康复机器人的发展方向。

（3）排险救灾机器人

用于矿难、地震、爆炸等现场的操作、排险及救灾机器人一直是世界各国学者研究的热点。标志性的排险救援机器人产品将满足自然灾害和恶性事故等现场对灾情侦察和快速处理的需求，在高温高压、有毒有害等特殊环境下，可完成人员搜索、灾情探测定位、定点抛投、排障、灭火和救援等任务。适用于煤矿井下等灾难环境的防火防水防毒防爆并抗压的全防型轻便救灾机器人将是未来救灾机器人产品研发的重要方向之一。由于灾难现场的不确定性和不可预知性，要求救灾机器人系统具备自主性、灵活性、实用性以及耐用性，未来的救灾机器人技术将有望突破灾难环境中的避障、通信及动力等技术难题。

（4）操作机器人

操作机器人的性能将不断提高，包括高速度、高精度、高可靠性、便于操作和维修以及智能化水平等。智能化的操作机器人将使机器人模拟人类智能行为，从而提高不确定的、非线性的复杂自动化问题的有效解决能力。许多生产线必须由多台机器人共同完成生产制造任务，这就对多机械臂操作机器人的协调作业的精确度提出了更高的要求。微纳操作机器人在国防、空间技术、生物医学工程、智能制造与微机电系统中有广泛的应用前景。带有微纳夹钳的微纳操作机器人可以实现微纳米级别目标物的夹取操作，并在工作空间内实现微纳米精度的移动，因此微纳操作机器人的控制及定位性能直接影响微纳米领域的研究水平。工作在人机交互方式下的遥控操作机器人可以有效地完成危险有害环境或远距离环境中的作业任务，如空间探索、海洋开发、远程医疗、远程实验等。临场感技术是人机交互遥操作的核心。临场感技术能将远地机器人和环境的相互作用信息（视觉、力觉、触觉等）实时地反馈给本地操作者，生成关于远地环境映射的虚拟现实，使操作者产生身临其境的感觉，从而有效地控制机器人完成作业任务。柔性机械臂具有结构轻、载重/自重比高等特性，因而具有较低的能耗、较大的操作空间和很高的效率，其响应快速而准确。实现柔性机械臂高精度有效控制也必须考虑系统动力学特性。柔性机械臂是一个非常复杂的动力学系统，它不仅是一个刚柔耦合的非线性系统，而且也是系统动力学特性与控制特性相互耦合即机电耦合的非线性系统。

（5）移动机器人

具有非结构化任务的移动机器人的性能、体积、结构、控制等技术水平将进一步提升，环境适应能力更强，包括海洋、沙漠乃至外星。构型创新是移动机器人研究的核心问题，履轮腿以及杆件等多模块组成的复合结构的移动机器人，可以通过模块的不同组合和构型的切换，实现滚动、翻滚、步行、爬行、蠕动等不同移动模式。这与可重构可变形机器人的拓扑结构、运动学特性、动力学特性和可控性等密切相关。移动机器人的控制技术将向完全自主控制方向发展，以实现机器人自主避开障碍和危险，并结合脑科学、神经科学等学科，提高机器人的智能化水平。仿生移动机器人主要从结构仿生、材料仿生、控制仿生等方面来研究，使其行走速度与准确性更接近人类水平。微小型是移动机器人发展的又一趋势。微小型移动机器人应该具有体积小、重量轻、结构紧凑、对地形适应能力强等特点。

5.2 机器人机构设计的数学基础

5.2.1 齐次变换

机器人操作涉及操作对象与操作机之间的关系，这些关系常用齐次坐标变换来描述。空间变换 $\boldsymbol{H}$ 是一个 4×4 的矩阵，可以表示平移、旋转、拉伸和透视变换。

(1) 平移变换 (translation transformation)

用向量 $a\boldsymbol{i}+b\boldsymbol{j}+c\boldsymbol{k}$ 进行平移，其对应的平移变换矩阵 $\boldsymbol{H}$ 为

$$\boldsymbol{H}=\text{Trans}(a,b,c)=\begin{bmatrix}1&0&0&a\\0&1&0&b\\0&0&1&c\\0&0&0&1\end{bmatrix} \tag{5-1}$$

因此，对于向量 $\boldsymbol{u}=[x,\ y,\ z,\ w]^{\mathrm{T}}$，经 $\boldsymbol{H}$ 平移变换后得到向量 $\boldsymbol{v}$

$$\boldsymbol{v}=\begin{bmatrix}1&0&0&a\\0&1&0&b\\0&0&1&c\\0&0&0&1\end{bmatrix}\begin{bmatrix}x\\y\\z\\w\end{bmatrix} \tag{5-2}$$

$$\boldsymbol{v}=\begin{bmatrix}x+aw\\y+bw\\z+cw\\w\end{bmatrix}=w\begin{bmatrix}x/w+a\\y/w+b\\z/w+c\\1\end{bmatrix} \tag{5-3}$$

可见，平移可以解释为向量 $(x/w)\boldsymbol{i}+(y/w)\boldsymbol{j}+(z/w)\boldsymbol{k}$ 和向量 $a\boldsymbol{i}+b\boldsymbol{j}+c\boldsymbol{k}$ 相加。一个变换矩阵中的每个元素都乘以一个非零常数而不改变变换的性质，对于点和面也有同样的方式。

对点向量 $2\boldsymbol{i}+3\boldsymbol{j}+2\boldsymbol{k}$ 进行平移，平移向量为 $4\boldsymbol{i}-3\boldsymbol{j}+7\boldsymbol{k}$，则平移后的向量 $\boldsymbol{v}$ 为

$$\boldsymbol{v}=\begin{bmatrix}6\\0\\9\\1\end{bmatrix}=\begin{bmatrix}1&0&0&4\\0&1&0&-3\\0&0&1&7\\0&0&0&1\end{bmatrix}\begin{bmatrix}2\\3\\2\\1\end{bmatrix} \tag{5-4}$$

点向量的平移过程如图 5-4 所示。

平面 $\boldsymbol{p}=[1\quad 0\quad 0\quad -2]$是 yz 平面沿 x 轴正向平移 2 个单位形成的平面，点 $\boldsymbol{u}=[2\quad 3\quad 2\quad 1]^{\mathrm{T}}$ 位于平面 $\boldsymbol{p}=[1\quad 0\quad 0\quad -2]$ 上，因为

$$\boldsymbol{p}\cdot\boldsymbol{u}=[1\quad 0\quad 0\quad -2]\begin{bmatrix}2\\3\\2\\1\end{bmatrix}=0 \tag{5-5}$$

对于平面的平移则用 $\boldsymbol{H}^{-1}$ 进行变换。对平面 $\boldsymbol{p}=[1\quad 0\quad 0\quad -2]$ 进行 $\boldsymbol{H}^{-1}$ 变换得到平面 $\boldsymbol{q}$

$$\boldsymbol{q}=\boldsymbol{p}\boldsymbol{H}^{-1}=[1\quad 0\quad 0\quad -2]\begin{bmatrix}1&0&0&-4\\0&1&0&3\\0&0&1&-7\\0&0&0&1\end{bmatrix}=[1\quad 0\quad 0\quad -6] \tag{5-6}$$

平面 $\boldsymbol{q}$ 是 yz 平面沿 x 轴正向平移6个单位形成的平面，点 $\boldsymbol{v}=[6\quad 0\quad 9\quad 1]^{\mathrm{T}}$ 是平面 $\boldsymbol{q}$ 上的一个点，因为

$$\boldsymbol{q}\cdot\boldsymbol{v}=[1\quad 0\quad 0\quad -6]\begin{bmatrix}6\\0\\9\\1\end{bmatrix}=0 \tag{5-7}$$

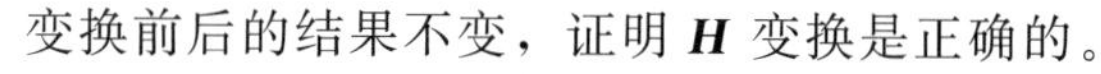
变换前后的结果不变，证明 $\boldsymbol{H}$ 变换是正确的。

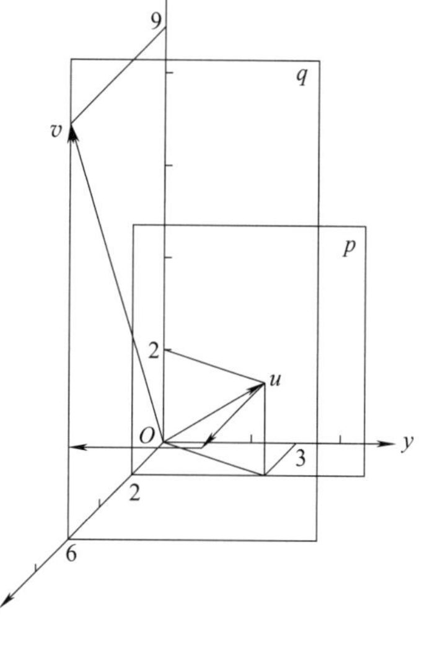

图5-4　点向量的平移

(2) 旋转变换 (rotation transformation)

分别绕 x、y、z 轴旋转一个角度 θ 对应的旋转变换矩阵为：

$$\mathrm{Rot}(x,\theta)=\begin{bmatrix}1&0&0&0\\0&\cos\theta&-\sin\theta&0\\0&\sin\theta&\cos\theta&0\\0&0&0&1\end{bmatrix} \tag{5-8}$$

$$\mathrm{Rot}(y,\theta)=\begin{bmatrix}\cos\theta&0&\sin\theta&0\\0&1&0&0\\-\sin\theta&0&\cos\theta&0\\0&0&0&1\end{bmatrix} \tag{5-9}$$

$$\mathrm{Rot}(z,\theta)=\begin{bmatrix}\cos\theta&-\sin\theta&0&0\\\sin\theta&\cos\theta&0&0\\0&0&1&0\\0&0&0&1\end{bmatrix} \tag{5-10}$$

下面通过实例来解释这些旋转变换矩阵。给定一个点 $\boldsymbol{u}=7\boldsymbol{i}+3\boldsymbol{j}+2\boldsymbol{k}$，它绕 z 轴旋转90°后到达点 $\boldsymbol{v}$ 的位置。该变换可通过式(5-10)获得，其中 $\sin\theta=1$，$\cos\theta=0$。

$$\boldsymbol{v}=\mathrm{Rot}(z,90°)\boldsymbol{u}=\begin{bmatrix}0&-1&0&0\\1&0&0&0\\0&0&1&0\\0&0&0&1\end{bmatrix}\begin{bmatrix}7\\3\\2\\1\end{bmatrix}=\begin{bmatrix}-3\\7\\2\\1\end{bmatrix} \tag{5-11}$$

起始点 $\boldsymbol{u}$ 和终点 $\boldsymbol{v}$ 的位置如图5-5所示。继续旋转点 $\boldsymbol{v}$ 使其绕 y 轴旋转90°到达点 $\boldsymbol{w}$。该变换可通过式(5-9)获得：

$$\boldsymbol{w}=\mathrm{Rot}(y,90°)\boldsymbol{v}=\begin{bmatrix}0&0&1&0\\0&1&0&0\\-1&0&0&0\\0&0&0&1\end{bmatrix}\begin{bmatrix}-3\\7\\2\\1\end{bmatrix}=\begin{bmatrix}2\\7\\3\\1\end{bmatrix} \tag{5-12}$$

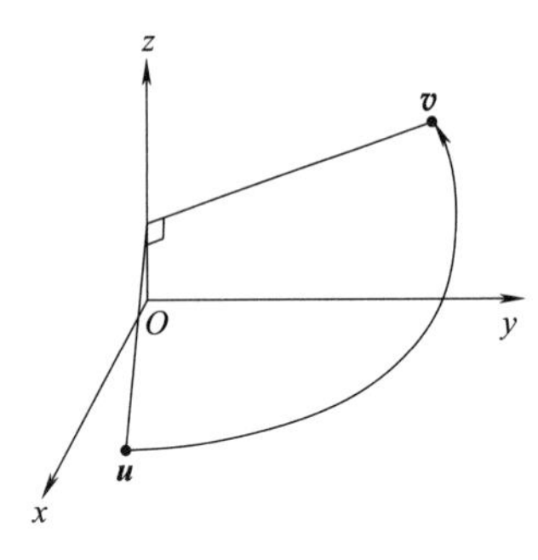

图 5-5 Rot(z，90°)

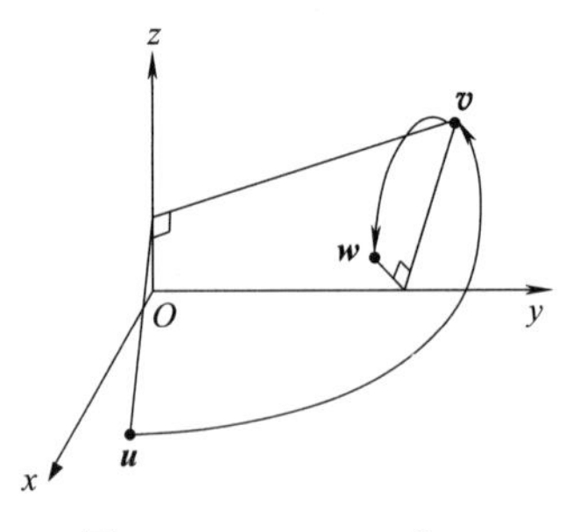

图 5-6 Rot(y，90°)

变换结果如图 5-6 所示。如果将上述两次旋转变换结合起来，则有

$$\boldsymbol{w}=\mathrm{Rot}(y,90°)\mathrm{Rot}(z,90°)\boldsymbol{u} \tag{5-13}$$

由于

$$\mathrm{Rot}(y,90°)\mathrm{Rot}(z,90°)=\begin{bmatrix}0&0&1&0\\0&1&0&0\\-1&0&0&0\\0&0&0&1\end{bmatrix}\begin{bmatrix}0&-1&0&0\\1&0&0&0\\0&0&1&0\\0&0&0&1\end{bmatrix}=\begin{bmatrix}0&0&1&0\\1&0&0&0\\0&1&0&0\\0&0&0&1\end{bmatrix} \tag{5-14}$$

因此得

$$\boldsymbol{w}=\begin{bmatrix}0&0&1&0\\1&0&0&0\\0&1&0&0\\0&0&0&1\end{bmatrix}\begin{bmatrix}7\\3\\2\\1\end{bmatrix}=\begin{bmatrix}2\\7\\3\\1\end{bmatrix} \tag{5-15}$$

不难发现，该式结果与式（5-12）所得结果一致。

现在对调两次变换的顺序，首先使 $\boldsymbol{u}$ 点绕 y 轴旋转 90°，然后再绕 z 轴旋转 90°，则可以得到一个不同位置的 $\boldsymbol{w}$ 点，其变换为

$$\mathrm{Rot}(z,90°)\mathrm{Rot}(y,90°)=\begin{bmatrix}0&-1&0&0\\1&0&0&0\\0&0&1&0\\0&0&0&1\end{bmatrix}\begin{bmatrix}0&0&1&0\\0&1&0&0\\-1&0&0&0\\0&0&0&1\end{bmatrix}=\begin{bmatrix}0&-1&0&0\\0&0&1&0\\-1&0&0&0\\0&0&0&1\end{bmatrix} \tag{5-16}$$

即 $\boldsymbol{u}$ 点变换到 $\boldsymbol{w}$ 点的坐标变换为

$$\boldsymbol{w}=\begin{bmatrix}0&-1&0&0\\0&0&1&0\\-1&0&0&0\\0&0&0&1\end{bmatrix}\begin{bmatrix}7\\3\\2\\1\end{bmatrix}=\begin{bmatrix}-3\\2\\-7\\1\end{bmatrix} \tag{5-17}$$

其结果如图 5-7 所示。显然，变换的顺序不同，其结果也不同。这从矩阵相乘的顺序是不可交换的也可以得到证明。

$$\boldsymbol{AB}\neq\boldsymbol{BA} \tag{5-18}$$

如果对经过两次旋转变换［式（5-14）］得到的 $\boldsymbol{w}=7\boldsymbol{i}+3\boldsymbol{j}+2\boldsymbol{k}$ 点再进行一次平移变

换，其平移向量为 $4\boldsymbol{i}-3\boldsymbol{j}+7\boldsymbol{k}$，则变换矩阵为

$$\mathrm{Trans}(4,-3,7)\mathrm{Rot}(y,90°)\mathrm{Rot}(z,90°)=\begin{bmatrix}1&0&0&4\\0&1&0&-3\\0&0&1&7\\0&0&0&1\end{bmatrix}\begin{bmatrix}0&0&1&0\\1&0&0&0\\0&1&0&0\\0&0&0&1\end{bmatrix}=\begin{bmatrix}0&0&1&4\\1&0&0&-3\\0&1&0&7\\0&0&0&1\end{bmatrix}\tag{5-19}$$

则点 $\boldsymbol{w}=7\boldsymbol{i}+3\boldsymbol{j}+2\boldsymbol{k}$ 变换到了点 $\boldsymbol{m}$，其结果如图 5-8 所示。

$$\boldsymbol{m}=\begin{bmatrix}0&0&1&4\\1&0&0&-3\\0&1&0&7\\0&0&0&1\end{bmatrix}\begin{bmatrix}7\\3\\2\\1\end{bmatrix}=\begin{bmatrix}6\\4\\10\\1\end{bmatrix}\tag{5-20}$$

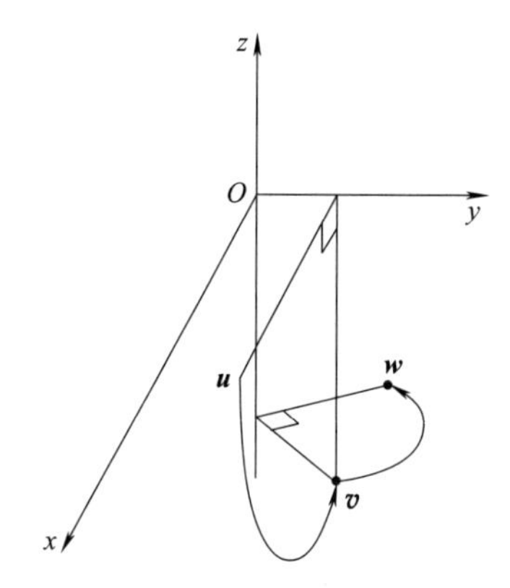

图 5-7　Rot(z,90°)Rot(y,90°)

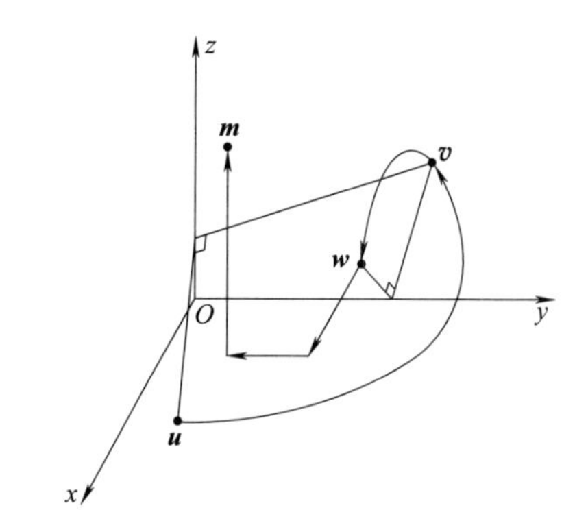

图 5-8　Trans(4,−3,7)Rot(z,90°)Rot(y,90°)

5.2.2 欧拉角

姿态通常是由绕 x 轴、y 轴或 z 轴的旋转序列决定的。根据绕 z 轴旋转 φ 角，然后绕新 y 轴（即 y'轴）旋转 θ 角，最后绕新 z 轴（即 z''轴）旋转 Ψ 角，欧拉角可以描述任意可能的姿态，如图 5-9 所示。

$$\mathrm{Euler}(\varphi,\theta,\Psi)=\mathrm{Rot}(z,\varphi)\mathrm{Rot}(y,\theta)\mathrm{Rot}(z,\Psi)\tag{5-21}$$

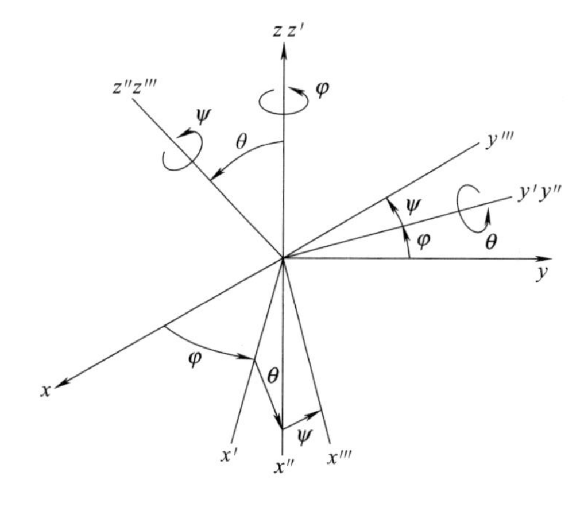

图 5-9　欧拉角

在旋转序列的每一种情形下，旋转顺序是重要的。请注意，这个旋转序列可以按照在基坐标中的逆序来解释：绕 z 轴旋转 Ψ 角，然后绕基坐标系的 y 轴旋转 θ 角，最后再绕基坐标系的 z 轴旋转 φ 角，如图 5-10 所示。

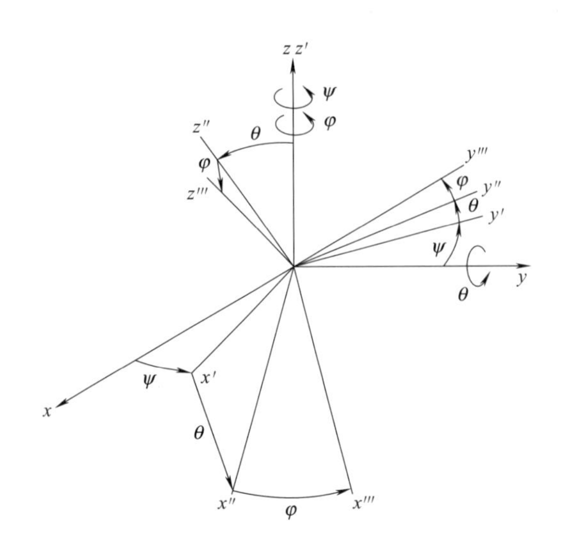

图 5-10 基坐标系下的欧拉角

欧拉变换 Euler（φ，θ，Ψ）可以通过三个旋转矩阵相乘来计算。

$$
\begin{aligned}
\text{Euler}(\varphi,\theta,\Psi) &= \text{Rot}(z,\varphi)\text{Rot}(y,\theta)\text{Rot}(z,\Psi)\\
&= \begin{bmatrix} \cos\varphi & -\sin\varphi & 0 & 0\\ \sin\varphi & \cos\varphi & 0 & 0\\ 0 & 0 & 1 & 0\\ 0 & 0 & 0 & 1 \end{bmatrix}
\begin{bmatrix} \cos\theta & 0 & \sin\theta & 0\\ 0 & 1 & 0 & 0\\ -\sin\theta & 0 & \cos\theta & 0\\ 0 & 0 & 0 & 1 \end{bmatrix}
\begin{bmatrix} \cos\Psi & -\sin\Psi & 0 & 0\\ \sin\Psi & \cos\Psi & 0 & 0\\ 0 & 0 & 1 & 0\\ 0 & 0 & 0 & 1 \end{bmatrix}
\end{aligned}
\tag{5-22}
$$

$$
\text{Euler}(\varphi,\theta,\Psi) = \begin{bmatrix} \cos\varphi\cos\theta\cos\Psi-\sin\varphi\sin\Psi & -\cos\varphi\cos\theta\sin\Psi-\sin\varphi\cos\Psi & \cos\varphi\sin\theta & 0\\ \sin\varphi\cos\theta\cos\Psi+\cos\varphi\sin\Psi & -\sin\varphi\cos\theta\sin\Psi+\cos\varphi\cos\Psi & \sin\varphi\sin\theta & 0\\ -\sin\theta\cos\Psi & \sin\theta\sin\Psi & \cos\theta & 0\\ 0 & 0 & 0 & 1 \end{bmatrix}
\tag{5-23}
$$

5.2.3 滚动角、俯仰角和偏航角

另一种常用的旋转变换是滚动（roll）、俯仰（pitch）和偏航（yaw）。我们想象一艘沿着 z 轴航行的船，那么滚动对应于绕 z 轴旋转 φ 角，俯仰对应于绕 y 轴旋转 θ 角，偏航对应于绕 x 轴旋转 Ψ 角，如图 5-11 所示。应用于机器人操作机的旋转如图 5-12 所示。

我们指定旋转顺序为

$$
\text{RPY}(\varphi,\theta,\Psi) = \text{Rot}(z,\varphi)\text{Rot}(y,\theta)\text{Rot}(x,\Psi) \tag{5-24}
$$

也就是说，首先绕 x 轴旋转 Ψ 角，然后绕 y 轴旋转 θ 角，最后绕 z 轴旋转 φ 角，则变换为

$$\mathrm{RPY}(\varphi,\theta,\Psi)=\begin{bmatrix}\cos\varphi & -\sin\varphi & 0 & 0\\ \sin\varphi & \cos\varphi & 0 & 0\\ 0 & 0 & 1 & 0\\ 0 & 0 & 0 & 1\end{bmatrix}\begin{bmatrix}\cos\theta & 0 & \sin\theta & 0\\ 0 & 1 & 0 & 0\\ -\sin\theta & 0 & \cos\theta & 0\\ 0 & 0 & 0 & 1\end{bmatrix}\begin{bmatrix}1 & 0 & 0 & 0\\ 0 & \cos\Psi & -\sin\Psi & 0\\ 0 & \sin\Psi & \cos\Psi & 0\\ 0 & 0 & 0 & 1\end{bmatrix} \tag{5-25}$$

$$\mathrm{RPY}(\varphi,\theta,\Psi)=\begin{bmatrix}\cos\varphi\cos\theta & \cos\varphi\sin\theta\sin\Psi-\sin\varphi\cos\Psi & \cos\varphi\sin\theta\cos\Psi+\sin\varphi\sin\Psi & 0\\ \sin\varphi\cos\theta & \sin\varphi\sin\theta\sin\Psi+\cos\varphi\cos\Psi & \sin\varphi\sin\theta\cos\Psi-\cos\varphi\sin\Psi & 0\\ -\sin\theta & \cos\theta\sin\Psi & \cos\theta\cos\Psi & 0\\ 0 & 0 & 0 & 1\end{bmatrix} \tag{5-26}$$

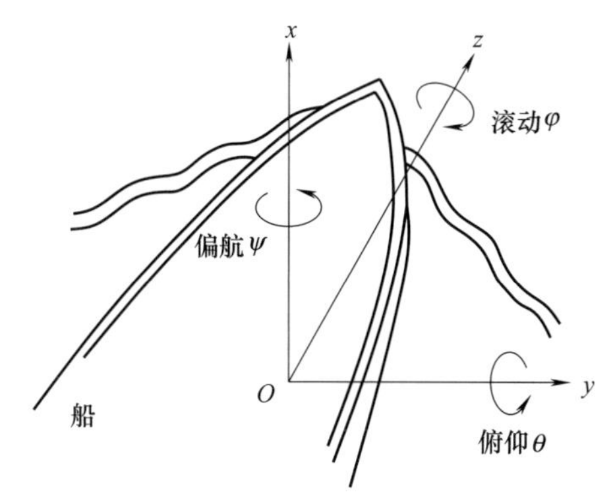

图 5-11 滚动、俯仰和偏航角

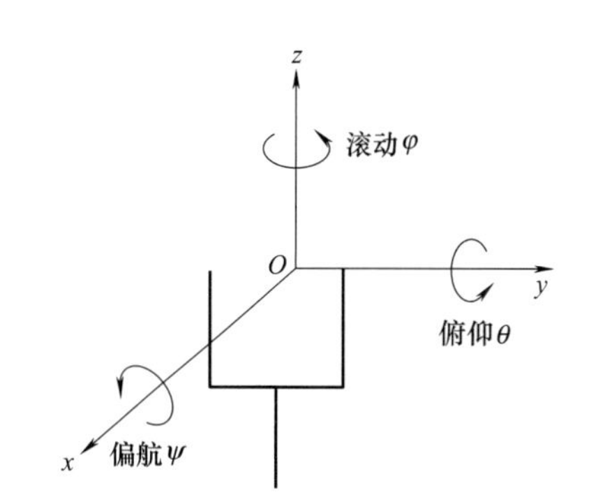

图 5-12 机器人操作机的滚动、俯仰和偏航坐标

5.2.4 机器人的 D-H 参数表示法

D-H 参数表示法是由 Denavit-Hartenberg 在 1955 年提出的一种通用的方法。一个串联的机器人操作机可以看成是由一系列连杆通过驱动关节连接起来而组成的空间开式运动链。一个 n 自由度的机器人操作机有 n 个连杆（不包括基座 0）和 n 个关节。连杆 1 由关节 1 连接到基座。在末端连杆的末端没有关节。连杆的意义在于保持连杆两端的关节之间的相对关系。

如图 5-13 所示，一个连杆，无论其形状多么复杂，其运动学参数都由连杆两端关节轴之间的相对关系决定，即连杆的长度 a_i 和转角 α_i。长度 a_i 定义为关节轴 i 和 $i+1$ 之间的公垂线距离，其方向定义为从轴 i 指向轴 $i+1$。转角 α_i 定义为关节轴 i 绕公垂线 a_i 转动到与关节轴 $i+1$ 平行时转过的角度，其方向按照右手定则确定。

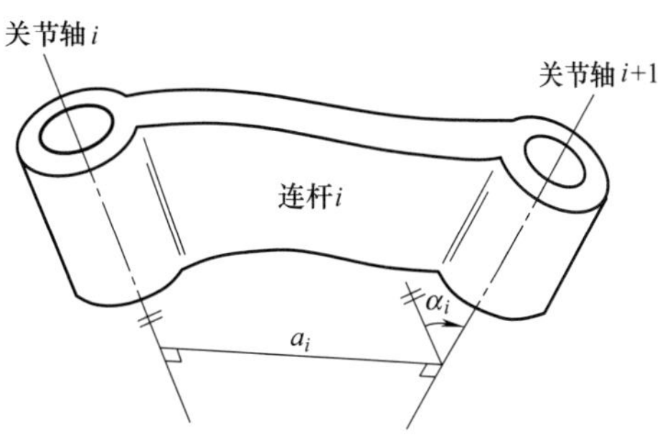

图 5-13 连杆 i 的长度 a_i 和转角 α_i

如图 5-14 所示，相邻的两个连杆是通过一个关节连接的。相邻两个连杆之间的关系由连杆的偏距 d_i 和关节角 θ_i 决定。连杆的偏距 d_i 定义为关节轴 $i-1$ 和 i 的公垂线在关节轴 i 上的交点与关节轴 $i+1$ 和 i 的公垂线在关节轴 i 上的交点沿 z_{i-1} 方向上的距离。偏距 d_i 反映了两个连杆沿着关节轴 i 的距离。关节角

θ_i 定义为绕轴 i 将长度线 a_{i-1} 的延长线 x_i 转动到长度线 a_i 的延长线 x_i 所经过的角度。关节角 θ_i 反映了两个连杆在关节轴处的夹角。对于转动关节，d_i 是定值，θ_i 是关节变量。

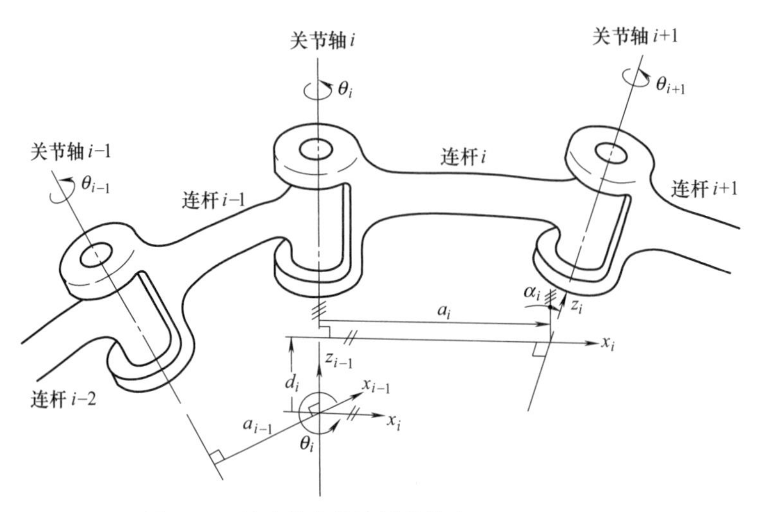

图 5-14 转动关节的连杆参数 θ_i，d_i，a_i，α_i

为了描述连杆之间的关系，在每个连杆上固连一个坐标系，在连杆 i 上固连的坐标系记为 $\{i\}$。坐标原点设在长度线 a_i 与关节轴线 $i+1$ 的交点处，在关节轴相交的情形下，原点位于关节轴的交点处。如果关节轴平行，原点设在与下一个连杆长度线的关节距离为零处。x_i 轴沿着长度线 a_i 由关节轴线 i 指向关节轴线 $i+1$。z_i 轴与关节轴 $i+1$ 重合。y_i 轴按照右手定则确定。在关节轴相交的情形下，x_i 轴的方向平行于或反平行于矢量叉积 $z_{i-1}\times z_i$。值得注意的是：这个条件对于 x_i 轴沿关节轴 i 和 $i+1$ 之间的公垂线也是满足的。当 x_{i-1} 轴与 x_i 轴平行且方向相同时，第 i 个转动关节的 θ_i 为零。

在移动关节的情形下，距离 d_i 是关节变量。关节轴的方向是关节移动的方向。不同于转动关节，轴的方向被定义但在空间的位置未被定义，如图 5-15 所示。对于移动关节，长度 a_i 没有意义，被设置为零。移动关节坐标系的原点与下一个定义的连杆原点重合。移动

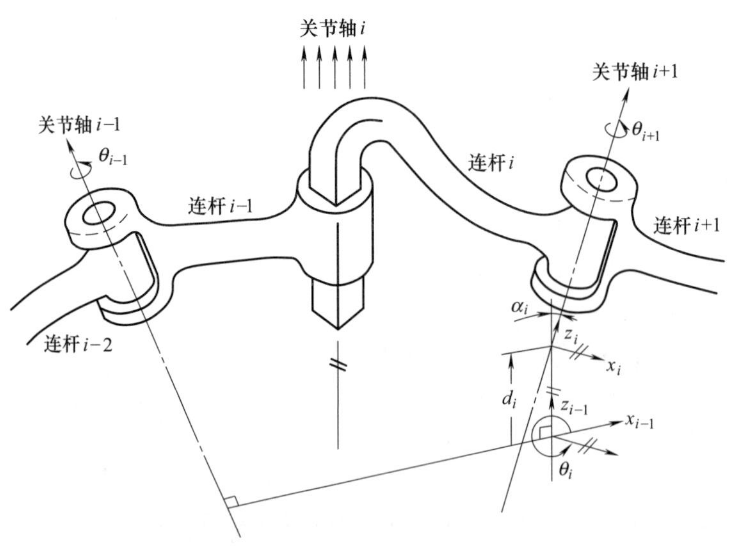

图 5-15 移动关节的连杆参数 θ_i，d_i 和 α_i

连杆 i 的 z_i 轴与关节轴 $i+1$ 重合。x_i 轴平行或反平行于移动关节方向与 z_i 的矢量叉积的方向。对于移动关节，当 $d_i=0$ 时，我们将其定义为零位。

当操作机处于零位置时，可以确定转动关节旋转或移动关节移动的正向，并确定 z_i 轴的方向。基座杆的原点（零）与连杆 1 的原点重合。如果想要定义一个不同的参考坐标系，那么可以用一个确定的齐次变换来描述基坐标系和参考坐标系之间的关系。在操作机的末端，最终的位移 d_n 或转角 θ_n 是相对于 z_{n-1} 的。连杆 n 的坐标系原点与连杆 $n-1$ 的坐标系原点重合。如果一个工具（或末端执行器）的原点和轴线与连杆 n 的坐标系不一致，那么工具可以通过一个确定的齐次变换与连杆 n 联系起来。

建立好所有连杆的坐标系后，可以通过下列旋转和平移建立坐标系 $\{i-1\}$ 和 $\{i\}$ 之间的关系：

绕 z_{i-1} 轴旋转一个角度 θ_i；

沿 z_{i-1} 轴移动一个距离 d_i；

沿 x_i 轴移动一个长度 a_i；

绕 x_i 轴转动一个角度 α_i。

这可以表示用四个齐次变换的乘积表达连杆 i 的坐标系 $\{i\}$ 变换到连杆 $i-1$ 的坐标系 $\{i-1\}$，这种关系称为 $\boldsymbol{A}_i$ 矩阵。

$$\boldsymbol{A}_i=\mathrm{Rot}(z,\theta_i)\mathrm{Trans}(0,0,d_i)\mathrm{Trans}(a_i,0,0)\mathrm{Rot}(x,a_i) \tag{5-27}$$

$$\boldsymbol{A}_i=\begin{bmatrix}\cos\theta_i & -\sin\theta_i & 0 & 0\\ \sin\theta_i & \cos\theta_i & 0 & 0\\ 0 & 0 & 1 & 0\\ 0 & 0 & 0 & 1\end{bmatrix}\begin{bmatrix}1 & 0 & 0 & a_i\\ 0 & 1 & 0 & 0\\ 0 & 0 & 1 & d_i\\ 0 & 0 & 0 & 1\end{bmatrix}\begin{bmatrix}1 & 0 & 0 & 0\\ 0 & \cos\alpha_i & -\sin\alpha_i & 0\\ 0 & \sin\alpha_i & \cos\alpha_i & 0\\ 0 & 0 & 0 & 1\end{bmatrix} \tag{5-28}$$

$$\boldsymbol{A}_i=\begin{bmatrix}\cos\theta_i & -\sin\theta_i\cos\alpha_i & \sin\theta_i\sin\alpha_i & a_i\cos\theta_i\\ \sin\theta_i & \cos\theta_i\cos\alpha_i & -\cos\theta_i\sin\alpha_i & a_i\sin\theta_i\\ 0 & \sin\alpha_i & \cos\alpha_i & d_i\\ 0 & 0 & 0 & 1\end{bmatrix} \tag{5-29}$$

对于移动关节，$\boldsymbol{A}_i$ 矩阵简化为

$$\boldsymbol{A}_i=\begin{bmatrix}\cos\theta_i & -\sin\theta_i\cos\alpha_i & \sin\theta_i\sin\alpha_i & 0\\ \sin\theta_i & \cos\theta_i\cos\alpha_i & -\cos\theta_i\sin\alpha_i & 0\\ 0 & \sin\alpha_i & \cos\alpha_i & d_i\\ 0 & 0 & 0 & 1\end{bmatrix} \tag{5-30}$$

各连杆坐标系被确定后，可以把确定的连杆参数列成表格：对于转动关节，连杆确定的参数为 d_i，a_i，α_i；对于移动关节，确定的参数为 θ_i 和 α_i。因此，$\boldsymbol{A}_i$ 矩阵就变成了关节变量 θ_i 的函数，或者，在移动关节的情况下成为 d_i 的函数。当已知这些值时，矩阵 $\boldsymbol{A}_i$ 的值便可以确定了。

5.2.5　应用实例

操作机的末端连杆坐标系 n 相对于连杆坐标系 $i-1$ 的坐标变换 ${}^{i-1}\boldsymbol{T}_6$ 为

$${}^{i-1}\boldsymbol{T}_n=\boldsymbol{A}_i\boldsymbol{A}_{i+1}\cdots\boldsymbol{A}_n \tag{5-31}$$

操作机末端相对于基坐标系的变换 $\boldsymbol{T}_n$ 为

$$\boldsymbol{T}_n=\boldsymbol{A}_1\boldsymbol{A}_2\cdots\boldsymbol{A}_n \tag{5-32}$$

如图 5-16 所示，如果操作机由变换 $\boldsymbol{Z}$ 与初始连杆相连，工具由变换 $\boldsymbol{E}$ 与末端连杆坐标系相连，则工具相对于操作机的位置和姿态可描述为

$$\boldsymbol{X}=\boldsymbol{Z}\boldsymbol{T}_6\boldsymbol{E} \tag{5-33}$$

$$\boldsymbol{T}_6=\boldsymbol{Z}^{-1}\boldsymbol{X}\boldsymbol{E}^{-1} \tag{5-34}$$

图 5-17 所示为常见的肘关节操作机，已建立各连杆坐标系，其连杆参数如表 5-1 所示。

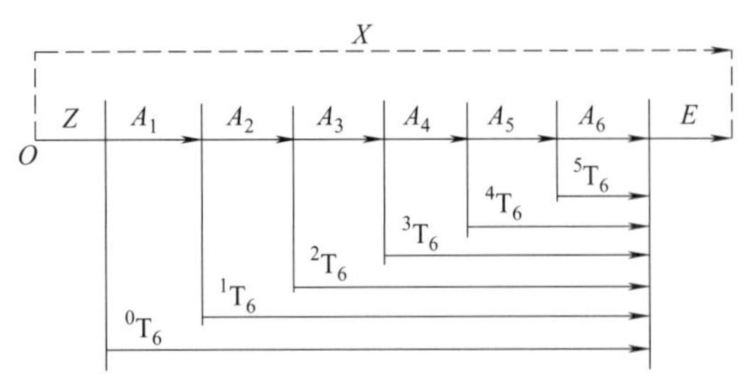

图 5-16 操作机变换图

图 5-17 肘关节操作机的坐标系

表 5-1 肘关节操作机的 D-H 参数（$i=1, 2, \cdots, 6$）

连杆	变量	$\alpha_i/(°)$	a_i/mm	d_i/mm	$\cos\alpha_i$	$\sin\alpha_i$
1	θ_1	90	0	0	0	1
2	θ_2	0	a_2	0	1	0
3	θ_3	0	a_3	0	1	0
4	θ_4	−90	a_4	0	0	−1
5	θ_5	90	0	0	0	1
6	θ_6	0	0	0	1	0

则矩阵 $\boldsymbol{A}_i$ 的表达式为

$$\boldsymbol{A}_1=\begin{bmatrix} c\theta_1 & 0 & s\theta_1 & 0 \\ s\theta_1 & 0 & -c\theta_1 & 0 \\ 0 & 1 & 0 & 0 \\ 0 & 0 & 0 & 1 \end{bmatrix},\ \boldsymbol{A}_2=\begin{bmatrix} c\theta_2 & -s\theta_2 & 0 & a_2c\theta_2 \\ s\theta_2 & c\theta_2 & 0 & a_2s\theta_2 \\ 0 & 0 & 1 & 0 \\ 0 & 0 & 0 & 1 \end{bmatrix},\ \boldsymbol{A}_3=\begin{bmatrix} c\theta_3 & -s\theta_3 & 0 & a_3c\theta_3 \\ s\theta_3 & c\theta_3 & 0 & a_3s\theta_3 \\ 0 & 0 & 1 & 0 \\ 0 & 0 & 0 & 1 \end{bmatrix},$$

$$\boldsymbol{A}_4=\begin{bmatrix} c\theta_4 & 0 & -s\theta_4 & a_4c\theta_4 \\ s\theta_4 & 0 & c\theta_4 & a_4s\theta_4 \\ 0 & -1 & 0 & 0 \\ 0 & 0 & 0 & 1 \end{bmatrix},\ \boldsymbol{A}_5=\begin{bmatrix} c\theta_5 & 0 & s\theta_5 & 0 \\ s\theta_5 & 0 & -c\theta_5 & 0 \\ 0 & 1 & 0 & 0 \\ 0 & 0 & 0 & 1 \end{bmatrix},\ \boldsymbol{A}_6=\begin{bmatrix} c\theta_6 & -s\theta_6 & 0 & 0 \\ s\theta_6 & c\theta_6 & 0 & 0 \\ 0 & 0 & 1 & 0 \\ 0 & 0 & 0 & 1 \end{bmatrix}. \tag{5-35}$$

式中，$c\theta_i$、$s\theta_i$ 分别表示 $\cos\theta_i$、$\sin\theta_i$，$i=1, 2, \cdots, 6$。

则连杆 6 相对于基坐标系的变换矩阵 $\boldsymbol{T}_6$ 为

$$\boldsymbol{T}_6=\boldsymbol{A}_1\boldsymbol{A}_2\boldsymbol{A}_3\boldsymbol{A}_4\boldsymbol{A}_5\boldsymbol{A}_6 \tag{5-36}$$

为简化 $\boldsymbol{T}_6$，引入变量 $\theta_{23}=\theta_2+\theta_3$ 和 $\theta_{234}=\theta_{23}+\theta_4$，这种关系在操作机关节轴相互平行时是成立的。

$$\boldsymbol{T}_6=\boldsymbol{A}_1\boldsymbol{A}_2\boldsymbol{A}_3\boldsymbol{A}_4\boldsymbol{A}_5\boldsymbol{A}_6=\begin{bmatrix} n_x & o_x & a_x & p_x \\ n_y & o_y & a_y & p_y \\ n_z & o_z & a_z & p_z \\ 0 & 0 & 0 & 1 \end{bmatrix} \tag{5-37}$$

式中，$n_x=c\theta_1(c\theta_{234}c\theta_5c\theta_6-s\theta_{234}s\theta_6)-s\theta_1s\theta_5c\theta_6$；

$n_y=s\theta_1(c\theta_{234}c\theta_5c\theta_6-s\theta_{234}s\theta_6)+c\theta_1s\theta_5c\theta_6$；

$n_z=s\theta_{234}c\theta_5c\theta_6+c\theta_{234}s\theta_6$；

$o_x=-c\theta_1(c\theta_{234}c\theta_5s\theta_6+s\theta_{234}c\theta_6)+s\theta_1s\theta_5s\theta_6$；

$o_y=-s\theta_1(c\theta_{234}c\theta_5s\theta_6+s\theta_{234}c\theta_6)-c\theta_1s\theta_5s\theta_6$；

$o_z=-s\theta_{234}c\theta_5s\theta_6+c\theta_{234}c\theta_6$；

$a_x=c\theta_1c\theta_{234}s\theta_5+s\theta_1c\theta_5$；

$a_y=s\theta_1c\theta_{234}s\theta_5-c\theta_1c\theta_5$；

$a_z=s\theta_{234}s\theta_5$；

$p_x=c\theta_1\ (c\theta_{234}a_4+c\theta_{23}a_3+c\theta_2a_2)$；

$p_y=s\theta_1\ (c\theta_{234}a_4+c\theta_{23}a_3+c\theta_2a_2)$；

$p_z=s\theta_{234}a_4+s\theta_{23}a_3+s\theta_2a_2$。

5.3　操作机器人机构及应用

操作机器人是工业应用和理论研究中最为典型也是最早出现的工业机器人，也是在工业化和自动化中发展起来的一种新型装置。它可以提高产品质量、减轻劳动强度、避免人身事故的发生、改善劳动条件，广泛应用于焊接、喷涂、装配、搬运、分拣、码垛、打磨、抛光、切割等作业环境中，大大节约了劳动力成本。

5.3.1　操作机器人的工作原理及要求

操作机器人的基本工作原理是：通过操作机上各运动构件的运动，自动地实现手部作业的动作功能及技术要求。操作机器人应满足以下基本要求。

① 承载能力强。手臂是支撑手腕的部件，设计时不仅要考虑抓取物体的重量或携带工具的重量，还要考虑运动时的动载荷和转动惯量。

② 刚度大。为了防止臂部在运动过程中产生过大的变形，手臂的截面形状要合理选择。工字形截面的弯曲刚度一般比圆截面大，空心管的弯曲刚度和扭转刚度都比实心轴大得多。所以常用钢管作臂杆及导向杆，用工字钢和槽钢作支撑板。

③ 导向性好，定位精度高。为防止手臂在直线运动中沿运动轴线发生相对转动，应设置导向装置，同时要采取一定形式的缓冲措施。

④ 重量轻，转动惯量小。为提高机器人的运动速度，要尽量减小臂部运动部分的重量，以减小整个手臂对回转轴的转动惯量。

⑤ 合理设计臂部与腕部和机身的连接部位。臂部的安装形式和位置不仅关系到机器人的强度、刚度和承载能力，而且直接影响机器人的外观。

5.3.2　操作机器人的组成及分类

操作机器人由底座、控制柜、操作机等单元组成，如图 5-18 所示。而操作机由腰部、肩部、肘部和腕部组成。

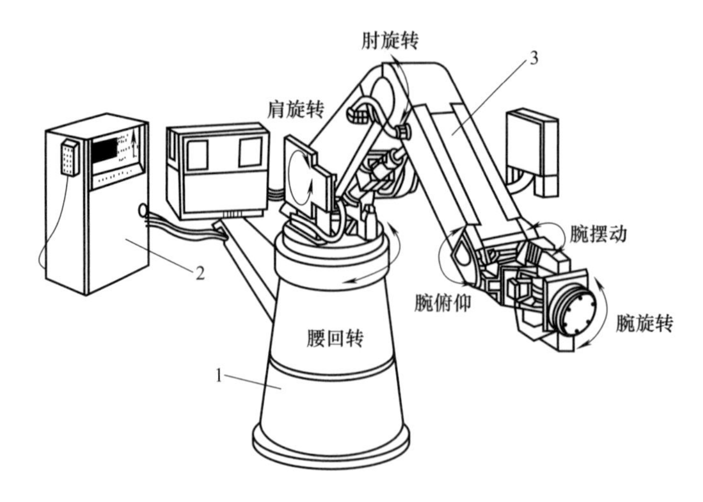

图 5-18 操作机器人的组成

1—底座；2—控制柜；3—操作机

操作机器人的机械结构可看成是由一些连杆通过关节组装起来的，通常有两种关节，即转动关节和移动关节。连杆和关节按不同坐标形式组装，其坐标形式是指机械臂臂部的三个自由度，并未包括腕部的自由度，目前使用最广泛的工业机械臂分为下列几种形式。

(1) 直角坐标型机器人

如图 5-19 所示，臂部由三个相互正交的移动副组成，带动腕部分别沿 x、y、z 三个坐标轴方向做直线移动。其特点是：结构简单，运动位置精度高，但所占空间较大，工作范围相对较小。

(2) 圆柱坐标型机器人

如图 5-20 所示，臂部由一个转动副和两个移动副组成。相对来说，所占空间较小，工作范围较大，应用较广泛。

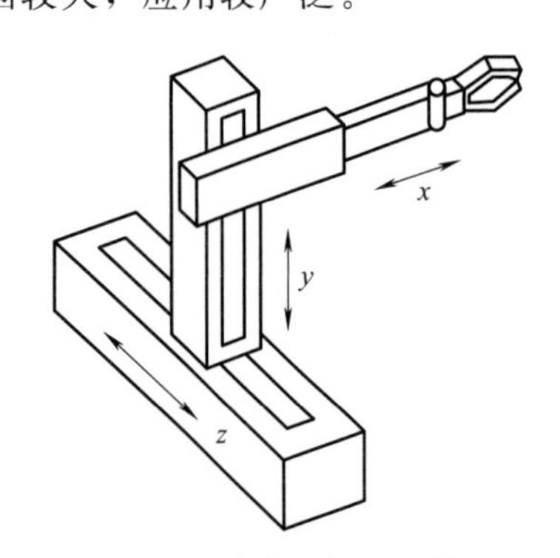

图 5-19 直角坐标型机器人

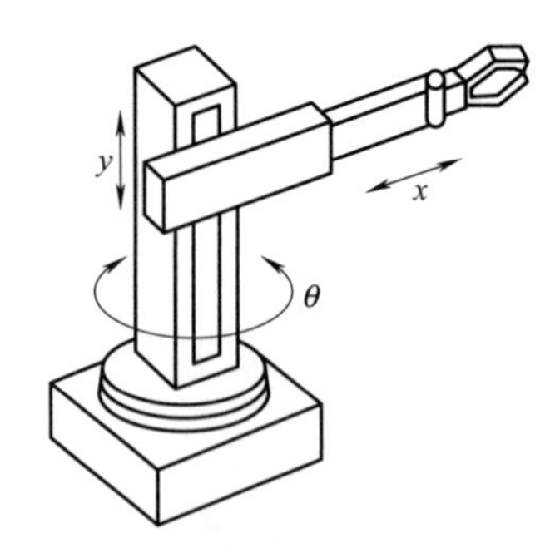

图 5-20 圆柱坐标型机器人

(3) 关节型机器人

如图 5-21 所示，关节型机器人主要由底座、大臂和小臂组成。底座可以绕垂直轴线转动，以臂部各相邻部件的相对角位移为运动坐标。它是一种广泛应用的拟人化机器人，动作灵活，所占空间小，工作范围大，能在狭窄空间绕过各种障碍物。

(4) 极坐标型机器人

如图 5-22 所示，臂部由两个转动副和一个移动副组成，产生沿手臂轴 x 的直线移动、绕基座轴 y 的转动和绕关节轴 z 的摆动。其手臂可做绕 z 轴的俯仰运动，能抓取地面上的物体。

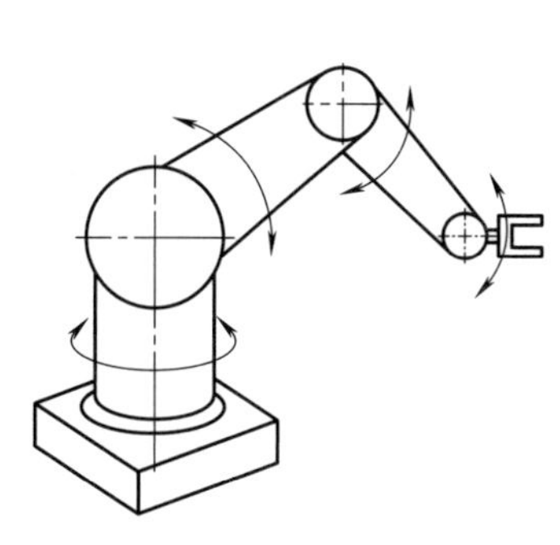

图 5-21 关节型机器人

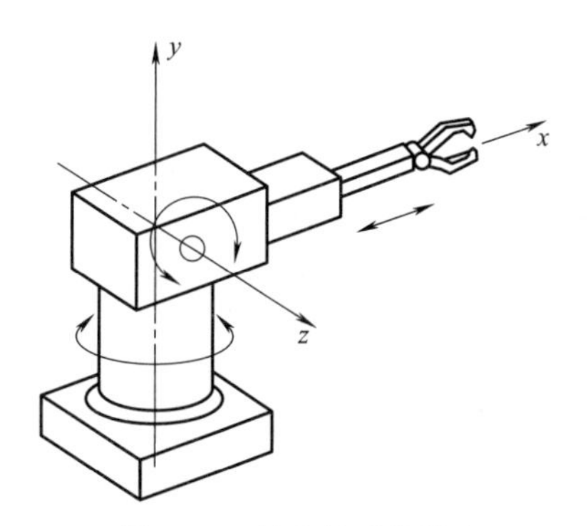

图 5-22 极坐标型机器人

5.3.3 几种典型的机械臂

(1) 关节型机械臂

关节型机械臂是工业机器人中应用最广泛的一种形式，其主要特点是模拟人类腰部到手部的结构。关节型机械臂的本体结构通常包括关节型机械臂的机座结构及其关节转动装置、手臂结构及其关节转动装置、手腕结构及其关节转动装置和末端执行器（即机械手部分）。图 5-23 所示为六自由度关节型机械臂本体结构图（末端执行器部分未示出）。

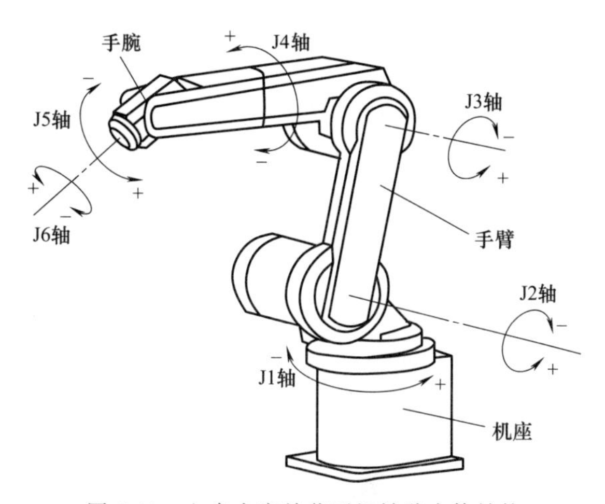

图 5-23 六自由度关节型机械臂本体结构

在相同体积条件下，关节型机械臂比非关节型机械臂具有大得多的工作空间；关节型机械臂也具有一定的人体手臂功能，这种特点使关节型机械臂可以轻易避障和伸入狭窄弯曲的通道中进行操作。这种机械臂还具有以下特点：

① 自由度高，目前常见的关节型机械臂的自由度可达 6～7 个。

② 各关节相互独立，可调性强。

③ 机构设计简单，求正解方便。但是承载能力较差。

④ 各部件间因摩擦而产生的磨损较大，重复精度较差。

⑤ 在高速运转中不易平衡惯性力和惯性力矩。

(2) 柔性机械臂 (flexible manipulator)

柔性机械臂的柔性主要表现在连杆柔性和关节柔性。连杆柔性指柔性臂连杆的各种变形，如弹性变形、剪切变形和轴向变形。关节柔性指机械臂传动机构和关节转轴的扭曲变形。它们均为机器人系统引入了额外的自由度，使原来有限自由度的刚性机器人变成了具有无限自由度的柔性机器人。由于柔性机械臂有非线性、强耦合、分布参数和最小相位特性，其末端位置的控制比刚性机械臂的控制要困难得多，特别是在负载发生变化的情况下。人们将智能控制方法用于柔性机械臂的控制，这些方法包括神经网络、模糊控制和遗传算法等。目前大多数的研究都是将这些方法和常规控制方法相结合，智能控制方法用于提高原有系统的性能。图 5-24 所示为日本某大学研制的双操作臂柔性机器人 ADAM，每个柔性臂由两个柔性连杆和七个转动关节组成，具有柔性的双臂协同可完成精细装配等操作任务。

图 5-24 双操作臂柔性机器人 ADAM

(3) 可重构机械臂 (reconfigurable manipulator)

模块化的可重构机械臂由一系列不同功能和尺寸特征的具有一定装配结构的关节模块、连杆模块、末端执行器模块以及相应的驱动、控制、通信模块等以搭积木的方式构成。可重构机械臂通过对模块的组合能够简单快速地装配成适应不同任务或环境的几何构形，这种组合不仅仅是简单的机械重构，还包括控制系统的重构。重构后的机械臂不但能适应新的工作任务和环境，而且具有很好的柔性。

加拿大 ESI（Engineering Services Inc）公司开发的模块化可重构机械臂，其基本构成单元为关节模块和连接模块。每个关节模块包括精密减速电机、编码器、制动器、电机放大器、限位开关、控制器和内部总线等器件。为满足不同的运行环境和负载要求，关节模块的功率也各不相同。图 5-25 为模块化可重构机械臂的基本组成模块和样机。

(a) 转动模块　(b) 手腕模块　(c) 模块化机械臂

图 5-25 ESI 公司的模块化可重构机械臂

图 5-26 是美国 Robotics Research 公司设计的系列化的关节模块，可组装成不同尺寸、不同承载能力的 7-DOF 灵巧机械臂。系统模块分为三种：侧滚、俯仰以及末端带执行器机械接口的旋转关节。

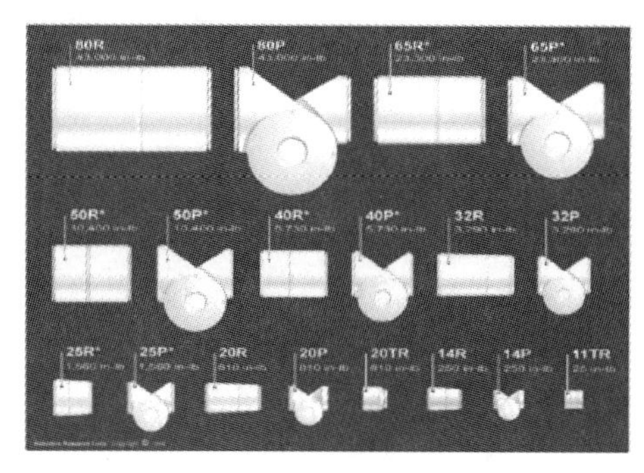

(a) 模块系列

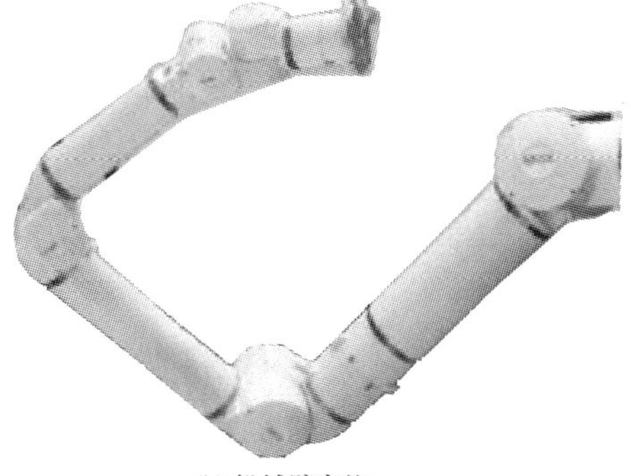

(b) 机械臂实体

图 5-26　可重构模块化机械臂

5.3.4　腕部机构

5.3.4.1　腕部机构的自由度和要求

手腕是机器人机械臂与末端执行器（机械手）之间的连接部件，其功能是在机械臂实现了机械手在作业空间的三个位置坐标的基础上，再由腕部机构实现机械手在作业空间的三个姿态坐标，即实现三个旋转自由度。通过机械接口，连接并支承机械手。如图 5-27 所示，腕部机构能实现绕空间三个坐标轴的转动，即回转运动 θ、左右偏摆运动 φ 和俯仰运动 β。当有特殊需要时，还可以实现小距离的横移运动。因此，腕部机构也称为机器人的姿态机构，是操作机器人中最为重要的也是结构最为复杂的部件，手腕的灵活度直接决定了机器人能够完成任务的种类和复杂度。

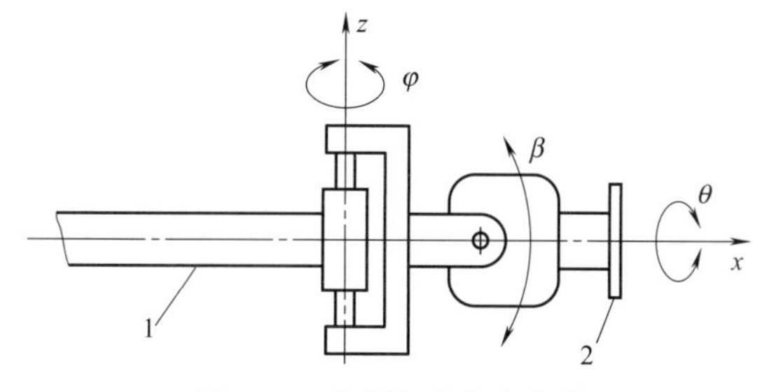

图 5-27　腕部机构的自由度
1—机械臂；2—机械接口

工业机器人的腕部机构应满足如下要求：

① 由于腕部机构处于机械臂的末端，为减轻机械臂的载荷，应力求腕部部件的结构紧凑，减少其质量和体积，为此，腕部机构的驱动装置多采用分离传动，将驱动器安置在机械臂的后端。

② 腕部机构的自由度越多，各关节角的运动范围越大，其动作的灵活性越高，机器人对作业的适应能力也越强，但增加腕部机构的自由度，会使腕部结构复杂，运动控制难度加大。因此，应根据机器人的作业要求来确定合理的自由度数目。通用目的的机器人腕部多配置 3 个自由度，某些动作简单的专用机器人腕部配置 1～2 个自由度即可满足作业要求，甚至可以不设腕部以简化结构。

③ 为提高腕部动作的精确性，应提高传动的刚度，尽量减少机械传动系统中由于间隙产生的反转回差。如齿轮传动中的齿侧间隙，丝杠螺母中的传动间隙，联轴器的扭转间隙等，对分离传动采用链、同步齿形带或传动轴传动。

④ 腕部回转各关节轴上应设置限位开关和机械挡块，以防止关节超限造成事故。

5.3.4.2　腕部机构分类与实例

(1) 球型手腕

球型手腕的三个关节轴线相交于一点。如图 5-28 所示，根据两相邻关节轴线的相互位置关系又可分为正交球型手腕（两相邻关节的轴线相互垂直）和斜交球型手腕（两相邻关节的轴线相交成非 90°的交角）。

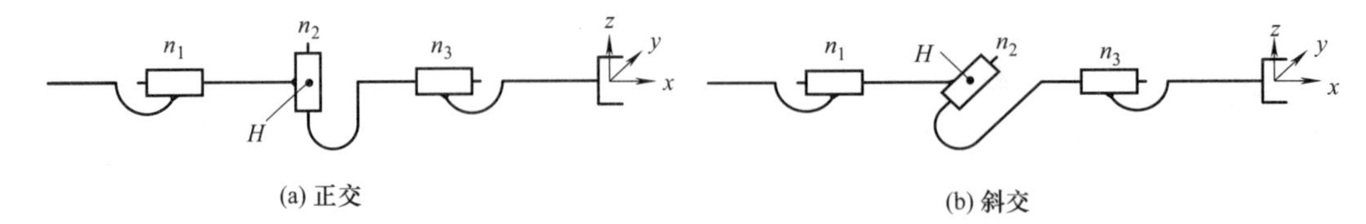

图 5-28 球型手腕

具有球型手腕的机器人，其末端执行器的位置和姿态是解耦的，逆运动学分析比较简单，且有解析解，故商用机器人多用球型手腕。但是受到关节机械结构的限制，球型手腕的工作空间相对较小，第二个关节旋转角度一般在 260°左右，某些工作空间达不到，不够灵活。

如图 5-29 所示为 Cincinnati-Milacron T^3 手腕，图 5-30 所示为 Bendix 正交球型手腕，它们在商用机器人中都有广泛应用。图 5-31 所示的 PUMA700 机器人为球型手腕的具体应用实例。

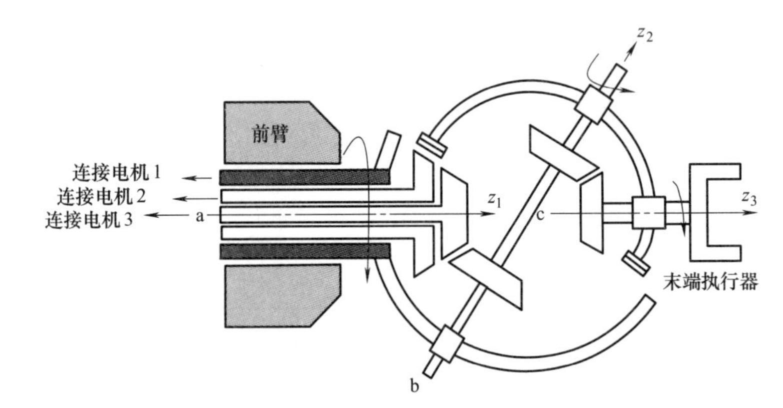

图 5-29 Cincinnati-Milacron T^3 手腕结构

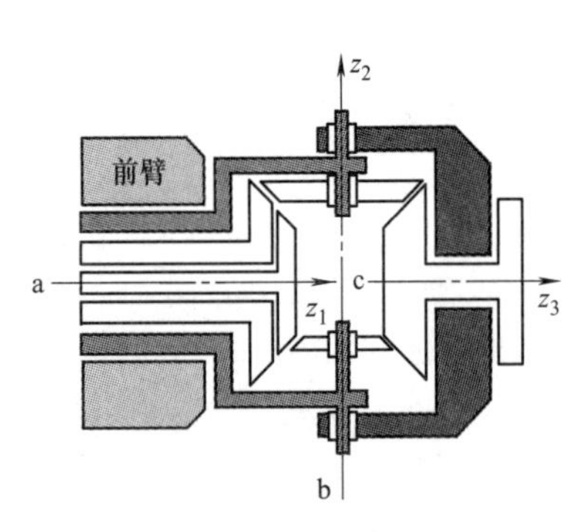

图 5-30 Bendix 手腕结构

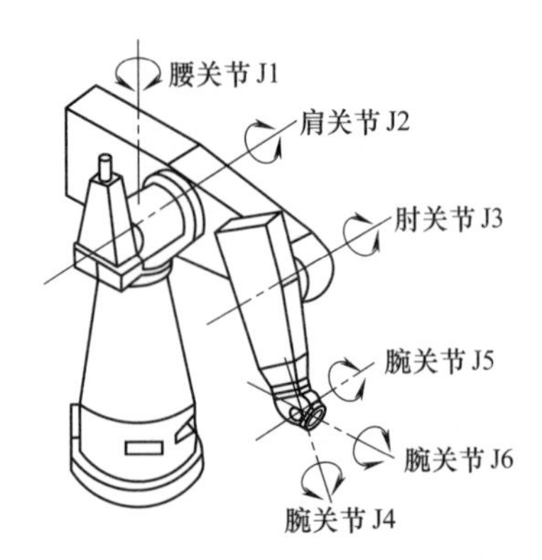

图 5-31 PUMA700 机器人

(2) 非球型手腕

非球型手腕的三个关节轴线不是相交于一点，而是相交于两点。如图 5-32 所示，非球型手腕也可分为正交非球型手腕（两相邻关节轴线相互垂直）和斜交非球型手腕（两相邻关节轴线相交成非 90°的交角）。这种结构的手腕克服了机械结构的局限性，每个关节的转动角度都能达到 360°以上，扩大了手腕的工作空间。

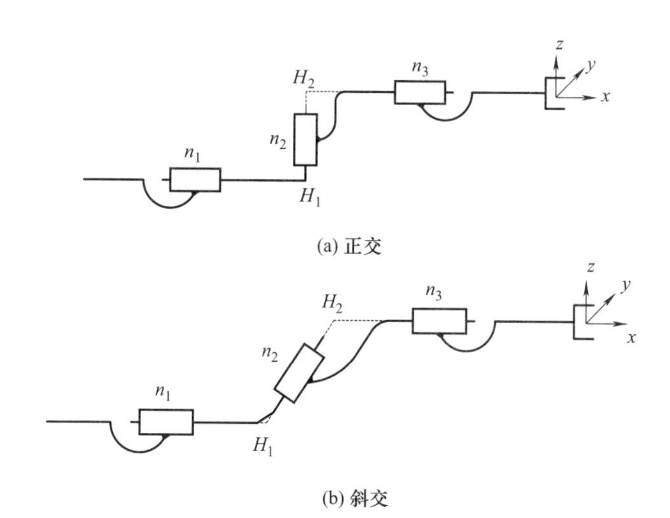

图 5-32 非球型手腕

具有非球型手腕的串联机器人，由于手腕的三个关节轴线相交于两个点，因此，其末端执行器的位置和姿态是耦合的，机器人的运动学分析很复杂，且没有解析解，在商用机器人中应用较少。但非球型手腕能使安装在其上面的末端执行器伸进相对较小的空间进行作业，主要用于喷涂工作。图 5-33 所示为意大利 Bologna 大学研制的 Comau SMART-3S 型喷涂机器人，具有中空结构的正交非球型手腕，油漆管、溶剂管等可通过机器人的小臂、手腕直接接到末端执行器的后端，使整个机器人显得整洁又便于维护。但其仍有不足之处，手腕相邻轴线相互垂直，从中穿过的管线受手腕结构的限制必须弯成接近 90°的角，致使管路中的油漆流动不畅，有时会堵死，甚至管路会折断。

(3) 柔性手腕

柔性手腕具有多个自由度，能够在一定的空间区域内实现任意姿态和位置的空间定向，与其他类型的机器人手腕相比，它具有活动范围更大、适应能力更强的特点，因而在机器人本体结构的设计中得到广泛应用。但是柔性手腕的结构都比较复杂，有些零件的加工难度较大，这使柔性手腕的应用受到了限制。结构工艺性和运动范围（或柔性度）是衡量柔性手腕性能优劣的主要内容。

图 5-33 具有正交非球型手腕的 Comau SMART-3S 型喷涂机器人

图 5-34 所示是具有移动和摆动浮动机构的柔性手腕。水平浮动机构由平面、钢球和弹簧构成，实现两个方向上的浮动；摆动浮动机构由上、下球面和弹簧构成，实现两个方向的摆动。在装配作业中，如遇夹具定位不准或机器人手爪定位不准时，可自行校正。其动作过程如图 5-35 所示，在插入装配中工件局部被卡住时，将会受到阻力，促使柔性手腕起作用，使手爪有一个微小的修正量，工件便能顺利插入。

(4) 并联结构的手腕

并联结构的手腕实际上是一种小型化的并联机构。相对于串联机器人来说并联机器人具有以下优点：刚度大、结构稳定、承载能力强、精度高、运动惯性小、正解困难而反解容

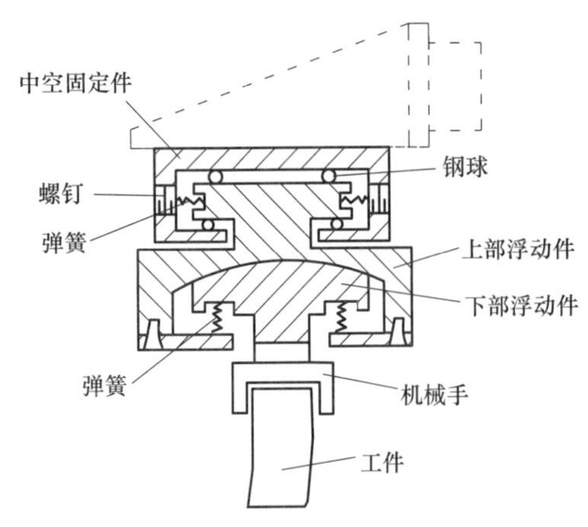

图 5-34　具有移动和摆动浮动机构的柔性手腕

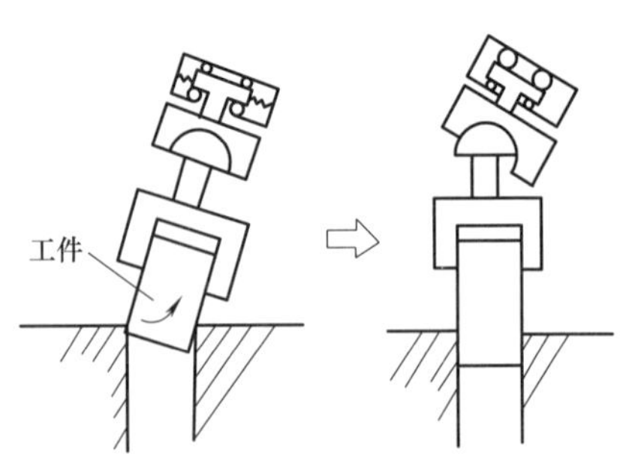

图 5-35　柔性手腕动作过程

易。图 5-36 为 Fanuc 机器人中使用了并联结构的手腕。

图 5-36　Fanuc 机器人中的并联结构的手腕

5.3.5　手部机构

手部是装在机器人的手腕上直接抓持工件或执行作业的部件。对于整个操作机器人来说，手部是完成任务的关键部件之一。它直接关系着夹持工件时的定位精度、夹持力的大小等。其中运动机构使手部完成各种转动（摆动）、移动或复合运动来实现规定的动作，改变被抓持工件的位置和姿势。运动机构的升降、伸缩、旋转等独立运动方式称为机械手的自由度。为了抓取空间中任意位置和方位的物体，需有 6 个自由度。自由度是机械手设计的关键参数。自由度越多，机械手的灵活性越大，通用性越广，其结构也越复杂。一般专用机械手有 2～3 个自由度。

(1) 末端执行器

工业机器人中的手部也称为末端执行器。根据被抓持工件的形状、尺寸、重量、材料和作业要求而有多种结构形式，如夹持型、托持型和吸附型等。按驱动方式可分为液压式、气动式、电动式、机械式。按适用范围可分为专用机械手和通用机械手。按运动轨迹控制方式可分为点位控制机械手和连续轨迹控制机械手等。

机器人的末端执行器需要具有满足作业所需要的重复精度，并且尽可能结构简单紧凑，质量轻，以减轻手臂的负荷。专用末端执行器结构简单，工作效率高，而通用末端执行器结构较复杂，费用昂贵，因此提倡设计使用可快速更换的系列化通用化的专用末端执行器。

图 5-37（a）是气压驱动式末端执行器，利用吸盘内的压力与大气压之间的压力差而工作。图 5-37（b）是电磁吸盘结构，主要由吸盘、防尘盖、线圈、外壳体等组成。线圈通电后产生磁性吸力将工件吸住，断电后磁性吸力消失将工件松开。

(2) 五指灵巧手

随着机器人应用领域的不断扩展，机器人作业的任务和环境的复杂性不断增加，五指灵巧手作为机器人末端操作器，具有多自由度、多指协调、灵活性强的特点，因此能满足更灵

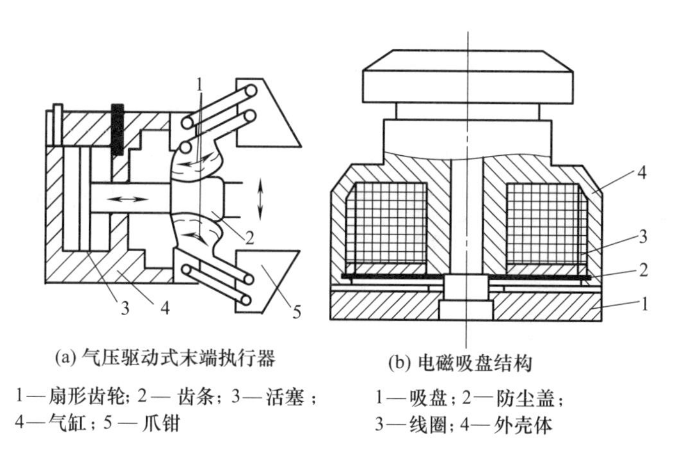

(a) 气压驱动式末端执行器

1—扇形齿轮；2—齿条；3—活塞；
4—气缸；5—爪钳

(b) 电磁吸盘结构

1—吸盘；2—防尘盖；
3—线圈；4—外壳体

图 5-37　常用的末端执行器

巧、更精细的操作任务要求。

从仿生学的角度考虑，人的每只手都有 29 块骨头，这些骨头由 123 条韧带联系在一起，由 35 条强劲的肌肉来牵引，而控制这些肌肉的是 48 条神经。人手的基本运动形式有以下四种：①食指、中指、无名指、小指的伸展与弯曲；②食指、中指、无名指、小指之间的相对摆动；③拇指的自由运动；④手掌的运动。因此，人手的运动形式多为关节转动形式，图 5-38 所示为人手的运动模型。

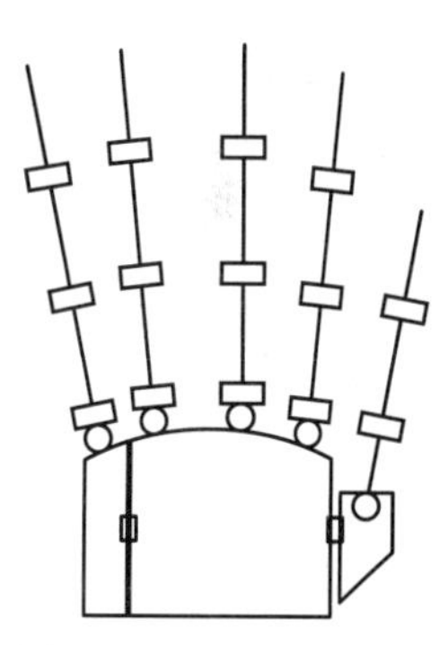

图 5-38　人手运动模型

英国伦敦 Shadow 公司研制的五指灵巧手如图 5-39 所示。Shadow 由置于前臂的 40 组柔顺的空气肌肉驱动，由绳索（腱）传动，能够抓握柔软或易碎的物体。整个手有 25 个关节，20 个自由度，除拇指外的四个手指前两个关节是耦合的。小拇指、食指和大拇指各有一个向手掌内侧旋转的额外自由度。由于驱动源外置，所以 Shadow 的尺寸和人手类似，并且可以进行强有力的抓握。它的缺点也比较明显，“空气肌肉”所需要的压缩空气要过滤干净，对于精确操作相当困难。这也是气动灵巧手的共同缺点。

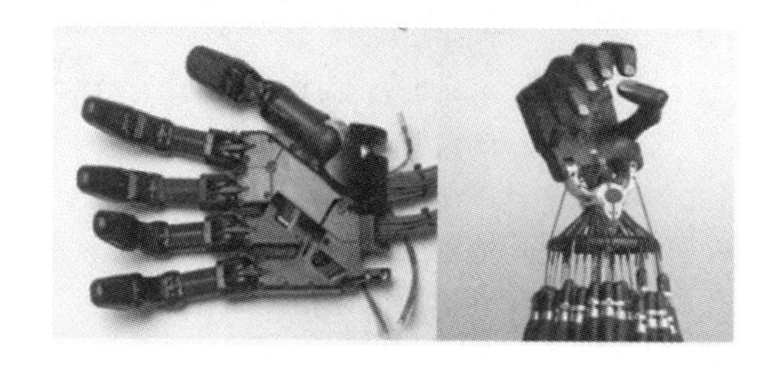

图 5-39　Shadow 五指灵巧手

(3) 多指灵巧手

戴建生教授基于变胞机构原理提出了具有变胞手掌的多指灵巧手，如图 5-40 所示。这个变胞手掌是一个球面五杆机构，通过变胞手掌的自由度变化和构型变化极大地提高了多指

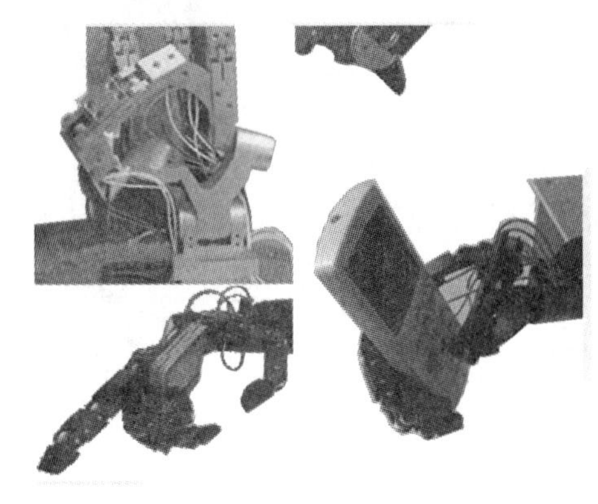
图 5-40　变胞多指灵巧手

灵巧手的工作空间、灵巧度和操作能力。变胞多指灵巧手具有变自由度、变拓扑、可重构等特点，因此手指间的协作能力更强，操作更加灵巧。通过变胞机构增加了手掌的柔性，增加了手掌与被抓持物体间的接触面积，能够实现多种构态间的灵活变换，具有捏、夹、握等多样化的抓持与操作能力，大大超越了传统多指机械手的功能范围。同时活动手掌的应用彻底打破了传统多指机械手采用刚性手掌的局面，在运动形态上最接近人手，可完成传统多指机械手所不能实现的动作模式。

5.3.6　操作机器人应用实例——基于并联机构的 Delta 操作机器人

(1) 并联机构 (parallel mechanism)

并联机构可以定义为动平台和定平台通过至少两个独立的运动链相连接，机构具有两个或两个以上自由度，且以并联方式驱动的一种闭环机构。并联机器人具有如下几个特点：

① 无累积误差，精度较高；

② 驱动装置可置于定平台上或接近定平台的位置，这样运动部分重量轻，速度高，动态响应好；

③ 结构紧凑，刚度高，承载能力大；

④ 完全对称的并联机构具有较好的各向同性；

⑤ 工作空间较小。

由于这些特点，并联机器人已广泛用于需要高刚度、高精度或者大载荷的机械臂中。

(2) Delta 操作机器人

Delta 操作机器人最早由法国学者 Clavel 提出，是一种可实现三维移动的并联机器人，其结构如图 5-41 所示，驱动电机置于机架上，从动臂被制成轻杆，在运动支链中采用平行四边形机构约束动平台的转动自由度。

图 5-41　Clavel 发明的 Delta 机构

根据结构和关节驱动方式，Delta 系列机器人可分为直线驱动型和旋转驱动型两种。固定 Delta 机器人主动臂为不同角度并改变驱动方式，可得到不同的直线驱动型机构，如图 5-42 所示。对比分析旋转型和直线型 Delta 机器人的运动特点与机构性能可知，对无量纲化的两类 Delta 机器人，在相近灵敏度下，旋转型具有更优良的动态特性，而直线型则具有更大的工作空间。

Delta 机器人由于其紧凑的结构、低运动惯量、高动态性能、高精度和高速度，已被广泛应用于工业生产线上的产品分拣、包装、码垛操作，并显示出了强大的灵活性。Delta 操作机器人在毫米尺度上也容易实现很高的控制精度，因此也应用于高精度的精密仪器中，如在显微手术和微装配或微操作中的振动消除。

如图 5-43 所示为 Delta 机器人用于食品包装生产线，可对产品到达的随机性进行分拣，

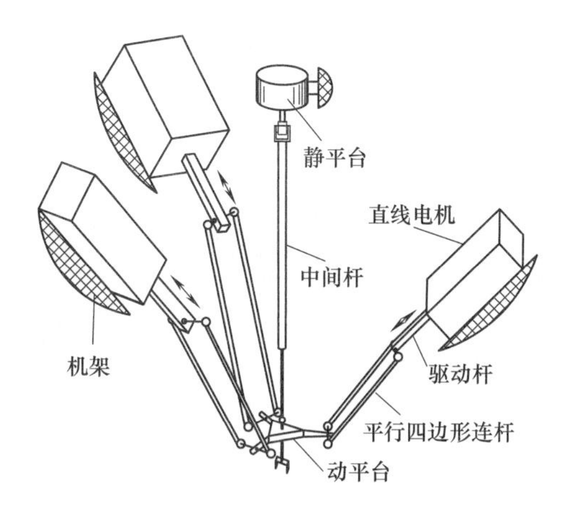

(a) 直线型Delta机器人

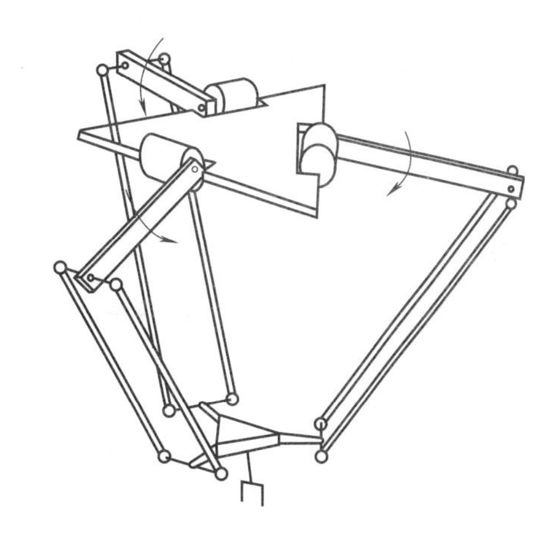

(b) 旋转型Delta机器人

图 5-42　Delta 机器人分类

并进行高速包装和码垛。机器人抓手可采用真空吸盘式、夹板式、手指抽拉式等结构形式，确保各种纸箱或收缩膜包的快速抓取和移动。

图 5-43　食品包装生产线

图 5-44 是哈佛大学研发的世界上最小版本的微型 Delta 机械臂 milliDelta。milliDelta 的尺寸规格为 15mm×15mm×20mm，采用一个复合层压结构和多个柔性接头制成。它能在一个仅 7mm^3 的工作空间内操作，可以施加作用力并显示出轨迹，且能将精准度控制在 5μm。milliDelta 还利用压电制动器，与现有的 Delta 机器人相比，其移动频率可以快 15～20 倍。milliDelta 机械臂不仅可以在工业界用于取放过程中的精密操控，而且还可以在手术界用于人类视网膜显微手术这样的显微外科手术。目前，milliDelta 已经完成了它的第一个手术。

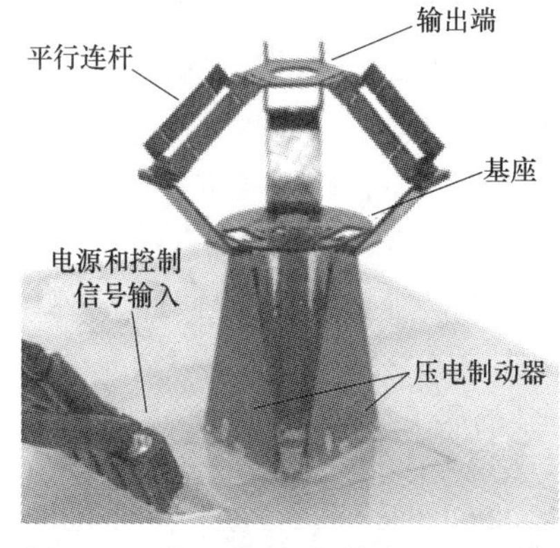

图 5-44　微型 Delta 机械臂 milliDelta

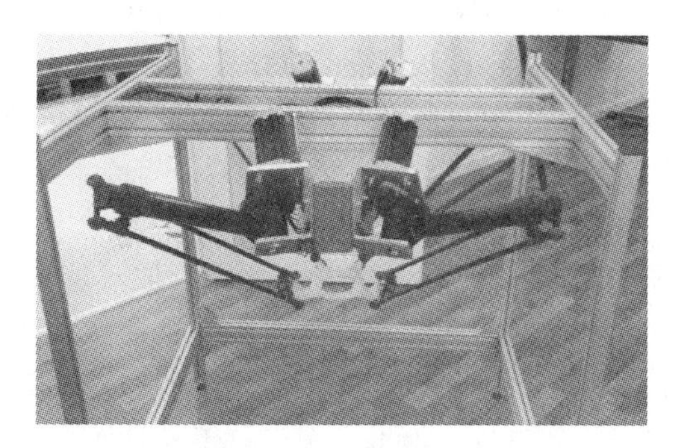

图 5-45　大范围三维平动并联机器人 RAGNAR

丹麦奥尔堡大学研发的高速轻便并联机器人 RAGNAR 已由丹麦公司 Blue Workforce A/S 生产。该机器人采用模块化设计，其结构如图 5-45 所示，可根据任务需要调整工作空间，提高了机器人分拣和拾取的灵活性，可实现大范围的三维平动。

5.4 移动机器人机构及应用

5.4.1 移动机器人的分类

智能化的移动机器人是一个集环境感知、动态决策与规划、行为控制与执行等多功能于一体的综合系统。它集中了传感器技术、信息处理、电子工程、计算机工程、自动化控制工程以及人工智能等多学科的研究成果，是目前科学技术发展最活跃的领域之一。随着机器人性能的不断完善，移动机器人的应用范围大为扩展，不仅在工业、农业、医疗、服务等行业中得到广泛的应用，而且在城市安全、国防和空间探测领域等有害与危险场合得到很好的应用。

除此之外，它还特别适用于核工业设备的维护、检修以及矿难、地震等危险复杂环境中的操作、救险等。因此，移动机器人技术已经得到世界各国的普遍关注。

移动机器人按其移动方式分为履带式移动机器人、轮式移动机器人、腿式移动机器人（单腿式、双腿式和多腿式）、轮腿复合式移动机器人、滚动连杆式移动机器人、蠕动式机器人、爬行机器人等。移动机器人的研究涉及许多方面，首先，考虑轮式、履式、腿式及复合式等多种移动方式及各种移动方式之间的切换；其次，考虑驱动器的控制，以使机器人实现期望的行为；最后，考虑导航或路径规划。目前，对腿式移动机器人、履带式移动机器人和特种机器人的研究较多，但大多数仍处于实验阶段，而轮式机器人由于其控制简单、运动稳定和能源利用率高等特点，正在向实用化迅速发展，从阿波罗登月计划中的月球车到美国最近推出的 NASA 行星漫游计划中的六轮采样车，从西方各国正在加紧研制的战场巡逻机器人、侦察车到新近研制的管道清洗检测机器人，都有力地显示出移动机器人正在以其使用价值和广阔的应用前景而成为智能机器人的重要发展方向之一。

5.4.2 履带式移动机器人

履带式移动机器人（tracked mobile robot）是轮式移动机构的拓展，其最大特征是将圆环状的无限轨道履带卷绕在多个车轮上，使车轮不直接与路面接触，履带本身起着给车轮连续铺路的作用。典型的履带式移动机器人由驱动轮、导向轮、拖带轮、履带、履带架等部分构成。履带式移动机器人具有以下特点：

① 支撑面积大，接地比压小，适合于松软或泥泞场地作业，下陷度小，滚动阻力小，通过性能好；越野机动性能好，爬坡、越沟等性能均优于轮式移动机器人。

② 转向半径极小，可以实现原地转向，其是靠两条履带之间的速度差，即一侧履带减速或刹死而另一侧履带保持较高的速度来实现转向的。

③ 履带支撑面上有履齿，不易打滑，牵引附着性能好，有利于发挥较大的牵引力。

④ 具有良好的自复位和越障能力，带有履带臂的机器人可以像腿式机器人一样实现

行走。

当然，履带式移动机器人也存在一些不足之处：①结构复杂，重量大，减震性能差，零件易损坏；②在转向时，为了实现转大弯，往往要采用较大的牵引力，而且在转向时会产生侧滑现象，所以在转向时对地面有较大的剪切破坏作用。

为克服普通履带式移动机器人的缺点，可以采取改变履带的形状和结构的措施，卡特比勒（Caterpillar）履带、形状可变履带、位置可变履带、履带式加装前后摆等结构形式相继出现，并应用于各种机器人移动结构。近年来各种增强的非金属复合材料运用于履带，大大减轻了履带移动机构笨重的缺点，改善了其整体性能。对野外环境，履带式移动机器人具有较强的适应性。

履带式移动机器人按用途可分为：①军用机器人，例如排爆机器人、反恐机器人等；②民用机器人，例如消防机器人、救援机器人、巡逻机器人等。履带式移动机器人按履带的节数可分为单节双履带式移动机器人、双节双履带式移动机器人、多节双履带式移动机器人、可重构履带式移动机器人等。按履带的几何形状可分为履带几何形状不变的履带式移动机器人和履带几何形状可变的履带式移动机器人。下面介绍几种典型的履带式移动机器人。

(1) 单节双履带式移动机器人

这类机器人以履带作为行走部件，类似于履带车辆没有悬挂系统，结构简单，控制简单，机动灵活性较好，但其越障能力较差。图5-46所示的机器人采用单节双履带移动机构，为提高越障性能，采用三角形履带结构，使移动机器人前部履带面与地面成45°左右倾角，提高机器人通过台阶等障碍地形的能力。采用差动转向，即使两侧履带速度不同，在狭小空间中也可实现原地转向。由于采用单节履带结构，所以越障性能受到限制，较适合在楼宇、过道、机场等城市环境中使用。

图5-46 单节双履带移动机器人

(2) 双节双履带式移动机器人

双节双履带式移动机器人主要面向复杂作业环境，有一定的通过能力和环境适应能力。一般是将两节履带串联在一起以增强运动稳定性。图5-47所示为日本研制的Helios Ⅷ机器人，搭载的被动手爪可以自适应抓取平面，还可以作为连接关节组成多节式履带机器人。

图5-47 Helios Ⅷ机器人

图 5-48 多节轮履复合式移动机器人

(3) 多节轮履复合式移动机器人

使用轮履复合式移动机构，中间为轮式移动机构，两端增加两节履带臂，在平整路面上可充分发挥轮式移动机构高速、低功耗的优点，在复杂地形条件下又充分利用履带臂提高机器人的通过性能，如图 5-48 所示。这种移动机构通过履带臂的伸展运动，可以灵活调整体积和大小，展开时可以通过较大尺寸的障碍，收缩状态则可通过较小空间，实现的功能和多节履带式移动机构类似。

(4) 应用实例：救灾领域的履带式移动机器人

救灾是履带式移动机器人的重要应用领域之一。日本千叶工业大学研制的搜救机器人“木槿”如图 5-49 所示。该机器人有 6 条履带，包括两条主履带和前后两对独立摆动的摆臂履带，两条主履带较宽，将机器人主体部分包裹，形成全身履带机器人，可以在复杂的环境中行进，不易翻倒与卡阻。“木槿”装备了红外热敏摄像头，可对受困人员进行定位。其外形尺寸为 370mm×650mm×180mm，质量为 22.5kg，所带锂电池可使用 60min。

由美国 Remotec 公司制造的 V2 煤矿救援机器人如图 5-50 所示，大约 50in（1in＝25.4mm）高，1200lb（1lb＝0.4536kg）重，使用防爆电机驱动橡胶履带。安装有导航和监控摄像机、灯、气体传感器和一个机械臂，具有夜视能力和两路语音通信功能。可在 5000ft（1ft＝0.3048m）以外的安全位置远程遥控，使用光纤通信传送矿井环境信息，操纵者能够收到实时视频信息和易燃的有毒气体的浓度。

图 5-49 “木槿”救援机器人

图 5-50 V2 煤矿救援机器人

在国内，唐山开诚集团研制的煤矿井下探测机器人 KRZ-I 如图 5-51 所示，该机器人为三节履带机构形式，分为驱动部分、摆臂部分和摆腿部分，控制系统分为井下机器人控制系统和井上控制盒遥控系统两部分。井下机器人控制系统实现机构运动控制、井下视频音频信号采集及温度、风速、CO、CH_4 传感器的数据采集。井上控制盒遥控系统用于接收井下传来的图像及声音信息，并通过

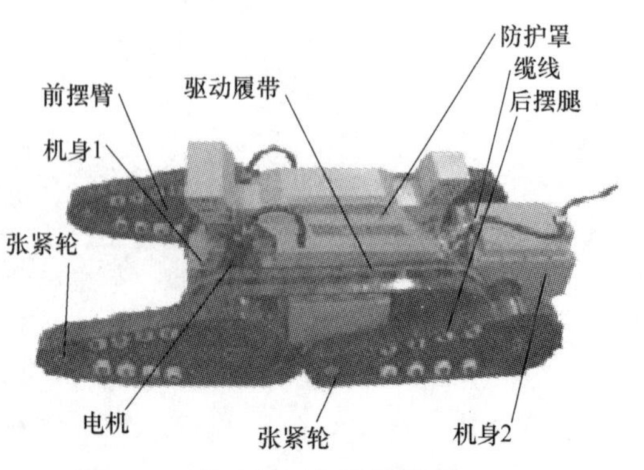

图 5-51 煤矿井下探测机器人 KRZ-I

两个控制摇杆和控制按键对系统发出控制命令，实现对井下系统的遥控。

5.4.3 轮式移动机器人

轮式移动机器人具有运动速度快、能量利用率高、结构简单、控制方便和能借鉴至今已成熟的汽车技术等优点，只是越野性能不太强。但随着各种各样的车轮底盘的出现，如日本NASDA的六轮柔性底盘月球漫游车LRTV、俄罗斯TRANSMASH的六轮三体柔性框架移动机器人Marsokohod、美国CMU的六轮三体柔性机器人Robby系列以及美国JPL的六轮摇臂悬吊式行星漫游车Rocky系列，已使轮式机器人越野能力大大增加，可以和腿式机器人相媲美。于是人们对机器人机构研究的重心也随之转移到轮式机构上来，特别是日本开发出的一种结构独特的五点支撑悬吊结构Micros，其卓越的越野能力较腿式机器人有过之而无不及。

轮式结构按轮的数量可分为二轮机构、三轮机构、四轮机构、六轮机构以及多轮机构。二轮移动机构的结构非常简单，但是在静止和低速时非常不稳定。三轮机构的特点是机构组成容易，旋转中心在连接两驱动轮的直线上，可以实现零回转半径。四轮机构的运动特性基本上与三轮机构相同，由于增加了一个支撑轮，运动更加平稳。以上几种轮式移动机构的共同特点是它们所有的轮子在行驶过程中，只能固定在一个平面上，不能做上下调整，因此，地面适用能力差。一般的六轮机构主要就是为了提高移动机器人的地面适应能力而在其结构上做了改进，增加了摇臂结构，使机器人在行驶过程中，其轮子可以根据地形高低做上下调整，从而提高了移动机器人的越野能力。下面介绍几种典型的轮式移动机构。

(1) 两轮自平衡机器人

两轮自平衡机器人作为一种特殊的倒立摆式的移动机器人，具有非完整、非线性、欠驱动和不稳定等特点，这使它能够成为验证各种控制算法的理想平台。同时它具有运动灵活、结构简单、容易控制的特点，在交通、教育、服务和玩具等领域具有广泛的应用前景。其中，自平衡电动车是一种电力驱动、具有自我平衡能力的交通工具。如图5-52所示，两轮自平衡机器人主要由车身和左右两个驱动轮组成，两个驱动轮的轴线位于同一条直线上，但由各自的电机独立驱动。机器人倾斜角度由姿态传感器检测，速度检测系统由霍尔传感器和编码器组成，为控制系统提供反馈信号。

(a) 模型图

(b) 结构图

图5-52　两轮自平衡机器人

两轮自平衡机器人平衡控制的基本原理是：当测量倾斜角度的传感器检测到机器人本体产生倾斜时，控制系统根据测得的倾角产生一个相应的力矩，通过控制电机驱动两个车轮向车身要倒下的方向运动，以保持机器人自身的动态平衡。这需要内置的精密固态陀螺仪来判断车身所处的姿势状态，最终通过精密且高速的中央微处理器计算出适当的指令从而实现最终的平衡。

(2) 四轮移动机器人

美国卡耐基梅隆大学开发的 Nomad 四轮移动机器人如图 5-53 所示，Nomad 采用独特的可变形底盘和均化悬架系统，采用具有独立驱动和转向节悬挂的四轮机构，可以实现差速、艾克曼转向和原地转向。均化悬架系统保证四轮在不平地形下与地面的接触压力均等，其俯仰均化和滚转均化可以使 Nomad 在移动时具有良好的平稳性。这种推进装置、转向机构和悬架能够提供高效的牵引和运动的灵活性。Nomad 的底盘在相同转向驱动器作用下，可通过两个四杆机构进行折叠、展开以改变车轮位置和转动方向。当底盘展开时，四杆机构变成一个菱形；当底盘收缩时，四杆机构变成一条直线。轮子的直径为 762mm，宽为 508mm，最大可以爬上 35°的斜坡，最大越障高度是 0.55m，最大行进速度是 0.5m/s，平均速度大约是 0.3m/s。在崎岖地面运动时，底盘展开到 2.4m×2.4m 以提高稳定性和推进力，存放时折叠为 1.8m×1.8m 大小。均化悬架系统用来缓减车体相对于车轮的运动。每边的两个车轮通过转向连杆机构连接在悬架中，悬架相对于车体中心处的轴可以倾斜，枢轴装在悬架中间，枢轴的纵向位移是悬架两个车轮纵向位移的平均。漫游车的车体也同样如此，车体中心处的位移是四个车轮纵向位移的平均，车体的倾斜是两个悬架倾斜的平均，可以降低崎岖地面对车体的影响。

(a) Nomad在阿塔卡玛沙漠

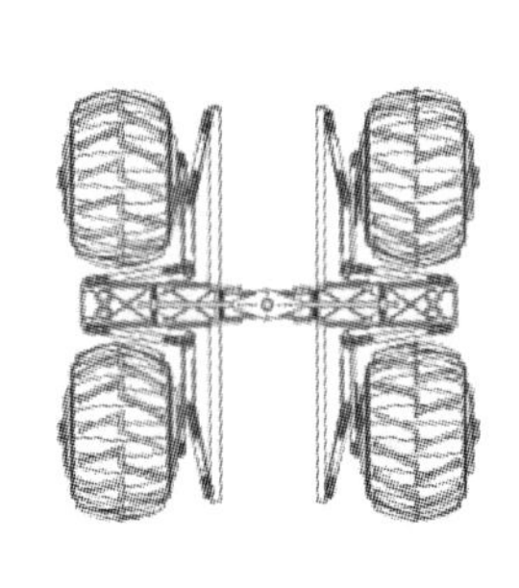

(b) 折叠状态

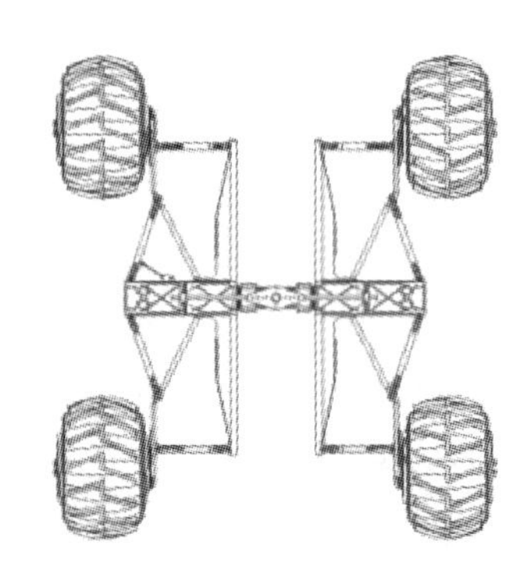

(c) 展开状态

图 5-53　Nomad 四轮移动机器人

美国智能系统与机器人中心开发的矿井探索机器人 RATLER (robotic all terrain lunar exploration rover)，其最初的研发目的是用于月球表面的探测，但用途逐渐扩展，其中之一是用于矿井灾难后的现场探测作业。该机器人安装了红外摄像机、无线射频信号收发器、危险气体传感器，采用遥控方式控制。在井下试验的无线直线遥控距离约为 76m，如图 5-54 所示。

(3) 六轮移动机器人

由美国喷气动力实验室 (JPL) 研制的 Rocky7 是从 MFEX 小型漫游车演化而来的新型火星漫游车，代表了行星表面科学探测漫游车技术领域的最高水平，如图 5-55 所示。Rocky7 火星车重 15kg，有 6 个轮子，尺寸为 480mm×640mm×320mm，由太阳能电池板供电。

图 5-54　RATLER 四轮探索机器人

图 5-55　Rocky7 火星漫游车

Rocky7 的行驶机构采用六轮结构和摇杆转向节悬挂系统。摇杆转向节是一个无弹簧悬挂系统。它包括两副摇杆臂（或称转向节），每副转向节包括一个主摇杆臂和一个从摇杆臂。从摇杆臂的转轴装在主摇杆臂的前端，两副转向节通过差速齿轮连接，机器人的主车体装在差速齿轮箱上，这样主车体的俯仰就是两副转向节的平均俯仰，这为科学仪器和传感器提供了一个平稳的平台。“索杰纳”火星车在火星上工作了 3 个月。“索杰纳”是 Rocky7 的一种简化型号，是 JPL 研制的一辆自主式机器人车，同时又可从地面对它进行遥控。该车质量不超过 11.5kg，尺寸为 630mm×480mm，车轮直径 130mm，上面装有不锈钢防滑链条。该车有 6 个车轮。每个车轮均为独立悬挂，其传动比为 2000∶1，因而能在各种复杂的地形上行驶，特别是在软沙地上。车的前后均有独立的转向机构。要求正常驱动功率为 10W，最大速度为 0.4m/s。“索杰纳”是由锗基片上的太阳能电池阵列供电的。

5.4.4　腿式移动机器人

相对于传统的轮式、履带式移动机器人，腿式移动机器人具有如下独特的性能：①具有较好的机动性，即具有较好的对不平地面的适应能力；②可以主动隔振，即允许机身运动轨迹与足运动轨迹解耦；③在不平地面和松软地面上的运动速度较高，而能耗较少。

腿式移动机器人的腿在行走过程中交替地支撑机体的重量并在负重状态下推进机体向前运动，因此腿结构必须具备与整机重量相适应的刚性和承载能力。从结构要求来看，腿结构还不能过于复杂，杆件太多的腿机构形式会导致结构和传动的实现困难。

腿式移动机器人的腿数有单腿、双腿、三腿、四腿、六腿、八腿甚至更多。其中偶数腿机构占绝大多数，因为就直线运动来说，偶数腿机构能产生有效的步态。目前大量的研究主要集中在双腿、四腿和六腿机器人上，对于其他腿数的机器人的研究相对较少。

腿机构的配置指步行机器人的腿相对于机体的位置和方位的安排，这个问题对于腿数多于 2 的机器人尤为重要。腿式机器人对地面较强的适应性使之可以在不同的环境中行走，然而，环境的多样性造成机器人在行走时发生振颤，这时摄像机的视觉图像也必然会随之振动，影响机器人对周围环境的判断能力，很可能导致错误的决策。

(1) 双腿机器人

双腿机器人与轮式、履带式、多腿等类型的机器人相比，具有更好的地面适应能力和灵活性。美国麻省理工学院腿部实验室研发的双腿机器人 Spring Turkey 如图 5-56 所示，该机器人重大约 10kg，每条腿均有一个驱动髋和一个驱动膝盖。上端未被驱动的横杠使 Spring

Turkey不能横滚、偏转和侧向运动，因此Spring Turkey只能在竖直平面内运动。所有的电机都安放在身体的上部，通过电缆向各个关节供电。为使产生的力矩精确作用在关节上，并使机器人具有较强的防振能力，每个自由度都采用了串联弹性驱动法，此方法由髋部和膝盖处的弹簧实现，髋部的最大力矩约为12N·m，膝部的最大力矩约为18N·m。髋部、膝盖和横杠处的电位计测量关节角和机器人身体的倾斜度。控制目标是保持髋到足尖的高度恒定为0.6m。值得一提的是，Spring Turkey的控制器中运用了虚拟模型控制方法。在这种方法的控制下，Spring Turkey可以完成简单的连续行走运动，速度约为0.5m/s。髋到足尖的高度基本保持恒定，最大偏差为30mm，机器人身体倾斜角被控制在±5.2°。

图5-56 Spring Turkey双腿机器人

图5-57 本田ASIMO仿人机器人

图5-57是日本本田公司推出的仿人机器人ASIMO，ASIMO身高1.3m，肩宽450mm。前胸至背包厚度340mm，质量48kg，行走最大速度可达9km/h。ASIMO共有57个自由度，其中头部3个，腕部7×2个，手部13×2个，腰部2个，脚部6×2个，使其活动形式很像人类。ASIMO能平稳地行走和转弯、上下楼梯、在斜坡上行走、调整行走步调和步幅、改变行走速度、操作灯光开关和门把，甚至跳舞。ASIMO采用具有即时预测运动控制系统的“I-WALK”技术，这能让ASIMO行走和转弯时更加顺畅。

(2) 四腿机器人

从稳定性和控制难易程度及制造成本等方面综合考虑，四腿机器人是最佳的足式机器人。最具代表性的四腿机器人是美国波士顿动力公司研制的BigDog和LittleDog机器人，如图5-58所示。

BigDog高约1m，重75kg，采用汽油发动机驱动。它有4条强有力的腿，每条腿有3个靠传动装置提供动力的关节，并有一个弹性关节。这些关节由一个机载计算机处理器控制。它体内装有维持机身平衡的回转仪、内力传感器等，可探测到地势变化，根据情况做出调整。BigDog具有惊人的平衡能力，即使是挨上重重的一脚，它也能马上恢复。BigDog在光滑的冰上行走时，数次几乎摔倒，但最终调整姿态，重新找到了平衡。BigDog可以承载40kg的装备。BigDog具有非常强的地形适应能力，可以在山地、沼泽、雪地、瓦砾等环境中行进，可以攀爬35°的斜坡，并具有超强跳跃能力，可以跳跃约1m宽的距离。

LittleDog的每条腿都有3个驱动器，具有很大的工作空间。携带的PC控制器可以实现感知、电机控制和通信功能。LittleDog的传感器可以测量关节转角、电机电流、躯体方位和地面接触信息。聚合物电池可以保证LittleDog有30min的运动，无线通信和数据传输支持遥控操作和分析。

(a) BigDog四腿机器人

(b) LittleDog四腿机器人

图 5-58 BigDog 和 LittleDog 四腿机器人

(3) 六腿机器人

六腿机器人的设计灵感大部分来自自然界的节肢动物，特别是蟑螂。蟑螂之所以被作为仿生机器人设计的模板，是因为它在奔跑中具有突出的快速性、敏捷性和稳定性，而且其结构和生理学知识也为科学家所熟知。蟑螂的六条腿可分为两组，左侧前腿、后腿和右侧中间腿为一组，左侧中间腿和右侧前腿、后腿为另一组。运动时这两组腿交替着地，形成三脚架式步态，这种步态不仅静态稳定，而且速度快、效率高。运动中六条腿所起的作用也是不同的，前腿负责减速，后腿负责加速，中间腿既加速又减速。转弯时，内侧和外侧的腿对力和力矩的产生也起着不同的作用。因此，从生物学角度寻求设计灵感时，应该探究和提炼生物高效运动的基本原理，并把这些原理正确运用到机器人的设计中去。腿式仿生机器人比轮式和履带式机器人适应复杂地形的能力更强，但其控制比较复杂。

图 5-59 是中北大学开发的 3-UPU 六腿并联式移动机器人。该机器人将并联机器人和腿式机器人的优点巧妙融合，具有转动灵活、承载能力大、越障能力强等优势，能够实现平移、避障越障、跨越沟壑、爬楼梯等功能。该机器人不是通过单个腿部的动作实现移动，而是通过上、下两个平台之间的相对运动实现 3+3 步态行走的。上、下平台之间均匀分布有

(a) 实物图

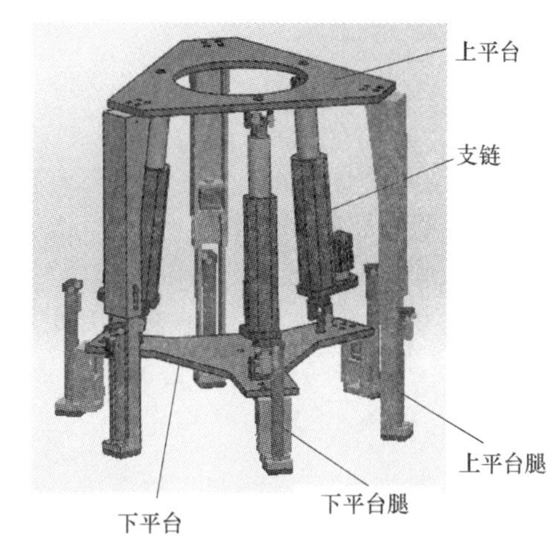

(b) 结构图

图 5-59 3-UPU 六腿并联式移动机器人

三条支链，每条支链包括往复推杆、伺服电机和虎克铰。往复推杆的顶端通过虎克铰与上平台的下底面连接，往复推杆的底端通过虎克铰与下平台的上平面连接，构成3-UPU并联机构。上、下平台上各固连有三条支撑腿，呈交错三角形分布，起支撑整机的作用。每条支撑腿上设置一个压力传感器，依靠形变来测量压力的变化，通过反馈的数据来判断支撑腿是否着地。当3-UPU六腿移动机器人行走在不规则路面时，也是通过压力传感器反馈的信号来控制支撑腿末端伺服电机的伸出距离的，得以保持整个结构的平衡与稳定。3-UPU六腿移动机器人性能可靠、构型简单，可以适应复杂多样的不规则地形。

5.4.5 多腿机器人的稳定裕度和步态

与双腿机器人相比，多腿机器人要保持静态平衡，其腿的放置有更多的选择。由于这一原因，已经有许多研究工作汇聚于静态稳定的步态规划，而非动态稳定性。

(1) 稳定裕度

在多腿机器人的研究中，支撑模式这个术语常用来代替支撑多边形。在忽略身体和腿部加速度所引起的惯性作用的条件下，如果机器人的重心（Center of Gravity，CoG）的投影在支撑模式内，那么机器人就可以保持平衡，如图5-60所示。

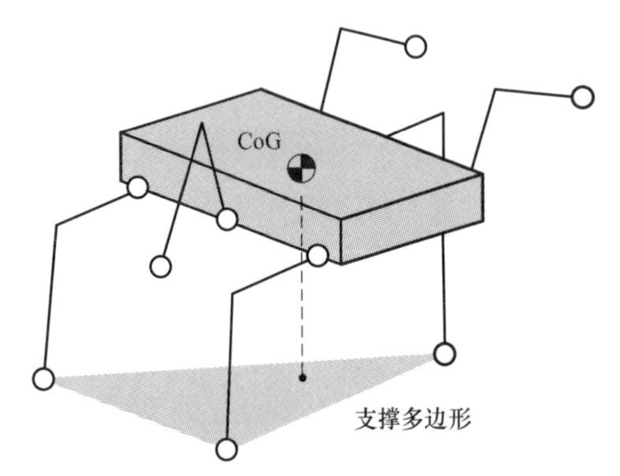

图5-60 多腿机器人的支撑模式（支撑平面）

对于一个给定构型的行走机器人，稳定裕度S_m定义为CoG的垂直投影与水平面上的支撑模式边界的最小距离，如图5-61（a）所示。此外，使用水平稳定裕度S_l来求解最优步态，水平稳定裕度S_l定义为CoG的垂直投影与支撑模式边界在平行于身体运动方向的最小距离，如图5-61（b）所示。

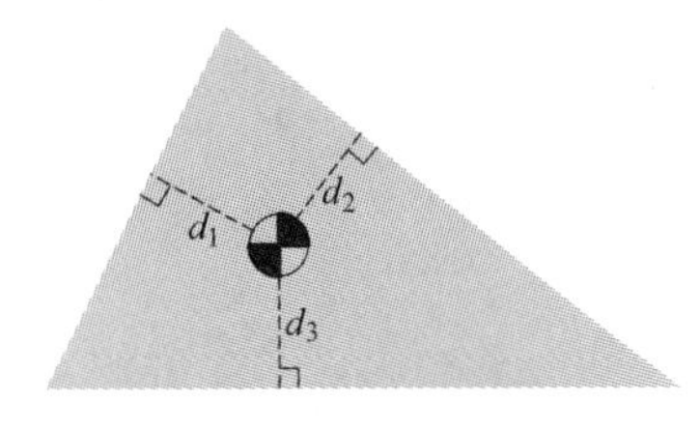

(a) 稳定裕度 $S_m=\min(d_1,d_2,d_3)$

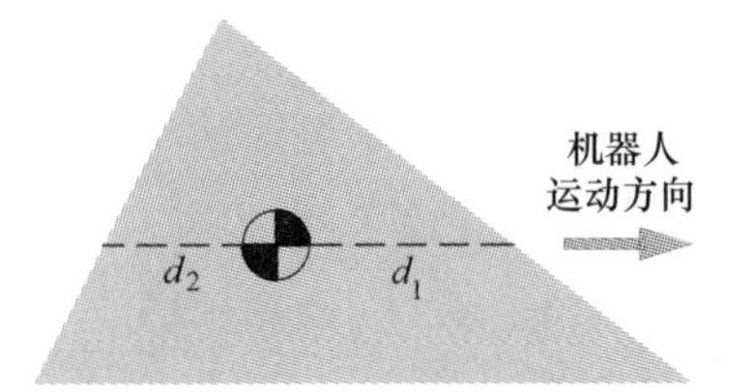

(b) 水平稳定裕度 $S_l=\min(d_1,d_2)$

图5-61 稳定裕度的定义

(2) 四足爬行和蠕动步态

对于前后共有$2n$条腿的机器人或者动物，我们分别用奇数1，3，…，$2n-1$来索引左边的腿，用偶数2，4，…，$2n$来索引右边的腿。根据这个规则，四腿机器人的腿就被编了号，如图5-62所示。

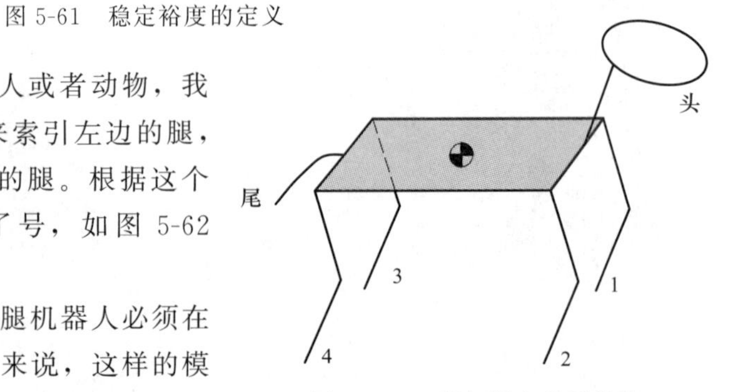

图5-62 四腿机器人的腿编号

为了保持静态稳定的行走，四腿机器人必须在每一步只抬起和放下一条腿。一般来说，这样的模式叫作爬行步态。四腿机器人所有可能的爬行步态可以用代表腿着地次序的腿编号序列来表示。通常选腿 1 作为第一个摆动腿，我们可以得到（4－1）！＝6 种不同的步态，如图 5-63 所示。

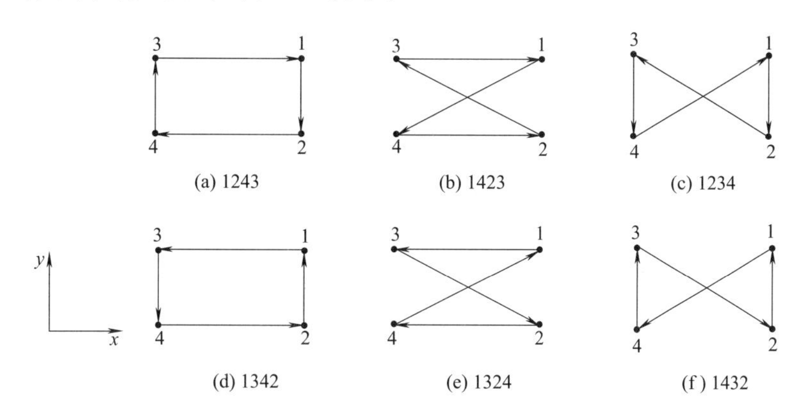

图 5-63　四腿的爬行步态

从图 5-63 可以看到，1423［图 5-63（b）］的爬行步态在沿 x 方向行走具有最大的稳定性，被称作蠕动步态。注意：如果行走的方向是 $-x$，1324［图 5-63（e）］也是蠕动步态。同样，1234［图 5-63（c）］和 1432［图 5-63（f）］就是 $-y$ 和 y 方向的蠕动步态。1243［图 5-63（a）］和 1342［图 5-63（d）］的爬行步态具有中等稳定性，且适合于转动。

（3）步态图

图 5-64（b）是描述多腿机器人步态序列的步态图。水平轴代表由行走周期 T 归一化后的时间坐标。线段部分对应每条腿着地到离地的过程。因此线段的长度表示支撑阶段。从图 5-64（b）我们可以定义腿 i 的占空比 β_i 和相位 ϕ_i。

$$\beta_i = \frac{\text{腿 } i \text{ 的支撑期}}{T} \tag{5-38}$$

$$\phi_i = \frac{\text{腿 } i \text{ 的着地时间}}{T} \tag{5-39}$$

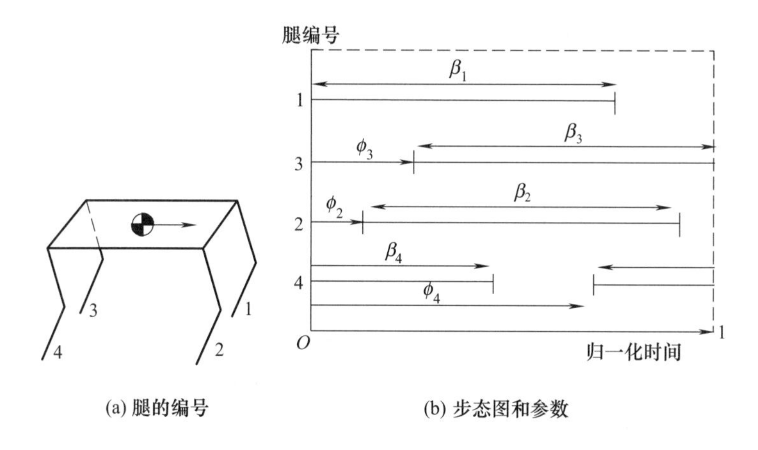

图 5-64　腿的编号及步态图与参数

腿 i 着地的时间从腿 1 着地的时间开始测量，因此，对任何步态有 $\phi_1=0$。

(4) 四腿机器人的波形步态

对于四腿机器人，存在一种具有最大稳定裕度的步态，称为波形步态，定义如下

$$\beta_i=\beta,\ i=1,2,3,4 \tag{5-40}$$

$$0.75\leqslant\beta<1 \tag{5-41}$$

$$\phi_2=0.5 \tag{5-42}$$

$$\phi_3=\beta \tag{5-43}$$

$$\phi_4=\phi_3-0.5 \tag{5-44}$$

式中，β 是波形步态的占空比。

图 5-65 给出了 $\beta=0.75$ 时波形步态的步态图。

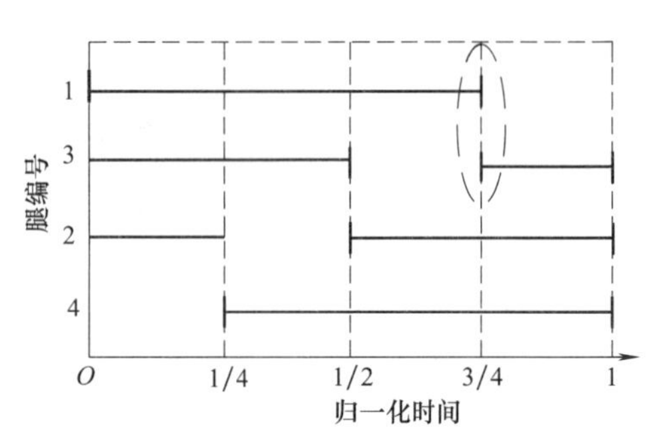

图 5-65 四腿机器人的波形步态（$\beta=0.75$）

观察图 5-65 中腿着地的顺序，它就是图 5-63（b）中的爬行步态（1423）。因此，波形步态是最优的爬行步态。

波形步态最重要的特征是式（5-43），也就是说腿 3 在腿 1 离地时着地，由图 5-65 中的椭圆（虚线）表示。式（5-41）给出了静态行走的占空比的可能范围。此外，波形步态还具有有序和对称的特征。当所有腿具有相同的工作系数 β 时，步态就是有序的，可以由式（5-40）进行验证。当每一列的左腿和右腿的相位是半周期时，步态就是对称的，可以由式（5-42）和式（5-44）进行验证。

(5) 2*n* 腿机器人的波形步态

一个具有 $2n$ 条腿的机器人的波形步态可以定义为有序和对称的步态，它具有以下的特征

$$\phi_{2m+1}=F(m\beta),\quad m=1,2,\cdots,n-1 \tag{5-45}$$

$$3/(2n)\leqslant\beta<1 \tag{5-46}$$

式中，$F(x)$ 是实数 x 的分数部分。

式（5-45）是式（5-43）的一个概括。多腿机器人波形步态的例子如图 5-66 所示。椭圆（虚线）是其条件［见式（5-45）］。

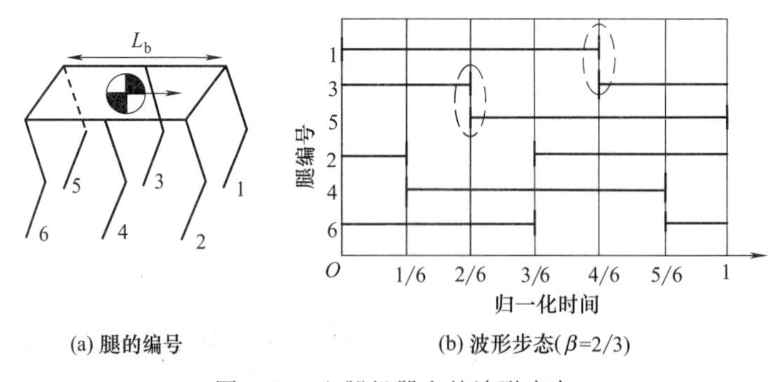

图 5-66 六腿机器人的波形步态

图 5-67 是当 $\beta=1/2$ 时的波形步态，它对多腿机器人是最重要的。从式（5-46）中的约束可知，这是多腿机器人最小的占空比，所以产生了最快的行走步态。这个特殊步态被称为

三角步态，因为机器人是由三条腿 1、4、5 或 2、3、6 支撑的。

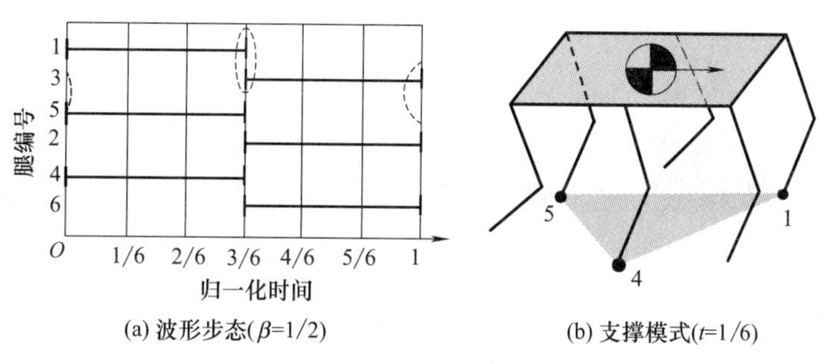

(a) 波形步态(β=1/2)　　(b) 支撑模式(t=1/6)

图 5-67　六腿机器人的三角腿步态

我们已经知道 $2n$ 腿机器人具有最大水平稳定裕度的是波形步态。图 5-68 给出了最优的波形步态的稳定裕度，对有 N 条腿的机器人，它是用身体的长度 L_b［图 5-66（a）］进行归一化的。我们可以观察到随着腿数目的增加，稳定裕度和占空因数的范围都增大了。最大值是 $N=4\sim6$，增大量随着 $N\rightarrow\infty$ 逐渐变小。因为硬件的价格与腿的数目成正比，这就解释了为什么多于 10 条腿的机器人很少见。

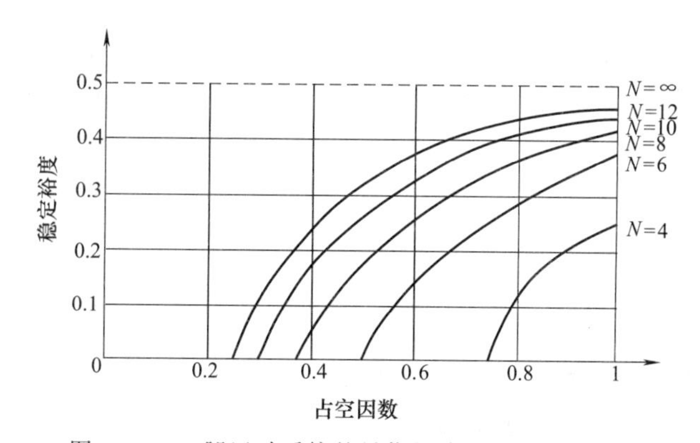

图 5-68　N 腿运动系统的最优的波形步态稳定裕度

5.4.6　轮腿复合式移动机器人

轮腿复合式移动机器人结合了轮式和腿式两种移动方式的优点，既能在平坦路面上快速行走，又能跨越一定的障碍，在速度和越障性能上都优于单一的腿式移动机器人和轮式移动机器人。轮履腿复合式移动机器人，是为了解决单一的履带式或轮式、腿式机器人不同程度地存在结构比较复杂、越障能力差、承载能力低、灵活性和稳定性较差等技术问题而设计的。

瑞士联邦学院研制了一种高度灵活的轮腿可变形移动机器人 Shrimp Ⅲ Robot，如图 5-69 所示。Shrimp 的总体尺寸为 622mm×420mm×222mm，它通过机构被动变形进而实现攀爬作用的越障功能，Shrimp 载有很少的传感器，无须感知其逾越障碍的具体情况，在其行进过程中，通过行走机构与障碍的作用，机构变形适应地形进行越障并保证稳定性，简化了非结构化环境下移动的控制复杂度，但也降低了机器人运动的可控性。该机器人的前轮通过前部的平行四边形机构铰接到车体上，后轮采用弹簧施力铰接到车体上，左右两对车轮分别通过侧向的平行四边形连杆机构支撑车体，六轮独立驱动，前轮和后轮具有转向功能，实现 Shrimp 高机动性的关键在于前轮的四连杆机构和两侧负重轮的平行四边形机构。前轮的平行四边形机构使其在遇到障碍物时可轻松提升到适当的高度，弹簧保证每个轮子与地面保持接触并协助提升车体的重心以越障。两侧负重轮上的平行四边形机构通过变形以降低车体的俯仰和侧倾角度，确保其稳定性。由此可见，通过平行四边形机构的变形可以协调由于地形变化所造成的前、后轮与负重轮之间的速度差异，使其灵活平稳地越障。

图 5-69 轮腿可变形移动机器人 Shrimp Ⅲ Robot

习题与思考题

1. 典型的履带式移动机器人由哪五部分构成？

2. 忽略身体和腿部加速度所引起的惯性作用，机器人保持平衡的条件是什么？

3. 在多腿机器人中，腿 i 的占空比 β_i 和相位 ϕ_i 分别是什么？

4. 什么是稳定裕度 S_m？

5. 什么是水平稳定裕度 S_1？

6. 对于四腿机器人，当所有腿具有相同的工作系数 β 时，波形步态是什么？当每一列的左脚和右脚的相位是半周期时，波形步态是什么？

7. 机械臂有几种？并简述其各自的机构。

8. 结合本章内容，阐述建立 D-H 坐标系的步骤。

9. 在 D-H 参数法里，为什么只用四个参数就能完全定义一个具有 6 自由度的坐标系。

10. 请简述可重构机械臂的优点以及腕部机构的作用。

11. 什么是变胞机构？机械手驱动方式该如何选择？

12. 图 5-70 给出了三自由度机械臂的结构，轴 1 与轴 2 垂直，试求该机械臂的正向运动学方程式。

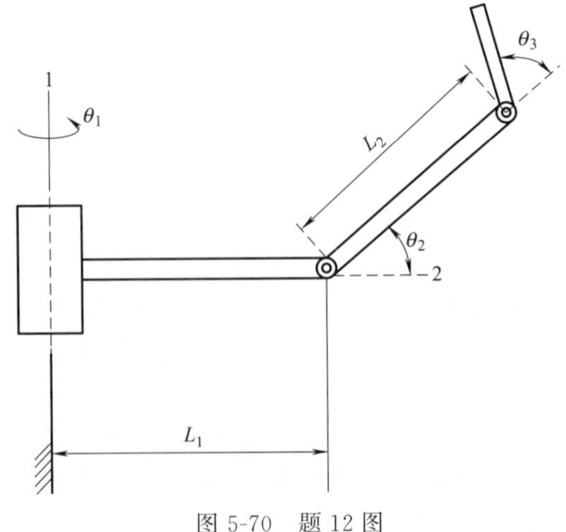

图 5-70 题 12 图

13. 如图 5-71 所示，该轻型机械臂是一种由多个连杆串联而成的旋转关节串联机械臂。这是一种人性化的机械手臂设计，具有 5 个自由度，是为日常辅助活动而开发的。可以安装在电动轮椅上，以帮助残疾人做一些简单的操作，如拣选、放置、开门等。机器人的总长为 1m（不带夹持器），比人的手臂长一点。运动学是根据 D-H 矩阵的约束分析的。笛卡儿坐标系连接到操纵器的每个连杆上，试写出该机械臂相应的 D-H 参数。

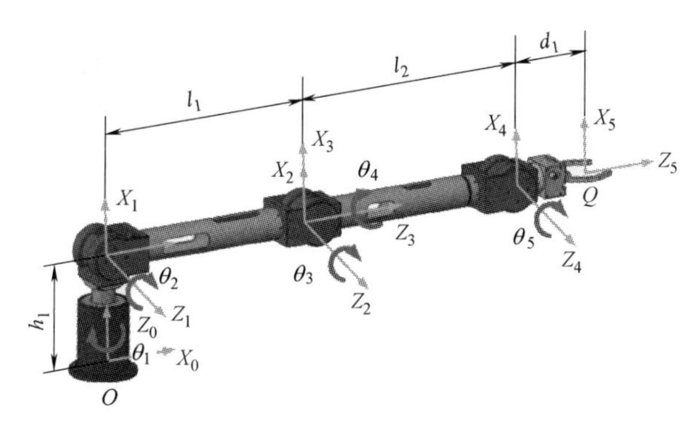

图 5-71　题 13 图

第6章 生产物流系统设计

6.1 物流系统基础知识

6.1.1 物流系统概念

物流（logistics）一词起源于二十世纪三四十年代的美国，在第二次世界大战期间从军事后勤学的含义演变而来，原意为“实物分配”或“货物配送”。物流作为“供”“需”间有机衔接的桥梁，逐渐发展为一门学科。物流作为供应链活动的一部分，是为了满足客户需要而对商品、服务以及相关信息从产地到消费地的高效、低成本流动和储存进行的规划、实施与控制的过程。2001 年 4 月，中华人民共和国国家标准《物流术语》正式颁布，在国内外已有的研究基础上，将物流定义为：“物品从供应地向接收地的实体流动过程。根据实际需要，将运输、储存、装卸、搬运、包装、流通加工、配送、信息处理等基本功能实现有机结合。”

物流按其流通领域可以分为供应物流、生产物流、销售物流、回收物流和废弃物流。根据物流活动的规模和范围，又可分为社会宏观物流和企业物流。一般将社会物质的包装、储运、调配（如物资调配、港口运输等系统）称为“大物流”，而将工厂布置和物料搬运等企业内活动发展而来的物流系统称为“小物流”。生产系统物流担负运输、储存、装卸物料等任务，物流系统与生产制造的关系密切，是生产制造各环节组成的有机整体的纽带，又是生产过程维持延续的基础。

生产物流一般是指：原材料、燃料投入生产后，如果购入的是零部件，可能经过初步加工或组装，与原材料一起经过下料、发料，运送到各个加工点或库房，均以在制品的形态，在生产车间或工序之间流动，按照规定的工艺过程进行加工、储存，借助一定的运输装置，在某个点内流转，又从某个点内流出，始终体现着物料实物形态的流转过程。可以看出，生产物流的边界起源于原材料、外购件的投入，止于成品仓库，贯穿生产全过程，如图 6-1 所示。物料随着时间进程不断改变自己的实物形态和场所位置，其间物料不是处于加工、装配状态，就是处于储存、搬运和等待状态。由此可见，物流不畅将会导致生产停顿，因此生产物流中也需要将物流信息联系到各个环节，并协调一致，提高物流的整体作业效率。

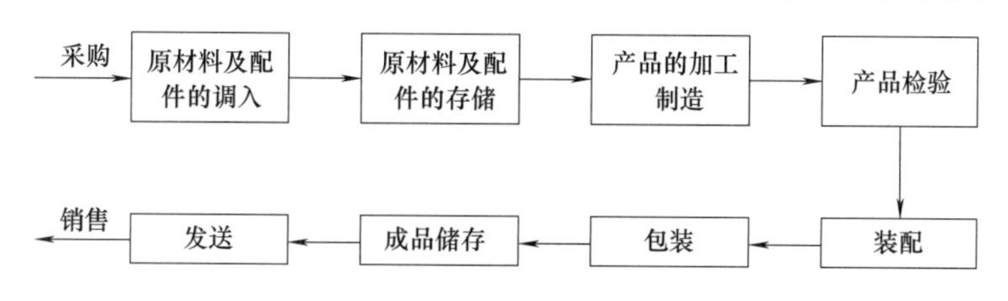

图6-1　生产企业的物流过程

通常，工件在生产制造过程中的“流通时间”主要由四部分构成：加工准备时间（包括制订生产计划、原材料的购入时间）、加工时间、工序加工中排队等候时间和工序间的运输时间。其中加工、检验时间只占5%，其余95%的时间处于储存、装卸、输送和待加工状态，且产品成本的20%～40%直接与物流相关，物流是引起系统效益降低的根本原因之一。随着生产制造系统规模不断扩大，产品的精度、生产的柔性化和自动化水平日益提高，生产物流也需要适应现代生产制造系统，合理的物流设计可以使物流费用降低10%～30%。传统的生产物流，设备以手工、半机械化或机械化为主，效率低，工人劳动强度大；物流信息管理落后，信息分散、滞后，传送速度慢，制约了生产的发展，不能匹配现代生产制造过程中各种先进的加工方法。科学合理的物流系统是企业技术先进的标志之一，可以通过车间优化布局，规划或调整生产组织结构，充分利用原有厂房、设备、能源和人力资源，适应产品现代化的生产和流通，获得良好的经济效益。

6.1.2　影响生产物流系统的主要因素、基本要求及设计原则

(1) 影响生产物流系统的主要因素

由于生产物流的多样性和复杂性，以及生产工艺和设备的不断更新，使不同的生产过程有着不同的生产物流，生产物流的构成主要取决于下列因素：

① 生产工艺。不同的生产工艺流程，它的复杂程度、工艺要求、一定范围内的优化、各个工艺环节之间的协调，都影响着生产物流的要求与限制。

② 生产类型。不同的生产类型，它的产品品种、结构复杂度、精度等级、工艺要求、原料准备等影响着生产物流的构成与比例。

③ 生产规模。生产规模是单位时间内的产品产量，通常以年产量来表示。生产规模影响着物流量大小，生产规模越大，生产过程的构成越齐全，要求的物流量越大；反之，生产规模越小，对应的生产过程的构成划分不会很细，要求的物流量则较小。

④ 专业化和协作化水平。社会专业化和协作化水平影响着生产物流的构成与管理，当社会专业化和协作化水平较高时，企业内部生产过程就趋于简化，物流流程缩短。某些基本的工艺阶段的半成品，如毛坯、零件、部件等，就可由厂外其他专业工厂提供。

(2) 合理组织生产物流的基本要求

生产物流区别于其他物流系统的最显著的特点是它和企业生产紧密联系在一起，只有合理组织生产物流过程，才能使生产过程始终处于最佳状态。如果物流过程的组织水平低，达不到基本要求，即使生产条件、设备再好，也不可能顺利完成生产过程，更谈不上取得较高

的经济效益。

合理组织生产物流的基本要求：

① 物流过程的连续性。企业生产是按照工序进行的，因此需要物料顺畅、最快、最省地走完各个工序，直到成为产品。每个工序的不正常停工都会造成不同程度的物流阻塞，影响整个生产的进行。

② 物流过程的平行性。一个企业通常生产多个产品，每种产品又包含多个零部件，在组织生产时将各个零部件分配在各个车间的各个工序上生产，因此，要求各个支流平行流动，如果一个支流发生问题，整个物流都会受到影响。

③ 物流过程的节奏性。物流过程的节奏性是指产品在生产过程中，从投料到最后完成产品入库，需要保证在每个阶段都能按计划、有节奏、均衡地进行，使得在相同的时间间隔内生产大致相同的数量，均衡地完成生产任务。

④ 物流过程的比例性。考虑各工序内的质量合格率，以及装卸搬运过程中的可能损失，零部件数量在各工序间有一定的比例，形成了物流过程的比例性。

⑤ 物流过程的适应性。企业生产组织向多品种、少批量发展，要求生产过程具有较强的应变能力，能在短时间内由一种产品迅速转移为另一种产品的生产，物流过程同时具备与生产过程相匹配的应变能力。

因此，根据制造过程、制造的生产工艺、规模、专业化和协作化水平，制订生产过程的物流计划，并进行有效控制，使整个生产物流过程达到连续性、平行性、节奏性、比例性和适应性。

(3) 生产物流系统的设计原则

① 最小移动距离原则。由于物流过程中不增加任何附加的价值，只是消耗大量的人力、物力和财力，因此，物流移动的“距离”要短，搬运的“量”要小。

② 流动性原则。良好的生产物流系统能够使流动顺畅，消除无谓的停滞，力求流动的连续性。当物料向成品方向前进时，需要避免不同工序或作业间的逆向、交错或与其他物料混杂的情况。

③ 活性指数原则。搬运活性指数为自然数，指数越大，其搬运活性越高，即物料越容易搬运；指数越小，其搬运活性越低，即物料搬运越难。采用高活性指数的搬运系统，可以减少二次或重复搬运量。

④ 集装单元化原则。集装单元化，是以集装单元为基础组织的装卸、搬运、储存和运输等物流活动的方式。集装单元化技术，是物流管理硬技术（设备、器具等）与软技术（为完成装卸、搬运、储存、运输等作业而进行的一系列方法、程序和制度等）的有机结合，适合于机械化大生产，是便于采用自动化管理的一种现代科学技术。

在应用过程中须注意：a.集装单元化系统中必须具有配套的装卸搬运设备和运送设备；b.集装箱和托盘等集装器具的合理流向及回程货物的合理组织；c.实行集装器具的标准化和系列化、通用化。

⑤ 适应性。生产企业的生产过程在变更产品及数量时，物流系统良好的适应性可以降低物流成本。

6.1.3 生产物流系统的结构

生产物流系统的结构一般可以分为水平式和垂直式。

(1) 生产物流系统的水平结构

水平式生产物流系统如图 6-2 所示，它由三个子系统组成：①从物流供应商外采购原材料和部分成品、半成品的物料供应系统；②制造企业内部的生产过程物料搬运系统；③将成品送往消费者手中的成品运送系统，同时还有产品用后回收处理，包含了供应物流、企业生产物流、企业销售物流、企业回收物流、企业废弃物物流等。

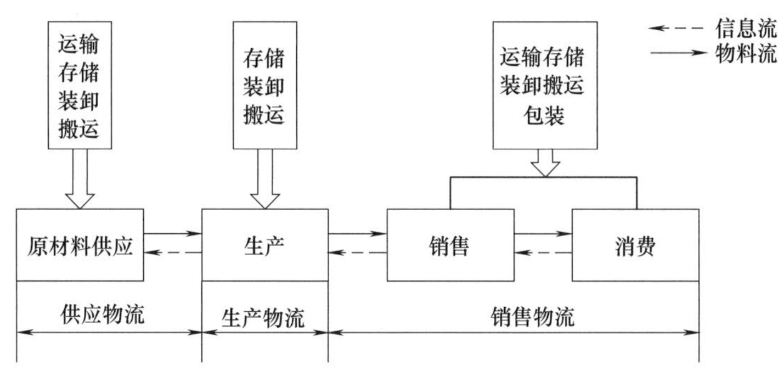

图 6-2　生产物流系统的水平结构

(2) 生产物流系统的垂直结构

从物流系统的设计到执行，生产物流系统的体系结构可以分为决策层、管理层、控制层和作业层，如图 6-3 所示。

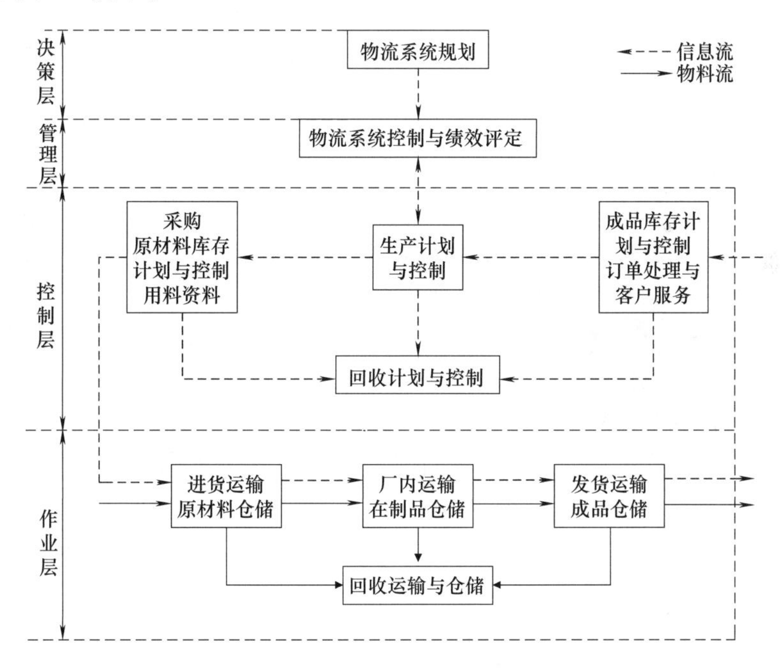

图 6-3　生产物流系统的垂直结构

① 决策层用于物流规划，如供应链构建、工厂选址、车间规划等。

② 管理层是物流系统的中枢，用计算机物流管理系统进行物流作业调度、库存管理、统计分析等信息处理和决策性操作。

③ 控制层主要接收管理层的指令进行具体的动作管理，包括库存管理、统计分析等信息处理和决策性操作，并控制物流装备完成指令所规定的任务。如物流装备调度、物料搬运

等，并将物流系统信息反馈给管理层，为物流系统的决策提供依据。

④ 作业层由自动化的具体物流装备组成，包括立体仓库、运输装备、搬运装置、机床上下料装置、缓冲站等。

根据物流系统的日常运行范围，要求管理层智能化程度较高，能够进行信息处理和普通决策，要求控制层能够实时反映物流状态，要求作业层具有较高的可靠性。

6.1.4 生产物流系统的组织形式

生产物流的组织形式包含空间组织和时间组织。

(1) 空间组织形式

① 按工艺专业化形式组织生产物流。又称工艺原则或功能性生产物流体系。其特点是把同类的生产设备集中在一起，对企业生产的各种产品进行相同工艺的加工，即加工对象多样化，但加工工艺相似。优点是对产品品种的变化和产品工艺的变化适应性强，便于设备管理；缺点是物流复杂，难以协调。

② 按对象专业化形式组织生产物流。又称产品专业化原则或流水线。其特点是把生产设备、辅助设备按生产对象的加工路线组织起来，即加工对象单一，但加工工艺、方法多样化。优点是缩短运输距离，减少在制品储存，便于生产管理；缺点是难以适应产品品种的变化。

③ 按成组工艺形式组织生产物流。按成组技术原理，把具有相似性的零件分成一个个成组单元，并根据加工路线组织设备。优点是简化零件的加工流程，减少物流迂回路线，在满足品种变化的基础上有一定的生产批量，具有柔和的适应性。

三种方法的选择主要取决于生产系统中的产品品种的多少和产量的大小。

(2) 时间组织形式

① 顺序移动方式。一批物料在上一道工序全部加工完毕后才整批移动到下一道工序继续加工。优点是一批物料连续加工，设备不停顿，物料整批转运，便于组织生产；缺点是不同的物料之间有等待加工和运输的时间，因而生产周期长。

② 平行移动方式。一批物料中的一个物料在上一道工序加工后，立即送到下一道工序连续加工，形成前后交叉作业。优点是不会出现物料成批等待，整批物料生产周期最短；缺点是物料在各工序的加工时间不等，会出现人员、设备的停顿现象，运输量加大。

③ 平行顺序移动方式。一批物料在每个工序上连续加工没有停顿，并且物料在各工序的加工尽可能做到平行，即相邻工序上的加工时间尽可能重合。这种方式兼顾顺序与平行方式的优点，消除了间歇停顿现象，使工作负荷充分，生产周期较短，但安排计划进度时较复杂。

上述三种方式各有利弊，在安排物料计划时需考虑物料的尺寸、物料加工时间的长短、物料批量的大小以及生产物流的空间组织形式。

6.1.5 生产物流系统的特点及功能

(1) 生产物流系统的特点

① 实现加工附加价值。企业生产物流最本质的特点，不是实现时间价值和空间价值，而是实现加工附加价值。企业生产物流在企业的小范围内完成，所以空间距离变化不大，在企业内的存储，是对生产的保证，不追求利润的独立功能，实现的是产品的附加价值。

② 主要功能要素是搬运活动。企业的生产过程就是物料在不停搬运过程中被加工，改变产品的结构、形状、性能，完成加工后的产品的分类、包装，实现产品的销售、发送、运输。

③ 物流过程具有较强的稳定性。企业生产物流与随机性很强的社会物流不同，是一种稳定性较强的工艺过程物流。当企业生产工艺、生产装备及生产流程确定后，物流作为产品加工过程的一部分，其选择性及可变性就很小，对物流的改进只能是对工艺流程进行优化。

④ 物流运行具有伴生性。企业生产物流的运行与社会物流的自主独立不同，具有极强的伴生性，企业物流只是生产过程中的一个组成部分或一个伴生部分。同时，企业生产物流在局部有本身的界限和运动规律，主要包括仓库的储存活动、接货物流活动、车间或分厂之间的运输活动等。

(2) 生产物流系统的功能

① 提高劳动生产率。产品在原材料、毛坯、外购件、在制品、产品、工艺装备等各种状态下的有序储存及搬运以及合理的自动化上下料机构，可有效缩短产品制造的辅助时间。

② 保证生产的连续性。各工序的中间工位和缓冲工作站的在制品储存，保证了生产的连续性。

③ 优化运输方式和路径。采用自动化物流装备，可以调度及控制各类物流装备，实现物料运输方式和路径的优化，减少工件在工序间的无效等待时间，实现物流系统的有效监测。

6.2 电动葫芦与桥式起重机

6.2.1 电动葫芦

起重葫芦有手拉和电动等几种。图6-4所示为手拉葫芦，轻便可靠，常用于安装维修时吊运小件设备。图6-5所示为电动葫芦，靠电机驱动卷筒或链轮起升重物，具有结构紧凑、操作方便、价格便宜等特点，因此，在车间和仓库里得到了广泛的应用，可单独使用或用于起重机的工作机构中。若把电动葫芦固定、吊挂在空中，则可通过地面操纵来起吊物品；若悬挂在循环封闭的工字梁上，电动葫芦则成为作业线上的起升输送设备。

图6-4 手拉葫芦

图6-5 电动葫芦

(1) **电动葫芦分类**

电动葫芦的种类很多，可分为环链电动葫芦、钢丝绳电动葫芦（防爆电动葫芦）、双卷筒电动葫芦、防腐电动葫芦、卷扬机、微型电动葫芦、群吊电动葫芦、多功能提升机。

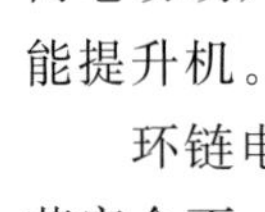
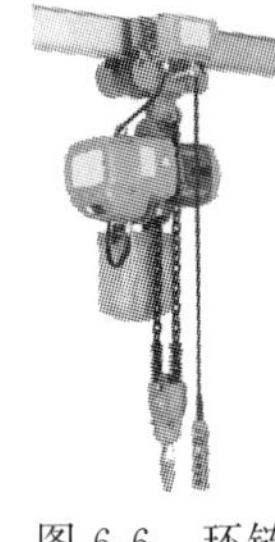

图 6-6 环链电动葫芦

环链电动葫芦采用链条作挠性件，其结构与用钢丝绳作挠性件的电动葫芦完全不一样，没有笨重的卷筒和滑轮组，而用链条、链轮作起升机构，如图 6-6 所示。因此环链电动葫芦和板链电动葫芦具有外形尺寸小、结构紧凑、重量轻、携带方便的特点。

钢丝绳电动葫芦（防爆电动葫芦）具有自重轻、体积小、起重能力大的特点。表 6-1 中列出了钢丝绳电动葫芦、环链电动葫芦和板链电动葫芦的性能和主要参数。当厂房内有爆炸性混合物时，为了保证安全，需要使用防爆电动葫芦。防爆电动葫芦表面材料采用特殊材质，能够避免产生电火花、自爆，加强安全性，保证整个操作流程的顺利进行。双卷筒电动葫芦即双绳电动葫芦，用于单绳电动葫芦受限的一些特殊工作环境。

表 6-1 部分电动葫芦的性能和主要参数

性能及参数	钢丝绳电动葫芦	环链电动葫芦	板链电动葫芦
工作平稳性	平稳	稍差	稍差
承载件弯折方向	任意	任意	只能在一个平面内
起重量/t	一般为 0.1～10，根据需要可以达 63 或更大	0.1～20	0.1～3
起升高度/m	一般为 3～30，需要时可达 60 或更高	一般 4～6， 最大不超过 20	一般 3～4， 最大不超过 10
自重	较大	较小	小
起升速度/(m/min)	一般为 4～10[大起重量宜取小值，需要高速的可为 16、20、35、50，有慢速要求的可取双速葫芦比为(1∶10)～(1∶3)]	一般 4～6，根据需要有 0.5，0.8，2	
运行速度/(m/min)	常用 20，30(在地面跟随操控)	10(驾驶员室操作)	

防腐电动葫芦的材料采用特种钢材，能够装卸各种腐蚀物质。和普通的电动葫芦相比，防腐电动葫芦的精度更高，操作更简单，适合装卸一些高危物品。卷扬机是用卷筒缠绕钢丝绳、链条提升或牵引重物的轻小型起重设备，可以垂直提升、水平或倾斜拽引重物，可单独使用，也可作起重、筑路和矿井提升等机械中的组成部件，具有操作简单、绕绳量大、移置方便等特点。

微型电动葫芦体积小，可以在保证起重效果的前提下，减小使用的空间，由于采用精密加工制造技术，其价格和传统电动葫芦相比较高。群吊电动葫芦是一种超低速环链电动葫芦，具有起吊速度慢、运行平稳、机体质量轻、机件硬度高、磨损小的特点，适用于建筑工程领域的爬架、爬模的提升和大型油罐的群吊。多功能提升机具有输送量大、提升高度高、运行平稳可靠等优点，主要适用于粉状、颗粒状及小块物料的连续垂直提升。

(2) **常规 CD1 型电动葫芦**

CD1 型电动葫芦是常用的一种电动葫芦，基本结构有电动机、卷筒、减速器、制动器、电器控制部分、电动运行小车、导绳装置、吊钩装置和机壳等，如图 6-7 所示。电动机通电，打开锥形制动器，电动机转动，通过弹性联轴器、减速器（三级减速装置）驱动卷筒，使钢丝绳缠在卷筒上或把钢丝绳从卷筒上放出，实现吊钩上升或下降。

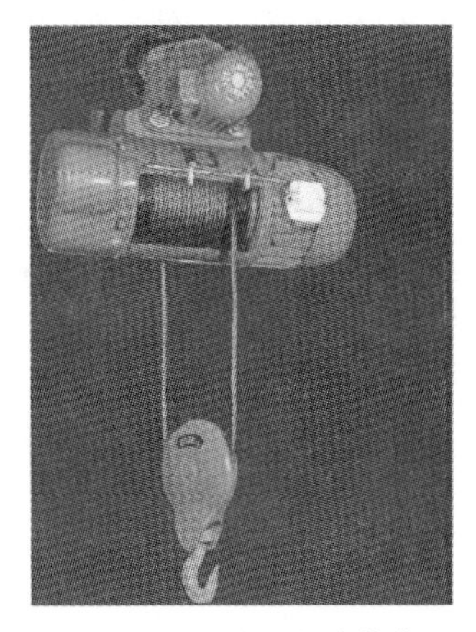

图 6-7　CD1 型电动葫芦

6.2.2　桥式起重机

桥式起重机的种类很多，根据使用范围分为通用型和专用型两大类，通用型指用吊钩、抓斗或电磁盘吊取货物的一般用途的电动桥式起重机。专用型则指在特殊环境下工作使用的电动桥式起重机，如防爆、绝缘、慢速桥式起重机等。

6.2.2.1　基本参数

国家规定桥式起重机的起重量为 5～500t，跨距从 10.5m 起，每增加 3m 为一级，直到 31.5m，大于 31.5m 的跨距为非标准值，目前最大的跨距可达 50～60m。起升高度为 12m，每增加 2m 为一级，直到 32m（或 36m）。

6.2.2.2　桥式起重机的结构

桥式起重机一般由桥架、起重小车、大车运行机构、驾驶室（包括操纵机构和电气设备）四大部分组成，如图 6-8 所示。

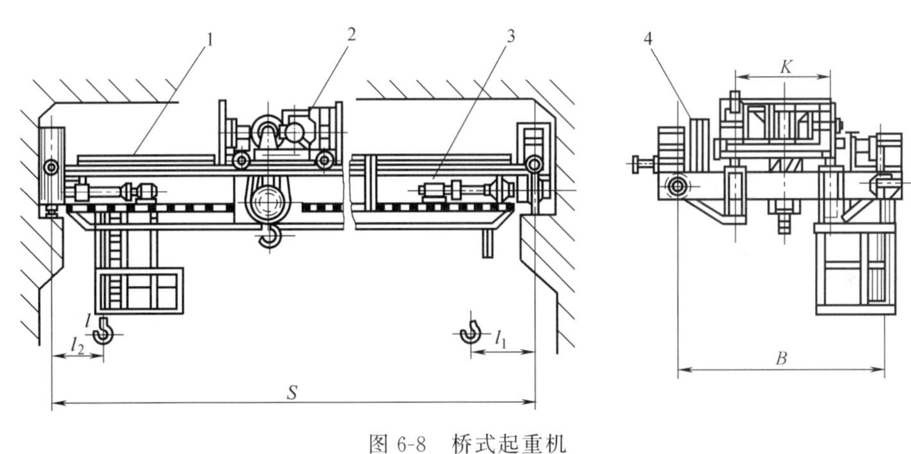

图 6-8　桥式起重机

1—桥架；2—起重小车；3—大车运行机构；4—电气设备

(1) 桥架

桥式起重机的桥架是一个承受满载起重小车轮压的移动式金属结构，并通过桥架运行机构的车轮将满载起重机轮压传给厂房轨道和建筑结构，由于桥架重量占起重机自重 60%以上，因此减轻桥架自重具有重要意义。

桥式起重机的桥架主要由两根主梁和两根端梁组成，主梁与端梁为刚性连接，端梁两端装有车轮，作支撑和移动桥架之用，两根端梁中部是用螺栓连接起来的可拆件，这样，整个桥架可以拆成两半进行运输和安装，在端梁的两端装有弹簧缓冲器，用来缓冲两台起重机可能发生的碰撞或减轻起重机行驶到极限位置时的冲击。

(2) 起重小车

桥式起重机的起重小车包括小车架、小车运行机构和起升机构。

① 小车架是支撑并安装起升机构和小车运行机构各部件的机架，同时又是承受和传递

全部起重载荷的构件，因此要求小车架应有足够的强度和刚度。小车架由钢板焊接而成，上面安装有起升机构和小车运行机构，在小车架上安装有栏杆、缓冲器和行程限位开关等安全保护装置，当小车运行到桥架主梁两端的极限位置时，行程开关动作，切断电源，以缓冲器撞击桥架主梁顶端的挡桩，吸收小车运行动能，使小车停止运行，从而起到安全保护作用。

② 小车运行机构用来驱动起重小车沿主梁轨道运行，通常小车的四个车轮都是驱动轮，由两套驱动装置驱动，但起重量较小的小车运行机构也可采用一套驱动装置，小车的车轮一般采用轮缘，有轮缘的一侧置于小车轨道外侧。

③ 起升机构由起升卷绕系统（包括钢丝绳、定滑轮组、吊钩组、卷筒组等）及起升传动装置（包括电动机、制动器、减速器等）组成，是用来升降货物并把货物停放在空中某一高度的工作机构。

(3) 大车运行机构

桥式起重机的大车运行机构由电动机、减速器、制动器、联轴器及车轮等标准部件组成，是驱使起重机车轮转动，并使车轮沿建筑物高架上铺设的轨道做水平方向运动的构件。

(4) 驾驶室

驾驶室是起重机的操纵者工作的地方，因此又称为操纵室。驾驶室里有大、小车运行机构，起升机构的操作设备和相关的电气设备，如控制器、电铃、紧急开关等。驾驶室固定在主梁下方的一端，可随小车一起移动。驾驶室的上方还有通往桥架的舱门，起重机在工作时，一定要确保舱门关好以避免发生人身伤亡事故。

6.3 机床间工件输送装置的设计

物料运输装置是机械加工生产线中的一个重要组成部分，用于实现物料在加工设备之间或加工设备与仓储装备之间的传输。在生产线设计过程中，可根据工件或刀具等被传输物料的特征参数和生产线的生产方式、类型及布局形式等因素，进行运输装置的设计或选择。

6.3.1 输送机

输送机系统中多采用带式输送机、滚子输送机、链式输送机及悬挂式输送机，具有能连续输送和单位时间内输送量大的优点。但输送机占地面积较大，设置后再改变布置较难。输送机的布置方式多根据工艺安排而定。

(1) 带式输送机

带式输送机是利用连续且具有挠性的输送带不停地运转输送物料的输送机。输送带既是承载货物的构件，又是传递牵引力的牵引构件，物料依靠输送带与滚筒之间的摩擦力平稳地运动。输送线路可以呈倾斜布置或在水平方向、垂直方向弯曲布置，受地形条件限制较小。

带式输送机主要由两个端点滚筒及紧套其上的闭合输送带组成。带动输送带转动的滚筒称为驱动滚筒（传动滚筒）；仅改变输送带运动方向的滚筒称为改向滚筒。驱动滚筒由电动机通过减速器驱动，输送带依靠驱动滚筒与输送带之间的摩擦力拖动。驱动滚筒一般都装在卸料端，以增大牵引力，有利于拖动。物料由喂料端喂入，落在转动的输送带上，依靠输送带摩擦运送到卸料端卸出。

带式输送机主要结构部件如图 6-9 所示。

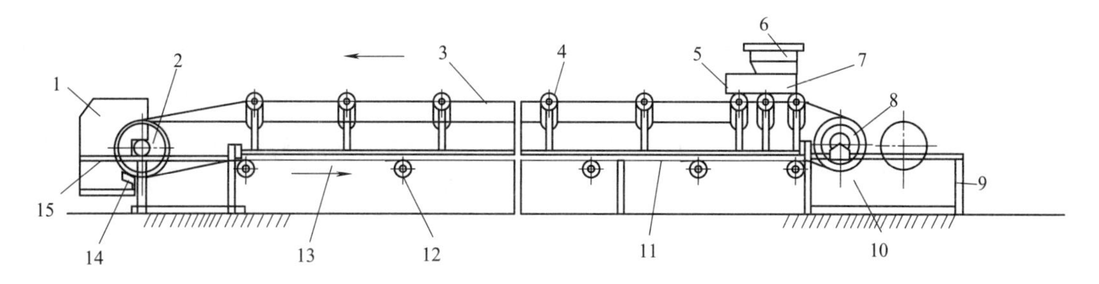

图 6-9 带式输送机主要结构部件

1—头罩；2—驱动滚筒；3—输送带；4—上托辊；5—缓冲托辊；6—漏斗；7—导料槽；8—改向滚筒；
9—尾架；10—螺旋张紧装置；11—空段清扫器；12—下托辊；13—中间架；14—弹簧清扫器；15—头架

输送带用于传递牵引力和承载被运货物，根据输送的物料不同，输送带的材料可采用橡胶带、塑料带、绳心带、钢网带等，两端可使用机械接头（可达带体强度的 35%～40%）、冷粘接头（可达带体强度的 70%）和硫化接头（可达带体强度的 85%～90%），它不仅应有足够的强度，还要有相应的承载能力。支撑托辊是用于支撑输送带及其上的物料，限制输送带的垂度，保证输送带正常运行、不跑偏的装置，托辊的数量根据带长、结构和输送的物料种类选择。驱动装置是驱动输送带运动、实现货物运送的装置，由电动机、减速器、制动器、逆止器、高速轴联轴器、低速轴联轴器组成驱动单元，固定在驱动架上，驱动架固定在地基上，应具有足够的刚度、强度、稳定性。制动装置用来防止满载停机时输送带在货重的作用下发生反向运动，引起物料逆流。张紧装置的作用是使带条具有适当的初张力，以保证带条与驱动滚筒之间产生必要的摩擦力，在传递牵引力时不打滑，补偿带条在工作过程中的伸长，减小带条运动时的摇晃和托辊组之间的垂度。改向装置用来改变输送带的运行方向。装载装置可以使物料落在输送带的中间位置，均匀装载，且防止物料在装载时洒落在输送机外面，并尽量减少物料对输送带的冲击和磨损，使物料沿带条运动方向有一定的初速度，以减小物料在带条上的滑移所造成的磨损。卸载装置是避免物料落在指定位置之外的装置。清扫装置用于清除输送带上黏附的物料，保持输送带的清洁。

带式输送机具有输送距离长、运送量大、连续输送、运行可靠、易于实现自动化和集中化控制等优点，同时机身可方便地伸缩，设有储带仓，机尾可随采煤工作面的推进伸长或缩短，结构紧凑。当输送能力和运距较大时，可配中间驱动装置来满足要求。根据输送工艺的要求，可以单机输送，也可多机组合成水平或倾斜的运输系统来输送物料。

(2) 滚子输送机

滚子输送机是依靠按一定间距架设在固定支架上的若干个滚子来输送成件物品的输送机，可以单独使用，也可在流水线上与其他传送机或工作机配合使用，沿水平或曲线路径进行输送。按其输送方式分为无动力式、动力式和积放式。

① 无动力式滚子输送机。无动力式滚子输送机自身无驱动装置，滚子转动是被动状态，物品依靠人力、重力或外部推拉装置移动。对于轻物品可以用人力推移，对于微斜向下输送的滚子输送机，借助物品自身的重力分力进行输送，而对于重物品采用机械或气力推杆推移。

② 动力式滚子输送机。动力式滚子输送机中滚子由驱动装置带动旋转，其转动呈主动状态，依靠滚子与物品接触表面的摩擦力来输送物品，可以严格控制物品的运行状态，按规

定的速度、精度平稳可靠地输送物料，便于实现输送过程的自动控制。常用于水平的或向上微斜的输送线路，由驱动装置通过齿轮、链轮或带传动使滚子转动，依靠滚子和工件之间的摩擦力实现工件的输送。按照输送方向及生产工艺要求，输送机可以布置成各种线路，如直线的、转弯的和具有各种过渡装置的交叉线路等。根据不同的输送要求，滚子输送机需要配置十字交叉转运装置、叉道转运装置（同一平面内的一条滚子输送机与另两条不同方向的滚子输送机间的转运）、滚道式升降台（不在同一平面的滚子输送机间的转运）、滚道式转运车（把物料从多条相互平行的滚子输送机转运到一条与它们平行的另一条滚子输送机）、活动滚道（将某一段机架做成一端用铰链连接在输送线路上，另一端翻转的活动段，必要时人员或设备可以横穿滚子输送机）等几种装置。这里以十字交叉转运装置为例进行说明，如图6-10所示，图6-10（a）为滚子回转台，是在可回转的支座上装有滚子排的支架，当需要改变物品的输送方向时，将从一条滚子输送机运来的物料送到滚子回转台上，滚子回转台回转90°后，将物料转运到另一条滚子输送机；图6-10（b）为滚珠回转台，在支座上装有相互交错的若干滚珠，利用滚珠能沿任意方向转动的特点，可改变物料的输送方向。

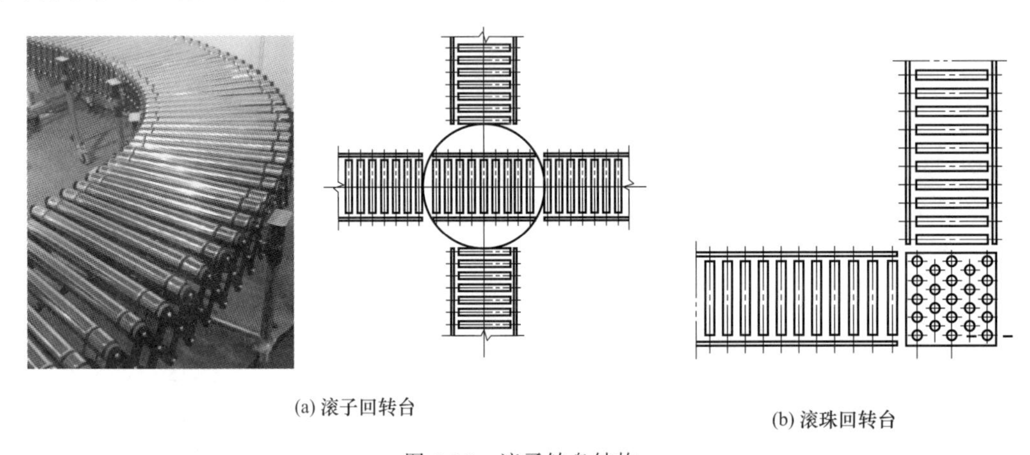

(a) 滚子回转台　　(b) 滚珠回转台

图 6-10　滚子转盘结构

③ 积放式滚子输送机。积放式滚子输送机除具有一般动力式滚子输送机的输送性能外，还允许在驱动装置照常运行的情况下，物料在输送机上停止和积存，而运行阻力无明显的增加。

滚子输送机具备以下特点：①各种输送装置占地面积小，伸缩自如；②方向易变，可灵活改变输送方向，最大时可达到180°；③S形滚子输送机的每个单元由8只滚筒组成，每一个单元都可独立使用，也可多个单元连接使用，安装方便，伸缩自如，一个单元最长与最短状态之比可达到3。

(3) 链式输送机

链式输送机是利用环绕若干链轮的无端链条作牵引件，由驱动链轮通过轮齿和链节的啮合将圆周牵引力传递给链条，在链条上固定着一定的工作物件以输送货物和滚道等承载物料的输送机。图6-11所示为链条式与板条式输送机。

链式输送机具有以下特点：①输送能力大，高效的输送机允许在较小空间内输送大量物料，输送能力6～600m^3/h；②输送能耗低，借助物料的内摩擦力，变推动物料为拉动，使其与螺旋输送机相比节电50%；③密封和安全，全密封的机壳使粉尘无缝可钻，操作安全，运行可靠；④使用寿命长，用合金钢材经先进的热处理手段加工而成的输送链，其正常寿

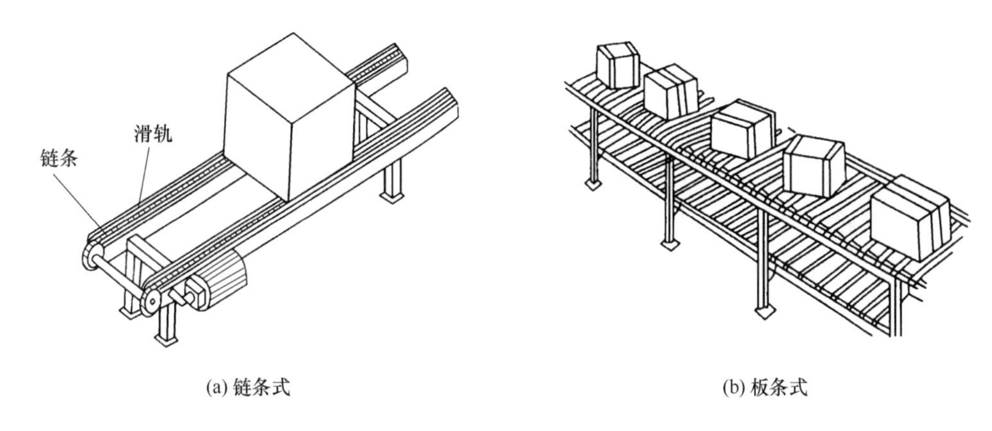

(a) 链条式　　(b) 板条式

图 6-11　链条式与板条式输送机

命＞5 年，链上的滚子寿命（根据不同物料）≥2～3 年；⑤工艺布置灵活，可在高架、地面或地坑布置，可水平或爬坡（≤15°）安装，也可同机水平加爬坡安装，可多点进出料；⑥节电且耐用，维修少，费用低（约为螺旋机的 1/10），能确保主机的正常运转，以增加产出、降低消耗、提高效益。

(4) 悬挂式输送机

悬挂式输送机是利用连接在牵引链上的滑架在预定的架空轨道上运行以带动专用箱体或支架等承载件输送成件物品的传送机。架空轨道可在车间内根据生产需要灵活布置，构成空间的上下坡和转弯等复杂的输送线路。输送的物品悬挂在空中，可节省生产面积，能耗也小，在输送的同时还可进行多种工艺操作。由于连续运转，物件接踵送到，经必要的工艺操作后再相继离去，可实现有节奏的流水生产。如图 6-12（a）所示，悬挂输送机的上、下料作业是在运行过程中完成的，即通过线路的升降实现自动上料；图 6-12（b）是悬挂式输送机的承载滑架通过一对滚轮支承重量，滚轮在由工字钢型材组成的架空单轨上滚动实现上料的情形。

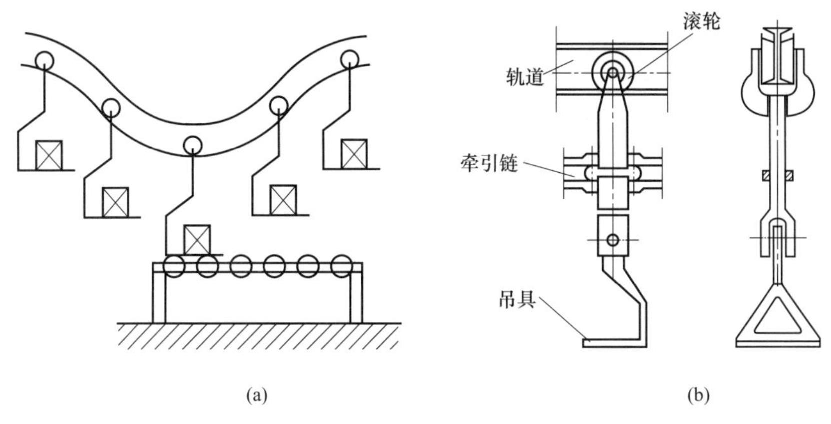

(a)　　(b)

图 6-12　悬挂式输送机

悬挂式传送机主要由牵引链、滑架、吊具、架空轨道、驱动装置、张紧装置及安全装置等组成，可分为提式、推式和拖式三类。

提式悬挂输送机即普通悬挂式输送机，架空轨道构成闭合环路，滑架在其上运行，各滑架等间距地连接在牵引链上。牵引链通过水平、垂直或倾斜的改向装置构成与架空轨道线路相同的闭合环路。在架空轨道的倾斜区段内设有捕捉器，牵引链一旦断裂，捕捉器即挡住滑架，防止物品下滑。缺点是不能将物品由一条输送线路转送到另一条线路。

推式悬挂输送机在输送线路装有上、下两条架空轨道；除滑架外，还有承载挂车（简称挂车），各滑架与牵引链相连，沿上轨道运行；挂车依靠滑架下的推头工作，在下轨道上运行而不与滑架相连；推头与挂车挡块的结合或脱开，可以使挂车运行、停止或经道岔由一线转向另一线。升降段可使挂车由一个层高转向另一层高的轨道上。挂车若增加由前杆、尾板和挡块等组成的杠杆系统，便成为积放式挂车。积放式挂车用于积放推式悬挂输送机。挂车的积放过程是：当挂车驶至副线上的某一预定地点时，挂车的前杆被该处停止器的触头抬起，挡块随即下降并与推头脱开，挂车停止前进；后一挂车驶到后，其前杆被已经停住的挂车的尾板抬起，挡块同样下降而停车；继之而来的各挂车也同样顺次停车，形成悬挂空间仓库。对挂车放行时，停止器的触头避开，挂车的前杆随即下降，挡块升起，副线上不停运动的滑架推头重新与挡块结合而使挂车运行。前一挂车驶出后，后一挂车的前杆落下，被继之而来的推头推至停止器处，此时停止器的触头已恢复原位，后一挂车的前杆被触头抬起而停止。相应地，后续挂车也依次向前停靠。由于有主线和副线，且应用逻辑控制，可把几个节奏不同的生产过程组成一个复合的有节奏的生产系统，实现流水生产和输送的自动化。

拖式悬挂输送机与提式悬挂输送机的不同之处是将悬挂的吊具改为在地面上运行的小车。提式悬挂输送机和推式悬挂输送机的每个吊具或挂车的承载量一般在600kg以下，拖式悬挂输送机每个小车的承载量可大于1000kg。

悬挂式输送机具有以下三个特点：①单机输送能力大，可采用很长的线体实现跨厂房输送；②结构简单，可靠性高，能在各种恶劣环境下使用；③造价低，耗能少，维护费用低，可大大减少使用成本。

6.3.2 步伐式输送装置

步伐式输送装置是组合机床自动线上典型的工件输送装置。在加工箱体类零件的自动线以及带随行夹具的自动线中，使用非常普遍。常见的步伐式输送装置有棘爪步伐式、回转步伐式、抬起步伐式以及托盘步伐式等几种。

(1) 棘爪步伐式输送带

如图6-13所示为棘爪步伐式输送带。由于整个输送带比较长，考虑制造及装配工艺，一般都把它做成若干节，然后再用连接板5连成整体。输送带中间的棘爪一般等距，也可根据实际需要，将某些中间棘爪的间距设计成不等距的。自动线的首端棘爪及末端棘爪，与其相邻棘爪之间的距离 C 可以做得比输送步距短一些，但首端棘爪的间距至少可容纳一个工件。大连组合机床研究所设计的通用输送带，中间棘爪间距为350～1600mm，首端棘爪间距不小于310mm，末端棘爪间距不小于155mm。当输送带向前运动时，棘爪2就推动工件移动一个步距；当输送带回程时，棘爪被工件压下，于是绕销轴回转而将弹簧拉伸，并从工件下面滑过，待退出工件之后，棘爪又抬起。

支承滚子通常安装在机床夹具上，支承滚子的数量依机床间距的大小而定，可间隔1m左右安装一个。输送时，工件6在两条支承板8上滑动，两侧限位板7用来导向。工件较宽时，可用同步动作的两条输送带推动工件。

当安装好的自动线需重新安装时，可根据机床实际距离，通过螺钉11对相邻两棘爪端面间的距离 C 进行微调，只有当两台机床间的安装误差过大，超出螺钉11的调整范围时，

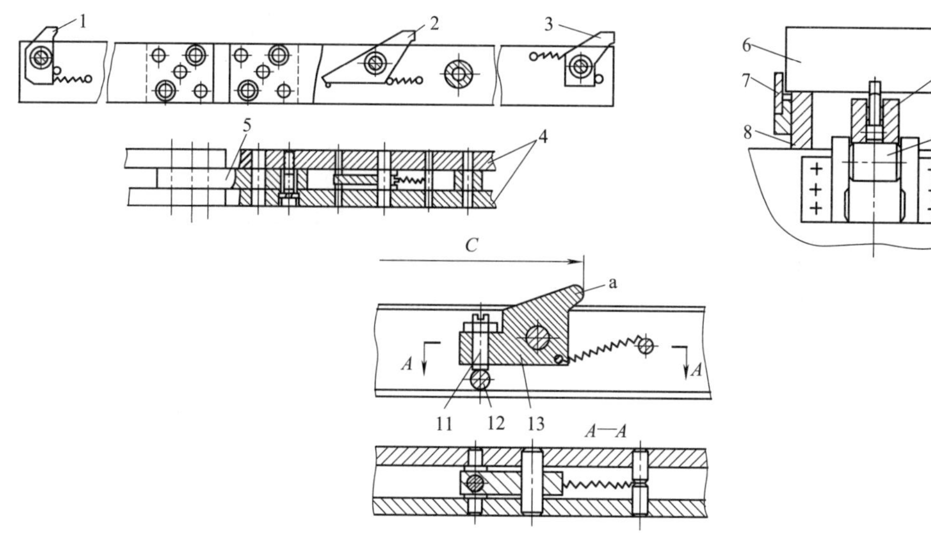

图 6-13 棘爪步伐式输送带

1—首端棘爪；2—中间棘爪；3—末端棘爪；4—侧板；5—连接板；6—工件；7—限位板；8—支承板；9—滚子；10—棘爪式输送带；11—调节螺钉；12—销；13—棘爪

才修磨某一棘爪的前端 a 部。

在一节输送带上，最好只安装一台机床加工工位的棘爪。若安装两台机床的棘爪，则要求棘爪间具有精确的距离，且机床安装时的中心距离要求也很严，设计难度高且不合理。

(2) 回转步伐式输送装置

棘爪步伐式输送装置虽然动作简单（因而其传动机构简单），但当输送速度较高时，工件到达终点时往往因惯性作用向前超程而不能保证位置精度。此外，由于切屑掉入，会有棘爪卡死、输送失灵的现象，为提高输送速度及可靠性，可采用回转步伐式输送装置。

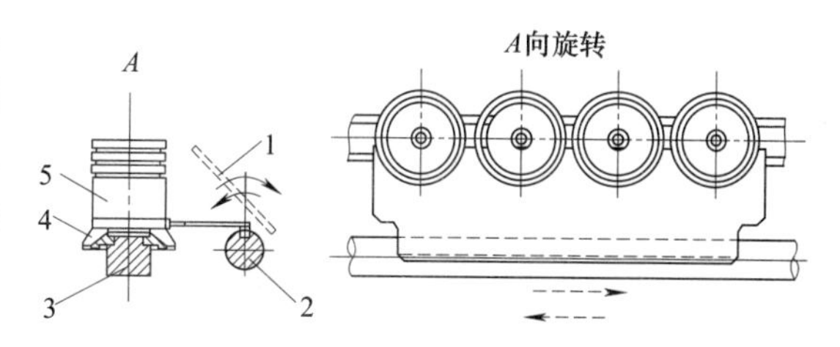

图 6-14 回转步伐式输送装置

1—卡板；2—输送带；3—T 形导轨；4—随行夹具；5—活塞

图 6-14 为回转步伐式输送装置，在输送带 2 的带动下，装有活塞（工件）5 的随行夹具 4，可在 T 形导轨 3 上移动。处于原位时，固装在输送带 2 上的成形卡板 1 竖起在虚线位置。输送时，卡板 1 与输送带 2 一起回转 45°，使卡板的每一个凹槽卡着一个随行夹具 4，同时把四个活塞向前移动一个步距。输送到位后，卡板反转 45°而离开工件，输送带 2 接着退回原位。卡板的凹槽具有限位作用，可以保证工件输送到终点时具有比较准确的位置，因此允许采用较高的输送速度（可达 20m/min 以上）。但回转步伐式输送装置的运动较复杂，比一般棘爪式输送装置多一个回转机构。

(3) 抬起步伐式输送装置

抬起步伐式输送装置输送时，先把工件抬起一个高度，向前移动一个步距，将工件放到夹具上或空工位的支承上，然后输送带再返回原位，可以输送缺乏良好输送基面的工件以及需要保护基面的有色金属工件和高精度工件。

图 6-15（a）为气缸体精加工自动线的抬起步伐式输送装置。输送带 7 的往复运动由输送传动装置 8 驱动，其升降运动则由齿条、齿轮和凸轮机构实现。工作时，油缸（图中未示出）驱动齿条 1，带动齿轮 2、轴 3 和凸轮 4，迫使顶杆 5 及支承滚轮 6 上下移动，因而可使输送带升降。这种装置因受凸轮升高量的限制，升降行程一般比较小。

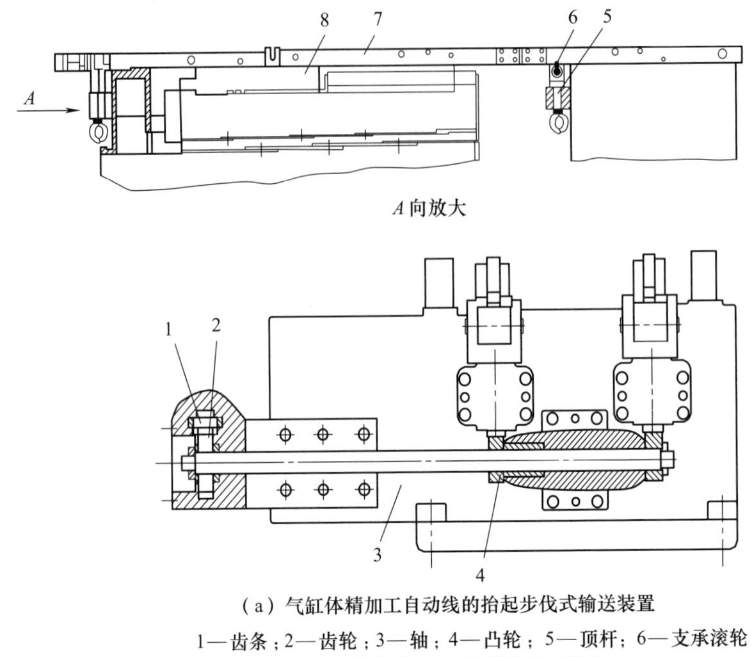

（a）气缸体精加工自动线的抬起步伐式输送装置

1—齿条；2—齿轮；3—轴；4—凸轮；5—顶杆；6—支承滚轮；7—输送带；8—输送传动装置台

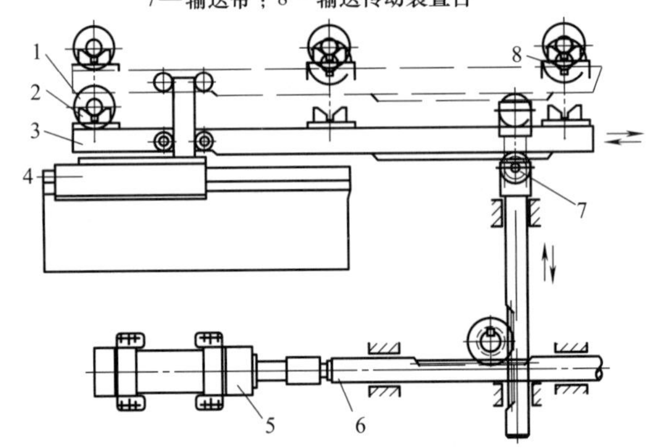

（b）曲轴自动线的抬起步伐式输送装置

1—曲轴；2—V形块；3—输送带；4—传动装置；5—油缸；6—齿条；7—支承滚轮；8—V形支承块

图 6-15　抬起步伐式输送装置

对于外形不规则、缺乏良好输送基面的壳体、大箱体和细长轴类工件，要采用抬起步伐式输送装置输送，往往需要有较大的升降行程。图 6-15（b）所示为曲轴自动线的抬起步伐式输送装置。上料时，曲轴 1 以中间轴颈放在输送带 3 的 V 形块 2 上。输送时，先由油缸 5 驱动齿条 6，经过齿轮齿条使支承滚轮 7 上升，将输送带 3 抬起一定高度，然后再由传动装置 4 将其向前移动一个步距。在夹具及空工位上设有 V 形支承块 8，以便在输送带 3 升降时托住曲轴。当输送带下降并将工件放到 V 形支承块 8 上以后，输送带再迅速退回原位。

当采用升降行程较大的抬起步伐式输送装置时，要注意两个问题：第一，为了保证输送工作的可靠性，往往在输送带上设有保持工件位置稳定的定位元件；第二，为了让输送带及工件通过，夹具的上、下方向需有足够的敞开空间。

(4) 托盘步伐式输送装置

托盘步伐式输送装置也是一种步伐式输送装置，但和一般步伐式输送装置不同，工件不是在支承板上滑移，而是放在托盘中由步伐输送带运走。托盘是固定在输送带上的。简单的托盘只是一个支承工件的平板。为了在输送过程中保持工件位置正确，托盘中设有工件定位元件，但没有夹紧机构。

图 6-16 所示为连杆螺栓孔自动加工线上的一组托盘输送带。两条错开布置但同步动作的步伐式输送带 7 和 9，分别装有若干个卧式的托盘 2 和 5，输送带可以在支撑滚轮 8 上往复运动，并用导向滚轮 10 导向。其传动装置与一般步伐式输送带的传动装置是一样的。为了满足自动线同时加工四副连杆的要求，每输送一次，托盘 2 可运载四个连杆体，托盘 5 可运载四个连杆盖。托盘 2 上的定位销 1 和侧限位块 3，以及托盘 5 上的半圆块 6 和侧限位块 4，是输送连杆体和连杆盖时定位用的。

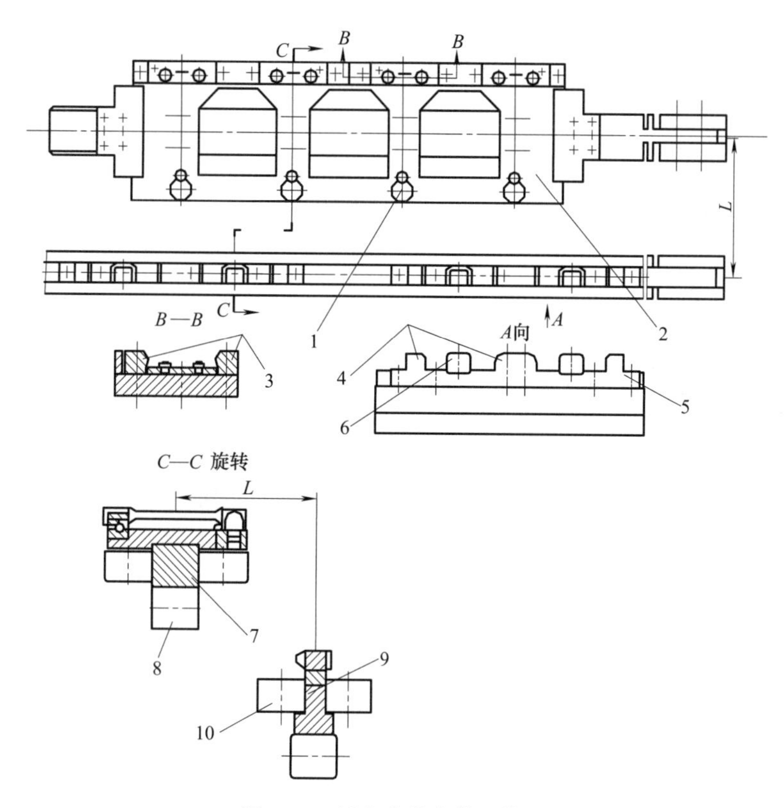

图 6-16　托盘步伐式输送装置

1—定位销；2,5—托盘；3,4—侧限位块；6—半圆块；7,9—步伐式输送带；8—支撑滚轮；10—导向滚轮

6.3.3　自动运输小车

(1) 有轨运输小车

有轨运输小车（railing guided vehicle，RGV）沿直线导轨运动，机床和辅助装备在导轨一侧，安放托盘或随行夹具的台架在导轨的另一侧，如图 6-17 所示。RGV 采用直流或交

流伺服电机驱动，由生产系统的中央计算机控制。当 RGV 接近指定位置时，由光电装置、接近开关或限位开关等传感器识别减速点和准停点，向控制系统发出减速和停车信号，使小车准确地停靠在指定位置上。小车上的传动装置将托盘台架或机床上的托盘或随行夹具拉上小车，或将小车上的托盘、随行夹具送给托盘台架或机床。

RGV 适用于运送尺寸和质量均较大的托盘或随行夹具，而且传送速度快，控制系统简单，成本低廉。缺点是它的铁轨一旦铺成后，改变路线比较困难，适用于运输路线固定不变的生产系统；另外转换的角度不能太大，一般宜采用直线布置。

(2) 无轨运输小车

无轨运输小车，又称为自动导引小车（automated guided vehicle，AGV），是装有电磁或光学自动导引装置，能够沿规定的导引路径行驶，具有小车编程与停车选择装置、安全保护及各种移载功能的自动运输小车，如图 6-18 所示。承载质量一般为 50～5000kg，最大承载质量可以达到 100t。根据用途的不同，可以分为自动导向搬运车、自动导向牵引车、自动导向叉车等。其中，自动导向搬运车是使用最多的一类，占 85%左右。

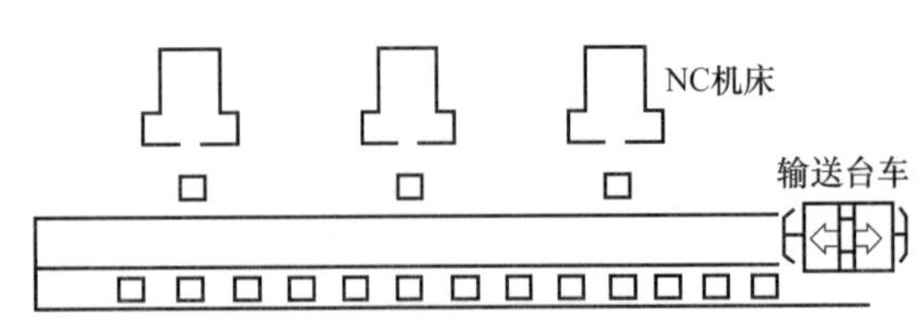

图 6-17 采用 RGV 搬运物料的生产系统

图 6-18 无轨运输小车

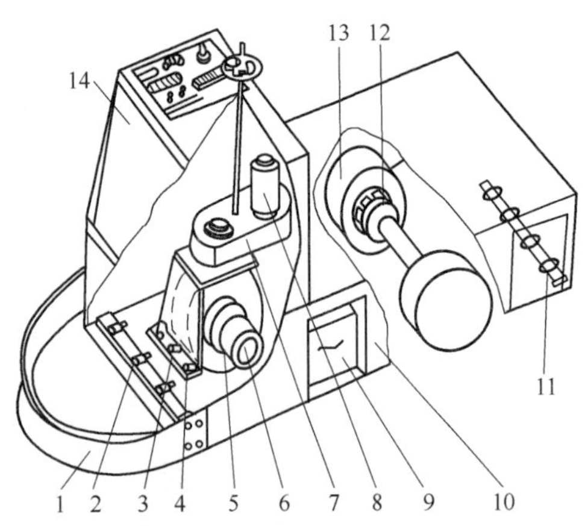

图 6-19 AGV 结构示意图

1—安全挡圈；2,11—认证线圈；3—失灵控制线圈；4—导向探测线圈；5—驱动轴；6—驱动电机；7—转向机构；8—转向伺服电机；9—蓄电池箱；10—车架；12—制动用电磁离合器；13—后轮；14—操纵台

AGV 主要由车体、电源和充电装置、驱动装置、车轮与转向装置、控制装置、导引装置、安全保护装置等组成。图 6-19 为一种 AGV 的结构示意图。

① 车体。由底盘、车架、壳体、车轮和控制室等组成，车架由钢板焊接而成，要求有足够的刚性。车体是自动导向车的主体，所有的零部件都要安装在车体上。车架一般采用箱型或框架式结构，车体内主要安装有电源、驱动和转向等装置，以降低车体重心。

② 电源和充电装置。通常采用 24V 或 48V 的牵引型工业蓄电池（铅-酸蓄电池，镍-镉蓄电池）作为电源，并配有充电装置，一般保证 8h 以上工作需要。

③ 驱动装置。由电机、减速器、制动器、车轮、速度控制器等部分组成。制动器的制动

力由弹簧产生，制动力的松开由电磁力实现。

④ 车轮与转向装置。AGV 的车轮有驱动轮、驱动转向轮、转向轮、随动轮、固定从动轮等，转向装置通常有两轮速差式、独立多轮式、舵轮式及全方位驱动转向等几种方式。两轮速差式是一对平行的驱动轮与轴固定在车体中部，依靠电气调速使两个驱动轮产生不同的转速以实现转向。独立多轮式是多个车轮前后布置在车体上，车辆运行时，各车轮都根据设定的运行路线自由偏转和实现转向。

⑤ 控制装置。可以实现小车的监控，通过通信系统接收指令和报告运况，并可以实现小车编程。

⑥ 导引装置。根据导向原理的不同，AGV 的导引可以分为固定路径导引和自由路径导引。固定路径导引方式是在 AGV 行驶的路径上设置导向信息媒体，如导线、磁带、色带等，由车上的导向传感器接收导向信息（如频率、磁场强度、光强度等），再将此信息经实时处理后用以控制车辆沿运行线路正确地运行，应用最多的是电磁导向和光学导向；自由路径导引采用地面援助模式，如超声波、激光、无线电遥控等，依靠地面预设的参考点或通过地面指挥，修正小车路线。

⑦ 安全保护装置。在生产环境中，为了防止设备运行中出错对人员及环境设施产生影响，通常 AGV 采取多级硬件、软件的安全措施。当前的安全保护装置主要有接触式保护和非接触式保护两种装置。接触式保护装置一般设置在 AGV 车身运行方向的前后方，通常其材质具有弹性和柔软性，宽度大于等于车身宽度，当 AGV 与物体接触时，保护装置发生变形，触动相关限位装置，强行使其断电停车；非接触式保护装置多采用激光、超声波或红外线根据返回来的信号测出障碍物与 AGV 之间的距离，当距离小于某一设定值时，通过警告灯、蜂鸣器或其他音调器发出警报，并将 AGV 的速度降低或停止运行。

6.3.4　辅助装置

物料输送系统中的主要辅助装置有托盘、托盘交换器及随行夹具等。

(1) 托盘

托盘是实现工件和夹具系统、输送设备及加工设备之间连接的工艺装备，是柔性制造系统中物料输送的重要辅助装置，具有自重轻、返空容易、装盘容易等优点，但是也存在装载量有限、保护性差的问题。托盘按其结构形式可以分为平板式、箱式和立柱式三种，如图 6-20 所示；按托盘的材质可分为木质、钢制、铝制、胶合板、塑料、复合材料等多种。

平板式托盘主要用于较大型非回转体工件，工件在托盘上通常是单件安装。它不仅是工件的输送和储存载体，而且在加工过程中起定位和夹持工件，承受切削力、热变形、振动，暂存切削液、切屑等作用。托盘的形状通常为正方形，也可以是长方形，根据具体需要也可做成圆形或多角形。为了安装各构件，托盘顶面应有 T 形槽或矩阵螺孔，托盘还应具有输送基面及与机床工作台相连接的定位夹压基面，其输送基面在结构上应与系统的输送方式、操作方式相适应。此外，托盘要满足交换精度、刚度、抗振性、切削力承受和传递、防止切屑划伤和冷却侵蚀等要求。根据台面分有单面型、单面使用型、双面使用型和翼型四种；根据叉车叉入方式分有单向叉入型、双向叉入型、四向叉入型三种。

立柱式托盘是在平板式托盘基础上发展起来的，基本结构是托盘的 4 个角有钢制立柱，柱子上端可用横梁连接，形成框架型。立柱式托盘的主要作用：一是利用立柱支撑重物，往高叠放；二是防止托盘上放置的货物在运输和装卸过程中发生塌垛现象。

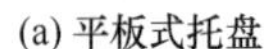

(a) 平板式托盘　(b) 箱式托盘　(c) 立柱式托盘

图 6-20　托盘的类型

箱式托盘是四面有侧板的托盘，有的箱体上有顶板，有的没有顶板。箱板有固定式、折叠式、可卸式三种。四周侧板有板式、栅式和网式，因此，四周侧板为栅式的箱式托盘也称笼式托盘或仓库笼。箱式托盘防护能力强，可防止塌垛和货损，可装载异型不能稳定堆码的货物，应用范围广。

(2) 托盘交换器

托盘交换器是机床和传送装置之间的桥梁和接口，不仅起连接作用，而且有暂时存储工件、防止物流系统阻塞等缓存作用。

图 6-21 (a) 是两工位回转式托盘交换器。托盘移动和交换器回转均由液压驱动系统实现，当加工完毕后，交换器从机床工作台上移出托盘，然后旋转 180°，将装有待加工工件的托盘送入加工位置。

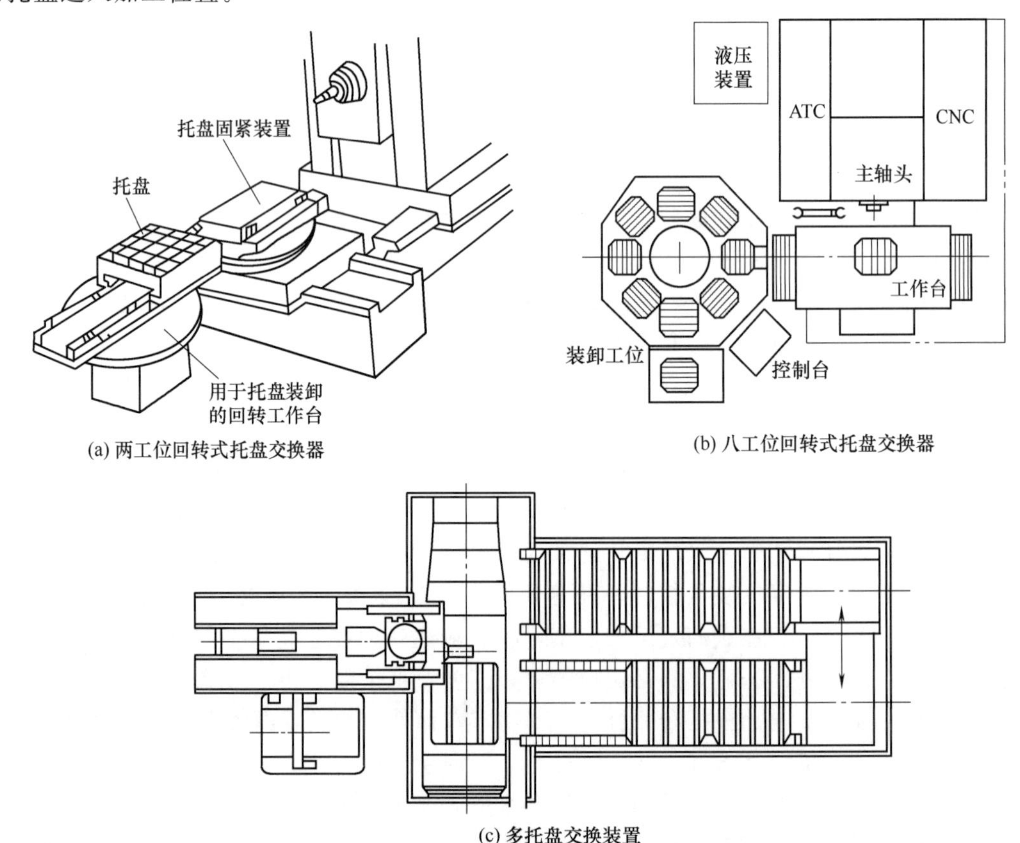

(a) 两工位回转式托盘交换器

(b) 八工位回转式托盘交换器

(c) 多托盘交换装置

图 6-21　托盘交换器

图 6-21（b）是八工位回转式托盘交换器。工人在装卸工位从托盘上卸去已加工的工件，装上待加工的工件，由液压或电动推拉机构将托盘推到回转式托盘交换器上，由电机带动按顺时针方向做间歇回转运动，不断将装有待加工工件的托盘送到加工中心工作台左端，由液压或电动推拉机构将其与加工中心工作台上托盘进行变换。装有已加工工件的托盘由回转工作台带回装卸工位，如此反复不断进行工件的传送。

多托盘交换装置中含有一个托盘库，托盘库相当于一个小型中间储料库，图 6-21（c）所示有 5 个托盘，其上有装料位置和卸料位置，加工完毕后，工作台横移至卸料位置，将装有已加工工件的托盘移至卸料位置，然后工作台移至装料位置，托盘交换器再将待加工工件移至工作台上，多托盘交换装置允许在机床前形成不长的排队，起中间货物缓存的作用，以补偿随机、非同步生产的节拍差异。

（3）随行夹具

随行夹具主要在自动生产线、加工中心、柔性制造系统等自动化生产中，用于外形结构比较复杂、不太规则、不便于自动定位、夹紧和运送的工件。随行夹具一般以其底平面和两定位孔在机床上定位，并由机床工作台的夹紧机构夹紧，从而保证工件与刀具的相对位置。当工件加工精度要求较高时，常把随行夹具的底平面分开成为定位基面和运输基面，以保护定位基面的精度。随行夹具属于专用夹具范围，其装夹工件部分需按工件外形和工艺要求设计。

随行夹具在生产线上循环使用，流水线上随行夹具的返回方式通常有上方返回、下方返回、水平返回三种。

① 上方返回式。如图 6-22 所示，随行夹具 2 在自动线的末端用提升机构 3 升到机床上方后，经一条倾斜滚道 4 靠自重返回自动线的始端，然后用下降机构 5 降至主输送带 1 上。这种方式结构简单紧凑、占地面积小，但这种方式不适于较长自动线，也不宜布置立式机床。

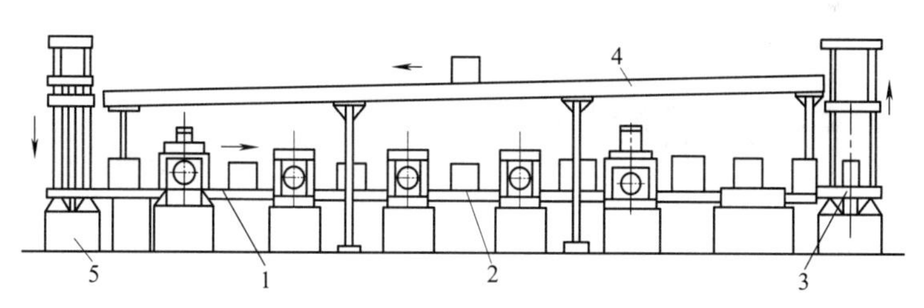

图 6-22　上方返回的随行夹具

1—主输送带；2—随行夹具；3—提升机构；4—滚道；5—下降机构

② 下方返回式。下方返回式与上方返回式正好相反，随行夹具通过地下输送系统返回，如图 6-23 所示。下方返回方式结构紧凑，占地面积小，但维修调整不方便，同时会影响机床底座的刚性和排屑装置的布置。这种布置多用于工位数少、精度不高的由小型组合机床组成的自动线上。

③ 水平返回式。水平返回式的随行夹具在水平面内可通过输送带返回，图 6-24（a）所示的返回装置由三条步伐式输送带 1、2、3 所组成。图 6-24（b）所示为采用三条链条式输送带的随行夹具。水平返回方式占地面积大，但结构简单，敞开性好，适用于工件及随行夹具比较重、比较大的情况。

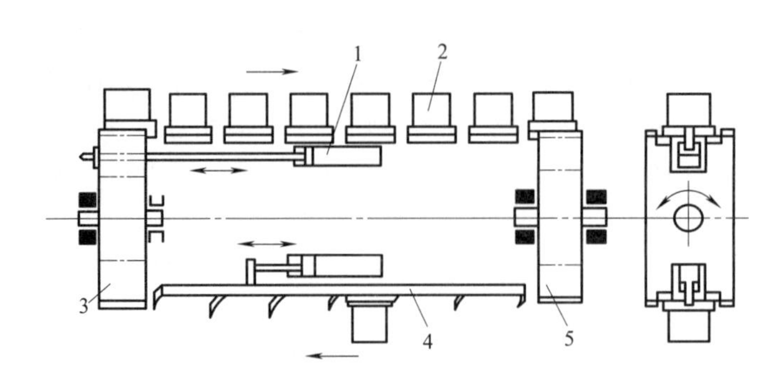

图 6-23　下方返回的随行夹具
1—液压缸；2—随行夹具；3,5—回转鼓轮；4—步伐式输送带

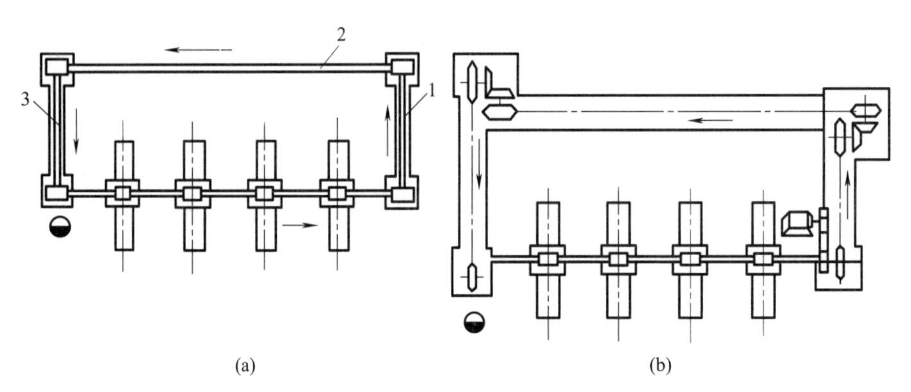

图 6-24　水平返回的随行夹具
1～3—步伐式输送带

6.4　机床上下料装置设计

机床上下料装置是将待加工工件送装到机床的加工位置和将已加工工件从加工位置取下的自动或半自动机械装置，又称工件自动装卸装置。按自动化程度，机床的上下料装置分为人工和自动上下料装置两类。人工上下料通常借助传送滚道或起重机等设备，通过人工操作进行机床的上下料，主要适用于单件小批生产或大型外形复杂的工件。在大批量生产中，通常采用自动化的上下料装置，如料仓式、料斗式、上下料机械手或机器人等。机床上下料装置用于效率高、机动时间短、工件装卸频繁的半自动机床，可使加工循环连续自动进行，成为自动机床，并显著地提高生产效率和减轻体力劳动。

6.4.1　机床上料装置的分类及上下料装置设计原则

(1) 机床上料装置的分类

对于大型零件，其上下料辅助时间占整个生产辅助时间的 50%～70%，中小零件的上下料辅助时间占整个生产时间的 20%～70%。实现上下料的自动化可以减少生产辅助时间，提高劳动生产率和设备利用率。

按工件坯料形式，上料装置可分为卷料上料装置、棒料上料装置、板料上料装置和件料上料装置等几种类型。

① 卷料上料装置。将成卷的线材装在自动送料机构上，加工时材料被拉出经校直后送向加工位置，一般用于自动车床、自动冲床等。

② 棒料上料装置。将一定长度的棒料装在送料管内，机床每加工完一个工件，便由送料机构将棒料按所需长度向机床主轴孔自动送料一次，一般用于自动车床。

③ 件料上料装置。用于单件坯料，分为料斗式和料仓式两种。

④ 板料上料装置。

(2) 机床上下料装置的设计原则

① 上下料时间要符合生产节拍的要求，缩短辅助时间，提高生产率。

② 上下料工作力求平稳，尽量减少冲击，避免工件产生变形或损坏。

③ 上下料装置要尽可能结构简单，工作可靠，以免因夹紧位置不正确或送料长度不足等产生废品或发生事故，且应维护简便。

④ 上下料装置应有一定的适用范围，尽可能地满足多种不同工件的上下料要求。

⑤ 满足零件的一些特殊要求，例如用机器人搬运一些轻薄零件或易碎的零件时，机器人手爪部分应采用较软的材料和自行调整握紧力的大小，以免被夹持工件变形和破碎。

6.4.2 卷料、板料及棒料上料装置

(1) 卷料上料装置

卷料有两类，一类是细长的金属丝，另一类是带状的金属皮、纸张及塑料薄膜等。

卷料上料装置一般由支承张紧装置、校直装置、送料装置和裁切装置等组成。如图 6-25 所示，加工时，将卷料盘装在上料机构上，然后把带料从卷轴上拉出，导辊组 2 把带料展开、校直，并通过送料滚轮 3，再由导板 4 引导松展的带料到达转盘切刀 5，以避免在外界干扰下松展的带料摆动而裁切不整齐。卷料支撑还为卷料的展开提供一定的张力，防止由于惯性而在送料滚轮 3 的牵引下使卷带失去张力。

(2) 板料上料装置

由于薄板零件形状各异，在上下料及加工过程中不易准确定位，增加了上下料的辅助时间，还降低了加工质量。因此，采用自动生产线可以保证大批量生产中的加工质量，自动生产线的首道工序就需要薄板自动上料装置将板料自动送到生产线上。

图 6-26 所示为一种结构简单、制造成本低、高效实用的板料上料装置，主要包含了提升气缸、吸盘及负压阀、检测重板机构等。

提升气缸固定在机架上，气缸中的活塞杆可以带动两个吸盘上下移动，吸盘设计成伸缩式的结构，可以根据料垛的高低调整。当提升气缸带动吸盘向下时，吸盘上的传感器检测下方料架上是否有板料，若无板料则提升气缸带动吸盘退回，报警器报警。若检测到有板料，则负压阀送气产生负压使吸盘吸住板料并提起，到位后，提升气缸上部的磁控开关发出信号，摆动气缸带动摆臂上摆，摆臂上的滚轮与固定在机架上部的滚轮夹住板料，吸盘松开，电机启动，带动上方的磁性滚轮转动，将板料送入滑道，滑道入口处的传感器检测到板料，则驱动滑道中的送料电机继续向前送料。当板料进入滑道，吸盘上方的传感器检测到板料已经送完时，摆臂下摆回位，准备开始下一循环的上料过程。

吸盘采用两脚装置，经负压阀产生吸力吸紧板料，板料表面一般带有油膜，会发生几张板料粘连的现象，因此为了防止多张板料进入下道工序，在上料机上装有检测装置检测抓起的板料厚度。

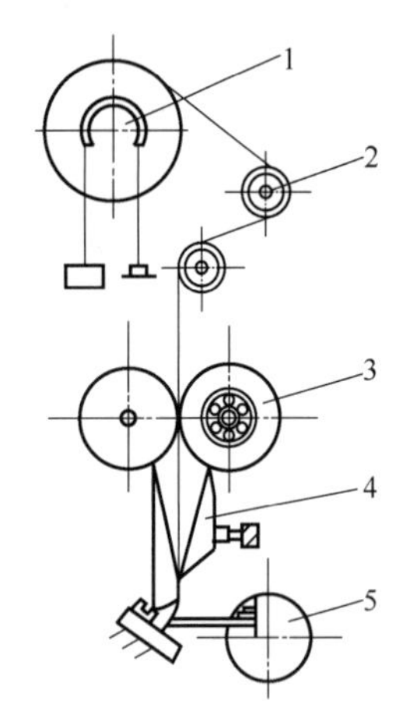

图 6-25　卷料上料装置工作原理图

1—上料机构；2—导辊组；3—送料滚轮；
4—导板；5—转盘切刀

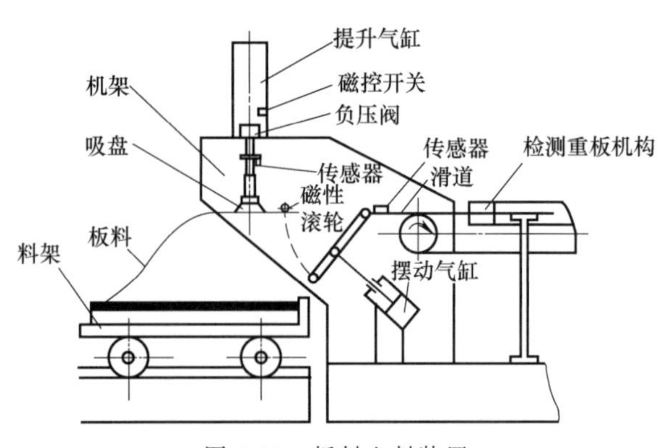

图 6-26　板料上料装置

(3) 棒料上料装置

棒料上料装置在车削加工过程中应用越来越广泛，可实现车削过程自动化，减轻工人的劳动强度，提高生产效率。若配置在普通数控车床上可进一步提高加工过程的自动化程度和加工效率及材料的利用率。

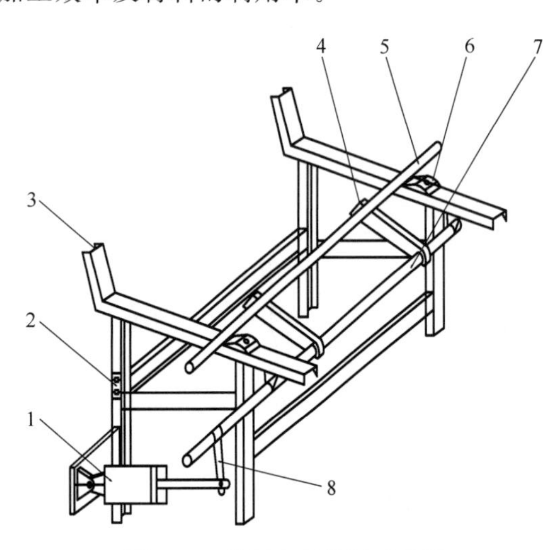

图 6-27　棒料上料装置示意图

1—气缸；2—电磁阀；3—上料架；4—拨叉；
5—棒料；6—挡块；7—连杆轴；8—连杆

图 6-27 是一种棒料上料装置，等待加工的棒料 5 放置在上料架 3 的斜面上，为了避免棒料滚落，在上料架 3 上用螺栓固定限位挡块 6 起阻挡作用。需要上料时，按下上料启动控制电磁阀 2 的按钮，则固定在上料架 3 脚架上的气缸 1 动作，带动与其连接的连杆 8 转动连杆轴 7，固定在连杆轴 7 上的扇形拨叉 4 随着轴 7 的转动而翻转，将棒料 5 拨过限位挡块 6，沿着上料架 3 的斜面滚落入机床的夹紧钳口里。夹紧钳口固定在机床导轨的床鞍上，并由装在导轨上的夹紧气缸夹紧工件棒料 5。当机床开始加工时，安装在机床尾部的进料油缸推动床鞍沿着导轨运行，工件棒料 5 进给并进行切削加工，加工完的棒料 5 被送到机床下料区，松开按钮，上料装置就恢复原始状态。

6.4.3 件料上料装置

件料上料装置主要分为料仓式上料装置和料斗式上料装置。

6.4.3.1 料仓式上料装置

料仓式上料装置将已处于定向状态的零件储存于储料器后供应件料。在上料过程中，需要人工以一定方位把件料定向排列装入料仓，依靠上料机构自动把零件送装到夹具上，由于料仓式上下料装置需要人工定向加料，若零件的加工时间短，会使工人加料过分紧张，影响劳动生产率。因此，料仓式上下料装置一般用于因重量、尺寸或几何形状难以自动定向排列且产量大的工件，如锻件、铸件、由棒料加工成的毛坯和半成品或者加工时间较长的工件，可以实现单人多机操作，提高劳动生产率。

料仓式上料装置由料仓、输料槽、隔料器、上料机构和卸料机构等部分组成。

(1) 料仓

料仓的作用是储存毛坯，为了使料仓导向表面耐磨，用薄钢板制成的料仓要进行热处理。同时希望一人能同时看管多台机床，毛坯的存储量需能保证机床连续工作10～30min。根据坯件在料仓中输送的方式可分为自重输送料仓和强制输送料仓。图6-28所示为靠毛坯自重进料的料仓。

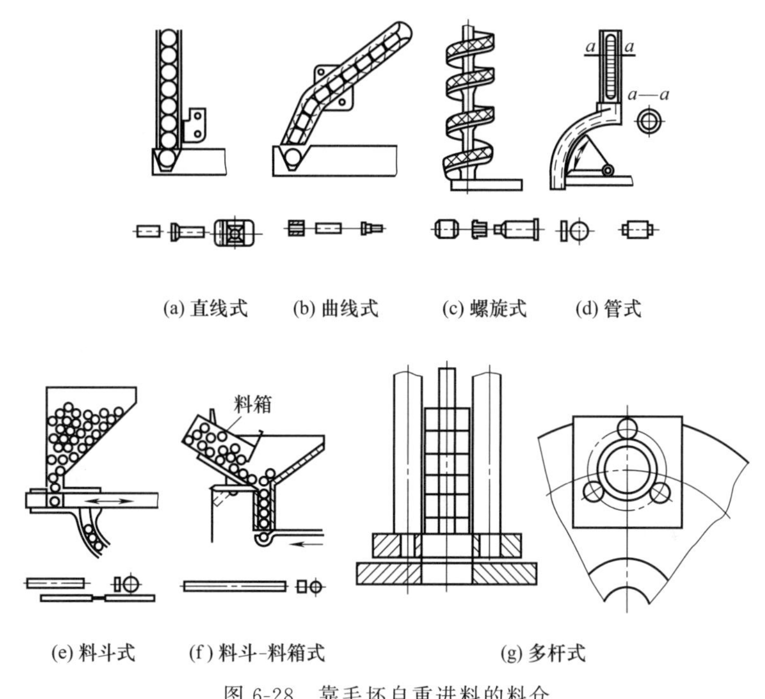

(a) 直线式　(b) 曲线式　(c) 螺旋式　(d) 管式

(e) 料斗式　(f) 料斗-料箱式　(g) 多杆式

图6-28　靠毛坯自重进料的料仓

① 靠毛坯自重进料的料仓。

图6-28（a）为直线式料仓，结构最简单，通常料仓两壁做成开式，以便观察毛坯运动及装料情况。为了适应不同长度的工件，料仓侧壁做成调节式的，同时料仓位置可以垂直或倾斜。

图6-28（b）为曲线式料仓，曲线的形状和倾斜角度要根据料仓的最大容量、保证毛坯在料仓槽中可靠而平稳地运动及装料方便等因素综合确定。曲线式料仓适于板状、轴类、环类、盘类、带头杆状坯件的上料。

图6-28（c）为螺旋式料仓，主要用于圆锥体和具有轴肩的圆柱体的送料，料仓的形状和大小根据毛坯的尺寸和锥度设计。若毛坯长而锥度小，可做成一圈螺旋的料仓；若毛坯是短圆锥体，可做成多圈螺旋的料仓。

图6-28（d）为管式料仓，主要用于平圆盘零件的进料。管式料仓可垂直或倾斜安装在机床上，在管上开出两道纵向槽利于观察和装填毛坯。适于中小型盘状、环状的毛坯件的

送料。

图 6-28（e）为料斗式料仓，容积较大，人工装料可以间隔较长时间。为防止在落料口处毛坯堆积而堵塞出口，在落料口处装有毛坯搅动机构，搅拌器有齿形、杠杆式、菱形、凸块搅拌器以及电磁振动器等结构形式。为适用不同长度的毛坯，料仓侧壁位置可以调节。适于加工中、小型的轴、盘、环类零件的毛坯。

图 6-28（f）为料斗-料箱式料仓，在料斗上方放置料箱，可以加快装料速度。先将毛坯按要求的方位装在料箱中，需要时，把装满的料箱放在料斗上，揭开料箱的活动底板，毛坯就从料箱落于料斗内，实现自动上料，一个料仓可以配备几个料箱，保证毛坯储备。

图 6-28（g）为多杆式料仓，根据上料杆的距离是否可调分为固定式和可调式，可调式中上料杆的长度可根据不同工件的长度进行调整。适于环类和盘类零件的毛坯上料。

② 强制送进的料仓。当毛坯的质量较轻不能保证靠自重可靠地落入送料器中，或毛坯的形状复杂不便靠自重送进时，可采用强制送料的料仓，如图 6-29 所示。

图 6-29（a）所示为重锤式料仓，可由重锤的重力推动毛坯运动。

图 6-29（b）所示为链式料仓，毛坯放在链条凹槽或钩子上，靠链条的传动把毛坯送到规定位置。多用于多轴自动机床和单轴转塔自动车床上，送进长的轴和套筒等。

图 6-29（c）为圆盘式料仓送料机构，料仓是一个圆盘，毛坯装在圆盘周边的料槽中，通过间歇式旋转将毛坯对准接收槽，并沿接收槽滑到送料器中。常用于圆盘、套筒、光轴和阶梯轴等零件的毛坯送料。

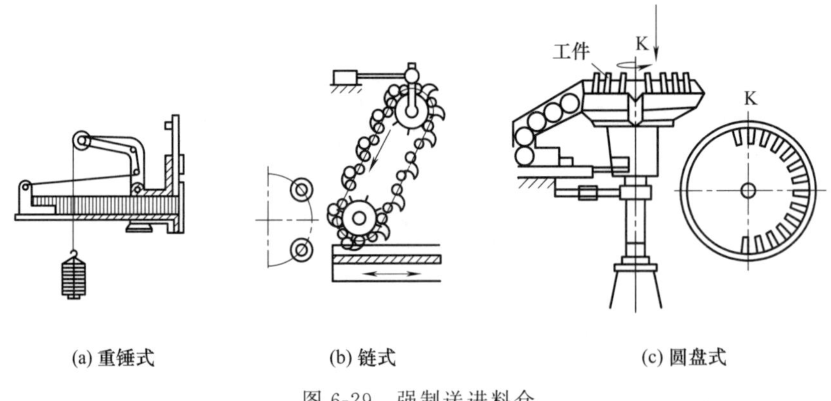

图 6-29 强制送进料仓

(2) 输料槽

输料槽的作用是将工件从料仓（或料斗）输送到上料机构中，有时还兼有储料的作用。输料槽按其外部形状分，有直线形、曲线形和螺旋形等形式；按工件在输送时的运动状态分，有滚道式输料槽和滑道式输料槽等。输料槽的具体形式和结构，与工件的形状、尺寸以及上料装置在机床上的配置情况等有关。

在图 6-30 中表示了工件以滚动方式输送的几种典型输料槽。图 6-30（a）是箱形截面开式料槽，图 6-30（b）是箱形截面闭式料槽，用于输送圆柱形、盘状或环状工件。当输料槽倾斜角较大、工件滚送速度较高时，为了防止工件因碰撞而跳出槽外，采用图 6-30（b）所示的闭式料槽。图 6-30（c）为输送阶梯形盘类工件，输料槽底部结构根据工件的具体形状设计。图 6-30（d）为输送长杆状阶梯工件（如发动机的阀门），工件头部直径大而杆身细长，为防止在滚动过程中工件偏斜或因头部较重而使杆身翘起，头部一边做成闭式料槽。图

6-30（e）为蛇形料槽，也称阻尼料槽，工件有时需倾角很大，甚至是从垂直的料槽中落到上料机构，这种料槽是为减缓工件下落的速度，避免产生过大冲击而设计的。图 6-30（f）为输送齿轮类工件，为了避免轮齿互相啮合而卡住，在料槽中安装可绕轴销 2 摆动的隔离块 1，当前一齿轮压在隔离块 1 小端时，扇形大端向上翘起，后一个齿轮挡住。

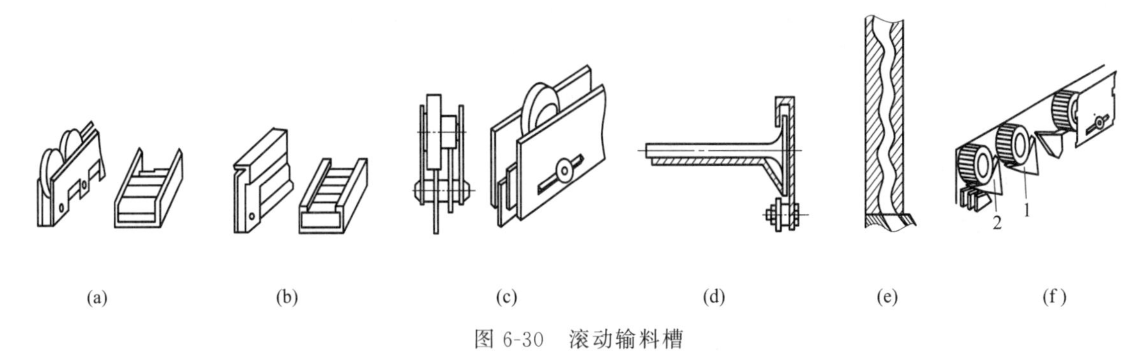

图 6-30 滚动输料槽

(3) 隔料器

隔料器的作用是把待加工零件的毛坯（通常是一个）从料仓中的许多毛坯中隔离出来，使其自动进入送料器，或由隔料器直接将其送到加工位置。在后一种情况下，隔料器兼有送料器的作用。常用的隔料器有如图 6-31 所示的几种形式。

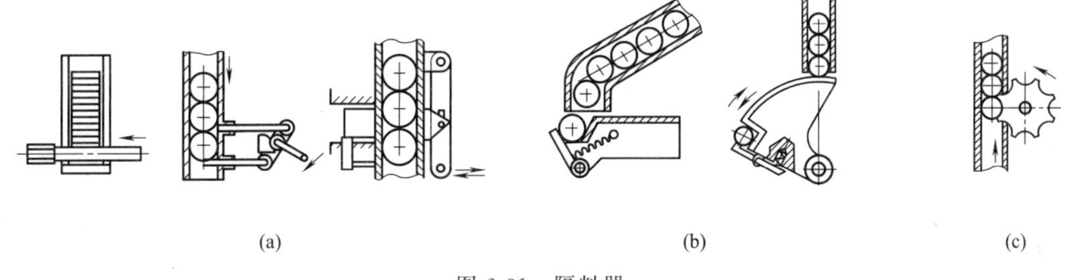

图 6-31 隔料器

① 杆式隔料器。如图 6-31（a）所示，隔料器通常做往复直线运动，每做一次往复运动，都可以从料槽中分离出一个毛坯，由送料器将其送走，图中分为气缸和弹簧传动、机械传动的销式、旋转运动的隔料器三种方式。

② 送料器兼作隔料器。如图 6-31（b）所示，在送料器送毛坯到加工位置的过程中，送料器的上表面将料仓的通道隔断，完成隔料功能。

③ 鼓轮式隔料器。如图 6-31（c）所示，毛坯从送料槽落入圆盘的成形槽内，靠圆盘的转动将其送至送料器。圆盘外圆面用来隔离送料槽中的毛坯。因圆盘上的成形槽较多，所以一周能送出多件毛坯。

(4) 上料机构

上料机构（送料器）的作用是将从料仓或料斗经输料槽送来的工件送到机床上预定位置。工作时先由送料器将工件从输料槽出口送到上料位置，然后上料杆将工件推入机床主轴夹头或其他类型的夹具中。根据其运动特性，送料器分为直线往复式、摆动往复式、回转式和连续式四种类型。

① 直线往复式送料器。如图 6-32（a）所示，送料器有容纳毛坯的槽，接收从料仓落下的毛坯，当送料器向左运动时，毛坯被送到机床加工位置，料仓中其他毛坯被送料器的上表

面隔住，因此可兼作隔料器。这种送料器适用于单工位机床，中小型轴类坯件的上料，结构简单，工作可靠，送料速度较低，是应用广泛的一种送料器。

② 摆动往复式送料器。如图 6-32（b）所示，当料仓从垂直位置摆动到倾斜位置时，外圆弧面起到隔料作用，挡住料槽中的毛坯，而料仓中最下部毛坯的轴线正好和主轴中心线重合，由顶料杆将其顶出料仓，放入机床主轴夹具中，待顶料杆退出后，料仓即摆回原来的水平位置，料槽中的毛坯即往料仓补充。这种送料器具有上料速度较高、占地少的优点，主要适用于单工位机床，圆盘、圆环及短轴类坯件的上料。

③ 回转式送料器。图 6-32（c）所示的送料器中圆盘朝一个方向连续旋转，毛坯从料仓送入圆盘的孔中，由圆盘带到加工位置，加工完毕后工件又被推出。因为做单方向的间歇回转运动，与做往复运动的送料器相比，具有工作平稳、送料速度较高、生产率较高等优点。但由于送料器绕固定的中心回转，不能全部退出机床的工作空间，因此其应用要受到一定的限制。

④ 连续式送料器。在无心磨床、双端面磨床上加工圆柱体、环形、盘形和套类零件时，因生产率很高，常采用连续传送的送料器，如图 6-32（d）所示。圆柱形辊子 1 和圆锥形辊子 2 的一边母线平行排列，由电机 3 通过减速器和皮带传动做同方向回转，工件在两个辊子上在圆周方向的摩擦力的带动下而不停地回转，以保持向前运送的稳定性，同时借助圆锥辊子上产生的轴向分力将工件推向前进。

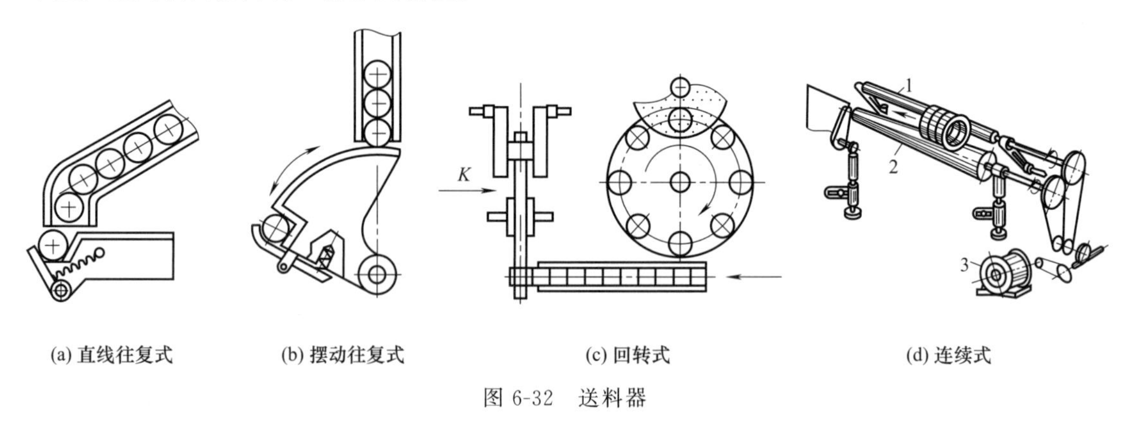

(a) 直线往复式　(b) 摆动往复式　(c) 回转式　(d) 连续式

图 6-32　送料器

(5) 上料杆和卸料杆

上料杆主要用来将毛坯件推入加工位置。卸料杆也称推料杆，主要用来将加工好的工件推出加工位置。如图 6-33 所示。

在上料过程中为了保证毛坯送进位置的准确性，可以采用挡块控制。如图 6-33（a）所示，此装置利用筒夹上的台肩作为限位挡块。如图 6-33（d）、（e）所示，为了保证把具有较大长度误差的毛坯可靠地顶在挡块上，上料杆行程要稍微大于毛坯实际的送进长度，为了送料平稳，上料杆应带有缓冲弹簧。如图 6-33（f）所示，上料杆装在转塔刀架的工具孔中，转塔刀架带动上料杆可以将毛坯准确地顶入主轴筒夹孔内［图 6-33（c）］。上料杆行程的准确度决定了毛坯送进的准确度，为了保证送料精度，上料杆长度固定。

卸料的方式有两种，一种如图 6-33（a）所示，卸料杆 3 装在弹簧夹头 2 内，当上料杆将工件 1 送入夹头时，强行将卸料杆 3 向内推入并压缩弹簧 4，当夹头夹紧工件后，整个加工过程中弹簧 4 一直处于压缩状态，加工完毕后夹头一经松开，卸料杆便在弹簧 4 的作用下将工件顶出，螺母 5 用以限制卸料杆伸出后的位置。这种结构比较简单，缺点是当工件在弹簧力冲击下推出夹头时，会撞到其他部件或接料容器上，也不易保证工件在卸下后保持正确的方向，所以当工件表面精度要求高或卸料杆的弹簧力不宜过大时不采用此方式，若在自动线生产中要求工件卸下后保持一定的方向送到下一台机床时，也不宜采用此方式卸料。

固定长度式卸料杆如图 6-33（b）所示，卸料杆装在主轴内部，当毛坯被送入时，杆后退，毛坯加工完后，夹料筒夹松开，卸料杆把工件从筒夹中推出，再回到原位。

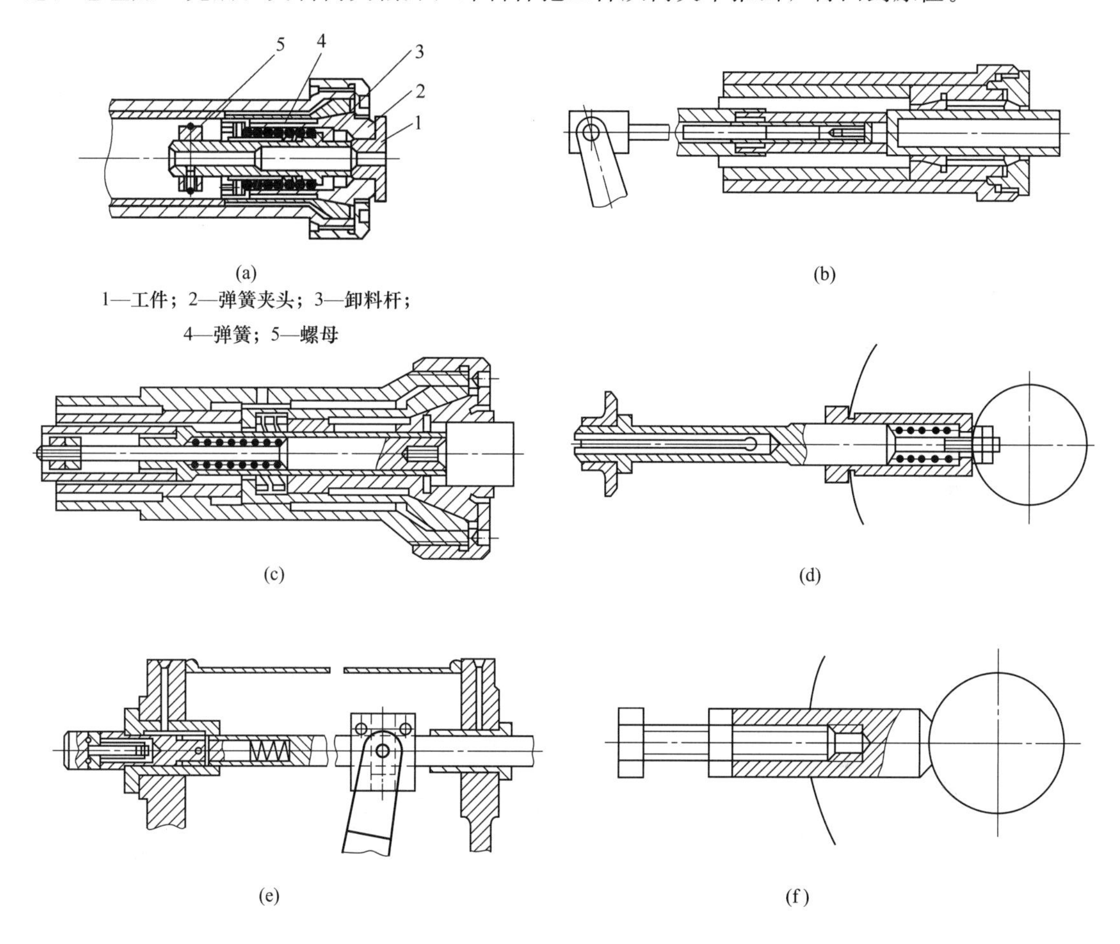

图 6-33　上料杆和卸料杆

6.4.3.2　料斗式上料装置

料斗式上料装置与料仓式上料装置的主要不同点在于，它可对储料器中杂乱的工件进行自动定向整理再送入机床，工件成批倒入料斗，定向排列、传送、安装到夹具全部自动完成，不需人工干预。主要用于大批量、形状简单、重量较小、加工时间短的工件，如紧固件、轴承、小五金等。

料斗式上料装置主要由装料机构、储料机构组成。装料机构由料斗、搅拌器、定向器、剔除器、分路器、送料槽、减速器等组成。储料机构由隔离器、上料器等组成。

（1）料斗

料斗是盛装工件的容器，工件在料斗中完成定向过程，并按次序送到料斗出口处，即输料槽，故在料斗中装有定向器。根据在料斗中获取工件、使工件进入送料槽的方式，可以分为以下几种典型结构。

① 叶轮式料斗。图 6-34（a）所示的叶轮式料斗装置由料仓和叶轮组成，叶轮在旋转过程中将姿势正确的工件从料堆中分离出来，因此叶轮具有定向器和搅拌器的双重作用。

② 摆动式料斗。图 6-34（b）所示为一种摆动式料斗装置，由一个锥形料仓 1 和一个绕支点 3 摆动、顶部有与工件形状相适应的定向槽的摆板 2 组成。当摆板 2 绕支点 3 做上下摆动时，落入其顶部定向槽内的工件便沿该槽滑入送料槽 4 中，其余落回料仓。摆板具有定向器和搅拌器的作用。

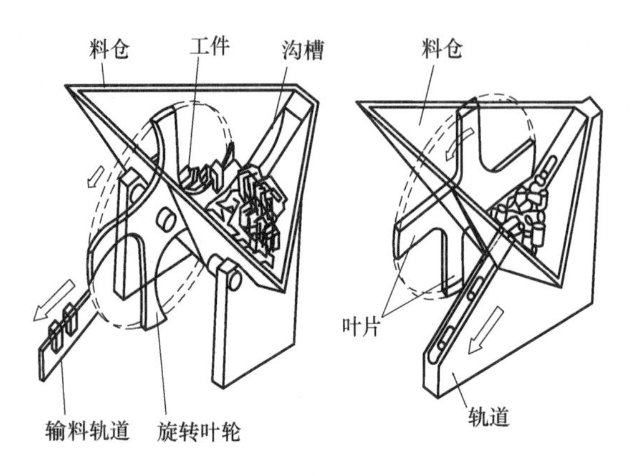

(a) 叶轮式料斗

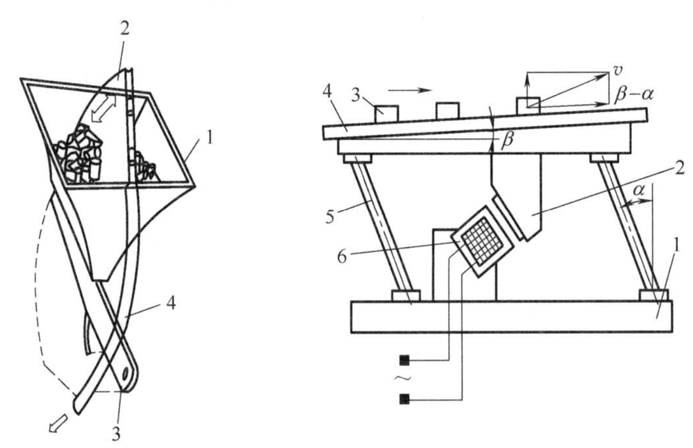

(b) 摆动式料斗
1—料仓；2—摆板；3—支点；4—送料槽

(c) 振动式料斗
1—工件；2—滑道；3—弹簧；
4—线圈；5—衔铁；6—底座

图 6-34　料斗

③ 振动式料斗。振动式料斗的工作原理不同于机械传动的料斗，它借助于电磁力产生微小的振动，依靠惯性力和摩擦力的综合作用驱使工件向前运动，并在运动过程中依靠定向元件自动定向。

图 6-34（c）是振动送料的工作原理，滑道 2 用板弹簧 3 支承在底座 6 上，电磁振动器的铁芯和线圈 4 固定在底座 6 上，衔铁 5 固定在滑道 2 的底部。滑道 2 与水平面呈一很小的角度 α，弹簧 3 与铅垂面呈 β 角。当工频交流电或经半波整流通入线圈后，在电流从零到最大的 1/4 周期内吸力逐渐增大，滑道被吸引向左下方运动，而当电流从最大逐渐到零时，滑道在板弹簧的作用下向右上方回复。由此不断产生往复振动，处于滑道上的工件 1 便产生自左向右、由低到高的移动。

振动式料斗装置没有机械的搅拌、撞击和强烈的摩擦作用，因而工作平稳，同时具备结构简单、易于维护、通用性强等优点，适用于精加工工件以及薄壁、弹性、脆性的工件，对于形状特性不同的工件，只需改变定向元件，缺点是噪声较大，料斗中必须保持洁净。

(2) 搅拌器

为了防止工件在进入送料槽时产生拱形阻塞［图 6-35（a）］，导致料斗中的工件不能到达落料孔处，在料斗中常装有搅拌器，图 6-35（b）～(e) 所示为常用的几种搅拌器形式。

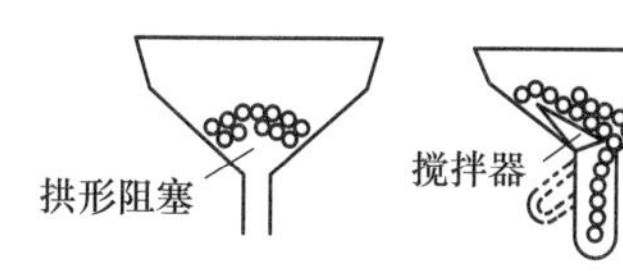

(a) 拱形阻塞　(b) 摇摆杠杆搅拌器

(c) 转动缺口盘搅拌器

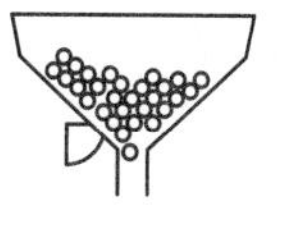

(d) 摆动隔板搅拌器

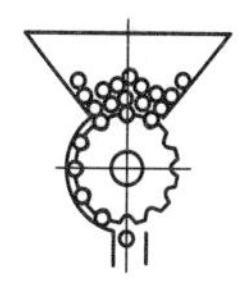

(e) 送料器兼作搅拌器

图 6-35　拱形阻塞及搅拌器的结构形式

(3) 定向器

工件在料斗内或料斗外的送料槽中进行定向，使工件按一定的位置顺序排列。定向器的作用是矫正工件的位置，并剔除位置不正确的工件。

如图 6-36 所示，常用的定向方法有以下几种。

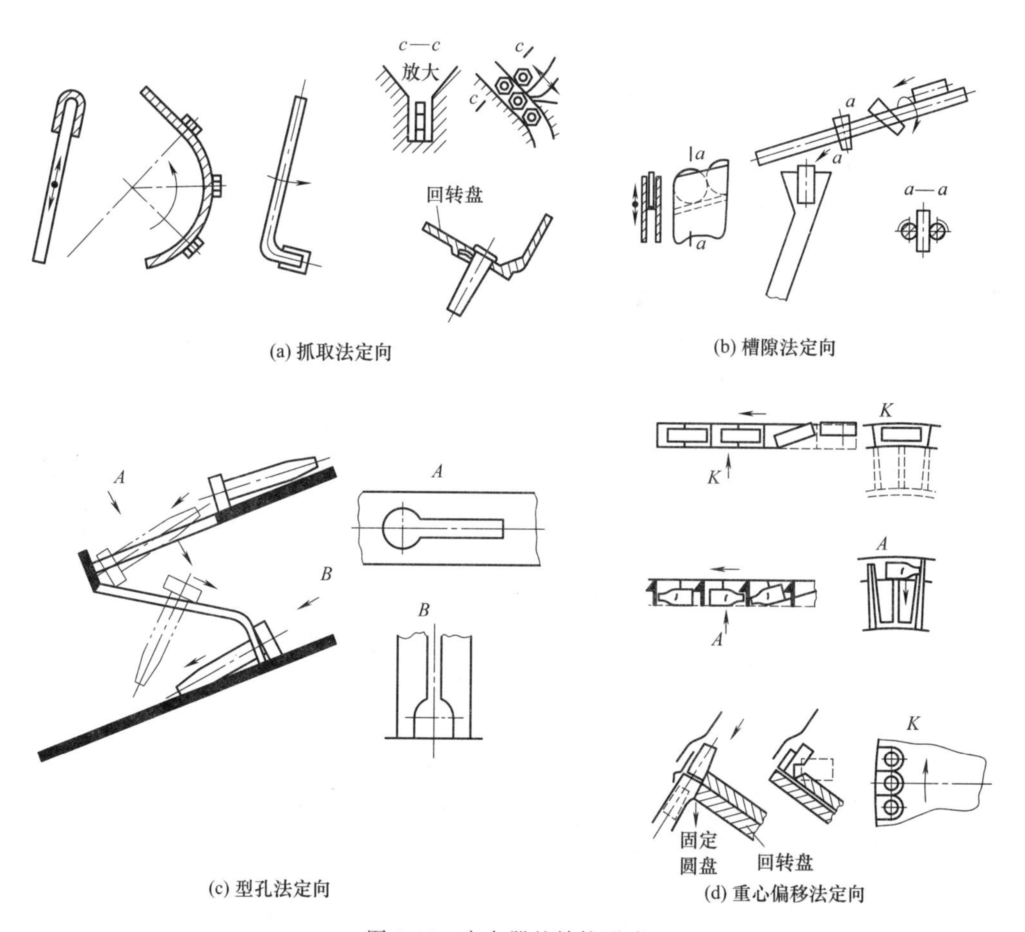

(a) 抓取法定向　(b) 槽隙法定向

(c) 型孔法定向　(d) 重心偏移法定向

图 6-36　定向器的结构形式

① 抓取法：利用运动的钩、销抓取工件的某一部位，图 6-36（a）中的定向机构是做直线往复运动的滑块，滑块上的斜面使工件定向。

② 槽隙法：使工件落入定向机构的沟槽或缝隙中定向排列，如图 6-36（b）所示。

③ 型孔法：利用定向机构上的型孔分选工件，当工件方位与型孔一致而落入型孔时就得到定向，如图 6-36（c）所示。

④ 重心偏移法：对于一些在轴线方向重心偏移的工件，可以利用这一特性，使重端倒向一个方向。对于某些重心偏移不太明显的工件，则在料斗中用一些简单的构件人为地造成重心偏移，借以使之定向，如图 6-36（d）所示。

(4) 剔除器

定向机构根据工件形状、尺寸和重心偏移等特点剔除定向不正确的工件，使之调头或转向达到正确定向。振动料斗通常采用这种定向机构。图 6-37 中挡板剔除直立的和头部靠内壁的工件，而平卧的工件杆身落入槽隙且头部挂在上面。

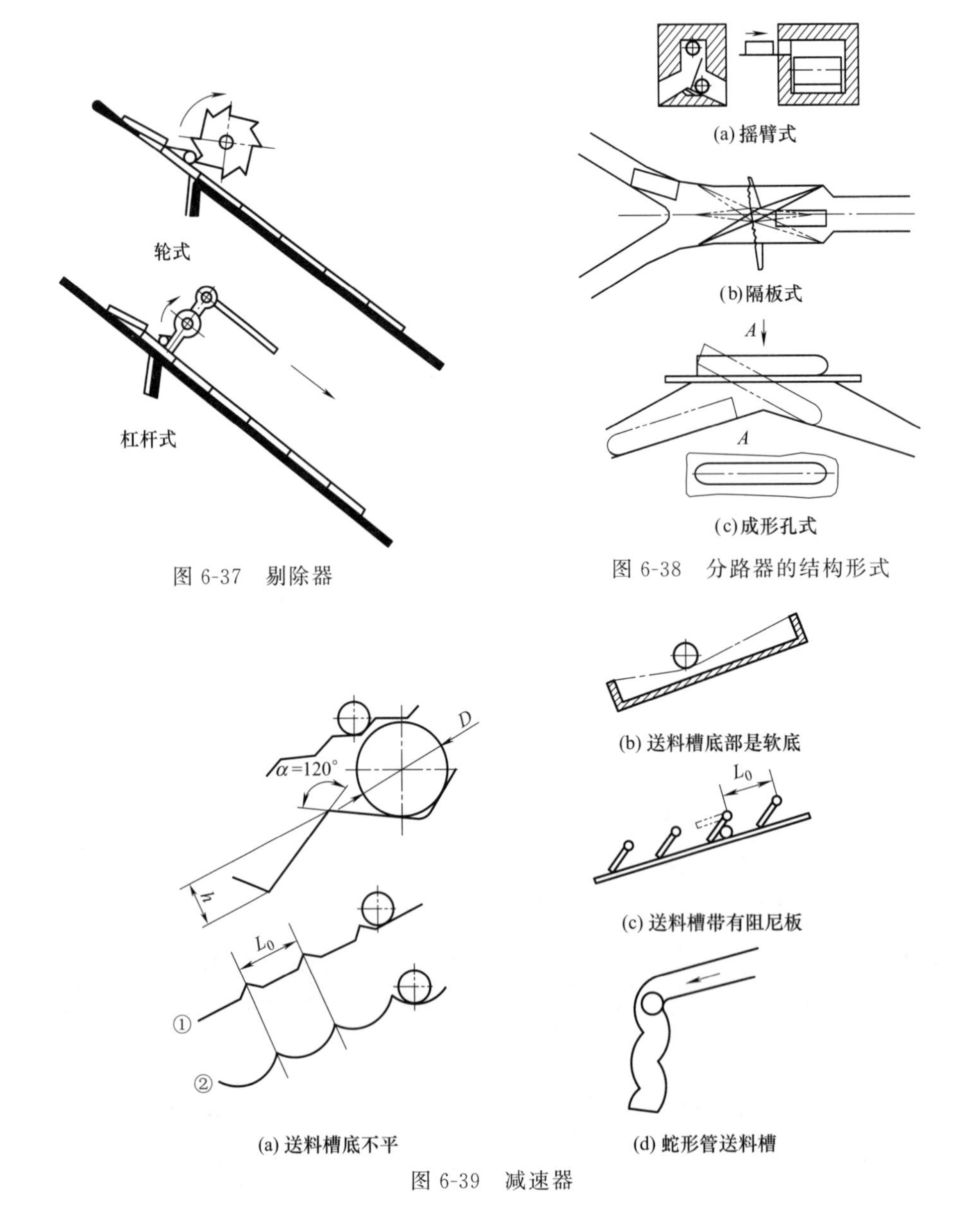

图 6-37 剔除器

图 6-38 分路器的结构形式

图 6-39 减速器

(5) 分路器

分路器的作用是把运动的工件分为两路或多路，分别送到各台机床，用一个料斗同时供应多台机床工作。图 6-38 表示了几种分路器的结构形式，有摇臂式、隔板式和成形孔式等。

(6) 减速器

工件在长度较大的送料槽中靠重力移动时，可能产生较大的速度，以致移动到终点时发生碰撞，造成机件或工件的损坏，故在送料槽上应采取一些减速措施，如图 6-39 所示。图 6-39 (a) 是送料槽底部不是平面的情况，工件在上面移动时受到一定的阻力；图 6-39 (b) 是送料槽底部是软底的情况；图 6-39 (c) 是送料槽带有阻尼板的情况；图 6-39 (d) 采用了蛇形管送料槽。

6.5 自动化立体仓库设计

立体仓库是采用多层货架以货箱或托盘储存货物，用巷道堆垛起重机及其机械进行作业的仓库。自动化仓库是指由电子计算机进行管理和控制，不需要人工搬运作业而实现收发作业的仓库。将上述两者相结合称为自动化立体仓库。

自动化立体仓库是一种用高层立体货架储存物资，用计算机系统管理和控制堆垛运输车进行存取作业的仓库。它的功能已从单纯的物资储存保管，扩展到物品的接收、分类、计量、包装、分拣、配送等。本节提到的自动化仓库均指自动化立体仓库。

6.5.1 自动化立体仓库的优点

① 用高层货架存储货物，货物存放实现集中化、立体化，减少占地面积，能充分利用仓库的地面和空间，可节省库存占地面积，提高空间利用率。

② 仓库作业的机械化和自动化减轻了工人的劳动强度，节约了劳力，缩短了作业时间，加快了货物的存取节奏，提高了企业生产管理水平。

③ 计算机能有效管理仓库的存储，准确地对各种信息进行存储和管理，使物品入库迅速、准确，减少待装待卸时间，缩短交货时间，便于清点和盘库，合理减少库存，减少货物和信息处理中的差错，加快了资金周转，节约了流动资金，提高了仓库的管理水平。

6.5.2 自动化立体仓库的构成

自动化仓库涉及的机械装备包括高层货架、托盘和货箱、堆垛机、出入库装卸站等。

(1) 高层货架

在自动化仓库中，货架指专门用于存放成件物品的保管设备。按货架高度不同可分为高层（>15m，一般用于立体仓库）货架、中层（5～15m，可用于立体仓库）货架、低层（<5m，一般用于普通仓库）货架；按货架载重量不同可分为轻型货架（每层货架的载重量小于 150kg，如超市货架）、中型货架（每层货架的载重量在 150～500kg，如中型工业货架）和重型货架（每层货架的载重量在 500kg 以上，如重型工业货架）。

(2) 托盘和货箱

托盘和货箱是用于承载货物的器具，基本功能是装物料，同时还要便于叉车和堆垛机的叉取和存放。托盘多用钢、木或塑料制成。常用的托盘有平托盘、柱式托盘、箱式托盘及轮式托盘。

(3) **堆垛机**

堆垛机是一种仓储设备，是采用货叉或串杆作为取物装置，在仓库、车间等处获取、搬运和堆垛或从高层货架上取放单元货物的专用起重机。它的主要作用是在立体仓库的通道内来回运行，将位于巷道口的货物存入货架的货格，或者取出货格内的货物运送到巷道口。

堆垛机具有以下特点：①作业效率高，可在短时间内完成出入库作业，最高运行速度可以达到500m/min；②提高仓库利用率，堆垛机自身尺寸小，可在宽度较小的巷道内运行，适合高层货架作业；③自动化程度高，堆垛机可实现远程控制，作业过程无须人工干预，便于管理；④稳定性好，堆垛机具有很高的可靠性，保证了工作时良好的稳定性。

常用的堆垛机按结构形式分为单立柱堆垛机和双立柱堆垛机，如图6-40所示，图6-40(a)为单立柱堆垛机，一般由一根立柱和上下横梁（或只有下横梁）组成，自重较小，刚性较差，起重量在2t以下，适于高度不大于16m的仓库；图6-40(b)为双立柱堆垛机，由两根立柱和上下横梁组成一个框架，具有很好的整体刚性，起重量在5t以上，并能够高速运行，快速启动、制动，适合于各种高度的仓库。

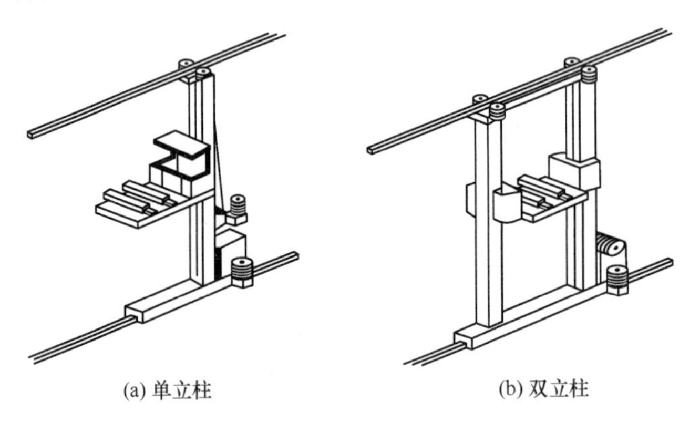

(a) 单立柱　　(b) 双立柱

图6-40　堆垛机

按有无导轨一般分为有轨巷道式堆垛机和无轨巷道式堆垛机。目前，在自动化仓库中运用的主要作业设备有有轨巷道式堆垛机、无轨巷道式堆垛机和普通叉车，主要性能比较见表6-2。

表6-2　各种设备的性能比较

设备名称	巷道宽度	作业高度	作业灵活性	自动化程度
普通叉车	最大	<5m	任意移动，非常灵活	一般为手动，自动化程度较低
无轨巷道式堆垛机	中	5～12m	可服务于两个以上的巷道，并完成高架区以外的作业	可以进行手动、半自动、自动及远距离集中控制
有轨巷道式堆垛机	最小	>12m	只能在高层货架巷道内作业，必须配备出入库设备	可以进行手动、半自动、自动及远距离集中控制

巷道式堆垛机由起升机构、运行机构、货叉伸缩机构、机架、载货台、电器设备及安全保护装置等组成。

起升机构的作用是使载货台做升降运动。起升机构由电机、减速器、制动器、卷绕系统等组成。通过减速装置使卷筒（链卷筒）转动，将钢丝绳（链条）卷入（链卷筒）。钢丝绳（链条）绕过机架立柱顶部的定滑轮（链轮）与载货台相连，因此钢丝绳（链轮）就牵引载货台上升。当到达指定的货格位置时，制动器动作，使载货台平稳、准确地停止。起升机构的工作速度一般为15～30m/min，最高48m/min，低速挡为3～5m/min，在此速度运行是为了使载货台平稳和准确地停在规定的位置上。

运行机构用来使巷道式堆垛机在高层货架巷道内来回穿梭运行。巷道式堆垛机按照运行车轮所在位置的不同，分为地面运行式和上部运行式。

① 有轨巷道式堆垛机。有轨巷道式堆垛机是指沿着预先铺设的轨道运行的堆垛机，如图6-41（a）所示。有轨巷道式堆垛机由钢轨、带钢轮的立柱、货叉组成，带钢轮的立柱在钢轨上运行，货叉在立柱上上下运动，以调节高度。有轨巷道式堆垛机可以在地面导轨上行走，利用上部的导轨防止摆动或倾倒；或者相反，在上部导轨上行走，利用地面导轨防止摆动或倾倒。有轨巷道式堆垛机可分为单立柱堆垛机和双立柱堆垛机。

有轨巷道式堆垛机整机高而窄，因此对结构的刚度、精度及安全要求高，取物装置复杂，电力拖动系统需同时满足快速性、平稳性和准确性三个方面的要求。

② 无轨巷道式堆垛机。无轨巷道式堆垛机又称高架叉车或三向堆垛叉车，如图6-41（b）所示。与有轨巷道式堆垛机的区别是它可以沿着不同的路径水平运行，叉车向运行方向两侧进行堆垛作业时，车体无须做直角转向，前部的货叉做直角转向及侧移即可，减少作业通道，提高面积利用率；此外，高架叉车的起升高度比普通叉车要高，一般在6m左右，最高可达13m，提高了空间利用率。

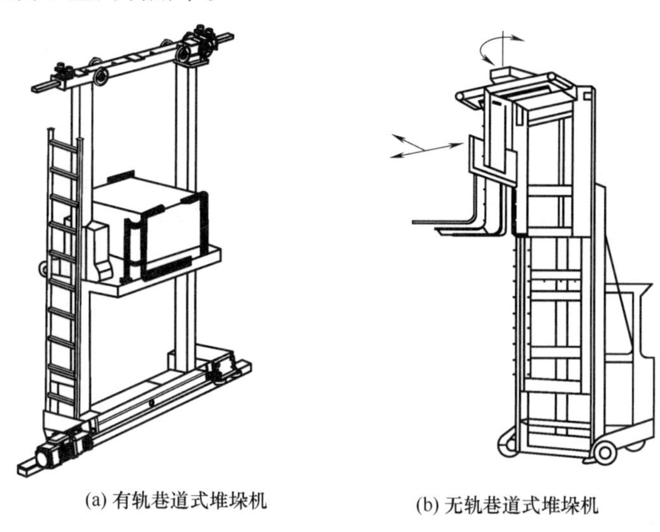

(a) 有轨巷道式堆垛机　　(b) 无轨巷道式堆垛机

图6-41　巷道式堆垛机

(4) 出入库装卸站

出入库装卸站在自动化立体仓库的巷道端口处，首先入库物品运输到出入库装卸站上，由堆垛机将其送入仓库，出库物品由堆垛机自仓库取出后，也放在出入库装卸站上，再由运输工具运往别处。

出入库装卸站的数量与布局决定了自动化仓库的物流形式，如图6-42所示。图6-42(a)～(c)分别为一条巷道两个货架合用一个出入库装卸站、合用一个出库装卸站和一个入

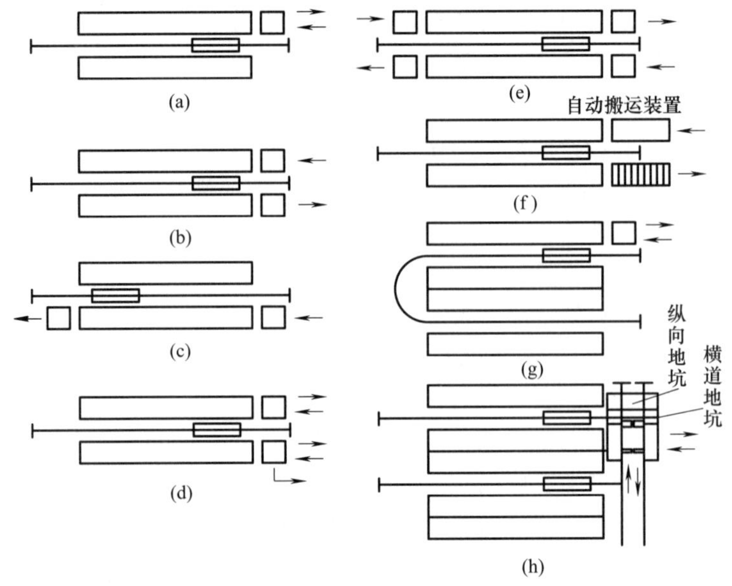

图 6-42 自动化仓库的物流形式

库装卸站、出入库装卸站位于巷道两端的情况；图 6-42（d）为每个货架都有自己的出入库装卸站的情况；图 6-42（e）为每个货架的出入库装卸站都位于货架两端的情况；图 6-42（f）为每个巷道合用在一个货架端部的入库装卸站的情况，在另一个货架最下层有滚道，堆垛机从仓位取出的货物就近放于任意滚道上，由滚道传送装置将其送到出库装卸站；图 6-42（g）为两条巷道合用一个堆垛机和一个入库装卸站的情况；图 6-42（h）为所有巷道合用一个出入库装卸站的情况，该站可在横向地坑内移动，以便接收每个巷道堆垛机进出的货物或向其输送货物。

6.5.3 自动化立体仓库的分类

自动化仓库是一个复杂的综合自动化系统，作为一种特定的仓库形式，一般有以下几种分类方式。

(1) 按建筑形式

按建筑形式可以分为整体式和分离式。图 6-43（a）为整体式仓库，仓库的货架不但用于存放货物，同时又是仓库建筑物的柱子和仓库侧壁的支撑，即仓库建筑与货架成为一个不可分开的整体。整体式仓库具有技术水平高、投资大和建设周期长等问题，适用于大型企业和流通中心。图 6-43（b）为分离式仓库，仓库的货架独立存在，建在建筑物内部。它可以

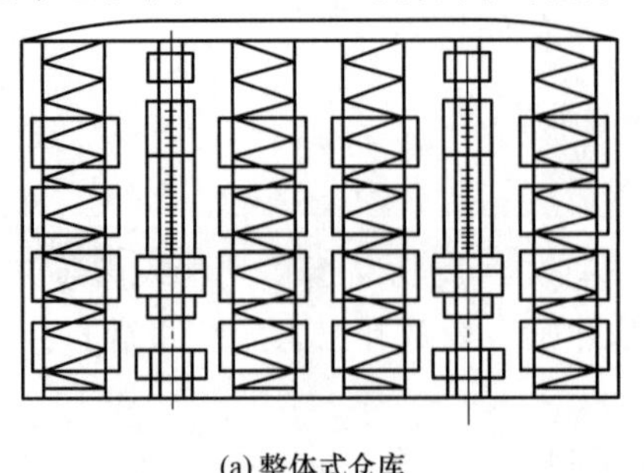
(a) 整体式仓库

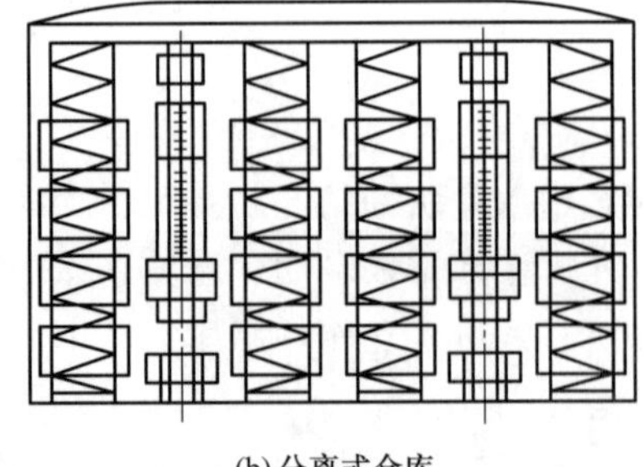
(b) 分离式仓库

图 6-43 自动化仓库

将现有的建筑物改造为自动化仓库，也可以将货架拆除，使建筑物用于其他目的。

(2) 按规模

按储存规模，自动化立体仓库可划分为小型（库容量2000个托盘以下）、中型（库容量2000～5000个托盘）和大型（库容量5000个托盘以上）。

(3) 按货物存取方式

按货物存取方式，自动化立体仓库可分为单元货架式、移动货架式和拣选货架式。单元货架式是一种最常见的结构，货物先放在托盘或集装箱内，再装入仓库货架的货位；移动货架式中的货架可以在轨道上行走，由控制装置控制货架的合拢和分离，作业时货架分开，在巷道中可以进行作业，不作业时可将货架合拢，只留一条作业巷道，从而节省仓库面积，提高空间的利用率；拣选货架式仓库的分拣机构是核心部分，可分为巷道内分拣和巷道外分拣，每种分拣方式又分为人工分拣和自动分拣。

(4) 按货架构造形式

按货架构造形式，自动化立体仓库分为单元货格式、贯通式、水平移动式和旋转式。

① 单元货格式仓库，也称巷道式仓库，应用广泛，适用于少批量、多品种货物的存放，如图6-44所示。巷道两侧是多层货架，堆垛机上的装卸托盘可在多层货架的货格中存取货物，堆垛机在巷道中的轨道上移动，巷道端部为入口装卸站。因巷道占去了1/3左右的面积，为了提高仓库面积利用率，可将货架合并，从而形成贯通式仓库。

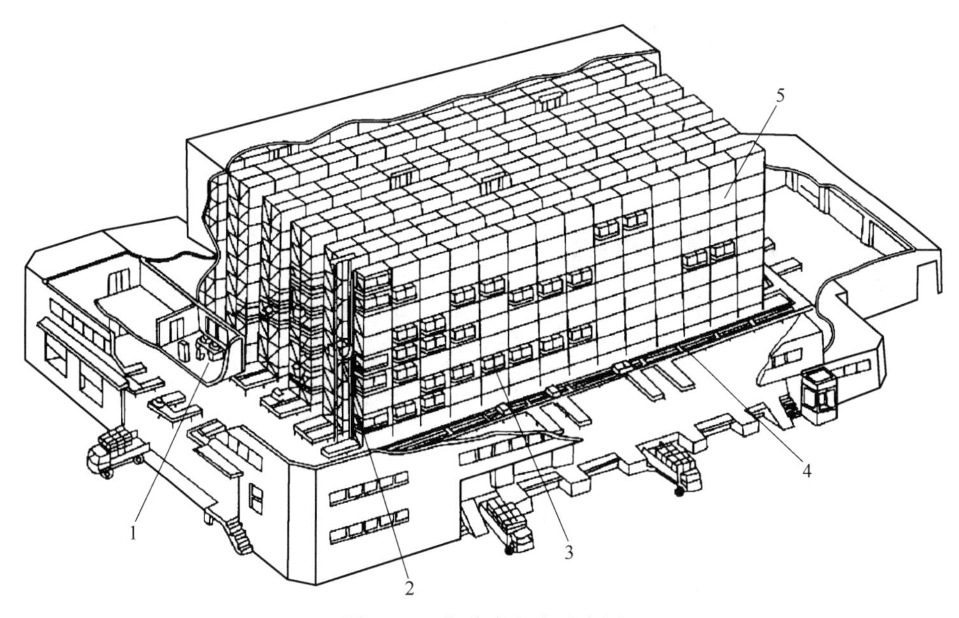

图6-44　巷道式仓库示意图

1—控制室；2—堆垛机；3—货物；4—输送机；5—高层货架

② 贯通式仓库。为了提高仓库利用率，可以取消位于各排货架之间的巷道，将货架合并在一起，使每一层、同一列的货物互相接着，在另一端由出库起重机取货，成为贯通式仓库，同样的空间内比通常的托盘货架几乎多一倍的储存能力，最大限度地提高库容利用率。根据货物在仓库的移动方式，贯通式仓库可分为重力式货架仓库和梭式小车货架仓库。

a. 重力式货架的每一个货格就是一个具有一定坡度的滑道。入库起重机将货物装入滑道，货物单元能够在自重作用下，自由地从入库端向出库端移动，直至滑到出库端或者碰上已有的货物单元停住为止，如图 6-45 所示。为减少货物与货架之间的摩擦力，货格滑道上设有辊子或滑轮，当滑道出库端的第一个货物单元被出库起重机取走之后，后面的货物单元在重力作用下依次向出库端移动一个货位。适用于存储品种不多、数量较大的货物。

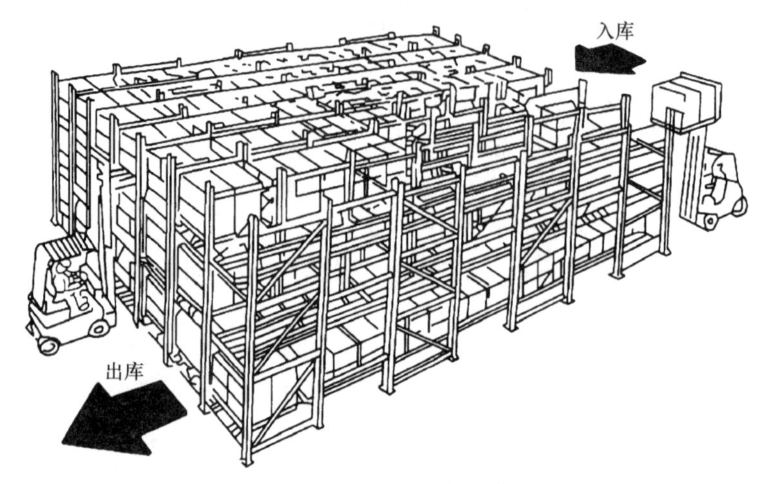

图 6-45 重力式货架仓库

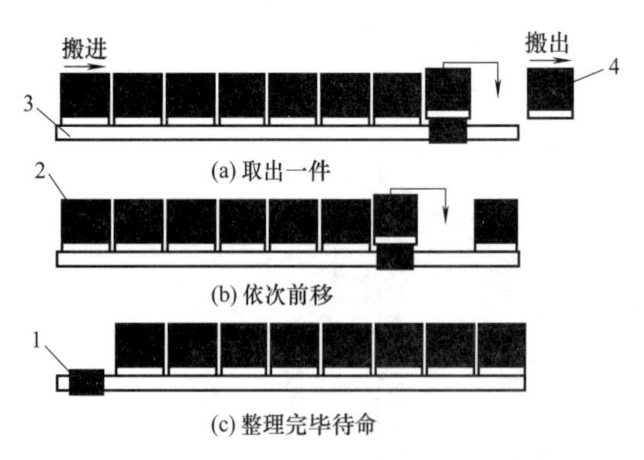

图 6-46 梭式小车工作原理

1—梭式小车；2—货物单元；3—小车轨道；4—出库货物

b. 梭式小车货架上的托盘放置在通道中两根水平轨道上，由穿梭小车完成货物在通道中的搬运，货物在通道口由分配小车及升降机接收，以此沟通不同层次的存货通道之间及与出入库作业的联系，工作原理如图 6-46 所示。这种仓库适用于大批量少品种或中批量多品种的货物存放，存取方式可按“先到先取”或“后到先取”的原则进行，最大处理能力为 240 托盘/时。与重力式相比，因无坡度，货物不会因坡度不合适而滞留或在终点相撞；但是当出库端前一件货物被取走后，后面的货物不会自动跟进，要由梭式小车来搬移，工作比较频繁。

③ 水平移动式仓库。水平移动式仓库是将货架本体放置在轨道上，底部设有行走轮或驱动装置，靠动力或人力驱动使货架沿轨道横向移动的仓库，如图 6-47 所示。一组货架只需一条通道，减少了货架间的巷道数，相同空间内的移动式货架的储货能力比单元货格式货架高得多。

不进行出入库作业时，货架之间可以紧密排列，全部封闭或全部锁住，确保货物安全，同时又可防尘、防光；存取货物时，移动货架，移开相应的货架成为人员或存取货物的通道。水平移动式货架存取作业时，需不断移动货架，存取货时间较长，一般用于出入库作业频率低且货物轻小的储存。

④ 旋转式仓库。旋转式货架可在动力驱动下沿水平轨道或垂直轨道运行，将需要的货格旋转到拣货点，再由人或机械将所需货物取出，所以拣货路线短，操作效率高，如图 6-48 所示。

图 6-47　水平移动式货架

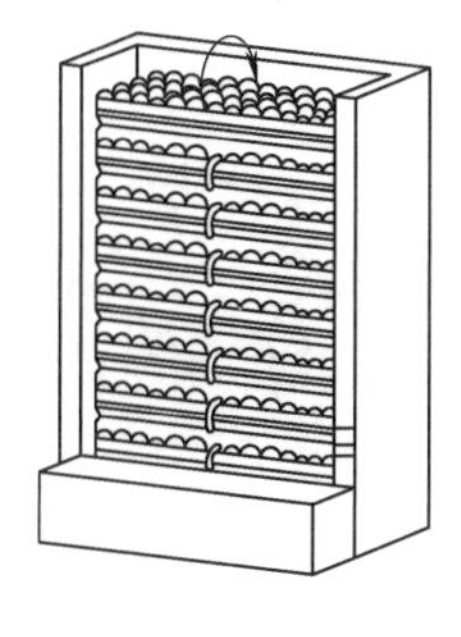

(a) 垂直旋转式货架

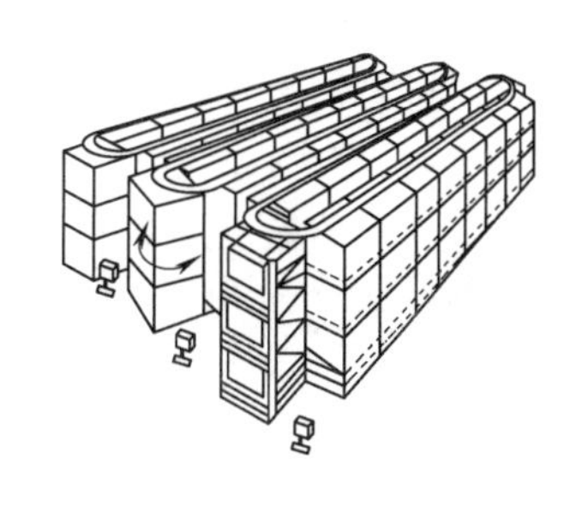

(b) 水平旋转式货架

图 6-48　旋转式货架

以图 6-49 所示的四层货架的自动化仓库为例介绍其工作过程。

a. 入库时，停在巷道起始位置的堆垛机的货叉放在出入库装卸站上，准备入库的货物放到装卸托盘上，将需存入的仓位号和调出货物的仓位号输入计算机，如图 6-49（a）所示；

b. 堆垛机在巷道自动寻址行进，装卸托盘可沿堆垛机导轨升降，如图 6-49（b）所示。

c. 堆垛机到达存入仓位前，货叉将货物存入仓位（第四列第四层），如图 6-49（c）所示。

d. 堆垛机到达出货仓位前（第五列第二层），货叉将货物取出放在托盘上，如图 6-49（d）所示。

e. 堆垛机带货物返回起始位置，货叉将货物托盘送到出入库装卸站，如图 6-49（e）所示。

f. 不断重复上述动作，直至无货物调入调出指令后，堆垛机就近停在某位置待命。

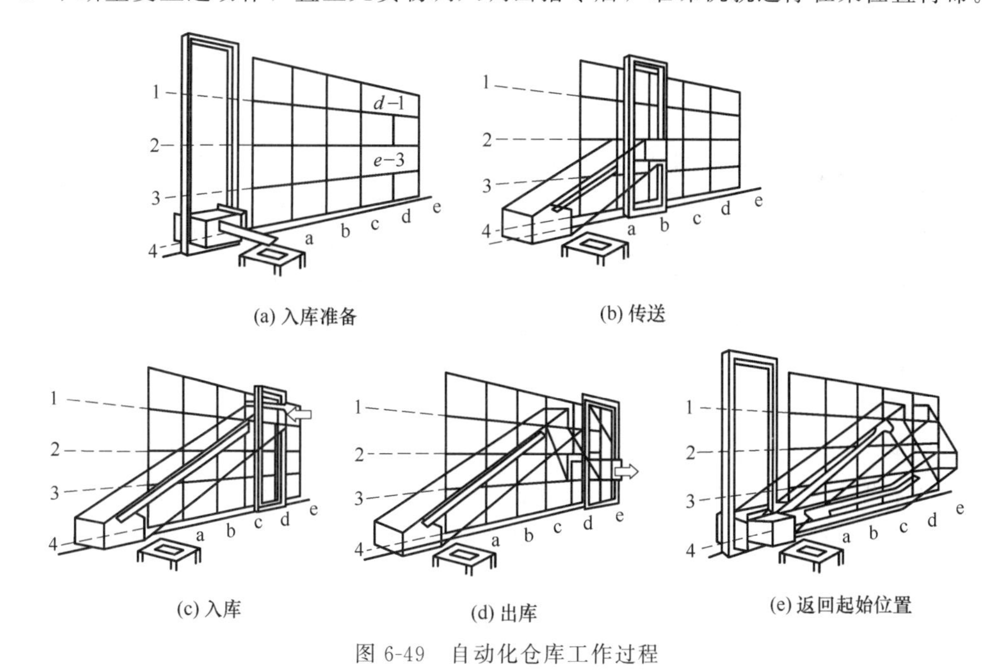

(a) 入库准备　(b) 传送

(c) 入库　(d) 出库　(e) 返回起始位置

图 6-49　自动化仓库工作过程

6.5.4　自动化立体仓库设计

6.5.4.1　设计原则

通过对用户需求的分析，实现能力与成本的合理规划，自动化仓库系统既要满足库存量和输送能力的需求，又要能够降低设计成本，提高物料仓储过程的安全性能。在设计时主要遵循以下原则。

(1) **总体规划原则**

自动化仓库系统在进行布局规划时，要对所有方面进行统筹考虑。仓库的存储、输送能力要与生产的需求及频率相对应，应满足仓库中各设备、工作站之间运行的均衡性，该系统应能合理地进行物流、信息流、商流的集成与分流，更加高效、准确地实现物流与资金周转。

(2) **最小移动距离原则**

保持各项操作之间的最经济距离，尽量缩短物料和人员流动距离，降低物流费用，要求设备安排、操作流程应能使物料搬运和存储按自然顺序顺利地逐步进行，避免阻滞、迂回、倒流。

(3) **充分利用空间、场地的原则**

包括垂直与水平方向，在安排设备、人员、物料时应予以适当的配合，充分利用。

(4) **弹性原则**

能够保持一定的空间以利于设备的技术改造、维护和工艺的重新布置。

(5) **安全性原则**

设计时要考虑操作人员的安全和方便。

6.5.4.2 设计过程

(1) **设计前的准备工作**

明确自动化立体仓库与其前、后衔接的物料工艺过程，其对应的入库、出库的最大量和库容量；确定物料的种类、规格参数、保存方式及其他特性；了解仓库的现场条件、环境以及管理系统的功能要求；确定设计目标及标准，分析客户的要求、时间进度和组织措施及其他影响因素。

(2) **确定货物单元形式及规格**

由于自动化立体仓库的搬运是单元化操作，所以货物单元形式、尺寸和重量的确定是一个关键问题。首先要根据调查和统计结果，列出所有可能的货物单元形式和规格，合理确定其形式、尺寸和重量，单独处理形状和尺寸比较特殊或很重的货物。

(3) **确定仓库形式、作业方式和机械设备参数**

仓库的形式根据入库货物品种确定，一般采用单元货格式仓库，如果品种单一或很少，批量较大，可采用重力式货架或其他形式的贯通式仓库。再根据出入库的工艺要求（整单元或零散出入库）决定是否需要堆垛、拣选，若需要拣选，再确定拣选作业的方式。

仓库总体设计时，要根据仓库规模、货物品种、出入库频率等选择最适合的机械设备，如巷道式堆垛机、连续输送机、高层货架及自动化程度高的导向车，确定其主要参数。

(4) **自动化仓库的规划及布局**

根据用户物料的工艺特点及要求，有针对性地选择和划分出入库暂存区、检验区、码垛区、储存区、出库暂存区、不合格品暂存区，使物料的流动畅通无阻。

仓库的总体布局根据实际的空间和流量划分，通常每两排货架为一个巷道，根据场地条件确定巷道数，通常每巷道配备一台堆垛机。如果库存量为 N 个货物单元，巷道数为 A，货架设 S 层，若每排货架有同样的列数，则每排货架在水平方向应具有的列数 C 为

$$C=N/(2AS) \tag{6-1}$$

根据每排货架的列数 C 及货格横向尺寸确定货架总长度 L，确定高层货架区和作业区

的衔接方式，选择叉车、运输小车或输送机等运输设备，并按仓库作业特点选择出入口的位置。

(5) 确定工艺流程并核算仓库工作能力

① 立体仓库的存取模式。在立体仓库中存取货物有两种基本模式：单作业模式、复合作业模式。单作业模式是堆垛机单入库或单出库，从巷道口到选定货位来回总有一个空行程的模式。复合作业模式是堆垛机从巷道口取一个货物单元送到选定货位 A，然后直接到给定货位 B，取出其中的货物单元，送到巷道口出库的模式。为提高存取效率，尽量采用复合作业模式。

② 出、入库作业周期的核算。仓库总体尺寸确定后核算货物出、入库平均作业周期，多采用计算机核算每一货位的作业，准确地找出平均作业周期，以检验是否满足系统要求。

(6) 提出对土建及公用工程的设计要求

对仓库的土建和公用工程的工艺设计，主要包括：确定货架的工艺载荷，提出对货架的精度要求；提出对地基的均匀沉降要求；确定对采暖、通风、照明及防火等方面的要求。

(7) 选定控制方式和仓库管理方式

① 控制方式。堆垛机的控制方式可分为手动控制、半自动控制和全自动控制。出、入库频率较高，规格较大，特别是比较高的仓库，使用全自动控制方式可以提高堆垛机的作业速度，提高生产率和运行准确性。

② 仓库管理方式。计算机管理自动化仓库，在线调度堆垛机和各种运输设备，是一种高效、准确的管理方式。

(8) 提出自动化设备的技术参数和配置

根据仓库设计确定自动化设备的配置和参数，如选择什么样的计算机（主频速度、硬盘容量、系统软件和接口能力等），堆垛机的速度、高度、电机功率和调速方式等。

6.5.4.3　典型的自动化系统控制方式

在自动化仓库运行过程中，操作和调试人员对仓库的控制方式可分为手动控制、半自动控制、遥控和全自动控制。

手动控制指货物的搬运和储存作业由人工完成或人工操作简单机械完成，这种方式多在调试或事故处理状态下使用。半自动控制指货物的搬运和储存作业一部分由人工完成，整个仓库作业活动通过可编程序控制器或微型计算机控制。遥控指将仓库内全部作业机械的控制集中到一个控制室内，控制室的操作人员通过电子计算机远距离控制仓库作业活动。全自动控制指装运机械和存放作业都通过各种控制装置的控制器自动进行操作，电子计算机对整个仓库的作业活动进行控制，这是正常运行方式下使用的控制方式。

近年来，计算机和微处理器飞速发展为自动化系统的实现开辟了越来越广阔的前景。

(1) 集中控制方式

集中控制方式适于数据少、功能要求较低的小型仓库控制系统，主计算机通过主控制室的监控系统，执行仓库管理事务，如出入库控制、货物在库管理、仓库移载设备运行等，如图 6-50（a）所示。该控制方式的优点是使用的设备较少，物理上容易实现，缺点是设备的可靠性要求高，一旦控制器发生故障，将影响整个系统的运行。为了提高系统的可靠性，可以备份主计算机，或采用功能强、可靠性高的 PLC，提高软件的可靠性等。

(2) 分层控制方式

如图 6-50（b）所示，分层控制系统中主计算机通过监控器分别控制 N 个输送机、堆垛

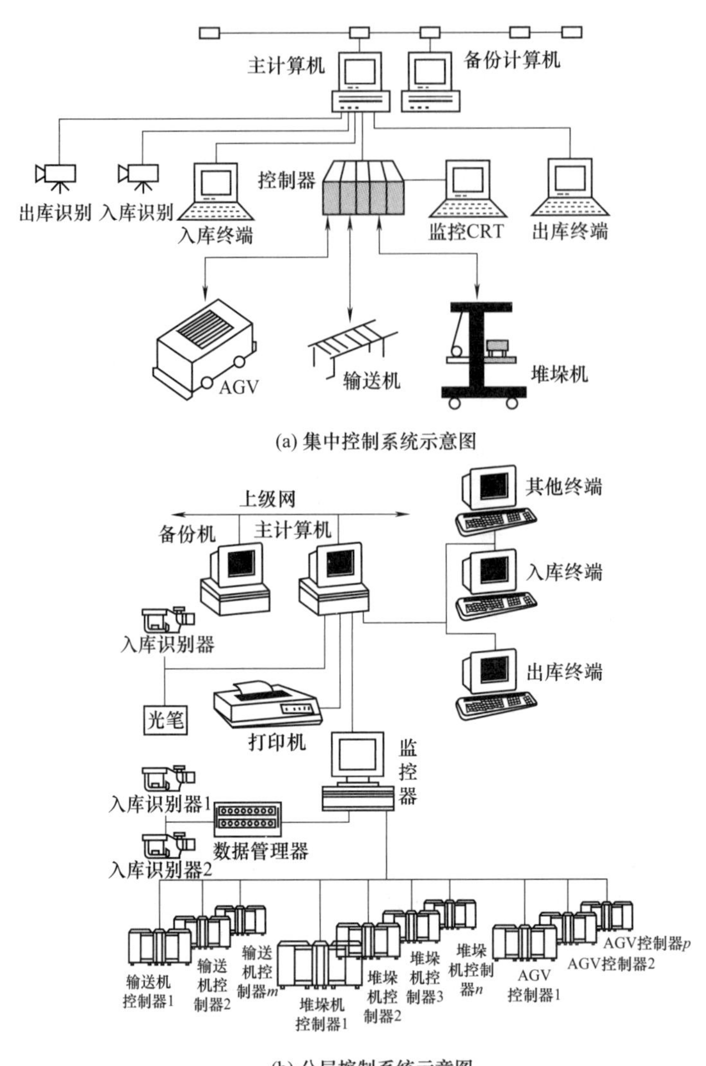

(a) 集中控制系统示意图

(b) 分层控制系统示意图

图 6-50 自动化系统控制方式

机、AGV 等的控制器，若同一层次的某台或几台设备发生故障，其他设备不会受到影响或影响很小。系统可在高层次、低层次下运行，适用于大规模控制的场合，为了保证系统的可靠性，系统中的主要设备可多种备份，如热备份、及时备份和冷备份等。

6.6 物流系统设计

6.6.1 物流系统设计的要求及主要任务

(1) 物流系统设计的要求

物流系统设计是运用现代科学技术和方法对物流全过程所涉及的装备、器具、设施、路线及布置等进行设计和管理的综合优化过程。要求如下：

① 平面布置合理化。工厂平面、车间机器设备的布置力求工艺和物流系统契合，这是整个工厂生产和流通的主体结构。

② 物流活动与生产工艺流程同步化。根据生产计划要求，保证物流的连续性、时间性、稳步性和有序性，且能够与生产工艺流程同步，物流需要按对应的日期、时间、品种、数量进行移动，按生产节拍运送在制品，保证均衡生产。

③ 路线简单化。物料搬运尽量走直线，避免迂回、倒流，减少装卸搬运环节，实现机械化、自动化，减轻工人劳动强度，减少安全事故，提高劳动效率和经济效益。

④ 流程清晰化。流程图应标明工艺的上、下工位和前、后生产车间之间的位置，应能准确指明物料收发、搬运以及运送产品、零件的流向，起到现场调度作用。

⑤ 物流活动准时化。通过看板准确控制车辆运行路线及物料发运时间、数量和地点，实现生产准时化。

⑥ 库存合理化。制订合理的库存量，包括最大、最小和安全库存量，以保证生产的正常进行。在满足需要的前提下尽量压缩库存，前道工序的生产以后道工序的需要为基础，后道工序按时、按质、按量从前道工序取货，严格控制在制品库存量，减少中间停滞等待与库存，实现精益生产。

⑦ 提倡储、运、包一体化，集装单元化。在搬运工艺设计中，尽量做到装卸搬运集装化，以减少物料搬运次数。

(2) 物流系统设计的主要任务

工厂中物流系统的总体规划与设计的主要任务为：

① 合理规划厂区。

② 合理布局车间工位。

③ 合理确定库存量。

④ 合理选择搬运装备。

6.6.2 物流系统设计的主要过程

工厂物流系统设计的完整流程包括资料的收集和分析、工厂总体布局设计、车间布局设计和物流搬运装备的选择四个阶段。

6.6.2.1 资料的收集和分析

这个阶段主要是资料的收集，并通过调研分析，为工厂的选址和总体布局设计、车间布局设计、物流搬运装备的选择等提供依据，主要包括以下内容。

(1) 工厂的产品分析

产品分析包括确定产品的品种、生产纲领，同时对产品的各组成零部件进行工艺分析。

(2) 工厂物料分类

首先应对被搬运的物料进行产品分析和统计，既要分析当前的产品，又要考虑产品今后的发展，明确产品的品种数、批量、年产量、班制、生产方式及零件的形状和尺寸。机械制造物料基本分为散装、板料（型材）、单件、桶装、箱装、袋装、瓶装及其他形式，需要根据不同的分类确定物理特征，包括尺寸、质量或密度、形状、损伤的可能性和状态等，以此确定货箱的容量、仓库的容量及搬运的要求。

(3) 了解工厂所在地的自然条件及未来的发展趋势

工厂所在地的自然条件对工厂的布局有较大的影响，应该提前了解地理环境及自然条件对产品的影响、地理位置对工厂未来发展的影响等问题。

6.6.2.2 工厂总体布局设计

工厂的布局对物流的影响很大，某汽车公司是20世纪70年代开始建设的第二汽车制造厂，个别专业厂东西距离近30km，没有考虑物流原则中的“移动距离最小原则”。由于零件的工艺线路长、专业厂之间需要协作、地域上的分散再加上生产组织关系等导致物流成为企业肩上的重担，而且给企业发展带来很多障碍，后不得不另选址规划新车型的生产，修正企业过去存在的问题，使生产与物流相互配合、协调，降低企业的物流费用。

工厂总体布局应满足的要求：符合产品生产工艺规程；适应工厂内外运输要求；合理用地，合理确定道路宽度和建筑物的间距；组成联合厂房或多层厂房，适当预留发展用地；善于利用自然条件，使之拥有好的自然通风和采光条件；避开隐患，规划好厂区设施位置；符合安全和环境要求，车间应布局在下风侧，绿化厂区及美化环境，精密车间应远离振源和污染源。

(1) 工厂总体布局的基本模式

工厂总体布局的基本模式主要有按功能和系统布局两种，可以单独使用，也可以进行两种模式的混合布局。

① 按功能规划厂区。大中型机械厂的厂区可以按功能划分为加工装配区、备料区、动力区、运输通道、仓库设施区等，按相互之间的关联程度进行各作业单位的配置。优点是各区域功能明确，环境条件好；缺点是不能完全满足物流与工艺流程的合理性。

② 采用系统布局。设计模式按同一部门、不同部门间物流与非物流的关系密切程度进行系统布局，可以避免物流搬运的往返交叉，节省搬运时间和费用。

对工厂系统布置进行设计的方法中，美国工厂设计专家理查德·缪琴提出的系统布置设计（system layout planning，SLP）应用最为普遍，是一种条理性强、将物流分析与作业单位关系密切程度分析相结合以获得合理布置的技术。下面应用系统布置设计（SLP）方法说明工厂总体设计的步骤。

(2) 工厂总体布局设计的基本步骤

工厂总体布局时首先应调研、收集资料和数据，其次分析所收集资料的相互关系，提出设计方案，最后对若干方案进行比较选择，并组织实施。

在设计过程中主要分为四个阶段。第一个阶段是确定所要布置的位置。第二个阶段是在布置的区域内确定一个总体布局，结合基本物流模式和区域划分布置，确定各作业单位的外形及相互关系，画出初步计划图。第三个阶段是详细布置厂区的各个作业单位或车间的各个设备，确定总体位置。第四个阶段是编制施工计划，进行施工和安装。

四个阶段顺序交叉，每个阶段的成果都要经过批准验收。第二阶段总体区划确定之前，就需要在某些作业单位内进行第三阶段的详细布置。即使总体区划已被批准，在详细布置完成以后，仍有可能在一定限度内对它做出调整。

系统布置设计（SLP）的主要内容和先后顺序如图6-51所示，首先对主要产品和产量的原始资料进行分析，即P-Q分析。接着研究为了完成生产所需要的各种生产作业单位和非生产作业单位的相互关系，以及各作业单位间的物流和非物流的相互关系，绘制相互关系图解。根据经验数据或计算所得的各单位所需面积，得出初步的面积相关图解。考虑影响方案的各种修正因素和实际限制条件，对方案作出修改和调整，得出几个符合实际的可供比较的方案。用经济或其他条件作评估，选出最佳方案。

1）原始资料收集　主要资料为产品及其生产纲领和生产工艺过程，次要资料为辅助服务部门和时间的安排。即产品和物料(product)、产品数量(quantity)、工艺过程(route)、服务或辅助部门(service)、时间因素(time)。P、Q、R、S、T是布局设计中大多数计算的基础，是布局设计的基本要素，所以必须先收集这些原始资料。

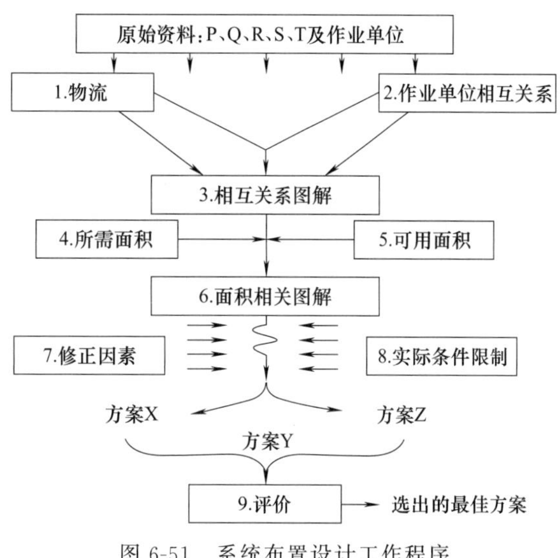

图6-51 系统布置设计工作程序

2）P-Q分析 根据产品的材料、数量和采用的生产方式，确定采取的基本布置形式。

3）物流分析 确定物流在生产过程中每个必要的供需间移动的最有效顺序，以及这些移动的强度和数量值。一个有效的物流流程应该没有过多的迂回和倒流，各条路线上的物料移动量就是反映工序或作业单位之间相互关系密切程度的基本衡量标准，一定时间周期内的物料移动量称为物流强度。当比较不同性质的物料搬运状况时，各种物料的物流强度大小应考虑物料搬运的困难程度。

当物料流动是工艺过程的主要部分时，物流分析就成为布置设计的核心，针对不同的生产类型，采取不同的分析方法。在大批量生产中，产品品种少，物流分析只需要在产品的工艺过程图上注明各工序之间的物流量，就可清楚显示生产过程中的物料搬运情况。对于多品种的生产情况，把各种产品的生产工艺流程汇总为多种产品并列的工艺过程表，并且绘制各个产品的物流途径，并通过调整获得最佳工序顺序，使最大物流量的工序尽可能靠近。当产品品种达到数十种，且为中小批生产，在物流分析时把产品结构与工艺过程相似的分组，对每种产品采用工艺过程图进行分析。当产品品种非常多、产量小且零件、物料数量又很大时，可以用从至表表示各作业单位之间的物料移动方向和物流量，其中行表示物料移动的源，即为从；列表示物料移动的目的地，即为至；行列交叉点表明由源到目的地的物流量，可以从中看出各作业单位之间的物流状况。

4）作业单位相互关系分析 所谓作业单位，对一个车间来讲，可以是一台机床，也可以是一条装配线等。作业单位相互关系分析是对作业单位或作业活动之间密切程度进行分析与评价，将P、Q和S结合起来，研究辅助部门与作业单位的相互关系。各作业单位相互关系可分为绝对必要(A)、特别重要(E)、重要(I)、一般(O)、不重要(U)、不能接近(X)六个等级。图6-52所示为某钢铁厂的各车间综合关系图。

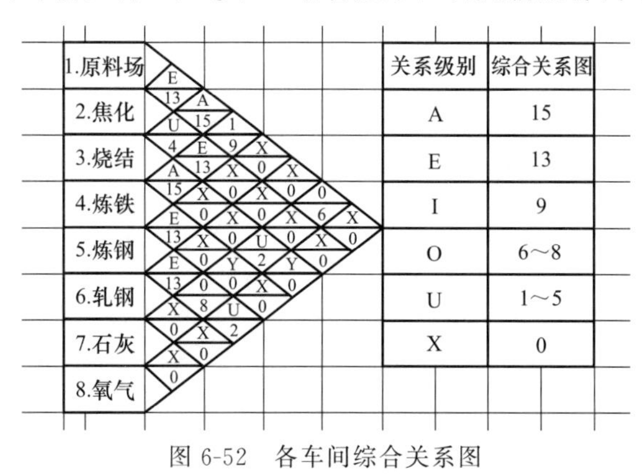

图6-52 各车间综合关系图

5）物流与作业单位的相互关系分析 在作业单位相互关系图完成以后，根据物流分析的结果，同时考虑非物流相互关系，就可绘制物流与作业单位相互关系图，得到综合位置图，如图6-53所示。

6）作业面积相关图解 根据已确定

的物流与各作业单位的相互关系及确定的面积，可以利用面积相关图进行图解，即把每个单位用面积和适当的形状按比例在图上进行配置，同时根据实际条件和运输方式、场地环境、管理控制等进行修正，最后形成若干可供选择的方案，如图 6-54 所示。

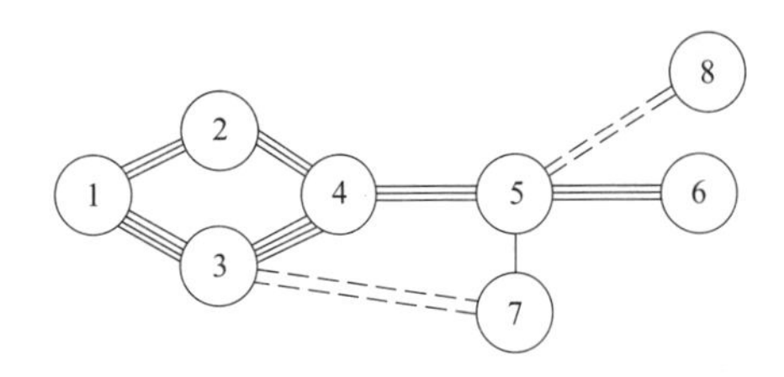

图 6-53 综合位置图

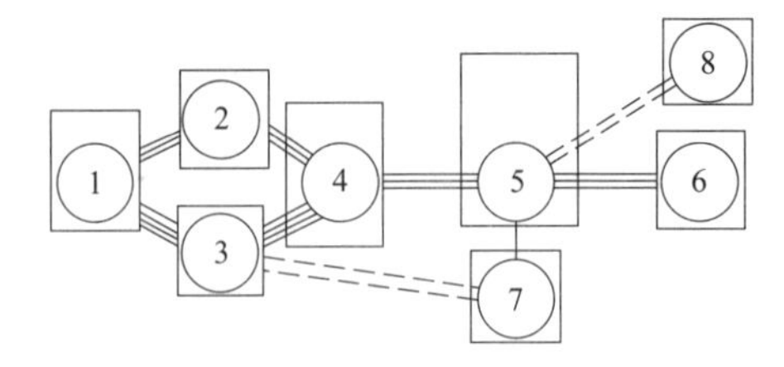

图 6-54 作业单位按面积进行配置图

7）方案评价 对以上阶段初步提供的各方案进行技术经济分析和综合评价，定性和定量相结合，综合主观和客观两个方面，确定每个方案的“价值”，对总体布局进行评价和选择。可以选择加权因素法或费用对比法进行对比，经过比较，选择一个推荐方案，绘制布置图，同时用文字说明方案特点及推荐理由，提请审查和批准。

8）详细布置 对选中的方案，在其空间布置图的基础上予以改进，得到具有可操作性的、详细的平面布置方案，对项目中的车间、仓库等的内部进行详细布置，在面积确定的条件下确定厂房柱距、高度、形状等建筑特征。

9）具体应用 以下举例说明 SLP 法在石墨电极厂总平面布置中的应用。

计划建设生产超高功率（UHP）石墨电极厂，生产规模 3 万吨，产品规格 300～600mm。依照我国技术水平、装备水平、原制供应、原料特性等现状，考虑生产工艺的先进性，UHP 石墨电极厂拟采用的工艺流程如图 6-55 所示。

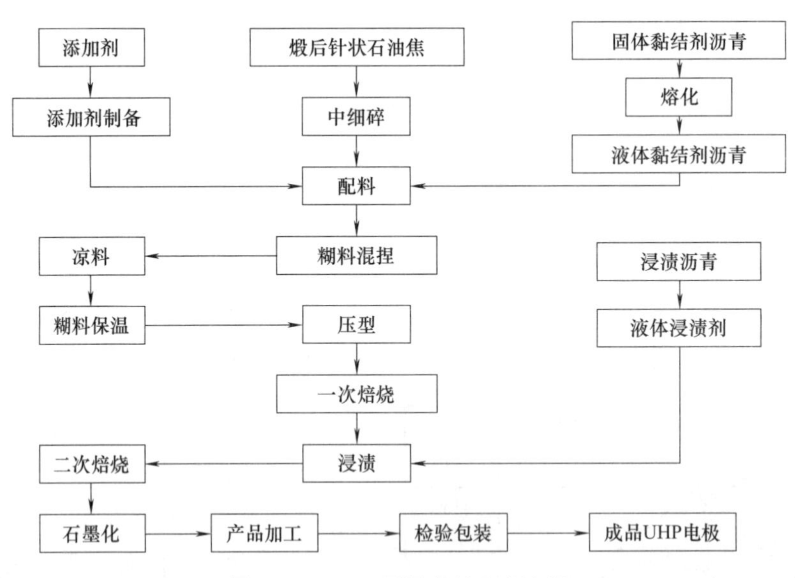

图 6-55 UHP 石墨电极生产流程

对 UHP 石墨电极厂来说，生产设备及生产线具有单一性，只能生产几种规格的电极，不可生产其他产品，各车间生产能力不均衡，原料、半成品、成品均为固态，只有少量沥青在使用中为液态，物料输送多用搬运和车辆运输。结合石墨电极生产流程，其总平面布置具有如下特殊性：

① 产品单一，工艺流程固定。

② 原料、半成品、中间在制品为固态，采用搬运、车辆道路运输，厂内运输设备投资大，运输费用高。

③ 二次焙烧与浸渍工段之间有三次倒运，且运量大。

④ 工段之间的运输时间集中，运输设备利用率低。

⑤ 石墨化工段用电量大，必须靠近整流所。

⑥ 各工段、工序生产能力不均衡，中间在制品和填充料需较大面积的堆场。

⑦ 原料、填充料的装卸、成品的加工产生粉尘，应注意环境保护。

由于 UHP 石墨电极厂各车间的生产能力不同，因此其厂房跨度、结构、设备均有所不同。因建筑面积大，一旦建成，不能改变，因此石墨电极厂总平面布置应充分考虑物流、物料搬运系统的影响，也应注意工艺流程等因素的影响。

石墨生产工艺流程主要划分为 9 个生产工段，还设置有变电所、循环水、锅炉房、电修、办公、化验、汽车库等辅助和服务部门，具体如表 6-3 所示。

表 6-3　UHP 石墨电极厂作业单位

序号	作业单位	序号	作业单位	序号	作业单位
1	原料库	12	天然气调压站	23	锅炉房
2	中碎配料压型	13	整流所	24	整流循环水
3	一次焙烧	14	热煤锅炉房	25	检修
4	浸渍	15	生电极循环水	26	电修
5	二次焙烧	16	压型循环水	27	综合仓库
6	石墨化	17	石墨化循环水	28	汽车库
7	机加及成品库	18	浸渍循环水	29	耐火材料库
8	沥青库	19	给水加压泵房	30	浴池
9	沥青熔化	20	废水处理	31	食堂
10	变电所	21	一次焙烧烟气净化	32	化验室
11	空压站	22	汽车衡	33	办公楼

厂内可以采用汽车运输，物流关系与非物流关系的相对重要性没有明显差异，取其加权值为 1∶1 对两者关系进行量化、加权求和，重新划分等级，形成作业单位综合相互关系表 6-4，表中略去非生产单位。

表 6-4　作业单位相互关系表

	作业单位	1	2	3	4	5	6	7	8	9
1	原料库		E	O	U	U	U	O	O	U
2	中碎配料压型			A	U	U	U	U	U	E
3	一次焙烧				E	I	U	U	U	U
4	浸渍					A	I	U	U	U
5	二次焙烧						E	I	U	U
6	石墨化							E	U	U
7	机加及成品率								U	U
8	沥青库									A
9	沥青熔化									

根据场地的地形条件及外部运输、供电、供水、供气、排水等条件，进行工厂的总体布置。为节约用地，使厂区外形美观，建筑物朝向应合理，按工艺流程、防火、卫生及厂内运输等要求，确定建筑物的间距、厂区道路、管线设置及绿化，进行主要生产工段的布置，并将可能产生粉尘及极少量有害气体的工段设置在厂区的边缘。

辅助设施如电修、检修、管理人员办公、循环水设施等，虽然与物流无关，但必须在布置设计中根据与所服务设施的密切程度进行布置。通过计算作业单位综合接近程度并排序，求得作业单位布置顺序 5，3，2，4，6，9，1，7，8。按布置顺序，对各作业单位进行布置，求得作业单位位置相关图。在位置相关图上考虑作业单位占地面积，形成作业单位面积相关图 6-56。

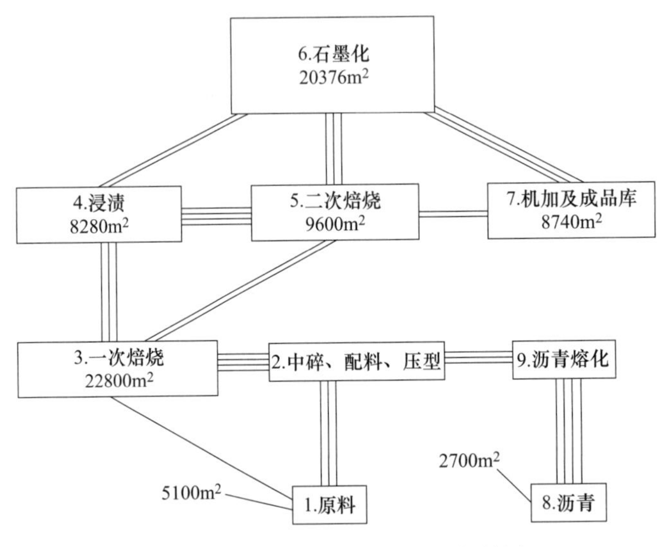

图 6-56 石墨电极厂工段面积相关图

为减少人员与货物流通的交叉，厂区分别设立 2 个货运出入口及 1 个人员出入口。厂区西侧的货运出口是为向钢厂运输电极而设的，原料库布置在厂区南侧，给原料采用铁路运输留有可能。

结合上述原则，采用加权因素法评价工艺流程的合理性、物流效率、布置的灵活性、维修方便程度、基建投资、扩建的可能性、公共设施条件、环境保护条件及厂内外运输条件等，获得的方案可满足要求。

6.6.2.3 车间布局设计

车间设计包括工艺和物流系统的设计，前者确定加工零件所需的机床、工夹量具、刀具等，后者主要进行工位的配置。

(1) 车间布局设计的一般原则

① 根据车间生产纲领和生产类型，确定车间生产组织和设备布局形式；

② 要求工艺流程流畅，物料搬运快捷方便，避免往返交叉；

③ 根据工艺流程，选择适当的建筑形式、适当的高度和跨度，充分利用建筑物空间；

④ 对车间所有组成部分，对设备、通道、作业区等区域进行合理规划和配置；

⑤ 工位器具的摆放、设置符合人体工程学，为员工创造安全、舒适的工作环境；

⑥ 具备一定的适应生产变化的柔性功能。

(2) 车间装备布局的基本形式

装备布局形式取决于生产类型和生产组织形式，通常可以分为以下四种。

① 产品原则布局。针对标准化高或极相似的产品，设备可按工艺过程布置布局，因每个加工对象的加工顺序相同，可以使用固定的物料运输设备和路线，适合重复性生产。

② 工艺原则布局。按产品的工艺流程，将功能相同的机器设备放置在同一生产工作单位的布局方式。如车床组、铣床组、磨床组等分区，各机床组之间需保持一定的顺序，按多数零件的加工路线来排列，适用于多品种小批量的生产模式。

③ 成组原则布局。在工作场地内配备可以完成工艺相似零件组中所有零件及全部工序所需的不同类型的机床，组成一个成组单元，并在其周围配置其他必要的装备。单元式布局是指将不同的机器组成加工中心（工作单元），对形状和工艺相似的零件进行加工。主要适用于采用成组制造工艺的生产模式。

④ 固定工位式布局。以原材料或主要部件固定在一定位置的布局形式，生产时所需的装备、人员、材料等都服从于工件的固定工位。适用于大型不易移动的产品，如飞机装配、船舶制造等。

(3) 车间物流形式

选择物流形式需要重点考虑入口和出口位置，还要考虑外部运输条件、建筑物的轮廓尺寸、通道位置等因素。基本的车间物流形式有直线形、L形、U形、环形、S形五种，如图6-57所示。

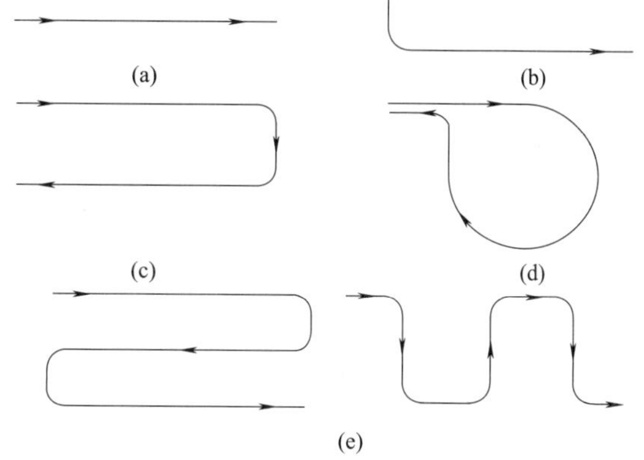

图6-57　基本的车间物流形式

(4) 车间物流设计的基本步骤

① 明确车间产品的生产纲领、品种、生产辅助系统、加工周期以及进、出车间物料的品种和数量；

② 确定产品的原材料、毛坯、零件、总成的装载单元方式，并做到标准化；

③ 确定工序间、生产线间、车间相互运送物料的品种、数量以及运输方式；

④ 确定物流系统所涉及的仓库、零件和毛坯存放所需面积；

⑤ 设计出详细的车间物流系统，绘制车间物流图。

6.6.2.4　物料搬运装备的选择

正确选择搬运装备是提高效率、降低成本的重要措施。搬运距离较短的物料，主要工作量在装卸，搬运距离较长的物料，主要工作量在运输，所以应选用装卸费用较低的装卸设备或里程运输费用较低的运输设备，其装卸费用可高些。物流量低的物料选用简单的搬运装备，降低搬运成本；物流量高的物料选用复杂的搬运装备，提高搬运效率。

物流搬运装备根据物料形状、移动距离、搬运流量及方式进行选择，通常有以下四类：

① 适用于短距离和低物流量的简单传送装备，如叉车、电瓶车、传送滚道等；

② 适用于短距离和高物流量的复杂传送装备，如搬运机械手或机器人、斗式提升机和气流传送机等连续传送装备；

③ 适用于长距离和小物流量的简单运输装备，如汽车等运输车辆；

④ 适用于长距离和大物流量的复杂运输装备，如火车、船舶等。

习题与思考题

1. 试述物流系统的定义及设计的意义。
2. 物流系统的布置方式有哪些？各适用于什么场合？物流系统设计时应满足哪些要求？
3. 料仓式和料斗式上料装置的基本组成及其根本区别是什么？
4. 常见的输送机有哪些？其特点是什么？
5. 随行夹具的三种返回方式有什么特点？
6. 目前机床间工件传输装置有哪几种？各适用于哪些场合？
7. 试述自动导引小车的工作原理、基本构成、导引方式和适用场合。
8. 工厂总体物流系统设计的基本步骤是什么？应注意哪些设计原则？
9. 自动化仓库的基本类型有哪些？其应用特点是什么？
10. 车间物流设计的原则是什么？物流搬运装备的选择原则是什么？

第7章 机械加工自动化生产线总体设计

7.1 自动化生产线概述

7.1.1 机械加工生产线及其基本组成

20 世纪 20 年代，随着汽车、滚动轴承、小型电动机和缝纫机等的发展，机械制造业开始出现加工自动化生产线，最早出现的是组合机床自动化生产线，同期亨利·福特创立了汽车工业的流水生产线和半自动生产线，使各工序采用高效率的专用设备和工艺装备成为可能，进而同机械化运输装置、电气控制装置相结合，同期计算机和自控技术的发展极大地促进了生产过程的自动化——自动化生产线。二战后，在工业发达国家的机械制造业中，自动化生产线的数目急剧增加。现在，机械加工自动化生产线已被广泛应用在制造业中。

机械加工生产线是在机械产品生产过程中，对于一些加工工序较多的工件，以机床为主要设备按照工件的工艺顺序依次排列，再配以相应的输送装置与辅助装置，完成工件指定加工过程的生产作业线。这种生产组织形式一般要求产品的结构和工艺具有一定的稳定性，在成批和大量生产条件下都可采用。

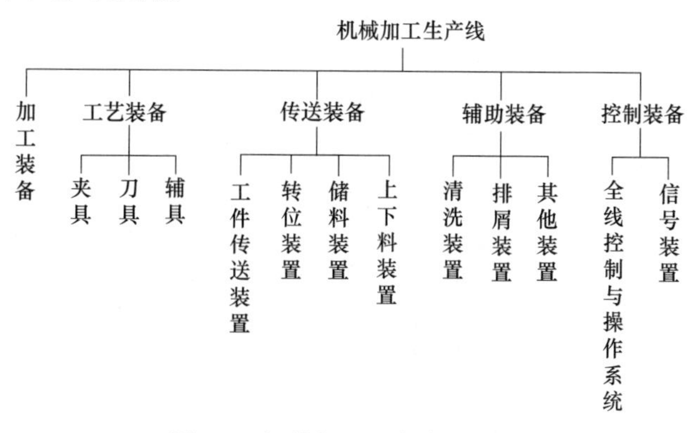

图 7-1 机械加工生产线的组成

机械加工生产线由加工装备、工艺装备、传送装备、辅助装备和控制装备组成，如图7-1所示。由于不同工件的加工工艺复杂程度不同，机械加工生产线的结构及复杂程度也常常有很大差别。

7.1.2 机械加工生产线的类型

机械加工生产线根据不同的特征，可有不同的分类方法。按照工件外形和加工过程中工件运动状态、工艺设备、设备的连接方式和产品类型可进行如下分类。

7.1.2.1 按所用加工装备分类

(1) 通用机床生产线

通用机床生产线是通用的单轴或多轴自动机床连成的生产线。建线周期短、成本低，多用于加工盘类、轴、套、齿轮等中小型旋转体工件。

(2) 专用机床生产线

这种生产线以专用自动机床为主要加工装备，设计制造周期长、投资较大、专用性强，适用于加工结构特殊、复杂的工件或结构稳定的大批量生产的产品。

(3) 组合机床生产线

以组合机床为主要加工装备或由组合机床联机构成，与专用机床生产线相比，因其大部分是通用部件，所以设计制造周期短、成本低，主要适用于箱体及复杂工件的大批量生产。

(4) 柔性制造（加工）生产线

是以数控机床、加工中心为主要加工装备，配以柔性的物料储运装备，在计算机控制系统的控制下进行加工的自动化生产系统。这种生产线的特点是：建线技术难度高，投资大；组成柔性生产线的加工设备数量少；装夹次数少，加工精度高，简化生产线内工件的运送系统；可进行批量生产或同时对多个品种工件进行混流加工；主要适用于结构形状复杂、精度要求高的同类工件中小批量生产。

7.1.2.2 按生产线节拍特性分类

(1) 固定节拍生产线

固定节拍是指生产线中所有设备的工件节拍等于或成倍于生产线的生产节拍。移动步距t等于两台设备间距或两台设备间距的1/2，如图7-2（a）所示。这类生产线没有储料装置，加工设备按照工件工艺顺序依次排列，由自动化输送装置严格地按生产线的生产节拍，强制性地沿固定路线从一个工位移到下一个工位，直到加工完毕。工件节拍成倍于生产线的生产节拍，需配置多台设备并行工作，可以满足每个生产节拍完成一个工件的生产任务。

固定节拍生产线由自动化程度较高、高效专用的加工装备，输送设备和控制系统联成整体，工件的加工和输送过程具有严格的节奏性，生产效率高，产品质量稳定。由于工件的输送和加工严格地按生产节拍运行，工序间不必储存半成品，因此在制品数量少。然而当生产线的某一台机床发生故障而停歇时，将导致整条生产线的瘫痪。为了保证生产线的生产率，采用的所有设备都应具有较好的稳定性和可靠性，并避免采用过于复杂和易出故障的机构。

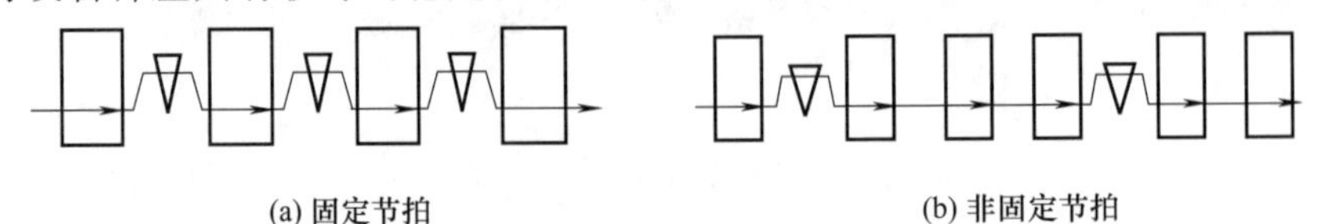

(a) 固定节拍　　(b) 非固定节拍

图7-2　生产节拍

(2) 非固定节拍生产线

非固定节拍生产线是指生产线中各设备的工作节拍不同，各设备的工作周期是其完成各自工序需要的实际时间，如图7-2（b）所示。由于各设备的工作节拍不一样，在相邻设备之间或在相隔若干台设备之间需设置储料装置，将生产线分成若干工段可使在制品数量多。这样，在储料装置前、后的设备或工段就可彼此独立地工作。

由于储料装置中储备着一定数量的工件，当某一台机床因故停歇时，其余的机床或工段仍可以在一定的时间内继续工作。当前后相邻两台机床的生产节拍相差较大时，储料装置可在一定时间内起到调剂平衡的作用，而不致使工作节拍短的机床总要停下来等候。由于生产线各设备间工件的传输没有固定的节拍，工件在工序间的传送通常不是直接从加工设备到加工时段设备，而是从加工设备到半成品暂存地，或从半成品暂存地到下一个加工设备，较难采用自动化程度高的输送装置。尤其当生产节拍较慢，批量较小，工件质量和尺寸较大时，工件在工序间也可由人工辅助输送。

7.1.2.3　按生产方式分类

(1) 单件、小批生产线

单件、小批生产线的主要特征是产品为多品种、小批量。

(2) 中批量生产线

中批量生产线主要是针对产品品种变化多，且每种产品都有一定的批量的状况而设计的。中批量生产线实际是为了兼顾柔性与成本的折中方案，适用于对工艺成熟的产品进行批量生产，缺点是在生产过程中产品批量一旦确定就不易改变。

(3) 大批量生产线

大批量生产线通过单一产品的大批量生产来最大限度地降低产品成本。为了减少加工准备时间和工件的等待时间，该类型生产线多采用专用机床构成串联流水线的形式。

7.1.3　机械加工生产线的设计原则及设计步骤

(1) 机械加工生产线的设计原则

① 保证在生产线设计寿命期内，能够稳定地满足工件的加工精度和表面质量要求；

② 满足生产纲领的要求，并留有一定的生产潜力；

③ 保证足够高的可靠性；

④ 根据产品批量和可持续生产的时间，生产线应具有一定的柔性可调整性；

⑤ 尽量减轻工人的劳动强度，提供一个安全、舒适和宜人的工作环境；

⑥ 生产线布局应减小占地面积，降低生产线的投资费用；

⑦ 有利于对资源和环境保护，实现清洁化生产。

(2) 机械加工生产线的设计步骤

① 拟订生产线的工艺方案，绘制工件工序图和加工示意图；

② 全线自动化方案的拟订；

③ 生产线总体布局的设计，总体联系尺寸图的绘制；

④ 生产线通用加工装备的选型和专用机床、组合机床的设计；

⑤ 生产线输送装置、辅助装置的选型及设计；

⑥ 液压、电气等控制系统的设计；

⑦ 编制生产线的工作循环周期表（生产率计算卡）、使用说明书及维修卡等。

7.2 自动化生产线工艺方案设计

7.2.1 生产线工艺设计应考虑的因素

自动化生产线（自动线）的结构和布局是由很多因素决定的，为了满足设计原则，在考虑生产线工艺方案时，需要确定生产线工艺内容、加工方法、加工质量及生产率等基本文件。生产线工艺方案的设计涉及以下一些非常重要的问题。

(1) 分析被加工零件的几何形状、结构特征、材质、毛坯状况及工艺要求

工件的几何形状、结构特征决定了自动上下料装置的形式。形状规则、结构简单、易于定向的中小型旋转体工件多采用料斗式自动上下料装置，箱体、铸锻类工件和较大型旋转体工件多采用料仓式自动上下料装置。

工件的几何特征决定输送方式，小型回转体工件可采用滚动或滑动输送方式；形状规则箱体工件可采用直接输送方式，不规则箱体采用抬起式或托盘式输送装置；盘、环类零件以端面为输送基面，采用板式输送装置；外形不规则的工件采用随行夹具或托盘输送。

自动线的动力部件、工位数、节拍时间和换刀周期等需要根据毛坯的加工余量、工艺要求和加工部位的位置精度等进行选择。

(2) 要求的生产率

自动线总布局和自动化程度对所要求的生产率有很大影响。生产纲领很大时，需要高的生产率，节拍时间短，为平衡节拍时间，可增加顺序加工的机床（工位）数或平行加工的机床（工位）数，以完成限制性工序的加工，采用工件自动上下料装置；同时为了避免自动线因停车而影响生产，需要将工序长的自动线分为几个工区，工区之间设储料系统，以提高自动线的柔性，设置监控系统，迅速诊断自动线故障所在，迅速恢复正常工作。

(3) 自动线的适应性

在拟订自动线方案时要考虑企业的设备条件、工艺水平等。大多数自动线仅完成工件的部分工序，在拟订自动线方案时，不仅要考虑生产线，同时要考虑工件在车间内部的流动方向和前后工序的衔接，使设备差异不大，工艺水平相当。对于企业技术改造增设的自动线，自动线的布局要利用车间现有空余面积和位置，还要和车间内的切屑输送方向及排屑装置相适应。大批量生产的产品车间要考虑设备安装和维修的可能性和方便性；在噪声严重的车间，要考虑设置“灯光扫描”或“闪光式”的警报系统；对于未配备压缩空气源的车间，自动线是否采用气动装置需慎重考虑；对自动线上采用的较复杂的专用复合刀具，要考虑用户后方车间的制造能力。

7.2.2 生产线工艺方案的拟订与生产节拍

7.2.2.1 生产线工艺方案的拟订

生产线工艺方案的拟订主要分为两个方面，一方面是零件工艺分析、工艺流程的制订，另一方面是工件在工序间的输送。

(1) 零件的工艺分析

生产线加工过程中，如何选择工艺基面是制订工艺方案的重要问题。工艺基面选得合适，能够最大限度地实现工序集中，从而减少机床台数，也是保证生产线产品加工精度的重要条件。在选择定位基面时应注意的问题有：

① 基准统一原则。定位基准应有利于实现多面加工，当工件以某一表面作精基准定位或统一的定位基面，加工大多数其余表面时，应尽早将这个基准面加工出来，并达到一定精度，利于保证加工精度，减少工件在生产线上的翻转次数及辅助设备数量，简化生产线的结构。对于无法进行连续加工的表面，需更换定位基准，两个定位基准相互间应有足够的位置精度，以减少定位误差。

为保证重要表面的加工精度，应尽可能采用已加工面作为定位基准。为了有效保证平面加工余量的均匀分配，工件上最重要的平面应作为生产线头道工序的定位基面。若某不加工表面有较高精度要求时，可选择该表面为粗基准。

② 便于装夹原则。定位基准应保证工件定位准确稳定，装夹方便可靠。如果工件没有很好的定位基准、夹压位置或输送基准，可采用随行夹具。

③ 在较长的生产线上加工材料较软的工件（铝件）时，其定位销孔因多次定位会严重磨损，为了保证精度，可采用两套定位孔，一套用于粗加工，另一套用于精加工；或采用较深的定位孔，粗加工用定位孔的一半深度，精加工用定位孔的全部深度。

(2) 安排工序原则

零件的加工工序通常包括切削加工、热处理和辅助工序等，这些工序的顺序直接影响零件的加工质量、生产效率和加工成本。因此，确定加工顺序时，要全面地把切削加工、热处理和辅助工序结合起来加以考虑。辅助工序包括工件的检验、去毛刺、清洗和涂防锈油等。其中，检验工序是主要的辅助工序，它对保证产品质量有极重要的作用。安排工件各加工工序在生产线上的加工顺序，一般要注意下列原则：

① 基面先行。用作精基准的表面应该优先加工出来，定位基准的表面越精准，装夹误差越小，加工时先主后次，先面后孔。

② 先粗后精、粗精分开。各个表面的加工顺序按照粗加工—半精加工—精加工—光整加工的顺序依次进行，逐步提高表面的加工精度和减小表面粗糙度。

对于平面、大孔的粗加工，易出现废品的高精度孔应放在生产线前端机床上进行，高精度孔的精加工工序放在生产线的最后进行，注意先粗后精，且粗、精加工间隔时间应长，避免粗加工的热变形以及精加工后的粗加工引起的夹压变形，破坏精加工的精度。对不重要的孔，若粗加工不影响精加工精度时，粗、精加工可以排得近些，以便调整工序余量，及早发现前道工序的问题。

③ 先主后次。零件的主要工作表面、装配基面应先行加工，及早发现毛坯中主要表面可能出现的缺陷，次要表面可穿插进行。

④ 特殊处理、线外加工。位置精度要求高的加工面尽可能在一个工位上加工；同轴度公差小于 0.05mm 的孔系，其半精加工和精加工都应从一侧进行；小直径钻孔不宜和大直径镗孔放在一起，以免使主轴箱传动系统过于复杂，不便于调整和更换刀具；易出现废品的粗加工工序，应放在生产线的最前面，或在线外加工，以免影响生产线的正常节拍；精度太高、不易稳定达到加工要求的工序一般也不应放在线内加工。由于高精度孔的尺寸公差要求

很严，在生产线上加工时，需采取备用机床、自动测量、刀具自动补偿等相应措施，或者是单独的精加工线。攻螺纹工序应安排在单独的机床上进行，或安排单独的攻螺纹工段，并放在生产线的最后，以便于安排攻螺纹的润滑、切屑的处理，保证工件的清洁。

⑤ 热处理工序。热处理的安排主要取决于零件的材料和热处理目的。预备热处理能改善材料的切削性能和组织；消除残余应力的热处理安排在粗加工之后精加工之前；最终热处理的目的是提高零件的强度、表面硬度和耐磨性。

⑥ 辅助工序的安排。这对保证生产线的可靠工作同样具有很重要的意义。在不通孔中积存切屑，就会引起丝锥折断；高精度的孔加工没有测量，也可能出现大量的废品。一般还要在零件粗加工阶段结束之后或者重要工序加工前后，以及工件全部加工结束之后安排检验工序。

(3) 工艺流程的拟订

工艺流程的拟订直接关系到自动线的经济效益及工作可靠性，首先对所加工的零件进行工艺、结构分析及毛坯的确定，接着设计工艺路线，主要内容包括确定各表面的加工方法、划分加工阶段、确定工序集中和分散程度等内容。

1) 确定各表面的加工方法　针对工件的材料、各加工表面的尺寸、加工精度和表面粗糙度要求、加工部位的结构特征和生产类型以及现有生产条件等，选用相应的加工方法和加工方案。其中，工件的结构形状和加工表面的技术要求是决定加工方法的首要因素。

内孔表面的加工主要有钻、扩、铰、镗、拉孔、磨孔和光整加工等方法，根据不同的材料、加工要求、尺寸、毛坯上有无预制孔等情况合理选用。硬度较低而韧性较大的金属材料应采用切削的方法加工，不宜用磨削的方法加工。反之，硬度高的工件则最好采用磨削加工。孔在精加工时可采用精镗或精铰，孔的位置精度和直线度要求较高时，采用精镗的方法，若只是保证孔的尺寸精度，对孔的位置精度和直线度没有较高要求，则可以采用精铰的方法。

平面加工的主要方法有铣削、刨削、车削、磨削和拉削等，精度要求高时还需要采用研磨和刮削。在大批量铣削平面时，为提高加工效率，可以采用组合铣刀或多头组合铣床，同时对工件上多个平面进行加工。

由此可见，对于加工表面，首先根据工件主要表面的技术要求确定最终加工方法，然后依次逆向选定主要表面各工序的加工方法及各次要表面的加工方法。在此基础上，根据各加工表面位置精度要求采取一定的工艺措施，适当调整加工方法。

2) 划分加工阶段　机械加工工艺过程一般可划分为粗加工、半精加工、精加工和光整加工几个阶段。其中，粗加工阶段主要是去除大部分材料，使毛坯的形状和尺寸接近成品；半精加工和精加工主要是逐步提高零件的精度和表面质量，全面保证加工质量，同时纠正粗加工产生的误差和变形。划分加工阶段可以合理使用设备，粗加工余量大、切削用量大，采用刚性好、效率高而精度较低的机床；精加工切削力小，对机床破坏力小，采用高精度机床，这样可避免互相干扰，可以充分发挥机床的性能，延长使用寿命。划分加工阶段便于安排热处理工序，粗加工后一般要安排去应力的时效处理，以消除内应力；精加工前要安排淬火等最终热处理，其变形可以通过精加工予以消除。此外，划分加工阶段有利于及早发现毛坯的缺陷，如铸件的气孔、夹砂和余量不足等，在粗加工后即可发现，便于及时修补或决定报废，以免继续加工造成工时的浪费。

加工阶段的划分也不应绝对化，应根据零件的质量要求、结构特点和生产纲领灵活掌握。对刚性好的重型工件，由于装夹和运输很费时，常在一次装夹下完成全部粗、精加工。当生产批量较小、机床负荷率较低时，从经济性角度考虑，也可用同一台机床进行粗、精加工，但应考虑粗加工中产生的各种变形对加工质量的影响，并采取措施。例如，在粗加工后，应松开夹紧机构，停留一段时间，让工件充分变形，然后再用较小的夹紧力重新夹紧，进行精加工，使得粗、精加工不同时进行及采用不同的夹紧力，或者粗、精加工在机床的不同工位进行；加工孔时采用刚性主轴不带导向，或导向不在夹具上，在托架上等。

3）确定工序集中和分散程度　工序的划分可以采用两种不同原则，即工序集中原则和工序分散原则。工序集中原则是指每道工序包括尽可能多的加工内容，从而使工序的总数减少，提高生产效率，缩短工序路线，简化生产计划和生产组织工作。工序分散原则是将工件的加工分散在较多的工序内进行，机床与工夹具简单，每道工序的加工内容很少。大批量生产时，若使用多轴、多刀的高效加工，可按工序集中原则组织生产。在由组合机床组成的自动线上加工，虽然工序一般按分散原则划分，但应力求减少机床的台数。决定工序集中程度除了应充分考虑工件的刚性外，还要合理安排粗、精加工工序，避免工件在加工过程中因热变形、切削力和夹紧力过大或刚性不足而影响加工精度。

工序集中或分散的选择应考虑以下问题：

① 为减少机床台数，机床尽可能采用双面，必要时甚至三面的配置方案。对于小平面上孔的加工，采用多工位的方法。

② 工件上相互之间有严格位置精度要求的表面，其精加工宜集中在同一工位或同一台机床上进行。

③ 采用多轴加工是提高工序集中程度的最有效办法，但要注意主轴箱上的主轴不要过密，以保证拆卸刀具的便利。

④ 采用复合刀具在一台机床上完成几道工序的加工。如钻螺纹底孔时复合倒角，或者钻孔时复合倒角及锪端面等，都是提高工序集中程度的手段。

⑤ 有些工序，如钻孔、钻深孔、铰孔、镗孔及攻螺纹等，它们的切削用量、工件夹紧力、夹具结构、润滑要求等有较大差别，不宜集中在同一工位或同一台机床上加工。

(4) 加工生产线上输送基面的选择

在生产线上输送工件主要采用随行夹具，工件在随行夹具上安装定位后，由运送装置把随行夹具运送到各个工位上。随行夹具一般以夹具底面和两定位孔在机床上定位，并由机床工作台的夹紧机构夹紧，从而保证工件与刀具的相对位置。当工件加工精度要求较高时，常把随行夹具的底平面分开成为定位基面和运输基面，以保护定位基面的精度。随行夹具属于专用夹具范围，其装夹工件部分需按工件外形和工艺要求设计。工件的输送基准与工艺基准之间有一定的关联性，工件的输送基准包括输送滑移面、输送导向面和输送棘爪推拉面。如果采用工件直接输送的方式，就需要工件有足够大的支承面和两侧限位面，以防止在运送时产生倾斜和蹿位，还要有推拉面。为了保证产品的加工精度，这些平面与工件的定位基面（定位面和定位销孔）要有精度要求。

形状规则的箱体类工件通常采用直接输送方式，输送基面就是工件的某一个平面，该类工件用一面两销定位时，要求输送装置的推拉面和侧面限位面到定位销孔中心的距离偏差不大于±0.1mm，推拉面和导向面必须加工。当毛坯进入生产线时，应保证在输送过程中偏转不大，以使定位销能插入定位孔中。异型箱体类工件，采用抬起式或托盘式输送装置时，应尽量使输送限位面与工件定位基准一致，整个生产线尽量采用统一的输送基面。

小型回转体类工件一般采取滚动或滑动输送方式。滚动输送时主要支承面的直径应尽量一致。滑动输送时，以外圆面作输送基面。当回转体类工件不能以重力输送时，可采用机械手输送，此时要考虑被机械手抓取的部位与工艺基准的位置要求。

7.2.2.2 生产节拍

生产节拍是指连续完成相同的两个产品之间的间隔时间，即完成一个产品所需的平均时间。当各工位之间的作业时间几乎相同时，即可取得生产线的平衡。生产平衡可以缩短产品作业时间，增加单位时间的产量，降低生产成本；减少工序间的在制品，实现有序流动；减少工序间的准备时间，缩短生产周期。对工序进行平均化，调整各作业负荷，可以使各作业时间尽可能相近。

生产线的节拍可根据公式（7-1）计算。

$$t_j=\frac{60T}{N}\beta_1 \tag{7-1}$$

式中 T——年基本工时，h/年，一般规定，一班制工作时间为2360h/年，两班制工作时间为4650h/年；

β_1——复杂系数，一般取0.65～0.85，复杂的生产线因故障导致开工率低，应取低值，简单的生产线取高值；

N——生产线加工工件的年生产纲领，件/年。

$$N=qn(1+p_1+p_2)$$

式中 q——产品的年产量，台/年；

n——每台产品所需生产线加工的工件数量，件/台；

p_1——备品率；

p_2——废品率。

生产节拍实际是一种目标时间，是随需求数量和需求期的有效工作时间变化而变化的，是人为制订的。节拍反映的是需求对生产的调节，如果需求比较稳定，则所要求的节拍也是比较稳定的，当需求发生变化时节拍也会随之发生变化，如需求减少时节拍就会变长，反之则变短。

算出生产线的节拍后，就可以知道哪些工序的节拍大于t_j，这些工序限制了生产线的生产率，使生产线达不到生产节拍要求，这些工序称为限制性工序。必须设法缩短限制性工序的节拍，以达到平衡工序节拍的目的。当工序节拍比t_j慢很少时，可以采用提高切削用量的办法来缩减其工序节拍，但在大多数情况下，工序节拍比t_j慢很多，这时就必须采用下列措施来实现节拍的平衡：

① 对关键工序，通过改装设备、增加附件、同时加工多个零件等办法来提高生产速度。

② 采用高效专用的工艺装备，减少辅助操作时间。

③ 作业转移、分解与合并。将瓶颈工序的作业内容分给其他工序；合并相关工序，重新排布生产线加工工序；分解作业时间较短的工序，把该工序安排到其他工序中去。

④ 增加顺序加工工位。采用工序分散，把限制性工序分解为几个工步，摊在几个工位上完成。

⑤ 实行多件并行加工。采用多台同样的机床对多个同样的工件同时进行加工，需要有

专用输送装置，将待加工工件分送到各台机床并将已加工工件从各台机床取出送到生产线的输送装置上，增加了生产线的复杂程度；采用多工位加工机床，各工位完成同样工件不同工步的加工，每次转位完成一个工件的加工，可以明显地提高单件的工序节拍，又不需要上述的专用输送装置，但机床结构比较复杂。

⑥ 在同一工位上增加同时加工工件的数目。在同一工位上加工两个工件，输送带行程为两个工件的步距。

7.2.2.3　生产线的分段

生产线属于以下情况时往往需要分段：

① 当工件因加工需要在生产线上要进行转位或翻转时，工件的输送基面变了，需要分段独立输送。因此，转位或翻转装置就自然地将生产线分成若干段。

② 为了平衡生产线的生产节拍，需要缩短限制性工序的工时，将限制性工序单独组成工段，以满足成组输送工件的需要。

③ 当生产线的工位数多，生产线较长时，线内任一工位因故停止工作，将会导致全线停产。此时生产线需要分段，并在每段生产线之间设立储料库，使各段在相邻工段停产时还能独立运行一段时间，提高生产线的设备利用率。

④ 工件加工精度要求较高时，粗加工后在储料库内存放一定的时间，以减少工件热变形和内应力对后续工序的影响，在精加工工段进行加工，也需要生产线分段。

7.3　自动化生产线总体布局设计

7.3.1　自动化生产线制造系统

自动化生产线是用物料传输设施与装卸装置组成的物流系统将实现专门加工或装配任务的若干台设备与工作站连接起来，自动完成毛坯（工、零件）传输和转换成最终产品（或零件）的制造系统。该系统输入的是坯件或零件，输出的是产品，由物流系统和按工序加工要求、以工艺顺序安排的制造设备或工作站组成，其设备和设施装置是机械式的集成结果。自动线上的设备除了是各种实现规定加工功能的机床（多为专机或组合机床）外，还可以是各种处理设备或装配设备，也可以是自动进行工件质量检测的检验站等。

这种自动线实质上是刚性自动化制造系统，它适用于稳定产品的大批量生产，可以获得高生产率，运行可靠而稳定。对难于实现自动化或自动化后不经济的操作或工序可以由人进入工作站来完成，如手工装配、校准、检测等。

自动线经常采用的布局方式一般有直线型和回转型两类，可以根据应用场合加以选择。

(1) 直线型

自动线按工序顺序呈直线排列。为使工件（坯件）重新取向，或为了适应现场生产面积的限制，在这种布局中允许工件流动或在某些位置上进行转动。

(2) 回转型

自动线把工件装夹在回转工作站上，工作站或设备沿回转台布置，在每个工位上完成要求的加工处理或装配工作。

7.3.2 自动化生产线的总体设计

7.3.2.1 自动线设计时考虑的因素

(1) 机械加工生产线设计应遵循的原则

① 首先应保证产品的加工质量，稳定达到产品图样上规定的各项技术要求，且加工成本较低。

② 在保证产品加工质量的基础上，生产线应满足生产纲领的要求，并留有一定的生产潜力。

③ 根据产品的批量、可持续生产的时间，生产线应有一定的柔性，即使是大批量生产，也要避免采用完全刚性的生产线。

④ 生产线的设计应尽量减轻工人的劳动强度，给工人提供一个安全、舒适和宜人的工作环境。

⑤ 生产线的设计应有利于对资源和环境的保护，实现清洁化生产。

(2) 设计自动线考虑的主要因素

自动线的结构和布局是由很多因素决定的，为了满足上述设计原则，在设计自动线时必须考虑影响自动线总体方案的主要因素，分述如下。

① 工件的几何形状、结构特征、材质、毛坯状况及工艺要求。工件的几何形状、结构特征基本上决定了自动线自动上下料装置的形式。形状规则、结构简单、易于定向的中小型旋转体工件多采用料斗式自动上下料装置。箱体、复杂类工件和较大型旋转体工件多采用料仓式自动上下料装置。

工件的几何形状决定了工件的输送方式，旋转体工件和箱体工件就有着不同的输送方式。在选择排屑装置和冷却液时，要考虑工件材质，对于韧性材质工件如钢件，还要考虑断屑措施。

毛坯的加工余量、工艺要求和加工部位的位置精度直接影响自动线的动力部件的选择以及工位数、节拍时间和换刀周期。

② 生产纲领。自动线总布局和自动化程度与所要求的生产率有很大影响。生产纲领很大时，节拍时间短，为平衡节拍时间，可增加顺序加工的机床（工位）数或平行加工的机床（工位）数，以完成限制性工序的加工，同时还要考虑采用工件自动上下料装置以减轻工人劳动强度。在高生产率的自动线上，为了避免自动线因停车影响生产，有必要将工序长的自动线分为几个工区，工区之间设储料系统以提高自动线的柔性，同时这类自动线还应设监控系统以便能迅速诊断自动线故障所在，使之迅速恢复正常工作。

③ 使用条件。大多数自动线仅完成工件的部分工序，在拟订自动线布局时要考虑车间内部工件流动方向和前后工序的衔接，以获得综合的技术经济效果。对于企业技术改造增设的自动线，车间现有空余面积和位置往往是限制自动线布局的因素。

若车间内有集中排屑设施，自动线的切屑输送方向及排屑装置要与之适应。

箱体、复杂类工件加工自动线装料高度要求与车间内运输滚道高度一致，以避免工件做不必要的升降。

大批量生产的产品车间一般不设吊车，要考虑设备安装和维修的可能性和方便性。在噪声严重的车间，要考虑设置“灯光扫描”或“闪光式”的警报系统，对于未配备压缩室气源的车间，自动线是否采用气动装置需慎重考虑。

对自动线上采用的较复杂的专用复合刀具，要考虑用户后方车间的制造能力。

④ 设备制造厂制造能力。为方便制造，在拟订自动线方案时要考虑设备制造厂的设备条件、工艺水平等。

7.3.2.2　自动线的设计方法和设计程序

(1) 自动线的设计方法

① 利用标准机床和加工装配工作站上的加工、处理与装配设备和标准的或专用的物料传输系统连接工作站形成自动线。物料传输系统完成输送、移动与送进工件等工作。每台机床或设备应有自动循环功能和手动操作功能。此种建造方法可利用工厂现有的机床和闲置（或不满负荷）的设备，但此种方式设计建造的自动线难以适应大尺寸（因传输系统限制）和复杂零件的加工。若在此种自动线中采用工业机器人完成装卸搬运工作，将提高其柔性。这类自动线主要用于压力加工、轧制、陶瓷件生产、齿轮制造、电镀和抛光等加工处理。

② 自动线的设计与制造由机床制造厂完成，采用专用的传输线、装配机及其他设备对自动线进行专门的设计和单独制造。用户只提出技术要求，制造厂的设计与制造服从用户，在满足专用要求的前提下，设计制造厂可以采用标准零部件、组装件、通用件甚至部分标准化通用化设备。这类自动线占用生产面积小，生产率高，利用率高，对设计要求满足较好，但柔性差。它主要用于汽车发动机的机械加工以及钢笔装配机、电力电子装置、器件的装配。

(2) 自动线的设计程序

如果是直接建设新的自动线，一般可分为建线方案论证阶段、总体方案设计阶段、结构设计阶段等三个步骤进行。

1）建线方案论证阶段

① 建线基本情况的调查分析。首先调查、研究、明确下面几个问题：

a. 被加工零件要求在自动线上完成的工艺内容、年产纲领、自动线的安装位置、使用条件及其他特殊要求。

b. 零件的结构、形状、尺寸、材料、技术要求、在机器中的作用、毛坯情况和加工余量等。

c. 国内外相同或类似零件的有关技术资料，包括工艺方法、加工质量、生产率等。

② 设计建造自动线的条件分析。

a. 分析零件结构。作为自动线生产的零件，在结构上必须是已经定型的，而且应当是长期（至少在自动线投资收回以前）生产的产品，否则不宜建线。

b. 毛坯应符合自动线生产的要求。毛坯的材质、制造方法与技术要求，对自动线的工艺过程、结构形式、复杂程度、工作的可靠性等都有直接的影响，因此，毛坯本身的制造工艺必须是先进的、高生产率的，数量上是能满足自动线生产需要的；毛坯要有较好的制造质量，从提高自动线、工作可靠性及减少自动线的加工量出发，应对毛坯尺寸精度、几何形状及相互位置精度有较高的要求。毛坯质量不稳定、硬度不均匀，会影响自动线的加工质量，甚至会影响自动线的可靠性。

c. 分析年生产纲领是否合乎建线条件。如果零件的年生产纲领很小，建成自动线后不可能取得良好的经济效果。一般可根据年生产纲领的大小计算出自动线的生产节拍，然后按生产节拍的大小，考虑工艺上的可能性和设备设计制造的可能性，来确定建线的可能性。

③ 自动线的生产节拍计算。自动线的生产节拍可按公式（7-1）计算。目前，中型零件（如汽车的气缸体、气缸盖等）加工的自动线常见的生产节拍一般在1～2min/件，某些较先进的自动线（如活塞去重称重自动线）可达4s/件。

④ 分析劳动条件。有些零件就年生产纲领而言，虽然不够建线条件，但用常规方法生产劳动强度大、劳动条件差或需大量工人等，为减轻劳动强度、改善劳动条件，仍应考虑建造自动线。

经过以上的分析，在确定建造自动线以后，还应从简化自动线的结构和提高自动线工作的可靠性和生产率出发，对被加工零件的结构工艺性进行分析，必要时应在保证使用性能的前提下，对被加工零件提出改善工艺性的要求，甚至是局部结构的改变。

2）总体方案设计阶段　这个阶段的工作内容，可以概括如下：

① 拟订工艺方案，绘制工序图及加工示意图。

② 拟订全线的自动化方案。

③ 确定自动线的总体布局，绘出自动线的总联系尺寸图。

④ 编制自动线周期表。

⑤ 对于没有充分把握的工序、先进工艺及结构，进行必要的实验工作等。

机械加工生产线可以在机床工作循环，工件的装卸、定位夹紧，工位间的输送，排屑，自动线的联锁保护、上料与下料，加工质量的检测，故障检查等方面实现自动化。

生产线自动化程度的高低，取决于加工对象的年生产纲领和技术要求等与产品有关的条件，以及自动线的经济合理性和工作的可靠性。

全线自动化程度和内容确定以后，就需确定与工艺方案相适应的机床方案、夹具方案、刀具方案、量具方案、工件输送系统方案、排屑系统方案、电控系统方案、液压系统方案等。必要时还应绘出某些关键性部件的结构草图，以表明实现的可能性。

3）结构设计阶段　主要是进行自动线构成的设备、装置、控制系统、液压系统以及工具工装等的结构设计，以及编制自动线的说明书等。

7.3.3 自动线工艺方案的拟订

工艺方案是确定自动线工艺内容、加工方法、加工质量及生产率的基本文件，是进行自动线结构设计的重要依据。工艺方案制订得正确与否，关系到自动线的成败。所以，一定要使工艺方案可靠、经济合理，具有先进性。

在制订工艺方案时，必须重点考虑以下几个问题。

7.3.3.1 定位基面的选择

确定和选择自动线上加工零件的定位基面时，要从保证工件的加工精度和简化自动线的结构这两个最基本的原则出发。

① 尽可能采用设计基准作为定位基准，避免因两种基准不重合而产生的定位误差，以保证加工精度。

② 尽可能地采用统一的定位基准，这样不但可以减少安装误差，有利于保证加工精度，而且也有利于实现自动线夹具结构的通用化。

③ 尽可能采用已加工面作为定位基面。

④ 所选择的定位基面应便于实现多面加工，使工件在自动线上翻转的次数最少，以便于实现集中工序加工和减少自动线的辅助装置。

⑤ 选择定位基面要同时注意夹压位置和工件的输送方便。如果工件没有良好的定位基面或夹压位置，或没有恰当的输送基面时，可以采用随行夹具的办法加工。工件装在随行夹具上，由随行夹具提供定位基面和输送基面。随行夹具多采用一面两孔作为定位基面。

7.3.3.2　工艺流程的拟订

拟订工艺流程是制订自动线工艺方案中最重要的一步，它直接关系到自动线的经济效果及其工作可靠性，主要解决以下六个问题。

(1) 确定工件在自动线上加工所需的工序

① 正确地选择各种加工工艺方法及其加工工步。为了做好这一工作，必须首先明确工件上需要加工的部位和工件经过自动线加工以后要求达到的精度和表面粗糙度等级，然后根据工件材料种类、被加工表面的类型和技术要求等，来确定各加工表面所需的工艺方法和加工工步。

② 合理分配并确定工序间的余量。为了保证加工精度和表面粗糙度，使自动线能正常工作，还必须合理地分配工序间的余量。一般来说，工件经过重新安装有定位误差或在多工位机床上有转位误差时，应适当加大工序间余量，在安排各加工表面的加工次数时，如果发现工序间余量过大，为保证精加工刀具的耐用度，可以考虑多安排一道半精加工工序。

(2) 安排加工顺序

安排加工顺序应遵循下列原则。

① 先加工定位基面，后加工一般表面；先加工平面，后加工孔。

② 粗精分开，先粗后精。为了避免粗加工产生的热变形及内应力重新分布的变形对精加工精度的影响，对于重要的加工表面，粗、精加工应隔开较多工序，或放在不同的工段加工，以减少热变形和内应力重新分布对精加工的影响。粗加工和精加工不宜放在同一台机床上进行，因为粗加工产生的振动及夹压应力往往会影响精加工的质量。

③ 合理集中工序，可以把若干表面在一次安装下加工出来，从而较容易保证加工表面的相互位置精度，并可以减少机床台数，有利于简化自动线的结构。所以，合理地集中工序是安排自动线工艺最重要的原则之一。

根据上述原则，在拟订加工工序时，应首先保证将那些具有相互位置精度要求的加工表面安排在同一工位上加工。

目前，常用的工序集中方法有以下几种：

a. 采用双面或三面配置的机床进行加工；

b. 采用多轴加工；

c. 采用复合刀具加工，这时要特别注意复合刀具的制造、刃磨与排屑是否方便；

d. 采用多个工件同时加工，特别对于一些较小的工件，例如柴油机的喷油泵壳体等，往往在一台机床上布置两个工位，同时对两个工件进行加工；

e. 采用转塔式主轴箱进行加工；

f. 采用数字控制并具有更换刀具和主轴箱功能的机床进行加工。

工序集中的原则不是绝对的，有时对于某些工序，集中不如分散合理，甚至非采用分散的原则进行不可。例如，某些深孔的加工，往往是自动线上工时最长的工序，如果一次加工完毕，由于工序时间很长，必然会限制自动线的生产率。为了提高自动线的生产率，使自动线达到所要求的生产节拍安排工序时，只好把深孔加工分摊在几个工位上进行。

④ 适当考虑单一化工序，将钻小孔、攻螺纹等加工工序，安排在同一台机床或主轴箱上，可使机床主轴箱的结构简化，并便于刀具的更换、调整，便于切削液和切屑的处理。

⑤ 注意安排必要的辅助工序，在自动线上安排必要的检查、倒屑、清洗等辅助性工序，对于提高自动线的工作可靠性、防止出现成批废品，有很重要的意义。

(3) 确定和选择自动线加工的切削用量

合理的切削用量是保证自动线加工质量和生产效率的重要因素之一，也是设计自动线时用于计算切削力、切削功率和加工时间的必要数据，是设计机床、夹具、刀具的依据。

自动线切削用量的选择应注意以下几点：

① 自动线刀具耐用度的选择原则。目前尚无统一的规定，为使换刀不占用或少占用生产时间，以减少自动线的循环外损失时间，目前自动线中我国一般取最短的刀具耐用度时间为 400min 左右或 200min 左右，相应刀具不刃磨的工作时间为一个班或半个班，比单台机床刀具耐用度要长些，因此所选用的切削用量比一般机床单刀加工的耐用度低 15%～30%。

② 对于工作时间长、影响自动线生产节拍的工序，应尽量采用较大的切削用量以提高生产率。但是正如上面所指出的，应保证其中耐用度最短的刀具能连续工作一个班或半个班，以便利用自动线非工作时间进行换刀，对于加工时间不影响自动线生产节拍的工序，可以采用较小的切削用量，提高刀具耐用度，以提高自动线的利用率和经济效果。

③ 同一个刀架或主轴箱上的刀具，一般共用一个进给系统，各刀具每分钟的进给量相同，此时应注意选择各刀具的转速，确定合理的切削速度和每转进给量。

④ 选择复合刀具的切削用量时，应考虑复合刀具各个部分的强度、耐用度及工作要求。

(4) 工序节拍的平衡

自动线所需的工序及其加工顺序确定以后，必然会出现各工序的加工时间和辅助工作时间不相同的情况。如果有工序时间比自动线生产纲领规定的生产时间节拍 t_j 长，这些工序将不能完成生产任务；而另外一些工序的时间又比 t_j 短得多，这些工序的设备负荷不满，将不能充分发挥其生产性能。因此，必须平衡各工序的节拍，使实际的节拍与 t_j 相等或稍小一些，才能使自动线取得良好的经济效果。每个工序的节拍可根据公式（7-1）计算，即可得到那些大于 t_j 的工序，这些工序限制了自动线的生产率，使自动线达不到生产节拍要求，这些工序称为限制性工序。因此，必须设法缩短它们的节拍，以达到平衡工序节拍的目的。当工序节拍与 t_j 差不多时，往往采用提高切削用量的办法来缩减工序节拍，但在大多数情况下，工序节拍比 t_j 大得多，就必须采用下列措施来实现节拍的平衡。

① 采用新的工艺方法，提高工序节拍。例如在曲拐自动线中，原加工两端环状安装平面时，采用铣削加工的方法，后改为旋车环形端面的加工方法，大大缩减了加工时间，提高了工序节拍。必须注意的是，在采用新工艺方法时，由于这些方法对于特定的加工工件是不常用的，或者是全新的，以前未使用过，因此必须进行工艺实验，直到证明其十分可靠后，才能用于自动线。

② 增加顺序加工工位，采用工序分散的方法，将限制性工序的工作行程分为几个工步，摊在几个工位上完成。例如气缸体的纵向油道孔，由于直径较小而孔很长，若只安排在一个加工工位上加工，满足不了自动线的生产率需要，其工序节拍很长，故多分摊在三个工位上加工，使各工位的工序节拍与 t_j 基本相同。

采用这种方法来平衡节拍时，会在工件的已加工表面上留下接刀痕迹。因此，只适用于粗加工或精度和表面质量要求不高的工序。

③ 在限制性工位上实行多件加工，提高单件的工序节拍。这样就需要在限制性工序上设立单独的输送装置，使其单独组成工段。缺点是增加了自动线的复杂程度。

④ 增加同时加工的工位数，即在自动线上设置若干台同样的机床，同时加工同一道限制性工序。这几台机床在自动线中有串联方式和并联方式。

(5) 自动线的分段

自动线的分段是由于自动线工艺的需要，或工位太多需分段以增加自动线的柔性，提高自动线的生产率而设置的。自动线属于以下情况时往往需要分段：

① 当零件的结构和工艺比较复杂时，为了完成全部工序的加工，工件需要在自动线上进行多次转位。这些转位装置往往使全线不能采用统一的输送带，而必须分段独立输送。在这种情况下，转位装置就自然地将自动线分成若干段。

② 如前所述，为了平衡自动线的生产节拍，当对限制性工序采用增加同时加工的工位数或增加同时加工的工件数等办法，以缩短限制性工序的工时时，往往也需要将限制性工序单独组成工段，以便满足成组输送工件的需要。

③ 当自动线的工位数多，自动线较长时，一般不宜采用刚性连接方式，因为刚性自动线中任一工位出现故障而停歇时，全线都停顿，以致降低自动线的利用系数。因此，分段往往需要在每段之间设立储料库，以增加自动线的柔性。这样，自动线各工段就能独立运行，而不因某段的故障造成全线停顿。

④ 当零件加工精度要求高时，为使工件粗加工所产生的热变形和内应力重新分布所造成的变形不影响精加工的精度，使工件有较长的存放时间，往往将自动线分段。

(6) 成组加工自动线的采用

对于批量不大的工件，采用自动线进行单一品种加工时，经济效果不好。但是，如果不同的工件具有类似或相同的结构、相同的工艺特点，就可以考虑采用成组加工自动线（或多品种加工自动线）进行加工。这是由于每一种零件的批量虽然不大，但就整个零件族而言，具备了建立自动线的条件。

实践证明，采用成组加工的自动线可以实现一线多能、一线多用，使高效率设备在中、小批量生产中满负荷地工作，使中、小批量生产的同类型零件能使用大批量生产的高效生产方式，其经济效果必然十分显著。

设计成组加工自动线工艺与设计一般自动线工艺的主要区别在于以下两个方面：

① 设计成组加工自动线时，应先确定自动线的成组对象产品。很明显，同一自动线上加工的成组零件的尺寸、结构、技术要求、毛坯情况愈相似，它们的工艺就愈接近，因而愈适宜采用同一自动线加工。

② 成组加工自动线的工艺流程，是按一个典型的综合工件来编制的。所谓综合工件，就是综合了同一组工件的全部（或大部分）结构特征和工艺特征的特定工件。这个综合工件，可以是一个实际工件，也可以是一个假想的工件，即最能代表这一组工件的理想工件。设计时，就按照这个理想工件编制加工工艺，设计相应的机床、成组夹具及刀具等。进行上述结构设计时，要考虑成组加工自动线的可调整性要求，以便在更换加工对象时，方便地进行调整。

7.4 柔性制造系统

7.4.1 柔性制造系统概述

(1) 柔性制造系统的概念

自从1954年美国麻省理工学院第一台数字控制铣床诞生后，20世纪70年代初柔性自动化进入了生产实用阶段。几十年来，从单台数控机床的应用逐渐发展到加工中心、柔性制造单元、柔性制造系统和计算机集成制造系统，使柔性自动化得到了迅速发展。

柔性制造系统（flexible machining system，FMS）是由统一的信息控制系统、物料储运系统和一组数字控制加工设备组成，能适应加工对象变换的自动化机械制造系统。FMS的工艺基础是成组技术，它按照成组的加工对象确定工艺过程，选择相适应的数控加工设备和工件、工具等物料的储运系统，并由计算机进行控制。故能自动调整并实现一定范围内多种工件的成批高效生产，并能及时地改变产品以满足市场需求。FMS兼有加工制造和部分生产管理两种功能，因此能综合地提高生产效益。FMS的工艺范围正在不断扩大，包括毛坯制造、机械加工、装配和质量检验等。

(2) 柔性制造系统的组成、功能及特点

机械制造业的柔性制造系统基本组成部分有：

① 自动加工系统。它是指以成组技术为基础，把外形尺寸（形状不必完全一致）、重量大致相似，材料相同，工艺相似的零件集中在一台或数台数控机床或专用机床等设备上加工的系统。

② 物流系统。它是指由多种运输装置构成，如传送带、轨道、转盘以及机械手等，完成工件、刀具等的供给与传送的系统，它是柔性制造系统主要的组成部分。

③ 信息系统。它是指对加工和运输过程中所需各种信息收集、处理、反馈，并通过电子计算机或其他控制装置（液压、气压装置等），对机床或运输设备实行分级控制的系统。

④ 软件系统。它是指保证柔性制造系统用电子计算机进行有效管理的必不可少的组成部分。它包括设计、规划、生产控制和系统监督等软件。柔性制造系统适合年产量1000～100000件之间的中小批量生产。

柔性制造系统将微电子学、计算机和系统工程等技术有机地结合起来，解决了机械制造高自动化与高柔性化之间的矛盾。主要具备以下功能：

① 能自动控制和管理零件的加工过程，包括制造质量的自动控制、故障的自动诊断和处理、制造信息的自动采集和处理；

② 通过简单的软件系统变更，便能制造出某一零件族的多种零件；

③ 自动控制和管理物料（包括工件与刀具）的运输和存储过程；

④ 能解决多机床下零件的混流加工，且无须增加额外费用；

⑤ 具有优化的调度管理功能，能实现无人化或少人化加工。

柔性制造系统的特点：

① 设备利用率高。如果把一组机床编入柔性制造系统，产量比这组机床在单机作业时的产量提高两倍，原因是由计算机控制不会使机床停机，零件不在线上装夹，这样就提高了

生产效率，在某种程度上可以减少加工中心的数量，可以减少设备投资；由于减少了等待时间，使在制品最多可以减少 80%。

② 生产能力相对稳定。柔性制造系统的加工能力有冗余度，当有一台或几台机床发生故障时能降级运转，使物料传送系统自行绕过故障机床，系统仍能维持生产。

③ 产品质量高。零件在加工过程中，减少了装夹次数，注意机床与零件的定位，可以一次完成多个工序的加工，提高产品质量。

④ 运行具有灵活性。有些柔性制造系统的检验、装卡和维护工作可在第一班完成，第二班、第三班可在无人照看下正常生产。在理想的柔性制造系统中，其监控系统还能处理诸如刀具的磨损调换、物流的堵塞疏通等运行过程中不可预料的问题。

⑤ 产品应变能力大。柔性制造系统自身有一定的灵活性，能够适应由于市场需求变化和工程设计变更所出现的变动，进行多品种生产，还能在不明显打乱正常生产计划的情况下，插入备件或急件的制造任务。

由此可以看出，一个理想的 FMS 具有设备、工艺、产品、工序、运行、批量、扩展方面的柔性。

(3) 柔性自动化制造设备的 5 个层次

按照系统规模和投资强度，可将柔性自动化制造设备分为 5 个不同的层次：

① 柔性制造模块。柔性制造模块（FMM）是指一台扩展了自动化功能的数控机床，如刀具库、自动换刀装置、托盘交换器等，FMM 相当于功能齐全的加工中心。

② 柔性制造单元。柔性制造单元（FMC）是由单台带多托盘系统的加工中心或 3 台以下的数控机床或加工中心构成的加工单元。该单元根据需要可以自动更换刀具和夹具，还配有存储工件的托盘站和自动上下料的工件交换台，具有适应加工多品种产品的灵活性，具备对外接口，可与其他单元组成 FMS，有较大的设备柔性，现已普遍应用。

③ 柔性制造系统。柔性制造系统（FMS）是由 4 台以上的数控加工设备有机组合，配以物料传送装置，由计算机自动控制系统运行的生产系统。该系统能在不停机的情况下，满足多品种、中小批量的要求，适合形状复杂、工序多、批量大的零件加工。FMS 是使用柔性制造技术最具代表性的制造自动化系统。

④ 柔性自动生产线。柔性自动生产线（FML）是把多台可以调整的机床（多为专用机床）联结起来，配以自动运送装置组成的生产线，是处于非柔性自动线和 FMS 之间的生产线。该生产线可以加工批量较大的不同规格零件，专用性较强，对物料系统的柔性要求低于 FMS，在性能上接近大批量生产用的自动生产线，生产效率更高。

⑤ 柔性制造工厂。柔性制造工厂（FMF）是将多个 FMS 连接起来，配以自动化立体仓库，用计算机系统进行有机联系，具有从订货、设计、加工、装配、检验、运送至发货的完整流程的系统。它包括了 CAD/CAM，并使计算机集成制造系统（CIMS）投入实际，实现生产系统柔性化及自动化，进而实现全厂范围的生产管理、产品加工及物料储运进程的全盘化。FMF 是自动化生产的最高水平，反映出世界上最先进的自动化应用技术。它将制造、产品开发及经营管理的自动化连成一个整体，以信息流控制物质流的智能制造系统（IMS）为代表，其特点是实现工厂柔性化及自动化。

7.4.2　柔性制造系统的总体设计

柔性制造系统的设计一般分为两步，初步设计和详细设计，初步设计是柔性制造系统设计工作的第一阶段，其工作重点在系统的总体设计方面，它从分析市场生产状态出发，认定采用柔性生产线要达到什么目标；在详细设计阶段中，从工厂的产品中筛选出适合采用柔性生产线的零件，对这些零件作工艺分析，并以此为依据对柔性制造系统进行详细设计，包括设定生产线的基本设备、工夹具、物流方式、系统管理和控制方案，最后按照厂房的状况，设计生产线的结构图，编写相应文档。

7.4.2.1 零件族的确定及其工艺分析

(1) 分析工厂生产状态、确定零件谱

通过分析生产状态，根据零件的形状、尺寸、材料、加工工艺上的相似性，筛选出适合于柔性生产线制造的关键零件，用成组技术将它们分组，制订出生产线的零件谱。

零件谱的确定要兼顾用户的要求和 FMS 加工的合适性。可以将结构相同、形状相似、只有微小不同的零件产品设为一组零件谱；制造方法类似的零件，如材料相同或可用同种方法加工的零件可以分为一组；采用零件的批量和生产节拍划分零件谱时，需要先进行工艺分析，确定设备、加工时间、辅助时间等，并计算年产量，根据订货量与年产量的关系，确定是否成为零件谱中的一员。确定零件谱需要花费大量的人力、物力，可以采用基本加权值的思想建立一个选择 FMS 加工零件族的数学模型，利用计算机方便、迅速地挑选出上线零件，供初步筛选时参考。

(2) 零件谱工艺分析

零件谱基本确定后，以正在设计的柔性生产线为前提，对谱中每个零件进行详细的工艺分析，结合上线零件的工件材料、精度和刚度等要求，确定加工流程、切削用量、制造节拍、设备的型号规格、刀具的种类、夹具的结构，将不适合上线的零件剔除。零件的加工工艺和生产线的设备是相互制约、相辅相成的，对于每个零件，应尽可能在一台机床上完成较多的工序（或工步），减少装夹次数，有利于保证零件的加工精度和提高 FMS 的运行效率。如果有的工序不适合在 FMS 上加工，或者为了获得良好的柔性生产线的装夹定位基准，可在线外加工某些工序，因此在设计过程中要反复权衡利弊，协调好工艺与生产线之间的关系。

在上线零件的工艺设计过程中应用成组技术原则，可以简化 NC 程序编制、夹具设计，选用标准化的通用刀具可以减少刀具数量和刀库容量，提高 FMS 的效率和利用率。

只有通过零件谱工艺分析，才能确定一组零件是否可以共享同一制造资源，即是否确实可以用一个制造系统柔性地完成其加工。

根据确定的零件族和工艺分析，就可以决定：FMS 的类型和规模；必需的覆盖范围和能力；机床及其他设备的类型和所需的主要附件；夹具的类型和数量；刀具的类型和数量；托盘及其缓冲站点的数量；初步估算所需的投资额。

(3) 工艺分析步骤

①消化和分析；②工序划分；③选择工艺基准；④安排工艺路线；⑤选择切削刀具，确定切削参数；⑥拟订夹具方案；⑦加工零件的检查安排；⑧工时计算与统计；⑨确定生产批量；⑩工艺方案的经济性和运行效益的预估。

7.4.2.2 加工装备的选择与配置

(1) 加工系统对机床的要求

加工系统是 FMS 最基本的组成部分，FMS 加工能力的高低很大程度是由加工系统所决定的。加工系统的结构形式以及所配备的机床数量、规格、类型，物料传送系统、清晰工位和其他加工装备等，都取决于工件的形状、尺寸和精度要求，同时也取决于生产的批量及加工自动化程度。由于在 FMS 上加工的零件种类多样，因此加工机床的类型也是多样化的。应满足如下的性能要求：

① 工序集中。以减少工位数来减轻 FMS 物流的负担，以减少装夹次数保证 FMS 加工质量，所选用的机床应尽可能地工序集中。因而，宜选用加工中心这类多功能机床。

② 控制功能强、扩展性好。选用模块化的机床结构，其外部通信功能和内部管理功能强，有内装的可编程控制器，易于与辅助装置连接，方便系统的调整与扩展，减轻网络通信和上级控制器的负载。

③ 高刚度、高精度、高速度。选用切削功能强、加工质量稳定、生产效率高的机床。

④ 操作性好、可靠性高、维修性好。选择的加工设备应具有高可靠性、易操作维修等特点。

⑤ 自保护与自维护性好。应设有过载保护装置和行程与工作区域限制装置，导轨和各相对运动件等应无须润滑或能自动加注润滑，具有故障诊断和预警功能。

⑥ 使用经济性好。如导轨油可回收，断排屑处理快速、彻底，以延长刀具使用寿命，节省运行费用，保证系统能安全、稳定、长时间无人值守而自动运行。

⑦ 对环境的适应性与保护性好。对工作环境的温度、湿度、粉尘等要求不高，各种密封件性能可靠、无渗透，能及时排除烟雾和异味，噪声、振动小，能保证良好的生产环境。

FMS 系统，不仅要有机械加工工作站，还要有工件装卸站、工件检测站及清洗工作站。

(2) 选择机床的原则

在选择机床时，不仅要考虑可靠性、自动化、高效率和高柔性，还要考虑工件的尺寸范围、工艺性、加工精度和材料、生产率以及机床的成本等。对于箱体类工件，通常选择立式和卧式加工中心，以及有一定柔性的专用机床，如可换主轴箱的组合机床、带有转位主轴箱的专用机床等。

目前，在 FMS 上加工的零件主要有两大类：一类是棱体类零件，如箱体、框架、平板等；另一类是回转体类零件。

对于加工棱体类零件的 FMS，其机床设备一般选用立式、卧式或立卧两用的加工中心。加工中心机床是一种带有刀库和自动换刀装置的多工序数控机床，工件经一次装夹后能自动完成铣、镗、钻、铰等多工序加工，减少了工件装夹次数，避免了工件因多次装夹所造成的累积误差，其自动化程度高，加工质量好。用于加工回转体零件的 FMS，通常选用数控车床或车削加工中心机床。

(3) 机床的配置形式

FMS 中机床设备的配置有互替式、互补式以及混合式等多种形式，以满足 FMS 柔性和高效率的生产要求。

① 互替式机床配置。如图 7-3（a）所示，纳入 FMS 中的机床是一种并联关系，各机床功能可以互相代替，计算机的存储器存储每一台机床的工作情况，工件可随机输送到任何一台恰好空闲的机床上加工。因各机床之间是并联关系，若某台机床发生了故障，系统仍能维持正常的工作，具有较大的工艺柔性和较宽的工艺范围，可以达到较高的机床利用率。

② 互补式机床配置。如图 7-3（b）所示，纳入 FMS 中的各机床功能是互相补充的，各自完成特定的加工任务，工件通过安装站进入系统，然后在计算机控制下按顺序经过各台加工机床。其特点是具有较高的生产率，能充分发挥机床的性能，因属串联配置形式，降低了

系统的可靠性，即当某台机床发生故障时，系统就不能正常地工作。

③ 混合式机床配置。如图 7-3（c）所示，在 FMS 中，有些机床按互替形式布置，有些则按互补形式布置，以发挥各自的优点，大多数 FMS 采用这种形式。

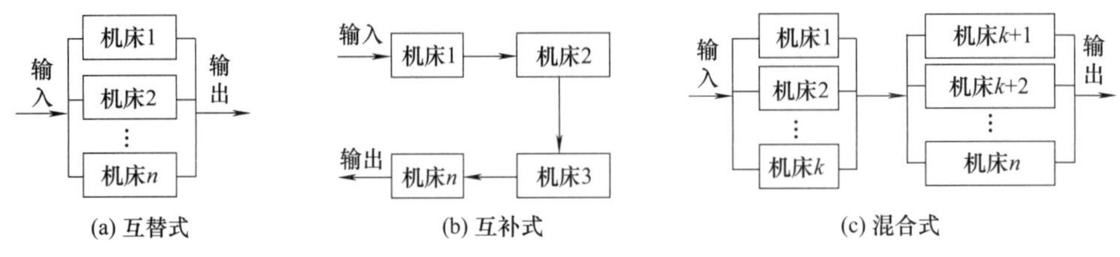

图 7-3 FMS 机床配置形式

7.4.2.3 总体平面布局

(1) 平面布局原则

影响 FMS 总体平面布局的因素很多，如系统的模型；机床的类型、数量和结构；车间的面积和环境；被加工零件的类型；生产需求；要求的操作类型与时间；选定的物料输送系统类型；进料、出料及服务的靠近程度与便利程度等。所以要因地制宜地设计系统的平面布局，一般原则如下：

① 有利于提高机床的加工精度。

② 加工机床与物料运输设备之间的空间位置应协调，便于整个车间的物料畅通和自动化，且物料运输路线越短越好。

③ 计算机工作站应有合理的空间位置，通信线路畅通，不受外界强磁场干扰。

④ 确保工作人员的人身安全，应设置安全防护栅栏。

⑤ 为便于系统扩展，以模块化结构布局为好。

(2) 平面布局的形式

① 基于装备之间关系的平面布局。这种布局可以分为随机布局、功能布局、模块布局和单元布局。

随机布局是指生产装备在车间内可任意安置，当装备较多时，随机布局会使加工路线较为混乱、复杂，容易出现阻塞，增加系统内的物流量；功能布局是根据加工设备的功能分门别类地将同类设备组织到一起的布局形式，工件从车间的一头流向另一头，这种方式是从传统的单件生产车间的布局方式继承的，运输线路比较复杂；模块布局由若干功能类似的独立模块组成，可以较快地响应市场变化和处理系统发生的故障，但不利于提高装备利用率；单元布局是按成组技术加工原理，将机床划分成若干个生产单元，每一个生产单元只加工某一族工件的布局形式，这是 FMS 采用较多的布局形式。

② 基于物料输送路径的平面布局。物料输送线路的布局是一个比较复杂的问题，由于运输路线长，无法使用柔性较大的机器人；运送物料的种类多，对输送系统的结构和管理方法提出了更高的要求；连接点的性质不一，包括与加工机床、自动化仓库、工件装卸站、托盘缓冲站以及各种辅助处理工作站的连接，连接点的工作性质不同，使输送路线、位置以及交换设备各不相同。尽管 FMS 物料运送线路布局较复杂，但也是由一些通过各连接点、分支点和汇总点的基本回路组成的。归纳起来，FMS 中物料运储系统有三种基本回路形式：直线形、环形、网络型。

a. 直线形布局。各独立工位排列在一直线上。运载工具沿直线轨道单向或双向运行，往返于各独立工位之间。直线形布局最为简单。当独立工位较少，工件生产批量较大时，大多按这种布局形式，多采用有轨式自动导引小车。

b. 环形布局。各独立工位按多边形或弧形，首尾相连成封闭型布局，运载工具沿封闭型路径运动于各独立工位之间，无论沿哪一方向行进均可返回到起始点。环形布局形式使各独立工位在车间中的安装位置比较灵活，多采用无轨自动导引小车。

c. 网络型布局。网络型布局中各独立工位之间都可能有物料的传送路径，运载工具可在各独立工位之间以较短的运行路线输送物料。在这种回路形式中，各环路交叉点的管理较为复杂，需要按交通管理规则由计算机控制运载工具。

7.4.2.4 各独立工位及其配置原则

通常情况下，柔性制造系统具有多个独立的工位。工位的设置与柔性制造系统的规模、类型与功能需求有关。

(1) 机械加工工位

机械加工工位是指对工件进行切削加工（或其他形式的机械加工）的地点，一般泛指机床。FMS中的机械加工工位数量由被加工零件谱的生产纲领及工序时间确定，机床类型、规格、精度以及各种类型机床组合由被加工工件族的结构及工艺决定。

FMS中选择加工中心时，还应考虑它的尺寸、加工能力、精度、控制系统以及排屑装置的位置等。加工中心的尺寸和加工能力主要包括控制坐标轴数、各坐标的行程长度、回转坐标的分度范围、托盘（或工作台）尺寸、工作台负荷、主轴孔锥度、主轴直径、主轴速度范围、进给量范围、主电机功率等。加工中心精度包括工作台和主轴移动的直线度、定位精度、重复精度以及主轴回转精度等。

(2) 装卸工位

是指在托盘上装卸夹具和工件的地点，通常设置在FMS的入口处，可设置一个或多个装卸工位，由人工完成对毛坯和已加工工件的装卸，并设置安全防护装置。

(3) 检测工位

是指对完工或部分完工的工件进行测量或检验的地点。在线测量时，通过NC程序控制测量机的检测过程，测量结果反馈到FMS控制器，用于控制刀具的补偿量或其他控制行为。离线检测时，通过计算机终端由人工将检验信息送入系统，离线检测信息不能对系统进行实时反馈控制，因此检测系统与监控系统往往一起作为单元层之下的独立工作站层而存在，以便于FMS采用模块化的方式设计与制造。

(4) 清洗工位

是指对托盘（含夹具及工件）进行自动冲洗和清除滞留在其上的切屑的地点。在线检测工位通常设置清洗工位，将工件上的切屑和灰尘彻底清除干净后再进行检测，以提高测量的准确性。当FMS中的机床本身具备冲洗滞留在托盘、夹具和工件上的切屑的功能时，可不单独设置清洗工位。清洗工位接收单元控制器的指令进行工作。

7.4.2.5 物料运储系统及其配置

FMS的物料是指工件（含托盘和夹具）和刀具（含刀具柄部），因此就有工件运储系统和刀具运储系统。输送装置在通用性、变更性、扩展性、灵活性、可靠性和安全性等方面能够满足物料系统的要求。

(1) 工件运储系统

工件运储系统是FMS的重要组成部分，是工件（含托盘和夹具）经工件装卸站进入或退出系统以及在系统内运送的装置。在工件从毛坯到成品的整个生产过程中，只有相当少的时间用于机床的切削加工，而大部分时间则消耗于物料的运储过程。合理选择 FMS 物料运储系统，可以大大减少物料的运送时间，提高整个制造系统的柔性和效率。

工件经人工完成在托盘上的夹具中装夹，由传送带、自动运输小车或搬运机器人搬运。传送带一般用于小零件加工系统的短程传送，由于传送带占据空间大、机械结构复杂、易磨损和失灵等，因而在新设计的系统中用得越来越少。自动运输小车发展很快，形式也是多种多样，大体可分为有轨小车和无轨小车两大类，有轨小车多用于小型系统。搬运机器人是 FMS 中非常重要的一种设备，由于具有较高的柔性和较强的控制水平，因而已成为 FMS 中不可缺少的一员。

托盘缓冲站是一种待加工零件的中间存储站，也称托盘库。由于 FMS 各加工机床不像刚性自动线那样有完全相等的生产节拍，因而免不了会在某些加工单元前产生排队现象，托盘缓冲站起缓冲物料的作用。托盘缓冲站一般设置在机床的附近，呈直线或环形布置，可存储若干只工件/托盘组合体。若机床发出已准备好接收工件的信号时，系统通过托盘交换器便将工件从托盘缓冲站送到机床上进行加工。

FMS 的自动化仓库一般采用多层立体布局结构形式，由计算机控制，服从 FMS 的命令和调度，属于一种工艺仓库，布置和物料的存放以方便 FMS 工艺处理为原则，分为毛坯库、在制品库和成品库等多个存储单元。

(2) 刀具运储系统

一个典型的 FMS 刀具运储系统通常由刀具预调站、刀具装卸站、刀库系统、刀具运载交换装置以及刀具控制管理系统组成。

刀具预调站一般设置在 FMS 之外，首先由人工将刀具与标准刀柄刀套进行组装，然后由人工通过对刀仪对刀具进行预调，测量有关参数，再将刀具的几何参数、刀具代码以及其他有关刀具的信息输入到刀具管理计算机。预调好的刀具一般由人工搬运到刀具装卸站，准备进入系统。

刀具装卸站是刀具进出 FMS 的门户，其结构多为框架式，是一种专用的刀具排架。刀具在刀具装卸站仅是暂存一下，根据系统指令由刀具搬运交换装置将刀具从刀具装卸站搬移到中央刀具库，以供加工单元调用。

FMS 的刀库系统包括机床刀库和中央刀库，机床刀库中存放加工单元当前所需要的刀具，而中央刀库存放供各个加工单元共享的刀具，其容量较大，可容纳数百把甚至数千把各种刀具。

刀具运载交换装置是一种在刀具装卸站、中央刀库、各机床刀库之间进行刀具传递和交换的工具。刀具运载通常由换刀机器人或刀具运输小车来实现，完成在刀具装卸站、中央刀库以及各加工单元（机床）之间的刀具搬运和交换。FMS 中的刀具交换包含三个不同方面的内容：①加工机床刀具库与工作主轴之间的刀具交换，这由加工机床附设的换刀装置自动完成换刀任务；②刀具装卸站、中央刀库以及各加工单元之间的刀具交换；③AGV 运载刀架与机床刀库之间的刀具交换。

工件加工完成后，若发现刀具需要刃磨或某些刀具暂时不使用，根据刀具管理计算机指令，刀具运载交换装置将这些已使用过的刀具从各个加工单元刀库取出，送回中央刀库；如有一些需要重磨、重新调整以及一些断裂报废的刀具，可直接将其送至刀具装卸站进行更换或重磨，否则，就存储在中央刀具库，供下次某个加工单元需要时调用。

FMS刀具控制管理系统的主要职能是负责控制刀具的运输、存储和管理，适时地向加工单元提供所需的刀具，监控管理刀具的使用，及时取走已报废或刀具寿命已耗尽的刀具，在保证正常生产的同时，最大限度地降低刀具成本。刀具系统的功能和柔性度直接影响整个FMS的柔性和生产率。

7.4.2.6　检测监视系统的设置原则及其内容

检测监视系统对于保证FMS各个环节有条不紊地运行起着重要的作用，主要包括工件流监视、刀具流监视、系统运行过程监视、环境参数及安全监视及工件加工质量监视。

(1) 设置检测监视系统的原则及要求

检测系统首先应该具有在广度和深度上延伸的能力，可以保证系统的先进性及能够集成新开发的检测监视技术；在FMS中，由于许多部位设置的检测装置是分散的，要求检测装置的设置便于系统的数据采集，并对获得的数据集中分析，得到系统的状态信息；具备合适的响应速度能迅速反映加工过程的状态，其中对设备层的监视要求为毫秒级，工作站层监控和单元层监控为秒级；具有预处理测量信号的能力，对复杂参数的判断能力以及测量和处理大量的模拟和数字信号的能力，并能在对检测数据分析的基础上，预报故障；系统应具有可靠性、可维护性与操作性以及良好的人机界面，便于人机对话；系统应能通过对作业危险区的保护以及对上下料搬运系统和传送系统的工作监视来保护FMS中操作人员。

(2) FMS检测监视系统的监视方式及其内容

1）监视方式　系统能够对检测点的设备或环境定时进行采集测量，对有关数据进行分析处理，也可连续实时地测量并对获得的数据进行分析，给出报警或其他有效方式予以处理。操作者在任意的时间都能对监测点或环境进行观察测量，并对即时采集的数据进行分析处理。工件加工质量的检测方式包括：利用机床自带的测量系统对工件进行线上的主动检测；采用测量设备（如三坐标测量机或其他检验装置）在系统内对工件进行测量；在FMS线外测量。

2）监视内容

① 对工件流及物流系统的监视。检测工件及物流系统中设备控制器和监测传感器的状态，如工件的进出站空、忙状态，自动识别在工件进出站上的工件、夹具；检测工件（含托盘、夹具）在工件进出站、托盘缓冲站、机床托盘自动交换装置与自动导引小车之间的引入、引出质量；检测自动导引小车的运行与运行路径；检测物料在自动化立体仓库上的存取质量。

② 对刀具流系统的监视。检测刀具的磨损、破损，检测和预报刀具的寿命；阅读、识别刀柄上的条码；检测刀具进出站的刀位状态（空、忙、进、出）；检测换刀机器人的运行状态和运行路径，对刀具的抓取、存放质量。

③ 对加工设备的监视。在FMS中主要是监视机床工作状态，通过闭路电视系统观察机床运行状态正常与否；检测主轴切削转矩、主电机功率、切削液状态、排屑状态以及机床的振动与噪声等。

④ 环境参数及安全监视。检测系统电网的电压和电流、供水供气等压力、空气的温度和湿度，并对火灾预警系统进行统计检测。

7.4.2.7　控制结构体系方案确定

FMS的控制与管理系统，实际上是实现对FMS加工过程中的物料流动过程的控制、协调、调度、监测和管理的信息流系统。它由计算机、工业控制机、可编程控制器、通信网络、数据库和相应的控制与管理软件组成，是 FMS 的神经中枢和核心部分。

由于 FMS 是一个复杂的自动化集成体，其控制系统的体系结构和性能直接影响整个 FMS 的柔性、可靠性和自动化程度。为了避免用一台计算机过于集中的控制，目前几乎所有的 FMS 都采用了多级计算机递阶控制结构，由此来分担主控计算机的负荷，提高控制系统的可靠性，同时也便于控制系统的设计和维护。一般采用三层递阶控制结构，包括系统管理与控制层、过程协调与监控层、设备控制层。

根据 FMS 目标和企业在自动化技术更新方面的发展规划确定控制体系的类型，主要有：①集中式系统控制级—设备控制级两级结构。②分布式系统控制级—工作站控制级—设备控制级三级结构。③分布式车间级—FMS 级—工作站级—设备级四级结构，目前趋向于三级控制结构，又称单元级—工作站级—设备级三级递阶控制。多级计算机控制系统硬件配置的一般原则是：横向各层使用同一系列的相同类型计算机，有利于软件和硬件的标准化，且易于维护；纵向各层使用同一系列的计算机也是有益的，可以简化软件开发。

7.4.2.8 设计方案的计算与仿真

采用计算机仿真柔性制造系统的设计与运行，可以使 FMS 的配置和布局更为合理，建成的系统运行效率更高，并且可以降低费用和风险。输入一些与系统和器件有关的原始数据后产生的输出数据信息，可以帮助设计人员发现方案中的冗余环节和瓶颈问题，以改进设计，通过比较几种方案的仿真结果，优化设计方案。仿真内容包含以下四个层次。

(1) FMS 的基本组成

输入零件谱的结构及所需工艺参数，合理配置 FMS 的独立工位及各基本组成部分，如加工中心、装卸站、托盘缓冲站、自动导引小车、中央刀库、换刀机器人等。

(2) 工作站层的控制

模拟工作站独立工艺单元的动作，如机器人与机床之间是否协调。

(3) 生产任务调度

根据 FMS 的状态信息实时调整决策，发送新的调度控制指令。

(4) 生产计划仿真

接受生产任务单元后，根据 FMS 单元的生产计划及有关统计数据，优化决策。

在系统规划设计阶段，输入仿真软件的原始数据有系统参数和零件参数，可以仿真单个零件批量加工、混合分批加工、改变系统参数或其他特殊要求，还可涉及资本投入的评估、劳力要求计划、质量控制评估和可靠性分析等。仿真结果是在具体条件下得到的一组特殊解，最佳解需由设计者根据输出的众多结果做最后决策，因此仿真技术只是 FMS 规划设计的辅助手段。

7.4.2.9 可靠性分析

FMS 是一个复杂的自动化生产系统，如果系统发生工作故障或错误，可能会导致控制工作的严重破坏。因此可靠性分析是 FMS 系统设计重要的一环，主要包含设计和运行可靠性，前者是实现功能的基础，后者是实现功能的保证，二者共同决定了系统的可靠性。FMS 中包括大量各种不同的组元（硬件、软件和人员），在完成 FMS 的某些功能中会有多种不同的组元参与工作，而同一个组元也可能同时参与完成几种功能，因此对 FMS 中的各种功能有不同程度的可靠性要求，对操作人员应经过专门培训，提高操作人员对自动控制系统可靠性的认识。

现在，经过发展的 FMS 不仅能完成非回转体零件的加工，还可完成回转体零件的车削、磨削、齿轮加工，甚至还可用于拉削等工序。

FMS 不仅能完成机械加工，而且还能完成钣金加工、锻造、焊接、装配、铸造和激光、电火花等特种加工以及喷漆、热处理、注塑和橡胶制模等工作。从整个制造业所生产的产品看，现在 FMS 已不再局限于汽车、车床、飞机、坦克、火炮、舰船，还可用于计算机、半导体、木制产品、服装、食品以及医药品和化工等产品生产。有关研究表明，凡是可采用数控和计算机控制的工序均可由 FMS 完成。

随着计算机集成制造技术和系统（CIMS）日渐成为制造业的热点，很多专家学者纷纷预言 CIMS 是制造业发展的必然趋势。柔性制造技术作为 CIMS 的重要组成部分，必然会随着 CIMS 的发展而发展。

7.4.2.10 **典型案例**

ET-FMS-Ⅰ型柔性制造系统是一种加工回转体零件的柔性制造系统，由信息流系统、物流系统和自动加工系统组成。

柔性制造系统的加工系统由 LEADWELLMCV-OP 数控加工中心和 LEADWELLLTC-10AP 数控车削中心组成；物流系统由两台 SCORBOTER-Ⅶ工业机器人、一个链式传输系统、毛坯存储库和成品存储库组成；信息流系统由文件服务器、中央计算机/单元控制器、工作站 1 计算机、工作站 2 计算机、计算机视觉系统和可编程逻辑控制器组成。整个系统由文件服务器、中央计算机、视觉系统和两台工作站计算机组成的 Novell 网络进行控制，如图 7-4 所示。

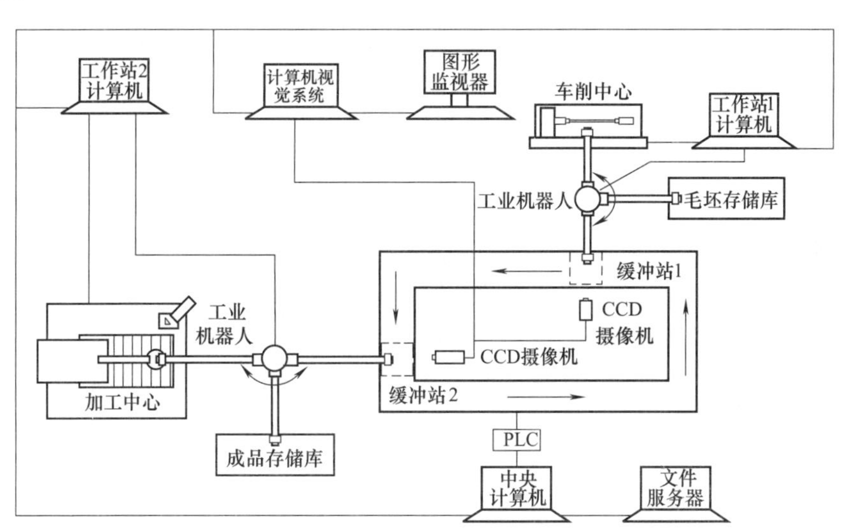

图 7-4 加工回转体零件的 ET-FMS-Ⅰ系统结构

信息流系统是整个柔性制造系统的神经中枢，对系统进行监控，包含生产过程、物流系统辅助装置、加工设备的控制以及运行状态数据存储、调用、校验和网络通信等，实现对 FMS 系统的总体控制。

如图 7-5 所示，中央计算机和文件服务器是信息流系统的控制核心。柔性制造系统中的设备或用户注册后，可以启动制造系统。在 FMS 系统运行时，在中央计算机屏幕上会出现两个窗口：一个是状态窗口，另一个是信息窗口。状态窗口主要显示工作站计算机、传输带和托盘的状态，CNC 机床、机器人以及视觉系统的所有工作状态、每个工作站任务完成的情况。信息窗口显示整个系统的加工进度信息，还有送到和来自所有工作站计算机、视觉系统、可编程逻辑控制系统的指令和信号以及当错误发生时的出错信号。通过这些信息，中央计算机判定每个工作站的任务类型和状态，并根据生产任务和调度决策，把相应的控制命令发送到工作站计算机。

计算机视觉系统是一种采用计算机处理与识别加工零件的图像信息的装置，是 FMS 系统的辅助系统，有学习模式和 FMS 运行模式两种操作方式。视觉系统主要用于对特定工作站托盘上零件的毛坯、半成品进行外形等参数的识别，并将识别的结果返回给中央计算机，辅助中央计算机确定下一步零件的加工任务（加工程序）和加工设备，发送相应的控制指令，控制机床的加工以及机器人与传输带组成的物流系统的运行，参与 FMS 系统整个加工过程的管理和调度，从而实现各种零件的同时加工和对 FMS 系统生产的智能调度，以提高生产效率。由于采用计算机视觉系统对加工零件进行在线辨识，ET-FMS-I 系统可同时加工 20 种不同外形的零件。

中央计算机与文件服务器、工作站计算机和视觉系统通过 Novell 网络连接。中央计算机与可编程逻辑控制器（PLC）通过 RS-485 接口卡连接。

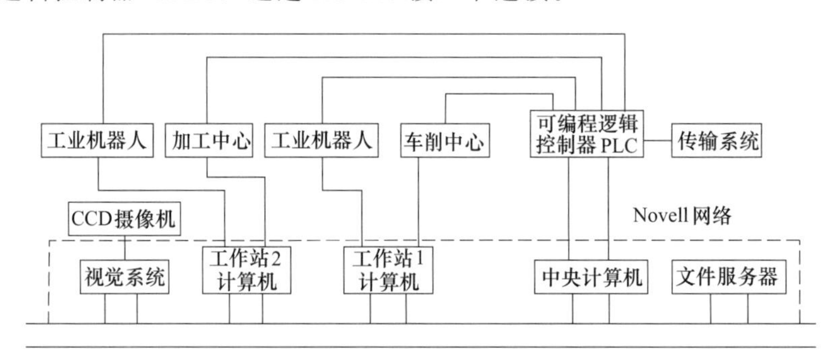

图 7-5　ET-FMS-Ⅰ系统通信网络

柔性制造系统里加工装备有一个加工中心和一个车削中心，如图 7-4 所示，分别由两个工作站计算机控制，工作站计算机通过读命令集文件的方法给数控机床和机器人分配工作。当柔性制造系统运行时，工作站控制系统通过网络从中央计算机接收命令。接收到控制指令时，工作站计算机解释和分解收到的指令，用 DNC 软件通过 RS-232 接口 2 传送路径程序到机器人控制器，把数控加工程序（NC 程序）通过 RS-232 接口 1 传送到 CNC 机床。当机器人和数控机床完成任务时，工作站计算机把从机器人和数控机床返回的信息综合成任务结束信号，并传送到中央计算机。

加工系统有独立运行模式和系统运行模式两种，非 FMS 时用工作站计算机自主控制机床或机器人；系统运行时工作站计算机通过网络接收中央计算机发出的控制命令，控制加工设备和机器人动作。当工作站计算机接收到一个装载零件的任务时，从文件服务器读取和打开一个相对应的命令集文件，自动完成指定的装载任务。

当出现故障时，如命令集或数控文件丢失，工作站控制系统停止工作，发出出错信息到工作站计算机屏幕上；同时工作站控制系统也将通过网络发出这个出错信息到中央计算机，以示这个任务将不能完成。

物流系统是整个柔性制造系统加工的连接纽带，包括毛坯/成品存储库、物料传输线和机器人，主要用于把毛坯、半成品零件从毛坯存储库或缓冲站传送到每个加工单元进行加工，把加工好的零件传送到成品存储库。

两个机器人作为柔性制造系统里材料运输系统中的一部分，在工作站计算机和机器人控制器直接控制下，执行装卸零件、把毛坯从存储库传送到机床或传输线、传送成品到成品存储库等传送任务。

传输线由可编程逻辑控制器（PLC）直接控制，通过传感器和气缸控制整个传输系统和两台 CNC 机床的自动开门、关门等机械动作，PLC 通过传感器和气缸控制托盘的升降和传输，并把托盘准确定位在相应的工位上。

7.5　先进制造模式

7.5.1　计算机集成制造

7.5.1.1　CIM 与 CIMS

1973 年美国约瑟夫·哈林顿博士在 *Computer Integrated Manufacturing* 书中首先提出计算机集成制造（CIM）的概念，主要观点之一是企业各生产环节是一个不可分割的整体，需统一考虑；观点之二是企业的生产制造过程实质上是对信息的采集、传递和加工处理的过程，最终形成的产品可看作信息的物质表现，强调的是企业的功能集成和信息化。

CIM 是制造企业生产组织管理的一种新理念，借助以计算机为核心的信息技术，将企业中各种与制造有关的技术系统集成起来，使企业内各职能功能得到整体优化，提高企业适应市场竞争的能力。

我国 863/CIMS 主题专家组经过十多年的实践，对 CIM 提出了如下定义：CIM 是一种组织、管理与运行企业生产的新理念，它借助计算机软硬件，综合应用现代管理技术、制造技术、信息技术、自动化技术以及系统工程等技术，将企业生产过程中有关人、技术和经营管理三要素及其信息流、物料流和能量流有机地集成并优化运行，以实现产品的高质、低耗、上市快、服务好，从而使企业赢得市场竞争。

计算机集成制造系统（CIMS）是基于 CIM 理念而组成的系统，是 CIM 思想的物理体现。如果说 CIM 是组织现代企业的一种哲理，则 CIMS 是基于该哲理的一种工程集成系统。

CIMS 的核心在于集成，集成企业内各生产环节的有关技术，更是企业内人、技术和经营管理三要素的有效集成，保证企业内的工作流、物质流和信息流畅通无阻。企业经营思想贯彻，先进技术发挥作用，改进经营模式取得最优的经济效益，正确认识 CIM 的理念，使全体员工同心同德参与实施，建立合适的组织机构，严格执行管理制度和员工培训，是保证 CIMS 集成的重要条件。站在 CIMS 的高度分析，综合考虑 CIMS 的总体与 FMS 的规划设计，才能充分发挥 FMS 的加工能力，工厂才能获得最大效益，提高市场竞争力。

7.5.1.2　CIMS 的结构组成

① 管理信息分系统。

② 设计自动化分系统。该系统用计算机辅助产品设计、工艺设计、制造准备及产品性能测试等工作。

③ 制造自动化分系统。它是 CIMS 中信息流和物流的结合点。

④ 质量保证分系统。它包括质量决策、质量检测与数据采集、质量评价、控制与跟踪

等功能。

⑤ 计算机网络分系统。采用国际标准和工业规定的网络协议，实现异种机互联、异构局域网络及多种网络互联。

⑥ 数据库分系统。它是逻辑上统一、物理上分布的全局数据管理系统，通过该系统可以实现企业数据共享和信息集成。

从系统功能角度考虑，一般认为 CIMS 由工程设计自动化分系统（EDS）、制造自动化分系统（MAS）、质量控制分系统（QCS）、经营管理信息分系统（MIS）、计算机网络分系统（Web）和数据库管理分系统（DB）共六个部分组成，前四个为功能分系统，后两个为支撑分系统，如图 7-6 所示。各个企业可以根据自己的基础不同，所处的环境不同，具体需求和条件不同，在 CIM 思想指导下进行局部或分步实施各系统功能，逐步延伸，最终实现 CIMS 的工程目标。

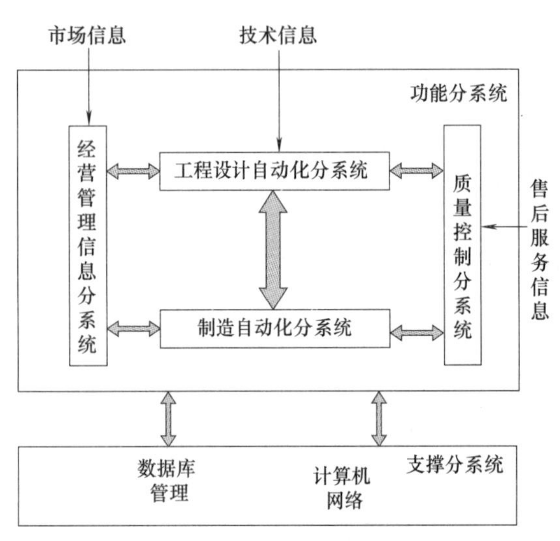

图 7-6 CIMS 基本结构组成

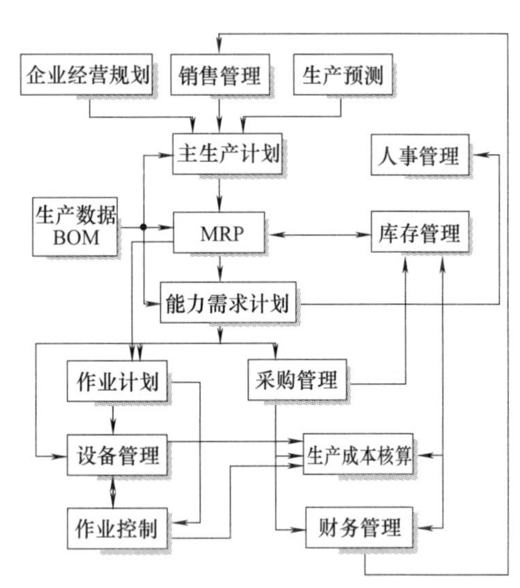

图 7-7 MRPⅡ基本功能模块

（1）经营管理信息分系统

具有预测、经营决策、生产计划、生产技术准备、销售、供应、财务、成本、设备、工具和人力资源等管理信息功能，是 CIMS 的神经中枢，指挥与控制 CIMS 其他分系统有条不紊地工作。其核心是制造资源计划（MRPⅡ）。MRPⅡ是一个集生产、供应、销售和财务为一体的信息管理系统，如图 7-7 所示，它包含企业经营规划、生产数据 BOM、主生产计划、作业计划、能力需求计划、库存管理、财务管理以及采购管理等模块。通过这些功能模块，MRPⅡ将企业内的各个管理环节有机地结合起来，在统一的数据环境下实现管理信息的集成，从而达到缩短产品生产周期、减少库存和流动资金、提高企业应变能力的目的。

（2）工程设计自动化分系统

工程设计自动化分系统是指在产品设计开发过程中，通过计算机技术的应用，使产品设计开发过程高效、优质、自动进行的系统。产品设计开发活动包含产品概念设计、结构分析、详细设计、工艺设计以及数控编程等产品设计和制造准备阶段中的一系列工作。工程设计自动化分系统包括通常人们所熟悉的 CAD/CAE/CAPP/CAM 的 4C 技术。

CAD 指利用计算机及其图形设备帮助设计人员进行设计工作的系统。一个功能完善的 CAD 系统具有产品造型、工程分析、优化设计、图形绘制、图像处理、仿真模拟、物料清单生成等功能。

CAPP 则借助于计算机软硬件技术和支撑环境，利用计算机对产品设计所给出的产品几何信息和拓扑信息进行数值计算、逻辑判断和推理等功能来制订零件机械加工工艺过程，可以解决手工工艺设计效率低、质量不稳定、一致性差、不易优化等问题。

CAM 是指用计算机进行走刀路线确定、刀轨文件生成、切削加工仿真以及 NC 指令代码生成等设备的管理、控制和操作的过程。

CAD、CAE、CAPP、CAM 长期处于独立发展状态，相互间缺乏通信和联系。CIM 理念的提出和发展使 CAD/CAE/CAPP/CAM 集成技术得到快速发展，并成为 CIMS 的重要性能指标。4C 技术的集成意味着产品数据向规范化和标准化方向发展，可使产品数据在各个系统中交流和共享。

(3) 制造自动化分系统

制造自动化分系统位于企业的底层，是直接完成各种加工制造活动的基本环节，是 CIMS 信息流和物料流的结合点，是 CIMS 最终产生经济效益的聚集地。

制造自动化分系统主要由机械加工系统、物料储运系统、控制系统和检测监视系统组成。

① 机械加工系统包括数控机床、加工中心、柔性制造单元和柔性制造系统等加工设备，用于对产品的加工和装配过程。

② 物料储运系统担负着对物料的装卸、搬运和存储的功能。

③ 控制系统实现对机械加工系统和物流系统的自动控制。

④ 检测监视系统担负着加工工件的自动检测、加工设备运行的自动监视功能。

制造自动化是现代制造业发展的必然趋势，但又是耗资最大的组成部分，若不从实际需求出发，片面追求全盘自动化，往往不能达到预期的目的。CIMS 制造自动化分系统不追求全盘自动化，关键在于信息的集成。

(4) 质量控制分系统

质量控制分系统以提高企业产品制造质量和管理质量为目标，通过质量控制规划、质量监控采集、质量分析评价和控制以达到预定的质量要求。CIMS 中的质量控制分系统用于产品生命周期的各个阶段，由质量计划、质量检测管理、质量分析评价、质量信息综合管理与反馈控制四个子系统组成。

(5) 数据库管理分系统

数据库管理分系统是 CIMS 的支撑分系统，是 CIMS 信息集成的关键技术之一。在 CIMS 环境下，所有经营管理数据、工程技术数据、制造控制、质量保证等各类数据，需要在一个结构合理的数据库系统里进行存储和调用，以满足各分系统信息的交换和共享。

由于数据库管理分系统处理位于不同结点的各种不同类型的数据，为此必须采用分布式异型数据库技术，通过互联的网络体系结构，实现全局数据的调用和分布式的处理。

CIMS 所涉及的数据包含大量非结构化的工程数据，如 CAD/CAM 系统的图形数据等，具有数据类型复杂、瞬时动态变化、超长文本、非结构化等特点。因此，数据库管理分系统应满足对工程数据的特殊管理要求，如对复杂数据结构的表达和处理、变长数据的表达和处理、数据模式的动态修改、图形数据表示和处理、版本管理以及长事务的处理等。

(6) 计算机网络分系统

计算机网络是以共享资源为目的而连接起来的由多台计算机、终端设备、数据传输设备以及通信控制处理设备组成的集合，在统一的通信协议控制下，具有硬件、软件和数据共享功能。

一个典型的CIMS企业往往由若干个在地理位置上分散的厂区组成，所以在CIMS企业范围内的计算机网络往往是由广域网和局域网并存的工业网络。在各个厂区内使用局域网，而在各厂区之间采用广域网相连。厂区内的局域网采用多层次、异机型、分布式的网络结构。为了使不同类型的计算机和设备互联成网，并且使多个不同网络协议的局域网之间相互通信，CIMS要求计算机网络具有优良的开放性和标准化。

7.5.2 并行工程

传统串行的产品开发设计方法，是在前一环节工作完成之后才开始后一环节工作的，各工作环节在作业顺序上没有重叠和反馈，即使有反馈，也是事后的反馈。在这种串行工作模式下，只有市场人员参与产品的概念设计和结构设计，其他工作人员只是被动地接受前一阶段的设计结果。这样，不能在产品设计阶段及早地考虑后续的工艺设计、制造装配、质量保证、维修服务等部门的要求，产品生产的各个环节前后脱节，造成产品设计、修改反复循环，致使产品开发周期长、开发成本高。

为了提高市场竞争能力，以最快的速度开发出高质量的产品，人们开始寻求更为有效的新产品开发设计方法。为此，美国国防部防御分析研究所于1986年完整地提出了并行工程（concurrent engineering，CE）的概念，并将其定义为：并行工程是一种对产品及其相关过程（包括制造过程、支持过程等）进行并行的、一体化设计的工作模式，这种模式要求产品开发人员从设计一开始就考虑产品整个生命周期中从概念设计到产品消亡的所有因素，包括质量、成本、进度和用户要求。

可见，并行工程是将串行工程中时间上先后的知识处理和作业实施过程转变为同时考虑并尽可能同时处理的一种作业方式。它要求将不同的专业人员，包括设计、工艺、制造、销售、市场、维修等人员组成产品开发小组，以协同工作方法进行产品及其相关过程的设计，在小组成员之间进行开放的和交互式的通信联系，以便缩短生产准备时间，消除各种不必要的返工，使产品设计一次成功，是企业产品开发过程的集成。

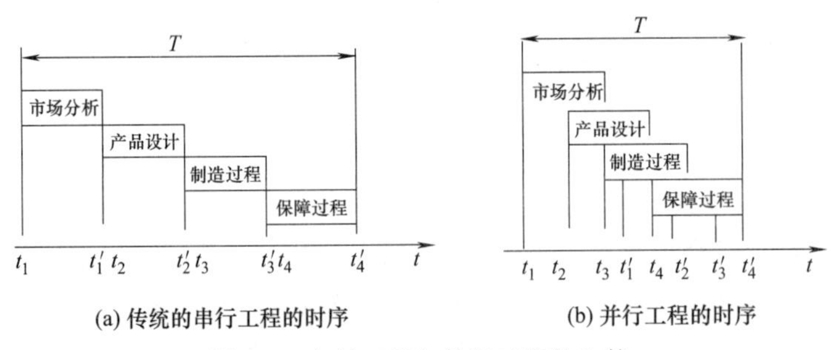

(a) 传统的串行工程的时序　　(b) 并行工程的时序

图7-8　串行工程与并行工程的比较

并行工程是以产品开发团队形式采用并行作业的工作模式，在产品设计阶段就集中产品生命周期中的各有关工程技术人员，同步进行产品设计，考虑产品整个生命周期中的所有因素，对产品设计、工艺设计、装配设计、检验方式、售后服务方案等进行统筹考虑、协同进行，经系统的仿真和评估，对设计对象进行反复修改和完善，力争后续的过程一次成功。当产品设计工作完成后，一般能够保证如制造、装配、检验、销售和维护等后续作业环节顺利进行。采用并行工程模式，从产品设计开始就注意到产品设计的规范性以及下游制造、装配和检测等生产活动的可行性，减少了后续设计中修改返工的可能性，降低了产品的开发周期和开发成本。并行工程可以使研制周期缩短 40%～60%，生产初期的工程更改减少 50%以上，制造费用降低 30%～40%，报废和返工减少 75%。

并行工程是企业组织生产的一种哲理和方法，而不是某种现成的生产系统，与传统串行生产方法比较如图 7-8 所示，并行工程产品开发设计模式的最大特点是把时间上有先后的作业过程转变为同时考虑和处理的过程，在产品设计阶段就并行考虑产品整个生命周期中的所有因素。

西安飞机工业集团有限公司在已有软件系统的基础上，开发支持飞机内装饰并行工程的系统工具，如通过过程建模与 PDM 实施，工业设计、DFA、并行工程环境下的模具 CAD/CAM，飞机客舱内装饰数字化定义等技术手段，Y7-700A 飞机内装饰的研制周期从 1.5 年缩短到 1 年，减少设计更改 60%以上，降低产品研制成本 20%以上。

美国波音公司在 777 大型民用客机的开发研制过程中，运用 CIMS（计算机集成制造系统）和 CE（并行工程）技术，在企业南北分布 50km 的区域内，由 200 个研制团队形成群组协同工作，产品全部进行数字定义，采用电子预装配检查飞机零件干涉 2500 多处，减少工程更改 50%以上，建立了电子样机，除起落架舱外成为世界上第一架无原型样机而一次成功飞上蓝天的喷气客机，也是世界航空发展史上最高水平的“无图纸”研制的飞机。它与波音 767 的研制周期相比，缩短了 13 个月，实现了从设计到试飞的一次成功。

波音 777 采用全数字化的产品设计，在设计发图前，设计出 777 所有零件的三维模型，并在发图前进行系统设计分析，在 CATIA 中建立三维零件模型，进行数字化预装配，检查干涉配合情况，增加设计过程的反馈次数，减少设计制造之间的大返工，完成所有零件、工装和部件的数字化整机预装配。并采用其他计算机辅助系统，如用于管理零件数据集与发图的 IDM 系统，用于线路图设计的 WIRS 系统，集成化工艺设计系统，以及所有下游的发图和材料清单数据管理系统。在研发过程中，主要经历了以下几个过程。

① 工程设计研制过程起始于 3D 模型的建立，设计人员用数字化预装配检查 3D 模型，完善设计，直到所有的零件配合满足要求为止。最后，建立零件图、部装图、总装图模型，2D 图形完成并发图。设计研制过程需要设计制造团队来协调。

② 数字化整机预装配（DPA）是一个计算机模拟装配过程，根据设计员、分析员、计划员、工装设计员要求，利用各个层次中的零件模型进行预装配。数字化预装配利用 CAD/CAM 系统进行有关 3D 飞机零部件模型的装配仿真与干涉检查，确定零件的空间位置，根据需要建立临时装配图。作为对数字化预装配过程的补充，设计员接受工程分析、测试、制造的反馈信息。成立专门的数字化预装配管理小组完成预装配模型的数据管理，确保所有用户能方便进入并在发图前做最后的检查。利用整机预装配过程，全机所有的干涉能被查出，并得到合理解决。波音 777 的 1600～1720 站位之间的 46 段，约 1000 个零件，它们需要容纳于 12 个 CATIA 模型中进行数字化预装配。

777 利用 CAD/CAM 系统进行数字化预装配后，数字化样件设计过程负责每个零件设计和样件安装检查。

③ 区域设计是飞机区域零件的一个综合设计过程，它利用数字化预装配过程设计飞机区域的各类模型。区域设计不仅包括零件干涉检查，而且包括间隙、零件兼容、包装、系统布置美学、支座、重要特性、设计协调情况等。区域设计由各个设计组或设计制造团队成员负责，各工程师、设计员、计划员、工装设计员都应参与。区域设计是设计小组或设计制造团队每个成员的任务，它的完成需要设计组、结构室、设计制造团队的通力协作。

设计制造团队由各个专业的技术人员组成，在产品设计中起协调作用，最大限度地减少更改、错误和返工。

④ 综合设计检查过程用于检查所有设计部件的分析、部件树、工装、数控曲面的正确性。综合设计检查过程涉及设计制造团队和有关质量控制、材料、用户服务和子承包商，一般在发图阶段进行。有关人员定期检查情况，对不合理的地方提出更改建议。综合设计检查是设计制造团队任务的一部分。

⑤ 集成化计划管理是一个提高联络速度、制订制造工艺计划和飞机交付计划以及进行测试的过程。集成化计划管理过程不仅制订一些专用过程计划，而且对整个开发过程的各种计划进行综合。集成化计划的管理，将提高总体方案的能见度。

在波音777设计过程中，采用100%数字化技术设计飞机零部件；建立了飞机设计的零件库与标准件库；采用CAE工具进行工程特性分析；进行计算机辅助制造工程与NC编程及计算机辅助工装设计。为了充分发挥并行设计的效能，支持设计制造团队进行集成化产品设计，还需要一个覆盖整个功能部门的产品数据管理系统的支持，以保证产品设计过程的协同进行，共享产品模型和数据库。

777采用一个大型的综合数据库管理系统，用于存储和提供配置控制，控制多种类型的有关工程、制造和工装数据，以及图形数据、绘图信息、资料属性、产品关系和电子检字等，同时对所接收的数据进行综合控制，支持产品数据管理系统辅助并行设计。

管理系统控制包括产品研制、设计、计划、零件制造、部装、总装、测试和发送等过程。保证将正确的产品图形数据和说明内容发送给使用者，通过产品数据管理系统进行数字化资料共享，实现数据的专用、共享、发图和控制。

波音公司并行设计技术的有效运用，提高了设计质量，极大地减少了早期生产中的设计更改；缩短了产品研制周期，和常规的产品设计相比，并行设计明显地加快了设计进程；降低了制造成本；优化了设计过程，减少了报废和返工率。

7.5.3 精益生产与敏捷制造

7.5.3.1 精益生产

(1) 精益生产的含义

精益生产（lean production，LP），其中的“精”表示精良、精确；“益”表示利益、效益，合起来就是少投入、多产出，把成果最终落实到经济效益上，追求单位投入产出量。精益生产方式是指运用多种现代管理方法和手段，以社会需求为依据，以充分发挥人的作用为根本，有效配置和合理使用企业资源，最大限度地为企业谋求经济效益的一种新型生产方式，是一种现实可行的集约式经营管理模式。

精益生产包含六个要素：员工环境和参与、工作场地组织、生产质量、生产可运行性、物料移动和流畅生产，其中生产质量、员工环境和参与、生产可运行性是精益生产的基础，工作场地组织和物料移动是流畅生产的保障，流畅生产是精益生产的目标，如图7-9所示。

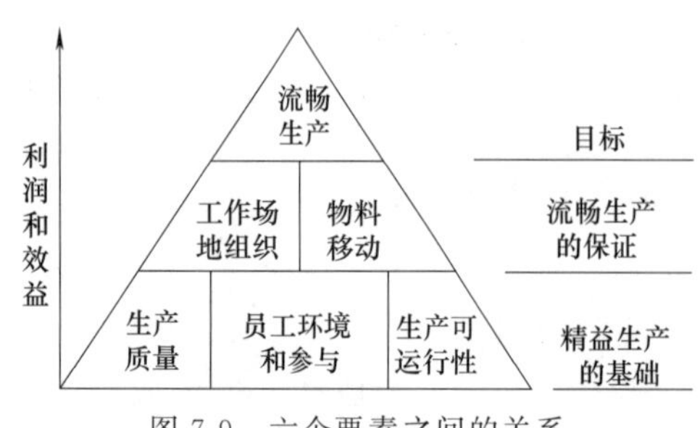

图7-9 六个要素之间的关系

(2) 精益生产方式的特征

精益生产方式综合了单件生产与大批量生

产的优点，具有以下特点。

① 产品开发方面的特征。以团队为研究开发的主要形式和工作方式，由产品设计、工艺、质量、生产、成本和销售等各种专业人员组成项目开发小组，把用户看成是生产制造过程的组成部分，精心收集用户信息，并作为设计、生产、开发新产品的依据。同时采用并行工程，在开发的同时，使整个设计、试验、生产准备和投产全过程合理地平行交叉，开发各阶段的时间相互叠加，部门间信息交流快捷。

② 生产制造方面的特征。精益生产方式组织生产制造过程的基本做法是用拉动式管理替代传统的推动式管理。传统的生产方式是推动式的，从上到下发指令，从前工序传到后工序，一道道往后推；而精益生产却是拉动式生产，坚持一切以后道工序需求出发，杜绝超前超量生产，减少浪费，通过准时化生产保证在必要的时候生产必要数量的合格产品。

③ 协作配套方面的特征。精益生产方式认为主机厂和协作厂之间是共存共荣的血缘关系，协作产品的质量、制造成本和协作管理素质最终会反映到主机厂的质量和成本上，主机厂的发展有赖于协作厂的发展，对协作厂在技术、管理、资金上应给予帮助、支持。

④ 在销售服务方面的特征。精益生产方式把销售看作是生产过程的起点，实行按用户订单组织生产，从而大幅度降低经销系统的成品库存。经销商被视为生产体系中的一部分，是实现拉动式生产的第一个环节，他们不仅推销产品，而且为产品规划和设计提供用户需求信息，参加产品开发小组。

（3）精益生产的目标

精益生产以顾客需求为拉动，以消灭浪费和快速反应为核心，使企业以最少的投入获取最佳的运作效益并提高对市场的反应速度。其核心就是精简，通过减少和消除产品开发设计、生产制造、管理和服务过程中一切不产生价值的活动（即浪费），缩短对客户的反应周期，快速实现客户价值增值和企业内部增值，增加企业资金回报率和企业利润率。

精益生产的目标就是在持续不断地提供客户满意产品的同时，追求最大化的利润，具体表现为七个“零”：

①“零”转产工时，将加工工序的品种切换与装配线的转产时间浪费降为零或接近零。

②“零”库存，将加工与装配的连接流水化，消除中间库存，将产品库存降零。

③“零”浪费，消除多余制造、搬运、等待的浪费，实现“零”浪费。

④“零”不良品，产品中不良品不是在检查工位检出的，而应在产生的源头消除它。

⑤“零”故障，消除机械设备的故障停机，实现“零”故障。

⑥“零”停滞，最大限度地压缩前置时间，实现“零”停滞。

⑦“零”灾害，始终将安全生产放在第一位。

（4）精益生产的基本原理

① 主查制的开发组织，并行式的开发程序。精益生产的产品开发组织是比较紧密的矩阵式工作小组，由主查（项目负责人）负责领导。工作组成员来自各部门，分为核心成员和非核心成员，核心成员自始至终不变动，非核心成员仍在各自部门内，业务上受主查和所在部门双重领导。精益生产的主查比大量生产的项目经理具有更大的实权，对产品开发所需的一切资源，包括人力、物力、财力，拥有支配权；对产品设计方向和开发计划有决定权和指挥权；对小组成员有评价权、推荐权，并影响其职务及工资的晋升。

在新产品的各开发阶段，精益生产采用并行式工作程序，产品开发从一开始设计，相关工艺、质量、成本、销售人员就联手参加工作，各阶段尽早衔接，同时工作，从后向前提出各种要求，在产品设计阶段就确定制造工艺，用制造工艺保证所要求达到的质量标准、生产效率、目标成本和各项指标。

② 拉动式的生产管理。精益生产的生产过程用拉动式管理代替传统的推动式管理，即每一道工序的生产都是由其下道工序的需要拉动的，生产内容、数量、时间都是以正好满足下道工序的需要为前提的。拉动式生产方式的特点：一是坚持从后道工序要求出发，用拉动方式保证生产的及时性，即在需要的时候生产需要的产品和数量；二是生产指令以计划为指导，以“看板”为现场指令，“看板”成为拉动式生产的重要指挥手段。

精益生产的拉动式生产方式具体表现为：

a. 以市场需求拉动企业生产，即市场需要什么就生产什么，需要多少就生产多少，超前超量生产都是不允许的。

b. 在企业内部，以后道工序拉动前道工序，以总装拉动部装，以部装拉动零件加工，以零件加工拉动毛坯生产。

c. 以前方生产拉动后方生产，后方生产准时服务于生产现场需求。

d. 以主机厂拉动协作配套厂生产，把协作配套厂的生产看成是主机厂生产制造体系的一个组成部分，尽可能地采用直达送货的方式。

③ 以人本管理为根本的劳动组织体制。精益生产中以人为本，员工比机器更为重要，生产工人是企业的主人，是终身制的，不能随意淘汰，在生产中享有充分的自主权，生产线出现故障时每个员工都有权拉铃让工区的生产停下来，并与小组人员一起查找故障原因，做出决策，解决问题，消除故障。

在精益生产中，企业的员工不仅承担工作中的压力、任务和责任，最大限度地创造实际价值，而且还要接受企业培训，扩大知识面，提高技能，学会作业组的所有工作，包括产品加工、设备保养、简单修理，适应市场的瞬息多变和竞争的激烈。企业在竞争中除了拥有优质、低价及满足用户性能的产品之外，还应能及时捕捉市场出现的机遇，有一个灵活反应的企业生产机制。同样，对于国家来说，制订不同的发展规划和策略，提高自己国家在未来世界中的竞争优势地位也是必需的。例如，20 世纪末期，美国为了重新夺回在制造业的优势，美国政府把制造业发展战略目标瞄向了 21 世纪。为此，在美国国防部的资助下，1991 年由里海大学牵头，组织了包括美国通用汽车公司在内的百余家企业共 20 多人的核心研究队伍，历时近三年时间，在广泛调查研究基础上，于 1994 年推出了《21 世纪制造企业战略》，提出了一种发展制造业的战略，即敏捷制造。

7.5.3.2 敏捷制造

敏捷制造（agile manufacturing，AM）是美国为恢复其在世界制造的领导地位，在 1991 年提出的一种生产方法。它利用人工智能和信息技术，通过多方面的协作，通过改变企业沿用的复杂的多层递阶结构来改变传统的大量生产，其实质是在先进的柔性制造技术的基础上，通过企业内部的多功能项目组和企业外部的多功能项目组，组建虚拟公司。这是一种多变的动态组织结构，可把全球范围内的各种资源（包括人的资源）集成在一起，实现技术、管理和人的集成，从而在整个产品生命周期内最大限度满足用户需求，提高企业的竞争能力。

(1) 敏捷制造的基本思想和特征

敏捷制造的基本思想是把灵活的动态联盟、先进的柔性制造技术和高素质的人员进行全面集成，使企业能够从容应付快速、不可预测的市场需求，获得企业的长期经济效益。敏捷制造是企业在无法预测的持续及快速变化的竞争环境中生存、发展、扩大竞争优势的一种新的经营管理和生产组织模式。它强调通过联合来赢得竞争，强调通过产品制造、信息处理和现代通信技术的集成来实现人、知识、资金和设备的集中管理和优化利用。

敏捷制造具有以下特征：

① 以人为中心，充分发挥人的主观能动性；

② 对用户需求、个性化设置和市场变化能快速响应；

③ 灵活的动态联盟形成虚拟企业，建立可重组的企业群体经营决策环境和组织形式，在企业和供应商之间形成敏捷供应链，在企业和用户之间形成快速畅通的分销网；

④ 开放的基础结构和先进制造技术可以使加盟企业间快速有效地协调各工作机制，增强企业外部敏捷性；

⑤ 推行并行工程技术和虚拟制造技术，保证产品开发一次成功，从而快速推出新产品；

⑥ 借助仿真技术可让用户方便地参与设计，根据用户的具体需求通过并行设计、质量功能配置、价值分析等技术改变设计，以用户满意产品为经营目标，实现经营企业生产全过程敏捷化的管理、制造和设计，实现全面集成和整体优化。

(2) 敏捷制造的组成

① 物理基础结构。虚拟企业运行所必需的厂房、设备、设施、运输及资源等物理条件，它们的行为服从物理定律，当市场出现机会时，可以用最小的代价、最快的速度与网上合作企业共同构建完成生产任务所需的物理设施。

② 法律基础结构。亦称规则基础结构，是指虚拟企业法律、规章和政策，它规定了一个法律上承认的虚拟企业的交易规则、利润分配、融资、资本流动、纳税规则、虚拟企业解散后如何保证售后服务、虚拟企业的破产清算等。

③ 社会基础结构。虚拟企业要生存和发展，还需要社会环境的支撑，如人员的技术培训和继续教育、社会保障制度、能促进人力资源优化配置的职业中介等。

④ 信息基础结构。这是指敏捷制造的信息支持环境，包括能提供各种相关服务的网点、中介机构等一切为虚拟企业服务的信息手段。

7.5.3.3 敏捷制造与精益生产的联系及区别

敏捷制造与精益生产分别代表了东西方管理模式的发展方向。敏捷制造是美国根据本国企业文化的特点，利用高科技优势，提出的一种不同于传统大批量生产方式的新的生产方式；而精益生产是日本丰田公司根据自身的文化特点、经济发展水平，进行本土化改造所形成的新型管理模式。因此这两种方式之间必然存在着差异，同时也有许多相同之处。

(1) 相同点

利用市场知识、集成供应链和缩短产品的交货期都是敏捷制造和精益生产的基础。其中供应链的所有业务都必须针对最终用户或市场部门，它们将直接影响哪种生产模式更适合供应链。如果没有挖掘市场知识，会使供应链变得很敏感，从而使企业加大经营风险。不管采用哪一种模式，业务流程必须形成集成供应链，以满足最终客户的需要。所以要比较敏捷制造和精益生产的不同则要联系供应链。

(2) 区别

敏捷制造的企业必须能忍受各种变化和干扰，利用需求波动使利润达到最大化；而精益生产则要求企业能通过市场知识和信息前推计划使需求更稳定。

某汽车制造厂变速车厂因为管理不能及时到位，造成生产被动，出现产品质量不佳、效益不理想的状况。

该厂吸收丰田生产方式中的管理理念，开展准时化生产方式，同时运用多种管理的方法和手段，确保必要时间生产必要数量的必要工件，杜绝企业的超量生产，消除企业中的无效劳动和浪费，实现企业少投入多产出的最终目的。

在准时化生产中，首先目标明确，围绕提高产品质量、降低成本、满足市场需求的目标，进行“配套设计，同步实施”的开发；变推动式生产为拉动式生产组织方式，以市场需求为目标组织生产；使在制品为0；实行U形生产设备布置，一人多机操作，大大提高劳动生产率；工具定置集配，精度刀具强制换刀与跟踪管理；强调观念更新，以生产现场为中心，生产工人为主体，车间主任为首的“三为”管理体制；一切后方部门围绕准时化生产服务，使生产不停地创造附加价值；生产现场实行整顿、整理、清扫、清洁和素质的“5S”活动；实行“三自一控”“创合格”“深化工艺”“五不流”和“产品创优”的“五位一体”管理体系。

经过一年多的实践，准时化生产方式使工厂面貌发生巨大变化，生产能力大幅度提高，实现均衡生产。1992年实施准时化生产后实现原设计能力6.8万台/年向8000台/月生产水平的转变，产品品种由原来1个基本型发展为18个改型产品；产品质量稳步提高，相比1991年废品率下降35%，一次装配合格率由80%提高到92%，市场占有率大幅度提高；推行看板管理，在制品大幅度下降，在制品流动资金占用由700万下降到350万，下降了50%，1992年月产量增加了25%，而流动资金下降到300万；由于实行多机床操作和多工序管理，人均操作三台机器，使节省操作现场工人近50%，人工作业效率由原27.7%提高到65%；按厂内价格计算人均劳动生产实现15.2万元；刀具消耗下降17%，设备故障停歇时间下降80%；准时化生产方式提高了企业整体素质，改变了旧管理作风，管理工作效率大幅度提高。

7.5.4 虚拟制造与网络化制造

7.5.4.1 虚拟制造

(1) 虚拟制造的定义

虚拟制造（virtual manufacturing，VM）技术是美国于1993年首先提出的一种全新的制造体系和模式，它以软件形式模拟产品设计与制造全过程，无须研制样机，实现了产品的无纸化设计。它是制造科学自身矛盾发展的必然，也是在激烈的市场竞争环境下产生的应对措施之一，同时虚拟制造技术也是信息技术与制造科学相结合的产物。

很多人曾为虚拟制造进行定义，比较有代表性的如下。

① 佛罗里达大学 Gloria J. Wiens 的定义着眼于结果：虚拟制造与实际一样在计算机上执行制造过程，其中虚拟模型是在实际制造之前用于对产品的功能及可制造性的潜在问题进行预测。该定义强调VM“与实际一样”“虚拟模型”和“预测”。

② 美国空军 Wright 实验室的定义着眼于手段：虚拟制造是仿真、建模和分析技术及工具的综合应用，以增强各层制造设计和生产决策与控制。

③ 马里兰大学 Edward Lin&etc 定义着眼于环境：虚拟制造是一个用于增强各级决策与控制的一体化的、综合性的制造环境。

鲁明珠等人定义虚拟制造是实际制造过程在计算机上的本质实现，即采用计算机建模与仿真技术、虚拟现实或（及）可视化技术，在计算机网络环境下群组协同工作，模拟产品的整个制造过程，对产品设计、工艺规划、加工制造、性能分析、生产调度和管理、销售及售后服务等做出综合评价，以增强制造过程各个层次或环节的正确决策与控制能力。

(2) 虚拟制造的分类

① 以设计为中心的虚拟制造。制造信息加入产品设计与工艺设计的过程中，在计算机中生成制造过程原型，对多种制造方案进行仿真，对数字化产品模型的性能、可制造性、可装配性、成本等要素进行分析，尽早发现产品设计及工艺过程中存在的问题。以特征造型、数字化的模型设计及加工过程的仿真技术为支持，主要应用于造型设计、热力学分析、运动学分析、动力学分析、容差分析和加工过程仿真等领域。

② 以生产为中心的虚拟制造。将仿真能力加入生产过程中，评价多种加工过程，检验新工艺流程的可信度、产品的生产效率、投资的需求状况（包括购置新设备、征询盟友等），从而优化制造环境的配置和生产的供给计划。以虚拟现实技术和嵌入式仿真技术为支持，应用于工厂或产品的物理布局及生产计划的编排。

③ 以控制为中心的虚拟制造。将仿真能力加入设备控制模型中，提供实际生产过程中的虚拟环境，使企业在考虑车间控制行为的基础上对制造过程进行优化控制。主要的支持技术包括对离散制造基于仿真的实时动态调度，对连续制造基于仿真的最优控制。

(3) 虚拟制造的特点

由于虚拟制造可以在制造过程的物理实现之前预测产品性能和制造过程的细节，并通过及时的信息反馈来修改产品模型以达到整体最优，从而降低企业成本，增强企业竞争力。实施虚拟制造可以缩短产品开发周期、提高产品质量、降低资源消耗、提高企业柔性生产能力。

由于虚拟制造系统不消耗资源和能量，也不生产现实世界的产品，而只是模拟产品设计、开发及其实现过程，因而它具有以下特征：

① 结构相似性、功能一致性。虚拟制造系统与相应的现实制造系统在结构上是相似的，在功能上是一致的，可以忠实地反映制造过程本身的动态特性。

② 组织的灵活性。虚拟制造系统是面向未来、面向市场、面向用户需求的制造系统，因此，其组织与实现应具有非常高的灵活性。

③ 集成化。虚拟制造系统涉及的技术与工具很多，综合运用系统、知识、并行、人机工程等多种工程与多学科先进技术，实现信息、智能、串并行工作机制和人数等多种形式的集成。

(4) 虚拟制造的关键技术

虚拟制造涉及的技术领域十分广泛，从其软件实现和人机接口而言，虚拟制造的实现在很大程度上取决于虚拟现实技术的发展，这其中包括计算机图形学技术、传感器技术、系统集成技术等。从制造技术的角度讲可将虚拟制造技术的体系结构分为三大主体技术群，即建模技术群、仿真技术群、控制技术群。

① 虚拟现实技术。虚拟现实强调“身临其境”的感觉，人们可以在虚拟环境中看、听、触摸、操作物体，如同在现实环境中一样，希望以一种“自然”的方式与虚拟环境进行交互。虚拟现实覆盖人类感知世界的多重信息通道，通过计算机把视觉、听觉、触觉、味觉等多种信息合成并提示给人的感觉器官，从而把人、现实世界和虚拟空间结合起来，融为一体，相互间进行信息的交流与反馈。各种 VR 装置是人们与虚拟环境进行交互的媒介。

一个 VR 装置上通常会有多个传感器，以数据手套为例，它可以完成对手指关节弯曲度和手指开合情况的测量，将手的姿态和动作传递给计算机，让计算机做出正确的反应，并通过手套上的力学反馈装置与手产生真实的接触和受力感觉，使用户在抓取、松开物体以及操纵虚拟机器等时有真实的感受。

② 建模技术。根据虚拟制造模型的层次不同，可将模型分为产品级、车间级和企业级。产品级模型指制造过程中各类实体对象模型的集合，包括产品模型和工艺模型等。产品模型中除了包含必备的几何、形状、公差等静态信息以外，还必须能够通过映射、抽象等方法提取出制造过程中所需的动态信息。工艺模型将工艺参数与影响制造功能的产品设计属性联系起来，以反映生产模型与产品模型间的交互作用。工艺模型必须包括以下功能：物理和数学模型、统计模型、计算机工艺仿真、制造数据表和制造规则。车间级模型包括设备模型、车间布局模型、生产调度模型、制造过程模型、过程监控模型等。车间级模型中包括虚拟制造到实际制造之间的映射关系。企业级模型包括经营决策、生产决策、产品决策，以及决策评价、市场预测、成本分析、效益风险评估等。

③ 仿真技术。根据虚拟制造的着重点不同，可将仿真分为产品性能仿真、生产规划仿真、实际制造过程仿真等。产品性能仿真包括运用各种软件对产品的机械性能、动力学性能、热力学性能等进行模拟。生产规划仿真可以对车间不同的生产规划进行仿真。实际制造过程仿真包括数控机床的 NC 代码仿真，冲压过程、浇注过程、焊接过程、切削过程等的仿真。仿真结果可以用于生产规划、检验产品可制造性。

④ 控制技术。控制技术指建模过程、仿真过程所用到的各种管理、组织与控制的技术和方法。包括模型部件的组织、调度策略及交换技术；仿真过程的工作流程与信息流程控制；成本估计技术；动态分布式协作模型的集成技术冲突求解、基于仿真的推理技术模型、仿真结果的验证和确认技术；面向产品开发过程的组织与管理等问题的研究等。

(5) 虚拟技术的应用

① 虚拟制造技术在工程机械制造技术中的应用。虚拟制造技术是对制造知识进行系统化组织，对工程对象和制造活动进行全面建模，在相关理论和已积累知识的基础上实现集成的。虚拟技术可用于装配、车间布局、焊接等方面，虚拟装配利用虚拟现实技术将设计的产品三维模型进行预装配，在满足产品性能与功能的条件下，通过分析、评价、规划、仿真等改进产品的设计和装配的结构，实现产品的工艺规划、加工制造、装配和调试。装配性和经济性是实际装配过程在计算机上的本质体现。在焊接方面，采用虚拟制造与仿真技术，对焊接制造系统的物理模型及其相互关系在计算机中映射，定量分析焊接中的各个参数会产生什么样的焊接质量，利用有限元分析方法进行有效准确的非线性分析，预测不同参数条件下的焊接质量，实现工艺规划、加工制造与装配、设备选型和质量检验等焊接产品的制造周期的全部过程。

② 虚拟车间布局设计。制造系统的布局设计就是在企业经营策略的指导下，针对生产过程，将人员、物料及所需的相关设备设施等，做最有效的组合和规划，并与其他相关设施协调，以期获得安全、效率与经济的操作，满足企业经营需求。运用面向对象的模拟仿真，可以帮助使用者建立用于规划、设计和流程优化的虚拟模型，依据不同决策变量的组合，分析设备使用率、系统产能、有效产出率，以及交货期、成本等策略，实现产能最大化、排程最优化、半成品及库存最小化等目标。

同时，虚拟制造技术用在工程机械、矿山机械产品研发中，对各种工程、矿山机械采用系统建模、模型集成与参数化处理、数据接口和仿真实验等技术，建立一个子系统模型，能够模拟实际系统的各种功能。以此虚拟样机模型代替实际物理样机进行各种仿真实验，得到包括运动学及动力学响应、液压系统状态参数等在内的各种系统性能参数。

7.5.4.2　网络化制造

制造全球化、制造敏捷化、制造网络化、制造虚拟化和制造绿色化是现代制造业发展的趋势，而制造全球化、制造敏捷化和制造虚拟化均离不开制造网络化的支撑。因此，可以说制造网络化或者网络化制造是现代制造业生产模式发展的主要趋势之一。

(1) 网络化的含义

网络化制造是企业为应对知识经济和全球化的挑战而实施的以快速响应市场需求和提高企业竞争力为主要目标的一种先进制造模式，是指企业利用计算机网络，面对市场机遇，针对某一市场需要，利用以因特网为标志的信息高速公路，灵活而迅速地组织社会制造资源，把分散在不同地区的现有生产设备资源、智力资源和各种核心能力，按资源优势互补的原则，迅速地组合成一种没有围墙的、超越空间约束的、靠电子手段联系的、统一指挥的经营实体——网络联盟企业，以便快速推出高质量、低成本的新产品。

(2) 网络化制造模式的特点

网络化制造是一种基于网络技术的先进制造模式，能够覆盖企业生产经营的所有活动，结合不同企业的具体情况和应用需求，具有多种形态和功能系统，突破了地理空间上的限制，强调企业间的协作与全社会范围内的资源共享，以快速响应市场为实施的主要目标之一，提高企业的竞争力。

网络制造采用分布式网络通信技术，按集成分布框架体系存储数据信息，根据数据的地域分布，分别存储各地的数据备份信息，有关产品开发、设计、制造的集成信息存储在公共数据中心，由数据中心协调统一管理，通过数据中心的授权实现各职能小组对数据的存取及各部门、企业之间信息的无缝传递，在一定的时间（如产品生命周期中一个阶段）、一定的空间（如产品设计师和制造工程师并行解决问题这一集合形成的空间）内，利用计算机网络，小组成员共享知识与信息。

(3) 网络化制造的体系结构

① 网络化制造集成平台。制造系统通过因特网联系起来，在空间和功能上是分散的。构建敏捷制造网络集成平台，利用企业内部局域网，负责企业的一切生产活动；利用互联网实现基于网络的信息资源共享和设计制造过程的集成，将有关空间和功能上分散的企业和高校、研究所和研究中心等结合成一体，成立面向广大中小型企业的先进制造技术数据中心、虚拟服务中心和培训中心，开展网上商务。

② 网络化制造的信息结构。网络化制造的信息涉及有关产品设计、计划、生产资源、组织等类型的数据，主要包括四个层次：应用服务层提供支持企业经营、电子商务及制造过程的标准、协议、系统模型和接口等；信息管理层提供通用软件包和程序库，支持电子邮件和文本传送，提供信息导航；数据服务层向网点发送或请求信息，进行数据格式转换，在网点间进行信息交换；网络通信层连接异构设备和资源，进行结构和目标描述，定义节点在网络中的位置。

(4) 网络化制造的关键技术

关键技术主要包含了总体技术，主要是指从系统的角度，研究网络化制造系统的结构、组织与运行等方面的技术；基础技术是指网络化制造中应用的共性与基础性技术，主要包括网络化制造系统的基础理论与方法、协议与规范技术、标准化技术、模式、体系结构、构建与组织实施方法、运行管理等；集成技术主要是指网络化制造系统设计、开发与实施中需要的系统集成与使能技术，包括设计制造资源库与知识库开发技术、企业应用集成技术、ASP服务平台技术、集成平台与集成框架技术、电子商务与 EDI 技术、Web Service 技术、PDML 及信息智能搜索技术等；应用实施技术是支持网络化制造系统应用的技术，包括网络化制造实施途径、资源共享与优化配置技术、区域动态联盟与企业协同技术、资源（设备）封装与接口技术、数据中心与数据管理（安全）技术和网络安全技术。

7.5.5 智能制造与绿色制造

7.5.5.1 智能制造

智能制造系统（intelligent manufacturing system，IMS）是一种智能化的制造系统，是由智能机器和人类专家结合而成的人机一体化的智能系统，它将智能技术融合进制造系统的各个环节，通过模拟人类的智能活动，取代人类专家的部分智能活动，使系统具有智能特征。

智能制造技术利用计算机模拟制造业领域专家的分析、判断、推理、构思和决策等智能活动，并将这些智能活动和智能机器融合起来，贯穿应用于整个制造企业的子系统（经营决策、采购、产品设计、生产计划、制造装配、质量保证和市场销售等），以实现整个制造企业经营运作的高度柔性化和高度集成化，从而取代或延伸制造环境领域专家的部分脑力劳动，并对制造业领域专家的智能信息进行收集、存储、完善、共享、继承和发展，是一种极大提高生产效率的先进制造技术。

(1) 智能制造的特征

① 自组织能力。自组织能力是指 IMS 中的各种智能设备，能够按照工作任务自行组成一种最合适的结构，并按照最优的方式运行，又称为超柔性，如同一群人类专家组成的群体。完成任务以后，该结构随即自行解散，以便在下一个任务中集结成新的结构。

② 自律能力。IMS 能搜集与理解环境信息和自身信息，具有进行分析判断和规划自身行为的能力。这种能力使整个制造系统具备抗干扰、自适应和容错等能力。

③ 自学习和自维护能力。IMS 能以原有专家知识为基础，在实践中不断进行学习，充实和完善系统知识库，并删除库中有误的知识，使知识库趋向最优，对系统故障能够进行自我诊断、排除和修复，使智能制造系统能够自我优化并适应各种复杂的环境。

④ 整个制造环境的智能集成。IMS 在强调各生产环节智能化的同时，更注重整个制造环境的智能集成。它包括了经营决策、采购、产品设计、生产计划、制造装配、质量保证和市场销售等各个子系统，并把它们集成为一个整体，系统地加以研究，实现整体智能化。

⑤ 人机一体化。IMS 不单纯是“人工智能”系统，而是人机一体化智能系统，是一种混合智能。突出人在制造系统中的核心地位，同时在智能机器的配合下更好地发挥出人的潜能，使人机之间表现出一种平等共事、相互理解、相互协作的关系，使二者在不同的层次上各显其能，互相配合，相得益彰。

(2) 智能制造的关键技术

在智能制造的关键技术当中，智能产品与智能服务可以帮助企业带来商业模式的创新；智能装备、智能生产线、智能车间到智能工厂，可以帮助企业实现生产模式的创新；智能研发、智能管理、智能物流与供应链则可以帮助企业实现运营模式的创新；智能决策则可以帮助企业实现科学决策。智能制造的十项技术之间是息息相关的，制造企业应当渐进式、理性地推进这十项智能技术的应用，如图 7-10 所示。

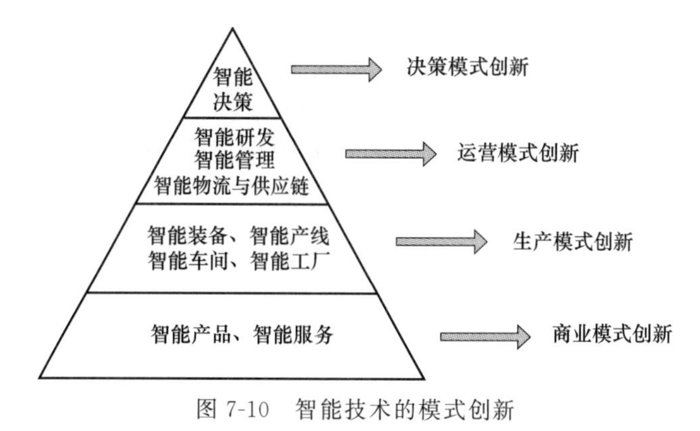

图 7-10　智能技术的模式创新

智能产品和智能服务是智能制造最基础的技术，产品通常包括机械、电气和嵌入式软件，具有记忆、感知、计算和传输功能，如智能手机、智能可穿戴设备、无人机、智能汽车、智能家电、智能售货机。智能服务基于传感器和物联网，可以感知产品的状态，从而进行预防性维修维护，及时帮助客户更换备品备件，甚至可以通过了解产品运行的状态，给客户带来商业机会，此外，企业通过开发面向客户服务的 APP，也是一种智能服务的手段。

智能装备具有检测功能，可以实现在机检测，从而补偿加工误差，提高加工精度，还可以对热变形进行补偿。很多行业的企业高度依赖自动化生产线，比如钢铁、化工、制药、食品饮料、烟草、芯片制造、电子组装、汽车整车和零部件制造等。自动化生产线可以分为刚性自动化生产线和柔性自动化生产线，柔性自动化生产线一般建立了缓冲，为了提高生产效率，工业机器人、吊挂系统在自动化生产线上应用越来越广泛。要实现车间的智能化，需要对生产状况、设备状态、能源消耗、生产质量、物料消耗等信息进行实时采集和分析，进行高效排产和合理排班，显著提高设备利用率（OEE）。作为智能工厂，不仅生产过程应实现自动化、透明化、可视化、精益化，同时，产品检测、质量检验和分析、生产物流也应当与生产过程实现闭环集成，建立类似流程制造企业那样的生产指挥中心，对整个工厂进行指挥和调度，及时发现和解决突发问题，这也是智能工厂的重要标志。智能工厂必须依赖无缝集成的信息系统支撑，主要包括 PLM、ERP、CRM、SCM 和 MES 五大核心系统。

企业要开发智能产品，需要机电等多学科的协同配合；要缩短产品研发周期，需要深入应用仿真技术，通过仿真减少实物试验；需要贯彻标准化、系列化、模块化的思想，以支持大批量客户定制或产品个性化定制；需要将仿真技术与试验管理结合起来，以提高仿真结果的可信度。制造企业核心的运营管理系统还包括人力资产管理系统（HCM）、客户关系管理系统（CRM）、企业资产管理系统（EAM）、能源管理系统（EMS）、供应商关系管理系统（SRM）、企业门户（EP）、业务流程管理系统（BPM）等，国内企业也把办公自动化（OA）作为一个核心信息系统。实现智能管理和智能决策，最重要的条件是基础数据准确和主要信息系统无缝集成。制造企业内部的采购、生产、销售流程都伴随着物料的流动，在制造企业和物流企业的物流中心，智能分拣系统、堆垛机器人、自动辊道系统的应用日趋普及。仓储管理系统（warehouse management system，WMS）和运输管理系统（transport management system，TMS）也受到制造企业和物流企业的普遍关注。

企业在运营过程中，产生的大量数据来自各个业务部门和业务系统产生的核心业务数据，如合同、回款、费用、库存、现金、产品、客户、投资、设备、产量、交货期等数据，对这些数据进行多维度的分析和预测，企业应用这些数据提炼出企业的绩效目标（KPI）与预设目标进行对比，帮助企业进行科学决策。

7.5.5.2 绿色制造

绿色制造，又称为环境意识制造和面向环境的制造，是一个系统地考虑环境影响和资源效率的现代制造技术模式。它是一种清洁生产方式和废弃物循环利用的闭环生产模式，如图7-11所示，这是与传统的开环制造最大的不同点。在这种生产模式下，从原料开采到产品设计、制造、包装、运输、使用到报废处理的整个产品生命周期中，包括对自然生态环境、社会系统和人类健康环境的负面影响最小，资源效率最高，并使企业经济效益和社会效益协调优化。如在冶炼时考虑废气、废水的彻底净化，在材料选择时预先考虑产品报废时的材料回收重用及处理问题，均可通过特定的工艺手段和技术措施在产品的生命周期各个环节中逐一安排解决。

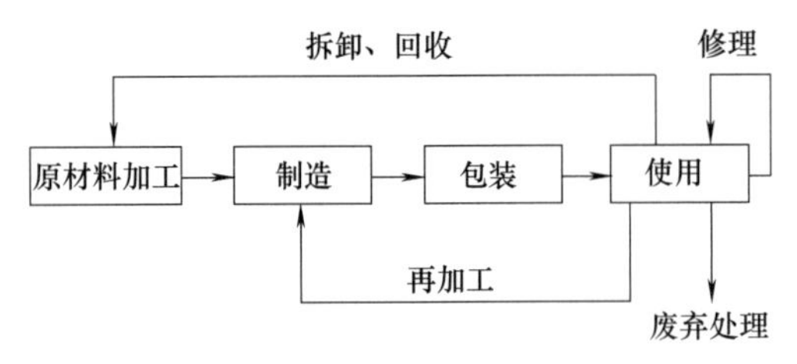

图 7-11 绿色制造过程的闭环特性

(1) 绿色制造的内涵和特征

绿色制造技术是制造业可持续发展的重要生产方式，也是实现资源、环境、人口可持续发展的基础和保障。绿色制造是一种充分考虑资源、环境的现代制造模式，其技术需要综合考虑产品在整个生命周期过程中对环境造成的影响和损害，涉及制造技术、环境影响和资源利用等多个学科领域的理论、技术和方法，包括绿色设计、清洁生产、绿色再制造等现代设计和制造技术，具有多学科交叉、技术集成的特点，是广义的现代制造模式绿色制造。通常绿色制造考虑两个过程，即产品的生命周期过程和物流转化过程，即从原材料到最终产品的过程，以实现两个目标，减少污染物排放，保护环境，实现资源优化。

绿色制造是一种以保护环境和资源优化为目标的现代制造模式，它与传统的制造模式具有本质的不同。绿色制造是面对整个产品生命周期过程的广义制造，要求在原材料供应、产品制造、运输、销售、使用、回收的过程中，减少环境污染、优化资源；在制造资源、制造模式、制造工艺、制造组织等方面创新，鼓励采用新的技术方法、使用新的材料资源用于制造过程；绿色制造需要企业投入更多的人、财、物来减少废物排放，保护生态环境，而受益的不仅是企业本身，还有整个社会；绿色制造以提高企业经济效益、社会效益和生态效益为目标，强调以人为本，集成各种先进技术和现代管理技术，实现企业经济效益、社会效益和生态效益的协调与优化。

(2) 绿色制造的理论体系和总体技术

绿色制造的理论体系和总体技术是从系统、全局和集成的角度研究的。

① 绿色制造的理论体系，包括绿色制造的资源属性、建模理论、运行特性、可持续发展战略，以及绿色制造的系统特性和集成特性等。

② 绿色制造的体系结构和多生命周期工程，包括绿色制造的目标体系、功能体系、过程体系、信息结构、运行模式等。绿色制造涉及产品整个生命周期中的绿色性问题，如大量资源的循环使用或再生，又涉及产品多生命周期过程这一新概念。

③ 绿色制造的系统运行模式——绿色制造系统。只有从系统集成的角度，才可能真正

有效地实施绿色制造，为此需要考虑绿色制造的系统运行模式——绿色制造系统。绿色制造系统将企业各项活动中的人、技术、经营管理、物流资源生态环境，以及信息流、物料流、能量流和资金流有效集成，并实现企业和生态环境的整体优化，从而达到产品上市快、质量高、成本低、服务好、有利于环境，并赢得竞争的目的。绿色制造系统的集成运行模式主要涉及绿色设计、产品全生命周期及其物流过程、产品生命周期的外延及其相关环境等。

④ 绿色制造的物能资源系统。鉴于资源消耗问题在绿色制造中的特殊地位，且涉及绿色制造全过程，因此应建立绿色制造的物能资源系统，并研究制造系统的物能资源消耗规律、面向环境的产品材料选择、物能资源的优化利用技术、面向产品生命周期和多生命周期的物流和能源的管理与控制等问题。在综合考虑绿色制造的内涵和制造系统中资源消耗的影响因素的基础上，构造了一种绿色制造系统的物能资源流模型。

某单位在数控机床的使用过程中发现切削液可以改进，当时使用的切削液205元一桶，非环保，使用者经常皮肤过敏，需要带劳保装备工作，且刀具使用寿命短。后采用环保切削液230元一桶，虽然每桶贵了25元，但节约了污染物处理成本，每年节约2000元左右，对使用者无伤害，每年节约劳保用品300元左右，刀具损耗降低了10％，每年节约700元左右。以2015年到2016年为例，共使用4桶切削液。使用环保绿色切削液一年每台数控机床节省费用：2000元＋300元＋700元－25元/桶×4桶＝2900元。

7.5.6　云制造

(1) 云制造的定义及原理

云计算是一种基于互联网的计算新模式，通过云计算平台把大量的高度虚拟化的计算资源组成一个大的资源池，通过互联网上异构、自治的服务形式为个人或企业用户提供按需随时获取的计算服务。

云制造就是将“制造资源”代以云计算的“计算资源”，使云计算的计算模式和运营模式为制造业信息化所用，以“制造即服务”理念为基础，借鉴云计算思想发展起来的一个新概念。也是一种利用网络和云的制造服务平台，按用户需求组织网上制造资源（制造云），为用户提供各类按需制造服务的一种网络化制造新模式，是先进的信息网络技术、制造技术以及新兴物联网技术等交叉融合的产品，支持制造业在广泛的网络资源环境下，为产品提供高附加值、低成本和全球化制造的服务，是“制造即服务”理念的体现。制造资源可以包括制造全生命周期活动中的各类制造设备（如机床、加工中心、计算设备）及制造过程中的各种模型、数据、软件、领域知识等。

从图7-12中可以看出，云制造系统中的资源提供者通过对产品全生命周期过程中的制造资源和制造能力进行感知、虚拟化接入，以服务的形式提供给第三方运营平台（制造云运营者）；制造云运营者主要实现对云服务的高效管理、运营等，可根据资源使用者的应用请求，动态、灵活地为资源使用者提供服务；

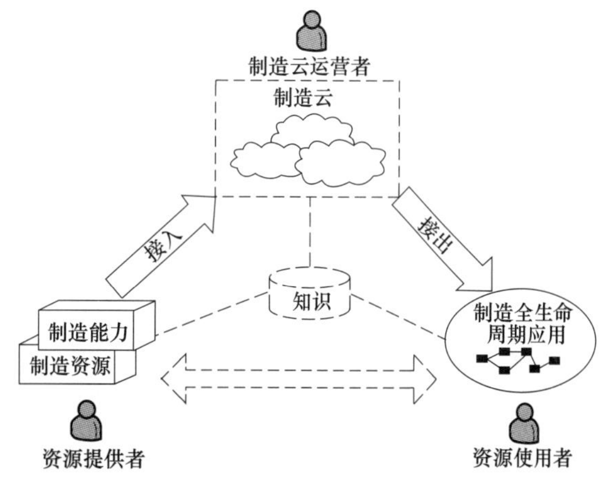

图7-12　云制造的运行原理图

资源使用者能够在制造云运营平台的支持下，动态按需地使用各类应用服务（接出），并能实现多主体的协同交互。在制造云运行过程中，知识起着核心支撑作用，知识不仅能够为制造资源和制造能力的虚拟化接入和服务化封装提供支持，还能为实现基于云服务的高效管理和智能查找等功能提供支持。制造全生命周期涵盖了制造企业的日常经营管理和生产活动，包括论证、设计、仿真、加工、检测等生产环节和企业经营管理活动。

(2) 云制造的应用

云制造不仅体现了“分散资源集中使用”的思想，还体现了“集中资源分散服务”的思想，即将分散在不同地理位置的制造资源通过大型服务器集中起来，形成物理上的服务中心，进而为分布在不同地理位置的用户提供制造服务。通过云制造平台，用户能够像使用水、电、煤、气一样方便、快捷地使用统一、标准、规范的制造服务，将极大地提升资源应用的综合效能。利用这种方式，资源的拥有者可以通过资源服务来获利，实现资源优化配置，用户是云制造的最大获益者，最终实现多赢的局面。

对大型集团企业，整合集团企业内部现有的计算、软件和数据资源，建立面向复杂产品研发设计能力服务平台，为集团内部各下属企业提供技术能力、软件应用和数据服务，支持多学科优化、性能分析、虚拟验证等产品研制活动，极大促进产品创新设计能力。对区域性加工资源共享服务平台，利用信息、虚拟化、物联网以及 RFID 等先进技术，建立面向区域的加工资源共享与服务平台，实现区域内加工制造资源的高效共享与优化配置，促进区域制造业发展。

制造服务化支持平台针对服务成为制造企业价值主要来源的发展趋势，支持制造企业从单一的产品供应商向整体解决方案提供商及系统集成商转变，提供在线监测、远程诊断、维护和大修等服务，促进制造企业走向产业价值链高端。除了针对大型企业的服务平台，云制造还可建立面向中小企业的公共服务平台，为其提供产品设计、工艺、制造、采购和营销业务服务，提供信息化知识、产品、解决方案、应用案例等资源，促进中小企业发展。

(3) 云制造的特征

① 面向服务和需求的透明和集成制造。云制造面向服务、面向需求，用现有技术和方法能得到满意解或非劣解等，把一切能封装和虚拟化的所有制造资源、能力、知识等尽可能高度抽象和虚拟化为用户可见和容易调用的“电源接线板”，即制造云服务，用户在使用云服务开展各类制造活动的调用是透明的，即所有制造实现操作细节可以向用户“隐藏”起来，使用户将云制造系统看成是一个完整无缝的集成系统。

② 用户参与、多用户的使用制造。云制造强调把计算资源、能力、知识嵌入到网络、环境中去，使制造企业关注的中心转移或回归到用户需求本身，即一个用户既是云服务的消费者，又是云服务的提供者或开发者，体现的是一种用户参与的制造，包括人机交互、机人交互、机机交互以及人人交互等。同时云制造在运行过程中不仅体现“分散资源集中使用”的思想，还有效实现“集中资源分散服务”的思想，将分散在不同地理位置的制造资源通过大型服务器集中起来，形成物理上的服务中心，进而为分布在不同地理位置的多用户提供服务调用、资源租赁等。

③ 基于知识的专业化主动制造。云制造通过第三方构建的平台，基于云服务描述、搜索、匹配组合、任务迁移、制造资源和能力虚拟化的封装和接入等知识，在语义、数据挖掘、机器学习、统计推理等技术的支持下，将所有制造资源、能力、知识虚拟化成云滴（即制造云服务），最后聚合形成不同类型的专业制造云（如设计云、仿真云、管理云、实验云

等）。在云制造服务平台上，订单可以主动寻找制造方，而云服务可以主动智能寻租，体现一种智能化的主动制造模式。

④ 基于群体创新、能力共享与交易的制造。云制造模式下，在相应知识库、数据库、模型库等的支持下，实现基于知识的制造资源和能力虚拟化封装、描述、发布与调用，任何个人、任何单位或企业都可以向云制造平台贡献他们的制造资源、能力和知识，也可以基于这些资源、能力、知识来开展本企业的制造活动，体现出一种维基百科式的基于群体创新的制造模式，从而真正实现制造资源和能力的全面共享与交易，提高利用率。用户根据自身的需要来调用或组合调用已有的云服务并支付相应的费用，用户和制造资源提供者是一种即用即组合、即用即付、用完即解散的关系。

⑤ 低门槛的敏捷化制造。而云制造模式下，企业可以不需要厂房、设备、物料、技术人员等条件和能力，只需重点关注本企业的核心服务，其他相关业务或服务通过调用或租用云制造系统中的资源、能力、云服务来完成，其生产方式非常灵活，体现了一种敏捷化的制造思想。

云制造的目标之一是围绕 TQCSEFK 目标，实现制造资源、能力、知识的全面共享和协同，提高制造资源利用率，实现资源增效。实现了云制造，实际上就是在一定程度上实现了绿色和低碳制造。

(4) 云制造的关键技术

云制造模式、体系架构、相关标准及规范，云端化技术，云服务综合管理技术，云制造安全技术，云制造业务管理模式与技术是云制造的五大类关键技术。

① 云制造模式、体系架构、相关标准及规范，主要是从系统的角度出发，研究云制造系统的结构、组织与运行模式等方面的技术，同时研究支持实施云制造的相关标准和规范，其包括支持多用户的、商业运行的、面向服务的云制造体系架构；云制造模式下制造资源的交易、共享、互操作模式；云制造相关标准、协议、规范等，如云服务接入标准、云服务描述规范、云服务访问协议等。

② 云端化技术，主要研究云制造服务提供端各类制造资源的嵌入式云终端封装、接入、调用等技术，并研究云制造服务请求端接入云制造平台、访问和调用云制造平台中服务的技术，包括支持参与云制造的底层终端物理设备智能嵌入式接入技术、云计算互接入技术等；云终端资源服务定义封装、发布、虚拟化技术及相应工具的开发；云请求端接入和访问云制造平台技术，以及支持平台用户使用云制造服务的技术；物联网实现技术等。

③ 云服务综合管理技术，主要研究和支持云服务运营商对云端服务进行接入、发布、组织与聚合、管理与调度等综合管理操作，包括云提供端资源和服务的接入管理，如统一接口定义与管理、认证管理等；高效、动态的云服务组建、聚合、存储方法；高效能、智能化云制造服务搜索与动态匹配技术；云制造任务动态构建与部署、分解、资源服务协同调度优化配置方法；云制造服务提供模式及推广，云用户（包括云提供端和云请求端）管理、授权机制等。

④ 云制造安全技术，主要研究和支持如何实施安全、可靠的云制造技术，包括云制造终端嵌入式可信硬件；云制造终端可信接入、发布技术；云制造可信网络技术；云制造可信运营技术等；系统和服务可靠性技术等。

⑤ 云制造业务管理模式与技术，主要研究云制造模式下企业业务和流程管理的相关技术，包括云制造模式下企业业务流程的动态构造、管理与执行技术；云服务的成本构成、定

价、议价和运营策略以及相应的电子支付技术等；云制造模式各方（云提供端、云请求端、运营商）的信用管理机制与实现技术等。

(5) 云制造面临的问题

由于云制造的研究刚刚开始，在云制造关键技术的方面，仍然还有很多具体内容有待研究和探讨。制造平台方面，云制造需要构建硬件平台，如果平台标准不统一，将制造装备融入一个大的制造平台里就会很困难，目前比较容易能够融入制造平台的设备主要是一些智能制造设备，这也是发展物联网技术，将制造设备融入制造平台的一种思路。加工工艺方面，需要用户和设备所有者之间进行很多沟通才能确定下来，这对于提供服务的一方要求就比较高。比如，拥有高精加工设备的一方，只有把变速箱的生产工艺摸透了，才有可能把来自各地的加工需求排个队，对外提供加工变速箱的服务。制造工艺问题可能是云制造与云计算之间本质的区别，如果工艺问题解决了，剩下的就和云计算比较相似了，加工设备就可以得到充分利用，实现昼夜不停地工作。企业管理方面，云制造模式以及物联网技术成为一种新型的产业集群模式，需要研究和探索制造企业的管理方式；同时对于企业来说，云制造服务可能会带来物流成本的增加，因此，云制造不能替代传统制造方式，只是提供了一种新的选择。

习题与思考题

1. 什么是机械加工生产线？它的主要组成类型及特点有哪些？
2. 机械加工生产线设计应遵循的原则有哪些？影响生产线设备布局的主要因素是什么？
3. 在拟订自动线工艺方案时应着重考虑哪些方面的问题？如何解决这些问题？
4. 简述生产节拍平衡和生产线分段的意义及相应的措施。
5. 柔性制造系统的概念及分类是什么？柔性制造系统的物流系统主要由哪些装置组成？
6. 简述计算机集成制造系统的体系结构。
7. 传统生产和精益生产的根本区别是什么？
8. 简述敏捷制造的定义和内涵。
9. 云制造的体系结构及特点是什么？
10. 智能制造系统的特点是什么？

参考文献

[1] 陆建林，周永亮．中国智能制造装备行业深度分析［J］．智慧中国，2018（8）：40-45．

[2] 杨艳凤，马秋野．我国装备制造业的现状、主要问题与发展对策［J］．中国经贸，2016（4）：39-39．

[3] 工业4.0工作组．德国工业4.0战略计划实施建议［J］．中国机械工程学会导报，2013：7-12．

[4] 戴曙．金属切削机床［M］．北京：机械工业出版社，1994．

[5] 黄鹤汀．金属切削机床［M］．北京：机械工业出版社，2000．

[6] 戴曙．机床滚动轴承应用手册［M］．北京：机械工业出版社，1993．

[7] 薛源顺．机床夹具设计［M］．北京：机械工业出版社，2000．

[8] 李云．机械制造工艺及设备设计指导手册［M］．北京：机械工业出版社，1997．

[9] 王先逵．机械制造工艺学［M］．3版．北京：机械工业出版社，2013．

[10] 郑金兴．机械制造装备设计［M］．哈尔滨：哈尔滨工程大学出版社，2008．

[11] 关慧贞，徐文骥．机械制造装备设计课程设计指导书［M］．北京：机械工业出版社，2013．

[12] 冯辛安．机械制造装备设计［M］．2版．北京：机械工业出版社，2006．

[13] 宋士刚，黄华．机械制造装备设计［M］．北京：北京大学出版社，2014．

[14] 王东署，朱训林．工业机器人技术与应用［M］．北京：中国电力出版社，2016．

[15] 沈志雄，徐福林．机械加工设备［M］．上海：复旦大学出版社，2015．

[16] 关慧贞，冯辛安．机械制造装备设计［M］．3版．北京：机械工业出版社，2009．

[17] 汤漾平．机械制造装备设计［M］．武汉：华中科技大学出版社，2015．

[18] 黄鹤汀．机械制造装备［M］．3版．北京：机械工业出版社，2016．

[19] 蔡安江，张建，张永贵．机械制造装备设计［M］．武汉：华中科技大学出版社，2014．

[20] 孙远敬，郭辰光．机械制造装备设计［M］．北京：北京理工大学出版社，2017．

[21] 黄宗南．现代机械制造技术基础［M］．上海：上海交通大学出版社．2014．

[22] 任小中，于华．机械制造装备设计［M］．武汉：华中科技大学出版社．2016．

[23] 郝用兴．机械制造技术基础［M］．北京：高等教育出版社，2016．

[24] Richard P. Paul. Robot manipulators：Mathematics，programming，and control［M］．Cambridge，Massachusetts，the MIT Press，1981．

[25] Bruno Siciliano，OussamaKhatib．机器人手册：第一卷．机器人基础［M］．《机器人手册》翻译委员会，译．北京：机械工业出版社，2017．

[26] 李瑞琴，郭为忠．现代机构学理论与应用研究进展［M］．北京：高等教育出版社，2014．

[27] Dan Z. Parallel robotic machine tools［M］．Springer，2010．

[28] 王国华，冯爱兰．物流技术与装备［M］．北京：中国物资出版社，2011．

[29] 谢家平．物流设施与设备［M］．北京：中央广播电视大学出版社，2007．

[30] 魏国辰，杨宝宏，王成林．物流机械设备运用与管理［M］．3版．北京：中国财富出版社，2014．

[31] 孙可文．带式输送机的传动理论与设计计算［M］．北京：煤炭工业出版社，1991．

[32] 张文广．带式输送机设计浅谈［J］．内蒙古石油化工，2014（7）：43-47．

[33] 颜庆慧．带式输送机的操作及维修处理方法［J］．价值工程，2011，30（7）：23-24．

[34] 周蕾．物流技术与物流设备［M］．北京：中国物资出版社，2009．

[35] 张伟仁．SLP法在石墨电极厂总平面布置中的应用［J］．炭素技术，2000（2）：38-41．

[36] 孙志春，孙丰涛，钱文闯．加工回转体零件的柔性制造系统［J］．金属成形工艺，2002（4）：29-30．

[37] 翟倩．奥的斯电梯公司精益生产管理研究［D］．天津：天津大学，2014．

[38] 陶波．东风商用车总装厂物流系统分析设计［D］．西安：西北大学，2011．

[39] 郭宏兵．三万锭棉纺项目的生产物流设计［D］．南京：东南大学，2006．

[40] 梁思礼．并行工程的实践——对波音777和737-X研制过程的考察（摘要）［J］．质量与可靠性，2003（1）：1-7．

[41] 孙伟．绿色设计理念在工程机械产品研发中的运用［D］．天津：天津科技大学，2013．

[42] 田舒斌．中国国际智慧城市发展蓝皮书（2015）发布［D］．北京：新华出版社，2015．

[43] 王隆太．先进制造技术［M］．2版．北京：机械工业出版社，2015．

[44] 朱剑英．智能制造的意义、技术与实现［J］．航空制造技术，2013，(23/24)：30-35．

[45] 石文天，刘玉德．先进制造技术［M］．北京：机械工业出版社，2018．

[46] 周俊．先进制造技术［M］．北京：清华大学出版社，2014．